胡元亮 主编

ZHONGSHOUYI YANFANG YU MIAOYONG JINGBIAN

中兽医

验方与妙用精编

U0243449

化学工业出版社

·北京·

图书在版编目（CIP）数据

中兽医验方与妙用精编/胡元亮主编. —北京：
化学工业出版社，2019.7（2025.1重印）
ISBN 978-7-122-34294-2

Ⅰ.①中… Ⅱ.①胡… Ⅲ.①中兽医学-验方
Ⅳ.①S835.9

中国版本图书馆 CIP 数据核字（2019）第 067498 号

责任编辑：邵桂林　　　　　　　　　　装帧设计：刘丽华
责任校对：王素芹

出版发行：化学工业出版社（北京市东城区青年湖南街 13 号　邮政编码 100011）
印　　装：北京科印技术咨询服务有限公司数码印刷分部
787mm×1092mm　1/16　印张 28¼　字数 698 千字　　2025 年 1 月北京第 1 版第 6 次印刷

购书咨询：010-64518888　　　　　　　售后服务：010-64518899
网　　址：http://www.cip.com.cn
凡购买本书，如有缺损质量问题，本社销售中心负责调换。

定　　价：88.00 元

编写人员名单

主　　编　胡元亮

副 主 编　宋晓平　钟秀会　魏彦明　陈　武

编写人员　（按姓氏笔画为序）

王晓丹　王德云　卢　宇　申海清

付本懂　付明哲　巩忠福　刘振广

许剑琴　杨　英　吴德峰　宋晓平

张望东　陈　武　胡元亮　钟秀会

段文龙　姚万玲　顾进华　高珍珍

郭延生　郭振环　褚秀玲　魏彦明

前　言

　　本书实为《新编中兽医验方与妙用》的升级版本。《新编中兽医验方与妙用》自2009年3月出版以来，受到了广大读者的喜爱，但由于该书出版至今已经超过10年了，有一些内容需要根据生产实际情况加以更新和调整；加之近期也有不少读者询问有无该书的新版上市，化学工业出版社原决定在该书基础上修订推出第二版，以满足读者和从业者的需求。但《新编中兽医验方与妙用》书名中的"新编"与"第二版"在含义上存在冲突，因而本书不再作为《新编中兽医验方与妙用》的第二版加以推出，而重新命名为《中兽医验方与妙用精编》。

　　本次编写，主要在《新编中兽医验方与妙用》的基础上删旧增新。增补了45种动物病证和大多数病证的最新处方；原则上删除10年以前的旧方，但是对于一些病证，近十年确实没有文献报道新方，而旧方效果确实、目前仍在临床使用的，予以保留，以保证本书的系统性和实用性。另外，动物种类没有减少，对部分篇幅较小的章进行了合并，由原35章调整到20章，全书的体例格式也保持不变。

　　本书的编写，除了《新编中兽医验方与妙用》的编者全部参加外，新增了编者高珍珍、刘振广、姚万玲、张望东，分别协助编写羊和马病方、经济动物和观赏动物病方、牛和骆驼病方。在编写过程中，得到了化学工业出版社的指导和帮助，参考了众多专家的宝贵文献资料，在此一并致以诚挚的谢意。

　　由于编者水平所限，加之时间仓促，书中仍可能存在许多疏漏之处，恳请专家和广大读者指正。

南京农业大学　胡元亮

2019年4月于南京

《新编中兽医验方与妙用》前言

　　随着我国养殖业的发展和人们对食品安全的关注，中兽药以其疗效可靠和毒副作用小、有害残留少等绿色优势日益受到青睐。为了宣传和引导应用中药防治动物疾病，推动中兽药的研制和开发，我们在化学工业出版社的倡导下，特组织南京农业大学、西北农林科技大学、河北农业大学、甘肃农业大学、内蒙古农业大学、福建农林大学、北京农学院、中国农业大学、吉林大学、中国兽医药品监察所等单位的中青年学术骨干，共同编撰了《新编中兽医验方与妙用》。

　　本书主要根据近十年来的期刊文献报道，收集整理了临床应用中药防治家畜、家禽、小动物、水产动物、经济动物、观赏动物等35种动物650余个常见病的验方。每种动物的疾病按传染病—寄生虫病—内科病—外科病—产科病排序，每个验方按处方—用法用量—功效—应用的顺序阐述，以便读者查阅参考。需要指出的是，验方乃经验之方，中兽医防治动物疾病的精髓是辨证论治，又有云"师其法而不拟其方"，读者应根据疾病的证候特点和治疗原则选用合适的方剂并随证加减。

　　本书可作为畜牧兽医站、养殖场、养殖专业户等基层畜牧兽医工作者的工具书，也可供高、中等农业院校畜牧兽医专业师生和兽药企业中兽药研发部门的科技人员参考。

　　本书的主要编者及其负责的主要任务是：钟秀会——鸡病方，陈武——犬、猫病方，宋晓平——猪病方，杨英——羊、马病方，魏彦明——牛、骆驼病方，吴德峰——水产动物病方，王德云、卢宇——经济动物、观赏动物病方，其他动物病方及全书的增补审定由胡元亮等完成。在编写过程中，得到了化学工业出版社的指导和帮助，参考了众多专家的宝贵文献资料，在此一并表示最诚挚的谢意。

　　由于编者水平所限，加之时间仓促，错漏之处在所难免，恳请专家和读者不吝指正。

南京农业大学　胡元亮

2008 年 9 月于南京

目 录

第七章　猪病方

第八章　羊病方

第九章　牛病方

第十二章　鱼病方

第十三章　虾、蟹病方

第十四章　鳖、龟、蛙、蚌病方

第一章 鸡病方

1. 鸡新城疫

方1（鸡瘟散）

【处方】黄连5份，雄黄8份，绿豆10份，赤芍6份，山豆根6份。

【用法用量】混合碾成细末，过筛制成散剂。每只鸡每次灌服3克，每天2次，连续3～5天。

【功效】清热解毒，凉血利咽。

【应用】本方治疗鸡新城疫有一定疗效。预防量：每只鸡每次2克，每天2次，连喂2天，或拌料饲喂。（潘时强．中兽医学杂志，2018，1）

方2（青冬散）

【处方】八角枫叶15份，冬凌草24份，麻黄15份，杏仁18份，淡竹叶36份，芦根30份，青皮草18份。

【用法用量】各药单独粉碎，过300目筛，按比例称取各药粉混匀。根据体重按每只0.5～3克的剂量拌料，或煎汁饮水、药渣拌料，连用4～5天。

【功效】清热解毒，化痰止咳。

【应用】用本方治疗禽副黏病毒病效果显著。其中治疗病鸡315600羽，治愈（临床症状消除，7日内不反复）率90.1％，有效（10日内无临床症状）率96％。（魏新强等．中兽医学杂志，2016，6）

方3

【处方】肉桂150克，滑石150克，神曲120克，桂皮60克，川芎60克，良姜60克，乌药30克，枳壳30克，巴豆230克，甘草30克，党参30克，车前子25克，朱砂30克，白蜡30克，蜈蚣6条，全蝎4条，生姜100克。

【用法用量】将上述中药用纱布包好，加水3千克，放小麦（或高粱）10千克，一起用文火煎熬，待小麦将药汁全部吸干，将小麦粒取出晾凉后，倒入50度左右白酒500毫升和碾碎的土霉素5片，搅拌均匀。每只鸡喂服药麦100克，小鸡适量减少。若鸡食欲废绝，可人工投喂。

【功效】温经通脉，祛痰利咽。

【应用】用本方治疗鸡新城疫效果很好。如果没有小麦、高粱，也可用药汁拌米饭喂鸡，关键是使药汁浸透食物让鸡吃下。药麦不能放置时间过长，否则药汁会蒸发而降低药效。此药对鸡的其他疾病如禽霍乱等也有明显疗效。（张永胜．北方牧业，2006，18）

方4

【处方】仙人掌10克，蛇床子10克。

【用法用量】捣碎，加香油或猪油调匀，每天喂服 3 次。

【功效】清热解毒，散瘀消肿。

【应用】本方适用于治疗新城疫初期病鸡。如未痊愈，再用绿豆粉拌明矾粉，加仙人掌、蛇床子各 20 克，捣碎，拌匀，与冷水搅和成糊状，每天 3 次，每次 2 汤匙，连喂 1 周，即可好转、痊愈。（计伦．鸡病诊治与验方集粹．中国农业科技出版社，2005）。

方 5

【处方】马兰草适量。

【用法用量】捣烂后捏成拇指大的丸剂，每只鸡服 1 丸，仔鸡丸略小些。

【功效】清热凉血，利湿解毒。

【应用】本方应使用新鲜的马兰草嫩尖。若加入少量的满天星，效果更好。（张贵林．禽病中草药防治技术．金盾出版社，2004）。

方 6

【处方】地鳖虫 20～25 只。

【用法用量】一次投喂。

【功效】化瘀止痛，败毒理伤。

【应用】本方在病初期有效，严重的每天早晚各喂 1 次，再喂鱼肝油 1 粒效果更好。在新城疫流行时，可用此方预防。（计伦．鸡病诊治验方集粹．中国农业科技出版社，2005）

方 7

【处方】韭菜 75 克，猪油 50 克。

【用法用量】拌料饲喂。

【功效】温中行气，解毒散瘀。

【应用】用本方治疗新城疫初期病鸡，半天内可好转；再继续喂去皮捣烂的鲜仙人掌，每只鸡每次 3 克，每日 1 次，连喂 2 天，可治愈。（计伦．鸡病诊治验方集粹．中国农业科技出版社，2005）。

2. 鸡腺病毒病

【处方（茯白散）】板蓝根 15～25 份，白芍 10～20 份，茵陈 20～30 份，龙胆草 10～15 份，党参 7.5～15 份，茯苓 7.5～15 份，黄芩 10～20 份，苦参 10～20 份，甘草 10～30 份，车前草 10～30 份，金钱草 15～45 份。

【用法用量】粉碎，过 300 目筛，混匀。按每只 0.5～2 克的用量拌料喂服，也可水煎，药液饮水、药渣拌料。每天 1 次，连用 5 天。

【功效】清热解毒，保肝利水

【应用】2013 年 11 月以来，多省养鸡场发生以心包积液，肝、肾脏肿大，出血，肺脏出血、坏死为特征的病例，后经实验室证实为禽腺病毒Ⅰ群感染。发病后采用西药进行治疗一般无效，即使采取对症治疗，效果甚微。而采用茯白散治疗，取得较好的治疗效果。（陈鹏举等．中兽医学杂志，2015，11）

3. 鸡传染性法氏囊病

方1

【处方与用法】黄芪100克，白术25克，防风50克，党参25克，当归50克，甘草50克，鱼腥草40克，板蓝根50克，蒲公英150克，大青叶40克，藿香15克，生石膏50克。

【用法用量】水煎，过滤，制成2000毫升药液，供100羽鸡1天饮用，每羽每次5～10毫升，每日饮2次。

【功效】清热解毒。

【应用】对比试验结果显示，本方治疗法氏囊病有良好的效果，存活率达到96%，明显优于高免卵黄抗体（79%）和抗生素（54%）对照组。（黄亚东等．养殖与饲料，2018，9）

方2

【处方】生石膏130克，生地、大青叶各40克，赤芍、丹皮、栀子、元参、黄芩、连翘、黄连、大黄各30克，甘草10克（300只雏鸡1日用量）。

【用法用量】水泡半小时，加热至沸，文火煎15～20分钟，共煎两次，合并滤液，候温让鸡自饮。

【功效】清热凉血，泻火解毒。

【应用】某养殖场400余只病鸡用本方治疗，死亡29只，第五天全部治愈。另一养殖场700余只病鸡用本方药后全部治愈。该方也可用于预防，每3天1次。（温红梅．中兽医学杂志，2015，6）

方3

【处方】党参100克，黄芪100克，板蓝根150克，蒲公英100克，大青叶100克，金银花50克，黄芩30克，黄柏50克，藿香30克，车前草50克，甘草50克。

【用法用量】将上述药物装入砂罐内用凉水浸泡30分钟后煎熬，煎沸后文火煎半小时，连煎2次。混合药液浓缩至2000毫升左右。给鸡群自饮，对病重不饮水的鸡用滴管灌服，每次1～2毫升/只，每天3次。

【功效】补中益气，清热解毒。

【应用】应用本方治疗鸡传染性法氏囊病效果显著。在治疗期间，配合口服补液盐饮水。（氯化钠3.5克，碳酸氢钠2.5克，氯化钾1.5克，葡萄糖20克，水2500～5000毫升）。（董载勇．农业知识，2004，36）

方4（救鸡汤）

【处方】大青叶、板蓝根、连翘、金银花、甘草、柴胡、当归、川芎、紫草、龙胆草、黄芪、黄芩各60克。

【用法用量】以上药材浸泡后煎熬，取汁自由饮水或自由采食，用于防治1000～2000只鸡，一般饮水1～2次即可；治疗量可略大，病鸡可滴鼻、灌服。亦可将药材粉碎，再按1%～2%比例拌料混饲。

【功效】清热解毒，活血行气。

【应用】用本方预防传染性法氏囊病，有效率达95%以上；治疗发病肉鸡，治愈率达55.1%，约1周可达到防治效果。本方对传染性支气管炎、鸡痘也有一定的疗效。（冯连虎．

方 5

【处方】黄连 100 克，黄芩 100 克，黄柏 100 克，大黄 100 克，当归 100 克，栀子 100 克，白芍 200 克，诃子 50 克，甘草 150 克。

【用法用量】煎水后饮服，连用 4 天。

【功效】清热利湿，凉血解毒。

【应用】用本方治疗鸡传染性法氏囊病，连用 4 天，病情基本得到控制。除第 1 天死亡 2 只，第 2 天死亡 16 只外，再没有死亡，7 天后基本痊愈。根据病情可酌加板蓝根、连翘、黄芪等。（聂术中．黑龙江畜牧兽医，2002，5）

方 6（攻毒汤）

【处方】党参 30 克，黄芪 30 克，蒲公英 40 克，金银花 30 克，板蓝根 30 克，大青叶 30 克，甘草（去皮）10 克，蟾蜍 1 只。

【用法用量】将蟾蜍置沙罐中，加水 1500 千克煎沸，稍后加入其他中药，文火煎沸，放冷取汁，供 100 只中雏 1 天 3 次混饮用或混饲。药液也可干燥制成粉末拌料，用量可减至 1/3～1/2。

【功效】补中益气，清热解毒。

【应用】用本方防治鸡传染性法氏囊病，效果良好。（刘相国等．养殖技术顾问，2006，2）

方 7（清解汤）

【处方】生石膏 130 克，生地、板蓝根各 40 克，赤芍、丹皮、栀子、玄参、黄芩各 30 克，连翘、黄连、大黄各 20 克，甘草 10 克。

【用法用量】将药在凉水中浸泡 1.5 小时，然后加热至沸，文火维持 15～20 分钟，得药液 1500～2000 毫升。复煎 1 次，合并混匀，供 300 只鸡 1 天饮服。给药前断水 1.5 小时。

【功效】清热凉血，养阴生津。

【应用】用本方治疗鸡传染性法氏囊病效果显著。（吴增程．云南农业，2007，12）

4. 鸡传染性喉气管炎

方 1（柴芩汤）

【处方】石膏、柴胡、黄芩、黄连各 100 克，僵虫、木通、荆芥、甘草、滑石、乳香、牛蒡子、车前子、瓜蒌仁各 150 克。

【用法用量】粉碎，混于饲料中饲喂 500 只鸡，每天 1 次，连用 7 天。

【功效】清热泻火，解毒利咽。

【应用】该方治疗鸡传染性喉气管炎可收到很好的效果。（贾玉兰．中兽医学杂志，2018，1）

方 2（喉康散）

【处方】金银花 60 克，连翘 60 克，大青叶 60 克，鱼腥草 60 克，黄芩 50 克，栀子 50 克，桔梗 50 克，杏仁 30 克，贝母 30 克，生地 30 克，赤芍 30 克，花粉 30 克，麦冬 30 克，沙参 30 克，甘草 30 克。

【用法用量】每日每羽用量：30 日龄内雏鸡 0.5 克，30～70 日龄 1 克，70～110 日龄 1.5 克，110 日龄及以上鸡 2 克。混合粉碎，加入冷水浸泡 30 分钟，文火煎 10 分钟，药汁和药渣同时拌入饲料中饲喂。重症病鸡滴服药汁 0.2～0.3 毫升。连续应用 3～5 天。

【功效】清热解毒，润肺止咳。

【应用】本方鸡传染性喉气管炎，收到很好的效果。（冯怀玉．中兽医学杂志，2018，1）

方 3

【处方】麻黄、知母、贝母、黄连各 30 克，桔梗、陈皮各 25 克，紫苏、杏仁、百部、薄荷和桂枝各 20 克，甘草 25 克。

【用法用量】水煎 3 次，药液混合，供 100 只鸡饮用，每天 1 次，连用 2 天。

【功效】清肺化痰，止咳平喘。

【应用】本方治疗鸡传染性喉气管炎，有一定的疗效。（闫艳娟等．中兽医学杂志，2018，4）

方 4（喉气散）

【处方】黄连 30 克，黄柏 30 克，黄芪 20 克，板蓝根 30 克，大青叶 40 克，穿心莲 50 克，甘草 50 克，桔梗 50 克，杏仁 60 克，麻黄 50 克。

【用法用量】混匀粉碎，过 80 目筛，按每羽每次 1.5 克拌料喂服或投服，每天 2 次。

【功效】清热泻火，止咳化痰。

【应用】用本方治疗海兰蛋鸡传染性喉气管炎，5 天后全部治愈，10 天后产蛋率开始回升，疗效（98%）显著高于西药（红霉素加病毒灵）（65%）。（刘丽艳．中兽医医药杂志，2003，6）

方 5

【处方】金银花 80 克，连翘 80 克，板蓝根 80 克，蒲公英 45 克，紫花地丁 45 克，射干 30 克，山豆根 30 克，麻黄 35 克，杏仁 35 克，桔梗 30 克，甘草 30 克。

【用法用量】水煎取汁 1000 毫升，供 100 只鸡饮用，每天 1 次，连用 1～3 次。病重者用滴管灌服。

【功效】清热解毒，宣肺利咽。

【应用】对用抗生素治疗收效甚微的病鸡，用本方后很快控制病情。（刘省花等．贵州畜牧兽医，2004，4）

方 6（清咽下痰汤）

【处方】玄参 10 克，桔梗 6 克，牛蒡子 10 克，浙贝母 10 克，射干 10 克，马兜铃 12 克，瓜蒌 10 克，大青叶 10 克，板蓝根 10 克，芦根 10 克，牛膝 12 克，紫草 6 克。

【用法用量】以上药共煎取汁，供总体重 50 千克鸡群自由饮用。

【功效】解毒利咽，降火消痰。

【应用】用本方治疗 100 日龄三黄鸡传染性喉气管炎，每天 1 剂，连用 3 天痊愈。治疗 50 日龄麻鸡，治疗 3 天就告愈。（李敬云．中兽医学杂志，2004，1）

方 7（喉症丸）

【处方】人用喉症丸。由牛黄、蟾酥、硼砂、板蓝根、胆汁等制成。

【用法用量】小鸡，轻症每次 1～2 粒，每天 2 次；大鸡重症每次 6～10 粒，每天 2 次，连用 3 天。

【功效】清热解毒，消肿止痛。

【应用】用本方治疗鸡传染性喉气管炎效果良好。（周树国等．四川畜牧兽医，2005，5）

5. 鸡传染性支气管炎

方1（麻杏射根汤）

【处方】麻黄 500 克，杏仁 500 克，射干 800 克，板蓝根 1000 克，二花 800 克，连翘 900 克，鱼腥草 900 克，穿心莲 1000 克，黄芩 800 克，甘草 500 克。

【用法用量】本方为 5000 只雏鸡用量。煎汤混饮，药渣拌料。

【功效】止咳平喘，清热解毒。

【应用】三黄蛋雏鸡 5000 羽，38 日龄发病，3 天死亡 61 只，用本方配合电解多维、盐酸林可大观霉素、乳酸诺氟沙星、紧急免疫接种等综合措施后，病情明显好转，2 周后恢复正常。（刘谦等．中兽医学杂志，2018，1）

方2

【处方】板蓝根、鱼腥草、黄芩、蒲公英、金银花各 250 克，穿心莲 200 克，大青叶、地榆、桑白皮、桔梗各 100 克，半夏、甘草、薄荷各 50 克，

【用法用量】本方为 1000 只雏鸡 1 天用量，水煎服，连用 5 天。

【功效】清热解毒。

【应用】某养殖场 5000 余只鸡 19 日龄发病，用红霉素、泰乐菌素、氟苯尼考等治疗效果不理想。用本方配合电解多维、恩诺沙星治疗，3 天后病情得到控制。（张学良等．中兽医学杂志，2017，3）

方3

【处方】附子 600 克，干姜 400 克，甘草 300 克

【用法用量】加水浸泡 1 小时，煎煮 2 次，第 1 次 1 小时，第 2 次 30 分钟，合并煎液，供 10000 只鸡饮水。

【功效】急补肾阳，温中祛寒。

【应用】某饲养户 10000 只 AA 肉鸡 6 周龄发病。用本方 1 剂，第 2 天停止死亡，精神状态好转，用药 4 天后鸡群基本康复，用药 5 天后完全康复。（袁春红等．中兽医学杂志，2015，6）

方4（咳喘宁）

【处方】栀子 60 克，荆芥 50 克，防风 50 克，射干 60 克，山豆根 50 克，陈皮 50 克，桔梗 50 克，苦参 50 克，金银花 50 克，杏仁 40 克，苏叶 50 克，甘草 100 克，地榆炭 60 克，川贝母 50 克，苍术 50 克。

【用法用量】按每天每只鸡 1 克，拌料，或煎汁饮水，连服 3～5 天。

【功效】清热燥湿，止咳平喘。

【应用】用本方治疗实验性染性支气管炎蛋鸡 13349 只、雏鸡 5510 只，治疗效果显著。（于合宅．养殖技术顾问，2014，6）

方5(清瘟散)

【处方】板蓝根250克，大青叶100克，鱼腥草250克，穿心莲200克，黄芩250克，蒲公英200克，金银花50克，地榆100克，薄荷50克，甘草50克。

【用法用量】水煎取汁或开水浸泡拌料，供1000只鸡1天饮服或喂服，每天1剂。

【功效】清热解毒。

【应用】本方对呼吸型和肾型传支都有良好效果，一般3天好转。如病鸡痰多、咳嗽，可加半夏、桔梗、桑白皮；粪稀，加白头翁；粪干，加大黄；喉头肿痛，加射干、山豆根、牛蒡子；热象重，加石膏、玄参。(程泽华．中兽医医药杂志，2004，10)

方6

【处方】金银花150克，连翘200克，板蓝根200克，车前子150克，五倍子100克，秦皮200克，白茅根200克，麻黄100克，款冬花100克，桔梗100克，甘草100克。

【用法用量】水煎2次，合并煎液，供1500羽鸡分上、下午两次喂服。每天1剂。

【功效】清热解毒，止咳平喘。

【应用】用本方治疗30日龄白羽肉鸡肾型传染性支气管炎，连用3剂，治愈率96.13%。由于病鸡脱水严重，体内钠、钾离子大量丢失，应给足饮水，并添加口服补液盐或其他替代物。(吴建华等．中兽医医药杂志，2000，6)

方7(射干麻黄汤)

【处方】射干6克，麻黄9克，生姜9克，细辛3克，紫菀6克，款冬花6克，大枣3枚，半夏9克，五味子3克。

【用法用量】加水12千克，麻黄先煮两沸，再加余药，煮取3千克，分4次给100羽鸡饮服。

【功效】止咳平喘，降气消痰。

【应用】用此方治疗病鸡有呼吸急促、伸颈、张口呼吸、喉中有鸣声、咳嗽、鼻腔中少有分泌物、昏睡、怕冷等症状者有良好的效果。与用其他药治疗的对照组比较，死亡率下降18%。(王新华．兽药与饲料添加剂，2001，3)

方8(定喘汤)

【处方】白果9克(去壳砸碎炒黄)，麻黄9克，苏子6克，甘草3克，款冬花9克，杏仁9克，桑白皮9克，黄芩6克，半夏9克。

【用法用量】加水煎汁，供100羽鸡2次饮用。

【功效】宣肺降逆，清热化痰。

【应用】用此方治疗病鸡有呼吸气粗、鼻腔中有分泌物、不怕冷、面赤等症状者。与用其他药物治疗的对照组相比，鸡死亡率下降16%。(王新华．兽药与饲料添加剂，2001，3)

方9

【处方】麻黄300克，大青叶300克，石膏250克，炙半夏200克，连翘200克，黄连200克，金银花200克，蒲公英150克，黄芩150克，杏仁150克，麦冬150克，桑白皮150克，菊花100克，桔梗100克，甘草50克。

【用法用量】煎汁拌料，供5000只雏鸡1天服用，连用3～5天。也可按每只雏鸡每天0.5～0.6克的用量，粉碎后开水浸泡后拌料饲喂。

【功效】清宣肺热，止咳平喘。

【应用】本方用于防治鸡传染性支气管炎效果显著。（刘相国等·养殖技术顾问，2006，2）

方 10

【处方】车前子、白头翁、黄芪、金银花、连翘、板蓝根、桔梗各200克，麻黄80克。

【用法用量】水煎，供1000只鸡早晚两次饮服，连用3～5天。

【功效】清热解毒，清肺化痰。

【应用】用本方治疗肾型传染性支气管炎效果确实。可同时应用抗菌药物防止并发感染，选择肾副作用小的如氨苄青霉素、氟苯尼考、强力霉素、左旋氧氟沙星等药物，不用庆大霉素、丁胺卡那霉素和磺胺类药物。（杜丰祥·家禽科学，2006，11）

方 11

【处方】板蓝根、金银花各250克，白头翁、萹蓄、瞿麦、黄芪、山药、茵陈、甘草各170克，车前子、木通各140克，炒神曲、炒苍术各80克。

【用法用量】研末，供1000只鸡1天分2次拌料喂服，连用5天。

【功效】清热解毒，补气升阳。

【应用】用本方治疗鸡肾型传染性支气管炎效果显著，且对肾脏刺激性小。也可同时应用西药预防并发感染。（杜丰祥·家禽科学，2006，11）

6. 鸡减蛋综合征

方 1

【处方】黄连、黄柏、黄芩、银花、大青叶、板蓝根、甘草各50克，黄药子、白药子各30克。

【用法用量】加水5000毫升煎熬至2000毫升，连煎2次得4000毫升，供100羽鸡1～2次饮用。

【功效】清热解毒，凉血止血。

【应用】喂时可加白糖等调味，喂前禁水、禁食半天，使鸡群摄药量达有效浓度，效果更好，连喂3～5剂，产蛋量即可恢复。（杨民·畜禽业，2016，6）

方 2

【处方】龙骨、五味子各15克，女贞子、菟丝子各20克，山药、枸杞、蒺藜各30克，牡蛎60克，黄芪100克。

【用法用量】上述混合研成细末。参照3%～5%的比例混合饲料，2次/天，连续饲喂6～10天。

【功效】补气健脾，滋阴涩精。

【应用】本方治疗鸡减蛋综合征，每次饲喂中药结束要补充充足的水源，可起到很好的治疗效果。（李婧·中国畜牧兽医文摘，2014，6）

方 3

【处方】黄药子、白药子各30克，板蓝根、甘草、黄连、黄芩、黄柏、银花、大青叶各

50 克。

【用法用量】加水 5000 毫升煎至 2000 毫升，连续煎 2 次得 4000 毫升，供 100 羽鸡饮服 1～2 次。

【功效】清热解毒。

【应用】喂前要禁水、禁食半天，可加入白糖等调味料，鸡群摄药量的有效浓度适合，治疗效果便会好，产蛋量在连喂 3～5 剂后便可恢复。还可用麦芽、蒲公英、绿豆、双花、大青叶、山药、黄芪、黄柏各适量，研细末，按 1%～1.5% 的比例混合拌料，连喂 10～15 天。（张云．畜牧兽医科技信息，2015，1）

方 4

【处方】黄连、黄柏、黄芩、金银花、大青叶、板蓝根、黄药子、白药子各 30 克，甘草 50 克。

【用法用量】将上药加水 5000 毫升煎汁，加白糖 1 千克，供 500 只鸡一次饮服。每天 1 剂，连用 3～5 剂。

【功效】清热解毒，凉血止血。

【应用】用本方治疗鸡减蛋综合征收到满意疗效，可有效恢复产蛋率。（楚高峰等．畜禽业，1999，9）

方 5

【处方】牡蛎 60 克，黄芪 100 克，蒺藜、山药、枸杞子各 30 克，女贞子、菟丝子各 20 克，龙骨、五味子各 15 克。

【用法用量】共研细末，按日粮的 3%～5% 比例添加，拌匀，再加入 50%～70% 的清洁常水，拌混后饲喂，每天 2 次，连用 3～5 天为 1 疗程。

【功效】清热解毒。

【应用】用本方治疗鸡减蛋综合征效果良好。喂药后给予充足饮水，一般 2 个疗程可治愈。（孙耀华．畜牧兽医科技信息，1999，10）

7. 鸡淋巴细胞性白血病

方 1

【处方】黄芪、党参、茯苓、白芍、茵陈、丹皮、苍术、淫羊藿、黄药子、板蓝根。

【用法用量】按一定比例配制，粉碎，过 20 目筛，按每羽鸡每天 1.5 克拌入饲料内喂服。对无食欲病鸡，水煎药粉成每毫升药液含生药 1 克，每羽每日滴喂 1.5 毫升。7 天为 1 疗程，间隔 3 天进行第 2 个疗程，连续 3 个疗程。

【功效】补脾保肝、清热解毒。

【应用】选取确诊病鸡进行对比试验，用药 2 天后群体临床症状全面开始好转，死鸡数明显少于对照组，拉稀粪鸡逐渐减少，病情好转，精神状态好于对照组；用药 1 周后，鸡冠、肉髯颜色由苍白转为红润，羽毛转为油光滑亮。3 个疗程后，逐渐恢复产蛋，产蛋数为对照组（不给药）的 3 倍，差异显著。表明本方有效控制了病情的发展，是防治此病的一条新途径。（吴德峰．福建农林大学学报，2002，3）

方2

【处方】黄芪、猪苓、薏苡仁、当归、淫羊藿、麦冬、丹参、郁金、茵陈、木香、艾叶、瓜蒌。

【用法用量】按一定比例配制，粉碎，过 20 目筛，按每羽鸡每天 1.5 克拌入当日饲料内喂服。个别减食鸡取药粉加水拌湿直接投服，连喂 10 天为 1 疗程。

【功效】疏肝健脾，活血化瘀。

【应用】用本方对四群确诊病鸡进行试验性治疗，取得了比较满意的效果。投药两日后，稀便减少，精神明显好转。第四日萎缩的冠背开始滋润、色泽逐渐由白转红，羽毛出现光亮，并停止死亡。（刘再池．中兽医学杂志，1995，3）

8. 鸡肿头综合征

方1（黄连解毒散）

【处方】黄连 30 克，黄柏 60 克，黄芩 60 克，栀子 45 克。

【用法用量】以上 4 味，粉碎，过筛，混匀。每只鸡每天 1 克，连用 5 天。

【功效】泻火解毒。

【应用】该病多发 80 日龄以上蛋鸡，用本方治疗 4 天后，疫情基本上得到了控制，5 天后病鸡基本痊愈，取得了满意的治疗效果。（郭林涛等．今日畜牧兽医，2015，6）

方2

【处方】黄芩（酒炒）、黄连（酒炒）各 40 克，陈皮、甘草、玄参、柴胡、桔梗、荆芥、防风各 20 克，连翘、板蓝根、马勃、牛蒡子、薄荷各 10 克，僵蚕、升麻各 5 克。

【用法用量】水煎 2 次，合并药液，拌入饲料中，供 100 只鸡一次喂服。每天 2 次，连续 5 天为 1 个疗程。

【功效】清热利咽，疏风消肿。

【应用】某养殖户 3000 只海兰褐商品蛋鸡于 180 日龄左右发病，用本方治疗 1 个疗程后，病鸡肿头消失，产蛋率开始回升。（刘莉等．吉林畜牧兽医，2013，9）

方3

【处方】黄连、玄参、陈皮、桔梗各 1 千克，黄芪、板蓝根、连翘各 2 千克，马勃、牛蒡子、薄荷、僵蚕、升麻、柴胡、甘草各 500 克。

【用法用量】混合后分 3 份，每天 1 份，水煎 2 次，药液分早、晚 2 次供 3000 只鸡饮用，重症者灌服；药渣烘干粉碎拌料。

【功效】清热解毒，疏风消肿。

【应用】用本方治疗鸡肿头综合征，用药后第 2 天下午，病鸡头部大多消肿，精神好转，3 天后痊愈，未复发。（毛丽英．江西畜牧兽医杂志，2003，1）

9. 鸡痘

方1（公英散）

【处方】蒲公英 60 克，金银花 60 克，连翘 60 克，丝瓜络 30 克，通草 25 克，芙蓉叶 25

克，浙贝母 30 克。

　　【用法用量】以上 7 味，粉碎，过筛，混匀。取 200 克拌料 200 千克喂服，另取 200 克开水泡，饮服。连用 3～4 天。

　　【功效】清热解毒，消肿散痈。

　　【应用】试治 200 只病鸡，治疗第 3 天停止死亡，6 天痊愈。（程振华．中兽医学杂志，2017，3）

方 2

　　【处方】龙胆草 90 克，野菊花 80 克，板蓝根 60 克，升麻 50 克，甘草 20 克。

　　【用法用量】加工成粉，成鸡每日 2 克/只。拌料喂服。

　　【功效】清热解毒，透疹。

　　【应用】本方治疗鸡痘，一般连用 3～5 日即愈。同时，痘痂可用镊子轻轻剥离，伤口涂抹碘酊或紫药水，每日 1 次，连用 3 日。（李明霞等．当代畜禽养殖业，2018，10）

方 3

　　【处方】鱼腥草 15 克。

　　【用法用量】加水 100 毫升煎汤，让鸡自由饮服。用镊子清理掉皮肤上的厚痂，然后用碘甘油或碘酊涂擦患处。

　　【功效】清热解毒。

　　【应用】两场病鸡用上法治疗，2 天后病情好转，1 周痊愈。（石贵志等．贵州畜牧兽医，2018，5）

方 4（荆防解毒散）

　　【处方】荆芥 9 克，防风 9 克，薄荷 9 克，蒲公英 15 克，黄芩 12 克，栀子 12 克，大黄 10 克，川芎 9 克，赤芍 9 克，甘草 10 克。

　　【用法用量】水煎取汁，供 50 只鸡饮服或粉碎拌料喂服。

　　【功效】疏风解表，消肿透疹。

　　【应用】用本方治疗鸡痘 7～10 天后治愈。在多发季节可用本方预防。（李晓锋．农家参谋，2001，5）

方 5

　　【处方】黄芪 30 克，肉桂 15 克，槟榔 30 克，党参 30 克，贯仲 30 克，何首乌 30 克，山楂 30 克。

　　【用法用量】加水适量煮沸 30 分钟，取汁供 50 只大鸡拌料喂服或饮水，每天 2～3 次。

　　【功效】清热解毒，透疹消肿。

　　【应用】用本方治疗鸡痘治愈率达 95%，一般 2～3 剂治愈。（王盛库．中国家禽，2003，7）

方 6

　　【处方】龙胆草 90 克，板蓝根 60 克，升麻 50 克，金银花 40 克，野菊花 40 克，连翘 30 克，甘草 30 克。

　　【用法用量】加工成细粉，按每只鸡每天 1.5 克拌入饲料内，分上、下午集中喂服。

　　【功效】清热燥湿。

【应用】用本方治疗混合型鸡痘，同时配合西药（饮服 0.4％盐酸吗啉胍、丁胺卡那霉素，饲料内增加多种维生素、鱼肝油），连用 5 天治愈。（邢兰君．中国兽医杂志，2004，3）

方 7

【处方】栀子 100 克，丹皮 50 克，黄芩 50 克，金银花 80 克，黄柏 80 克，板蓝根 80 克，山豆根 50 克，苦参 50 克，白芷 50 克，皂角 50 克，防风 50 克，甘草 100 克。

【用法用量】按每只鸡每天 0.5～2 克的用量水煎取汁，拌料混饲，连用 3～5 天。

【功效】清热解毒，燥湿透疹。

【应用】应用本方治疗皮肤型鸡痘效果良好。（韩瑞明等．当代畜禽养殖业，2002，5）

方 8

【处方】板蓝根 75 克，麦冬 50 克，生地 50 克，丹皮 50 克，连翘 50 克，莱菔子 50 克，知母 25 克，甘草 15 克。

【用法用量】水煎制成 1000 毫升药液，供 500 只鸡拌料混饲或灌服。

【功效】清热解毒，凉血消斑。

【应用】用本方治疗黏膜型鸡痘效果显著。（韩瑞明等．当代畜禽养殖业，2002，5）

方 9

【处方】金银花、连翘、板蓝根、赤芍、葛根各 20 克，蝉蜕、甘草、桔梗、竹叶各 10 克。

【用法用量】水煎取汁，供 100 只鸡混饲或混饮，连用 3 天。

【功效】疏散风热，透疹止痛。

【应用】用本方治疗混合型鸡痘效果良好。（韩瑞明等．当代畜禽养殖业，2002，5）

方 10

【处方】金银花 20 克，连翘 20 克，薄荷 15 克，蝉蜕 15 克，延胡索 10 克，柽柳 10 克。

【用法用量】水煎成 500 毫升，供自由饮用或拌入当日饲料，轻症连用 3～5 天，重症连用 5～7 天。

【功效】疏风散寒，升散透疹。

【应用】用本方治疗鸡痘效果良好。（周树国等．四川畜牧兽医，2005，5）

【按语】柽柳为柽柳科植物柽柳、桧柽柳或多枝柽柳的细嫩枝叶，性甘味咸，功效疏风散寒、解表止咳、升散透疹、祛风除湿，主治麻疹难透、风疹身痒、感冒、咳喘、风湿痹痛。

10．鸡霍乱

方 1

【处方】黄连 30 克，黄芩 40 克，黄柏 30 克，栀子 60 克，金银花 30 克，知母 25 克，朱砂 15 克（另包，研末）。

【用法用量】水煎弃渣，冲入朱砂末，候温供 60 羽体重 1.5 千克鸡饮水或一次灌服。

【功效】清热解毒，燥湿止痢。

【应用】用本方配合西药（安乃近、阿莫西林）治疗 116 羽产蛋鸡霍乱病，治疗 3 天后，除 4 羽病情严重鸡死亡外，其余病鸡全部治愈。（谢金荣．畜禽业，2018，9）

方2

【处方】黄芪、蒲公英、野菊花、双花、板蓝根、葛根、雄黄各 350 克，藿香、乌梅、白芷、大黄各 250 克，苍术 200 克。

【用法用量】共研细末。每日按饲料量的 1.5% 添加饲喂，连喂 7 天。

【功效】清热解毒，燥湿止痢。

【应用】用本方治疗禽霍乱治愈率在 90% 以上。（王飞凤．中兽医学杂志，2018，1）

方3

【处方】自然铜 30 克（捣碎先煎 30 分钟），藿香 60 克，苍术 60 克，白芷 45 克，乌梅 45 克，大黄 30 克。

【用法用量】加水 1000 毫升，共煎 1 小时，可供 100 只鸡饮服。

【功效】燥湿止泻。

【应用】本方治疗禽霍乱有很好的疗效。（江晓丽．中兽医学杂志，2018，1）

方4

【处方】黄连、黄芩、黄柏、栀子各 25 克，薄荷、菊花、石膏、柴胡、连翘各 30 克。

【用法用量】水煎两次，药液混合，拌食饲喂，每天 2 次。

【功效】清热解毒，燥湿止泻。

【应用】本方治疗禽霍乱有很好的效果。（樊平等．中兽医学杂志，2018，4）

方5

【处方】龙胆草、地丁草、紫草、鱼腥草、仙鹤草、甘草各等份。

【用法用量】共研为末，加 2 倍量面粉糊，搓成黄豆大药丸晒干备用。出现个别病鸡时即可投服，成年鸡 4～5 丸，幼鸡减半，每天 2 次，连服 7 天，也可用药物粉剂拌饲料直接喂服，每 1 千克饲料拌药 10 克。

【功效】清热燥湿，利尿通淋。

【应用】用本方治疗鸡巴氏杆菌病效果良好，预防有效率达 92%。（吴增程等．云南农业，2007，12）

方6

【处方】穿心莲、火炭母各 60 克，忍冬藤 70 克，黄芩 45 克，大青叶、桔梗各 40 克，黄连须 35 克，甘草 1 克。

【用法用量】煎水饮服，药汁拌料喂服 200～300 只鸡，每天 1 剂，连喂 8 天。

【功效】清热解毒，涩肠止泻。

【应用】用本方治疗鸡巴氏杆菌病效果显著。配合西药青霉素、链霉素和磺胺类药物，效果更好。或用藿香、黄连、黄芩、黄柏、大黄各 30 克，苍术、厚朴、乌梅各 60 克，板蓝根 80 克，研末，每次 1～1.5 克，每天 2 次，连喂 3～5 天。预防量减半。（吴增程等．云南农业，2007，12）

方7

【处方】甲紫 25 克，贯仲 15 克，葛根 80 克，紫草 50 克，黄连 70 克，板蓝根 20 克，穿心莲 30 克。

【用法用量】水煎成 2000 毫升，加红糖 200 克，大蒜汁少许，候温后供 750 只成鸡饮用，每天 1 剂，每剂煎服 3 次。

【功效】清热解毒，透疹止泻。

【应用】使用本方治疗禽霍乱，用药 2 天后病鸡症状减轻，至第 5 天后症状基本消失。由于长期大剂量使用抗生素治疗禽霍乱，易使巴氏杆菌产生耐药性。而使用中药治疗禽霍乱，不仅效果好，而且安全节约，无副作用。（王会生．四川畜牧兽医，2002，1）

方 8

【处方】茵陈、半枝莲、大青叶各 100 克，白花蛇舌草 200 克，生地 150 克，藿香、当归、车前子、赤芍、甘草各 50 克。

【应用】以上药物煎汤，供 100 只鸡 3 天分 3～6 次饮服。

【功效】清热利湿，解毒止泻。

【应用】用于急性鸡霍乱，也可拌料行群体预防。对慢性患病鸡采用茵陈、大黄、茯苓、白术、泽泻、车前子各 60 克，白花蛇舌草、半枝莲各 80 克，生地、生姜、半夏、桂枝、白芥子各 50 克，煎汤，供 100 只鸡一次饮服。（李进军．农村百事通，2001，12）

方 9

【处方】雄黄、白矾、甘草各 30 克，金银花、连翘各 15 克，茵陈 50 克。

【用法用量】粉碎研末拌入饲料投服，每只每次 0.5 克，每天 2 次，连用 5～7 天。

【功效】清热燥湿，祛风止泻。

【应用】用本方治疗禽霍乱治愈率在 96％以上。本方也可治疗鸭霍乱。（张忠衡．禽病中草药防治技术，1999）。

11．鸡白痢

方 1

【处方】血见愁 200 克，马齿苋 125 克，地锦草 125 克，墨旱莲 160 克。

【用法用量】煎汁，供 500 只鸡喂服，连服 3 天。

【功效】清热解毒、燥湿止痢。

【应用】雏鸡白痢是造成雏鸡死亡、育雏成活率低的主要疾病之一；成鸡白痢造成产蛋率不高和成年鸡死淘率增加。无论雏鸡白痢还是成鸡白痢，本方治疗均收到很好效果。（赵亚玲．中兽医学杂志，2018，1）

方 2

【处方】白头翁、金银花、黄连、黄芩、黄柏、苍术各 25 克，穿心莲、野菊花各 20 克，五倍子 15 克，山楂、神曲各 25 克，

【用法用量】将药烘干研末，雏鸡时按 0.5％的比例混饲料喂 3～5 天

【功效】清热燥湿，健脾止泻。

【应用】本方对鸡白痢有较好的治疗效果。预防可用类似方剂：白头翁 30 克，黄连 15 克，黄柏 20 克，马齿苋 30 克，乌梅 15 克，诃子 9 克，木香 20 克，苍术 60 克，苦参 10 克，共为末，按每只鸡每天 0.3～0.5 克混入饲料中喂给。（宋雪梅．中兽医学杂志，2016，5）

方 3

【处方】白术 15 克，白芍 10 克，白头翁 5 克。

【用法用量】以上药物研细过筛，雏鸡按每只每天 0.2 克拌料，连用 7 天。

【功效】清热燥湿，凉血止痢。

【应用】用本方防治鸡白痢效果良好。（刘相国等．养殖技术顾问，2006，2）

方 4

【处方】白头翁 15 克，马齿苋 15 克，黄柏 10 克，雄黄 10 克，诃子 15 克，滑石 10 克，藿香 10 克。

【用法用量】混合粉碎成末，可供 1000 只雏鸡服用 1 天。将药物用开水浸泡 20 分钟，药汁兑入饮水中，药渣拌入饲料中喂给，连用 4～5 天。预防量减半。

【功效】清热解毒，燥湿止泻。

【应用】应用本方治疗鸡白痢有良好效果。（杨国祥．浙江畜牧兽医，2006，5）

方 5（止痢汤）

【处方】马齿苋 90 克，白头翁 80 克，黄柏 80 克，五倍子 50 克，罂粟壳 50 克，甘草 30 克。

【用法用量】加水 10 千克煎汤，供 1000 只鸡自饮，每天 2 次。

【功效】健脾理气，疏肝和胃。

【应用】用本方治疗经多种西药治疗无效的 AA 肉鸡鸡白痢，6 剂治愈。发病初期可加穿心莲、郁金；病程较长者可加黄芪、白芍。（张玉环等．中兽医学杂志，2004，3）

方 6

【处方】黄连 40 克，黄芩 40 克，黄柏 40 克，金银花 50 克，桂枝 45 克，艾叶 45 克，大蒜 60 克，焦山楂 50 克，陈皮 45 克，青皮 45 克，甘草 40 克。

【用法用量】水煎取汁，供 10 日龄 1000 羽雏鸡每天 3 次拌料并饮服，每天 1 剂，连用 5～7 天。

【功效】清热解毒，健脾止泻。

【应用】用本方治疗经多种西药治疗无效的依莎雏鸡白痢，服药第 2 天即停止死亡。服药第 3 天，病鸡开始采食，1 周后痊愈。雏鸡 3 周龄前每周用药 1 次，1～5 月龄每月用药 1 次，即可有效地预防鸡沙门氏菌病的发生。（施仁波等．中兽医学杂志，2003，1）

方 7

【处方】白头翁、黄连、黄芩、黄柏、苍术各 20 克，诃子肉、秦皮、神曲、山楂各 25 克。

【用法用量】共研细末，雏鸡按 0.5% 的比例混饲。预防量减半。

【功效】清热化湿，健脾和胃。

【应用】用本方治疗雏鸡白痢治愈率 96.2%。（黎广雄等．中国家禽，2002，6）

方 8

【处方】白头翁、马齿苋、马尾连、诃子各 15%，黄柏、雄黄、滑石粉、藿香各 10%。

【用法用量】研碎混匀，按每只鸡 0.5 克，与少量面粉混合制成面团填喂。预防按 3% 比例拌料。

【功效】清热解毒，凉血止痢。

【应用】用本方治疗用痢特灵、氟哌酸治疗效果不佳的鸡白痢，用药 3 天后鸡群稳定，无新的病鸡出现，7 天后全群康复。（冯建基等．中国兽医科技，2002，2）

【按语】马尾连，别名马尾黄连，为毛茛科唐松草属植物多叶唐松草及高原唐松草，以根部入药。春、秋季将根挖出，剪去地上茎叶，洗去泥土，晒干。性寒味苦，功能清热燥湿，泻火解毒，用于肠炎、痢疾、黄疸、目赤肿痛。

方9

【处方】蛇床子 150 克，吴茱萸 50 克，硫黄 35 克。

【用法用量】捣成粉末，再掺入玉米粉或稻谷粉 500 克混匀，混入 50 千克精饲料中投喂，至愈。

【功效】温中燥湿，助阳止泻。

【应用】应用本方效果确实，投药 1 天后，病雏的白痢逐渐消失，而且能使雏鸡食欲旺盛。在饲喂本药的同时，用 1% 明矾水作饮水，连饮 3 天。本方对鸡球虫也有良好效果，对雏鸡的禽霍乱、禽伤寒等有一定的预防效果。（肖进蓉．贵州畜牧兽医，2001，1）

12. 鸡伤寒

方1

【处方与用法】① 贯仲、明雄、薄荷叶、苍术、胆草、大黄各 10 克，小麦 2 千克（20 只成鸡剂量）。先将六味中药加水 1.5 千克，煎汤去渣，把小麦放入汤内，煮成半生熟，待汤尽搅匀，捞出晾干。药麦味苦，可趁早晨鸡空腹时喂服，每剂分 2～3 次喂完。

② 白头翁 50 克，黄柏、秦皮、大青叶、白芍各 20 克，乌梅 15 克，黄连 10 克。共研细末，混匀。前 3 天每只鸡每天 2 克，后 4 天每天 1 克，混入饲料中喂给。连续用药 7 天。

【功效】泻火解毒，止痢。

【应用】方① 用于预防。一般 3、4 个月用药 1 次，可保全年无病。方② 用于治疗，对禽伤寒有较好的效果。（张莉莉．中兽医学杂志，2018，2）

方2

【处方】雄黄 15 克，甘草 35 克，白矾 25 克，黄柏 25 克，黄芩 25 克，知母 30 克，桔梗 25 克。

【用法用量】碾碎，供 100 只鸡一次拌料喂服，连服 3 天。

【功效】解毒燥湿，和中止泻。

【应用】用本方治疗星杂 579 父母代种鸡伤寒病，未见死亡，且逐渐恢复，控制了本病。混饲的同时多饮清洁水。（王珍．中国家禽，2002，9）

方3（加味白头翁散）

【处方】白头翁 50 克，黄柏 20 克，黄连 20 克，秦皮 20 克，乌梅 15 克，大青叶 20 克，白芍 20 克。

【用法用量】共研细末，混匀。前 3 天每只鸡每天 1.5 克，后 4 天每天 1 克，混入饲料中喂给，连续用药 7 天。病重不能采食者，人工投喂。

【功效】清热解毒，凉血止痢。

【应用】用本方治疗伤寒病鸡 185 只，治愈 165 只。（崔海山．全国第三次、华北第八次中兽医学术讨论会论文摘要集）。

方 4

【处方】雄黄 15 克，甘草 35 克，白矾 25 克，黄柏 25 克，黄芩 25 克，知母 30 克，桔梗 25 克。

【用法用量】碾粉，供 100 只成鸡一次拌料喂服，连服 3 天。

【功效】清热解毒，缓急止泻。

【应用】用本方治疗鸡伤寒病多起，效果显著。混饲的同时，多饮水。（赵万明．中国兽医杂志，1991，3）

13. 鸡副伤寒

方 1

【处方】黄柏、黄连、黄芪各 40 克，金银花 50 克，桂枝 45 克，艾叶 45 克，大蒜 60 克，甘草 40 克，陈皮、青皮各 45 克。

【用法用量】水煎服，混入饲料和水中，每天 1 剂。并连用电解多维饮水 7 天，

【功效】清热止泻，理气健胃。

【应用】用本方配合西药（氧氟沙星）治疗 287 只病鸡，治疗第 2 天停止死亡，第 3 天开始采食，7 天后痊愈。治愈 258 只，死亡 29 只，治愈率 89.9%。鸡群逐渐恢复正常。（盛冬菊．吉林畜牧兽医，2016，1）

方 2

【处方与用法】① 甘草、黄连、黄芩、黄柏各 40 克，艾叶、陈皮、青皮、桂枝各 45 克，金银花、焦山楂各 50 克，大蒜各 60 克。混合水煎，供 10 日龄雏鸡 1000 只饮服，药渣拌料，每日 1 剂，连用 5～7 天。

② 黄芩、黄连、黄柏、甘草、五倍子、金银花、肉豆蔻、前胡、白头翁、栀子各 20 克，焦山楂、秦皮、陈皮各 30 克。混合水煎，供 21 日龄雏鸡 300 只，连续 3 天饮服，药渣拌料。

【功效】清热解毒，理气消导。

【应用】方①治疗鸡副伤寒，一般 3 天后病情好转，用药 7 天基本都可痊愈，治愈率在 91%～96%。方②治疗鸡副伤寒，在用药 3 天后开始采食，7 天后开始痊愈；还用于预防，在 2 周龄或 5～6 月龄时给药，可有效防控此病。（饶细康等．中国畜牧兽医文摘，2014，6）

方 3

【处方】黄连 40 克，黄芩 40 克，黄柏 40 克，金银花 50 克，桂枝 45 克，艾叶 45 克，大蒜 60 克，焦山楂 50 克，陈皮 45 克，青皮 45 克，甘草 40 克。

【用法用量】水煎，供 10 日龄 1000 羽雏鸡 1 天分 3 次拌料并饮水，连用 5～7 天。10 日龄至 5 月龄，日龄每增加 10 天，剂量增加 0.1 倍。

【功效】清热解毒，健胃止泻。

【应用】用本方治疗病鸡 1110 羽，用药 3 天，鸡群病情明显好转，续用药 2 天，病鸡症状全部消失，治愈 1063 羽，死亡 47 羽治愈率为 96%。预防：3 周龄前每周给药 1 次，1～5 月龄每月给药 1 次，即可有效地防止本病的发生。（施仁波等．中兽医学杂志，2003，1）

方 4

【处方】血见愁 40 克，马齿苋 30 克，地锦草 30 克，墨旱莲 30 克，蒲公英 45 克，车前草 30 克，茵陈、桔梗、鱼腥草各 30 克。

【用法用量】煎汁，按每只约 10 毫升，让鸡自饮。预防量减半。

【功效】清热解毒，活血消肿。

【应用】用本方治疗典型鸡副伤寒，3 小时见效；第 2 天控制死亡，连用 2～3 天可愈。治愈率达 98.2%。（黎广雄等．中国家禽，2002，6）

方 5

【处方】黄连 20 克，黄芩 20 克，黄柏 20 克，焦山楂 30 克，栀子 20 克，五倍子 20 克，秦皮 30 克，甘草 20 克，金银花 20 克，肉豆蔻 20 克，陈皮 30 克，前胡 20 克，白头翁 20 克。

【用法用量】水煎，供 300 只 21 日龄雏鸡 1 日 3 次拌料兼饮水，连用 3 天。1 月龄后至成鸡。（5 月龄），每增加 1 月龄，剂量增加 0.3 倍。

【功效】清热解毒，平喘止痢。

【应用】用本方治疗用多种西药治疗无效的罗曼褐商品代病雏鸡，用药第 2 天就停止死亡，第 3 天，病鸡开始采食，1 周后痊愈。健康鸡群于 2 周龄左右及 5～6 月龄给药 1 次，能有效地防止该病发生。（杨延锋．养禽与禽病防治，2000，9）

14. 鸡大肠杆菌病

方 1

【处方】黄柏 100 克，黄连 100 克，大黄 50 克。

【用法用量】水煎两次，每次加水 1500 毫升，微火煎至 1000 毫升，合并煎液，以 1∶10 的比例稀释供 1000 只鸡饮水，每天 1 次，连用 3 天。

【功效】清热解毒，凉血止痢。

【应用】本方能够有效治疗鸡大肠杆菌病，改善鸡的免疫功能，提高其抵抗力。（周路遥．湖北畜牧兽医，2018，9）

方 2（白头翁汤）

【处方】白头翁 0.8 克，黄连 0.8 克，黄柏 0.8 克，秦皮 0.8 克。

【用法用量】煎汁，供 10～20 日龄鸡 1 天喂服。25 日龄后，每味药各 1.2 克。

【功效】清热解毒，凉血止痢。

【应用】用于病鸡初期、无肾脏肿大时，一般服用 3 天后，死亡基本停止。出现肾脏肿大时，喂服加味小柴胡汤，20 日龄前每羽鸡每天用柴胡 0.4 克，黄芪 0.3 克，党参 0.3 克，半夏 0.3 克，甘草 0.3 克，生姜 0.4 克，大枣 0.3 克，车前子 0.5 克，蒲公英 0.5 克，萹蓄 0.5 克；20 日龄以后剂量加倍。（魏一钧．养禽与禽病防治，2001，7）

方 3

【处方】黄芩、大青叶、蒲公英、马齿苋、白头翁各 30 克，柴胡 15 克，茵陈、白术、地榆、茯苓、神曲各 20 克。

【用法用量】水煎 2 次，取汁供 100 只鸡自饮或拌入饲料中饲喂，病重鸡灌服 10 毫升左右，连用 3 天。

【功效】清热解毒，凉血止痢。

【应用】本方预防和治疗蛋鸡和肉鸡大肠杆菌病，都有良好疗效。（赵景田．河南畜牧兽医，2003，11）

方 4

【处方】苍术 50 克，厚朴、白术、干姜、肉桂、柴胡、白芍、龙胆草、黄芩、十大功劳各 25 克，木炭 100 克。

【用法用量】按大鸡 3～5 克，小鸡 1～3 克拌料喂服，每天 2 次。食欲废绝鸡水调灌服，预防剂量减半或间断拌料喂服。

【功效】疏肝解郁，健脾燥湿。

【应用】用本方治疗曾用痢菌净、土霉素、氟哌酸治疗效果不显著的病鸡，治愈率 87%。（安先强．贵州畜牧兽医，2003，6）

方 5（三黄汤）

【处方】黄连 450 克，黄柏 450 克，大黄 316 克。

【用法用量】加水煎煮 2 次，合并煎液，稀释成 10 千克汤剂，自由饮用。或按每只鸡 1 克，每天 1 剂，连用 3 天。

【功效】清热解毒，散瘀止泻。

【应用】用本方治疗雏鸡大肠杆菌病，3 天后病情完全控制，鸡群恢复正常。对于使用抗生素产生耐药性的病鸡，使用三黄汤治疗效果良好。（谢高瑾．福建畜牧兽医，1999，5）

15. 鸡传染性鼻炎

方 1

【处方】白芷、防风、益母草、乌梅、猪苓、诃子、泽泻各 100 克，辛夷、桔梗、黄芩、半夏、生姜、葶苈子、甘草各 80 克。

【用法用量】粉碎过筛，混匀，供为 100 只鸡 3 天拌饲料喂食，连用 9 天为 1 个疗程。

【功效】宣肺化痰，止咳

【应用】某饲养户患病蛋鸡 258 只，用本方治疗 1 个疗程后，死亡 3 只，全部恢复健康。（刘延春．当代畜牧，2017，6）

方 2（辛夷散）

【处方】辛夷 15 克，苍耳子、白芷、薄荷各 7 克，郁金、沙参、酒知母、酒黄柏各 9 克，白矾、生甘草各 6 克。

【用法用量】水煎两次，供 100 只 1.5 千克左右鸡自饮，雏鸡酌减。每天 1 剂，连用 4 天。预防用半量间断喂服。

【功效】通窍疏风，清热滋阴。

【应用】用本方治疗鸡传染性鼻炎 15000 只，配合复方新诺明联合使用饮水，复方新诺明首次量加倍，连用 4 天，迅速控制本病发展，精神好转，吃料恢复正常，鸡大群基本痊愈。用药 6 天后鸡群恢复正常，产蛋率逐渐上升。（于一伟等．今日畜牧兽医，2016，4）

方 3

【处方】苍术、陈皮、贯仲各50克，炙石决明、龙骨、松针、兔毛蒿各10克。

【用法用量】研为细末，按3％～5％添加在饲料中饲喂，7～10天为1疗程，治疗时酌加用量。

【功效】燥湿健脾，理气祛痰。

【应用】用本方预防鸡传染性鼻炎效果良好。也可单用苍术按2％～5％添加在鸡饲料中，并加入适量钙粉饲喂；或用丁香叶研细末，每次1.5～3.0克，水调，一次投服。（吴增程等．云南农业，2007，12）

方 4

【处方】夏枯草210克，白花蛇舌草210克，贯众210克，黄芩180克，桔梗150克，半夏150克，杏仁120克，陈皮90克，甘草90克，金银花90克，连翘180克，知母120克，板蓝根350克，鱼腥草210克，橘红80克。

【用法用量】水煎，供1000只鸡饮服2～3次，每天1剂，连用3～5天。

【功效】清热解毒，宣肺止咳。

【应用】粪稀，加穿心莲240克，黄柏240克，白头翁300克，黄连150克；流泪、肿胀，加草决明、石决明、黄柏、没药各180克；粪色绿，加茵陈、龙胆草各300克。用中药的同时饮水中加入复方利巴韦林（每1克兑水20～40千克）和恩诺沙星（每1克兑水20千克），每天2次，连饮3～5天。（张志科等．畜牧兽医杂志，2004，5）

方 5

【处方】辛夷花200克，苍耳子200克，防风200克，白芷120克，黄芩300克，桔梗120克，半夏120克，葶苈子120克，薄荷120克，生地200克，赤芍200克，茯苓120克，泽泻120克，甘草120克。

【用法用量】粉碎，混匀按每只鸡每天3克用沸水浸泡2小时，取每毫升含生药1克的药汁加水饮服，重病用滴管灌服3～4毫升，药渣拌入料中喂服。

【功效】通窍散瘀，渗湿化痰。

【应用】应用本方治疗鸡传染性鼻炎，用药6～7天，治愈率93.3％。配合西药畜禽康、硫酸链霉素注射液治疗，治愈率可升至99.6％。（王顺兴．中兽医医药杂志，2002，1）

16. 鸡弧菌性肝炎

方 1

【处方】糯稻根、大蓟、小蓟、茵陈各100克，萹蓄90克，墨旱莲、大腹皮各90克，白术、茯苓、仙鹤草、香附各80克。

【用法用量】煎汤，加入常水稀释饮用，每天上、下午各1次，连用3天。

【功效】利湿保肝。

【应用】配合西药有较好疗效。（汝桂春．当代畜禽养殖业，2018，10）

方 2

【处方】枸杞子、白菊花、当归、熟地各75克，黄芩、茺蔚子、柴胡、青葙子、草决明各 50 克。

【用法用量】水煎，供 100 只成鸡 1 日拌料喂服，连服 12 天。

【功效】养血保肝。

【应用】用本方治疗曾用土霉素等药治疗无效的病鸡效果显著，能使产蛋率回升。（傅泰．养禽与禽病防治，1996，10）

17. 鸡葡萄球菌病

方 1

【处方】鱼腥草 30 克，连翘 15 克，大黄 15 克，黄柏 15 克，白芨 15 克，地榆 20 克，知母 20 克，菊花 45 克，当归 20 克，茜草 20 克，麦芽 45 克。

【用法用量】粉碎，拌料饲喂，每羽鸡每日用药量为 1 克，7 天为 1 个疗程。

【功效】清热燥湿，凉血止痢。

【应用】用于急性败血型葡萄球菌病。尤其是在用抗生素治疗效果不明显时，用本方治疗效果显著。（滕秀丽，国外畜牧学－猪与禽，2018，6）

方 2

【处方】黄芩、黄连、焦大黄、板蓝根、茜草、大蓟、建曲、甘草各等份。

【用法用量】混合粉碎，每鸡口服 2 克，每天 1 次，连服 3 天。

【功效】清热解毒，凉血止痢。

【应用】本方治疗肉鸡关节炎型葡萄球菌病效果良好。（施海东，家禽科学，2018，4）

方 3（加味三黄汤）

【处方】黄芩、黄连叶、焦大黄、黄柏、板蓝根、茜草、大蓟、车前子、神曲、甘草各等份。

【用法用量】按每只鸡每天 2 克煎汁拌料，每天 1 剂，连喂 3 天。预防用半量。

【功效】清热燥湿，健脾开胃。

【应用】用本方治疗鸡葡萄球菌病，效果显著。（周树国等．四川畜牧兽医，2005，5）

方 4（复方三黄加白汤）

【处方】黄连、黄柏、黄芩、白头翁、陈皮、香附、厚朴、茯苓、甘草各 200 克。

【用法用量】共煮水，供体重 1 千克以上 1000 羽病鸡 1 天饮用，连用 3 天。

【功效】清热解毒，凉血止痢。

【应用】用本方治疗鸡葡萄球菌病，2 天后病情得到控制，7 天后基本痊愈。共治疗 11 群鸡 2110 多只，均取得满意效果。（孙耀华等．中国农村科技，1999，8）

方 5

【处方】鱼腥草 90 克，连翘 45 克，大黄 40 克，黄柏 50 克，白及 45 克，地榆 45 克，知母 30 克，菊花 80 克，当归 40 克，茜草 45 克，麦芽 90 克。

【用法用量】粉碎混匀，按每只鸡每天 3.5 克拌料喂服，4 天为一疗程。

【功效】清热解毒，凉血止痢。

【应用】用本方治疗葡萄球菌病鸡，服药后 6 天控制病情，第 8 天症状完全消失。对氯霉

素等抗生素治疗效果不明显的病鸡显出较好的疗效。（郭胜祥．中兽医医药杂志，1992，1）

18. 鸡链球菌病

方1

【处方】金银花100克，大青叶100克，杭菊花70克，柴胡70克，桔梗60克，黄连、黄芩、黄柏各60克，茵陈70克，龙胆草70克，青陈皮各80克，炙甘草80克，红花80克。

【用法用量】按每羽鸡每天2克用药，先浸泡后煎成汤，浓缩成1000毫升自由饮用。每天上、下午各1次，连服3～5天。

【功效】清热解毒、消炎利胆。

【应用】该方治疗鸡链球菌病，用药3天，疗效明显。（还庶．中兽医学杂志，2013，4）

方2

【处方】金银花、麦冬各15克，连翘、蒲公英、紫花地丁、大黄、山豆根、射干、甘草各20克。

【用法用量】煎汁，供500只鸡拌料喂服。病重鸡灌服。

【功效】清热解毒。

【应用】用本方治疗鸡链球菌病，有一定效果。也可用以下几方：①射干、山豆根各15克，煎成1300毫升，加冰片0.15克，供500只鸡1天灌服。②野菊花、忍冬藤、筋骨草各50克，犁头草40克，七叶一枝花25克，水煎，供500只鸡分2～3次灌服或拌料服。③一点红、蒲公英、犁头草、田基黄各40克，积雪草50克，水煎，供500只鸡分3次服用或拌料喂给，每天1剂，连服3～4天。（计伦．鸡病诊治验方集粹．中国农业科技出版社，2005）

方3

【处方】穿心莲50克，金银花25克，地胆头50克。

【用法用量】煎汁，供100只鸡喂服，连用3天。

【功效】清热燥湿，利水消肿。

【应用】用本方治疗鸡链球菌病，有一定治疗效果。（郭书普．鸡病高效防治新技术．中国致公出版社，1993）。

19. 鸡曲霉菌病

方1

【处方】鱼腥草360克，蒲公英180克，黄芩90克，桔梗90克，葶苈子90克，苦参90克。

【用法用量】混合粉碎，按每只鸡每次0.5～1克拌料喂服，每天3次，连用5天。

【功效】清热解毒。

【应用】用本方治疗鸡曲霉菌病，用药愈早，效果愈好。（闫晓锋．农业技术与装备，2018，3）

方2

【处方】鱼腥草 100 克，肺形草 60 克，蒲公英 50 克，山海螺 50 克，桔梗 40 克，筋骨草 40 克。

【用法用量】混合粉碎后，拌料 40～50 千克喂服，连用 5～7 天。预防时，拌料 100 千克，连用 3～4 天。

【功效】清热解毒。

【应用】用本方治疗鸡曲霉菌病，效果显著。（杨国祥．浙江畜牧兽医，2006，5）

【按语】肺形草，味辛、甘，性寒，对支气管扩张和由痰热留阻肺经、伤及肺络而致的咯血有良好效果。一般使用 1 月可控制症状，半年可获痊愈。临床上也有肺形草治疗支气管炎症以及肺结核咯血者，既可单味服用，也可与其他药物配伍应用。

方3

【处方】金银花、蒲公英、炒莱菔子各 30 克，丹皮、黄芩各 15 克，柴胡、知母各 18 克，生甘草、桑白皮、枇杷叶各 12 克，鱼胆草 50 克。

【用法用量】将上药煎汤取汁 1000 毫升，拌料供 100 只鸡 1 次服，每天 2 次。

【功效】清热解毒，宣肺定喘。

【应用】用本方治疗鸡曲霉菌病，效果良好。（陈雪峰．农村百事通，2006，12）

方4

【处方】鱼腥草 360 克，蒲公英 180 克，黄芩 90 克，葶苈子 90 克，桔梗 90 克，苦参 90 克。

【用法用量】以上为 200 羽雏鸡用量，将诸药为末，均匀拌入饲料中，每羽病鸡每次 0.1 克，每天 3 次，连服 3 天。预防用半量间隔喂服。

【功效】清热解毒，宣肺定喘。

【应用】用本方治疗使用多种抗生素治疗无效的雏鸡曲霉菌病，治愈率 96.8%。（沈建业．中兽医医药杂志，1989，2）

方5

【处方】桔梗 250 克，蒲公英 500 克，鱼腥草 500 克，苏叶 500 克。

【用法用量】以上为 1000 只鸡 1 日用量，用药液拌料喂服，每天 2 次，连用 1 周。

【功效】清热解毒，宣肺定喘。

【应用】用本方治疗鸡曲霉菌病鸡，用药 3 天后，病鸡即停止死亡，用药 1 周后痊愈。在饮水中加 0.1% 高锰酸钾供鸡饮用，效果更好。（颜明．畜牧与兽医，1988，4）

20. 鸡支原体病（慢性呼吸道病）

方1

【处方】麻黄、大青叶各 6 克，石膏 5 克，制半夏、连翘、黄连、金银花各 4 克，蒲公英、黄芩、杏仁、麦冬、桑皮各 3 克，菊花、桔梗、甘草各 2 克。

【用法用量】此为 100 羽雏鸡用量，煮汁拌料服。

【功效】清宣肺热，平喘止咳。

【应用】本方治疗鸡慢性呼吸道病，疗效很好。（马佩玲．中兽医学杂志，2018，2）

方2

【处方】石膏75克，甘草15克，桔梗15克，杏仁15克，麻黄15克，鱼腥草60克。

【用法用量】混合后粉碎，按每千克体重3～4克用药，拌入饲料中喂服。

【功效】清热宣肺，化痰止咳。

【应用】本方治疗鸡慢性呼吸道病，有很好的疗效。本方也可作疾病预防，给药量为2～3克/千克体重。（崔明．吉林畜牧兽医，2018，7）

方3

【处方】麻黄150克，杏仁80克，石膏150克，黄芩、连翘、金银花、菊花、穿心莲各100克，甘草50克。

【用法用量】粉碎、混匀，按每天每只雏鸡0.5～1.0克，成鸡1.0～1.2克用沸水冲泡后拌料，一次喂服，连用5～7天。

【功效】宣肺解表，平喘止咳。

【应用】用本方治疗曾用红霉素、恩诺沙星、环丙沙星等药物治疗效果不明显的病鸡，连用5天，治愈率93.5%。发病初期，用麻杏石甘散配合抗菌药物治疗，效果也很好。（李存．中兽医医药杂志，2001，4）

方4

【处方】大青叶50克，板蓝根50克，金银花30克，桔梗20克，款冬花20克，杏仁20克，黄芩20克，陈皮20克，甘草5克。

【用法用量】粉碎，以0.5%的比例混入饲料中连喂5～7天。

【功效】清热解毒，止咳化痰。

【应用】用本方对80处中小型蛋鸡场的患病鸡群进行治疗，证明有独特疗效，极大提高了治愈率。（胡克胜．山东畜牧兽医，2006，2）

方5（济世消黄散）

【处方】黄连10克，黄柏10克，黄芩10克，栀子10克，黄药子10克，白药子10克，大黄5克，款冬花10克，知母10克，贝母10克，郁金10克，秦艽10克，甘草10克。

【用法用量】水煎3次，供100只成年鸡饮服。

【功效】清热解毒，利咽消肿。

【应用】用本方治疗鸡慢性呼吸道病及其继发性大肠杆菌病，效果显著，服药后次日即见食欲增进，一般应用3～5剂即可治愈。（徐贵林．中兽医医药杂志，1997，1）

方6

【处方】鱼腥草100克，桔梗100克，金银花100克，菊花100克，麦冬100克，黄芩85克，麻黄85克，杏仁85克，桑白皮85克，石膏60克，半夏100克，甘草40克。

【用法用量】水煎取汁，供500只成年鸡1天饮水，每天1剂，连用5～7天。

【功效】宣肺发表，止咳平喘。

【应用】用本方治疗蛋鸡慢性呼吸道疾病，用药3～5天后临床症状减轻，7天基本治愈。产蛋逐渐恢复。（刘勇．农家参谋，2003，6）

方7

【处方】麻黄、杏仁、石膏、桔梗、鱼腥草、金荞麦根、黄芩、连翘、金银花、牛蒡子、穿心莲、甘草各等量。

【用法用量】研成细末，按每只每次 0.5～1 克拌料饲喂，连用 5 天；预防，每隔 5 天投药 1 次，连用 5～8 次。

【功效】清热化痰。

【应用】用本方治疗鸡慢性呼吸道病，有显著效果。（周树国等．四川畜牧兽医，2005，5）

21. 鸡脚癣

方1

【处方】敌百虫。

【用法用量】配成 30% 药液浸泡洗刷患部，每天 1 次。

【功效】杀虫灭疥。

【应用】成年鸡易患疥癣，俗称"石灰脚"或"鸡屎脚"，用本法一般 3～4 天即可痊愈。（江涛．养殖技术顾问，2002，1）

方2

【处方】废机油，废柴油。

【用法用量】混合，涂抹患处，每天 1～2 次。

【功效】杀虫灭疥。

【应用】用本方几天后，癣痂便脱落，再涂抹 1～2 次即可痊愈。（程军．专业户，2002，8）

方3

【处方】硫黄 15 克。

【用法用量】碾末，拌凡士林或机用黄油少许，调拌为糊，涂擦患部。

【功效】杀虫灭疥。

【应用】一般 2～3 次即可痊愈。（陈本国．贵州农业科学，1981，10）

22. 鸡球虫病

方1

【处方】常山 2500 克，柴胡 900 克，苦参 1850 克，青蒿 1000 克，地榆炭 900 克，白茅根 900 克。

【用法用量】加水煎煮 3 次，浓缩至 2800 毫升。治疗时，将原液配成 25% 浓度，每 4000 毫升拌入 15 千克饲料，连喂 8 天。

【功效】杀虫止痢。

【应用】该方可消除鸡感染球虫后产生的下痢、血便等症状。预防：粉碎过筛，在饲料中添加 0.5%，自由采食，连用 5 天。（段雪梅．中兽医学杂志，2018，1）

方2

【处方与用法】① 黄芩 370 克，土黄连 220 克，柴胡 220 克，仙鹤草根 150 克，贯众 150

克。加水煎煮，混入饲料中喂服，每天1次，连喂5天。对于无法进食的病鸡，用滴管喂服药汁，每次5毫升，每天3次。

② 常山500克，柴胡75克。水煎，30日龄雏鸡每日服10毫升，连用3天。

③ 血见愁60克，马齿苋30克，地锦草30克，凤尾草30克，车前草15克。水煎服，连服3天。

【功效】清热凉血，止痢。

【应用】本方对于鸡球虫病有较好的治疗效果。(杜娟．中国动物保健，2018，10)

方3

【处方】青蒿290克，仙鹤草120克，何首乌140克，肉桂80克，丹皮160克，黄柏30克，柴胡40克，生黄芪40克，大黄40克，茵陈30克，甘草30克。

【用法用量】研为细末，1000克拌料400千克，连喂3～5天。

【功效】清热凉血，止血止痢。

【应用】用本方治疗雏鸡、蛋鸡球虫病，3～5天后病情好转，7天痊愈。(王国明等．中兽医学杂志，2015，6)

方4

【处方与用法】① 红辣蓼。晒干粉碎，以3%～4%的比例拌料饲喂，每天2次，连用3～5天。

② 鲜韭菜。切细拌料饲喂，大鸡2～4克，小鸡0.5～2克，每天2次，连喂3～5天。

③ 青蒿。晒干粉碎，按2%～3%的比例拌料饲喂，连喂3天。

④ 大蒜加5倍水磨浆滤汁，用滴管滴灌小鸡，每次3～6滴，每天2次。

⑤ 洋葱。切细拌料饲喂，大鸡3～5克，小鸡1～2克，每天1次，连喂2～4天。

【功效】解毒消肿，活血止血。

【应用】本方对鸡球虫有一定效果。(孙道德．中兽医学杂志，2005，4)

方5

【处方】白头翁500克，马齿苋750克，石榴皮750克，墨旱莲800克，地锦草500克。

【用法用量】混合粉碎，按每1千克体重2克拌料饲喂，连用4～5天。预防按每千克体重1克。

【功效】清热解毒，燥湿收敛。

【应用】用本方可有效治疗鸡球虫病。(杨国祥．浙江畜牧兽医，2006，5)

方6

【处方与用法】① 黄连、苦楝皮各6克，贯仲10克。水煎取汁，成年鸡分2次、雏鸡分4次灌服，每天2次，连服3～5天。

② 常山。雏鸡每次0.3～1克，成年鸡每次1.5～2克，煎汁拌料喂服，每天2次。

③ 黄连、黄柏各10克，大黄7克，甘草15克。共研细末，雏鸡每次0.5～0.8克，成年鸡每次1.5～2克，拌料喂服或灌服，连服3～5天。

④ 黄连、黄柏各12克，大黄10克，黄芩30克，甘草20克。共研末，雏鸡每次0.3～0.5克，成年鸡1克，每天2次，连服3～7天。

⑤ 球虫九味散：白术、茯苓、猪苓、桂枝、泽泻各15克，桃仁、生大黄、地鳖虫各25克，白僵蚕50克。共研细末，雏鸡每次0.3～0.5克，成年鸡每次2～3克，拌料喂服或灌

服，连服 3～5 天。

【功效】清热燥湿，杀虫。

【应用】方①治疗鸡球虫病，治愈率 92.9％；其余几方也有良好疗效。（于光华．中兽医医药杂志，2000，2）

23. 鸡住白细胞虫病

方1

【处方与用法】① 青蒿 15 克，常山 13 克，松萝 10 克，苦参 10 克，黄芪 20 克，仙鹤草 10 克，熟地黄 15 克，甘草 5 克。粉碎拌料，雏鸡每天每羽约 5 克，成鸡每天每羽约 10 克，连用 4 天。

② 苦参、黄连、野菊花、当归、生地黄各 4 克，煎汤加红糖 10 克。拌入饲料服用，雏鸡每天每羽 3 克，成鸡药量加倍，连用 15 天。

③ 薏苡仁 60 克，芡实 60 克，白薇 60 克，莲子 60 克，栀子 30 克，龙胆草 30 克，百部 30 克，柴胡 30 克，白术 30 克，黄芩 20 克。粉碎拌料，每天每羽成鸡 8 克，7 天为一疗程。

【功效】滋阴凉血，杀虫。

【应用】以上各对鸡住白细胞虫病是行之有效的绿色疗法。（张永雄等．科学种养 2018，3）

方2

【处方】薏苡仁 60 克，芡实 60 克，白薇 60 克，莲子 60 克，栀子 30 克，龙胆草 30 克，百部 30 克，柴胡 30 克，白术 30 克，黄芩 20 克。

【用法用量】100 千克鸡一次饮水或拌料服用，每日 1 剂，7 天为 1 疗程。

【功效】清热利湿，杀虫。

【应用】本方治疗鸡住白细胞原虫病，有较好效果。（杨登林．四川畜牧兽医，2016，11）

24. 鸡组织滴虫病

方1

【处方与用法】① 大黄 10 克，槟榔 5 克，白芍 5 克，木香 5 克，板蓝根 10 克，焦山楂 5 克，甘草 3 克。粉碎，混匀，按 1％的比例混料饲喂。

② 白头翁散：白头翁 90 克，黄连 30 克，黄柏 45 克，秦皮 60 克。共为末，成鸡每天每只 3 克·天～1，火鸡适当按体重加量，一个疗程 3～5 天。

【功效】清热燥湿，杀虫。

【应用】本方治疗鸡组织滴虫病，临床应用效果颇佳。用药的同时要补充维生素 K3 粉，鱼肝油（2～3 毫升/只），可以有效地控制盲肠出血，有助于修复肝脏。（周学民等．饲料博览，2017，3）

方2（龙胆泻肝汤）

【处方】龙胆草（酒炒）、栀子（炒）、黄芩、柴胡、生地黄、车前子、泽泻、木通、甘草、当归各 20 克。

【用法用量】水煎，供 100 只鸡一次饮服。重症用注射器滴服

【功效】清热解毒，凉血止痢。

【应用】应用本方治疗鸡盲肠肝炎，饮服 2 天，治愈率达 95%。（李奖状．中兽医医药杂志，1994，2）

25. 鸡前殖吸虫病

【处方】雷丸 900 克。

【用法用量】碾成细粉，拌入 187.5 千克饲料，饲喂 1500 只鸡（按每只鸡每天吃料 125 克计算），连喂 2 天。

【功效】杀虫。

【应用】用本方配合氟苯尼考（1 克/千克饲料，连用 5 天）治疗后鸡群恢复正常，但 3 周后复发，再用药 1 个疗程后病鸡康复。用雷丸驱虫，配合氟苯尼考消炎，治疗效果较好，而且价格便宜。（彭渝．中国畜禽种业，2008，9）。

26. 鸡绦虫病

方 1

【处方】南瓜子 5～15 克。

【用法用量】磨成细粉，加 8 倍量水煮沸 1 小时，除去表层油脂后与等量饲料混合，饲喂。连续用药 2 次，2 次间隔时间以 5 天为好。

【功效】驱虫。

【应用】用本方配合氯硝柳胺，同时增加饲料中维生素 A 和维生素 K 的含量，效果较好。（宋恒．畜禽业，2013，6）

方 2

【处方】槟榔粉 100 克。

【用法用量】研末加 2000 毫升水熬成 1500 毫升，滤去药渣冷却后，按每千克体重投服 15 毫升。

【功效】驱虫。

【应用】用本方进行大群驱虫时，须先进行小群试验，取得经验后，再全群投药。如用药过量，鸡一般在投药后 15～30 分钟出现中毒反应，其表现为口吐白沫、发抖、站立不稳等，抢救中毒应尽快肌内注射阿托品 0.5 毫克。（冯志林．四川畜牧兽医，2011，11）

方 3

【处方】槟榔 150 克，南瓜子 120 克。

【用法用量】水煎，首次加水 2000 毫升煮沸 30 分钟，第 2 次加水 1000 毫升煮沸 20 分钟，合并 2 次药汁，供 600 羽 35 日龄肉鸡分两次混饲或混饮。混饲前群停料 6 小时以上，混饮前停水 3～4 小时。重症病鸡滴服。

【功效】驱虫消积，行气利水。

【应用】用本方治疗散养崇仁麻鸡绦虫病，用药片刻后可见虫体及粪便排出。用药 1 小时

后要将鸡群赶出用药地点，清扫和消毒栏舍，以防重复感染。本方有一定的毒性，用药后会出现口吐白沫现象，可皮下注射阿托品（按每千克体重0.02毫克）解毒。（典小明等．中兽医学杂志，2005，2）

方4

【处方】石榴皮、槟榔各60克。

【用法用量】加水1000毫升，煎至500毫升，每只鸡每次服2～5毫升，每天服2～3次。

【功效】杀虫。

【应用】本方能有效驱除鸡绦虫。也可用南瓜子、槟榔各15克，炒黄研末，一次灌服。（李少君．当代畜禽养殖业，1994，1）

27. 鸡蛔虫病

方1（驱虫散）

【处方与用法】① 竹叶花椒15克。文火炒黄研末，每只鸡每次0.02克拌料喂，每天2次，连喂3天。

② 烟草15克。切碎，文火炒焦研碎，按2％比例拌入饲料，每天2次，连喂3～7天。

③ 汽油。小鸡0.5毫升，成年鸡3毫升，用滴管或连续注射器去掉针头滴服。

【功效】驱虫。

【应用】用以上方剂治疗鸡蛔虫，有一定效果。（白聚红．饲料博览，2018，9）

方2（驱虫散）

【处方与用法】① 驱虫散：槟榔125克，南瓜子75克，石榴皮75克。研成粉末，按2％比例拌料饲喂（喂前停食，空腹喂给），每天2次，连用2～3天。

② 鲜苦楝树根皮25克。水煎去渣，加红糖适量，按2％拌料，空腹喂给，每天1次，连用2～3天。

③ 植物油1克，烟末10克。拌匀喂服，隔1周再喂1次。

【功效】驱虫。

【应用】用以上方剂治疗鸡蛔虫，有一定效果。（郭书普．鸡病高效防治新技术．中国致公出版社，1993）。

方3

【处方】槟榔15克，乌梅肉10克，甘草6克。

【用法用量】研粉制丸，每千克体重服2克，每天2次。隔1周再服1次。

【功效】驱虫消积，行气利水。

【应用】应用本方治疗鸡蛔虫病，效果显著。（甘肃畜牧兽医，2003，5）。

28. 鸡羽虱

方1

【处方】百部20克，白酒500毫升。

【用法用量】浸泡 3 天后,用干棉球蘸药酒擦鸡皮肤,每天 1～2 次,连续 3～4 天。用棉球蘸酒涂擦寄生部位,连用 3～4 次。

【功效】杀虫。

【应用】用本方法治疗鸡羽虱,3～4 次可根治。也可用 60 度白酒涂擦,每天 1～2 次,连续 3～4 天。(李冬等.养殖天地,2003,8)

方 2

【处方】烟叶丝 150 克。

【用法用量】放入 500 克水中浸泡 2～3 小时,取药液擦涂患鸡体表和喷洒鸡舍。

【功效】驱虫。

【应用】本方法可有效去除鸡虱,一般 1～2 次就能根治。(徐寒春等.畜牧兽医科技信息,2007,3)

方 3

【处方】卫生球。

【用法用量】用布包裹,每只鸡 2 颗,分别捆扎在鸡的翅膀下,保持 2～3 天。

【功效】驱虫。

【应用】本方法 2～3 天内就可驱净身上的虱子。鸡舍内的虱子,可将不同数量的卫生球固定在鸡舍内的几个角落和顶棚上,1 周左右即可消除鸡舍内鸡虱。(袁仁长.专业户,2002,9)

方 4

【处方】百部 1000 克。

【用法用量】加水 50 升煮沸 30 分钟,药渣加水 35 升,再煮 30 分钟,合并 2 次滤过液,供 200 只鸡涂擦患部 2 次。每天 1 次。

【功效】杀虫。

【应用】用本方治疗鸡虱 3560 例,均获得良好效果,2 次即可。全身寄生羽虱时,则用药浴法,将约 35℃药液盛于缸内,将鸡体浸入药液内几分钟,使全身羽毛浸透,再将头浸浴 1～2 次,然后提起鸡,待药液稍流干,即可放鸡。每天 1 次,连续 2 日即可。(周恩庭.畜牧与兽医,1987,19)

29. 鸡螨病

方 1

【处方与用法】① 硫黄。在运动场上挖一浅池,10 份黄沙加 2 份硫黄粉拌匀放入池内,任鸡沙浴。

② 百部、丁香、花椒适量。加水煎成 100% 煎剂,洗浴病鸡。

【功效】杀螨。

【应用】本方有良好的杀螨作用。(王居平等.中国家禽,2005,17)

方 2

【处方】百部、贯众各 50 克。

【用法用量】加水 2000 毫升煮沸，待温敷洗，一般 1~3 次即愈。

【功效】杀虫。

【应用】应用本方治疗鸡螨虫效果显著。也可用废机油涂刷患部，每天 2 次，一般连涂 1~4 次，痂皮可自行脱落。（李治修．中兽医学杂志，1994，4）

30．鸡软蜱病

【处方】百部 20 克。

【用法用量】加 70％酒精 100 毫升密封浸泡 10 天以上，用棉球蘸取药液涂擦翅下和胸腹部皮肤。

【功效】杀虫。

【应用】本药液对软蜱疗效较好，用药第 2 天可见幼虫表皮变皱，以后逐渐变干，7 天内再也见不到有幼虫叮咬。且对人畜无害，其毒性甚小，对鸡体表面涂药 80％，无任何毒性反应。（荣祥乐．上海畜牧兽医通讯，1987，1）

31．鸡感冒

方1

【处方】荆芥、防风、茯苓、独活、金银花各 15 克；柴胡、川芎、枳壳、羌活、桔梗、薄荷各 10 克；甘草 3 克，生姜 20 克。

【用法用量】加水 2000 毫升，煎汤至 500 毫升，饮服，成鸡每只 5 毫升，小鸡酌减，每天 2 剂，连用 3 天。

【功效】辛温解表，疏风祛湿。

【应用】用本方治疗 100 余只病鸡，除 10 余只病情非常严重的病鸡死亡外，其余病鸡全部恢复健康。将上述药物减半，或按 1/3 的剂量拌料喂服，能够有效预防该病的发生。（张冬梅等．畜牧与饲料科学，2012，5~6）

方2

【处方】荆芥 80 克，防风 50 克，柴胡 50 克，枳壳 50 克，茯苓 50 克，桔梗 50 克，川芎 80 克，薄荷 80 克，甘草 80 克，神曲、山楂、麦芽（三仙）各 50 克。

【用法用量】共为细末，供 100 只鸡拌料 3 天饲喂。

【功效】疏风解表，健脾祛湿。

【应用】眼肿者加石决明、草决明、苦参、菊花、木贼以清肝明目。用本方治愈感冒病鸡 50000 余只，效果确实，一般 3 天即愈，严重者 5 天。（李金香等．中兽医医药杂志，2000，3）

方3

【处方】柴胡 50 克，知母 50 克，金银花 50 克，连翘 50 克，枇杷叶 50 克，莱菔子 50 克。

【用法用量】煎汤 1000 毫升，拌料，分早、晚 2 次喂服，每天 1 剂。

【功效】解表清热，化痰止咳。

【应用】用本方治疗 4 日龄雏鸡感冒，按上方半量喂服，次日即愈。共治疗感冒雏鸡近万

只，均取得良好效果。（张贵林．禽病中草药防治技术．金盾出版社，2004）

方 4

【处方】杏仁 4 克，防风 18 克，贝母 90 克，麻黄 18 克，甘草 30 克，生姜 30 克。

【用法用量】加水 2.5～3 升煎汤，供 300 只雏鸡每天分 2 次服完。

【功效】辛温解表，止咳平喘。

【应用】用本方治疗鸡感冒有一定疗效，特别对咳嗽多的感冒效果好。（郭书普．鸡病高效防治新技术．中国致公出版社，1993）

32. 鸡咳喘证

方 1（咳喘饮）

【处方】连翘 10%，金银花 10%，板蓝根 10%，贯众 10%，麻黄 5%，杏仁 5%，牛蒡子 5%，山豆根 5%，射干 5%，黄芩 10%，桑白皮 10%，黄芪 10%，甘草 5%。

【用法用量】共为散剂。蛋鸡每天每只 5 克，青年鸡、小鸡酌减，水煎取汁，纳入等量白糖（每只鸡 5 克），兑入全天饮水中自饮，药渣拌入当日料中服；也可水煎后，渣汁一起分次拌料服用，连用 3 天。

【功效】凉血解毒，止咳平喘。

【应用】咽喉红肿出血，加生地、玄参；发热神呆，加柴胡、鱼腥草；粪黄绿色，加穿心莲、大黄；肾肿，加白术、茯苓、泽泻；蛋鸡产蛋不回升、产畸形蛋，减麻黄、杏仁，加当归、益母草、淫羊藿。对鸡咳喘证效果显著。（郭蔚．畜牧兽医科技信息，2017，5）

方 2

【处方】金银花、麻黄、板蓝根、黄芩、大青叶、石膏、杏仁、制半夏、桔梗、桑白皮、瓜蒌、射干、山豆根、天花粉、苏子、甘草各等份。

【用法用量】按每天每千克体重 2 克用药。水煎 2 次，每次煮沸 10 分钟，合并两次药液，候凉供鸡群饮用，药渣拌料。连用 3 天。

【功效】清热解毒，止咳平喘。

【应用】适用于痰热型咳喘证。风寒型咳喘，加桂枝、荆芥、防风；暑湿型咳喘，加藿香、苍术、厚朴；虚弱型咳喘，加黄芪、党参。（海兴鹏．畜禽业，2012，10）

方 3

【处方】栀子 20 克，黄芩 20 克，苏子 15 克，葶苈子 20 克，知母 20 克，川贝 15 克，桔梗 15 克，半夏 15 克，炙甘草 10 克。

【用法用量】水煎取汁，以 10% 的比例拌料，连喂 3 天。病重鸡每只滴服 3～5 毫升，每天 2～3 次。

【功效】清热利肺，平喘止咳。

【应用】用本方治疗鸡咳喘病，效果显著。（王军．当代畜禽养殖业，1994，6）

33. 鸡肺炎

【处方与用法】① 蒲公英、野菊花各 100 克。切细煎汁，供 100 只鸡混入饲料中喂服。

连喂 3~5 天。

② 鲜鱼腥草 1000 克。加水少许，捣烂取汁，饮水或拌料均可。

③ 新鲜猪苦胆汁，加水稀释、灌服或拌料饲喂，每天服 1 次。

【功效】清热解毒。

【应用】用上方治疗鸡肺炎，有明显效果。（李少君．当代畜禽养殖业，1994，1）

34. 鸡中暑

方1

【处方与用法】① 清暑散：薄荷、葛根各 140 克，淡竹叶 120 克，滑石 60 克，甘草 40 克。制成粉剂，添加在饲料中混饲。成鸡每只每天用 1 克，雏鸡适当减量。

② 清暑消食散：海金砂、白叶藤、崩大碗、地龙、冰糖草各 200 克，布渣叶、岗条、葫芦茶各 30 克，金钱草、铁线草、田基黄各 150 克。加水煎煮服用或添加在饲料中混饲 6000 羽雏鸡。

【用量】上方为 6000 羽鸡生药用量。煎汁自饮或拌料饲喂。

【功效】清热消暑，除湿。

【应用】方①适用于干热天气下发生的中暑，方②适用于在闷热潮湿天气下发生的中暑。立即采取降温措施，供给足够的清凉、干净饮水。（马欢．现代畜牧科技，2018，7）

方2

【处方】藿香 100 克，蒲公英 100 克，连翘 100 克，雄黄 30 克，明矾 30 克，薄荷 100 克，板蓝根 100 克，苍术 50 克，龙胆草 50 克，竹叶 100 克，甘草 20 克。

【用法用量】粉碎拌料或煎汁饮水，供 100 只鸡 5 天用。

【功效】清热祛暑，健脾化湿。

【应用】用本方治疗鸡中暑效果良好。用药的同时加大通风量，往鸡的头部、背部喷洒纯净的凉水，特别是在每天的 14：00 时以后、气温高时每 2~3 小时喷 1 次；饲喂马齿苋或西瓜皮，每只鸡每天 1~2 千克。（李金香等．中兽医医药杂志，2000，2）

方3

【处方与用法】① 鸡不食草、马鞭草各半。研末制成丸，大鸡每次 3~5 克，中鸡 2~3 克，小鸡减半，每天 2 次。

② 麦冬、甘草各 10 克，淡竹叶 15 克，水煎取汁，与石膏水（生石膏 30 克，磨水）混合喂鸡，每只鸡每次 2~3 毫升，连用 2~3 次。

【功效】消暑和中。

【应用】应用上方治疗鸡中暑，有良好效果。（曹之钧．湖南农业，1999，9）

方4（百香散）

【处方】白扁豆（生）140 克，香薷 120 克，藿香 120 克，滑石 80 克，甘草 40 克。

【用法用量】加工成粉剂拌料饲喂。每只成鸡每天 1 克，雏鸡酌减。

【功效】健脾化湿，消暑和中。

【应用】用本方预防治疗鸡中暑，效果良好。本方适用于闷热潮湿天气。（韩德昌，河北畜牧兽医，1995，2）

方5(茯神散)

【处方】茯神40克，朱砂10克，雄黄15克，薄荷30克，连翘35克，玄参35克，黄芩30克。

【用法用量】共研细末，冲水5升供100只鸡饮用。对于病情严重不能饮用的病鸡，可用注射器打入嗉囊内。

【功效】安神宁心，清热消暑。

【应用】用本方防治鸡中暑，效果良好。（杨元北．养禽与禽病防治，1995，6）

方6(清暑消食散)

【处方】田基黄、铁线草、金钱草各150克，胡芦茶、岗茶、布渣叶各30克，地龙、崩大碗、海金砂、冰糖草、白省叶、地稔各200克。

【用法用量】煎汁自饮或拌料饲喂6000羽鸡。

【功效】清热消暑，除湿。

【应用】用本方对6000羽雏鸡进行试验观察，育成鸡的成活率达91.5％。经40多万羽鸡的临床应用，成活率均在93％以上，经济效益显著。（陈杰斌．中兽医学杂志，1994，7）

【按语】布渣叶为较常用的民间草药，为椴树科植物破布叶的叶，味微酸、涩、性凉，有清热消食的功能，用于感冒食滞，食欲不振，消化不良，腹胀，黄疸。

崩大碗又名马蹄草、雷公根、蚶壳草、铜钱草、落得打，为伞形科植物积雪草的干燥全草，味苦、辛，性寒，具有清热利湿、解毒消肿的功效，用于湿热黄疸、中暑腹泻、砂淋血淋、痈肿疮毒、跌扑损伤。

冰糖草又名香仪、珠子草、假甘草、土甘草、假枸杞、四时茶、通花草、节节珠，为玄参科植物野甘草的全株，性平味甘，具有清热解毒、利尿消肿之功效、治肺热咳嗽、暑热泄泻、脚气浮肿、小儿麻痹、湿疹、热痱、喉炎、丹毒。

地稔为野牡丹科植物地稔的全草，味甘微涩，性稍凉，有活血止血、清热解毒的功效。

35. 鸡痛风

方1(痛风灵)

【处方】木通100克，车前子100克，萹蓄100克，大黄150克，滑石200克，灯心草100克，栀子100克，甘草梢100克，山楂200克，海金沙150克，鸡内金100克。

【用法用量】混合研细末，每日按鸡体重1千克以下的1.0～1.5克、1千克以上的1.5～2.0克，混于饲料中喂服，连喂5天。也可加水煎汁，自由饮服，药粉渣拌料，连服5天。

【功效】利湿通淋。

【应用】用本方治疗370只初产蛋中华宫廷黄鸡原种鸡，治疗减蛋综合征期间增加饲料蛋白质15％导致的混合型痛风。治疗5天，第6天粪便黄白分明，并出现条状。第9天采食量增加，并且精神振作。（周淑萍．畜牧兽医科技信息，2017，7）

方2

【处方】地榆30克，连翘30克，海金砂20克，泽泻50克，槐花20克，乌梅50克，诃子50克，苍术50克，金银花30克，猪苓50克，甘草20克。

【用法用量】粉碎过 40 目筛，按 2% 拌料饲喂，连喂 5 天。食欲废绝的重病鸡可填喂。

【功效】清热解毒，利湿通淋。

【应用】用本方治疗海兰白 W-36 商品蛋鸡痛风，连用 5 天，治愈率 96.5%。本方适用于内脏型痛风。预防，方中去地榆，按 1% 的比例添加于饲料中。（张洪增. 中国家禽，2003，23）

方 3

【处方】车前草、金钱草、木通、栀子、白术各等份。

【用法用量】按每羽 0.5 克煎汤喂服，连喂 4～5 天。

【功效】利尿通淋。

【应用】应用本方治疗雏鸡痛风病，效果良好。可酌加金银花、连翘、大青叶等。用赤小豆汤加绿茶饮水有一定疗效。（贾乾春，上海畜牧兽医通讯，1996，3）

方 4

【处方】滑石粉、黄芩各 80 克，茯苓、车前草各 60 克，猪苓 50 克，枳实、海金砂各 40 克，小茴香 30 克，甘草 35 克。

【用法用量】每剂上下午各煎水 1 次，加 30% 红糖让鸡群自饮，第 2 天取药渣拌料，全天饲喂，连用 2～3 剂为一疗程。

【功效】渗湿利水，健脾开胃。

【应用】用本方治疗禽痛风 2 万只，治愈率在 95% 以上。（吴小林. 中兽医学杂志，1995，2）（本方适用于内脏型痛风）。

方 5

【处方】木通、车前子、瞿麦、萹蓄、栀子、大黄各 500 克，滑石粉 200 克，甘草 200 克，金钱草、海金砂各 400 克。

【用法用量】共研细末，混入 250 千克饲料中供 1000 只产蛋鸡或 2000 只育成鸡或 10000 只雏鸡 2 天内喂完。

【功效】清热利湿，通淋。

【应用】用本方治疗鸡尿酸盐代谢障碍有一定疗效。病鸡应立即停止使用原本营养不合理的饲料，适当降低饲料中的蛋白、钙、骨肉粉、鱼粉、石粉的用量，加大维生素的用量，加喂青绿饲料。（刘军等. 畜禽业，1994，4）

方 6（降石汤）

【处方】降香 3 份，石苇 10 份，滑石 10 份，鱼脑石 10 份，金钱草 30 份，海金砂 10 份，鸡内金 10 份，冬葵子 10 份，甘草梢 30 份，川牛膝 10 份。

【用法用量】粉碎混匀，拌料喂服，每鸡每次服 5 克，每天 2 次，连服 4 天为 1 疗程。

【功效】利水通淋，理气止痛。

【应用】用本方内服，同时饲料中补充浓缩鱼肝油（维生素 A、维生素 D）和维生素 B12，10 天后病势好转，追踪 3 个月，再无痛风发生，产蛋量在 3～4 周后恢复正常。发生本病应立即改善饲养管理，一是饲料的粗蛋白含量调整到 15%～16%；二是增补较好的青饲料，并充分供水；三是停止使用呋喃唑酮、磺胺和小苏打。（杨序贤. 中兽医医药杂志，1989，5）

36. 鸡嗉囊臌胀

方1

【处方】大蒜适量

【用法用量】切碎，加适量柠檬水，投服。

【功效】消食导滞。

【应用】用本方能促进消化，可有效防治嗉囊食滞。（徐寒春等．畜牧兽医科技信息，2007，3）

方2

【处方】昆布10克，海藻10克，山楂10克，陈皮10克，鸡内金6克，厚朴6克，金银花5克，甘遂4克，牡蛎10克。

【用法用量】本方为20只鸡的用量，水煎浓汁，用注射器或滴管灌服，雏鸡3～4滴，成鸡7～10滴，服后轻揉嗉囊。

【功效】软坚行水。

【应用】用本方治疗鸡的硬嗉胀病，一般服用2剂可痊愈。对严重阻塞的病鸡可采用嗉囊切开手术。（张贵林主编．禽病中草药防治技术．金盾出版社，2004）。

方3（人丹）

【组方】人丹（市售成药）1～2粒，大蒜1小块（黄豆至蚕豆大）。

【用法用量】一次投服，每天3次，连服2～3天。

【功效】消食导滞。

【应用】本方适用于嗉囊积滞引起的气胀。用本方治疗病鸡4例，均获得较好疗效。（张绍昌．中兽医医药杂志，1988，4）

方4（莱菔子散）

【处方】莱菔子1克。

【用法用量】捣烂，加适量水1次灌服。轻者每天1次；重者每天2次。小鸡可酌情减量。

【功效】消食导滞。

【应用】用本方治疗5例病鸡，用药1次治愈3例，2次治愈2例，疗效100%。本方不适于由草团、布料及其他异物阻塞引起的嗉囊积滞。（岳成壁．中兽医学杂志，1987，1）

方5

【处方】食用油2～4毫升，或食用醋5～10滴。

【用法用量】一次灌服。

【功效】滑利食管，软化嗉囊。

【应用】本方适用于因青绿饲料引起的嗉囊积食，治疗效果很好。（韩文俊．畜牧与兽医，1985，17）

37. 肉鸡胃溃疡

方1

【处方】乌贼骨、乌鱼骨、白及、银花、甘草各等份。

【用法用量】混合研碎，按每只鸡每天约 0.5 克均匀拌入饲料任其采食。也可将药煎汁灌服，一般 1 天 2 次。

【功效】收敛生肌。

【应用】用本方先后治疗大小 6 群约 1400 只病鸡，效果较佳，2～5 天可治愈。若病重者加地余炭等份。（孙克年．畜牧与兽医，1995，3）

方 2

【处方】白及 0.5 克，甘草 0.5 克，乌骨鱼 0.5 克。

【用法用量】捣碎混合，一次投喂，每天 1 次，连用 2～3 天。

【功效】补中缓急，止血生肌。

【应用】应用本方治疗肉鸡胃溃疡，效果良好。也可用于预防。（王军．当代畜禽养殖业，1994，6）

38. 肉鸡腹水综合征

方 1

【处方】猪苓 200 克，桑白皮 200 克，茯苓 600 克，泽泻 300 克，白术 300 克，陈皮 300 克，大腹皮 200 克，姜皮 100 克，木通 150 克，黄芪 500 克，车前子 300 克。

【用法用量】水煎供 1000 只鸡饮用。早晚各 1 次。

【功效】健脾渗湿，利水消肿。

【应用】以本方饮水，配合西药（双氢克尿噻、维生素等）治疗肉鸡腹水征，取得较好效果。（陈录燕．中兽医学杂志，2018，2）

方 2

【处方】麻黄 30 克，桂枝 15 克，黄芩 30 克，黄柏 30 克，板蓝根 30 克，猪苓 15 克，茯苓 15 克，泽泻 15 克，生姜皮 30 克，大腹皮 30 克。

【用法用量】碾细过筛，制成散剂，水煎 3 次，滤液供 50 千克体重鸡 1 天饮用，连用 9 天。

【功效】清热宣肺，利水消肿。

【应用】以本方饮水，配合西药（双氢克尿噻、氟哌酸、维生素等）治疗肉鸡腹水综合征，取得较好效果。（李丽平．中兽医学杂志，2015，11）

方 3（五苓散加减）

【处方】泽泻 45 克，猪苓、茯苓、白术、党参、苍术各 30 克，肉桂、陈皮、厚朴、车前、甘草各 20 克。

【用法用量】水煎两次，合并药液拌入饲料喂 300 只鸡，每天 1 剂，连用 7 天。

【功效】健脾温中，利水消肿

【应用】五苓散具有化水行气之效，是利尿消肿的常用方剂。以本方配合西药（速尿）治疗肉鸡腹水综合征取得较好效果。（吕金良等．四川畜牧兽医，2013，8）

方 4（参芪五苓散）

【处方】党参 50 克，黄芪 30 克，当归 35 克，川芎 35 克，丹参 30 克，茯苓 60 克，泽泻 40 克，车前子 40 克，石膏 60 克，黄连 30 克，黄柏 30 克。

【用法用量】粉碎，供 100 只鸡 1 天拌料饲喂，预防剂量减半，每天 1 次，连用 3～5 天。

【功效】补气活血，利水消肿。

【应用】用本方治疗肉仔鸡腹水综合征，连用 3～5 天，病情得到了控制。对未发病的鸡和发病较轻的病鸡，按 3％～5％ 的比例混饲，每天 1～2 次，连用 3～5 天。（及连盈等．今日畜牧兽医，2007，7）

方 5

【处方】柴胡 60 克，当归 50 克，黄芪 50 克，桃仁 55 克，红花 60 克，白芍 40 克，白术 50 克，牛膝 50 克，茯苓 60 克，泽泻 50 克，芫花 50 克，大黄 110 克，甘草 30 克。

【用法用量】粉碎，过 60 目筛，混匀，按 1％ 比例混饲。

【功效】益气养血，健脾利湿。

【应用】用本方治疗肉仔鸡腹水综合征，平均治愈率为 90.5％。尤其对发病早期疗效好。（张立富．中兽医医药杂志，2005，2）

方 6（去腹水散）

【处方】白术、茯苓、桑皮、泽泻、大腹皮、茵陈、龙胆草各 30 克，白芍、木瓜、姜皮、青木香、槟榔、甘草各 25 克，陈皮、厚朴各 20 克。

【用法用量】加水适量煎汁，供病鸡饮用 2～3 天。

【功效】逐水消肿。

【应用】用本方治疗肉鸡腹水综合征，效果较好。也可用牵牛、泽泻、木通、商陆根、苍术、猪苓、谷子、灯芯草各 500 克，淡竹叶 250 克，共研细末，每只鸡每次喂 1 克，连用 3 天。（凌志勇等．养禽与禽病防治，2004，11）

方 7

【处方】党参 45 克，黄芪 50 克，苍术 30 克，陈皮 45 克，瞿麦 40 克，木通 30 克，赤芍 50 克，甘草 50 克，茯苓 35 克。

【用法用量】粉碎，按每 1 千克体重 1 克拌料饲喂，每天 2 次，连用 3 天。

【功效】补气活血，利水消肿。

【应用】采用本方治疗肉鸡腹水征，治愈率达 98％ 以上。对长期或超剂量使用抗生素引起的肾囊肿也有一定疗效。（陈永汉．浙江畜牧兽医，2004，3）

方 8（当归芍药散）

【处方】当归 30 克，川芎 30 克，泽泻 30 克，白芍 30 克，茯苓 30 克，白术 20 克，木香 20 克，槟榔 30 克，生姜 20 克，陈皮 20 克，黄芩 20 克，龙胆草 20 克，生麦芽 10 克。

【用法用量】混合粉碎，过 100 目筛，供 100～150 羽 7～35 日龄肉仔鸡拌料饲喂，连用 3 天为 1 个疗程。

【功效】调和脾胃，利湿消肿。

【应用】用本方防治 2500 羽肉仔鸡，一般 1～2 个疗程治愈，治愈率达 97.5％。（马金忠．农村养殖技术，2003，9）

39. 鸡非传染性腹泻

方 1

【处方】黄芪 90 克，党参 120 克，苦参 100 克，茯苓 80 克，生姜皮 70 克，桑白皮 90 克，车前 80 克，白术 75 克，陈皮 95 克，白头翁 100 克，猪苓 90 克，石榴皮 120 克。

【用法用量】以上药物研磨成粉拌饲料使用，每只鸡2～3克，每日1次，最佳时间为早晨，连续给药5天左右。

【功效】温脾护肾，利尿止泻。

【应用】适用于肠胃寒凉导致肠胃消化和吸收障碍、肾脏代谢紊乱引起的腹泻。（孟爽．中兽医学杂志，2018，4）

方2（三黄汤）

【处方】黄连6～10克，黄柏6～10克，大黄3～5克。

【用法用量】黄连、黄柏、大黄的用量：1～2月龄鸡，用6克、6克、3克；2～3月龄鸡，用8克、8克、4克；3月龄以上鸡，用10克、10克、5克。煎汁，供100只肉鸡1天饮水，每天1剂，连用3天。

【功效】清热燥湿，泻火解毒。

【应用】用本方治疗鸡腹泻平均治愈率为99.5%。（杨金斗．农村百事通，2002，11）

方3

【处方】苍术50克，厚朴、白术、干姜、肉桂、柴胡、白芍、龙胆草、黄芩、十大功劳各25克，木炭100克。

【用法用量】共研细末，按小鸡1～3克、大鸡3～5克混料内服，每天2次。严重不吃食的鸡灌服。预防量减半，间断喂服。

【功效】健脾燥湿，温中止泻。

【应用】用本方治疗曾用痢菌净、土霉素、氟哌酸效果不明显的病鸡，轻者1～3天腹泻停止，再服1天痊愈；重者服药5～7次后腹泻停止，连服4天治愈，治愈率87%。（安先强．贵州畜牧兽医，2003，6）

方4（健脾止痢散）

【处方】党参60克，黄芪60克，白术500克，炒地榆500克，黄芩500克，黄柏500克，白头翁500克，苦参500克，秦皮50克，焦山楂500克。

【用法用量】粉碎混匀，按每羽每天1.5克拌料饲喂。

【功效】补气健脾，燥湿止痢。

【应用】本方适用于治疗稀粪带有绿水，或白痢，或血便，混有肠黏膜的肉鸡腹泻。用本方治疗经喹乙醇、痢特灵、敌菌净、庆大霉素治疗10天效果不明显的肉鸡腹泻，治疗3天后痊愈率达97%。（孙高成．河南畜牧兽医，2004，12）

方5（健脾散）

【处方】党参、白术、陈皮、麦芽、山楂、枳实各等份。

【用法用量】研为细末，按大鸡每天3克、小鸡减半拌入饲料内喂服，早晚各1次。

【功效】健脾燥湿。

【应用】用本方治疗鸡腹泻治愈率为92.2%。对于不吃食的病鸡，可掺入少量面粉，制成药丸填喂，同时加喂维生素B1半片，连用1～3天。（刘文亮．中兽医医药杂志，1985，1）

方6（止痢灵）

【处方】苍术2份，厚朴、白术、干姜、肉桂、柴胡、白芍、龙胆草、黄芩各1份。

【用法用量】制成粗粉，加入适量木炭末混匀。按大鸡每次 5 克，小鸡每次 2～3 克，拌入饲料中喂服，每天 2 次。

【功效】健脾燥湿，涩肠止泻。

【应用】用本方治疗鸡各种腹泻，一般 4～6 剂、重者连服 4 天即愈，治愈率在 91.2%。（林光杰．中兽医学杂志，1991，1）

方 7（泻痢灵）

【处方】黄连 30 克，葛根 30 克，黄芩 15 克，白头翁 20 克，藿香 10 克，木香 10 克，厚朴 20 克，茯苓 20 克，炒白芍 20 克，炒山药 30 克，炒三仙各 30 克。

【用法用量】粉碎混匀。30 日龄内雏鸡每只每天 0.5 克，30～60 日龄中雏 1 克，60 日龄以上 1.5 克，加沸水浸泡 30～60 分钟，上清液饮水，药渣拌料喂服。每天上午用药，连用 3～5 天。

【功效】清热解毒，燥湿止泻。

【应用】用本方治疗病鸡 18 万只，治愈率 88%，有效率 98%。本方适合于消化不良、过量使用抗生素引起的腹泻，以及鸡白痢等。（张贵林．禽病中草药防治技术．金盾出版社，2004）。

方 8

【处方与用法】① 韭菜 4 份，生姜 1 份。切细，加少量的食盐拌匀，让鸡自由啄食或喂服。

② 芒硝、植物油各 3 克。混合灌服，成年鸡以清除肠道内的毒性病理产物，然后再用大蒜 4～5 瓣捣烂，灌服。

③ 火炭研碎，按 2% 拌料，让鸡自由采食。

【功效】燥湿止泻。

【应用】上方可有效治疗鸡拉稀。用方①时为了避免气味太浓鸡不食，可加水捣汁拌入饲料中喂服或自由吸食。（薛华．农村养殖技术，2007，11）

40. 鸡吸收不良综合征

【处方（四君子汤）】党参 150 克，白术 120 克，茯苓 120 克，甘草 100 克。

【用法用量】共为细末，开水冲焖 1 小时，按 2% 比例拌料饲喂，连用 5～7 天。

【功效】补气健脾。

【应用】用本方治疗经土霉素、复方新诺明、庆大霉素等多种西药治疗无效的病鸡，取得良好效果。若鸡群消瘦食少、完谷不化，加山药 150 克、焦三仙 200 克、黄芪 150 克；粪稀，加厚朴 90 克、穿心莲 150 克、金钱草 120 克、车前草 120 克；粪黏带血，加地榆炭 120 克，仙鹤草 120 克。（薛志成．黑龙江畜牧兽医，1998，2）

41. 鸡脂肪肝综合征

方 1（茵栀黄口服液）

【处方】茵栀黄口服液，人用成药，由茵陈蒿、栀子、黄芩、金银花等中药制成。是根据过去的茵陈蒿汤结合茵栀黄注射液的有效成分改剂型而成的中成药制剂。

【用法用量】以每 2 毫升兑水 1 升的比例，自由饮水，连续用药 7 天。

【功效】清热解毒，利胆退黄。

【应用】治疗试验结果显示，茵栀黄口服液对蛋鸡脂肪肝综合征有较好的治疗作用，能降低蛋鸡的死亡率，提高产蛋率，同时能降低血清中 ALT、AST 的活性，TC 和 TG 的含量，降低肝脂率和腹脂率，从而达到保护肝脏的目的。说明茵栀黄口服液可以用于蛋鸡脂肪肝综合征的治疗。(邢玉娟等．黑龙江畜牧兽医，2017，8 下)

方 2

【处方】柴胡 30%，黄芩 20%，丹参 20%，泽泻 20%，五味子 10%。

【用法用量】粉碎，按每只 1.0 克于每天早晨拌料一次喂给。

【功效】清热舒肝，燥湿解毒。

【应用】用本方治疗鸡脂肪肝，用药 3 天后症状缓解，后改为隔天用药，10 天后病情控制。若在产蛋高峰到来前用药，按每只鸡 0.5 克，隔 2 天用 1 次，鸡产蛋率提高。(龚宏智．中国家禽，1994，1)

42. 鸡啄癖

方 1

【处方】茯苓 250 克，防风 250 克，远志 250 克，郁金 250 克，酸枣仁 250 克，柏子仁 250 克，夜交藤 250 克，党参 200 克，栀子 200 克，黄柏 500 克，黄芩 200 克，麻黄 150 克，甘草 150 克，臭芜荑 500 克，炒神曲 500 克，炒麦芽 500 克，石膏 500 克（另包），秦艽 200 克。

【用法用量】本方药量为 1000 只成年鸡 5 天用量，小鸡酌减。开水冲调，焖 30 分钟，拌料喂服。每天 1 次。

【功效】利水渗湿，镇静安神。

【应用】用本方治疗鸡啄癖，治愈率 90%。同时应用鱼肝油配合治疗，效果更佳。(闫会．中兽医医药杂志，2005，6)

【按语】臭芜荑，别名芜荑、黄榆、毛榆、山榆，为榆科榆属植物大果榆的种子经加工后的成品。药材呈扁平方块状。表面棕黄色或棕褐色，有多数孔洞和孔隙，杂有多数纤维及种子。质地松脆而粗糙，易起层剥离。具特异的恶臭臭气。功效：杀虫，消积，散寒止泻。主治：虫积腹痛，冷痢，疥癣，恶疮，风寒湿痹，肠风痔漏。

方 2

【处方与用法】① 茯苓 8 克，远志 10 克，柏子仁 10 克，甘草 6 克，五味子 6 克，浙贝母 6 克，钩藤 8 克。水煎浓汁，供 10 只鸡 1 次内服，每天 3 次。

② 牡蛎 90 克。每 1 千克体重每天 3 克，拌料内服。

③ 远志 200 克，五味子 100 克。共研为细末，混于 10 千克饲料中，供 100 只鸡 1 天喂服。

④ 羽毛粉。按 3% 的比例拌料饲喂。

【功效】宁心安神，祛痰开窍。

【应用】用上方治疗鸡啄癖，效果良好。（常红．养禽与禽病防治，2004，7）

方3

【处方】生石膏粉，苍术粉。

【用法用量】在饲料中添加 3％～5％生石膏及 2％～3％的苍术粉饲喂。

【功效】清热泻火，燥湿健脾。

【应用】本法适用于鸡啄食羽毛癖。应用本方同时注意清除嗉囊内羽毛，可用灌油、勾取或嗉囊切开术。（养殖技术顾问，2001，1 期，38 页）。

方4

【处方】石膏。

【用法用量】每只鸡每天在饲料中添加 1～2 克。

【功效】清热泻火，除烦止渴。

【应用】用于食羽癖效果显著，还可提高产蛋率。（徐寒春等．畜牧兽医科技信息，2007，3）

43. 鸡痹证

方1

【处方】独活 120 克，桑寄生 140 克，秦艽 115 克，防风 115 克，细辛 10 克，牛膝 100 克，白芍 100 克，当归 130 克，杜仲 110 克，党参 140 克，干地黄 115 克，苍术 120 克，薏苡仁 130 克，穿心莲 140 克，鸡内金 140 克，莱菔子 140 克，甘草 40 克。

【用法用量】水煎内服。

【功效】解表祛风，胜湿止痛。

【应用】用本方治疗鸡寒痹，煎服 2 剂，治愈 964 只，治愈率 99.4％。（张贵林，禽病中草药防治技术，金盾出版社，2004）。

方2（独活寄生汤加减）

【处方】独活 40 克，桑寄生 60 克，秦艽 35 克，防风 35 克，防己 40 克，细辛 4 克，芍药 25 克，牛膝 25 克，当归 50 克，杜仲 35 克，党参 60 克，茯苓 40 克，苍术 40 克，干姜 50 克，乌梅 35 克，莱菔子 40 克，甘草 15 克。

【用法用量】水煎，供 300 羽 60 日龄内的小鸡一次饮服。

【功效】祛风除湿，健脾止泻。

【应用】寒甚者加干姜，湿重者加苍术、防风、薏苡仁，食少者加莱菔子、焦三仙等。广泛应用于多种原因引起的鸡久泻不愈之风寒湿痹，病久体虚之痹症。用本方治疗鸡寒痹 15 群、6473 羽，治愈 6021 羽，治愈率 93％；治疗湿痹 9 群、2288 羽，治愈 2236 羽，治愈率 97.7％。（吴仕华．中兽医医药杂志，1996，5）

44. 鸡多发性神经炎

【处方】大活络丹 1 粒。

【用法用量】分 4 次投服，每天 1 次，7 天 1 疗程，连用 2 疗程。

【功效】祛风扶正，活络止痛。

【应用】用本方治疗用维生素 B_1、安乃近、异丙嗪、多维钙片治疗无效的病鸡，治疗 14 天后恢复正常。预防，每千克饲料加维生素 B_1 10～20 毫克，连用 1～2 周。（吴家骥. 中兽医医药杂志，1991，2）

【按语】大活络丹是由白花蛇、威灵仙、草乌、天麻、全蝎、首乌、龟板、贯众、甘草、羌活、肉桂、乌药、熟地、大黄、木香、赤芍、没药、丁香、南星、青皮、香附、元参、白术、地龙、当归、血竭、冰片、人参、麝香等中药组成。具有祛湿、除痰、通经、活络、祛痰等功效。适用于中风、筋骨拘挛、腰腿沉重以及风湿疼痛等证。

45. 雏鸡维生素 B_2 缺乏症

方1

【处方】黄芪、当归、秦艽、独活、牛膝、本瓜、苍术、薏米各 30 克，续断、威灵仙、桑寄生、伸筋草各 45 克，桂枝、川芎各 15 克。

【用法用量】共研为细末，每只每日 3 克，拌料饲喂。

【功效】补气养血，通经活络。

【应用】本方治疗鸡维生素 B_2 缺乏症，有一定效果。（郑兴福. 畜牧兽医科技信息，2017，5）

方2

【处方】山苦荬。

【用法用量】按 10% 的比例在饲料中添喂，每天 3 次。预防按 5% 添加，每天 3 次，连喂 30 天。

【功效】清热解毒，凉血止血。

【应用】用本方治疗 1 月龄病鸡，连用 30 天，治愈率 70%，总有效率为 84.8%。预防保护率 100%。（李汝舟. 中兽医学杂志，1994，3）

【按语】山苦荬，别名七托莲、小苦荬菜（《广西药植名录》）、苦菜、黄鼠草、小苦苣、活血草、隐血丹、小苦荬（《陕西中草药》）。为菊科植物山苦荬的全草。味苦性寒，具有清热解毒、破血瘀止疼痛等作用。防治维生素 B_2 缺乏症具有良好的效果。

46. 鸡食盐中毒

方1

【处方】葛根 500 克，茶叶 100 克。

【用法用量】加水 2000 毫升，煮沸 30 分钟，取汁供病鸡自饮，连用 4 天。

【功效】解毒。

【应用】用本方治疗鸡食盐中毒效果较好，同时灌服牛奶或鸡蛋清，能够保护嗉囊和胃肠黏膜，效果更好。（贾立达等. 现代畜牧科技，2018，5）

方2

【处方】绿豆 5 份、甘草 2 份（或茶叶、菊花各 30 克）。

【用法用量】煎汤取汁，让鸡自由饮用，连用 4 天。

【功效】解毒。

【应用】用本方治疗鸡大批食盐中毒，同时饲喂适量的鸡蛋清或新鲜牛奶，以保护嗉囊及胃肠黏膜，取得较好效果。（周大薇．养殖与饲料，2013，10）

方 3

【处方】鲜芦根 50 克，绿豆 50 克，生石膏 30 克，天花粉 30 克。

【用法用量】水煎服。

【功效】解毒。

【应用】用本方治疗鸡大批食盐中毒，效果很好。（编辑部．农村·农业·农民，2012，10B）

方 4

【处方】生葛根 100 克，甘草 10 克，茶叶 20 克。

【用法用量】加水 1500 毫升，煮沸 0.5 小时，过滤去渣，候温让病鸡自由饮用。重症拒食鸡，每次灌服 5～10 毫升，早晚用 2 次。

【功效】解毒。

【应用】用本方治疗鸡大批食盐中毒，效果很好。（孔祥国等．养殖技术顾问，2008，9）

47. 鸡霉饲料中毒

方 1（独活寄生汤加减）

【处方】独活 100 克，桑寄生 160 克，秦艽 60 克，防风 60 克，细辛 18 克，牛膝 50 克，川芎 60 克，芍药 60 克，干地黄 50 克，当归 100 克，党参 140 克，杜仲 60 克，甘草 45 克，苍术 80 克，防己 60 克，车前子 100 克，薏苡仁 100 克，莱菔子 250 克。

【用法用量】水煎，供 420 羽鸡一次投服。

【功效】补气活血，养肝止痛。

【应用】用本方治愈霉败饲料中毒鸡 414 只，治愈率 98.6%。（吴仕华．中兽医医药杂志，1996，5）

方 2

【处方】柴胡 70 克，黄芩 70 克，黄芪 70 克，防风 40 克，丹参 40 克，泽泻 60 克，五味子 30 克。

【用法用量】水煎，供 500 羽肉雏鸡一次内服。对于无法采食和饮水的弱雏，人工灌服。

【功效】清热解毒。

【应用】用本方治疗鸡曲霉毒素中毒，4 小时后死亡得到控制，连续用药 5 天，鸡群恢复健康。（龚宏智．中国家禽，1994，1）

48. 鸡一氧化碳中毒

【处方与用法】① 茶叶 250 克。加开水 5 升冲泡，候温供病雏自由饮用，连服 3～5 天。
② 绿豆甘草汤：绿豆 250 克，甘草 125 克。水煎煮，供 1000 羽病鸡自由饮用，每天 1

剂，连服 3～5 天。

【功效】清热解毒。

【应用】用本方治疗一氧化碳中毒雏鸡 12 群，效果良好。治疗前立即改善通风换气。（谢桂元．中兽医学杂志，1994，4）

49. 鸡有机磷农药中毒

方 1

【处方】崩大碗 250 克，通草 250，甘草 60 克。

【用法用量】煮水，冲红糖 250 克，供 50 只鸡一次灌服。

【功效】清热解毒。

【应用】用此方治疗鸡有机磷农药中毒，有一定疗效。有条件的鸡场，可肌内注射葡萄糖生理盐水或葡萄糖维生素 C 各 5 毫升。中毒初期，针刺冠顶和翼脉穴放血。（郭书普．鸡病高效防治新技术．中国致公出版社，1993）

方 2

【处方】麻油。

【用法用量】灌服 3～5 毫升。

【功效】润燥通便，解毒。

【应用】根据中药大辞典"麻油有润燥通便、解毒"之说。用其治疗农户散养鸡误食农药中毒近千例，均获满意效果，服后 20～30 分钟即愈。（崔明福．中兽医医药杂志，1991，10）

50. 鸡磺胺类药物中毒

方 1

【处方】金银花、板蓝根、陈皮、车前草、丹参、甘草各 200 克。

【用法用量】加水煎煮，添加到适量饮水中供 1000 只鸡自由饮服，连续使用 3 天。

【功效】清热解毒，利尿消肿，活血化瘀。

【应用】本方治疗鸡磺胺类药物中毒有一定效果。（孙晶．现代畜牧科技，2018，7）

方 2

【处方】车前草适量。

【用法用量】煮水，加适量小苏打喂服。

【功效】利尿，解毒。

【应用】本方用于鸡磺胺类药物中毒，早期治疗有一定的效果。发现磺胺药中毒时应立即停药，供给充足的饮水，并在饮水中加维生素 C、维生素 K3 等。（郭书普．鸡病高效防治新技术．中国致公出版社，1993）。

51. 鸡创伤

【处方】陈石灰 100 克，大黄 20 克。

【用法用量】混合拌炒，待陈石灰至粉红色时，去大黄，研成细粉末，撒布于新鲜创面上。

【功效】止血生肌。

【应用】用本方治疗禽创伤，既可使伤口迅速止血、结痂，又可防止病菌感染。一般1次便可愈合。（程军．专业户，2002，8）

52. 鸡坏疽性皮炎

【处方】黄芩、黄连、焦大黄、黄柏、板蓝根、茜草、车前子、神曲、甘草各等份。

【用法用量】按每只鸡每天2克煎汁拌料喂服，每天1剂，连用5天。

【功效】清热解毒。

【应用】用本方治疗鸡因应激导致葡萄球菌感染又继发坏疽性皮炎，效果良好。鸡群用药3天后，病情明显好转；5天后，不再有新的发病鸡出现；7天后，采食饮水完全恢复正常。（聂明全等．养殖技术顾问，2009，6）

53. 鸡眼病

方1

【处方】菊花、苍术、秦皮、鱼腥草各50克，桔梗20克，石决明、夜明砂、甘草、密蒙花各30克。

【用法用量】共研细末，每只鸡每天喂服3克，连用5天。

【功效】疏散风热，平肝明目。

【应用】本方适用于鸡赤眼病，治疗307例，治愈247例，治愈率80.5%。加入饲料中自食可预防。（沈建业．中兽医医药杂志，1994，1）

方2

【处方】黄芩、龙胆草、菊花、桑叶、决明子、蔓荆子各30克，甘草10克。

【用法用量】煎汁，兑水饮用，每天1剂，连用3剂。

【功效】清热燥湿，泻肝胆火。

【应用】用本方治疗曾经用西药（制霉菌素、链霉素等抗菌药，并结合红霉素或氯霉素眼药水点眼）治疗无效的结膜炎病鸡，治愈率98.2%。（吴光程．中兽医学杂志，1994，2）

54. 鸡脱肛

方1（补中益气散）

【处方】黄芪75克，白术60克，党参60克，当归30克，陈皮20克，柴胡20克，升麻20克，炙甘草30克。

【用法用量】粉碎，按1.5%拌料饲喂。连喂5～7天。

【功效】调补脾胃，益气升阳。

【应用】本方对鸡脱肛有较好的治疗效果。（编辑部．北方牧业，2012，8）。

方2

【处方】活蚯蚓 50 克。

【用法用量】洗净，清水中浸泡 20 分钟，让其吐出腹中残物。冲洗后放入玻璃杯中，加入白糖 50 克，1 小时后用镊子取出蚯蚓残体，即为蚯蚓液。用温水清洗脱出的鸡肛肠及周围组织，用棉球蘸蚯蚓液轻轻涂抹 1～3 分钟。每天涂抹 2 次，直至痊愈。

【功效】消肿提肛。

【应用】用本方治疗鸡脱肛很快见效，涂抹后可见脱出的肛肠自行缓缓复纳。病鸡恢复正常后再在鸡肛门周围涂抹蚯蚓液 1 次，即不复发。（周大胜．农家参谋，2012，9）。

方3

【处方】半边莲、金银花、龙葵各 6～12 克。

【用法用量】煮水，用 1/4 喂服，3/4 冲洗患部，每天 2 次。

【功效】清热解毒，利水消肿。

【应用】用本方治疗鸡脱肛，取得满意效果（张贵林，禽病中草药防治技术，金盾出版社，2004）。

55. 鸡软壳蛋症

方1

【处方】牡蛎 60 克，山药、沙苑蒺藜各 30 克，女贞子、枸杞子、菟丝子各 20 克，龙骨、五味子各 15 克。

【用法用量】粉碎，前两天按 5%、后两天按 3% 的比例拌料饲喂，日喂 3 次。

【功效】补肝益肾，强筋壮骨。

【应用】用本方治了蛋鸡产软壳蛋效果很好，前两天用药后即停止产软壳蛋。再喂后两天，以后再未产软壳蛋。（袁世永．中国禽业导刊，1998，2）

方2（固壳散）

【处方】菟丝子、枸杞、女贞子各 20 克，山药、潼蒺藜各 30 克，牡蛎 60 克，五味子 15 克。

【用法用量】共研末，拌料喂服，每次 1～2 克，每天 3 次，连喂 3～5 天。

【功效】益精生髓，壮骨充壳。

【应用】全软壳者，重用牡蛎，加龙骨或蛋壳粉；羽毛干燥、冠髯色淡者，加当归、黄芪。用本方加减治疗鸡软壳蛋症 113 例，获得了预期效果。连服 3 天后，产蛋恢复正常。（王恒恭．中兽医学杂志，1993，2）

56. 鸡迷抱

方1

【处方与用法】① 速效感冒胶囊（市售人用）。每次 1 粒，每天早、晚两次投服，连用 2 天。

② 仁丹。每次 13 粒，每天早、晚两次投服，连喂 3～5 天。

【功效】镇静安神。

【应用】上方治疗鸡抱窝，用药 1 个疗程即可醒抱。(李力 . 农村百事通，2015，10)

方 2

【处方】60 度白酒。

【用法用量】母鸡灌服 2～3 汤匙。

【功效】活血催眠。

【应用】用本方治疗母鸡抱窝，操作简便，见效快，醒酒后即醒抱。(李冬等 . 养殖天地，2003，8)

方 3

【处方】黄连 3 克。

【用法用量】用开水冲泡 20 分钟，每天每次滴服 10 余滴。

【功效】清热泻火。

【应用】刚抱窝时就灌此药，可降低鸡的体温，抑制催乳素，恢复产蛋。对母鸡抱窝有良好疗效。(洪林清 . 农家参谋，2003，12)

57. 雏鸡脐炎

【处方】生姜 125 克，50 度白酒 120 毫升。

【用法用量】混合，供 600～700 只鸡一次拌料喂服，连用 3 次。

【功效】温中止呕，抑菌消炎。

【应用】用本方治疗雏鸡脐炎效果良好。也可用于治疗雏鸡卵黄囊炎。(陈雪峰 . 农村百事通，2006，12)

58. 鸡产蛋功能低下

方 1(激蛋散)

【处方】虎杖 100 克，丹参 80 克，菟丝子、当归、川芎、牡蛎、肉苁蓉各 60 克，地榆、白芍各 50 克，丁香 20 克。

【用法用量】混饲，每 1 千克饲料，鸡 10 克。

【功效】清热解毒，活血化瘀，补肾强体。

【应用】主治产蛋功能低下，输卵管炎。(中国兽药典委员会 . 中华人民共和国兽药典 2015 年版二部 . 中国农业出版社，2016)

方 2(八味促卵散)

【处方】当归、生地各 200 克，阳起石 100 克，淫羊藿、苍术各 200 克，山楂、板蓝根各 150 克，鲜马齿苋 300 克。

【用法用量】鲜马齿苋捣烂，其他药研末，加白酒 300 毫升、水适量，制成颗粒，按 3% 添加到饲料中。

【功效】补血助阳，健脾开胃。

【应用】应用本方从 43 日龄开始喂至开产，能够有效提高鸡产蛋率。（陈忠波等．养殖技术顾问，2007，3）

方 3（降脂增蛋散）

【处方】党参、白术各 80 克，刺五加、仙茅、何首乌、当归、艾叶各 50 克，山楂、神曲、麦芽各 40 克，松针 200 克。

【用法用量】共为细末，按每只鸡 0.5～1.0 克混于饲料中喂服。

【功效】补肾益脾，暖宫活血。

【应用】应用本方能显著提高鸡产蛋率，有降低鸡蛋胆固醇的作用。（陈忠波等．养殖技术顾问，2007，3）

59. 肉鸡生长迟缓

方 1

【处方】党参 10 克，黄芪 20 克，茯苓 20 克，炒六曲 10 克，炒麦芽 20 克，炒山楂 20 克，甘草 5 克，炒槟榔 5 克。

【用法用量】肉鸡每 100 千克饲料加 2 千克混饲，连喂 3～7 天。

【应用】用本方可有效提高肉鸡增重率，同时能改善鸡肉品质。（刘相国等．养殖技术顾问，2006，2）

方 2

【处方】姜粉 24 克，肉桂 50 克，肥草、硫酸亚铁各 9 克，八角茴香 8 克。

【用法用量】共研细末，每只鸡每次喂服 0.5～1 克，每天 1 次。

【功效】健脾开胃。

【应用】本方可有效提高肉鸡增重率，冬季使用更适宜。（樊平等．饲料与畜牧，2001，6）

方 3

【处方】干辣椒 12 克，姜粉、五加皮各 23 克，八角茴香 7 克，硫酸亚铁 12 克，

【用法用量】共研细末，每只鸡每次喂服 0.5～1 克，每 2 天 1 次。

【功效】健脾开胃。

【应用】本方可有效提高肉鸡增重率，夏天使用更适宜。（樊平等．饲料与畜牧，2001，6）

方 4

【处方】苍术干粉。

【用法用量】按 2%～5% 比例和适量钙剂拌入料中饲喂。

【功效】燥湿健脾。

【应用】本方能提高增重和产蛋量。对鸡传染性支气管炎、传染性喉气管炎、鸡痘、鸡传染性鼻炎及眼病等有预防作用。（樊平等．饲料与畜牧，2001，6）

60. 公鸡去势

【处方】五味子 8～10 粒，白胡椒 6～8 粒。

【用法用量】小公鸡 40 日龄开始，每天投服 1 次，连服 7 天。

【功效】去势。

【应用】贵州黄鸡（♂）40 日龄服药，100 日龄时测定屠宰率和肉质指标。结果显示，中药剂量大则生长快，增重多；与对照组（不给药）相比，服药组脂肪沉积能力显著提高，宰前体重、腿肌重和肝重显著增加，肉质显著改善，失水率显著增加，肌肉 pH 值更接近优质肌肉的标准，肌肉嫩度显著增加，各指标也随着中草药剂量的增大而加大。（林家栋等 . 贵州畜牧兽医，2018，2）

第二章　鸭病方

1. 鸭病毒性肝炎

方1

【处方】板蓝根 120 克，大青叶 120 克，紫草 90 克，枯矾 45 克，葛根 90 克，木贼 60 克，朱砂 50 克，甘草 120 克。

【用法用量】水煎，供 650 只鸭服用，每天一剂，连服 3 天。

【功效】清热凉血，辟瘟解毒。

【应用】第一剂服下后病情得到控制，第三剂服后病情被制止鸭恢复常态，服药后 650 只雏鸭死亡 20 只。（朱小龙等 . 中兽医学杂志，2016，4）

方2

【处方】黄柏 200 克，茵陈 150 克，银花 100 克，柴胡 100 克，栀子、鱼腥草、板蓝根、龙胆草、桑皮、救必应各 90 克。

【用法用量】加水 5 千克煮成 2 千克，再加水 3 千克煮成 2 千克，两次煎药液混合，加入黄糖 1000 克，供 600～700 只雏鸭自由饮服。饮服前停水 1 小时，病重的每只灌服 3～5 毫升。每天 2 次，连服用 5 天。预防，用上述中药打粉按 0.5%～1.0% 的比例拌料喂雏鸭。

【功效】清热解毒，疏肝利胆。

【应用】用本方 5 天后，死亡雏鸭明显减少，鸭群精神状态明显好转，吃料明显增加，继续服药 4 天以巩固疗效。使用本方对 8640 只鸭苗进行预防性用药，平均成活率分别达到 89.45% 和 91.86%。该方对雏鸭肠炎、呼吸道疾病也有一定的防治作用。（柳如洁 . 养禽与禽病防治，2007，8）

方3

【处方】板蓝根 100 克，金银花 100 克，龙胆草 100 克，柴胡 100 克，茵陈 100 克，黄柏 75 克，黄芩 75 克，栀子 75 克，黄连 50 克，枳实 50 克，神曲 50 克，菊花 50 克，防风 50 克，荆芥 50 克，甘草 50 克。

【用法用量】煮水，供 500 只 17 日龄雏鸭全天饮服，每天 1 剂，连服 5～7 天。

【功效】清热解毒，疏肝健脾。

【应用】并饮水中加入恩诺沙星，用于鸭病毒性肝炎和大肠杆菌病混合感染。（赵福荣等 . 河北畜牧兽医，2004，11）

方4

【处方】茵陈、龙胆草、黄芩、黄柏、栀子、柴胡、板蓝根、双花、防风、钩藤、通曲各 30 克，荆芥 15 克，甘草 20 克。

【用法用量】粉碎，供60只4日龄雏鸭分3～4次拌料饲喂，每天1剂，连服3天。

【功效】清热解毒，平肝熄风。

【应用】用药后3天后，病鸭完全治愈，死亡率5.37%，优于抗体药物（死亡率11.29%）。（顺克巧等．当代畜牧，2003，12）

方5

【处方】板蓝根50克，茵陈100克，栀子、连翘、金银花、龙胆草各35克，黄芩、柴胡、枳实、神曲、薄荷各30克，甘草20克。

【用法用量】研碎，用开水浸泡1小时，凉后拌入5千克饲料中喂服供100只雏鸭服用，每天1次，连服7天。

【功效】清热解毒，疏肝健脾。

【应用】用本方的同时，每50千克饲料加禽用多种维生素50克、酵母片100克捣碎、大蒜500克捣碎，拌匀，连服7天，收到满意效果。（殷秀玲．养禽与禽病防治，2003，1）

方6

【处方】板蓝根50克，茵陈100克，大黄、黄芩、黄柏各20克，金银花40克。

【用法用量】煎汁，加白糖250克，供500只雏鸭自饮，每天上午、下午各1次，连饮3天。

【功效】清热解毒，保肝利胆。

【应用】用中药防治有一定疗效，还可用高免血清、高免卵黄疗法。（祝玉霞等．河南畜牧兽医，2001，9）

方7（鸭肝散）

【处方】茵陈50克，龙胆草20克，黄芩20克，黄连20克，黄芪20克，板蓝根20克，柴胡苗20克，神曲50克，陈皮30克，甘草20克。

【用法用量】水煎汁，供100羽鸭1天自由饮服，病重鸭用注射器或滴管喂服，连用3天，或粉碎拌料饲喂，连喂3天。

【功效】清热解毒，疏肝理气。

【应用】用本方治疗鸭病毒性肝炎，与高免血清的疗效无明显差异（P＞0.05）。通过600多例临床应用证实疗效稳定，使用方便，是治疗雏鸭病毒性肝炎的一种行之有效的方法。（朱雁等．中兽医学杂志，2001，1）。

2. 鸭瘟

方1

【处方】黄芩80克，黄柏15克，千子50克，大黄20克，银花藤100克，白头翁100克，龙胆草100克，茵陈45克，板蓝根90克，甘草10克，车前草、陈皮适量为引。

【用法用量】水煎，供100只鸭饮服，每天3次，连服3天。

【功效】清热解毒，燥湿止泻。

【应用】预防鸭瘟效果更好（仝元等．水禽世界，2009，4）

方2

【处方】蜈蚣10条，全蝎10只，乌药、枳壳、甘草、党参、巴豆、车前子、桑螵蛸、朱砂、白蜡各 50 克，郁金、良姜、川芎、桂枝各 100 克，神曲 200 克，滑石、生姜各 250 克，肉桂 150 克。

【用法用量】诸药用纱布包好，与小麦适量加水煎煮。待小麦将药汁全部吸进后，以白酒 500～1000 克拌小麦，喂 400 只病鸭。鸭子吃含药麦粒后关养 1 小时，不让鸭下水，以鸭出汗为宜。

【功效】活血理气，健脾消食。

【应用】本方经 8 年对 16 万余只鸭试验，鸭瘟治愈率达 98.18％。除用此方外，再注射鸭瘟疫苗，效果更好。（罗林钟．农村新技术，2004，12）。

方 3

【处方】紫花地丁、大蒜、大血藤、香附子、萱草根各 30 克，陈皮、枇杷叶各 15 克，车前草 10 克。

【用法用量】煎成 100 毫升，每只每次口服 1 毫升，每天 3 次，连用 1 周。

【功效】清热解毒，理气。

【应用】鸭瘟俗称"大头瘟"，发病率和死亡率高。用中药防治有一定疗效，还可用高免血清、高免卵黄和干扰素等药物，弱毒苗紧急接种、干扰素等疗法。（祝玉霞等．河南畜牧兽医，2001，9）

3. 鸭副黏病毒病

【处方（青冬散）】八角枫叶 3～15 份，冬凌草 3～24 份，麻黄 6～15 份，杏仁 3～8 份，淡竹叶 15～36 份，芦根 6～30 份，青皮草 3～18 份。

【用法用量】粉碎，300 目筛，混匀。按每只 1.5 克的剂量使用，取该散剂煮水，药液与药渣一起拌料，连用 5 天。

【功效】清热解毒，凉血消肿。

【应用】某场 10000 只 32 日龄肉鸭群突然出现死亡，少数鸭出现临床症状，根据临床症状、病理变化及实验室检测结果确诊为禽副黏病毒病。采用本方治疗，用药 5 天后呼吸道症状基本消失，采食量、饮水量、精神及粪便基本正常，用药期间共死亡 92 只。用药后 7 天鸭群恢复正常，用药后 10 天，无反弹，证明本方疗效显著。（魏新强等．中兽药学杂志，2016，6）

4. 鸭细小病毒病

【处方】板蓝根 120 克，连翘 120 克，蒲公英 120 克，茵陈 120 克，荆芥 120 克，防风 120 克，陈皮 100 克，桂枝 100 克，银花 100 克，蛇床子 100 克，甘草 100 克。

【用法用量】加水适量（供 1200 羽饮用），用文火煎沸 10 分钟，过滤去渣。然后用清水加适量红糖冲服。用药前鸭群停水 2 小时，每天 1 剂，每剂上、下午各煎 1 次（药渣拌料），连用 3 天。

【功效】清热解毒，燥湿止泻。

【应用】用本方治疗用药 3 天后，病情缓解，发病率逐渐降低；5 天后，雏番鸭群基本恢复正常。如在中药汁中加入一定量的抗菌药，防止其他细菌性病原微生物的继发感染，效果

更好。(闻海飞．养殖技术顾问，2013，9)

5. 鸭流感

【处方】羌活、防风、白芷、前胡、桔梗、枳壳、薄荷、甘草各60克，荆芥、杏仁、浙贝各120克。

【用法用量】研末，开水泡汁，倒入热饭中，喂服2000只雏鸭；或熬汁煮谷，喂1000只中鸭，或700只成鸭。

【功效】辛凉解表，化痰止咳。

【应用】热重酌加清热药。用本方防治鸭流感不影响食欲，不影响产蛋，治愈率高。(苏公俊．江西饲料，1996，1)

6. 鸭沙门氏杆菌病

【处方】金银花、仙鹤草、青皮、山楂各90克，黄连、黄芩、黄柏、赤芍、龙胆草、血余炭、白花地丁各80克，丹参、地榆各70克，莱菔子100克。

【用法用量】上药浸泡后加入4倍量的洁净井水煎煮，去渣取汁供780羽鸭饮用，每天1剂分2次服完，连用4剂。

【功效】清热解毒，理血理气。

【应用】用本方4天后，除病情十分严重、拒绝饮水采食的12羽病鸭死亡外，其余768羽全部康复，治愈率为80.6%，效果十分明显。(还庶等．中兽医学杂志，1999，2)。

7. 鸭传染性浆膜炎

方1(清瘟解毒口服液)

【处方】地黄、栀子、黄芩、板蓝根等。

【用法用量】制成口服液。每250毫升兑水150千克，连用7天

【功效】清热解毒。

【应用】攻毒试验结果显示，对照组鸭发病很急，在攻毒后24小时，大部分发病，表现典型的鸭传染性浆膜炎症状，并出现死亡。本方组发病时间缓慢，在攻毒后36小时左右出现少量发病，48小时左右为发病高峰期，3天后基本无新病例增加。本方组的发病率和死亡率分别为28.33%和15%，显著低于攻毒对照组的96.67%和75%。如先用100克拌料40千克，连用7天进行预防，可有效减少本病的发生。(雍燕等．中国兽医杂志，2017，7)

方2

【处方】鲜桉叶500克，蒲公英500克，仙鹤草500克，陈皮250克，皮寒药500克。

【用法用量】共煎水，供100只鸭一次饮服。

【功效】清热解毒，止血。

【应用】鸭传染性浆膜炎是由鸭疫巴氏杆菌引起的急性传染病，发病率和死亡率高，神经症状和呼吸困难为其主要临床特征。用本方治疗肉鸭传染性浆膜炎，治愈率40%。同时加

强饲养管理，配合敏感药物效果更好。(韦汉群等．西昌农业高等专科学校学报，2001，1)

方3

【处方】大青叶 1000 克，鱼腥草、黄芩各 800 克，黄柏、苦参、丹参、茵陈各 500 克。

【用法用量】煎汤，自由服用，连续 3 天为一疗程。

【功效】清热解毒，活血化瘀。

【应用】用本方治疗曾用青霉素、链霉素、土霉素、地塞咪松、穿心莲片等治疗无效的 1000 番鸭苗，用药 2 个疗程，同时肌内注射庆大霉素，全部康复。同时加强饲养管理，配合敏感药物效果更好。(邱剑泰．福建畜牧兽医，2000，6)

方4

【处方】黄连 30 克，青木香 20 克，白头翁 30 克，蒲公英 30 克，鱼腥草 20 克，白芍 20 克，茯苓 20 克，地榆炭 15 克，车前子 15 克。

【用法用量】加水煎汁，供 100 羽鸭一次拌料喂服或直接灌服，每天 2 次，连用 4 天。

【功效】活血化瘀，温经止痛。

【应用】用本方治疗 500 多羽鸭群，同时用 0.04% 氯霉素拌料，5 天后随访，鸭群发病和死亡都得到控制。同时加强饲养管理，配合敏感药物效果更好。(晏平开．江西畜牧兽医杂志，2000，6)

8．鸭巴氏杆菌病

方1

【处方】生姜 70 克，芍药 70 克，黄芪 50 克，金银花 70 克，连翘 60 克，大青叶 80 克，荆芥 70 克，防风 80 克，柴胡 60 克，野菊花 60 克，生山楂 80 克，川贝母 40 克，桔梗 60 克，陈皮 70 克，炙甘草 80 克。

【用法用量】按每羽每次用药 1 克的剂量，粉碎后添加在粉料中饲喂，或加 2 倍水浸泡后煎汤饮用，每天 2~3 次。

【功效】清热解毒。

【应用】鸭多杀性巴氏杆菌病系发生于水禽的常见传染病，临床中经常遇到，用本方一般 4~5 天后可有效控制本病的传播与扩散。(还庶．养禽与禽病防治，2016，6)

方2(双黄连口服液)

【处方】金银花 375 克，黄芩 375 克，连翘 750 克。

【用法用量】制成口服液，或购买成药。每只病鸭灌服 1 毫升，每天 1 次，连用 5 天。

【功效】辛凉解表，清热解毒。

【应用】同时肌内注射乳酸环丙沙星注射液，5 毫克/千克体重，每天 1 次，连用 5 天，效果满意。(冯爱华．河南科技报，2016，8)

方3(黄连解毒汤加味)

【处方】黄连 450 克，黄芩 300 克，黄柏 300 克，栀子 450 克，穿心莲 450 克，板蓝根 450 克，山楂 1000 克，神曲 1000 克，麦芽 1000 克，甘草 200 克。

【用法用量】水煎拌料喂服 2000 羽成年鸭，每天 1 剂，连用 3 剂，对不食者取煎液直接灌服。

【功效】清热解毒，健脾消食。

【应用】同时配合抗生素、卫生消毒等综合措施，2000 羽病鸭除接诊前死亡 45 羽外，未再死亡，全部康复，取得了非常理想的效果。（白想明等．湖南畜牧兽医，2015，1）

9. 鸭大肠杆菌病

方1

【处方】黄连 150 克，黄柏 500 克，黄芩 350 克，穿心莲 500 克，白头翁 500 克。

【用法用量】混合粉碎成粉，按 0.1% 的比例拌料喂服，每天 2 次，连用 3 天。

【功效】清热解毒，燥湿止泻。

【应用】本方与氟苯尼考按 0.01% 左右混合拌料喂服，效果更好。（宁筠．养殖与饲料，2015，7）

方2

【处方】石榴皮、黄芩、苦参、大青叶、艾叶、诃子、白头翁、甘草各 1 份。

【用法用量】以上中药烘干后各称取 500 克，加水 5～10 升，浸泡 30 分钟煎煮，煮沸后文火煎 30 分钟，用四层纱布过滤，药渣加水 2.5～5 升煮沸后煎 30 分钟，过滤，合并两次药液，用文火浓缩至 500 毫升（生药含量为 1 克/毫升）。临用前取各药等量混合，按 1 毫升/千克体重灌服，每天上午、下午各 1 次，连用 5 天。预防量减半。

【功效】清热解毒，涩肠止泻。

【应用】用本方治疗实验性鸭大肠杆菌病的保护率为 84.8%，显著高于感染对照组的 21.2%；预防保护率为 93.9%，显著高于感染对照组的 24.2%。（刘富来等．中国预防兽医学报，2004，1）。

10. 鸭慢性呼吸道病

【处方】栀子 100 克，桔梗 100 克，金银花 100 克，连翘 100 克，知母 80 克，板蓝根 80 克，甘草 80 克。

【用法用量】连续使用 5 天。

【功效】清热解毒，宣肺化痰。

【应用】使用本方治疗鸡鸭慢性呼吸道病，需同时注意配合使用多种维生素，提高抵抗能力。病情严重者，肌内注射 0.005% 的亚硒酸钠溶液，每次注射 0.5 毫升，连续使用 3 天。同时在饮用水中添加亚硒酸钠－维生素 E，直至病情好转为止。（胡晓英等．饲料博览，2018，9）

11. 鸭疏螺旋体病

【处方】黄芩 15 克，黄柏 15 克，金银花 15 克，连翘 15 克，生薏苡仁 20 克，赤芍 20 克，蒲公英 25 克，玄参 15 克，茵陈 25 克。

【用法用量】加水 2000 毫升煎成 1000 毫升左右，供 200 羽病鸭 1 天饮用；病重者每天灌服 3～5 毫升，连用 3～5 天。

【功效】清热解毒，利胆退黄。

【应用】鸭疏螺旋体病是一种以发热、下痢和衰竭死亡为主的疾病，在临床症状上与其他急性败血病，如禽伤寒、禽霍乱、大肠杆菌病等相似，确诊以血液和组织涂片镜检时发现螺旋体。在应用中药的同时，病鸭肌内注射氨苄青霉素 10 万 IU，每天 1 次，连用 3 天；饲料中加入 0.2％～0.3％的土霉素，饮水中加入电解多维及口服补液盐。通过以上综合治疗，3 天出现好转，1 周左右恢复正常，无新病例发生。（马文奎．上海畜牧兽医通讯，2004，5）

12. 鸭球虫病

【处方】地榆 50 克，白头翁 50 克，鲜铁苋菜 150 克，鲜旱莲草 150 克，鲜凤尾草 50 克，鲜地锦草 150 克，鲜刺苋菜 50 克，甘草 20 克。

【用法用量】100 只鸭 1 日用量，加水适量，煮沸 30 分钟，药液让鸭自饮。严重者，每天灌服，连用 3 剂。

【功效】驱虫止痢。

【应用】根据《中国禽病学》的记载，致鸭球虫病的球虫有 18 种之多，但在我国最主要的是 2 种，即毁灭泰泽球虫和菲莱氏温扬球虫。用本方治疗，一般 3 剂即愈。（李爱云．畜牧兽医科技信息，2017，5）

13. 鸭丝虫病

【处方】了哥王茎皮 500 克。

【用法用量】捣烂后加适量清水，拌入饲料中喂饲 200 只鸭。

【功效】驱虫。

【应用】鸭丝虫病是严重危害幼鸭健康的寄生虫病，主要侵害 1 月龄的幼鸭，该病在广东很多地区广泛流行，造成了很大的经济损失。病鸭表现鸭下颌肿胀（个别有鸽蛋大）、食欲减少、呼吸困难，用刀切开肿胀部位时，有大小不一的丝虫。用了哥王治疗具有效果好、药源广、价低廉及投药方便等优点。一般服药 2 剂，肿胀部逐渐消退，4 天后病鸭全部痊愈。（陈增乐．当代畜禽养殖业，2002，1）

14. 鸭腹泻

【处方（茜连止泻散）】茜草 300 克，黄连 150 克，马齿苋 300 克，血见愁 250 克，金银花 200 克，地榆 200 克，陈皮 150 克，甘草 100 克。

【用法用量】粉碎至 300 目，按 1％比例拌料混饲；或开水浸泡 30 分钟后，加至日饮水量 1/3 集中饮水，药渣拌料，每天 2 次，连用 5～7 天。

【功效】清热解毒，燥湿止痢。

【应用】对大肠埃希菌、沙门菌、鸭疫里默菌等导致的腹泻，治愈率在 90％以上。若配

合抗生素效果更好。(张丁华等.动物医学进展,2015,12)

15. 肉鸭冻僵

【处方】桂枝90克,芍药90克,甘草60克,生姜60克,大枣60克。

【用法用量】研碎煎汤,每鸭灌服20毫升。

【功效】温经散寒,通脉解肌。

【应用】用本方治疗采用塑料保温大棚池养、因饲养员误将鸭群赶进未作升温处理的冷水池中被冻僵、失去游浮能力的狄高肉鸭2500只,灌药后放入池温25℃左右、水深20厘米的浅水池中让其自行恢复10分钟,有半数鸭能自行行走。30分钟后,群体基本恢复正常,除极少数因人为因素导致死伤之外,基本治愈。治愈率在95%以上。(花树伟.畜牧与兽医,1993,5)

16. 雏鸭腺胃肿大

【处方】黄芪30份,党参20份,白术20份,白芍15份,木香15份,香附10份,枳10份,蒲公英12份,陈皮10份,神曲10份,生姜8份,甘草8份。

【用法用量】加6倍药量水煎煮,药渣再加5倍量水煎煮2次,合并药液,按0.5毫升/千克体重口服,每天2次,连用5天;同时全群使用干扰素集中饮水,连续5天;饲料中添加上述中药,3千克/吨,连续7天。

【功效】益气健脾。

【应用】用上述治疗方法,4天后病情逐渐稳定好转,7天后采食量基本恢复正常。(吴海港.中兽医医药杂志,2016,4)

17. 雏鸭食盐中毒

【处方】茶叶100克,葛根500克。

【用法用量】加水2千克,煮沸半小时后待凉自饮,连用4天。

【功效】利湿解毒。

【应用】用本方治疗雏鸭食盐中毒有效。雏鸭对食盐特别敏感,饲料中食盐应严格控制在0.3%左右,平时应经常供给新鲜、清洁而充足的饮水。在利用残羹、酱渣等喂鸭时,应把它的含盐量估计进去,掌握适当的比例,切勿多喂。当雏鸭中毒后,应全群停喂食堂残羹,并停止在饲料中加盐,加喂易消化的青绿多汁饲料,供给充足的5%多维葡萄糖水,饮水中加入0.5%的醋酸钾。重症者适当控制饮水,腹腔注射10%葡萄糖25毫升,同时每只肌内注射20%安钠咖0.1毫升;喂给适量的鸡蛋清、新鲜牛奶,以保护嗉囊及胃黏膜。(薛志成.农村科技,2004,6)

18. 雏鸭肉毒中毒症

【处方】绿豆5克,甘草、白菊花、山楂各2克,车前草、蛋壳各1.5克,陈皮1克,麦芽 2.5 克。

【用法用量】煎汤，一次灌服，每天 2～3 次。

【功效】解毒。

【应用】用本方治疗雏番鸭肉毒中毒症 32 例，取得满意疗效。本病由于饲喂感染了肉毒梭菌的饲料（如变质的鱼粉等）引起，主要表现精神不振，羽毛粗乱，嗉囊胀满，口流涎，无目的鸣叫，后期两翅麻痹，不能行走，常可致颈部麻痹，使头颈呈直线瘫痪于地，俗称软颈病，如不及时治疗 3～5 天相继死亡（谢桂元．禽业科技，1994 年第 4 期）。

19. 雏鸭烟酸和泛酸缺乏后遗症

【处方】独活 10 克，牛膝 3 克，杜仲 14 克，桑寄生 10 克，秦艽 10 克，防风 8 克，细辛 13 克，当归 6 克，芍药 10 克，川芎 3 克，干地黄 11 克，党参 12 克，茯苓 12 克，甘草 5 克。

【用法用量】取 3 千克加适量水熬制，供 600 只病鸭早晨一次饮用；残渣粉碎拌料，全天服用。连用 2 天。

【功效】益肝肾，补气血，祛风湿，止痹痛。

【应用】在前 3 天添加泛酸和烟酸的基础上，第 4 天配合本方治疗，收到理想的效果。对比实验结果显示，本方全程应用与只在后期应用的治愈率是完全一致的，说明初期没有必要应用本方。在肉鸭养殖过程中，种雏鸭烟酸和泛酸缺乏所致的瘫症在某些地区发病率很高。患病种雏鸭在 9～13 日龄之间，严重的全瘫，其叫声凄惨，眼有黄白色中等度浓稠的分泌物，后黏附许多其他污物而成灰色，老乡称它戴"黑眼镜"。单纯补充泛酸和烟酸，前 3 天都有明显好转，但在以后如果不改变措施，对继发症进行治疗，将有大批留有后遗症，雏鸭似瘫非瘫，瘸腿。（杨保栓．中国兽医杂志，2003，9）

20. 鸭结膜角膜炎

【处方】龙胆草、黄芩、柴胡、生地、泽泻、甘草、木通、车前子等。

【用法用量】煎水，拌于饲料喂鸭和代饮水饮用。

【功效】清肝明目。

【应用】本方有保肝利胆、消瘀明目、增强机体免疫功能的作用，配合硼酸水洗眼、氯霉素眼药水滴眼，加喂维生素 A 胶丸，治疗蛋鸭结膜角膜炎效果满意。（朱文连等．畜禽业，2003，12）。

21. 鸭输卵管炎

【处方（生化汤）】当归 50 克，川芎 10 克，桃仁 10，炮姜 10 克，红花 10 克，益母草 10 克。

【用法用量】煎水 2000 毫升，供 12 只病鸭饮服，连服 3 剂。

【功效】活血化瘀，温经止痛。

【应用】用本方治疗产蛋母鸭发生的以产蛋困难为主症的输卵管炎疾病，同时改封闭式为适当放牧式的饲养管理，对难产种鸭施以人工助产结合抗生素治疗，半月后病鸭逐渐治愈，产蛋率和受精率回升。(尹定良等．湖北畜牧兽医，1999，2)。

22. 鸭输卵管脱垂

【处方】黄芪100克，党参、白术、甘草、升麻、陈皮、柴胡各60克，诃子、五味子各50克，当归40克。

【用法用量】水煎2次，合并煎液，供100只鸭1天拌料喂服。

【功效】补中益气。

【应用】用本方治疗300余例输卵管脱垂蛋鸭，预防1万余只同群鸭，收到良好效果。病鸭多数3天治愈，对鸭群所有鸭（包括治愈鸭）拌料喂服煎剂3天，可防止治愈鸭复发，对未发病鸭也能起到预防作用而控制再发病。畏寒肢冷者加补骨脂50克或肉桂100克，泄泻减轻而无虚热象者去诃子、柴胡。(李连生．中国兽医科技，1999，10)

23. 蛋鸭脱肛

【处方（补中益气汤加减）】柴胡30克，升麻40克，党参、炙黄芪各80克，当归、茯苓各60克，白术50克，炙甘草、陈皮各70克，淫羊藿50克。

【用法用量】煎汁，供1700羽蛋鸭自饮，每天1剂，连用4天。

【功效】补中益气。

【应用】用此方共治57群、94051羽蛋鸭，效果满意。应用本方还能提高产蛋率。(葛华权．中兽医学杂志，1995，1)。

24. 鸭保健

方1

【处方】金莲花3.83%，雷丸4.79%，罗汉果4.79%，樗白皮10.54%，苣荬菜7.66%，过坛龙14.37%，马勃7.66%，菊花14.37%，青蒿14.37%，红花菜7.66%，丛枝蓼7.66%，南瓜子2.3%。

【用法用量】粉碎，混匀。以3%的比例混入鸭基础日粮中，每2周饲用一次，每次饲喂2天。

【功效】保健促长。

【应用】添加试验结果显示，与空白对照组相比，在21日龄至70日龄期间，2%、2.5%、3%、3.5%比例添加组的成活率提高，发病率降低15%～18%，平均增重提高9.53%～19.98%，说明本方在防病、治病及促生长方面效果明显。按生产中的方便性，以3%比例添加为好。(王小新等．中国畜牧兽医文摘，2016，10)

方2

【处方】甘草、火炭母、黄芩、穿心莲、苦参、黄连、石榴皮、诃子等。

【用法用量】水煎成生药浓度1克/毫升。0～2周龄分别按1.5%、3%的比例加入饮水中自由饮用；3～7周龄分别按 1.5％、3％的比例加入饲料中自由采食；均按连续添加 4 天、停药 3 天的程序用药。

【功效】健脾止泻，清热解毒。

【应用】用本方进行添加试验，低、高剂量的试验组成活率明显改善，死亡率分别下降 3.3％和 4.0％；全期增重分别比对照组提高了 5.8％和 5.4％，主要表现在 3～7周龄；料重比分别比对照组下降 8.2％和 7.6％；腹泻率（18％、14％）比对照组较显著下降（30％）。（冯翠兰等．畜牧与兽医，2005，7）

第三章 鹅病方

1. 小鹅瘟

方1（荆防败毒散）

【处方】荆芥 30 克，防风 30 克，羌活 25 克，独活 25 克，柴胡 25 克，前胡 25 克，桔梗 30 克，枳壳 25 克，茯苓 45 克，甘草 15 克，川芎 20 克。

【用法用量】超微粉碎，按 0.75 克/升水的比例饮水给药，连饮 3～5 天。

【功效】发汗解表，散寒除湿。

【应用】攻毒试验结果显示，本方组的死亡率为 30%，显著低于攻毒对照组（67%），保护率和相对增重率为 70% 和 98%，显著高于攻毒对照组（33% 和 82%），与抗体对照组疗效基本相当。（范建华等. 畜牧与兽医，2017，9）

方2

【处方】黄芩 6 克，细辛 4 克，柴胡 6 克，薄荷 8 克，樟脑 3 克，甘草 4 克，牙皂 3 克，栀子 6 克，辛夷 4 克，明雄 6 克，大黄 6 克，苍术 6 克。

【用法用量】以上各药混合煎水，供 100 只 7 日龄小鹅 1 天分上、下午 2 次用滴管灌服。每只雏鹅每次滴 3～5 滴，连用 3～5 天。

【功效】清热解毒，利湿止泻。

【应用】用本方治疗小鹅瘟效果很好，一般用 3～5 剂即可治愈。刚出壳的雏鹅，如每只注射 0.2 毫升康复鹅的血清，可有效预防本病的发生。（梅青辉. 农业科技通讯，1996，7）

方3

【处方】板蓝根、大青叶、黄连、黄柏、知母、穿心莲各 50 克，鲜白茅草根、鲜马齿苋各 500 克。

【用法用量】水煎去渣，供 500 羽雏鹅拌料或饮用，每天 1 剂。

【功效】清热解毒，燥湿止泻。

【应用】用本方治疗小鹅瘟效果较好，2 天即愈，治愈率 99.03%，且具有"廉、简、易、效"优点，群众乐于接受。没有逐羽注射引起的禽应激并可减轻劳动强度。（龚光鼎等. 湖北畜牧兽医，1994，4）

2. 鹅病毒性肝炎

方1

【处方】板蓝根 50 克，甘草 150 克，香附、栀子、大黄、龙胆草各 200 克，双花、连翘、菊花、川楝子各 300 克，茵陈 450 克。

【用法用量】混水煎服，供 1000 只雏鸭服用，每天 1 次，连用 5～6 天。病情严重病例，试用滴管滴注口腔，每只每次 10～12 滴，每天 2 次，连续用 3～4 天。药渣拌料用。

【功效】清热解毒，保肝利胆。

【应用】效果不错。（韩成华．农业开发与装备，2018，2）

方 2

【处方】板蓝根 110 克，茵陈 80 克，菊花、龙胆草、香附、栀子、甘草各 50 克，钩藤 40 克，军 30 克。

【用法用量】水煎，供 100 羽雏鹅一次饮服，每次滴服 10～12 滴，每天 2 次，连续 5 天。

【功效】清热解毒，平肝熄风。

【应用】治疗 1550 只病雏鹅，治愈率 83.94%，有效率 93.87%，分别比对照组高出 69、71 个百分点。（潘浩华．当代畜牧，2016，7）

方 3

【处方】板蓝根、茵陈各 100 克，银花、连翘、龙胆草、栀子、柴胡、甘草各 60 克，田基黄 50 克。

【用法用量】水煎，加 150 克葡萄糖供 100 羽雏鹅一次饮服，病重者用滴管滴服，每只 10～12 滴，每天 2 次，连用 3～5 天。

【功效】清热泻火，保肝利胆。

【应用】接诊 1900 只病肉鹅，经过 3～5 天的治疗，得到了有效的控制。（刘建国等．中兽医学杂志，2014，4）

方 4

【处方】板蓝根 30 克、茵陈 30 克、黄连 30 克、黄柏 30 克、黄芩 30 克、连翘 20 克、金银花 20 克、枳壳 25 克、甘草 25 克。

【用法用量】混合水煎，供 300～500 只病鹅 1 天拌料内服，病情严重者用煎液 5～10 毫升灌服，每天 1 剂，连用 3～5 天。

【功效】清热解毒，保肝利胆。

【应用】用本方治疗鹅病毒性肝炎并发沙门氏菌病，配合强力霉素、葡萄糖、维生素、病毒灵注射和饮水，3 天后病情得到控制，1 周左右逐渐恢复正常。（党金鼎．中国家禽，2005，7）

3. 鹅副黏病毒病

方 1（黄连解毒散）

【处方】黄连 30 克，黄芩 60 克，黄柏 60 克，栀子 45 克。

【用法用量】粉碎，制成散剂；或购买成药。按每吨饲料添加黄连解毒散 0.5 千克混饲，连用 3～5 天。

【功效】泻火解毒。

【应用】某场养殖鹅苗 3000 羽发病，用磺胺类药物等治疗无效，陆续死亡 500 多羽，至50 日龄确诊为鹅群副黏病毒病。采用本方治疗，同时紧急免疫接种鸡新城疫Ⅰ系疫苗，肌内注射黄芪多糖、氟苯尼考，电解多维饮水。第3天开始病情趋向稳定，第5天后死亡基本控制。（黄仁丰．福建畜牧兽医，2016，2）

方2

【处方】鲜芦根20克，银花15克，连翘15克，蝉衣10克，黄芪15克，黄芩10克，黄连15克，僵蚕10克，薄荷6克，柴胡10克，藿香10克，佩兰10克，苍术10克，葛根10克，水牛角15克，生地黄20克，芍药12克，丹皮10克。

【用法用量】粉碎，混匀，拌料喂服，每只病鹅每天1.5克，连喂5天。食欲不振或不食的病鹅人工填喂。

【功效】清热解毒，凉血熄风。

【应用】某场42日龄鹅群发病，用抗生素类药物治疗无效。根据鹅群发病情况、临床症状及剖检病理变化，确诊为鹅副黏病毒病。采用本方治疗，同时紧急免疫接种鹅副黏病毒疫苗，注射高免血清，投喂多维电解质、盐酸恩诺沙星以控制继发感染，增加鲜嫩青绿饲料。经上述措施处理后，第5天死亡开始减少，第6天鹅群食欲开始增加，第8天基本恢复正常。（毕艳辉．现代畜牧科技，2016，3）

方3

【处方】金银花60克，板蓝根60克，地丁60克，穿心莲45克，党参30克，黄芪30克，淫羊藿30克，乌梅45克，诃子45克，升麻30克，栀子45克，鱼腥草45克，葶苈子30克，雄黄15克。

【用法用量】用1500毫升水煎2次，供500只鹅早晚各拌水饮1次，病重鹅灌服4～5毫升，连用4天。

【功效】清热解毒，涩肠止痢。

【应用】用本方治疗鹅副黏病毒病，用药2天后病情得到控制，基本不再发生死亡情况，再连续用药2天后，精神状态和饮食情况得到好转。（胡历宇等．现代农业科技，2006，6）

4. 鹅鸭瘟病

方1

【处方】大青叶125克，板蓝根200克，茵陈300克，金银花125克，白茅根500克，川红花125克，穿山甲125克，苏马勃750克。

【用法用量】水煎拌料，供20只鹅1天使用，3～5天为一疗程。

【功效】清热解毒，安神开窍。

【应用】配合肌内注射鸭瘟高免血清或鸭瘟卵黄抗体可有效控制本病。（梁文斌．四川畜牧兽医，2004，12）

方2（薄荷柴胡汤）

【处方】薄荷8克，柴胡、苍术、黄芩、大黄、栀子、明雄各6克，辛夷、细辛、甘草各4克，牙皂、樟脑各3克。

【用法用量】上药混合加水蒸汤，每天上下分别滴服1次，成鹅每次5～8毫升，中鹅3～5毫升，雏鹅7日龄以内3～5滴。一剂可供100只雏鹅，40只中鹅，10～20只成鹅1天使用。

【功效】清热解毒，安神开窍。

【应用】用本方治疗鹅感染鸭瘟，一般连用3～5天即可痊愈。（孙耀华等．广东饲料，2000，2）

5. 鹅传染性法氏囊病

方1

【处方】黄芪300克，黄连、生地、大青叶、白头翁和白术各150克。

【用法用量】粉碎，混匀，按2%拌饲料喂，连用3天。

【功效】扶正解毒。

【应用】许多养殖户认为，鸭、鹅不会感染传染性法氏囊病，其实并非如此。雏鸭、鹅传染性法氏囊病是由于接触鸡而感染的。主要发生于1月龄以内的雏鸭、鹅，发病急、传染快，6～10日即可波及全群。防控不力又感染高毒株时，病死率可达60%～70%，因此应重视预防。一旦发病，可选用本方。有条件的配合高免卵黄或康复血清疗效更佳。（敖礼林．科学种养，2016，6）

方2（清瘟败毒散）

【处方】石膏120克，地黄30克，水牛角60克，黄连20克，栀子30克，牡丹皮20克，黄芩25克，赤芍25克，玄参25克，知母30克，连翘30克，桔梗25克，淡竹叶25克，甘草15克。

【用法用量】粉碎，混匀，制成散剂，或购买成药，拌料喂服，连用3～5天。

【功效】泻火解毒，凉血。

【应用】某场1500只5周龄肉鹅发病，用过青霉素饮水不见好转，求诊前3天死亡13只。诊断为肉鹅传染性法氏囊病与大肠杆菌病混合感染。采用本方治疗，同时病重者注射卵黄抗体，病轻的口服抗生素，饮水中添加速补-20粉、白糖。采取以上措施一周控制了死亡，大群精神恢复，采食量增加，粪便逐渐恢复正常。（丛楠等．水禽世界，2013，3）

方3

【处方】蒲公英、板蓝根、大青叶各300克，金银花、黄芩、黄柏、甘草各90克，藿香、生石膏各30克。

【用法用量】加水煎汤2～3次，煎成3000毫升，每羽5毫升一次内服，严重的病鹅灌服。服药前鹅群预先应停水3～4小时。每天1剂，3剂为1疗程。

【功效】清热解毒，燥湿止痢。

【应用】法氏囊病多发于鸡，鹅几乎不发病，原因可能是养鹅户年前出售过曾发过传染性法氏囊病的鸡，因环境消毒不严或传染性法氏囊病毒变异后对鹅交叉感染后有致病性。用本方治疗的同时，饲料中加入喘痢平散，3天后鹅群基本恢复正常。（郑红等．中兽医学杂志，2003，3）

6. 鹅流感

方1

【处方】生姜35克，杏仁30克，桂枝、防风、麻黄各25克；或鱼腥草20克，桉树叶

（鲜品）、蒲公英各 25 克。

　　【用法用量】加 2.5～3 千克水煎汁，拌料饲喂 50 只雏鹅，每天 2 次，连用 3 天。

　　【功效】辛温解表，止咳平喘。

　　【应用】1 月龄的幼鹅易感染流感病，该病主要通过呼吸道、消化道传染，感染后传染快、死亡率高。本方有很好的预防和治疗作用。（蒙讯．农家之友，2016，9）

方 2

　　【处方】车前草 500 克，红糖 500 克。

　　【用法用量】车前草加水 5～7.5 千克煎汁，冲入红糖，供 200～300 只病鹅拌入适当饲料内服用，每天 2 次，连服 2 天。

　　【功效】利湿解毒。

　　【应用】用本方配合抗生素，加强防寒防湿保暖等措施，可有效控制本病。（吉林畜牧兽医编辑部．吉林畜牧兽医，2004，3）

方 3

　　【处方】荒蒌根 15 克，山芝麻 15 克，玄参 15 克，附子 4 克，广豆根 4 克，官桂 4 克。

　　【用法用量】煎水，以胡椒面 2 份拌和，供 100 只雏鹅灌服，连服 7 天。

　　【功效】辛温解表，止咳平喘。

　　【应用】用本方治疗雏鹅流感有一定疗效。同时要加强饲养管理，注意防寒保暖，严格控制好育雏期的温度、密度、湿度和通风；配合抗生素防止继发感染，可有效控制本病。（杨万秋．养殖技术顾问，2002，5）

7．雏鹅腺病毒性肠炎

　　【处方】党参 15 份，白术 15 份，茯苓 10 份，木香 10 份，黄芪 10 份，煨诃子 8 份，代赭石 6 份。

　　【用法用量】按每羽 1 克的剂量，加水煎煮，药液饮水，药渣拌料。每天 1 剂，连用 5 天。

　　【功效】补气理气，涩肠止泻。

　　【应用】用本方治疗雏鹅腺病毒性肠炎 2000 只，治愈率和有效率分别为 52％和 96％，显著高于西药组的 39％和 74％。（张金合等．今日畜牧兽医，2016，9）

8．鹅巴氏杆菌病

方 1

　　【处方】金银花 160 克，穿心莲 150 克，黄芩 100 克，桔梗 90 克，大青叶 90 克，黄连须 80 克，甘草 50 克。

　　【用法用量】煎汁拌料，供 100 只鹅 1 天喂服。每天 1 剂，连用 3 天。

　　【功效】清热解毒，燥湿止泻。

　　【应用】鹅巴氏杆菌病主要通过消化道、呼吸道和皮肤创伤感染，多发生在寒冷的冬季、春季和晚秋，气候多变、天气寒冷、饲养管理不当、舍内潮湿、通风不良、拥挤等原因易引

起发病和流行。本方具有清热解毒、燥湿和止泻作用，对疾病具有一定疗效。（许英民．农村百事通，2017，14）

方 2

【处方】板蓝根 600 克，蒲公英 500 克，穿心莲 600 克，苍术 300 克。

【用法用量】共为细末，根据年龄体重按每只 2～5 克一次内服。每天 2 次，连用 3 天。预防量减半。

【功效】清热解毒，燥湿健脾。

【应用】鹅霍乱的病原为禽型多杀性巴氏杆菌病，不同年龄的鹅都能感染，鹅雏、仔鹅较为敏感，鹅性成熟后开始产蛋时易感。发现病鹅要立即进行清圈、消毒，更换垫草；配合抗生素疗法、抗禽霍乱高免血清可有效控制本病。（孙颖等．黑龙江畜牧兽医，2005，6）

方 3

【处方】黄连 150 克，黄柏 150 克，秦皮 150 克，建曲 100 克，谷芽 100 克，山楂 100 克，乌梅 100 克，甘草 100 克。

【用法用量】粉碎，供 1000 只种鹅一次内服。

【功效】清热燥湿，消食止泻。

【应用】用本方防治鹅的禽出血性败血病，第 2 天大便开始成形，食欲明显好转，服第 2 剂药后，大便、食欲恢复正常，种鹅死亡得到控制，半个月后产蛋率明显提高，以后每隔 15 天服药 1 剂。在服药期间，控制了该病的再度发生，产蛋率也始终正常。本方在种鹅饲养户中，共使用 7 户，累计鹅只达 3200 只，都能控制疾病的发生。（许卯生等．上海农业科技，2002，1）

9. 鹅沙门氏杆菌病

方 1

【处方】辣蓼、马鞭草、小蓟、地榆各 100 克。

【用法用量】加水 4000 毫升煮沸 3 次，加自来水 200 千克，供 2200 羽雏鹅 1 天自饮，连用 5 天。

【功效】清热解毒，利湿止泻。

【应用】用本方治疗 2200 羽雏鹅沙门氏杆菌病，服药第 1 天死亡 70 羽，第 2 天死亡 40 羽，第 3 天死亡 30 羽，第 4 天停止死亡，存活 2060 羽，存活率为 94.7%。（钟云仙．中国兽医杂志，2004，2）

方 2

【处方】白头翁 1500 克、黄连 1500 克、黄柏 1500 克、秦皮 1500 克。

【用法用量】研成粉末，拌 50 千克饲料供 500 只雏鹅喂服，每天 1 次，连用 3 天。

【功效】清热解毒，凉血止痢

【应用】用本方治疗曾用氯霉素、黄连素肌注及饮水治疗后不见明显好转的 500 只肉鹅沙门氏杆菌病例疗效快，效果明显。用药 3 天后，死亡 2 只，5 天后全部治愈，而且无毒副作用。（李晓刚等．中国家禽，2002，16）

10. 鹅大肠杆菌病

方1（白头翁散加味）

【处方】白头翁、黄连、黄柏、秦皮、雄黄、藿香、滑石。

【用法用量】按每克药拌1千克饲料饲喂，连用5天。

【功效】清热解毒，凉血止痢。

【应用】某场23日龄雏鹅发病，使用青霉素类药治疗，用药2天病情没有明显好转，死亡128羽。根据临床表现、剖检病变及实验室检查结果，诊断为大肠杆菌病。用本方治疗，同时饮水中添加电解多维、维生素C。采取以上措施后，没有发生新病例，第3天病情即有好转，食欲开始慢慢增加。持续用药到第5天，鹅群基本恢复正常，除46羽病情较重的雏鹅死亡外，治愈220羽，治愈率达82.71%。（高文财.福建畜牧兽医，2014，6）

方2（五味消毒饮加减）

【处方】黄芩、连翘、金银花、菊花、紫花地丁、蒲公英各100克。

【用法用量】水煎，共100只雏鹅饮服，每天1次，连用3天。重症雏鹅灌服每只3~5毫升，每天2次。

【功效】清热解毒。

【应用】某场2000只雏鹅发病，根据临床症状、剖检病变及实验室检查，诊断为大肠杆菌病。用本方治疗，同时饮水中添加电解多维和维生素C。采取以上措施后，第3天雏鹅的死亡大大减少，其余病雏鹅基本康复。7天后鹅群中不再有新的发病和死亡。（程汉.湖北畜牧兽医，2009，8）

方3

【处方】茜草秧200克，苦参150克，穿心莲100克，蒲公英60克，白头翁70克，黄柏60克，地榆60克，黄芪60克，白术50克，诃子肉40克。

【用法用量】加水温浸1小时，煎煮2次，第1次1小时，第2次40分钟，合并滤液，过滤，滤液加热浓缩至每毫升含生药1克，加入3克苯甲酸钠，混匀，冷却48小时，过滤分装。按每1毫升/千克体重饮水给药，2次/天，连用3天。

【功效】清热解毒，止血止泻。

【应用】用本方进行体外抑菌及临床治疗试验。结果中药组方对两菌株都有较好的体外抑菌效果；临床治疗有效率100%，治愈率达90%以上。（李明姝.吉林畜牧兽医，2007，9）

11. 鹅痢疾

【处方】黄柏、白头翁、郁金各10克，黄芩、栀子、黄连、大黄、诃子、木通、甘草各5克。

【用法用量】共为细末，加入白糖20克，供10只鹅1天2次内服。重病鹅不能服食的，加冷开水调和用滴管滴服。每只每次1~2毫升，每天2次，连用3~4天。

【功效】清热解毒，涩肠止痢。

【应用】鹅痢疾是由铜绿假单胞菌引起，发病死亡快、传染性特强。用本方有一定疗效。

发病后隔离、配合敏感抗生素治疗效果更好。（何颖．湖南农业，2015，7）

12. 鹅葡萄球菌病

方1

【处方】鲜小蓟 400 克，甘草、大黄各 50 克，黄柏、黄芩、黄连各 100 克。

【用法用量】水煎 3 次，作饮水用，每天 1 剂，连饮用 3 天。

【功效】清热燥湿，止血止泻。

【应用】鹅葡萄球病主要通过皮肤损伤而感染，幼鹅发病后往往常呈急性败血症，成年鹅呈慢性关节炎及趾瘤。药理实验证实，黄柏、黄芩、黄连具有较强的抑制金黄色葡萄球菌的作用，小蓟能够明显缩短出血时间，且能够抑制葡萄球菌；大黄既能够加速肠道排出毒素，还具有收敛止血作用，甘草具有类似糖皮质激素的作用。本方各药相互配合，能够有效治疗该病。（王志．现代畜牧科技，2017，9）

方2（银连解毒汤加减）

【处方】金银花 40 克，栀子、黄连各 20 克，黄柏、连翘、菊花、甘草各 30 克。

【用法用量】煎汤，供 100 羽仔鹅一次饮服。

【功效】清热解毒。

【应用】用本方治疗曾用青霉素、链霉素、土霉素治疗效果不佳的 1000 余只仔鹅葡萄球菌病。发病鹅隔离，彻底清除粪便、垫料，用 0.3% 过氧乙酸带鹅消毒，每天 1 次，连续 5 天，并在饲料中添加维生素。第 3 天病鹅停止死亡，第 7 天病鹅全部治愈。抑菌试验表明病例分离菌株对本方高度敏感。（薛勇．天津农林科技，2005，6）

13. 鹅绦虫病

方1（槟榔石榴皮合剂）

【处方】槟榔 100 克，石榴皮 100 克。

【用法用量】加 1000 毫升水煮沸 1 小时，制成 800 毫升。按每千克体重用生药 1 克将药液混入精料中喂服，或投药。20 日龄雏鹅用 1.5 毫升，30 日龄用 2 毫升，超过 30 日龄用 2.5～5.0 毫升，药液 2 天用完。

【功效】驱虫。

【应用】2 周龄到 4 月龄的幼鹅容易感染该病，鹅能够同时寄生有多种绦虫，如矛形剑带绦虫、膜壳绦虫和片形皱缘绦虫，尤其是矛形剑带绦虫会造成非常严重的危害。成虫主要是在鹅的小肠内寄生，产出的孕卵节片能够经由粪便排到体外，在外界环境适宜的情况下孕卵节片会发生崩解，散出虫卵。如果孕卵进入到水中，被中间宿主剑水蚤食入，虫卵内幼虫逸出，并在中间宿主体内继续发育，变成似囊尾蚴，鹅食入后造成感染。本方药效快速，病鹅服药后 10～15 分钟开始排虫，能够持续排虫 2～3 小时。但维持药效时间短，要反复连续驱除。排出虫体大部分是活的，要及时处理好排出虫体和粪便。（刘旭．现代畜牧科技，2016，8）

方2

【处方】槟榔适量。

【用法用量】按每千克体重 1 克用药，碾碎，加 20 倍水煮沸 30 分钟，药渣与药液一同拌料空腹喂服。

【功效】驱虫。

【应用】某场 500 多羽种鹅发病，经流行病学调查、病理剖检及虫体观察，诊断为鹅绦虫病。采用本方治疗，效果很好，治愈率接近 100%。一般投药后 10 分钟左右即开始排虫（最快的 6.3 分钟），30~40 分钟排虫最多，持续 2~3 小时。驱虫后 2~3 天，病鹅精神好转，并很快康复。10 天后再以相同药量抽样复驱公母鹅各 25 羽，全无绦虫驱出。(莫根万 . 广西畜牧兽医，2003，5)

14. 鹅球虫病

方 1(黄连解毒汤加减)

【处方】苦参 30 克，黄柏 50 克，常山 50 克，黄芪 60 克，黄连 80 克，白头翁 80 克。

【用法用量】加水 2 000 毫升，浸泡 30 分钟，文火煎 30 分钟，滤取药液，每只鹅每次饮用 10 毫升，药渣再加水煎汁，混入群饮水。

【功效】驱虫止痢。

【应用】一般 1 剂即愈，重症可续用 1 剂。某场 150 只鹅突然发病，其中 6 只未见症状即死亡，随后有部分鹅精神沉郁，出现不同程度血便，经临床观察、病理解剖、粪便检查，诊断为鹅球虫病。用本方治疗后康复。(高巍 . 现代畜牧科技，2016，5)

方 2(排球止血散)

【处方】青蒿 15 克，常山 25 克，柴胡 9 克，苦参 15 克，地榆炭 10 克，白茅根 10 克，野菊花 15 克。

【用法用量】上药粉碎过筛、混匀。拌料混饲。预防按 0.5% 的比例，连用 5 天；治疗按 1% 的比例，连用 8 天。

【功效】驱虫，止血。

【应用】此方对球虫病以及球虫病继发鹅的坏死性肠炎有明显防治效果，预防率达 98% 以上，治愈率 95%，如配伍血痢宁则效果更好。(史学增等 . 中国家禽，2003，17)

15. 鹅保健

方 1

【处方】大青叶 60 克，板蓝根 60 克，金银花 50 克，连翘 60 克。

【用法用量】水煎 2 次，合并煎液，供 100 只成鹅一次饮服。

【功效】辛凉解表，清热解毒。

【应用】某场饲养 3000 多只种鹅相继发病，用多种西药治疗无效，死亡 800 多只。用本方 1 剂后死亡得到控制，发病鹅继用 1 剂痊愈。后走访，该场年饲养种鹅 3.2 万只，每年用上方预防疾病 2 次，全群较少发病。(张国香等 . 中兽医药药杂志，2011，5)

方 2

【处方】熟地 10%，山萸肉 10%，山药 10%，泽泻 10%，茯苓 10%，肉桂 10%，熟附 10%，黄芪 30%。

【用法用量】粉碎，混匀，按 1% 的比例拌料饲喂，连用 1 周。

【功效】滋补肾阴，温补肾阳。

【应用】某场种鹅病愈后产蛋率 36%，受精率 51%，孵化率 66%，生产性能较低。用药 1 周后，产蛋率提高至 61%，种蛋受精率提高至 79%，孵化率上升到 83%。(张国香等 . 中兽医药药杂志，2011，5)

方 3（加减参芪散）

【处方】党参 150 克，丹参 100 克，黄芪 120 克，赤芍 100 克，连翘 150 克，虎杖 100 克，地榆炭 100 克，知母 100 克，黄连 20 克。

【用法用量】上药粉碎，混匀。拌料混饲，预防按 0.5% 的比例，连用 15 天；治疗按 1% 的比例，连用 3～5 天。

【功效】补气活血，涩肠止泻。

【应用】本方是扶正祛邪之品，不伤雏鹅正气，有一定的促生长作用。对由鸡白痢沙门氏杆菌、大肠杆菌引起的腹泻有很好的防治作用。（史学增等．中国家禽，2003，17）

【处方】鲜藿 150 克，马齿苋 100 克，黄柏 150 克，黄芩 100 克，滑石 100
克、苍术黄 150 克，甘草 100 克，竹茹 50 克。

【用法用量】上药加水煎制二遍，混合，去渣取汁。拌匀，分 2 次灌服，
每日 1 剂，连用 3～5 天。

【功效】清热凉血止痢，解毒止痢。

【应用】本方对湿热型痢疾、木痢有良好疗效。有一定的临床应用，对临床病例治疗 110 例，
治愈 无痢状加减治疗湿热型腹泻的治疗有良好。（《北京农业》，2009，13）

第四章 犬病方

1. 犬瘟热

方 1

【处方】金银花 20 克，连翘 30 克，黄芩 20 克，板蓝根 20 克，黄连 15 克，黄柏 15 克，木香 20 克，竹茹 20 克，桔梗 10 克，甘草 10 克，贯众 15 克，地榆炭 20 克，薄荷 15 克。

【用法用量】水煎成 100 毫升汤剂，取 50 毫升（根据犬只大小药量作适当调整），加温至 39℃ 左右，深部直肠灌注，每天 2 次，连用 11 天。

【功效】清热解毒、解表通里、凉血养阴、宣肺化痰、收敛固涩。

【应用】用本方治疗 14 例犬瘟热患犬，8 例康复，治愈率 57.1%。（田启超 . 山东畜牧兽医，2017，3）

方 2

【处方】金银花、黄芩、连翘、板蓝根、黄檗、甘草各 10 克，生石膏 20 克

【用法用量】研末或煎水灌服，每日 1 剂，直到痊愈。

【功效】治宜清热解毒、止泻。

【应用】本方治疗犬瘟热有一定疗效。伴有肠炎者加白头翁 10 克，伴有肺炎者加贝母 5 克，伴有便血者加地榆 8 克，有神经症状者加石菖蒲 5 克，呕吐者加吴茱萸 5 克。（张承静 . 中国畜牧兽医文摘，2015，8）

方 3

【处方】金银花、黄芩、连翘各 9 克，葛根、山楂、山药各 6 克，甘草 3 克

【用法用量】煎水服，每天 1 剂，直到痊愈。

【功效】治热清热解毒、止泻。

【应用】本方治疗犬瘟热有一定疗效。（张承静 . 中国畜牧兽医文摘，2015，8）

方 4

【处方】水牛角 9 克，升麻、黄连各 3 克，银花、大青叶、生地、连翘、柴胡、生石膏、黄芩、甘草各 6 克。黄芩、丹皮、青蒿、黄芪、甘草各 6 克，知母、黄柏、丹参各 3 克，大青叶、生地各 9 克。

【用法用量】合并药液 2～3 次灌服或直肠内灌注，每天 1 次，连用 3～5 天。

【功效】清热解毒。

【应用】本方治疗犬瘟热有一定疗效。呕吐重者加吴茱萸 3 克；肌肉震颤者加僵蚕 3 克；呼吸道症状明显时加知母、苏子、苍术、半夏各 6 克；神经症状重者加郁金、石菖蒲、胆南星、蒙石各 3 克，朱砂 0.5 克；下痢脓血者加木香 3 克，侧柏炭 6 克，大黄 6 克。（冯丽波

方5(清营汤)

【处方】水牛角 10 克，生地 12 克，玄参 12 克，竹叶心 10 克，金银花 15 克，连翘 12 克，黄连 12 克，丹参 12 克，麦门冬 15 克。

【用法用量】煎汁候温灌服。每天 2 次，连用 3 天。

【功效】清热解毒，泄热护肝。

【应用】本方治疗犬瘟热有一定疗效。（蒲大章等，兽医导刊，2015，7）

方6

【处方】金银花 9 克，连翘 9 克，黄芩 6 克，葛根 6 克，山楂 12 克，甘草 9 克。

【用法用量】取汤待温 1 次灌服。

【功效】清热解毒。

【应用】中西医结合治疗犬瘟热，对犬瘟热后期出现了抽风等神经症状的严重病犬，也有非常好的疗效。（杨金华．畜禽业，2015，2）

方7

【处方】白头翁 15 克，乌梅 15 克，黄连 15 克，郁金 10 克，诃子 10 克。

【用法用量】加水 1000 毫升，煎沸取汤待温灌服，每天 1 剂。

【功效】清热解毒。

【应用】本方治疗犬瘟热有一定疗效。如病犬严重呕吐，可在灌服前 2 小时先注射爱茂尔注射液；如病犬严重脱水，应辅以输液治疗。（杨金华．畜禽业，2015，2）

方8

【处方】银花 25 克，板蓝根 30～40 克，穿心莲 40～50 克，防风 15 克，菊花 35 克，龙胆草 35～40 克，千里光 35～40 克，黄芩 30 克，僵蚕 15 克，天麻 10～15 克，钩藤 30 克，柴胡 25～30 克，甘草 5～10 克。

【用法用量】1 剂熬 3 次，3 次药汁混合，放置冷却后冰箱 4℃保存。1 剂服用 2 天，每天 2 次，每次 3～5 毫升，用量以犬体型为准。

【功效】清热解毒，镇定安神，止咳化痰。

【应用】本方配以西药用于 2 只呼吸型犬瘟热患犬，经 1 个月的治疗后 2 只犬健康出院。（张君等．当代畜牧，2015，4）

方9

【处方】金银花、大青叶、生石膏、生甘草、黄芩、柴胡、生地、连翘各 12 克，栀子、丹皮各 10 克，吴茱萸、黄连、升麻各 6 克。

【用法用量】每剂水煎 2 次，每次 30 分钟，早晚服用，服前加少许白糖以增加适口性。

【功效】清热解毒。

【应用】用中西医结合治愈犬瘟热 1 例。灌服 3 天后，病犬精神略有好转，出现食欲，鼻液减少，偶有咳嗽。2 周后随访，一切正常。（车小蛟．中兽医医药杂志，2014，5）

方10(清瘟败毒散)

【处方】生石膏 60 克，知母 30 克，生地 15 克，玄参、麦冬、丹皮、丹参、银花、连翘各 15 克，黄芩、黄连、栀子各 10 克，桔梗 15 克，木通 10 克。

【用法用量】加 1000 毫升水煎汤，煎至 300 毫升，每次服 50～100 毫升，每天 2 次。

【功效】凉血解毒，化瘀防热。

【应用】本方有止咳、降温作用，配合西药（肌内注射犬瘟热高免血清 8 毫升，每天 1 次，连用 3～5 天，重组干扰素 α 注射液皮下注射 7.5 毫克；静脉注射 0.9％生理盐水 150 毫升，加头孢曲松钠 1.5 克，糖盐水 100 毫升加双黄连 30 毫升，每天 2 次，以及 0.9％生理盐水 120 毫升加维生素 C1 克，辅酶 A100 万单位，三磷酸腺苷 20 毫升，每天 1 次）治疗病犬。经 8 天，所治疗的德国牧羊犬痊愈。（胡春光 . 养殖技术顾问杂志，2011，12）

方 11（清瘟败毒饮）

【处方】金银花 6 克，大青叶 6 克，生石膏 6 克，黄芩 6 克，黄连 3 克，栀子 5 克，丹皮 5 克，柴胡 6 克，升麻 3 克，生地 6 克，连翘 6 克，生甘草 6 克。

【用法用量】水煎灌服，每天 1 剂，5 剂为一疗程。在上方基础上

【功能】清热解毒，宣肺平喘。

【应用】本方对犬瘟治疗有很好的效果。伴发呕吐，加吴茱萸 3 克；肌肉震颤严重者加僵蚕 3 克；有神经症状者加钩藤 3 克、菖蒲 3 克；下痢脓血者加大黄 6 克、地榆 5 克、木香 3 克、侧柏炭 6 克。亦可用补中益气汤加减：黄芪、白术、陈皮、升麻、柴胡、人参、当归、甘草。排粪失禁、便血者加槐花；粪便腥臭者加黄连、大黄、黄柏；有结膜炎者加知母。（周璞 . 畜牧兽医科技信息，2011，4）

方 12

【处方】金银花、连翘、黄芩、葛根、山楂、川贝和蝉衣各 10 克；山药、甘草各 5 克。

【用法用量】用 1500 毫升水浸泡 1～2 小时，经大火煮沸后，小火熬制 30 分钟，在小火熬制过程中须加水 3 次，每次 500 毫升，最后得汤药 1000 毫升左右。每次灌服 5 毫升/千克体重，每天服 2 次，到后期症状减轻时，灌服量可减少为 3 毫升/千克体重。

【功效】清热解毒，健胃祛痰。

【应用】本方适用于治疗犬瘟热后期。（李学强等 . 动物医学进展杂志，2011，9）

方 13

【处方】金银花 12 克，连翘 12 克，板蓝根 12 克，黄柏 15 克，黄芩 12 克，生地 12 克，知母 12 克，甘草 15 克。

【用法用量】水煎，每天 1 剂，分 2 次口服。

【功效】清热解毒，凉血止痢。

【应用】用本方配合抗生素和输液，连续治疗 3 天后，病犬精神好转，出现食欲，鼻液减少，偶有咳嗽，20 天后随访，一切正常。（冯秉福 . 上海畜牧兽医通讯杂志，2011，3）

方 14（三黄散）

【处方】郁金 15 克，炙诃子、大黄、连翘、二花、蒲公英、焦地榆、白茅根、生地炭各 10 克，黄连 6 克，黄柏、栀子、白芍各 9 克。

【用法用量】上药混合水煎 2 次，煎成 100 毫升，每日 2 次，每次 50 毫升灌服，连服 4 剂。

【功效】清热解毒，凉血止痢。

【应用】用本方配合西药（林格氏液 250 毫升，5％葡萄糖 250 毫升，5％碳酸氢钠 10 毫升，混合，静脉滴注，每日 2 次，连用 4 天；5％葡萄糖 250 毫升，维生素 C2 毫升，氨苄青

霉素50毫克，混合，静脉滴注，每日2次，连用4天；鞣酸蛋白4克，次碳酸铋4克，混合，每日2次投服，连用4天；硫酸阿托品0.3毫克，皮下注射，1次/天，连用2天）连续治疗4天后，患犬精神好转，体温、脉搏和心跳均恢复正常，腹泻停止，未见呕吐，排便基本恢复正常，经追访，已痊愈。（王广彬．湖北畜牧兽医杂志，2011，6）

方15

【处方】赭石70克，炒白术140克，银花40克，连翘70克，白头翁140克，黄芪70克，党参140克，仙鹤草70克，地棉草10克，生地榆140克。

【用法用量】浸泡1小时，煎沸10分钟，煎2次，灌服，每天2次，连用7天。

【功能】清热解毒，凉血止痢。

【应用】本药方配合西药（静脉注射0.9％复方氯化钠250毫升，静滴；辅酶A1支、维生素C5毫升、ATP1支、5％葡萄糖250毫升，静滴，连用5天；拜耳泰妙菌素1克、强力霉素2克、氟本尼考1克、阿司匹林粉4克、葡萄糖20克，兑水5千克，用作自由饮水）治疗4例藏獒犬，3只痊愈，1只病重犬死亡。（于丽萍．今日畜牧兽医，2010，10）

方16

【处方】金银花12克，连翘12克，板蓝根12克，黄柏15克，黄芩12克，水牛角15克，玄参12克，生地12克，知母12克，甘草15克。

【用法用量】水煎，每天1剂，分2次灌服。

【功能】清热解毒，化痰滋阴润肺。

【应用】本方配合西药（干扰素700万单位肌注，连用5天；犬瘟热病毒单克隆抗体7.5毫升肌注，连用5天；头孢曲松钠0.5克静注，连用5天后改用丁胺卡那霉素5天，配合利巴韦林抗病毒，适量使用退烧药；输液：以5％葡萄糖溶液、乳酸林格氏液为主，配以维生素C、维生素B₆、ATP、辅酶A，在饮欲、食欲恢复前，保证每天输液量不低于400毫升，连用5天）治疗病犬（圣伯纳犬），5天后，该犬病情稳定，精神好转，有食欲，大便成形，鼻液减少，偶有咳嗽，留院观察，同时配合消炎药防继发感染，15天后痊愈出院。（李平松．中国畜牧兽医杂志，2010，1）

方17

【处方】金银花6克，板蓝根6克，防风6克，菊花6克，黄芩6克，僵蚕3克，天麻3克，钩藤6克，胆南星3克，柴胡6克，甘草6克。

【用法用量】本方加水2000毫升，煎30分钟。每次用量大犬2～3毫升/千克，小犬5毫升/千克，1次/天，连用3～5天。若便血，在本方基础上再加地榆炭3克，侧柏炭3克。

【功效】清热解毒、清肝明目、熄风止痉。

【应用】本方配合西药（5％葡萄糖氯化钠注射液，双黄连50毫升/千克，混合静注；0.9％氯化钠注射液，头孢曲松钠50毫升/千克，混合静注；10％葡萄糖注射液250毫升，维生素B₆ 50毫升，维生素C 2毫升，CoA 100单位，肌苷100毫升，ATP40毫克，10％氯化钾5毫升，混合静注；犬高免血清5～20毫升，皮下注射，连用3～5天）治疗1例病犬，5天后病犬痊愈。（李延龙等．山东畜牧兽医杂志，2010，9）

方18

【处方】水牛角100克，石膏10克，连翘100克，芍药100克，生地150克，牡丹皮90克，白头翁130克，黄连160克，黄柏130克，花粉100克，桔梗10克，板蓝根100克，地榆炭 90 克，侧柏叶 90 克，熟地 150 克。

【用法用量】加水 600 毫升，文火煎 1 小时，待药液浓缩到 3000 毫升，冷却后每只犬每次 100 毫升，用胃导管投服，每天均匀服 3 次。若严重下痢者加云南白药 0.5 克。

【功效】清热解毒、收敛固涩。

【应用】本方配合西药（腹腔注射 10% 葡萄糖 20 毫升、庆大小诺霉素 8 万单位、地塞米松 0.5 毫升、维生素 B₁1 毫升、维生素 C1 毫升）治疗 12 例患犬瘟热病犬。次日症状减轻，先发病 2 只死亡，后发病 10 只，每只投服山楂片、多酶片各 1 片。上述药方连用 3 天痊愈。（吉淑君等．河南畜牧兽医杂志，2010，10）

方 19

【处方】水牛角 15 克，石膏 20 克，生地 20 克，牡丹皮 10 克，白头翁 15 克，黄连 20 克，黄柏 15 克，金银花 15 克，板蓝根 15 克，山药 15 克，花粉 15 克，甘草 12 克。

【用法用量】加水 100 毫升，煎至 500 毫升，取 100 毫升，用胃导管投服，再取同样的剂量，取软皮针（去针尖），用注射器抽取药液从肛门注入，早晚 1 次。

【功效】清热解毒、收敛固涩。

【应用】本方配合西药（腹腔注射 10% 葡萄糖 100 毫升、瘟可康 10 毫升、维生素 B₁5 毫升、维生素 C5 毫升，每天肌内注射庆大小诺霉素 2 毫升）治疗 1 例病犬，连用 2 天痊愈。（吉淑君等．河南畜牧兽医，2010，10）

方 20

【处方】病初、中期：银花、大青叶、生石膏、黄芩、柴胡、生地、连翘、生甘草各 6 克，黄连、升麻各 3 克，水牛角 9 克。后期：青蒿、黄芩、丹皮、黄芪、甘草各 6 克，黄柏、知母、丹参各 3 克，生地、大青叶各 9 克。

【用法用量】水煎两次，合并药液，每天 1 剂，连用 3～5 天。

【功效】清热解毒。

【应用】呕吐重者，加茱萸 3 克；肌肉震颤者，加僵蚕 3 克；神经症状重者，加郁金、胆南星、礞石各 3 克，朱砂 0.5 克；下痢脓血者，加大黄 6 克、木香 3 克、侧柏炭 6 克；呼吸道症状明显者，加知母、半夏、苍术、苏子各 3 克。此方在病初期、中期和后期用药不一样。在病初期，邪微易散；中期邪实，辨治合理，也易收效；后期机体衰竭，正虚邪盛。（何月伟等．畜禽业，2009，6）

2．犬细小病毒病

方 1（清瘟散）

【处方】大青叶 15 克，板蓝根 30 克，贯众 10 克，黄连 10 克，黄柏 10 克，栀子 10 克，地榆 10 克，连翘 10 克，金银花 10 克，陈皮 10 克，甘草 5 克。

【用法用量】共研极细粉末，按 0.5 克/千克体重用药，开水冲，候温灌服。也可将药末以细纱布包好后煎汁，候温灌服，但须加倍量使用。灌服，每天 1～2 次。

【功效】清瘟败毒，解热消炎，整肠健胃，止血止痢。

【应用】采用中西医结合治疗初期和中期患犬共 27 例，疗效满意。（黄永堂．中国牧兽医文摘，2014，6）

方 2

【处方】① 白头翁 15 克，乌梅 15 克，黄连 5 克，黄柏 5 克，郁金 10 克，诃子 10 克。

② 黄连 10 克，黄柏 10 克，黄芪 15 克，鱼腥草 15 克，仙鹤草 5 克，白头翁 25 克，生姜 5 克，甘草 5 克。

③ 苦参 10 克，穿心莲 10 克，鱼腥草 10 克，大黄 5 克，仙鹤草 10 克，干姜 5 克，黄芩 5 克，黄芪 10 克。

【用法用量】加水 1000 毫升，煎成 500 毫升，候温分 2～3 次灌服，每日 1 剂（该剂量适合 30～40 千克大型犬用，体重小的酌减）。如呕吐过于剧烈，可在灌服前 2 小时左右先注射胃复安注射液或者 654-2，也可以将病犬倒立从直肠灌入深部。

【功效】方① 清热破瘀，止痢敛阴；方② 清热解毒，凉血止痢；方③ 清热解毒。

【应用】方①、②、③分别适合犬细小病毒性肠炎的早期、中期和后期治疗。乔叶青从事兽医门诊工作 30 年，采用中西药结合的方法治疗数万例，大多灌服 3～5 剂即痊愈。（乔叶青等．兽医导刊，2014，12）

方 3

【处方】白术 5 克，白头翁 10 克，黄芩 5 克，黄柏 5 克，黄连 3 克，甘草 5 克。

【用法用量】诸药共煎成 500 毫升，候温灌服，每日灌服 2 次，连用 3～5 剂。

【功效】清热解毒。

【应用】用本方结合西药治疗犬细小病毒性肠炎可取得良好效果。中药煎剂应于病犬呕吐、腹泻症状好转后使用，防止因病犬呕吐、腹泻导致药物流失。（任玉霞．中国畜禽种业，2014，1）

方 4（白头翁汤合郁金散）

【处方】白头翁 15 克，黄连 12 克，秦皮 10 克，金银花 12 克，连翘 12 克，丹皮 9 克，郁金 9 克，葛根 12 克，地榆 10 克，茯苓 9 克。

【用法用量】煎汤内服，每天 1 剂，连用 3～5 天。若呕吐严重时，可直肠深部给药。

【功效】清热解毒、止血止痢。

【应用】本方结合输液、止吐、止泻、止血等西药可大大提高患犬的治愈率。（李宗才等．中兽医学杂志，2011，4）

方 5

【处方与用法】① 黄连 2 克，黄芩 2 克，黄柏 2 克，栀子 2 克，大黄 3 克，郁金 3 克，白芍 3 克，诃子 2 克，槐花（炒）3 克，侧柏叶（炒炭）3 克。加水 500 毫升，煎成 100 毫升。每次取 20 毫升药液加 10 毫升生理盐水，温度保持在 36～38.5℃，灌肠（让药液停留在肠管 30 分钟以上），每天 2 次，直到肠道无血后停药。

② 苍术 4 克，厚朴 2 克，陈皮 2 克，甘草 1 克，大枣 1 克，生姜 1 克，神曲 1 克，山楂 1 克，槟榔 3 克，枳壳 3 克，青皮 3 克，厚朴 4 克，木香 3 克，木通 1 克，茯苓 2 克，刘寄奴 1 克，分 2 次煎水服。加水 250 毫升煎煮，于治疗第 6 天开始喂服，每次 3～5 毫升，每天 3～6 次，连续 3～4 天。

【功效】清热解毒，涩肠止泻。

【应用】适于疾病前期和便血期。本方配合抗生素和输液治疗病犬，7 天后痊愈。（黄正华等．贵州畜牧兽医，2011，3）

方 6

【处方】大黄 10 克，黄连 5 克，黄芩 10 克，地榆炭 15 克，三七 10 克，白及 15 克，乌贼骨 15 克，生蒲黄 10 克，乌药 10 克，甘草 3 克。

【用法用量】水煎 2 次，分服，1 剂/天，连用 3 天。

【功效】清热解毒，涩肠止泻。

【应用】对流行性出血性胃肠炎型犬细小病毒病效果良好．（周璞等．经济动物杂志，2011，12）

方 7

【处方】地榆炭 15 克，槐花 15 克，诃子 15 克，乌梅 15 克，棕榈炭 10 克，侧柏叶 10 克，百草霜 10 克，半夏 15 克，生姜 15 克，金银花 10 克，连翘 10 克，黄柏 10 克，甘草 5 克。

【用法用量】水煎成 100 毫升，深部灌肠，2 次/天，连用 3~4 天。

【功效】清热凉血，涩肠止泻，降逆止呕。

【应用】用本方配合针灸（脾俞、后海穴及百会穴，1 次/天，治疗 5 天）、抗生素和输液，中西医综合治疗本病 139 例（主要为京巴、牧羊犬、沙皮、博美等优良品种犬。7 月龄以内 70 例，7~12 月龄 30 例，1~2 岁 29 例，2 岁以上 10 例），治愈 127 例，治愈率达 91.36%。（陈明．科技创新导报，2011，26）

方 8

【处方】黄连 5~10 克，黄柏 5~10 克，郁金 8~15 克，诃子 8~15 克，乌梅 15~25 克，白头翁 15~25 克。

【用法用量】加水 1000 毫升煎煮，文火浓煎至 100 毫升左右（根据犬只体重确定药液量），候温灌服。每天 1 剂。

【功效】清热解毒，止泻止血。

【应用】呕吐剧烈者，灌服前 1 小时应用镇吐药物；呕吐不停者，增加乌梅用量；泻痢不止，增加黄连、黄柏、白头翁用量；便血者，加大郁金、诃子用量。按上述方法治疗，一般 2~4 天可愈。（郭善康．四川畜牧兽医，2011，3）

方 9（郁金散）

【处方】郁金 8~12 克，诃子 8~12 克，黄芩 6~12 克，大黄 6~9 克，黄连 5~8 克，栀子 9~12 克，杭芍 6~9 克，黄柏 9~12 克，竹茹 10~15 克，云南白药 2~4 克（另包不煎）。

【用法用量】水煎两次，合并滤液，浓缩至 100 毫升，加入云南白药混匀，保留灌肠，每天 1 次。

【功效】清热解毒，凉血止泻。

【应用】本方治疗犬细小病毒病有一定疗效，尤其对对治疗病毒性腹泻有较好疗效。（王新丽．中兽医学杂志，2010，1）

方 10

【处方】郁金 15 克，诃子 15 克，黄芩 10 克，大黄 10 克，黄连 10 克，栀子 10 克，白芍 10 克，黄柏 10 克。

【用法用量】煎汤，胃管灌服，每天1剂，连用3～4剂。

【功效】清热解毒，凉血止血。

【应用】本方配合抗生素和输液治疗2例病例，7天后均痊愈。（吕金良．现代畜牧兽医杂志，2010，4）

方 11

【处方】郁金15克，黄连10克，黄柏10克，白头翁15克，柯子15克，白芍10克，枳壳10克，地榆15克。

【用法用量】加水适量，煎汁至250毫升，过滤后密封冰箱保存。3～6千克体重犬10毫升，6～10千克体重犬15毫升，大型犬20～30毫升，加温至39℃直肠灌注，每天1次。

【功效】清热解毒，凉血止泻。

【应用】便血严重的，加侧柏炭15克、云南白药1～2粒；伤津重者，加生地、麦冬各15克；里急后重者，加木香10克；呕吐剧烈者，加竹茹15克；气血亏虚的，加黄芪30克、当归15克。用本方治疗1例藏獒幼犬，连用3～4天效果显著。（裴树泉等．今日畜牧兽医，2010，6）

方 12

【处方】白头翁500克，黄柏、黄连、黄芩各400克，枳壳、砂仁、厚朴、苍术、猪苓各300克，半夏、仙鹤草各200克，甘草100克（28只犬药量）。

【用法用量】水煎，候温，直肠深部灌肠给药，每只每次100毫升，每天1剂，分3次灌肠。每次灌肠后让患犬保持前低后高的姿势20分钟，防止药液流出。

【功效】清热解毒，涩肠止泻。

【应用】本方配合针灸（脾俞、后海、关元俞穴位）以及抗生素输液治疗5天，除2只病重犬淘汰外，其余26只精神、食欲逐渐好转，10天后回访已痊愈。（杜劲松．中兽医医药杂志，2010，2）

3. 犬传染性肝炎

方 1

【处方】龙胆草6克，柴胡4克，栀子4克，黄芩4克，当归3克，生地4克，木通3克，车前子3克，泽泻3克，炙甘草4克。

【用法用量】加水煎成1000毫升，50条犬一次灌服，每天1剂，连用天。

【功效】清肝胆之热。

【应用】用本方结合西药治疗50条病，最后死亡5条犬，死亡率为10%。说明中西医结合治疗犬传染性肝炎的效果可靠。（解慧梅．黑龙江畜牧兽医，2015，1）

方 2

【处方】茵陈50克，栀子15克，党参20克，当归15克，黄芪15克，大黄20克，木通15克。

【用法用量】煎成200毫升，按2毫升/千克体重，早晚各服一次。

【功效】保肝利胆，祛黄染，利二便。

【应用】采用中西医结合的方法治疗犬猫肝炎的方法是综合地考虑到不同致病因素，利用药物的协同作用，抗病毒抗细菌，保肝利胆，祛黄染，利二便，达到标本兼治的作用。在发病初期治疗及时，治愈率可以达到100%。大部分患畜1周治愈，患病较重、体质较弱的10天左右也可治愈。（谭立文．畜牧兽医科技信息，2015，1）

方3（普济消毒饮）

【处方】板蓝根30克，黄芩（酒炒）30克，黄连（酒炒）30克，陈皮12克，甘草12克，玄参12克，柴胡12克，桔梗12克，连翘6克，马勃6克，牛蒡子6克，薄荷6克，僵蚕5克，升麻5克。

【用法用量】煎汁灌服，每天2次，连用3天。

【功效】清热解毒，疏风散邪。

【应用】本方配以西药治疗犬传染性肝炎有一定疗效。（秦泽武等．中兽医学杂志，2015，8）

方4

【处方】龙胆草30克，黄柏20克，当归20克，柴胡30克，生地20克，川木通15克，茵陈30克，红枣20克，甘草10克。

【用法用量】水煎20分钟，候温灌服，每日2次，连用3天。8136A635

【功效】清泻肝火，滋阴凉血。

【应用】用本方配合西药（静脉注射250毫升5%葡萄糖生理盐水，加维生素C10毫升，维生素K₃35毫升，青霉素320万单位）治疗之后，效果相加，标本兼治。（孙新卫．中兽医学杂志，2010，1）

方5

【处方】茵陈10克，栀子6克，车前草4克，生地5克，大黄6克，木通4克，黄芩5克，败酱草5克，大青叶8克，甘草4克。

【用法用量】水煎，每天1剂。

【功效】清泄湿热，舒肝利胆。

【应用】本方配合西药（5%葡萄糖生理盐水100毫升加ATP1支、辅酶A1支、氨苄青霉素2.5克，连续输液3天；肌内注射板蓝根5毫升/次；口服肝泰乐、肌苷、阿莫西林胶囊各2粒/次，1天2次），病犬6天后痊愈。（肖页谷等．中兽医学杂志，2010，7）

方6

【处方】初中期：柴胡10克，黄芩10克，茵陈蒿12克，土茯苓12克，凤尾草12克，草河车6克。后期：党参12克，山药12克，炒苡米12克，陈皮12克，草蔻6克，当归10克，白芍12克，柴胡10克，郁金10克

【用法用量】水煎，在患犬呕吐症状消失后，加适量白糖或葡萄糖少量多次投服，每天1剂。

【功效】清热解毒、利湿，疏肝理气、行气、健脾开胃。

【应用】本方治疗犬传染性肝炎有一定疗效。（李昌勇等．四川畜牧兽医杂志，2010，1）

方7（清开灵注射液）

【处方】清开灵注射液（成药，由胆酸，去氧乙酸，水牛角，珍珠母，金银花，黄芩甙等制成）。

【用法用量】按每千克体重 1～4 毫升，一次肌内注射。

【功效】清热解毒，化痰通络，醒脑开窍。

【应用】用本方配合病毒灵等治疗犬传染性肝炎病 50 例，除 2 例因并发犬细小病毒病、1 例因年老体衰、1 例因诊治太晚而死亡外，其余 46 全部康复，治愈率 92%。（蔡勤辉等．畜牧与兽医杂志，2007，8）

方 8（龙胆泻肝汤）

【处方】龙胆草、黄芩、栀子、车前子各 60 克，泽泻、木通、当归、生地各 50 克，柴胡 40 克，甘草 15 克。

【用法用量】水煎，分 2 次灌服，每天 1 剂。

【功效】清泻肝火，利湿泻热。

【应用】本方治疗犬传染性肝炎有一定疗效。（郑继方主编．中兽医治疗手册，金盾出版社，2006）

方 9（洗肝散）

【处方】防风、川芎、当归尾、红花、车前子、黄芩各 4 克，荆芥、白菊花、白芷、厚朴、蔓荆子各 5 克，木贼、龙胆草各 6 克

【用法用量】研成细末，用大蒜糖水调和灌服，每天 2 次。

【功效】散风清热，消肿明目。

【应用】用本方中西医结合治疗犬传染性肝炎 22 例，轻者 1～2 天痊愈，治愈率达 98%，病重者 3～5 天痊愈，治愈率 85%。（李昌碧．贵州畜牧兽医，2002，4）

方 10（柴胡饮）

【处方】北柴胡 6～9 克，大黄 6～9 克，黄芩 4～6 克，虎杖 6～9 克，郁金 3～6 克，乌梅 4～8 克，白芍 4～8 克，丹参 4～6 克，赤芍 6～12 克，枳壳 3～6 克，半夏 3～6 克。

【用法用量】水煎 2 次，合并滤液投服，每天 1 剂。

【功效】清泄湿热，舒肝利胆。

【应用】用本方配合西药（葡萄糖、林格氏液、肝泰乐、辅酶 A 等静脉滴注，复合维生素、小诺霉素等肌注）治疗犬传染性肝炎 19 例，治愈 18 例。（王振英等．中兽医医药杂志，1993，3）。

4. 犬冠状病毒性肠炎

【处方】白头翁 20 克，黄连须 10 克，黄柏 15 克，秦皮 10 克。

【用法用量】水煎去渣，分 2 次服，每天 1 剂，连服 3～5 天。

【功效】清热解毒，燥湿止痢。

【应用】本方治疗犬冠状病毒性肠炎有一定疗效。便血鲜红量多者加大黄炭、仙鹤草，里急后重明显者加丹皮，便呈血水样者加乌梅、诃子。（崔中林主编．现代实用动物疾病防治大全，中国农业出版社，2001）。

5. 犬疱疹病毒感染

方 1

【处方】鱼腥草适量。

【用法用量】煎汁外洗。

【功效】清热解毒。

【应用】用本方结合注射病毒灵及其他对症措施，治疗犬疱疹病毒病，控制了疫情。（李元海等．中国兽医杂志，2014，1）

方2（银翘散加减）

【处方】银花 10 克，连翘 12 克，板蓝根 15 克，薄荷 6 克，荆芥 10 克，丹皮 12 克，赤芍 12 克，甘草 6 克。

【用法用量】煎汁，10 只哺乳仔犬一次灌服，每天 1 次。

【功效】辛凉解表，清热解毒。

【应用】用本方中西结合治疗哺乳仔犬疑似疱疹病毒感染 6 例，取得较好疗效。（陈龙如．中兽医学杂志，2003，6）

6. 犬破伤风

方1

【处方】蜈蚣 2 条，细辛 2 克，天南星、当归、桑螵蛸、川芎、半夏、生姜各 12 克，全蝎 15 克，乌蛇、升麻、防风、荆芥各 16 克。

【用法用量】加水煎制，灌服 3 次/日。

【功效】散风解痉。

【应用】本方配合破伤风抗毒素、青霉素肌内注射，可达较好疗效。（韦昌跃．经济动物，2017，1）

方2

【处方】乌蛇 10 克，全蝎 5 克，蝉蜕 5 克，龙骨 5 克，金银花 10 克，防风 10 克，白菊花 10 克，当归 10 克（酒炒）、天南星 5 克，大黄 5 克，栀子 5 克，黄芪 10 克，桂枝 10 克，荆芥 5 克，麻黄 5 克，甘草 10 克，独活 5 克，茯苓 5 克，红花 10 克，木瓜 10 克。

【用法用量】水煎取汁，白酒 50 毫升为引，混合分两次灌服，每天 1 剂，连用 4～5 天。

【功效】清热解毒，辛温解表。

【应用】本方配合针灸（主穴：上关、下关、耳尖、大椎、后关。配穴：百会、前六缝、后六缝）、西药治疗犬破伤风病多例，均取得理想疗效。（焦虎等．中兽医学杂志，2015，6）

方3（千金散加减方）

【处方】细辛、升麻各 6 克，天南星、全蝎各 4 克，蜈蚣、乌蛇各 2 条，半夏、蝉蜕、桑螵蛸各 3 克，防风、荆芥、当归、川芎、生姜各 6 克。

【用法用量】水煎后浓缩成 200～300 毫升，一次灌服。对牙关紧闭者，将药液浓缩成 100 毫升左右，深部保留灌肠。

【功效】散风解痉，熄风化痰。

【应用】用本方灌服，同时开放、清理创口，注入碘或破伤风抗毒素（如创口深而大，可用烧红的铁器烧烙伤口）；百会穴注射破伤风抗毒素（100～1000 单位/千克体重），肌内注射青霉素 200 万～300 万单位两侧咬肌分点注射 2.5% 盐酸氯丙嗪注射液 4～6 毫升，每天 2 次。（杨木．吉林畜牧兽医，1993，2）

7. 犬绿脓杆菌病

【处方 (加味郁金散)】郁金2份，白头翁2份，黄柏2份，黄芩2份，黄连1份，栀子2份，白芍1份，大黄1份，诃子1份，甘草1份（无黄连可用穿心莲2份代替）。

【用法用量】共为细末。治疗按每天每千克体重2克，预防量减半。开水冲焖半小时，拌食内服。病情严重者煎汁，纱布过滤，加白糖适量，胃管灌服。

【功效】清热解毒，消滞止泻。

【应用】用本方治疗确诊为绿脓杆菌感染的病犬43只，治愈39只，治愈率90％。对有发病史的养犬场（户），预防用药76只，保护率98％。（孟昭聚．中国养犬杂志，1995，3）

8. 犬大肠杆菌病

【处方】黄连5克，黄柏10克，黄芩10克，穿心莲20克，金银花20克，藿香10克，苦参10克，白头翁20克，甘草20克。

【用法用量】加蒸馏水1000毫升，浸泡30分钟后进行煎煮，煮沸30分钟，用四层纱布过滤药物，药渣加水800毫升，煮沸30分钟，过滤，合并两次药液，用文火浓缩至50毫升。体重12千克犬每次2毫升，每天早、晚各1次，连用5天。

【功效】清热解毒，燥湿止泻。

【应用】用本方治疗犬实验性大肠杆菌病，用药3天后，犬精神状态逐渐转好，食欲逐渐增加；用药5天后犬精神良好，食欲正常。而用西药治疗的对照组，用药3天后，精神好转，但食欲不振，吃食很少；用药5天后，精神状态虽可以，但食欲仍然差不能恢复正常。中药组的治疗效果明显高于西药组。（郭全海等．广东畜牧兽医科技，2018，2）

9. 犬念珠菌病

方1

【处方】① 鱼腥草15克，栀子18克，艾叶8克，千里光12克。水煎1小时，煎成1∶1的浓度，按照2毫升/千克体重的用量内服。每天服用1次，连续5～7天。

② 丁香、羊蹄、地肤子、千里光按1∶1.2∶1.2∶1.5的比例，配成外浴液的基础液。配制方法为：取丁香的挥发油与提取挥发油后的丁香煎剂合并液，加上羊蹄鲜品与煎剂的混合液、地肤子煎剂和千里光煎剂，再加入盐10～20克。取外浴基础液兑等量的温开水即成外浴液，将病犬畜泡外浴液中，外浴液用量要求能淹没患畜的脖子，并舀外浴液淋浇头部。每天不少于2次，每次约30分钟，连续5天。

【功效】清热解毒，清热利湿。

【应用】本方中栀子不但对白色念珠菌有抑制作用，而且抑菌作用较强；千里光对白色念珠菌的抑菌效果也不错。用本方防治犬白色念珠菌皮肤病，获得了较好的效果。（申卫平等．湖北畜牧兽医，2009，6）。

方2（清热泻脾散）

【处方】炒山栀10克，生石膏25克，姜炒黄连5克，生地15克，黄芩10克，赤茯苓10

克，灯心草5克。

【用法用量】水煎服。

【功效】清热解毒，清热凉血。

【应用】本方治疗犬念珠菌病有一定疗效。对于久泻脾虚的病犬，可用加味参苓术甘汤（白术10克，党参15克，茯苓15克，黄连4克，干姜4克，甘草5克，水煎服），外用黄柏10克，枯矾25克，松香25克，冰片15克，共研细末撒患处。（徐世文．中国兽医科技，2000，1）

10. 犬蛔虫病

方1

【处方与用法】① 使君子12克，槟榔18克，乌梅（去核）5枚，苦楝根皮（先煎）15克，榧子肉15克。共煎水灌服。

② 花椒3克，槟榔3克，硫酸镁5克。前2味药煎汤去渣后冲硫酸镁，一次口服，每天1剂，连用2剂。

【功效】驱虫。

【应用】用本方治疗犬蛔虫病。（丁元增．中国工作犬业，2016，10）

方2

【处方】槟榔15克，苦楝根皮10克，枳壳5克，朴硝（后下）10克，鹤虱5克，大黄5克，使君子8克。

【用法用量】共煎水，上、下午分2次灌服，连用1~2剂。

【功效】驱虫。

【应用】用本方治疗犬蛔虫病。（孙克年．中兽医学杂志，2015，5）

方3（胆蛔汤）

【处方】槟榔18克，榧子肉、苦楝根皮各15克，使君子12克，乌梅5枚。

【用法用量】乌梅去核先煎，再加其余药，水煎候温灌服。

【功效】驱蛔止痛，收敛止泻。

【应用】本方治疗犬蛔虫病有一定疗效。（郑继方主编．中兽医治疗手册，金盾出版社，2006）。

11. 犬绦虫病

方1

【处方与用法】① 槟榔3克，鹤虱3克，雷丸、楝根白皮各2克，木香5克，大黄10克。共为末，每千克体重5~10克，空腹时开水冲服，连服2剂。

② 槟榔15克，大黄、大蒜各20克。槟榔、大黄加水250~300毫升煎汁100毫升，大蒜捣碎成泥，药汁冲调，每千克体重5~10毫升，空腹服下，连服2剂。

③ 槟榔20克，大黄24克，南瓜子50克。加水300毫升，煎汁50~100毫升，每千克体重5~10毫升，空腹时服下，连服2剂。

【功效】驱虫。

【应用】用本方治疗犬绦虫病。（丁元增．中国工作犬业，2016，10）

方 2

【处方】槟榔 15 克，大黄 20 克，皂角 15 克，苦楝皮 20 克，黑丑 20 克，雷丸 15 克，沉香 10 克，木香 5 克。

【用法用量】共煎水，分上、下午 2 次灌服，每天 1 剂，连用 2～3 剂。

【功效】驱虫。

。【应用】用本方治疗犬绦虫病。（孙克年．中兽医学杂志，2015，5）

方 3（万应散）

【处方】大黄 20 克，槟榔、皂角、苦楝根皮、牵牛子各 10 克，雷丸、木香、沉香各 5 克。

【用法用量】共为末，温水冲调灌服。

【功效】攻积杀虫，行气利水。

【应用】本方治疗犬绦虫病（包括有钩绦虫和无钩绦虫）有一定疗效。（郑继方主编．中兽医治疗手册，金盾出版社，2006）。

方 4

【处方】槟榔 30 克，石榴皮 12 克，牵牛子 12 克，苦楝皮 9 克，苏子 9 克。

【用法用量】加水 3 碗，煎成 1 碗，一次投服。

【功效】杀虫攻积。

【应用】用本方治疗德国牧羊犬绦虫病，给药 2 小时后，随大便排出虫体。半月后复投药 1 次，未发现绦虫。注意空腹给药，小型犬及体质极其虚弱的犬酌情减小剂量。（潘峰．中国工作犬业，2004，10）

方 5

【处方】① 槟榔、鹤虱、雷丸、川楝根、桑白皮各 2 克，木香 5 克，大黄 10 克。

② 槟榔、大黄、大蒜各 20 克。

③ 槟榔、大黄各 20 克，南瓜子 40 克。

【用法用量】方① 共为细末，按每天每千克体重 5～10 克，混入犬爱吃的食物中喂服；方② 前 2 味加水 250～300 毫升，煎汁 50～100 毫升，大蒜捣烂，混合，按每天每千克体重 5～10 毫升灌服；方③ 加水 300 毫升，煎汁 50～100 毫升，按每天每千克体重 5～10 毫升灌服；3 个方剂均空腹服用，每天 1 次，连服 2 天。

【功效】杀虫攻积。

【应用】根据病情选用其中 1 个或 2 个方，治疗犬、猫绦虫病百余例，收效满意，治愈率达 100%。其中 2 例患犬先服方①70 克，次日服方②75 毫升，服药后即见绦虫排出，3 天后排虫完毕，食欲恢复，贫血、腹泻等病症逐渐好转。（唐余海．中兽医学杂志，1995，2）

12. 犬钩虫病

方 1

【处方】槟榔 30 克，大蒜（拍碎）30 克。

【用法用量】水煎去渣，候温，空腹分 2 次灌服。

【功效】驱虫。

【应用】用本方治疗犬钩虫病。本方对犬绦虫病也有效。（丁元增.中国工作犬业，2016，
10）

方 2

【处方】鹤虱 10 克，大蒜 15 克，川楝子 10 克，大黄 10 克，乌梅 15 克。

【用法用量】共煎汁，分上、下午 2 次灌服，每天 1 剂，连服 2～3 剂。

【功效】驱虫。

【应用】用本方治疗犬钩虫病。（孙克年.中兽医学杂志，2015，5）

13. 犬球虫病

方 1

【处方】常山 3 份，柴胡 5 份，青蒿 5 份，乌梅 1 份。

【用法用量】共研末，每日每次 5～10 克拌料喂服，隔 3 天用药一次。

【功效】驱虫。

【应用】用本方治疗犬球虫病。（丁元增.中国工作犬业，2016，10）

方 2

【处方】常山 3 份，柴胡 1 份，苦参 2 份，青蒿 1 份，炒槐花 2 份，白茅根 1 份。

【用法用量】上药混合后，研成细末，拌在饲料中喂服。

【功效】驱虫。

【应用】用本方治疗犬球虫病。（孙克年.中兽医学杂志，2015，5）

14. 犬恶丝虫病

方 1

【处方】鹤虱 15 克，使君子 20 克，槟榔 15 克，雷丸 15 克，杏仁 8 克，桔梗 15 克，酸
枣仁 15 克，萹蓄 20 克，苦参 10 克，甘草 3 克。

【用法用量】水煎取汁，候温分上、下午 2 次内服，每天 1 剂，连用 2～3 剂。

【功效】驱虫。

【应用】用本方治疗犬恶丝虫病。（丁元增.中国工作犬业，2016，10）

方 2

【处方】鹤虱 15 克，使君子 20 克，槟榔 15 克，雷丸 15 克，杏仁 8 克，桔梗 15 克，酸
枣仁 15 克，萹蓄 20 克，苦参 10 克，甘草 3 克。

【用法用量】共水煎取汁，候温分上、下午内服，每天 1 剂，连用 2～3 天。

【功效】驱虫杀虫。

【应用】本方治疗犬恶丝虫有一定疗效。（孙克年.中兽医学杂志，2015，5）

方 3

【处方】当归 5 克，川芎 5 克，使君子 10 克，乌梅 10 克，鹤虱 10 克，郁金 5 克，柏子

仁 5 克，酸枣仁 8 克，枸杞子 10 克，银花 8 克，桔梗 8 克，甘草 5 克。

【用法用量】诸药水煎取汁，候温分上、下午内服，每天 1 剂，连用 2～3 剂。

【功效】驱虫杀虫，去瘀生新。

【应用】本方配合局部处理（取新鲜楝树籽皮肉捣成泥状加入适量醋酸调成膏状，将皮肤结节脓汁挤净，敷上楝树籽膏，每天敷 1 次，连用 4～5 天），治疗 2 例犬恶丝虫病，经 3～4 次治疗均康复，效果甚佳。（孙克年．中兽医学杂志，2015，2）

15. 犬巴贝斯虫病

方 1

【处方】槟榔 10 克，常山 10 克，厚朴 9 克，草果 5 克，青皮 6 克，陈皮 5 克，甘草 3 克。

【用法用量】共水煎，分上、下午 2 次灌服。每天 1 剂，连服 4～5 剂。

【功效】杀虫。

【应用】用本方治疗犬巴贝斯虫病。（丁元增．中国工作犬业，2016，10）

方 2

【处方】常山 15 克，青蒿 10 克，苦参 10 克，柴胡 10 克，黄连 15 克，党参 10 克，当归 15 克，甘草 5 克。

【用法用量】共水煎，分上、下午 2 次灌服。每天 1 剂，连用 2～3 天。

【功效】杀虫。

【应用】用本方治疗犬巴贝斯虫病。（孙克年．中兽医学杂志，2015，5）

方 3（常槟汤）

【处方】常山、槟榔、厚朴各 9 克，草果、青皮、陈皮各 4.5 克，甘草 3 克。

【用法用量】煎服，每天 1 剂，连服 4～5 天。

【功效】杀虫解热，行气利水。

【应用】本方用于治疗犬吉氏巴贝斯虫病有一定疗效。体质虚弱者，加何首乌、党参各 9 克。（周德忠．中兽医学杂志，2005，5）

16. 犬贾第鞭毛虫病

【处方】鹤虱 15 克，使君子 10 克，槟榔 10 克，芜荑 10 克，乌梅 15 克，百部 10 克，诃子 15 克，大黄 10 克，榧子 10 克，干姜 8 克，附子 5 克，麦冬 10 克，甘草 5 克。

【用法用量】共煎汁，分上、下午内服，每天 1 剂，连用 2～3 天。

【功效】驱虫杀虫。

【应用】本方治疗犬贾第鞭毛虫病有一定疗效。（孙克年．中兽医学杂志，2015，5）

17. 犬弓形虫病

方 1

【处方】黄芪 15 克，金银花 10 克，黄芩 10 克，常山 15 克，青蒿 15 克，柴胡 15 克，乌梅 10 克，天花粉 10 克，茯神 10 克，柚子仁 15 克，甘草 5 克。

【用法用量】水煎取汁，分上、下午 2 次灌服。每天 1 剂，连用 3～5 剂。

【功效】清热解毒。

【应用】本方治疗 2 例犬弓形虫病，经 4～5 次治疗均康复，效果甚佳。（祝加红等．中兽医学杂志，2014，5）

方 2

【处方】大黄 30 克，双花 20 克，丹皮 20 克，栀子 20 克，连翘 20 克，蒲公英 15 克，天花粉 15 克，黄柏 15 克，黄芩 15 克，甘草 20 克。

经观察，症状较轻的病犬，用药 3 天以后症状明显好转。

【用法用量】加水 2000 毫升，煎至 500 毫升，病重肉犬根据体型大小灌服 20～50 毫升，每天 1 次，连用 5～7 天。

【功效】清热解毒。

【应用】用本方配合磺胺类药物与抗菌增效剂治疗肉犬的弓形虫病，用药后 2～3 天即可见效。（王海燕等．兽医导刊，2009，9）

方 3

【处方】板蓝根注射液 4～8 毫升；酒炒常山 5 克，使君子 10 克，槟榔 5 克，甘草 5 克。

【用法用量】板蓝根注射液混入 20～60 毫升的 10%葡萄糖注射液中一次注入腹腔，其余中药研成细末内服，每天 1 次，直至痊愈，幼犬药量酌减。

【功效】杀虫。

【应用】用本方治疗 87 例犬弓形体病，不论前、中、后期，经 1～3 次治疗均康复，效果甚佳。（郭洪峰．内蒙古畜牧科学，1993，1）

18. 犬螨虫病

方 1

【处方与用法】① 百部 60 克，当归 20 克，地肤子 40 克，丁香 40 克，苦参 60 克，白鲜皮 40 克，苍术 60 克，益母草 30 克，野菊花 40 克，忍冬藤 40 克，蝉蜕 30 克，川椒 40 克，川芎 40 克，没药 30 克，黄柏 40 克。一起放入一大锅水中煎熬半小时，去掉药渣放凉至水温 40℃左右，将犬放到药汤中沐浴 15 分钟以上，沐浴后不需要再用清水冲水，直接吹干。每周 2 次以上，连续沐浴一个月。

② 蛇床子、五倍子、地肤子、大黄适量。混合磨碎，加煤焦油（或食用油）和洁尔阴做成泥酱状，涂抹患处。

【功效】驱螨杀螨。

【应用】用上方治疗犬螨虫病，效果可靠。（周银虎．中兽药学杂志，2018，2）

方 2

【处方】苦参 60 克，蛇床子、银花、苦楝皮各 30 克，白芷、黄柏、地肤子各 15 克，菊花、百部各 20 克，大菖蒲 9 克。

【用法用量】煎汤取汁浸洗患部，每天 1～2 次。

【功效】驱螨杀螨。

【应用】用本方治疗犬疥螨病。（丁元增．中国工作犬业，2016，10）

方3

【处方】狼毒 120 克，牙皂 120 克，巴豆 30 克，雄黄 9 克，轻粉 6 克。

【用法用量】混合后研成细末，用热油调匀涂擦疥癣患部。每天涂擦 1～2 次，连用 3～5 天。

【功效】灭疥止痒。

【应用】本方治疗犬疥螨病有一定疗效，一般 3～5 天可痊愈。（孙克年．中兽医学杂志，2015，5）

方4

【处方】百部 100 克，地肤子 80 克，蛇床子 50 克，苦参 50 克。

【用法用量】加水 10 千克，文火煮成 5 千克药液，洗浴，1～2 次/天。

【功效】驱螨杀螨。

【应用】本方治疗犬螨虫病有一定疗效，可用于治疗犬猫螨虫和真菌混合感染。（乔叶青等．山东畜牧兽医，2015，2）

19. 犬发热

方1

【处方】薏仁 9 克，藿香、佩兰、黄芩、石菖蒲、桑叶、杏仁、泽兰、鸡内金、枳壳各 6 克，荆芥、苏叶、蔻仁、山楂、麦芽、神曲各 3 克，补中益气浓缩丸、归脾浓缩丸各 24 丸（包煎）。

【用法用量】水煎服，日服 1 剂。

【功效】益气养血，宣畅三焦。

【应用】适用于湿热困阴、气血失养之发热，连服 4 剂痊愈。（赵学思．中兽医学杂志，2010，2）

方2

【处方】薏仁 15 克，石菖蒲、黄芪、姜夏、茯苓各 12 克，郁金、杏仁、蔻仁、藿香、佩兰、鸡内金、白芥子、苍术、白术、通草、陈皮各 6 克，荆芥、苏叶、砂仁、山楂、麦芽、神曲、厚朴、枳壳各 3 克。

【用法用量】水煎分 6 次温服，日服 1 剂。

【功效】芳化开闭，宣畅三焦。

【应用】适用于湿闭三焦、危证之发热。治疗 1 天后，体温 38.8℃，咳喘减轻，痰少，神醒，牙龈粉红，加减几味药调理 5 天，痊愈。（赵学思．中兽医学杂志，2010，2）

方3

【处方】僵蚕、芦根、银翘、金银花各 9 克，桑叶、菊花各 6 克，蝉衣、薄荷、荆芥、淡豆豉、杏仁、桔梗、白茅根各 3 克，竹叶 2 克，栀子 1 克。

【用法用量】药物先泡 1 小时，水煎 1 次，分 5 次口服，日服一剂，4 剂。

【功效】宣卫展气。

【应用】适用于卫分风热之发热，连服 4 剂痊愈。（赵学思．中兽医学杂志，2010，2）

20. 犬口炎

方1

【处方与用法】① 消黄散：大黄 15 克，知母 13 克，芒硝 10 克，黄柏 13 克，栀子 13 克，黄芩 15 克，连翘 10 克，天花粉 13 克，薄荷 10 克。一次煎汁，分两次内服。

② 清胃散：当归 20 克，黄连 15 克，生地 20 克，升麻 12 克，石膏 30 克，大黄 20 克，芒硝 10 克。共研成末，分两次开水冲服。

③ 知柏地黄汤：熟地 15 克，山萸肉 7 克，山药 18 克，茯苓 15 克，泽泻 15 克，知母 15 克，黄柏 15 克。共研成末，分两次开水冲服。

【功效】清热消肿。

【应用】方①适用于心经积热型，方②适用于胃火熏蒸型，方③适用于虚火上浮型。用本方治溃疡性口炎效果好。（王振峰等．今日畜牧兽医，2011，1）

方2（冰硼散）

【处方】冰片 30 克，硼砂 30 克，朱砂 30 克，玄明粉 30 克，黄药子 20 克，白药子 20 克。

【用法用量】共研细末，每次 3 克，用 0.1％高锰酸钾溶液冲洗口腔后喷入口腔内，每天 3 次。

【功效】清热解毒，消肿止痛。

【应用】用上方治疗 460 余例口腔炎病犬，配合肌注维生素 B2 注射液、青霉素、硫酸黄连素注射液，治愈率 95％以上。（孙树民等．中兽医学杂志，2004，3）

21. 犬流涎

【处方（理中汤）】人参 9 克，白术 11 克，炙甘草 8 克，干姜 8 克。

【用法用量】水煎 2 次，药汁混匀，早、晚各温服 1 次。服药后喂服适量稀粥以助药力。

【功效】振脾阳，助运化。

【应用】用本方治疗原因不明多涎症狼犬，投服 3 剂后涎水量大减，继服 2 剂告愈。同法治疗 3 例犬多涎症，收效满意。（黄启相．中兽医学杂志，2006，2）

22. 犬顽固性呕吐

方1（理中汤加减）

【处方】人参 10 克，干姜 10 克，炙甘草 10 克，白术 10 克。

【用法用量】水煎两次，候温灌服，每日 2 剂，连用 7 天。

【功效】温中健脾，和胃降逆。

【应用】虚寒甚者可加附子、肉桂以增强温阳祛寒之力；呕吐甚者可加生姜、吴茱萸、半夏降逆和胃止呕；泄泻甚者可加茯苓、肉豆蔻、白扁豆健脾渗湿止泻；阳虚失血者将干姜换成炮姜，加艾叶、灶心土温涩止血。用本方配合针灸（脾俞、三焦俞、中脘、内关、后三里、百会穴作电针穴位，每次随机选取两个穴位，每天上、下午各电针 1 次。）治疗犬顽固性呕吐效果显著。（张寰波．四川畜牧兽医，2018，5）

方 2

【处方】黑丑 35 克，大黄、三棱、莪术各 30 克，生姜 3 片，姜半夏、陈皮、砂仁各 25 克，吴茱萸 35 克，党参 20 克。

【用法用量】水煎 2 次，合并煎液，均分为 2 份，每天用 1 份煮米饭喂饲。

【功效】搜剔湿邪，降逆泻浊。

【应用】用本方治疗 1 只 3 岁公犬顽固性呕吐（发作时吐尽胃内食物，直至吐出胃水，每次持续 4～8 小时，呕吐之后精神好转，食欲复常），连用 3 剂即愈，继用 3 剂以固疗效，未见复发。（胡朝江．中兽医医药杂志，1989，5）

23. 犬食管阻塞

方 1

【处方】威灵仙 100 克，醋 100 毫升。

【用法用量】威灵仙水煎成 100 毫升，加醋，2～4 天内频频灌服。

【功效】治骨鲠，消肿止痛。

【应用】本方用于治疗犬骨鲠有一定疗效。（宋大鲁．宠物养护与疾病诊疗手册．化学工业出版社，2007）

方 2

【处方】威灵仙 100～150 克，白及 150 克。

【用法用量】①威灵仙 100 克，煎成 100 毫升，每次 5 毫升加等量的醋缓缓灌服，每天 6 次，连续 4 天；②白及 150 克与威灵仙 150 克共煎成 300 毫升，每次 10 毫升加等量醋缓缓灌服，每天 3 次，连喂 1 周。

【功效】消骨鲠，生肌。

【应用】用本方治疗因猪骨头卡在贲门前端食管西施犬，服制剂①3 天后症状缓解，再服 4 天病情进一步好转；改服制剂②，7 天后大有好转，再服 3 天，基本恢复，吃喝如常。（铃木智子等．中国兽医杂志，2005，10）

24. 犬腹胀

【处方】莱菔子 3～10 克，三仙各 5～10 克，木香 1.5～3 克，陈皮 3～9 克，柴胡 3～9 克，白术 5～10 克，龙胆草 2～6 克，厚朴 3～10 克。

【用法用量】用量根据犬的个体大小而定，水煎灌服，每天 1 剂。

【功效】疏肝健脾，清热燥湿，健胃消胀。

【应用】用上方治疗 36 例腹胀病犬，全部治愈。其中用药 1 剂痊愈 9 例，用药 2 剂治愈 23 例，用药 3 剂痊愈 4 例。（赵沛林．中兽医学杂志，2006，3）

25. 犬消化不良

方 1（葛根芩连汤加味）

【处方】葛根 20 克，黄芩 15 克，黄连 12 克，车前子 12 克，半夏 6 克。

【用法用量】水煎成 250 毫升，中等犬一次灌服。

【功效】清热燥湿，利水止泻。

【应用】用本方治疗公狼犬因贪食宴席剩肉菜引起的急性消化不良。服药翌日精神好转，呕吐停止，腹泻次数减少，继服 2 剂后痊愈。（周德忠．当代畜牧，2006，10）

方 2

【处方】乌药、木香各 50 克，丁香 25 克，鸡内金 45 克。

【用法用量】共研细末，中等体型以下狼犬每次 6 克，一次灌服，每天 3 次，连服 5～7 天。

【功效】消积导滞，理气和胃。

【应用】用本方治疗 1 例小狼犬慢性消化不良，服药服 1 周病愈。（蔡望远．福建畜牧兽医，1996，增刊）。

26. 犬胃肠炎

方 1

【处方】白头翁 12 克，黄连 10 克，黄柏 10 克，秦皮 10 克，茯苓 8 克，泽泻 8 克，厚朴 5 克，阿胶 5 克，甘草 10 克。

【用法用量】水煎取汁 300～400 毫升，分 3 次灌服，每天 1 剂，连用 3 剂。

【功效】清热解毒，燥湿止痛。

【应用】采用中药方剂配以补液、强心、止血、止吐、抗过敏、抗休克和控制继发感染为治疗原则，连续治疗 3～5 天。取得了较好的结果。32 例犬中仅两例犬只死亡，其他犬只经过治疗均治愈。（张倩．中兽医学杂志，2015，12）

方 2

【处方】黄连、黄芩、黄柏、苍术、枳壳、石榴皮、板蓝根各 10 克，地榆炭 25 克，甘草 8 克。

【用法用量】煎汁，每天 1 剂，连用 2～3 天。

【功效】清热解毒，燥湿止痛，凉血行气，固肠止泻。

【应用】本方治疗犬胃肠炎 262 例，治愈 237 例，治愈率 90.46%，死亡病例主要是治疗延误或危重病例。（刘建林等．中兽医医药杂志，2015，2）

方 3

【处方】郁金、赤芍、黄连、黄芩、甘草各 5～8 克，地榆、苦参、木香、罂粟壳各 3～5 克。

【用法用量】水煎两次，煎取药液 150～250 毫升，分次灌服。体重 5 千克以下，服 100～150 毫升/次；体重 5～10 千克，服 150～200 毫升/次。1 次/天，连服 2～3 次。

【功效】清热解毒，燥湿止痛，凉血行气，固肠止泻。

【应用】治疗犬胃肠炎 2 例，全部康复无复发。为防止病情反复用中药地榆槐花汤，处方：地榆、槐花、郁金各 3 克，银花、龙胆草、大青叶、连须、乌梅、柯子、茯苓、当归、甘草各 2 克，用 100 毫升水煎汤取汁口服，1 次/天，连用 3 剂。（李卫东．甘肃畜牧兽医，2015，8）

方4（白头翁汤加减）

【处方】白头翁12克，黄连10克，黄柏10克，秦皮10克，茯苓8克，泽泻8克，厚朴5克，阿胶5克，甘草10克。

【用法用量】水煎取汁300～400毫升，分3次灌服，每天1剂，连用3剂。

【功效】清热解毒，燥湿止痛，凉血行气，固肠止泻。

【应用】采用本方配以输液强心、抗过敏和控制继发感染，治疗犬胃肠炎42例，治愈39例，治愈率达90.48%，疗效显著。便血量多者加焦地榆、炒槐花；里急后重者加丹皮、郁金（郭禄花，中兽医医药杂志，2014，5）

方5

【处方】黄连5克，大黄10克，栀子10克，白术10克，党参10克，茯苓10克，地榆30克，诃子20克，半夏10克，木香5克，姜竹茹10克，元胡10克。

【用法用量】将上述中药组合物研磨过100目筛，水煎取汁，辅以盐水喂服，每天1剂，连服3天。

【功效】清热解毒，补气健脾，生津养血。

【应用】用本方治疗犬出血性胃肠炎3例，分别用药后2天、4天、3天后痊愈。（刘志辉．专利，2011）。

方6

【处方】黄芪10克，人参6克，当归6克，桃仁10克，红花6克，赤芍10克，白芍10克，生地10克，白茅根10克，血余炭10克，炮姜6克，附片6克，槐花10克，元胡6克，甘草6克。

【用法用量】水煎服。体重5千克以下，20～30毫升/次；体重5～15千克，30～50毫升/次；体重15千克以上，50～80毫升/次；每天3次，连服5天。

【功效】健脾益气，抑肝扶脾，温补脾肾，固涩止泻，化瘀通络，和营止血。

【应用】用本方治疗出血性胃肠炎，一般当日见效，5天后即可痊愈。（方绍勤等．中国工作犬业杂志，2011，6）

方7（三黄散）

【处方】郁金20克，诃子、大黄、连翘、二花、蒲公英、陈皮、甘草各15克，黄连6克，黄柏、栀子、白芍、没药各12克。

【用法用量】水煎2次，煎成50～100毫升，每次50毫升喂服，日服2次。

【功效】清热解毒、消炎止泻。

【应用】本方对患肠炎的病犬有很好的疗效。粪便带血者加焦地榆、白茅根、生地炭各20克，减去陈皮；下泻严重较久者用炙诃子。（王慧．湖北畜牧兽医杂志，2011，6）

方8

【处方】焦山楂15克，半夏、陈皮、茯苓、干姜、甘草、神曲各60克。

【用法用量】水煎2次，混合浓缩至含生药含量0.5克/毫升，加入苯甲酸钠0.3克/100毫升，按5毫升/千克体重给药，用小注射器经口缓慢灌服。

【功效】健脾利湿，降逆止呕。

【应用】用本方配合西药（皮下注射庆大霉素2万单位，维生素C 2毫升，1次/天）治

疗 1 例公犬，3 天后，精神、食欲明显好转，再用本药 6 毫升，痊愈。（杨永清．中兽医医药杂志，2010，1）

方 9（郁金散合白头翁汤）

【处方】郁金 20 克，白头翁 20 克，黄柏 15 克，诃子 15 克，黄连 10 克，山栀 10 克，白芍 5 克，猪苓 5 克，泽泻 5 克，黄芩 5 克，二花 5 克，甘草 3 克。

【用法用量】上药混合，水煎取汁，候温灌服，每 4 小时煎灌一次。

【功效】清热解毒、燥湿止泻。

【应用】用本方配合西药（盐酸氯丙嗪 60 毫克肌内注射；氯霉素 25 万单位肌内注射，每日 3 次；磺胺脒 5 克内服，上、下午各一次；5% 葡萄糖 500 毫升、5% 碳酸氢钠 100 毫升、20% 安钠咖 100 毫升、20% 维生素 K_3 10 毫升，混合一次静脉注射）治疗 1 例病犬，有明显好转，用药隔天痊愈。（聂福林．中兽医学杂志，2010，6）

方 10

【处方】金银花 3～9 克，白头翁 5～12 克，黄芩 3～10 克，陈皮 3～9 克，山楂 5～10 克，生甘草 5～10 克，马齿苋 3～8 克，赤芍 3～8 克。

【用法用量】水煎灌服，每日 1 剂，每次 20～30 毫升，一日 2～3 次，呕吐明显的可深部保留灌肠，每次 50～150 毫升。

【功效】清热解毒，健脾止吐。

【应用】本方治疗犬胃肠炎有很好的疗效。热盛者加炒栀子、连翘各 3～7 克；下痢脓血严重者加黄连、生地榆 2～6 克；泄甚者加炒乌梅 5～12 克、柯子肉 3～10 克、葛根 3～8 克；食滞纳差者减白头翁，加炒麦芽、神曲、鸡内金各 3～10 克；气虚形瘦者陈皮减半，加党参、黄芪各 51 克；有寒象者减白头翁，加木香、大腹皮各 3～9 克。（马文莉．四川畜牧兽医，2010，5）

27. 犬胃肠卡他

【处方（附子理中丸）】制附子 100 克，党参 200 克，白术（炒）150 克，干姜 100 克，甘草 100 克。

【用法用量】粉碎成细粉，过筛，混匀。每 100 克粉末用炼蜜 35～50 克加适量的水泛丸，干燥，制成水蜜丸；或加炼蜜 100～120 克，制成 9 克大蜜丸。也可购买人用"附子理中丸"，每次用量根据体重参考人用量折算（人体重按 50～60 千克计），1 周为疗程。

【功效】温中健脾。

【应用】本方配人参归脾丸治疗脾胃虚寒泄泻病犬 6 例、猫 3 例，均有效。如停药后症状反复，且用药期间未见烦躁渴饮等表现，可延长用药至 2 周。（范开，中国农业大学动物医学院）。

28. 犬腹泻

方 1

【处方】地榆 5 克，槐花 5 克，郁金 3 克，银花 2 克，龙胆草 2 克，大青叶 1 克，连须 1

克，乌梅 3 克，诃子 2 克，茯苓 1 克，当归 1 克，甘草 2 克。

【用法用量】煎汤取汁分 2～3 次口服，每天 1 剂，连服 3～5 剂。

【功效】清热解毒，涩肠止泻。

【应用】本方配合西医疗法治疗犬腹泻 1236 例，治愈 1189 例，治愈率达 96.2%。西医疗法：控制炎症，提高机体抗病能力，补充能量，解痉止痛，防止酸中毒。（李晓燕．中国畜牧业，2015，9）

方 2

【处方】党参 15 克，白术 15 克，茯苓 20 克，甘草 15 克，苍术 10 克，陈皮 10 克，厚朴 10 克。

【用法用量】水煎服，每日 1 剂。

【功效】益气健脾。

【应用】适用于脾虚泄泻型腹泻，5 剂治愈。（许剑琴．中兽医学杂志，2013，2）

方 3

【处方】白头翁 15 克，苦参 10 克，党参 15 克，白术 10 克，茯苓 15 克，甘草 10 克，陈皮 10 克。

【用法用量】水煎服，每日 1 剂。

【功效】清热燥湿。

【应用】适用于湿热泄泻型腹泻，4 剂治愈。（许剑琴．中兽医学杂志，2013，2）

方 4

【处方】干姜 4 克，党参 10 克，白术 10 克，茯苓 10 克，苍术 5 克，厚朴 5 克，陈皮 5 克，甘草 5 克。

【用法用量】水煎服，每日 1 剂。

【功效】温中散寒。

【应用】适用于脾胃虚寒型腹泻，5 剂治愈。（许剑琴．中兽医学杂志，2013，2）

方 5

【处方】党参 10 克，白术 10 克，茯苓 15 克，山楂 8 克，陈皮 5 克，甘草 5 克。

【用法用量】水煎服，每日 1 剂。

【功效】健脾燥湿。

【应用】适用于脾虚湿盛型腹泻，5 剂治愈。（许剑琴．中兽医学杂志，2013，2）

方 6（参苓白术散）

【处方】成药，参苓白术散，内含党参、白术（炒）、白扁豆（炒）、薏苡仁（炒）、桔梗、茯苓、山药、莲子、砂仁、甘草、大枣等。

【用法用量】按每只每次 6 克，温开水冲调灌服，每天 2 次。

【功效】益气健脾，渗湿止泻。

【应用】用本方治疗断乳仔犬腹泻 138 例，治愈 111 例，治愈率达 80.8%。同时配用多种维生素，2 天后大部分犬稀便、溏便转干，排便次数减少；连服 5 天后停药，犬便形状、色泽正常，食欲正常；个别犬用参苓白术散调理半月余痊愈。（孙宁，中兽医医药杂志，2003，6）

29. 犬血痢

方1（白头翁汤）

【处方】白头翁 30 克，黄连 20 克，黄柏 20 克，黄芩 20 克，大黄炭 20 克，秦皮 15 克，仙鹤草 15 克，山药 15 克，甘草 10 克。

【用法用量】上药混合，一剂早晚文火两煎，取汁 300 毫升灌服，每日 1 剂，服药 3～5 剂。

【功效】清热解毒，凉血止血。

【应用】本方治疗患犬 20 例，全部治愈。（陈旭东．中兽医学杂志，2014，3）

方2

【处方】黄连 8 克，白头翁 20 克，大黄 6 克，乌梅 15 克，党参 15 克，木香 6 克（另包），三七 3 克（另包）。

【用法用量】三七和木香研粉，其余各药物混合煎熬，滤后冲入三七粉和木香粉。

【功效】清热解毒，止痢止血。

【应用】伴有胃虚弱及中气下降且体温不高的，加白术、生山药，并加大党参用量，减大黄；泄泻及腹痛严重的，加米壳，但米壳的剂量切勿过大（一般以不超过 6 克为度）。用本方加减结合抗生素治疗犬便血 28 例，均获满意效果。（黄木双．福建农业，2007，10）

30. 犬肠应激综合征

【处方】党参 20 克，薏苡仁 20 克，山药 20 克，炒白术 25 克，白芍 15 克，苍术 20 克，陈皮 15 克，补骨脂 15 克，柴胡 15 克，乌梅 10 克，诃子 10 克，吴茱萸 10 克，淫羊藿 15 克，黄连 10 克，玄胡 10 克，炙甘草 6 克。

【用法用量】煎煮 2 次，合并煎液，分早、晚两次灌服，每天 1 剂。

【功效】温肾助阳，疏肝理气。

【应用】犬肠应激综合征，又称结肠功能紊乱、结肠过敏、黏液性肠炎、痉挛性肠炎，是临床常见的胃肠功能性疾病，目前无其他特效治疗方法。用上方治疗病犬 38 例，取得了理想的效果。久泻不止、肛门下坠失禁者，加黄芪、升麻；腹胀者，加木香、厚朴；有热者，加黄连、连翘、蒲公英；腹痛者，加玄胡、川楝子；大便带血者，加地榆炭、仙鹤草。（柴西超．中兽医学杂志，2006，6）

31. 犬急性黄疸型肝炎

【处方（茵陈虎杖汤）】茵陈 15 克，虎杖 10 克，栀子 10 克，大黄 8 克，甘草 5 克，柴胡 10 克，白芍 10 克，泽泻 10 克，大枣 7 枚。

【用法用量】水煎，中等犬分 2 次灌服，每天 1 剂，连用 3 剂，3 剂为一个疗程。

【功效】清热解毒，退黄利尿。

【应用】本方结合西药共治疗 167 例，治愈 164 例，治愈率 90% 以上。（范明国等．中兽医医药杂志，2010，5）

32. 犬腹膜炎

【处方】大腹皮 20 克，桑白皮 20 克，陈皮 10 克，茯苓 15 克，白术 10 克，二丑 15 克。

【用法用量】水煎成 90 毫升，按每千克体重 5 毫升深部灌肠，每日 1 次。

【功效】健脾利湿，温肾壮阳。

【应用】本方对腹膜炎有一定疗效。（王振峰．今日畜牧兽医，2011，5）

33. 犬腹水症

方 1（五皮饮加味）

【处方】桑白皮 10 克，生姜皮 5 克，茯苓皮 15 克，大腹皮 5 克，陈皮 5 克，金银花 10 克，茯神 10 克，茵陈 5 克，槟榔 5 克，丹参 15 克，川芎 10 克，马齿苋 20 克，甘草 5 克。

【用法用量】水煎取汁，候温分上、下午内服，1 剂/天，连用 3~5 剂。

【功效】化湿利水，行气消肿。

【应用】用本方治疗腹水 1 例，配合穿刺、头孢曲松钠、速尿、葡萄糖等静注，治疗 5 天，病犬康复。（孙克年．中兽医学杂志，2014，2）

方 2（健脾散）

【处方】① 大腹皮、生姜 9 克，白术、茯苓、泽泻、陈皮 12 克，苍术、肉桂、猪苓、厚朴、甘草 6 克。

② 真武汤合五苓散：制附子 8 克，茯苓 15 克，白术 10 克，白芍 10 克，干姜 10 克，猪苓 15 克，泽泻 10 克，桂枝 8 克。

【用法用量】水煎或研末内服，每日 1 剂。

【功效】健脾利湿，温肾壮阳。

【应用】方① 适用于脾虚型腹水，方② 适用于肾虚型腹水。气虚时，加当归、党参；食欲不振时加六曲、麦芽、砂仁。（王振峰．今日畜牧兽医，2011，5）

方 3（健脾散加减）

【处方】当归 3 克，白术 4 克，甘草 2 克，菖蒲 2 克，泽泻 3 克，厚朴 3 克，官桂 3 克，青皮 3 克，陈皮 3 克，干姜 3 克，茯苓 4 克，猪苓 2 克，五味子 3 克，车前子 2 克。

【用法用量】研末，开水冲，候温加炒盐 3 克、酒 10 毫升，体重 20 千克犬一次灌服。每天 1 剂，连服 3 剂后间隔 1 天再连服 3 剂。

【功效】温中行气，健脾利水。

【应用】腹水病因众多，有心性、肝性和营养不良性等。本方适用于外感风邪水湿，内伤饮食劳倦，致使脾虚不能运化水湿，肾虚气不化水，肺气不宣不能调通水道导致肺、脾、肾三脏功能失调之腹水。治疗数窝幼犬及成年军犬腹水病，取得良好的治疗效果。腹水严重者可云门穴放水。（赵松豪．中国养犬杂志，2000，1）

34. 犬感冒

方 1（通宣理肺口服液）

【处方】通宣理肺口服液（人用成药，由紫苏叶、前胡、桔梗、苦杏仁、麻黄、甘草、制半夏、茯苓、枳壳、黄芩、陈皮制成)。

【用法用量】每次用量根据体重按比例折算（人体重按 50～60 千克计），连用3～5 天。

【功效】解表散寒，宣肺止嗽。

【应用】用本方治疗风寒感冒犬、猫多例，效果良好。对风热感冒不宜用本方，可用人用成药"通宣理肺丸"。（范开．中国农业大学动物医学院）

方2（大羌活汤）

【处方】羌活 20 克，蔓荆子 20 克，防风 20 克，柴胡 20 克，薄荷 15 克，升麻 20 克，桂枝 10 克，牛膝 25 克，川芎 10 克，青皮 20 克，陈皮 20 克，焦山楂 30 克，炒枳壳 20 克，防己 20 克。

【用法用量】用量视犬体大小而定。煎汤灌服，每剂 2 煎，先服头煎汁，间隔 3 小时服 2 煎汁。根据恢复情况可以再服 1 剂。

【功效】清热，祛风，胜湿。

【应用】用上方治疗犬感冒 30 例，疗效满意。服 1 剂后病情即见好转，再服 1 剂即逐渐恢复正常．（黄立志．中国养犬杂志，1999，1）

35．犬咳嗽

方1（化寒饮）

【处方】干姜 10 克，生姜 8 克，茯苓 10 克，细辛 5 克，半夏 6 克，白芍 6 克，甘草 8 克，五味子 5 克。

【用法用量】水煎，分 2 次口服，1 剂/天。

【功效】驱寒，利湿，促消化。

【应用】发热畏寒者加麻黄 6 克、桂枝 5 克；四肢不温者加附子 5 克；水湿重者加苍术 8 克、白术 8 克、泽泻 6 克；消化不良者加焦三仙 10 克、内金 5 克；腹胀者加莱菔子 5 克。用本方治疗临床以轻微咳嗽、喘气、体温不高为特点的不明原因咳喘犬，一般 1 次见效，2～3 剂即愈。（王孝明．养殖与饲料，2017，2）

方2（半夏止咳糖浆）

【处方】姜半夏 31.25 克，麻黄 12.5 克，苦杏仁 31.25 克，紫菀 18.75 克，款冬花 18.75 克，瓜蒌皮 25 克，陈皮 18.75 克，甘草（炙）12.5 克。

【用法用量】制成糖浆，按每千克体重 0.1～0.4 毫升口服，每天 2～6 次。

【功效】止咳祛痰。

【应用】用本方治疗 4 例慢性心机能不全伴随咳嗽、2 例慢性支气管炎咳嗽、1 例因软腭过长等引起的咳嗽，显示出了良好的镇咳效果，每次服用后可止咳 3～6 小时。（石野孝等．日本东洋兽医学研究会志，1996，2）。

方3（薄前汤）

【处方】薄荷 10 克，白芷 10 克，杏仁 10 克，桔梗 10 克，银花 15 克，连翘 15 克，前胡 15 克，紫菀 15 克，百部 15 克。

【用法用量】水煎 3 次，药液合并，煎成 150 毫升，大犬每次 50 毫升（中犬减半，小犬用 1/4 量）内服，日服 3 次，有呕吐症状者应少量多次分服。每天 1 剂。

【功效】疏风清热，宣肺止咳。

【应用】用本方治疗咳嗽犬 23 例，除 2 例疗效不明显外，其余全部治愈。（李洪英．黑龙江畜牧兽医，2006，8）。

36．犬咽喉炎

【处方】青黛、硼砂各 1.5 克，雄黄 0.2 克，冰片 0.5 克，甘草 3.0 克。

【用法用量】共研细末，加入白糖 15 克、鸡蛋清 10 毫升，再加水 150 毫升，调和均匀，一次灌服。每日 1 剂，连服 3～5 剂。

【功效】清热解毒，消肿止痛。

【应用】用此方治疗轻、中度咽喉炎幼犬 17 例，均在用药 3～5 剂后痊愈，疗效显著；治疗重症咽喉炎 5 例，治愈 4 例。对重症吞咽困难病例，可做成药袋口噙，每天换药 1 次，换药 5～7 次即愈。（徐铭．中兽医学杂志，1994，3）

37．犬支气管哮喘

【处方（平喘纳气汤）】黄芩 10 克，地骨皮 30 克，桑白皮 15 克，桔梗 15 克，炙麻黄 10 克，山药 20 克，茯苓 20 克，山萸肉 15 克，桃仁 12 克，陈皮 10 克，甘草 10 克。

【用法用量】水煎，体重 35 千克以上犬一次灌服。

【功效】清热宣肺，化痰止嗽，培补脾肾。

【应用】用上方治疗犬支气管哮喘病，连用 3 剂，诸证均除。哮喘昼轻夜重者，去黄芩、地骨皮，加淫羊藿、核桃仁；粪便干结者，加肉苁蓉、核桃仁；喘甚、夜里尿多者，去黄芩，加蛤蚧、仙茅、覆盆子；痰多黄稠难吐出者，加葶苈子、竹沥汁；痰多清稀、雍吐不尽者，加泡姜、半夏；咳喘吐痰带鲜红血丝者，加藕节、侧柏叶、旱莲草；咳喘吐血暗红量多者，加三七粉、血余炭、阿胶。治疗此病症状见轻后不能停药，还应坚持服药以巩固疗效。（周勇．中国兽医杂志，2003，5）

38．犬支气管炎、肺炎

方 1（双黄连粉针）

【处方】双黄连粉针（由金银花、黄芩、连翘制成）1～2 瓶（6 克/瓶）。

【用法用量】体重 10 千克犬用 2 瓶，混入 5％葡萄糖水 250 毫升稀释后一次静脉滴注。小型犬用 1 瓶，混入 5％葡萄糖盐水 150 毫升稀释后一次静脉注射。每天 1 次，连用 2～3 天。

【功效】辛凉解表，清热解毒。

【应用】用本药治疗急性呼吸道感染病例，用药 1 天后体温降至常温、呼吸道症状减轻、恢复食欲的占 18％；治疗 2 天后体温降至常温、呼吸道症状减轻、恢复食欲的占 58％，治疗 3 天后基本上痊愈，未见复发。（楚嵩峰等．中兽医学杂志，2003，6）

方 2（鱼腥草注射液）

【处方】鱼腥草注射液 2 毫升。

【用法用量】肺俞穴注射。

【功效】清热解毒，消痈排脓。

【应用】用本方药治疗肺热咳嗽、肺痈病犬多例，疗效均较显著。其中一狼犬，鼻流脓涕2周，高烧不退，用鱼腥草注射液肺俞穴注射，配合卡那霉素和丁胺卡那霉素等肌内注射，连用3天治愈。（胡元亮．畜牧与兽医，1995，12）

39. 犬心机能不全

【处方（犬心康）】黄芪、甘草、茯苓、川芎、当归、柏子仁、枣仁、远志、五味子等12味。

【用法用量】按一定比例混合，煎2次取汁，低温浓缩干燥，装"0"号胶囊。口服，体重5千克以下犬每次1～2粒，5～10千克犬2～4粒，每天2次。

【功效】补益心气，平喘安神，活血化瘀。

【应用】用本方治疗或辅助治疗上百例由二尖瓣关闭不全等引起的心气虚病例，具有改善症状、延长寿命的效果。对一些心因性及老年痴呆性病例也显示出了良好的效果。在治疗的早期可配合应用血管紧张素转换酶抑制剂。（陈武等．北京农学院）。

40. 幼犬脑炎

【处方（安宫牛黄丸）】安宫牛黄丸1丸。

【用法用量】内服，体重2千克幼犬每次1/4丸，每天早、晚各服1次，连服2天。

【功效】清热解毒，开窍醒神。

【应用】用本方治疗幼犬脑炎2例，其中1例为1月龄体重约2千克营养中等的灰色幼犬。曾用青霉素、安痛定、硫酸镁等治疗2天病状未见减轻，遂用安宫牛黄丸治疗，连服2天治愈。20天后追访得知饮食量增加，体重增至2.5千克，神经系统和运动系统正常，无后遗症。（张嘉儒等．中兽医学杂志，1991，3）

41. 犬中暑

方1

【处方】生石膏15克，白茅根20克，芦根15克，干地25克，知母6克，栀子3克，六一散10克（包煎），连翘10克，丹参10克，丹皮10克，太子参15克，麦冬10克，青蒿10克，生甘草10克，绿豆250克（后下煎煮10分钟）。

【用法用量】水煎，候温频服，日服1剂，3剂。

【功效】生津清热，凉血散血。

【应用】病犬应全身剃毛，酒精棉擦拭腋下、大腿内侧、耳部、脚垫，静脉缓慢滴注（每3～4秒1滴）生理盐水250毫升、清开灵10毫升。对于犬的暑温病，热重于湿的症状有一定的疗效。（赵学思．北京宠福鑫中西结合国际动物诊疗中心）

方2（香薷散加味）

【处方】香薷24克，黄芩12克，黄连15克，甘草12克，柴胡15克，当归12克，连翘

12克，天花粉15克，栀子15克，白扁豆12克，青蒿15克。

【用法用量】水煎，去渣，候温灌服，每天1剂，连用4剂。

【功效】清心解暑，凉血生津。

【应用】用本方治疗中暑德系肉犬1例，先将犬置于大树下阴凉通风处，不断从口角慢慢地灌入西瓜水1500毫升，凉水浸浇头部及全身，耳静脉放血500毫升，静注5%碳酸氢钠40毫升，治疗3天后痊愈。（马正文．中兽医医药杂志，2003，4）

42. 犬癫痫

方1（半夏白术天麻汤）

【处方】半夏8克，竹茹6克，枳实6克，陈皮6克，炙甘草4克，茯苓6克，生姜2片，大枣3枚，全蝎1条，钩藤8克，天麻6克，胆南星6克。

【用法用量】水煎灌服，连用1周，

【功效】清热除烦，熄风止痉。

【应用】本方治疗1例病犬，并饲喂清淡食物，减少肉类摄入，未见发作。（俞悦晖等．2011华东区第二十次中兽医科研协作与学术研讨会）

方2

【处方】安宫牛黄丸，河东大造丸（人用成药）。

【用法用量】内服，体重2千克以下的犬每次1/6丸，2～5千克犬1/3丸，5～10千克犬1/2丸，10千克以上犬1丸。每天2次，连服3天。

【功效】清热解毒，开窍醒神。

【应用】癫痫分为热甚发痉和血虚发痉两种证候，分别使用安宫牛黄丸和河东大造丸治疗，共治疗13例，取得良好效果。（叶建敏等．黑龙江畜牧兽医，2004，4）

方3（癫痫平片）

【处方】石菖蒲214克，僵蚕54克，全蝎54克，蜈蚣36克，石膏714克，白芍214克，磁石（煅）300克，牡蛎（煅）107克，猪牙皂107克，柴胡214克，硼砂70克，蔗糖38克，碳酸钙8克，制成1000片，基片重0.3克。

【用法用量】内服，5～10千克重的犬每次1～2片，每天2次，连服5～7天。

【功效】豁痰开窍，平肝清热，熄风定痫。

【应用】用本方治疗众多犬、猫的癫痫病，取得了控制病情、减少发病次数的效果。（日本石野孝，中国陈武）。

方4

【处方】柴胡12克，半夏10克，黄芩10克，党参10克，甘草10克，桂枝5克，龙骨（先煎）、牡蛎15克（先煎），酸枣仁9克，炒枳实9克，竹茹5克，胆南星9克，远志9克，防风10克，茯苓9克，菖蒲15克，磁石20克（先煎），大黄7克。

【用法用量】分为10剂，每剂煎2次，每次龙骨、牡蛎、磁石先煎沸30分钟再加余药，煎成300毫升，两次600毫升，分早、晚2次灌服。

【功效】清肝解郁，化痰行气镇痫。

【应用】用上方治愈1例2岁龄德国牧羊犬的周期性反复发作癫痫。（陈立华．中国工作

犬，2005，8)

方5（钩丁僵蚕汤）

【处方】僵蚕5克，蝉蜕5克，钩丁5克，雪莲3克，玉竹5克，甘草5克。

【用法用量】水煎服，分3次灌服，每天1剂，连用3～5剂。

【功效】熄风止痉。

【应用】用本方治疗犬癫痫15例，收效甚佳。其中1例为2月龄病犬，治疗3天痊愈，后随访再未复发。（王生花．中兽医医药杂志，2007，3)

方6（平肝熄风汤）

【处方】生白芍15克，地龙12克，麦冬12克，代赭石12克，石决明12克，全蝎10克，蜈蚣2条，蛇蜕10克，麻黄10克。

【用法用量】先用冷水浸泡2～4小时，煎3次，得药汁400～500毫升，中型犬每次50毫升（大型犬加倍，小犬减半。）灌服，每天4次，2剂为1疗程，每个疗程间隔3天。

【功效】熄风止痉。

【应用】用本方治疗17例抽搐病犬，治愈13例，2例未愈。其中一黑色雌性贵妇犬治疗3个疗程痊愈，未见复发。（张连珠等．中国兽医杂志，2002，5)

43. 犬膀胱炎

方1（知母黄柏散）

【处方】知母、黄柏、乌药、萆薢各15克，鲜生地、鲜淡竹叶各20克，滑石10克。

【用法用量】水煎2次，分早、晚两次灌服，每天1剂。

【功效】清热降火、泻火解毒。

【应用】本方对犬膀胱炎有很好的疗效。（司彦明．兽医导刊，2011，6)

方2

【处方】滑油10克，知母8克，黄柏10克，木香8克，木通8克，灯芯5克。

【用法用量】煎水灌服，每天3次。

【功效】清热利湿。

【应用】本方对犬膀胱炎有一定疗效。（司彦明．兽医导刊，2011，6)

方3

【处方】党参25克，黄芪30克，当归15克，升麻、柴胡各10克。

【用法用量】共为细末加蜂蜜50克，混合于少量的饲料中饲喂。每日1剂，连服3～5剂。

【功效】补中益气，清热利湿。

【应用】本方直接作用于膀胱平滑肌，促其收缩力加强，是治疗膀胱的良药。（司彦明．兽医导刊，2011，6)

44. 犬膀胱麻痹

【处方（补中益气汤加味）】炙黄芪15克，党参、陈皮、白术、当归各10克，麦冬、紫苑、炙甘草各 7 克，升麻、柴胡各 5 克。

【用法用量】水煎去渣，候温灌服，每日 1 剂，3 天为 1 个疗程。

【功效】补中益气，升阳举陷。

【应用】采用膀胱冲洗、内服中药配合电针（分为四组：双侧肾俞穴组、双侧二眼穴的第一背荐孔穴组、双侧二眼穴的第二背荐孔穴组、百会—后海穴组，每天上下午各电针 1 组）的综合治疗方法，治愈 1 例犬术后膀胱麻痹。（王亚秋．吉林畜牧兽医，2015，12）

45. 犬尿路感染

方 1（八正散加减）

【处方】木通、滑石（包煎）各 6 克，车前子、萹蓄、瞿麦、金银花、栀子、连翘、黄柏、大黄各 3 克。

【用法用量】水煎服。

【功效】清热利湿，通淋。

【应用】适用于湿热型急性尿路感染或慢性尿路炎症急性发作。（丹刚．中兽医学杂志，2017，4）

方 2（补中益气汤合肾气丸加减）

【处方】熟地、黄芪各 6 克，党参、当归、白术、山药各 4 克，车前子、茯苓、丹皮、泽泻、萹蓄各 3 克。

【用法用量】水煎服。

【功效】补益脾肾。

【应用】适用于脾肾双亏型慢性尿路感染。（丹刚．中兽医学杂志，2017，4）

方 3（知柏地黄汤加减）

【处方】知母、黄柏、五味子、丹皮、生地、山药、女贞子各 4 克，茯苓、泽泻各 3 克。

【用法用量】水煎服。

【功效】滋阴清热。

【应用】适用于治疗肾阴不足型慢性尿路感染。（丹刚，中兽医学杂志，2017，4）

方 4（小蓟饮子合八正散加减）

【处方】小蓟、滑石（布包）各 6 克，炒蒲黄 4 克，鲜茅根 15 克，生地、木通、瞿麦、当归、甘草梢各 6 克。

【用法用量】水煎服。

【功效】清热凉血，止血。

【应用】适用于血淋证。（丹刚．中兽医学杂志，2017，4）

46. 犬尿结石

【处方（金钱化石胶囊）】金钱化石胶囊（由金钱草、冬葵子、牵牛子、乌药、牛膝、海金沙、黄柏、鸡内金、大黄、土鳖虫、甘草梢等组成）1 粒。

【用法用量】体重 10 千克每次口服 1 粒，每日 2 次，连服 3 周休药 1 周，直至病愈。

【功效】利水消石。

【应用】本方适用于尿路结石尿液尚能不断淋出。（丹刚．中兽医学杂志，2017，4）

47. 犬血尿

方1

【处方】茜草10克，白头翁10克，丹参10克，赤芍10克，栀子6克，金钱草30克，海金沙15克，生内金15克，通草6克，茯苓10克，泽泻10克，白术10克，砂仁6克。

【用法用量】水煎，日服一剂，连用3剂。

【功效】凉血散血，利尿通淋。

【应用】血尿减少后，应减少茜草的剂量。此方对于犬血淋证、血热动血证具有一定疗效。（赵学思．北京宠福鑫中西结合国际动物诊疗中心）

方2（三叶汤）

【处方】淡竹叶20克，侧柏叶20克，艾叶20克，生地黄15克。

【用法用量】水煎灌服，每天1剂，连服2～3剂。

【功效】清热凉血，止血，利水通淋。

【应用】用本方治疗牧羊犬尿道性血尿12例，均治愈。（石清萍等．中兽医医药杂志，2004，6）

48. 犬糖尿病

方1

【处方】生地15克，黄芪45克，板蓝根15克，五味子15克，榛花15克，茵陈10克，枸杞30克，黄连10克，丹参15克，地龙15克。

【用法用量】水煎服，体重5千克以下犬每次150毫升，5千克以上犬每次300毫升，视情况调整剂量。

【功效】益气养阴，滋补肝肾，通络解毒。

【应用】食欲不振，加焦三仙90克、莱菔子10克；肝区疼痛，加郁金10克、延胡索10克、橘络6克、白芍20克；恶心呕吐，加姜半夏5克、藿香30克、竹茹20克。本方可降低糖尿病患犬异常升高的血糖，但降糖速度比注射胰岛素慢。腊肠犬在使用7天、京巴犬在使用21天、博美犬在使用14天后，血糖浓度显著较使用前低。（康飞虎．上海交通大学硕士学位论文，2016）。

方2

【处方】① 黄芪20克，人参10克，白术10克，山药10克，茯苓15克，黄精6克，山萸肉5克，五味子10克，鹿茸5克。

② 西洋参6克，百合9克，莲子心9克，酸枣仁10克，天花粉5克，玉竹10克，芦根10克，枸杞子9克，山萸肉9克，旱莲草10克，女贞子10克，首乌10克，龟板10克，鳖甲10克，桑椹10克。

③ 大黄5克，郁金6克，丹皮6克，红花5克，玄参9克，水蛭5克，益母草9克，丹

参 6 克, 山萸肉 5 克, 黄芪 6 克, 枸杞 5 克, 黄精 5 克。

【用法用量】水煎灌服, 每天 1 剂。

【功效】方① 益气温阳; 方② 养阴祛浊; 方③ 活血化瘀。

【应用】用方① 治疗气虚为主的糖尿病藏犬 1 例, 连用 5 剂后主要症状消除; 原方加天冬 5 克, 连用 3 剂, 血糖、尿糖正常, 诸症悉除。用方② 治疗心肾阴虚型糖尿病母犬 1 例, 连用 3 剂, 主症消失, 二诊加入熟地 5 克、白芍 5 克, 继用 3 剂诸症均除。用方③ 治疗血瘀型糖尿病大麦町 1 例, 连用 10 剂, 恢复健康。(周勇. 中兽医医药杂志, 2002, 6)

49. 犬尿闭

【处方】乌药 6 克, 木香 6 克, 枳壳 6 克, 槟榔 3 克, 竹叶 1 克, 通草 3 克, 栀子 2 克。

【用法用量】水煎, 候温频服, 日服 1 剂, 连服 3 剂。

【功效】通利下焦。

【应用】对于犬下焦淤滞的症状有一定疗效。(赵学思. 北京宠福鑫中西结合国际动物诊疗中心)

50. 犬老年痴呆 (脑萎)

【处方】熟地 30 克, 山萸肉 30 克, 山药 30 克, 鹿角胶 10 克, 龟甲胶 10 克, 紫河车 10 克, 当归 30 克, 丹参 10 克, 乳香 6 克, 没药 6 克, 黄芪 15 克, 白芍 10 克, 牛膝 10 克, 龙牡各 15 克, 磁石 30 克, 石菖蒲 6 克, 地龙 10 克, 全蝎 2 克, 蜈蚣 1 克, 蟅虫 3 克, 水蛭 3 克, 僵蚕 10 克, 甘草 20 克, 白果肉 10 枚。

【用法用量】制成浓缩胶囊, 口服, 每 5 千克体重 1 粒, 每天 2 次。

【功效】补精填髓, 温阳健脑。

【应用】用本方治愈 10 岁以上犬老年性痴 7 例 (表现不应主人召唤, 怅然若失, 随地大小便, 神情异常), 疗效皆佳。(齐彦辉. 加拿大 Colgary Holistc Vetrinary Clinic)

51. 犬再生障碍性贫血

【处方】淫羊藿、菟丝子、枸杞子、仙茅、鹿角胶、巴戟天、当归各 15 克, 紫河车、鸡血藤、黄芪、熟地各 20 克, 黄精 12 克, 陈皮 10 克。

【用法用量】制成浓缩胶囊, 口服, 每 5 千克体重 1 粒, 每天 2 次。

【功效】温肾滋阴壮阳。

【应用】再生障碍性贫血多见于老龄犬和猫, 继发于肾衰和免疫性疾病。单用此方或结合西医治疗犬再生障碍性贫血 35 例, 均取得良好效果。其中 1 例 12 岁严重贫血患犬, 须 1 周输 2 次血方能维持生命, 用本方后只需 2 个月输 1 次血, 显著改善。(齐彦辉. 加拿大 Colgary Holistc Vetrinary Clinic)

52. 犬红细胞增多症

【处方】人参 30 克, 黄芪 60 克, 三七 60 克, 石决明 20 克, 薤白 18 克, 丹参 18 克, 赤芍 18 克，白芍 18 克，地龙 18 克，当归 18 克，桂枝 18 克，桃仁 18 克，红花 14 克，川芎 15 克，菊花 15 克，桔梗 15 克。

【用法用量】制成浓缩胶囊，口服，每 5 千克体重 1 粒，每天 2 次。

【功效】益气活血，清热平肝，通络行滞。

【应用】犬原发性红细胞增多症临床少见，具体病因病机尚不清楚，以红细胞压积 70％ 以上为特征。用本方治疗红细胞增多症犬 2 例，红细胞压积分别由 75％、76％恢复到 59％ 左右，效果理想。（齐彦辉，加拿大 Colgary Holistc Vetrinary Clinic）

53. 犬鼠药中毒

方 1

【处方】金银花 15 克，酸枣仁 10 克，钩藤 15 克，滑石 10 克，款冬花 15 克，赤石脂 15 克，半夏 5 克，绿豆 80 克，茶叶 20 克，甘草 15 克。

【用法用量】水煎，取汁候温再加入鸡蛋清 2 枚，分上、下午两次灌服，连用 2～3 天。

【功效】清热解毒。

【应用】用本方结合西药（立即用 1：5000 高锰酸钾溶液洗胃，然后灌鸡蛋清 3 枚；肌内注射解氟灵 2.5 克，2 次/天；静脉缓注 20％甘露醇溶液 250 毫升、氯丙嗪 25 毫克、葡萄糖酸钙 30 毫升、尼可刹米 0.5 克；灌服硫酸镁 100 克水溶液）治愈犬鼠药中毒 1 例。（焦虎等．中兽医学杂志，2015，3）

方 2

【处方】食盐适量，胆矾 5～20 克。

【用法用量】食盐加开水制成饱和盐水 50～2000 毫升，胆矾用温水化开，混合后灌服。

【功效】涌吐。

【应用】用本方救治犬误食被毒死毒鼠早期尚未未出现临床症状犬 8 例，全部治愈。多在灌药后 15 分钟内吐出毒鼠。为防犬发生食盐中毒，可在本方内加入甘草汤或防风汤。（李万芳等．青海畜牧兽医杂志，2005，6）

54. 犬挫伤

【处方】当归注射液 4 毫升，维生素 B1 注射液 2 毫升。

【用法用量】分别注入膝下、后三里穴，每天 1 次，连用 3 天。

【功效】活血化瘀，止痛。

【应用】用本方治疗几十例犬、猫摔伤而没有明显皮肉损伤、骨折、错位等病例，效果良好。（刘继刚等．畜牧与兽医，2002，3）

55. 犬烫伤

【处方】鲜蚯蚓、石灰、白糖各 50 克。

【用法用量】捣碎，用茶油调成糊状涂敷于患部，每天 2 次，连用 7 天。

【功效】清热润燥，泻火解毒，消肿止痛。

【应用】用本方治疗家犬热水烫伤1例，同时用芒硝12克，黄连10克，玄参15克，石膏12克，甘草15克，煎浓汁入粥合饲，每天1次，连用3天。20天后走访已康复。(曾建政等.福建农业，1999，3)

56. 犬风湿症

方1 (独活寄生汤)

【处方】独活、桑寄生、羌活、熟地、当归、川芎、茯苓、牛夕、杜仲、秦艽、防风、肉桂、陈皮、厚朴各5克，细辛、甘草各3克。

【用法用量】每日1剂，每剂水煎，日服三次，煎成药以一饮勺为宜，用细胶瓶或细口瓶将犬头部昂起，缓慢从口内灌服，连续投服6剂。

【功效】升发阳气，祛风邪。

【应用】用本方治疗1例警犬，内服2剂后呕吐次数减少，运步姿态伸展灵活；4剂后腰部僵硬症状消失、食欲增加；6剂后痊愈。(杨业胜等.养犬杂志，2011，4)

方2

【处方】马钱子2克，生川草乌3克，威灵仙7克，黄芪7克，参三七3克，补骨脂7克，生甘草10克，鸡血藤7克。

【用法用量】煎汤口服，每个疗程5天，用药1~2个疗程。

【应用】用本方加减（行痹加秦艽、防风、乌蛇、羌活、独活、木瓜、白芍、红花各7克；痛痹加麻黄、干姜、肉桂、薏苡仁、当归、防风、桑枝、威灵仙、知母各7克；着痹加防风、羌活、独活、汉防己、苍术、落石藤、南五加皮、伸筋草、牛膝或桂枝各7克）治疗犬风湿症16例，痊愈11例，显效3例，无效2例。一般用药3~4天症状明显改善，最快3天、最慢8天治愈，总有效率达87.5%。(还庶，中国养犬杂志，1996，2)

方3 (独活寄生汤加减)

【处方】独活、桑寄生各6克，秦艽、防风各5克，细辛2克，白芍、当归、熟地各6克，肉桂5克，羌活、独活、牛膝、杜仲各6克，厚朴、茯苓、陈皮、苍术各5克，甘草3克。

【用法用量】水煎取汁，分2次灌服，每天1剂，连服2~5剂。

【功效】活血通络。

【应用】用本方用中西药结合疗法诊治犬风湿症8例，取得较好疗效 (孙克年，中兽医医药杂志，1993，5)

57. 犬瘫痪

方1

【处方】安宫牛黄丸，大活络丸。

【用法用量】口服，每次各1/3粒，每天2次，连用15天。

【功效】通经活络。

【应用】用本方治疗北京母犬瘫痪1例，连用7天后粪尿开始正常，刺激腿部有反应。用药15天后，行走正常，追访未见复发。（仇微红等．中兽医医药杂志，2007，6）

方2

【处方】① 当归15克，桂枝7克，酒杭芍10克，北细辛3克，木通10克，川牛膝12克，独活10克，木瓜10克，生甘草3克，干地龙10克，全蝎5克，蜈蚣3条、汉防己10克，续断15克。

② 独活10克，桑寄生10克，秦艽10克，防风9克，细辛3克，当归15克，白芍10克，川芎10克，熟地7克，杜仲7克，牛膝15克，党参10克，茯苓7克，桂心5克，甘草5克。

【用法用量】水煎服，每天早、晚各1次，每天1剂。

【功效】散寒利湿，祛风通络。

【应用】用方①治疗德系杂种狼犬瘫痪1例，1剂后犬后肢明显灵活，2剂后犬能自行站立，7剂后犬可自行站立，每次5分钟左右，犬大小便已能控制，尿稍黄，粪成形。改用方②，1剂后能行走三、四步，8剂后可行走数十米，每次站立十多分钟。续用方②，加蜈蚣2条、干地龙10克，再服4剂后犬运步如常，痊愈。（陈立华等．警犬，2004，6）

58. 犬脊神经损伤

方1（回生第一散）

【处方】回生第一散〔人用成药，由土鳖虫、当归尾、乳香（醋制）、血竭、自然铜（煅醋淬）、麝香、朱砂等制成〕。

【用法用量】用量根据体重按比例折算（人体重按50～60千克计），疗程1周左右。

【功效】活血散瘀，消肿止痛。

【应用】本方用于犬脊神经损伤和其他跌打损伤的急性期、有实证疼痛的病例。维持治疗之疗程可延长至2～3周。如无回生第一散，也可用人用成药"活血止痛胶囊"代替。（范开，中国农业大学动物医学院）

方2（三七伤药片）

【处方】三七伤药片〔人用成药，由三七、草乌（蒸）、雪上一枝蒿、冰片、骨碎补、红花、接骨木、赤芍制成〕。

【用法用量】用量根据体重按比例折算（人体重按50～60千克计），疗程1周左右。

【功效】舒筋活血，散瘀止痛。

【应用】本方用于犬脊神经损伤及其他跌打损伤非急性期、无实证疼痛但有气滞的病例。部分病例用药后运动状态有改善。可用至3～4周。可配合应用市售人用药"大活络丹"，加强通经活血作用。（范开，中国农业大学动物医学院）。

59. 幼犬神经障碍

方1（清开灵注射液）

【处方】清开灵注射液（人用成药，由板蓝根、金银花、栀子、水牛角、珍珠母、黄芩、胆酸、猪去氧胆酸制成）2毫升。

【用法用量】一次肌注。

【功效】清热解毒，镇静安神。

【应用】用本方治疗幼犬神经障碍病 3 只，陆续注射 10 次，各症状消失，食欲渐恢复正常，并养至出售。（潘元祖 . 中兽医学杂志，2003，4）

方 2（镇肝息风汤）

【处方】钩藤 4 克，杭白芍 4 克，玄参 3 克，生龙骨 4 克，生牡蛎 4 克，怀牛膝 5 克，石决明 3 克，生龟板 5 克，生鳖甲 5 克，天门冬 5 克，茯神 4 克，天竹黄 4 克，炙甘草 5 克，鸡蛋黄 2 个为引。

【用法用量】石决明、龙骨、牡蛎、龟板、鳖甲等捣碎，煎沸数十分钟后再下其他药同煎，去渣，待温冲入鸡蛋黄混匀，分数次喂服，每天 1 剂，连服 3~6 剂，轻者 3 剂，重者 6 剂。

【功效】镇心安神，豁痰开窍。

【应用】用本方治疗 3 月龄哈巴狗神经障碍病 1 例，连服 3 天后症状大大减轻，能听主人使唤，但四肢仍不灵活；加杜仲、木瓜、羌活、独活，再服 3 剂而愈。（蒋继琰 . 中兽医学杂志，2001，4）

60. 犬坐骨结节黏液囊瘤

【处方】防风 3 克，赤芍 3 克，归尾 3 克，甘草 3 克，皂角刺 3 克，穿山甲 3 克（先煎），乳香 3 克，没药 3 克，金银花 9 克，陈皮 9 克。

【用法用量】煎 2 次，得药液 600 毫升，分上、下午两次灌服。每次加黄酒 20 毫升，连用 3 剂。

【功效】清热解毒，消肿溃坚，活血止痛。

【应用】用本方治疗 3 月龄德系狼犬双侧坐骨结节黏液囊瘤 1 例。服药 3 剂后，瘤体明显变小，再给药 3 剂，双侧坐骨结节的黏液囊瘤瘤体逐渐吸收消失，1 年后未见复发。（陈立华等 . 中国工作犬业，2007，4）

61. 犬双侧对称性脱毛

【处方与用法】① 丹参 12 克，郁金 12 克，生黄芪 9 克，防风 6 克，白术 6 克，桂枝 6 克。粉碎，过 100 目筛，装胶囊口服，每次 2~4 颗，每日 2 次，连用 30 日。

② 白鲜皮 30 克，地肤子 30 克，白及 10 克，海桐皮 12 克，透骨草 10 克。水煎 5 次，留汤外洗 15 分钟以上。每日或隔日 1 次，连用 14 次。

【功效】行气血，开瘀阻。

【应用】用两方共治愈 11 例犬双侧对称性脱毛。（赵学思 . 中国动物保健，2012，10）

62. 犬瘙痒

方 1

【处方】荆芥 45 克，防风 35 克，白鲜皮 35 克，苦参 25 克，百部 35 克，蛇床子 45 克，木通 35 克，茯苓 35 克。

【用法用量】水煎 3 次，合并滤液浓缩至生药含量为 6 克/毫升，加入 5％苯甲酸钠，用盐酸调节 pH 值至 4，装瓶。用小刷子蘸药液涂擦患部，每天 1 次，3 次为 1 疗程，使用 3～4 个疗程。

【功效】清热燥湿，祛风止痒。

【应用】用本方治疗 10 例患有真菌性皮肤病的病犬，治愈率为 95％。（禹泽中等．畜牧兽医杂志，2011，3）

方 2（防风散）

【处方】防风 9 克，荆芥 9 克，白芍 9 克，连翘 9 克，川芎 9 克，黄芩 10 克，大黄 9 克，麻黄 9 克，栀子 9 克，石膏 20 克，雄黄 8 克，甘草 12 克。

【用法用量】水煎 3 次，合并煎液，每次 10～15 毫升灌服，每天 1 剂，连服 3～4 天。

【功效】疏通腠理，理气活血，清泻肺热。

【应用】用本方内服配合外洗（甘草、藜芦、防风、荆芥、皂角、苦参、黄柏、薄荷、臭椿皮各等份，水煎，去渣，擦洗患处，待干后再涂以蜡烛油）治疗犬、猫肺风毛燥 27 例（犬 20 例、猫 7 例），治愈 23 例，治愈率 85.2％；有效 2 例，总有效率 92.6％。（芦祥明．中兽医学杂志，2008，1）

方 3

【处方】薏米 20 克，苍术 5 克，黄芩 5 克，川芎 5 克，赤芍 5 克，白蒺藜 5 克，苦参 5 克，白藓皮 5 克，蛇床子 5 克；自家血 10～20 毫升。

【用法用量】中药水煎两次，第 1 次煎液 20～30 毫升，一次灌服；二煎 500 毫升，待温浸洗患部，反复多次（每天至少 2 次）；自家血采自患犬股静脉，一次肌内注射。严重者 5 天后可重复注射 1 次。

【功效】清热燥湿，活血化瘀，祛风止痒。

【应用】用上方治疗犬急、慢性湿疹效果良好。一般 2～3 剂痊愈，未见复发。黄水多者，外洗剂加金银花 5 克、蒲公英 6 克；有糜烂加紫草 5 克。（郝向阳．中兽医医药杂志，2002，3）

方 4（唐古特莨菪）

【处方】唐古特莨菪 40 克。

【用法用量】加水 2000 毫升，煎 30 分钟，凉至稍烫手时局部药浴 15 分钟，连用 7 天。

【功效】熄风止痒。

【应用】用本方治疗 10 只巴哥、斗牛等幼犬瘙痒、脱毛病，全部治愈。（李积顺等，青海畜牧兽医杂志，2006，3）

【按语】唐古特莨菪，藏语称"唐川那保"，系茄科植物山莨菪，多年生草本。生长在海拔 2200～4200 米的山坡、路边、田埂、畜圈等处，青海省果洛藏族自治州的资源量丰富，占全省的 80％以上。藏医用唐古特莨菪及种子入药，具有麻醉镇痛的作用，治病毒性恶疮；种子研末塞牙中治牙痛，内服宜慎。

方 5

【处方】贯众 20 克，皂角 10 克，槟榔 10 克，青果 10 克，雄黄 5 克，硫黄 5 克，黄荆子 10 克，寒水石 10 克。

【用法用量】煎煮浓缩后，外洗全身。

【功效】杀虫止痒，消肿止痛。

【应用】本方主要用于杀灭体外寄生虫或因其引起的瘙痒、溃烂等。（崔中林主编．现代实用动物疾病防治大全．中国农业出版社，2001）。

63. 犬湿疹

方1

【处方与用法】金银花 10 克，连翘 10 克，茵陈 20 克，苍术 15 克，苦参 10 克，蛇床子 15 克，黄芩 10 克，黄柏 10 克，生地 10 克，大黄 10 克，龙胆草 10 克，甘草 5 克。水煎服，每天 1 剂，连用 5 天。

② 艾叶 25 克，黄柏 20 克，蛇床子 15 克，川椒 30 克，苦参 20 克。水煎，清洗患部。

【功效】清热解毒，化湿止痒。

【应用】用两方治愈犬湿疹。（李梅霞等．中兽医医药杂志，2010，2）

方2

【处方与用法】①生地 6 克，玄参 6 克，麦冬 6 克，茯苓 5 克，当归 5 克，白芍 5 克，山药 5 克，地肤子 5 克，蛇床子 5 克，白藓皮 5 克，防风 5 克，甘草 5 克。水煎灌服，每天 1 剂，连用 2 周。

② 苦参 10 克，硫黄 5 克，土豆泥 150 克，混合水调后涂患处。

【功效】养血疏风，滋阴化湿。

【应用】用两方治疗犬湿疹，1 周后痊愈（李梅霞等．中兽医医药杂志，2010，2）

方3

【处方】硫黄 10 克，雄黄 10 克，银花 10 克，青黛 10 克，斑蝥 5 克，白矾 10 克，黄连 10 克，地肤子 5 克，龙骨 15 克。

【用法用量】研磨成末，将患部清理、盐水清洗后撒布。1 日 2 次，7 天为 1 疗程。

【功效】清热消炎。

【应用】用本方治疗患犬耳、尾根、腿部等处皮肤脱毛糜烂，3 天后糜烂减轻，继治 4 天，诸症消失而痊愈。（中国畜牧兽医报，2008，11 版）

方4

【处方】地肤子 20 克，蛇床子 20 克，白藓皮 10 克，荆芥 10 克，防风 10 克，升麻 10 克，葛根 10 克，僵蚕 10 克，乌蛇 10 克，黄芪 10 克。

【用法用量】水煎去渣，候温灌服。每日 1 次，7 天为一疗程。

【功效】清热利湿，祛风止痒。

【应用】本方内服，配合外用药治疗犬湿疹，疗效显著。（中国畜牧兽医报，2008，11 版）

方5

【处方】土茯苓 50 克，莪术 10 克，川芎 10 克，金银花 12 克，黄连 3 克，甘草 5 克。

【用法用量】加水浸泡 15 分钟后煎取药液，煎 2 次，得 400 毫升，分上、下午 2 次口服，每天 1 剂，连用 4 剂。

【功效】清热健脾，凉血祛风。

【应用】用本方治疗 7 个品种（德国牧羊犬、罗威纳犬、沙皮犬、松狮犬、大麦町犬、西施犬、腊肠犬）犬患皮肤红斑、丘疹、水疱、脓疱、糜烂、痂皮及鳞屑、湿疹等 36 例，疗效可靠。（陈立华等．中国工作犬业，2005，4）

方 6

【处方】风化的干石灰粉 100 克，菜油或麻油 100 毫升。

【用法用量】石灰粉加水 200 毫升，搅匀后静置 6～12 小时，取上清液 100 毫升，与菜油混匀，涂擦患处，每天 2 次。

【功效】防腐燥湿，止血止痒，清热解毒。

【应用】用本方治疗犬湿疹 51 例，3～7 天即愈。（杨国亮．中兽医医药杂志，2001，3）

64. 犬真菌性皮炎

方 1

【处方】荆芥 45 克，防风 35 克，白鲜皮 35 克，苦参 25 克，百部 35 克，蛇床子 45 克，木通 35 克，茯苓 35 克。

【用法用量】水煎，过滤，连煎 3 次，合并滤液浓缩至生药含量为 6 克/毫升。加入 5% 苯甲酸钠，用盐酸调节 pH 值至 4，装瓶。用小刷子蘸药液涂擦患部，每天 1 次，3 次为 1 疗程，治疗 3～4 个疗程。

【功效】清热燥湿，祛风止痒。

【应用】用本方治疗 10 例患有真菌性皮肤病的病犬，治愈率为 95%。（禹泽中等．畜牧兽医杂志，2011，3）

方 2

【处方】荆芥 40 克，防风 30 克，白鲜皮 30 克，苦参 20 克，百部 30 克，蛇床子 40 克，木通 30 克，茯苓 30 克。

【用法用量】煎 3 次，合并滤液浓缩至生药含量为 6 克/毫升。用小刷子蘸药液涂擦患部，每天 1 次，3 次为 1 疗程。

【功效】杀菌。

【应用】用本方治疗人工感染小孢子菌病犬 10 只，3～4 个疗程的治愈率为 90%，总有效率分别为 98%。（雷本锐等．畜禽业，2006，16）

方 3

【处方】土槿皮 50 克，苦参 25 克，百部 25 克，雄黄 5 克，食醋 1000 毫升。

【用法用量】土槿皮、苦参、百部粉碎成末，与雄黄、食醋混合装入瓶中，盖紧瓶塞，浸泡 1 周后备用。使用前充分摇匀，用镊子夹药棉浸药水涂擦患部，每天 2 次，连擦 7～10 天。

【功效】杀菌。

【应用】用本方治疗幼犬小孢子菌感染 1 例，涂药后痒觉消失，7～10 天后癣斑的硬皮变软，开始长出新毛，1 月后癣斑上的被毛全部长齐，患病皮肤和被毛未见任何病理痕迹，未

见复发。(卞骞. 当代畜牧, 1995, 2)

方 4

【处方】荆芥、防风、黄柏、蒲公英、紫花地丁、苦参、白藓皮、地肤子各 30 克。

【用法用量】水煎 2 次, 煎出药液以能充分润湿全身皮毛并有少量剩余为度。外洗, 重者每天 1 次。

【功效】止痒, 祛湿

【应用】首次用药前, 尤其是对皮肤油脂分泌较多者, 最好先用犬猫专用浴液彻底清洗全身, 擦干。用药时, 先以温热汤药淋湿全身, 再用刷子蘸药刷拭, 以使药物浸透被毛、皮肤。刷药 10 分钟后, 擦干, 不必用清水冲洗。瘙痒重者加大黄、花椒, 皮肤有破溃、渗出多者加诃子。用本方治疗犬、猫真菌、细菌感染引起的皮肤病 40 例, 有效率约 80%, 多在治疗 7~10 天内开始见效。(范开. 中国农业大学动物医学院)。

65. 犬脓皮症

【处方】霜桑叶 50 克, 杏叶 50 克, 葱白 15 根。

【用法用量】捣成糊状, 加生蜂蜜 25 克调匀, 涂抹患部。每天 1 次, 连用 3~5 天。

【功效】祛风止痒。

【应用】用上方治疗犬脓皮病 16 例, 全部治愈。(申建. 吉林畜牧兽医, 2002, 9)

66. 犬黑色棘皮症

【处方 (六味地黄汤加味)】黄芪、鸡血藤各 30 克, 熟地、山药、太子参各 15 克, 山萸肉、泽泻、丹皮、茯苓、白术各 12 克, 丹参、牛膝、百合、陈皮各 10 克。

【用法用量】分为 5 剂, 水煎浓缩, 拌入新鲜猪肉丝后喂服。每天 1 剂。

【功效】补肾健脾养肺, 活血散结。

【应用】犬黑色棘皮症又称黑色素表皮增厚症, 认为与犬体内激素分泌紊乱有关, 临床以对称性脱毛、色素沉着过多和病变皮肤组织增厚、硬化, 最后导致不同程度的萎缩为特征。用本方治疗 15 例, 辅以酒精姜汁液涂擦患部, 治愈 6 例, 显效 4 例, 好转 2 例, 总有效率 80%。(李德胜等. 中兽医学杂志, 2003, 3)

67. 犬溃疡性皮肤病

【处方 (紫草膏)】紫草 100 克, 当归 200 克, 生地 200 克, 白芷 100 克, 乳香 100 克, 没药 100 克, 儿茶 400 克, 大黄炭 400 克, 地榆炭 400 克, 煅炉甘石 500 克, 冰片 30 克。

【用法用量】紫草加 95% 乙醇 5000 毫升浸泡 4 小时, 滤液蒸去乙醇, 得左旋紫草素; 当归、生地、白芷于 6000 毫升植物油中炸枯, 去渣; 余药粉碎, 过 120 目筛, 混匀; 待上述油温降至 50℃ 左右, 加入紫草素、药粉和蜜蜡 500 克, 搅匀, 消毒, 得紫草膏。溃疡皮肤彻底清创, 剪除坏死组织, 生理盐水冲净后用乳酸依沙吖啶溶液喷洒伤口, 浸泡 3~5 分钟, 然后外敷紫草膏。在溃疡的渗出期宜包扎, 吸收期暴露治疗, 隔日换药 1 次, 病情重者每天换药 1 次。

【功效】收敛生肌，活血消肿。

【应用】用紫草膏治疗犬溃疡性皮肤病168例，与100例用抗生素治疗的对照组相比，紫草膏组的疗效极显著优于对照组，且紫草膏具有无毒副作用、无刺激性、可加快创面愈合、抗感染、价格低廉等优点，值得推广应用。（阮鹏飞等．广东畜牧兽医科技，2016，4）

68. 犬耳炎

方1

【处方】黄柏15克，黄连10克，大黄10克，冰片5克，龙胆草10克，矾石5克，雄黄3克。

【用法用量】加水3碗，水煎至1碗，候凉，洗净耳内分泌物后以脱脂棉球蘸药液擦洗耳道耳郭，每天擦洗数次。亦可磨为细粉，加麻油浸泡，装瓶保存，用时摇匀、外涂。

【功效】收湿敛疮。

【应用】本方适用于耳道肿胀、溃烂、流脓症状的犬中耳炎，一般3~5天治愈。（卢希倩．中兽医医药杂志，2017，3）

方2

【处方】海螵蛸10克，黄连10克，滑石10克，矾石5克，青黛5克，冰片3克。

【用法用量】研磨细粉，装瓶备用，取少许吹入耳内（耳道肿胀者先清洗耳道），每天1次。

【功效】收湿敛疮。

【应用】本方适用于耳内流黄水、脓水等症状的犬中耳炎，3~7天治愈。（卢希倩．中兽医医药杂志，2017，3）

方3（洁尔阴洗液）

【处方】洁尔阴洗液（人用成药，由蛇床子、黄柏、苦参、苍术等制成）。

【用法用量】患犬侧卧保定，患耳向上，以脱脂棉球堵塞外耳道，剪去周围被毛，用3%的过氧化氢溶液冲洗耳道，用消毒棉签吸干，然后滴入洁尔阴洗液3~5滴，每天1~2次。

【功效】除湿，杀虫，止痒。

【应用】用本方治疗犬猫化脓性外耳炎89例，全部治愈，平均疗程为4.5天。全身症状明显的可配合抗生素治疗。（张玉前．中兽医医药杂志，2001，3）

方4（中耳散）

【处方】枯矾、血余炭、黄柏各等份。

【用法用量】共研细末，装瓶防潮备用。用酒精棉球擦干患耳脓汁后，用纸筒将药面入耳内。每天2次，一般2~3天。

【功效】收湿敛疮。

【应用】用本方治疗犬中耳炎10余例，取得满意疗效。其中一化脓性中耳炎病例，经氯霉素眼药水滴耳和阿莫西林口服3天未见效果，改用本方治疗，3天痊愈。（卢少达等．中国兽医杂志，2000，12）

方5(黄柏滴耳剂)

【处方】黄柏提取物。

【用法用量】过滤，加适量纯水搅拌，加入足量丙二醇，搅匀。取药液灌满耳道，轻轻揉按数次，以能听到液体声响为佳，最后用吸水纸轻轻吸取上浮的液体及污物。每天1次。预防性可连续或隔天持续使用。

【功效】清热燥湿，收敛止痒。

【应用】本方用于治疗由细菌、真菌或酵母菌、耳螨等引起的耳道炎症，经全国众多动物医院应用证明疗效显著。(陈武等，北京农学院)

69. 犬结膜炎、角膜炎

方1(车菊汤)

【处方】车前草50克，菊花50克，薄荷20克。

【用法用量】加水浸泡30分钟，煎煮两次，煎成500毫升，用双层消毒纱布过滤，待凉后用消毒纱布醮药液洗患眼。每天冲洗3～5次，每天1剂，连续冲洗3～5天。

【功效】清肝明目，消炎止痛，利水。

【应用】用此方治疗犬急性角膜炎、慢性角膜炎和化脓性角膜炎，取得满意疗效。(刘万平，中兽医学杂志，2003，2)

方2

【处方】芒硝10克〈另包〉，栀子10克，黄芩10克，柴胡10克，羌活3克，甘草3克。

【用法用量】加水250毫升，煎煮30分钟取汁，冲入芒硝后灌服，每天2剂。

【功效】泻热疏肝。

【应用】上述方剂治疗犬结膜炎（急性火眼）犬7例，全部治愈。疗程最长的3天，短的仅投服2剂即愈。(杨清尧等，中兽医医药杂志，1990，5)

方3(拔云散)

【处方】硼砂10克，炉甘石50克，硇砂5克，冰片10克，氯化铵2克。

【用法用量】共研成细末，过细筛，装瓶备用。先用2％硼酸溶液或生理盐水冲洗患眼，然后将拔云散少许吹入眼内，每天2次，连用3～5天。

【功效】退翳明目。

【应用】用上方治疗家犬角膜炎38例，治愈37例，治愈率为97.4％。(白景煌，中国养犬杂志，1997，3)

70. 犬创伤性虹膜睫状体炎

【处方】黄连须12克，柴胡、丹参各10克，车前子、当归、枸杞子各5克，生甘草3克。

【用法用量】上药水煎45分钟，取汁候温口服，每天1剂。

【功效】清肝明目，活血消肿。

【应用】用本方治疗犬创伤引起的虹膜睫状体炎3例，服药3剂后，症状明显减轻，再投

服 2 剂即愈。一年后追访，未见复发。（杨清尧等，中兽医学杂志，1989，3）

71. 犬不孕症

方 1

【处方与用法】① 淫羊藿、阳起石、益母草、黄芪、山药、党参、当归各 15 克，熟地、巴戟、肉苁蓉各 10 克，马胎衣、生甘草各 5 克。共研细末，开水冲服。

② 白术、炙黄芪、黄芩、白芍各 10 克，益母草、阿胶、当归、熟地各 15 克，海带 20 克，川芎、砂仁各 6 克，血竭 5 克。水煎温服。

【功效】补肾活血。

【应用】两方均适用于因虚弱而不孕的母犬。（许芝海．养殖技术顾问，2009，4）

方 2（艾附暖宫丸）

【处方】艾叶 12 克，醋香附 20 克；当归 20 克，续断 16 克，吴茱萸 10 克，川芎 10 克，白芍 16 克，炙黄芪 30 克，生地 20 克，肉桂 10 克。

【用法用量】共研末，开水冲服。

【功效】暖宫补肾。

【应用】适用于因宫寒而不孕的母犬。（许芝海．养殖技术顾问，2009，4）

方 3

【处方与用法】① 启宫丸：制香附、苍术、炒神曲、茯苓、陈皮各 2 份，川芎、制半夏各 1 份。共研末，开水冲，候温加适量黄酒灌服。

② 苍术散：炒苍术、滑石各 15 克，制香附、半夏各 12 克，茯苓 15 克，神曲 15 克，陈皮 12 克，炒枳壳、白术、当归各 10 克，莪术、三棱、甘草各 8 克，升麻 4 克，柴胡 8 克。共研末，开水冲服。

【功效】化湿活血。

【应用】适用于因肥胖而不孕的母犬。（许芝海．养殖技术顾问，2009，4）

方 4（促孕灌注液）

【处方】市售成药。由淫羊藿 400 克、益母草 400 克、红花 200 克制成。

【用法用量】犬横卧或站立保定，后躯稍高。用注射器吸入药液 10～20 毫升连接插入阴道的输药管推入药液，再打入少量空气，排尽管内药液，然后慢慢抽出输药管，保持原体位数分钟，并按压腰部 5～10 次，体重轻的提起后躯 2～3 次，以防药液流出。

【功效】补肾壮阳，活血化瘀，催情促孕。

【应用】用本药治愈母犬 35 例（德国牧羊犬 10 例，日本狼青犬 8 例，狮子犬 6 例，杂种犬 11 例），不发情犬在用药后 6～15 天发情。对 1 年以上不发情的如用药后 10 天不见效，可再用 1 次；对屡配不孕的病例，除发情前用 1 次外，在下一情期发情后、配种前 1～3 天再用 1 次（张秀等．中兽医医药杂志，1994，3）

72. 犬阴道炎

方 1

【处方】蛇床子 30 克，花椒 9 克，白矾 9 克。

【用法用量】水煎，四层消毒纱布过滤药液，冷却至 37℃ 左右，用灭菌注射器抽取适量中药浓缩液，用 4 号导尿管徐徐插入患犬阴道 10～12 厘米，反复冲洗阴道，清理干净。然后用肠钳将双唑泰栓剂（每枚含甲硝唑 200 毫克、克霉唑 160 毫克、洗必泰 8 毫克，用前浸泡 5 分钟）缓缓送入阴道深处。

【功效】祛风燥湿。

【应用】用本法治疗犬阴道炎 36 例，取得较好疗效。治疗 1 周痊愈。（申建．中兽医学杂志，2003，3）

方 2

【处方】生大黄 30 克（后下），附子 15 克，槐角 15 克，生牡蛎 30 克（先煎），益母草 10 克，生甘草 10 克。

【用法用量】水煎两次，混合浓缩至 250 毫升，候温，分 2 次灌入阴道（用人用 4 号尿道管插入 20～25 厘米），保留 30 分钟，重症每天 4 次，连用 5～7 天。

【功效】活血祛瘀。

【应用】用本方治疗犬阴道炎 17 例，除 1 例继发子宫蓄脓淘汰外，其余 16 例全部治愈。其中一患病牧羊犬，曾用先锋霉素肌注、洁尔阴冲洗阴道，治疗 5 天，症状减轻，停药 7 天，症状如前。后用本方，每天 4 次，连用 7 天。两个月后随访病愈。（申建．中兽医学杂志，2003，3）

73. 犬子宫炎

方 1（益母草膏）

【处方】益母草膏（人用成药）。

【用法用量】每次用量根据体重按比例折算（人体重按 50～60 千克计），疗程 2 周左右。

【功效】活血净宫。

【应用】用本方配合抗生素治疗犬子宫炎宫颈开放者 4 例，均有效。如配合市售人药"五加生化胶囊"服用，效果更好。（范开．中国农业大学动物医学院）。

方 2

【处方】桃叶提取物 15～20 毫升（每毫升含生药 1 克，杏仁苷不低于 0.4 毫升）。

【用法用量】一次子宫内注入，隔天 1 次，连用 3 次。

【功效】祛湿清热，杀虫。

【应用】用本方治疗产后子宫内膜炎病犬 6 条，6～8 天治愈，与青霉素、链霉素、红霉素、催产素等西药组疗效相似（吴德华等．畜牧与兽医，1993，1）。

74. 犬流产

【处方】当归、黄芩、云苓、白术、白芍、艾叶、川朴、枳壳各 6 克。

【用法用量】水煎，加酒 1 两灌服，每天 1 剂，连用 2～3 天。

【功效】安胎。

【应用】对于习惯性流产的母犬，出现流产征兆时，配合黄体酮（2.5 毫克肌内注射，每天 1 次，连用 3 天），预防效果明显。（兰叙波．中国养犬杂志，1996，1）

75. 犬产后抽搐（产后子痫）

方1（补钙镇痉汤）

【处方】生石膏、龟板、代赭石、蝉衣、地龙、钩藤各15克，阿胶、茯神、天竺黄各10克，黄芪、党参、当归、苍术、甘草各5克。

【用法用量】加水煎汁，分上、下午内服，每天1剂，连续用1～2天。

【功效】扶正祛邪。

【应用】用中西药配合治疗许多例本病，均取得理想疗效。（焦虎等．中国动物保健，2015，6）

方2（补血钙散）

【处方】生石膏、代赭石、蝉衣、乌贼骨各15克，苍术、茯神、柏子仁、钩藤各10克，当归、党参、地龙、甘草各5克。

【用法用量】煎汁分上、下午内服，每天1剂。

【功效】补血补气，镇痉熄风。

【应用】用部分中配合西药治疗本病100多例，均取得较好疗效。（孙克年．中兽医学杂志，2014，1）

方3

【处方】当归15克，川芎10克，防风10克，荆芥10克，羌活10克，独活15克，熟地15克，细辛10克，杜仲10克，怀牛膝10克，炮姜10克，生姜10克，党参10克，白术5克，神曲10克，山楂10克，生草5克。

【用法用量】水煎2次，每次煎15分钟，煎成600毫升，20～30千克重犬分2次灌服，其他体重犬酌情增减。

【功效】祛风除湿，祛风止痛。

【应用】用本方治疗犬产后半瘫病11例，其中3例内服1剂，2天后痊愈；5例内服1～2剂，配合30%安乃近10毫升、0.5%普鲁卡因2毫升、40万～80万单位青霉素注射两侧巴山、汗沟、邪气穴（参照大家畜穴位部位，每穴2～3毫升）痊愈；3例内服2剂，配合穴位注射并静脉注射10%葡萄糖酸钙注射液20～100毫升痊愈。（王文志．中兽医学杂志，2008，2）

76. 母犬缺乳

【处方】穿山甲、王不留行各10克，木通、通草各9克，老母鸡1只或猪蹄500克。

【用法用量】加水煎汤，灌服，每天1剂，连服3天。

【功效】活血化瘀，通经疏络。

【应用】用该方治疗11例产后缺乳的母犬，效果良好，一般服药次日乳汁开始增多。（吴德华．中兽医学杂志，1990，3）。

第五章 猫病方

1. 猫瘟热

方1

【处方】乌药 10 克，连翘 10 克，金银花 10 克。

【用法用量】水煎取汁，让猫自行饮服或滴灌，连服 5 天。

【功效】清热解毒。

【应用】用本方结合西药（猫瘟免疫血清、输液、爱茂尔、病毒唑）治愈猫瘟热。（刘继华等．山东畜牧兽医，2014，3）

方2

【处方】党参 2 克，黄芪 2 克，金银花 5 克，荆芥 4 克，酒知母 2 克，酒黄柏 2 克，半夏 1 克，郁金 2 克，甘草 2 克。

【用法用量】水煎服，早、晚各 1 次，每次 2 匙，连用 5 天为 1 疗程。

【功效】补气，清热，止呕。

【应用】呕吐不止者，加姜朴 2 克，竹茹 2 克；体温偏低者，加肉桂 2 克，附子 2 克，干姜 2 克；口腔有炎症者，加牛蒡子 2 克，射干 2 克，山豆根 2 克；喜饮水者，加麦冬 2 克，五味子 1 克，生地 2 克，用本方随症加减结合西药（硫酸链霉素 20 万单位、氯霉素 1 毫升交替注射 5 天，止呕用爱茂尔 1 毫升或灭吐灵 1 毫升）治疗急、慢性猫瘟 121 例，慢性病例的治愈率为 73.2%，急性病例无效。（姚文豪．中兽医医药杂志，1986，5）。

2. 猫细小病毒病

方1（清营汤）

【处方】水牛角 30 克，生地黄 15 克，元参 9 克，竹叶心 3 克，麦冬 9 克，丹参 6 克，黄连 5 克，银花 9 克，连翘 6 克。

【用法用量】加水 8 杯，水牛角镑末先煎，后下余药，煮取 3 杯，灌服，日服 3 次。

【功效】清热解毒，健脾燥湿，凉血止血，降逆止呕。

【应用】本方仅应用猫亚急性细小病病毒病，收效较好。治疗病猫 23 只，治愈 18 只，治愈率 78.26%。（陈荣光．当代畜牧，2015，18）

方2

【处方】白头翁 15 克，乌梅 15 克，黄连 5 克，黄柏 5 克，郁金 10 克，诃子 10 克。

【用法用量】加水 1000 毫升，煎数沸，取汤汁候温灌服，每日 1 剂。

【功效】清热破瘀，止痢敛阴。

【应用】本方有清热、破瘀、止痢、敛阴之功效，极适合猫细小病毒性肠炎的治疗。如病猫脱水严重，应辅以输液治疗。（戴成杰.中国畜禽种业，2014，4）

3. 猫绦虫病

方1

【处方】槟榔、大黄、大蒜各20克。

【用法用量】槟榔、大黄加水250～300毫升，煎汁50～100毫升，后加蒜汁（捣烂榨汁），按每天每千克体重5～10毫升，空腹灌服，连用2天。

【功效】杀虫攻积。

【应用】用本方治疗公猫绦虫病1例，一次空腹灌服20毫升，次日喂生南瓜子仁30克（捣烂拌鱼自食），服药后虫体排出，告愈。（唐余海.中兽医学杂志，1995，2）

方2（椒榔苦合剂）

【处方】花椒、槟榔、硫苦各等量。

【用法用量】每次总用量：成年猫10克，6～12月龄小猫6克，成年犬25～30克，4～12月龄幼犬15克。花椒、槟榔加水文火煎汤，候温灌服；10分钟后再将硫苦溶于水中灌服。

【功效】杀虫。

【应用】用该方驱除猫绦虫35例，犬绦虫20例，驱虫率95%以上，且未见不良反应（韩盛兰等，畜牧兽医杂志，1988，1）

4. 猫螨虫病

方1

【处方】明矾30克，硫黄10克，芒硝、青盐、乌梅、诃子各20克，川椒15克。

【用法用量】用砂锅或瓦罐加水约1千克，用旺火至沸，然后改用文火煎30分钟，待凉冷后取上清液，涂擦患处。

【功效】清热除湿，杀虫止痒。

【应用】用本方治疗犬、猫、兔螨虫病，取得满意的效果。（张性兰等.中兽学杂志，1998，2）。

方2（洁尔阴洗液）

【处方】洁尔阴洗液（人用成药，由蛇床子、黄柏、苦参、苍术等制成）。

【用法用量】患部皮肤涂擦，每天1次。

【功效】清热除湿，杀虫止痒。

【应用】用本方治疗3～5月龄猫脓疱型蠕形螨病5例，均取得显著效果。治疗1周后，病灶未见扩大，脱毛处皮肤干燥，肿胀减轻或消失。4周后，在脱毛处开始生长出新毛。（孟昭聚.经济动物学报，1994，3）。

5. 猫口炎

方1(青黛散)

【处方】青黛、黄连、黄柏、薄荷、桔梗、儿茶各等份。

【用法用量】研极细末，混匀，装入布袋，先用凉开水或淡盐水洗净患猫口腔，然后将布袋塞入其口腔中，带上口笼使其不能吐出。

【功效】清热解毒。

【应用】用治疗猫口炎效果很好，一般用药3天即愈。（韩丹等.畜牧与饲料科学，2013，7～8）

方2(清热汤)

【处方】莲子心15克，甘草15克，紫花地丁30克。

【用法用量】加水煎至50毫升，一次灌服，每天1次，连用4天。

【功效】清热解毒。

【应用】用上方治疗猫口疮20多例，一般用药2～5天痊愈。（申济芳.中兽学杂志，1994，4）

6. 猫呕吐

方1

【处方】半夏10克，干姜5克，柿蒂5克，陈皮8克。

【用法用量】共研细末，以蜂蜜调和，做成丸剂，每丸重5克。按每千克体重0.5～1.5克内服。如继续呕吐，可再服1剂，一般在服用2～3次后其呕吐可止。然后再以半量服用1～2次，以固疗效。

【功效】降逆止呕。

【应用】对不同原因的犬、猫呕吐均有良好疗效。另外由于呕吐往往造成动物食欲欠佳，应用此药后且有健胃、增加食欲之功效，对恢复健康大有益处。（陈立忠等.吉林畜牧兽医，2013，3）

方2

【处方】伏龙肝3克，姜皮0.5克，大枣3克。

【用法用量】加水20毫升，煎至约5毫升，一次灌服，每天3次，连服2天。

【功效】降逆止呕。

【应用】用上方治疗猫呕吐症60余例，疗效良好（张君甫.中兽医医药杂志，1989，4）

7. 猫脾虚胀满

【处方】厚朴10克，半夏7克，炙甘草4克，党参3克，干姜8克。

【用法用量】共研细末，分3包，每包另外加上生姜薄片，水煎3次，1天分3次服。

【功能】健胃消食，平补脾肺。

【应用】用本方治疗犬、猫脾虚湿困、肚腹胀满 7 例，治愈 6 例。（才任吉等．中兽医杂志，2008，9）

8. 猫慢性消化不良

【处方（乌木鸡散）】乌药 50 克，木香 50 克，鸡内金 45 克。

【用法用量】共研细末，成年猫每天 6 克，分 3 次灌服，连服 7 天。

【功效】消积导滞，理气和胃。

【应用】用本方治疗患慢性消化不良猫 1 例，连服 7 天后病愈。（周德忠．当代畜牧，2006，10）

9. 猫胃肠炎

方1(胃肠液)

【处方】焦山楂 9 克，半夏、陈皮、茯苓、干姜、甘草、神曲各 3 克。

【用法用量】水煎 2 次，煎液混合，浓缩至含生药 0.5 克/毫升，按 0.2 克/100 毫升的比例加入苯甲酸钠，10℃ 以下保存，保存期限不得超过 10 天。按 4 毫克/千克体重用药，用小注射器抽取胃肠液后经口角缓慢灌服。

【功效】健脾开胃、降逆止呕。

【应用】本方治疗猫胃肠炎 88 例，其中痊愈及即时好转的 83 例，其中用药仅一次的 69 例，用药两次以上的 14 例。（马海州．山东畜牧兽医，2017，7）

方2

【处方】郁金、赤芍、黄连、黄芩、甘草各 10 克，地榆、苦参、木香、罂粟壳各 5 克。

【用法用量】水煎两次，煎取药液 200 毫升，分次灌服。体重 2 千克以下每次服 20~50 毫升，2~5 千克服 50~100 毫升，每日 1 次，连服 2~3 次。

【功效】清热解毒，燥湿止痛，凉血行气，固肠止泻。

【应用】用本方结合西医（补液强心、抗过敏、抗休克和控制继发感染）治疗本病 47 例，治愈 43 例，治愈率达 91.5%。一般当日见效，2~3 天即愈。（王定高．农家致富顾问，2015，14）

方3

【处方】藿香 50 克，半夏 30 克，川连、黄芩各 20 克，建曲、板蓝根各 30 克，生姜、甘草各 15 克。

【用法用量】烧焦，研为细末，每天用 6 克，开水冲泡，分 3 次灌服，连灌 3 天。

【功效】清热健脾，降逆止呕。

【应用】用本方治疗表现呕吐、腹泻、不食等症状的胃肠炎患猫 153 例，效果良好。（钱业贵，中兽医医药杂志，1988，6）

10. 猫便秘

方1

【处方与用法】① 当归苁蓉汤油：当归 20 克，苁蓉 10 克，番泻叶 6 克，厚朴 3 克，枳壳 3 克，广木香 1.5 克，神曲 8 克。煎汁，加石蜡油或熟清油胃管导服。

② 酒曲承气汤：大黄 8 克，芒硝 15 克，枳实 3 克，厚朴 3 克，酒曲 8 克，麻仁、木香 3 克，醋香附 3.5 克，木通 4 克。先将枳实、厚朴、麻仁、木通、醋香附煮 20 分钟，然后加入其他药煎汁，胃管导服。

【功效】通肠利便、消积理气。

【应用】方①适用于犬、猫小肠便秘，方②适用于犬、猫结肠、盲肠、小结肠便秘。（邱世华．黑龙江畜牧兽医，2010，7）

方 2（便秘灵胶囊）

【处方】炙黄芪 200 克，党参 60 克，炙甘草 100 克，白术（炒）60 克，当归 60 克，升麻 60 克，植物油等。

【用法用量】制粉，装 "0" 号或 "1" 号胶囊，加盖前滴加适量植物油，以不溢出为度。口服，每次 1～2 粒，每天 2 次，连服 1 个月。

【功效】补中益气，润肠通便。

【应用】用本方治疗猫老年性慢性便秘数十例，获良好效果。重症便秘者可先灌肠或用开塞露排便。治疗中建议喂食易消化流食，增加饮水。该方对巨大结肠症引起的便秘也显示了较好的疗效，可以长期服用至痊愈。该方由补中益气汤化裁而成。补中益气汤主治久泻，似与便秘无关，但是从病理分析，慢性便秘尤其是巨大结肠症也因中气虚弱导致。（陈武．北京农学院）

11. 猫肠臌气

方 1（香砂养胃丸）

【处方】香砂养胃丸（人用成药，由白术、香附、陈皮、藿香、茯苓、白豆蔻、厚朴、枳实、半夏曲、木香、砂仁、甘草制成）。

【用法用量】现有市售水丸、浓缩丸、颗粒剂、硬胶囊剂、软胶囊剂、口服液等剂型，任一剂型均可，每次用量根据体重按比例折算（人体重按 50～60 千克计），疗程 2～3 天。

【功效】和胃止呕，行气消食。

【应用】用本方配槟榔治疗犬、猫肠臌气 6 例，均有效。臌气严重的，加槟榔（每 10 千克体重 1～2 克，研细末）。本方亦可用于食积引起的泻粪稀溏酸臭。槟榔用量过大，可造成明显的腹泻。槟榔中毒时可适量用阿托品对抗其症状。（范开．中国农业大学动物医学院）

方 2

【处方】莱菔子 10 克，丝瓜络 8 克。

【用法用量】莱菔子炒后捣碎，与丝瓜络加适量水共煎，灌服，每天 1 次，连用 3 天。

【功效】理气导滞。

【应用】用本方治疗猫肠臌气 3 例，均获痊愈。其中 1 例因偷食熟红薯约 300 克而发病，用药当天症状明显缓解，不时排出少量恶臭稀粪，第 2 天稍有食欲，第 4 天康复。（毛军祥．畜牧与兽医，1992，5）

12. 猫变态反应性鼻炎

【处方（桂枝汤加味）】桂枝 10 克，生姜 6 片，大枣 6 枚，炙甘草 6 克，牛蒡子 15 克，蝉蜕 10 克。

【用法用量】水煎取汁，候温分 2 次灌服，每天 1 剂，连服 4～5 剂。

【功效】解肌发表，调和营卫。

【应用】用本方治疗猫疑似变态反应性鼻炎 13 例，获得满意的疗效。1 例 10 月龄公猫确诊为变态反应性鼻炎，连服 3 剂，各种症状明显减轻，继续服用 2 剂后痊愈。（杨先富. 中兽医医药杂志，1999，2）

13. 猫肺风毛躁症

方 1

【处方】防风 9 克，荆芥 9 克，白芍，连翘 9 克，川芎 9 克，黄芩 10 克，大黄 9 克，麻黄 9 克，栀子 9 克，石膏 20 克，雄黄 8 克，甘草 12 克。

【用法用量】水煎 3 次，合并煎液，灌服，每次 10～15 毫升，每天 1 剂，连服 3～4 天。

【功效】疏通腠理，理气活血，清泻肺热。

【应用】本方治疗肺风毛躁症有一定的疗效，内服时可以配合外用药一起治疗。（芦祥明等. 中兽医医药杂志，2008，1）

方 2

【处方】甘草、藜芦、防风、荆芥、皂角、苦参、黄柏、薄荷、臭椿皮各 15 克。

【用法用量】混合水煎，去渣，候温擦洗患处，待干后再涂以蜡烛油。每日两次，连用 5～7 天。

【功效】清热解毒。

【应用】用本方治疗后瘙痒、脱毛停止，溃疮处开始干燥结痂，后追访痊愈。（芦祥明等. 中兽医医药杂志，2008，1）

14. 猫肝炎

【处方】茵陈 50 克，枝子 15 克，党参 20 克，当归 15 克，黄芪 15 克，大黄 20 克，木通 15 克。

【用法用量】煎成 200 毫升，按 2 毫升/千克体重灌服，早晚各服 1 次。

【功效】保肝利胆，祛黄染，利二便。

【应用】采用中西医结合的方法治疗犬、猫肝炎，达到标本兼治的作用。在发病初期治疗及时，治愈率可以达到 100％。大部分患畜一般 1 周即可治愈，患病较重的、体质较弱的 10 天左右也可治愈。（谭立文. 畜牧兽医科技信息，2015，1）

15. 猫黄疸

方 1（茵栀黄注射液）

【处方】茵栀黄注射液（由茵陈、栀子、黄芩苷和金银花制成）2～5 毫升。

【用法用量】用 5‰ 葡萄糖生理盐水 50～100 毫升稀释后一次静脉滴注，每天 1 次，连用 7 天左右。也可取原料药水煎，空腹灌服，每次 10 毫升，每天 2 次。

【功效】清热解毒，利尿退黄。

【应用】用本方治疗黄疸患猫，治疗 7 天左右，患猫开始进食，精神状态好转，黄染消退，丙氨酸氨基转移酶、天冬氨酸氨基转移酶、γ-谷氨酰转移酶、碱性磷酸酶等生化指标下降到正常范围内。猫黄疸常见于肝片吸虫病、细菌或病毒感染（特别是猫瘟后期）、脂肪肝和药物中毒等疾病，在治疗原发病的同时使用本方，可以起到很好的退黄作用，明显缩短病程。（利凯等．黑龙江畜牧兽医，2005，5）

方 2（茵陈蒿汤）

【处方】茵陈 100 克，栀子 10 克，大黄 30 克。

【用法用量】分 10 天内服。

【功效】清热利湿退黄。

【应用】用本方治愈猫黄疸 3 例，10 天而愈．（单令旺．中兽医学杂志，1996，2）

16. 猫膀胱炎

方 1（八正散）

【处方】木通、瞿麦、车前子、萹蓄、滑石、炙甘草、栀子、煨大黄、灯心草各等份。

【用法用量】水煎 2 次，兑匀温后灌服，每天 1 剂，早、晚各 1 次。共为细末，混合均匀，每次取 5～10 克，开水冲调，候温灌服，每天 2 次，10 天为 1 个疗程

【功效】清热降火、利水通淋。

【应用】用本方加减治疗犬、猫膀胱炎 35 例，取得满意疗效。（温伟等．中国兽医杂志，2013，1）

方 2（知母黄柏散）

【处方】知母、黄柏、乌药、草薢各 15 克，鲜生地、鲜淡竹叶各 20 克，滑石 10 克。

【用法用量】水煎 2 次，兑匀温后灌服，每天 1 剂，早、晚各 1 次。

【功效】清热降火、泻火解毒。

【应用】本方由泻火解毒、利水通淋药等组成，对猫膀胱炎有很好的疗效。（司彦明．兽医导刊，2011，6）

17. 猫尿结石

方 1（石淋通）

【处方】广金钱草。

【用法用量】加水煎煮 2 次，每次 1.5 小时，合并煎液，滤过，滤液减压浓缩，加 5 倍量 85% 乙醇，充分搅拌，静置 24 小时，滤过，滤液浓缩成稠膏状，干燥，加辅料适量，制成颗粒，干燥，压片，或包糖衣。每次口服 1～2 片，每天 2 次。

【功效】清除湿热，利尿排石。

【应用】用本方治疗膀胱结石伴发膀胱炎，显示一定疗效，药理研究表明，该药具有酸化

尿液、抑制碱性结石形成的作用。(陈武等，北京农学院)。

方2(猪苓汤)

【处方】猪苓3克，茯苓3克，泽泻3克，滑石3克，阿胶3克。

【用法用量】提取浓缩，按每天每千克体重1300毫克，分2次灌服，连用4周。

【功效】滋阴，清热利水。

【应用】用本方治愈磷酸铵镁尿结石患猫120例，其适口性好、副作用小，能够减少尿结石数量，改善膀胱炎症状，有效治疗尿结石及其引起的膀胱炎。(安田和雄等．日本兽医东洋医学会志，1996，第2号，日本石野孝提供)。

18. 猫磷化锌中毒

【处方】仙人掌1~2片。

【用法用量】捣烂取汁，加适量水灌服。每天1~2次，间隔4~5小时。

【功效】解毒。

【应用】用本方治疗猫磷化锌中毒10例，治愈9例，具有较好的疗效。(袁正宇．中兽医医药杂志，2009，5)。

19. 猫子宫内膜炎

【处方(露得净)】桃叶提取物(每毫升含生药1克、杏仁苷不低于0.4毫克)15~20毫升。

【用法用量】一次子宫内注入，隔天1次，连用3次。

【功效】祛风湿，清热，杀虫。

【应用】用本方治疗猫子宫内膜炎33例，其中急性子宫内膜炎30例，慢性子宫内膜炎3例，结果除2例慢性子宫内膜炎未愈外，其余均治愈。(赵俊．中兽医学杂志，1999，2)

20. 猫产后尿淋漓

【处方(归芎柴升汤)】当归、川芎各15克，柴胡、升麻各8克。

【用法用量】水煎，空腹灌服，体重1.5~2.5千克猫每次10毫升，每天2次。

【功效】补血活血，提中升阳。

【应用】用本方治疗尿淋漓猫，1例用药1次即愈；1例加大剂量(当归、白芍各18克，柴胡、升麻各10克，每次灌服12毫升)，连服2剂痊愈。(胡九长．中兽医医药杂志，1994，3)

第六章　兔病方

1. 兔传染性水疱性口炎

方1

【处方】青黛5克，黄连5克，黄芩5克，儿茶3克，冰片3克，桔梗3克。

【用法用量】共研细末，每次取5～8克，装于用2层纱布缝制的长条布袋中，系于病兔口内（布袋长度以不超过兔两口角为宜），布袋两端系带于耳后打结，每日1次，每次持续10～30分钟，连用3～5次。

【功效】清热解毒，收敛消肿。

【应用】兔传染性水疱性口炎又称兔流涎病，是由水疱性口炎病毒引起的一种兔急性传染病。临床上以口腔黏膜发生水疱性炎症并伴有大量流涎为特征。本方对全身和局部均有治疗作用。（刘颖.中国畜禽种业，2017，11）。

方2

【处方】2%明矾水，或1%盐水。

【用法用量】洗刷口腔。

【功效】收敛解毒。

【应用】某场186只兔子发病，根据发病情况、口腔炎症和流涎等临床症状及剖检变化，诊断为水疱性口炎。用本方治疗，对溃疡较重的内服磺胺二甲基嘧啶。经过5天时间，兔场发病的兔全部治愈。（芮清玲.中国畜禽种业，2016，3）

方3

【处方】大青叶10克，黄连5克，野菊花15克，冰硼散。

【用法用量】前三药煎汤灌服，冰硼散溃疡处散喷撒。

【功效】清热解毒，收湿敛疮。

【应用】全身用药可用本方。（王前.兽药与饲料添加剂，2004，9）

2. 兔巴氏杆菌病

方1

【处方】① 鱼腥草10克，金银花10克，桔梗5克，大青叶5克，栀子3克。

② 金银花10克，野菊花10克，黄芩5克。

③ 野菊花10克，蒲公英10克，九里明6克，桑叶5克，夏枯草3克。

④ 金银花10克，野菊花10克，穿心莲10克。

⑤ 金银花15克，蒲公英20克，野菊花10克，赤芍10克。

停

⑥ 鱼腥草 10 克，野菊花 6 克，蒲公英 6 克，白背叶 6 克，败酱草 3 克，土茯苓 3 克。

【用法用量】水煎灌服，次每天 2 次。

【功效】清热解毒。

【应用】兔巴氏杆菌病是由多杀性巴氏杆菌引起，主要表现为急性型（败血症）、亚急性型（肺炎）和慢性型（因侵害部位不同常表现为传染性鼻炎、结膜炎、中耳炎、慢性呼吸道炎症、生殖器炎症等）。急性型往往来不及救治，方① 适用于肺炎，方② 适用于传染性鼻炎，方③ 适用于结膜炎，方④ 适用于中耳炎，方⑤ 适用于慢性呼吸道炎症，方⑥ 适用于生殖器炎症。（侯晓莹．畜禽业，2017，11）

方 2

【处方】鱼腥草 10 克，金银花 10 克，菊花 3 克，栀子 3 克，大青叶 5 克。

【用法用量】水煎拌料，每天 2 次，连用 5 天。

【功效】清热解毒，泻火解毒。

【应用】用本方配合恩诺沙星混饲（100 毫克/千克饲料），治疗獭兔巴氏杆菌病效果较好。（赵素杏．中兽医医药杂志，2007，4）

3. 兔李氏杆菌病

方 1

【处方】忍冬藤、栀子根、野菊花、茵陈、钩藤根、车前草各 3 克。

【用法用量】水煎，分早晚两次灌服，每天 1 剂，连用 3～5 天。

【功效】清热解毒，平肝清热。

【应用】本方治疗兔李氏杆菌病有一定疗效。惊厥、抽搐严重者加蜈蚣、地龙；伴发结膜炎者用金银花制成眼药水滴眼，每天 2～4 次。（于伟侠等．养殖技术顾问，2013，12）。

方 2

【处方】金银花 3 克，板蓝根 3 克，野菊花 3 克，钩藤 3 克，茵陈 3 克，车前子 3 克。

【用法用量】水煎，分 2～3 次内服或拌料喂服，每天 1 剂。

【功效】清热解毒，平肝明目。

【应用】本方治疗兔李氏杆菌病有一定疗效。惊厥、抽搐严重者加蜈蚣、地龙；伴发结膜炎者用金银花制成眼药水滴眼，每天 2～4 次（李敏．黑龙江畜牧兽医，2008，3）。

方 3

【处方】金银花 100 克，菊花 100 克，柴胡 100 克，茵陈 60 克，黄芩 60 克，茯苓 60 克，远志 60 克，生地 60 克，木通 60 克，车前草 60 克，琥珀 10 克。

【用法用量】混合水煎，供 30～50 只幼兔 1 天内服（饮水、拌料或灌服皆可），连用 3～5 天。

【功效】清热解毒，利水通淋。

【应用】用本方配合磺胺类药物治疗兔李氏杆菌病，除严重病例死亡外，1 周后发病幼兔恢复正常（王学慧．中国养兔杂志，2005，2）。

4. 兔大肠杆菌病

方 1

【处方】黄柏 4 克，龙胆 4 克，大黄 3 克，乌梅 2 克，甘草 1 克。

【用法用量】水煎，分早、晚两次灌服，每天1剂，连用数天。

【功效】清热燥湿，健脾止泻。

【应用】对兔大肠杆菌病有较好疗效。（李达伟 . 现代畜牧科技，2018，1）

方2

【处方】郁金45克，双花45克，连翘45克，大黄50克，栀子20克，诃子35克，黄连20克，白芍20克，黄芩20克，黄柏20克。

【用法用量】水煎，供500只兔1天服用，连用3天。

【功效】清热解毒，收敛止泻。

【应用】某场600余只獭兔陆续发病死亡，根据流行病学、临床症状、病理剖检、实验室检验，诊为大肠杆菌病，用本方治疗，环丙沙星拌料，3天后有效控制死亡，5天后兔群恢复正常。（周俊艳 . 山东畜牧兽医，2016，11）

方3

【处方】白头翁100克，苦参70克，金银花60克，大青叶50克，板蓝根50克，蒲公英50克，黄连20克，黄柏30克，茯苓40克，苍术40克。

【用法用量】粉碎，过60目筛混匀，按10克/千克饲料混匀制成颗粒喂给，连续用药4天。

【功效】清热解毒，利水渗湿。

【应用】用本方治疗10只患兔，全部治愈。（姜前运 . 中国养兔杂志，2007，5）。

方4

【处方】茜草100克，白头翁70克，苦参70克，马齿苋60克，大青叶50克，板蓝根50克，蒲公英50克，黄连20克，黄柏30克，茯苓40克，苍术40克。

【用法用量】粉碎，过60目筛，混匀，按10克/千克饲料，加入饲料中制成颗粒，连用4天。

【功效】清热解毒，燥湿止泻。

【应用】对比试验结果显示，中药组治愈率85%，显著高于乳酸环丙沙星组的55%；中药组的有效率为95%，显著高于乳酸环丙沙星组的80%；表明中药治疗兔大肠杆菌优于乳酸环丙沙星。（王自然 . 中兽医医药杂志，2004，2）

方5

【处方】刺针草4份，泽漆1.5份，拐枣1.5份，莱菔子1份。

【用法用量】粉碎混匀，按每千克体重用药1.3克掺入适量麸皮（以一次吃完为限）中喂服，每天2次，连喂5日。重症兔口服环丙沙星7毫克/千克体重，日服2次，连用3～5日。

【功效】清热解毒，利水消食。

【应用】用本方治疗43例病兔，危症兔同时肌注链霉素（20毫克/千克体重），41例痊愈。（李爱远 . 中兽医学杂志，2002，3）

5. 兔弓形体病

【处方】常山5克，槟榔4克，柴胡3克，麻黄2克，桔梗4克，甘草3克。

【用法用量】混合粉碎，供10～20只兔1天拌料内服，连用3～5天。重症灌服。

【功效】杀虫解热，宣肺平喘。

【应用】用本方治疗獭兔弓形体病，同时肌内注射12%复方SMPZ（磺胺甲氧吡嗪）注射液（按50毫克/千克体重）、复合维生素B及维生素C注射液各1毫升，连用5天，轻症很快恢复正常。（刘德福．中国养兔杂志，2004，6）

6. 兔绿脓假单胞菌病

【处方】黄芩、金银花、紫花地丁、茵陈、瞿麦、甘草各2克。

【用法用量】水煎取汁，加白糖15克混匀，成兔一次灌服，每天1剂。

【功效】清热解毒，利水通淋。

【用法】用本方治疗兔绿脓假单胞菌病528例，治愈513例，治愈率达97%。（单玉敏．毛皮动物饲养，1995，3）

7. 兔球虫病

方1（球虫九味散）

【处方】白僵虫100克，生大黄、桃仁、地鳖虫各50克，生白术、桂枝、白茯苓、泽泻、猪苓各40克。

【用法用量】共研细末，每次3克内服，每天3次。

【功效】止血利湿，清热解毒。

【应用】本方用于治疗兔球虫有一定疗效。还可用车前草、鸭跖草、苦楝树叶、鸡眼草、铁苋菜等作饲料，将大蒜、洋葱头、鲜韭菜等切碎拌入饲料中饲喂。或用常山、柴胡、甘草各150克，共研细末，每只服1.5～3克，每天2次，连服5～7天。（陈淑蕴．农村养殖技术，2007，9；陈冬金等．中国畜禽种业，2015，1）

方2（大蒜圆棘浆）

【处方】大蒜25克，圆棘75克。

【用法用量】共捣为浆汁，成兔每次20～30克，幼兔每次10～15克，混饲料中喂服，每天早晚各1次，连用5～7天。

【功效】杀虫止痢，清热解毒。

【应用】本方用于治疗兔球虫有一定疗效。（于匆．最新实用兽医手册，中国农业科技出版社，1999；陈冬金等．中国畜禽种业，2015，1）

方3（常山红藤饮）

【处方】常山6克，红藤、柴胡、陈皮、白头翁各15克，木香6克。

【用法用量】煎汤去渣，按每只兔每次1克生药拌入饲料中喂服，连服3～5天。

【功效】清热解毒，杀虫解热。

【应用】本方用于治疗兔球虫有一定疗效。（中国畜牧兽医学会编，中兽医临症要览，四川科学技术出版社，1988；陈冬金等．中国畜禽种业，2015，1）

方4(四黄散)

【处方】黄连 100 克，黄柏 100 克，黄芩 240 克，大黄 80 克，甘草 120 克。

【用法用量】研为细末，每次 4 克内服，每天 2 次，连服 5 天。

【功效】清热燥湿。

【应用】本方用于治疗兔球虫有一定疗效。（余炉善 . 中兽医学杂志，1987，1；陈冬金等 . 中国畜禽种业，2015，1）。

方5

【处方】常山 15 克，柴胡 8 克，苦参 15 克，青蒿 15 克，地榆 8 克，白茅根 10 克，仙鹤草 5 克，白芍 5 克，甘草 8 克，板蓝根 8 克。

【用法用量】混合，超微粉碎，按 3 克/千克的比例拌料饲喂。

【功效】杀虫，止血。

【应用】攻虫试验结果显示，中药组每克粪便的卵囊数显著低于感染不用药组，平均增重和饲料转化率显著高于感染不用药组，中西复方组（加 5 毫克/千克妥曲珠利）的效果最好。（简永利等 . 黑龙江畜牧兽医，2014，5）

方6

【处方】白头翁 10 克，丹皮 5 克，板蓝根 10 克，金银花 5 克，地榆 20 克，青蒿 5 克，常山 35 克，柴胡 10 克，夏枯草 10 克，白术 10 克，茯苓 10 克，陈皮、茵陈各 10 克，麦芽 5 克。

【用法用量】粉碎，按每只兔每次 2 克添入饲料中喂服，每天 2 次，连用 3 天。

【功效】清热解毒，凉血止血。

【应用】本方用于治疗兔球虫病效果良好。可根据病情加减用药，腹胀者加金钱草，精神疲乏者加党参、当归，抽搐者加龙胆草、钩藤，病久体虚者加黄精、山药；饲料中可加大蒜末以防继发感染。（李岩 . 畜禽业，2007，4）

方7

【处方】常山 150 克，青蒿 115 克，鸦胆子 150 克，白头翁 150 克，大黄 90 克，黄柏 120 克，当归 75 克，党参 100 克，白术 50 克。

【用法用量】做成散剂，拌料饲喂。

【功效】杀虫止血，清热解毒。

【应用】本方用于治疗兔球虫病有一定疗效，一般用药 3 天后病兔可逐渐康复。另可配合地克珠利、克球粉、甲硝唑、维生素 K_3、维生素 B、维生素 E、电解多维、葡萄糖等。（传卫军 . 甘肃畜牧兽医，2004，2）

8. 兔疥癣

方1

【处方与用法】① 硫黄 20 克，石灰 10 克。加 100 毫升水煮沸数分钟，待凉后涂擦患部，每天 2～3 次。

② 鲜土大黄根捣烂取汁 10 毫升，米醋 10 毫升，枯矾 0.1 克。混合调匀后涂擦患处，

每天1～2次，连用5～7天。

③ 花椒25克，62度白酒250毫升。花椒加入白酒中浸泡3天，涂擦患部，每天早晚各1次，3天后，兔脚癣病自然消失。

④ 雄黄20克，豆油或猪油100毫升。豆油或猪油煮沸后加入雄黄，搅拌均匀后涂擦患部，隔天1次，连用2～3天。

⑤ 食醋300克，陈艾叶150克，花椒40粒。水煎取汁，涂擦患部，每天2次，连用5～7天。

⑥ 硫黄500克，明矾200克，棉籽油500毫升。调成糊状，涂抹患部，每天1次，连用5～7天。

⑦ 鲜百部150克，75%酒精250毫升。百部放入酒精浸泡7天，涂擦患部，每天2次，连用5～7天。

⑧ 植物油100毫升，硫黄粉15克，花椒面15克。混合调成粥状，刷洗患部，每天1次，连用3～5天。

⑨ 木槿皮、蜂房各等量。共研末，加适量清油混合调匀，装瓶，涂擦患部，每天2次，连用3～5天。

⑩ 石蒜1份，菜油2份。石蒜加20份水煮烂，再加菜油搅拌，煮10分钟，冷后涂擦患部，每天2次，连用4～5天。

⑪ 麻柳叶（皮）100克，苦楝树叶（皮）100克，野棉花50克，马桑叶100克。煎水供给10只家兔擦洗患部，每天1次，连续3～4次。

⑫ 雄黄20克，硫黄25克，白矾10克。混合研成粉末，加入桐油50克、煤油30克，混匀，涂抹患处，每隔3天1次，一般2次。

⑬ 大枫子30克，硫黄30克，百草霜（锅底灰）60克。共研末，加花生油或茶油混匀，涂擦患部，每天1次，连用3～5天。

⑭ 烟丝50克，食醋500毫升。烟丝加到食醋中浸泡24小时，取浸液擦洗患部，每天2次，连用5天。

【功效】灭疥杀螨。（幸莫权．中国养兔，2017，5）

【应用】以上处方任选其一。

方2

【处方】百部100克，新洁尔灭20毫升。

【用法用量】百部研成细粉，放入50倍稀释的新洁尔灭溶液中浸泡2小时，用毛刷蘸取药液（当日用完）涂抹患部，以湿润浸透为度，每3天1次，直至痊愈为止。

【功效】灭疥杀螨。

【应用】用本方治疗病兔1000余只，达到了较好的治疗效果，一般1次治疗后症状即可减轻，连续3～4次治疗后即可痊愈；而且用此法治疗药物毒性小，没有发生中毒现象。（卢少达等．中国草食动物科学，2017，2）

方3

【处方】橘叶、烟叶各等份。

【用法用量】加20倍水，煮到10倍量为止，取上清液备用。用2%来苏儿清洗患部，然后用清水冲洗，擦干后涂抹以上药液。每3～5天1次。

【功效】灭疥杀螨。

【应用】治疗兔疥癣一般 2～3 次即愈。(李巧云 . 当代畜禽养殖业, 2011, 6)

9. 兔胃肠炎

方1(黄金汤)

【处方】黄连 3 克, 黄芩 3 克, 白头翁 2 克, 金银花、连翘 3 克, 苍术 4 克, 陈皮 4 克, 厚朴 3 克, 大黄 2 克, 山楂 4 克, 麦芽 3 克, 神曲 3 克。

【用法用量】粉碎, 混匀, 按 10 克/千克的比例拌料混饲, 连喂 10～15 天; 或加水 1000 毫升, 水煎成 200 毫升, 每只每次灌服 30 毫升, 每天 1 次, 连用 3 天。

【功效】清热燥湿, 消食理气。

【应用】某场 1200 只獭兔群发病, 根据饲养管理情况、病史、临床症状、剖检病理变化、粪便细菌和毒素化验诊断为胃肠炎, 用本方治疗, 同时配合西药, 获得很好效果。(赵艳丽 . 中兽药学杂志, 2017, 5)。

方2

【处方】马齿苋 15 克, 鱼腥草、车前草各 10 克, 萹草 6 克, 红糖 25 克。

【用法用量】粉加水 1400 毫升, 煎至 800 毫升去渣取汁, 每只兔灌服 10～15 毫升, 每天 2 次, 连服 3～5 天。

【功效】厚肠利湿, 止泻。

【应用】适用于顽固性黏液性肠炎。(郑园园等 . 山东畜牧兽医, 2013, 12)。

方3(香连散)

【处方】木香 10 克, 黄连 30 克。

【用法用量】研为细末, 成年兔每次 0.5 克, 内服, 每天 3 次, 连服 2 天。

【功效】清热燥湿, 行气止泻。

【应用】本方由香连丸(黄连、青木香组成, 主治赤白痢疾)变化而来, 治疗兔腹泻、兔肠炎有一定疗效。(张宝庆 . 养兔和兔病防治 . 中国农业大学出版社, 2004)。

方4

【处方】鲜马齿苋, 鲜败酱草, 鲜车前草, 鲜山楂。

【用法用量】按每千克体重用鲜马齿苋、鲜败酱草各 1.5 克, 鲜车前草、鲜山楂各 0.2 克饲喂, 或水煎取汁饮服或灌服。

【功效】清热解毒, 燥湿健脾。

【应用】本方治疗兔胃肠炎有一定疗效。治疗时应停喂含水量高或被污染的饲草, 改喂麦麸, 并加适量多维山楂片和少许食盐。(李爱远 . 湖北畜牧兽医, 2003, 2)

10. 兔腹泻

方1

【处方】白头翁 60 克, 茵陈 60 克, 黄连 20 克, 党参 50 克, 黄芪 50 克。

【用法用量】粉碎，混匀，在日粮中添加1%～1.5%。

【功效】清热燥湿，益气健脾。

【应用】预防试验结果显示，本方可以显著降低幼兔腹泻率和死亡率，提高成活率，改善血清生化指标，极显著提高兔增重，降低料重比，促进生长，1.0%的添加量就能达到显著提高兔生产性能的目的。（韩福生等．中国饲料，2018，5）

方2

【处方】白头翁、黄芪、穿心莲、大青叶、茜草、炒山楂、陈皮、半边莲、猪苓各等份。

【用法用量】粉碎，混匀，拌料饲喂，每只仔兔1克，分早、晚两次喂服。

【功效】清热燥湿，益气健脾。

【应用】治疗仔兔腹泻有一定疗效。（潘海强．中国畜禽种业，2018，2）

方3（兔泻灵）

【处方】藿香5份，茯苓4份，制半夏3份，炙甘草3份。

【用法用量】粉碎，混匀，在日粮中添加2%～4%。

【功效】益气化湿，和胃止泻。

【应用】对比试验结果显示，4%和2%添加组对幼兔腹泻的保护率分别为90.6%和88.3%，显著高于抗生素添加组的65.1%和空白对照组的52.8%。（刘建胜等．中兽医学杂志，2015，5）

方4

【处方】党参、黄芪、白术、神曲、蒲公英、苦参各等份。

【用法用量】超微粉碎，在日粮中添加1.5%。

【功效】健脾理气，清热消导。

【应用】筛选试验结果显示，本方按1.5%添加可明显降低16～35日龄幼兔的腹泻率和死亡率。（刘荣欣等．动物医学进展，2013，8）

方5

【处方】大蒜200克，白酒500毫升。

【用法用量】大蒜去皮捣烂，放入白酒中浸泡7天后过滤去渣，制成大蒜酊，每兔每次灌服2毫升，连用2～3天。

【功效】燥湿止泻。

【应用】治疗兔腹泻效果可靠，经济简便。（李巧云．当代畜禽养殖业，2011，6）

11. 兔肚胀

【处方】石菖蒲、青木香、野山楂各6克，橘皮10克，神曲1块。

【用法用量】水煎服，供2只兔服用。

【功效】理气消胀。

【应用】对兔腹胀有较好疗效。（冯鹏．农村养殖技术，2010，5）

12. 母兔不发情

【处方】熟地、当归、淫羊藿各10克，酒芍、甘草、茯苓各6克，桂枝2克。

【用法用量】水煎，加糖适量、米酒少许混合饲喂，每日3次。

【功效】壮阳催情。

【应用】治疗母兔不发情效果可靠，经济简便。（李巧云.当代畜禽养殖业，2011，4）

13. 母兔产褥热

【处方】玄参15克，生杭芍、茅根各9克，当归6克，甘草3克。

【用法用量】水煎，分2次灌服，每天1剂，连用2~3天。

【功效】凉血和血。

【应用】用本方治疗，2~3剂即愈。（刘子权.农家顾问，2011，7）

14. 母兔子宫脱

【处方】生黄芪12克，炒白术、当归、生地、椿根皮、五灵脂各6克，陈皮、柴胡、升麻、甘草各3克。

【用法用量】先将脱出子宫洗净消毒复位，然后取本方水煎2次内服，每天1剂，连用3~4天。

【功效】补中益气。

【应用】用本法治疗，3~4天可愈。（刘子权.农家顾问，2011，7）

15. 兔乳腺炎

方1

【处方】金银花、连翘各9克，野菊花、蒲公英、紫花地丁各15克。

【用法用量】水煎取汁内服，每天2次，每只每次15~20毫升。

【功效】清热解毒，消肿散结。

【应用】本方治疗兔乳腺炎有一定疗效。（刘海军.中兽医学杂志，2017，2）

方2

【处方】地榆20克，白菊花24克，紫花地15克，蒲公英20克，野菊花20克。

【用法用量】水煎取汁，分2次内服，每天1剂，连用4天。

【功效】清热解毒，消肿散结。

【应用】本方对獭兔乳腺炎治愈率70%。（柳国平等.当代畜牧，2017，5）

方3

【处方】仙鹤草、蒲公英、金银花、丝瓜络、连翘各9克，

【用法用量】加水煎服，每天1剂，连用3~5天。

【功效】清热解毒，活血消肿。

【应用】服药的同时，蒲公英或羊蹄草捣汁涂患处，一般3~5剂见效。（刘子权.农家顾问，2011，7）

方4

【处方】鲜蒲公英6克，鲜薄荷3克，芦根3克。

【用法用量】水煎服，每天1次，连用4天。

【功效】清热解毒，消肿散结。

【应用】本方治疗兔乳腺炎有一定疗效。也可用仙人掌去刺皮捣烂，加酒调外敷患部，每天1次，同时肌内注射大黄藤素或鱼腥草注射液2～4毫升，每2天1次，连用2～3次。(晋爱兰.畜牧与兽医科技，2007，2)

方5

【处方】当归、金银花各15克，瓜蒌5克，川芎、蒲公英、玄参、柴胡、甘草各3克。

【用法用量】煎汁灌服，每天1次，连服3天。

【功效】清热解毒，宽中散结。

【应用】本方治疗兔乳腺炎有一定疗效。或用大黄、黄芩、黄连、苍术各3克，陈皮、厚朴各4克，甘草2克，研末分2～3次冲服(薛华.新农村，2007，3)

16. 母兔缺乳

方1

【处方】①通草、当归、黄芪、党参各12克；②生黄芪15克，当归、知母、玄参、王不留行、广地龙各6克，穿山甲3克，路路通2枚。

【用法用量】取方①共研末，混入精料中喂服；或取方②煎汤灌服，每天1次，连用3～4天。

【功效】益气养血，活血通乳。

【应用】用以上任一方治疗母兔缺乳，一般3～4剂见效。(刘子权.农家顾问，2011，7)

方2

【处方】土党参50克，王不留行15克。

【用法用量】用淘米水煎汤，每只每次服20毫升，每日2次，连用2～3天。

【功效】益气通乳。

【应用】治疗母兔缺乳效果可靠，经济简便。(李巧云.中国养兔，2011，11)

17. 兔四季保健

方1(春季用方)

【处方】荆芥、防风各6克，柴胡、前胡、茯苓、党参、川芎各5克，羌活、独活、枳壳各3克，甘草2克，生姜、薄荷为引。

【用法用量】本方为1只成年兔用量，按年龄、兔群数量取药，煎煮大锅汤，拌料喂服，或用洗耳球灌服，成年兔每只每次20～40毫升，小兔减半。每天1～2次，连服2～3天。

【功效】辛温解表，疏散风寒。

【应用】适用于春季，以预防感冒和流感为主。(朱小龙等.农村百事通，2011，5)

方2(夏季用方)

【处方】芦根 10 克，银花、连翘、竹叶、荆芥、薄荷、桔梗、淡豆豉各 5 克，甘草 2 克。

【用法用量】同方1。

【功效】辛凉解表，祛风清热。

【应用】适用于夏季，以预防风热感冒、支气管炎、肺炎、热性病初起。

方3(夏末秋初用方)

【处方】藿香 6 克，苍术、厚朴、白术、茯苓、猪苓、佩兰各 5 克，陈皮、半夏各 3 克，甘草 2 克。

【用法用量】同方1。

【功效】渗利水湿。

【应用】适用于夏末秋初，以预防诸湿困倦、腹满、小便不利。

方4(秋季用方)

【处方】银花、连翘、黄芩、玄参、麦冬、石斛、天花粉、厚朴各 5 克，陈皮、桔梗各 3 克，甘草 2 克。

【用法用量】同方1。

【功效】清热生津，润燥通便。

【应用】适用于秋季，以预防热病伤津、肠燥便结。

方5(冬季用方)

【处方】苍术、厚朴、槟榔、吴茱萸、茴香、当归、山楂、桂皮、秦艽各 5 克，陈皮、白术、枳壳各 3 克，甘草 2 克。

【用法用量】同方1。

【功效】散寒除湿、行气消食。

【应用】适用于冬季，以预防寒泻、腹痛、腹胀、风湿。

第七章 猪病方

1. 猪瘟

方1

【处方】白药子 40 克，黄芩 40 克，大青叶 40 克，知母 30 克，连翘 30 克，桔梗 30 克，炒牵牛子 40 克，炒葶苈子 40 克，炙枇杷叶 40 克。

【用法用量】水煎加鸡蛋清为引，1 次喂服 10 头仔猪，每天 2 次，连用 3 天。

【功效】清热解毒，化痰平喘。

【应用】本方配合猪瘟高免球蛋白进行紧急注射，每天 2 次，连用 3 天；鱼腥草注射液按每千克体重 0.3 毫升肌内注射，每天 2 次，连用 3 天；全群混饲复方白乐美（主要成分氟苯尼考等），连用 5 天。治疗仔猪猪瘟和猪肺疫混合感染 42 例，治愈 40 例。（任勇．山西农业，2008，1）

方2

【处方】生石膏 50 克，芒硝 30 克，大青叶 40 克，板蓝根 40 克，黄连 15 克，黄芩 15 克，大黄 20 克，生地 25 克，玄参 25 克，连翘 20 克，甘草 10 克。

【用法用量】将生石膏研成极细末与芒硝混合，其他药水煎 2 次，去渣，趁热加入石膏、芒硝，候凉，体重 50 千克以上猪一次灌服。20～49 千克猪用量减半，20 千克以下的 1/3。

【功效】清热解毒，滋阴凉血。

【应用】用本方治疗温和型猪瘟 128 例，治愈 120 例，治愈率 81%。出现食欲后剂量减至 1/3～1/2，粪便正常后去大黄、芒硝。（赵光环．河北农业科技，2006，10）

方3

【处方】生石膏 30 克，知母 30 克，金银花 25 克，蒲公英 25 克，玄参 14 克，连翘 13 克，桔梗 16 克，枳壳 14 克，荆芥 7 克，车前子 16 克，麦冬 16 克，生地 7 克，薄荷 7 克，甘草 10 克。

【用法用量】共为细末，白米粥为引，分 2 次冲服，每天 1 剂。

【功效】清热泻火，凉血解毒。

【应用】用本方配合西药（红霉素 60 万单位，用注射水 10 毫升溶解后与 5%～10% 的葡萄糖注射液 150 毫升，体重 40 千克以上猪一次静脉注射，每天 2 次）治疗猪瘟有一定疗效。（田占英等．河北畜牧兽医，2002，9）

方4（卡耳丸）

【处方】白矾，蟾蜍。

【用法用量】取红干枣若干，去核，放于药碾中碾轧，呈面团状，然后均匀撒布白矾和蟾酥粉，再碾轧混合均匀，搓成枣核状，外涂香油。选取耳背侧中外部，避开耳静脉，酒精消毒，用小刀划 1 厘米长切口，用镊子从切口向前探入 2～3 厘米，将药丸填埋皮内，切口用手捏压一下即可。

【功效】清瘟解毒。

【应用】用本方治疗非典型猪瘟、附红细胞体病等温热性疫病，同时配合输液、抗菌消炎、灌服中药、全场消毒措施，治疗一周病情得到控制，停止死亡，10 天后余下的全部治愈。部分病例埋植药丸 24 小时后出现局部肿胀，10 余天后坏死脱落，形成空洞，但不影响生长发育；有些可出现全身发热反应，体温 40℃ 以下可自行消退，40℃ 以上时可肌内注射柴胡注射液退热。（王光宏．河南畜牧兽医，2004，11）

2. 猪圆环病毒病

方1

【处方】连翘 300 克，薄荷 250 克，桂枝 250 克，柴胡 200 克，桔梗 100 克，甘草 450 克。

【用法用量】水煎，灌服，每天 1 剂，连用 3～5 天。

【功效】清热解毒，宣肺解表。

【应用】用本方配合长效土霉素肌内注射，治疗猪圆环病毒病继发细菌感染，治愈率 96.5%。（王成森等．中兽医学杂志，2015，6）

方2

【处方】黄芪 25 克，当归 10 克，淫羊藿 10 克，生地 15 克，白芍 15 克，板蓝根 20 克，蒲公英 30 克，紫草 10 克，丹参 10 克，薤白 10 克，瓜蒌 10 克，葶苈子 15 克，黄芩 10 克。

【用法用量】水煎 2 次，每次 30 分钟，2 次药液合并后晾温灌服，每千克体重猪剂量 6.3 克，每天 1 剂，连用 3 天。

【功效】清热解毒，宣肺解表。

【应用】用本方治疗猪圆环病毒病、链球菌病等混合感染病例 10 头，治愈 10 头，治愈率 90%。（弋登民等．动物医学进展，2009，9）

方3

【处方】板蓝根 30 克，忍冬藤 35 克，连翘 30 克，白头翁 25 克，黄连 20 克，神曲 20 克，山楂 30 克，莱菔子 25 克，枳壳 20 克，甘草 15 克。

【用法用量】水煎，拌料饲喂，每天 1 剂，连用 3 天。

【功效】清热解毒，健脾开胃。

【应用】前期用圆环-抗毒 5 号、黄芪多糖、氯唑西林钠注射、清瘟败毒散混饲，7 天后用本方，治疗病猪 19 头，全部治愈。（黎小斌．畜牧兽医杂志，2007，5）

方4

【处方】黄芪 150 克，黄芩 100 克，板蓝根 20 克，党参 50 克，茵陈 20 克，金银花 50 克，连翘 50 克，甘草 25 克。

【用法用量】水煎 3 次，合并滤液，按每千克体重 1 毫升剂量灌服，每天 1 次，连用 7 天。

【功效】清热燥湿，补气健脾。

【应用】用本方配合黄芪多糖混饲、多维葡萄糖粉混饮、干扰素加黄芪多糖注射，治疗猪圆环病毒病效果较好。（高信钦．畜禽业，2007，8）

3. 猪流感

方1

【处方】金银花 20 克，连翘 20 克，黄芩 20 克，柴胡 20 克，牛蒡 20 克，甘草 20 克。

【用法用量】水煮灌服，每天 1 剂，连用 3～5 天。

【功效】疏散风热，清热解毒。

【应用】用本方配合注射安乃近、黄金特号、青霉素和链霉素，治疗猪流感效果较好。（赵瑞霞．中国畜牧兽医文摘，2007，5）

方2

【处方】金银花、大青叶、柴胡、葛根、黄芩、木通、板蓝根、荆芥、甘草、干姜各 25～50 克。

【用法用量】粉碎，体重 50 千克猪一次拌料喂服，或煎汤喂服，每天 1 剂，连用 1～2 天。

【功效】疏风，清热，解毒。

【应用】用本方配合盐酸吗啉胍、安乃近注射，治疗猪流感效果较好。（刘崇岭等．畜牧与饲料科学，2004，5）

方3

【处方】荆芥 30 克，防风 30 克，羌活 20 克，独活 20 克，柴胡 30 克，前胡 20 克，茯苓 20 克，神曲 30 克，川芎 20 克，甘草 10 克。

【用法用量】水煎 2 次，分 2 次服，每天 1 剂，或共为末，开水冲调，候温灌服，连用 3～4 天。

【功效】发汗解表，散寒除湿。

【应用】用本方治疗风寒型猪流感有效。风热型猪流感用金银花、连翘、黄芩等寒凉性药物组方。（石爱华．中兽医医药杂志，2003，4）

4. 猪传染性胃肠炎

方1

【处方】黄连 30 克，乌梅 30 克，板蓝根 15 克，熟艾 15 克，六神曲 12 克，土茯苓 10 克，诃子 10 克，甘草 30 克。

【用法用量】加水 500 毫升，浸泡 30 分钟，煎煮液浓缩至 300 毫升，去渣灌服，每天 1 剂，连用 5 天。

【功效】清热解毒，燥湿止泻。

【应用】用本方治疗猪传染性胃肠炎 60 例，治愈 21 例，有效 24 例，总有效率 86.7%。（许家玉．安徽农学通报，2016，8）

方 2

【处方】黄连 100 克，黄芩 100 克，板蓝根 300 克，黄柏 700 克，生地 300 克。

【用法用量】水煎去渣，候温，体重 100 千克猪一次灌服。每天 1 次，连用 3 天。

【功效】清热燥湿，凉血解毒。

【应用】用本方配合基因工程干扰素肌内注射，5％碳酸氢钠、5％葡萄糖生理盐水静脉注射，口服补液盐，治疗仔猪传染性胃肠炎与水肿病混合感染有效。（董军成．中国猪业，2008，2）

方 3

【处方】党参 50 克，黄芪 50 克，升麻 45 克，陈皮 40 克，麦冬 50 克，玄参 50 克，槐花炭 150 克，诃子 50 克，黄连 35 克，大枣 25 枚，甘草 50 克。

【用法用量】水煎 3 次，煎成 500～1000 毫升。供 10 头哺乳仔猪或 1 头大猪一次候温灌服，每天 1 剂，连用 5 天。

【功效】补气滋阴，燥湿止泻。

【应用】用本方配合葡萄糖生理盐水、碳酸氢钠静脉注射，山莨菪碱、病毒唑、地塞米松肌内注射等综合防治措施，使猪传染性胃肠炎病情得到控制。（刘朝明．兽医导刊，2007，12）

方 4

【处方】黄连 100 克，黄柏 100 克，秦皮 100 克，厚朴 100 克，白头翁 200 克，青皮 150 克，山楂 200 克，莱菔子 150 克，藿香 150 克，地榆（炒炭）100 克，仙鹤草 150 克，白术 100 克，诃子 150 克，甘草 50 克。

【用法用量】水煎 2 次，合并煎液，每次灌服 50 毫升，每天 1 次，病重猪每天灌服 2 次，连用 5 天。

【功效】清热燥湿，健脾止泻。

【应用】用本方配合西药（口服补液盐按比例兑水，让猪自由饮服，连用 5 天；维生素 K_3，每头 2 毫升，肌内注射，每天 1 次，连用 5 天）治疗猪传染性胃肠炎 54 头，均治愈。（赵应其．中兽医医药杂志，2006，6）

5. 猪繁殖与呼吸综合征

方 1（加味板蓝根散）

【处方】板蓝根 30 克，柴胡 15 克，陈皮 10 克，连翘 10 克，白芷 10 克，黄芪 20 克，生地 10 克。

【用法用量】水煎 3 次，用胃管投服，体重 25 千克猪一次投服，每天 1 剂，连用 14 天。

【功效】清热解毒，理气散结。

【应用】用本方治疗猪蓝耳病 249 头，治愈率 89.6％。（李桂叶．养殖与饲料，2018，2）

方 2（加味普济消毒饮）

【处方】酒黄芩 15 克，酒黄连 15 克，生甘草 10 克，陈皮 10 克，柴胡 15 克，桔梗 10 克，玄参 15 克，板蓝根 10 克，连翘 10 克，薄荷 6 克，升麻 6 克，僵蚕 6 克，马勃 6 克，牛蒡子6克。

【用法用量】水煎，灌服，体重30千克猪早、晚各用1次，每天1剂，连用3天。

【功效】清热燥湿，理气化痰。

【应用】用本方治疗猪蓝耳病285头，治愈率93%。（刘朝全.北京农业，2011，15）

方3（瘟清败毒饮）

【处方】生石膏30克，生地、黄连、栀子各20克，黄芩、桔梗、知母、赤芍、玄参各15克，连翘、丹皮、淡竹叶、甘草各10克。

【用法用量】水煎，每天1剂，体重50千克猪，分早晚2次灌服，连用2～3天。

【功效】清热解毒，凉血养阴痰。

【应用】用本方治疗猪繁殖与呼吸综合征118头，有效率88%。（高琴等.畜牧兽医科技信息，2011，7）

6. 猪高热症

方1（加味清营汤）

【处方】水牛角20克，生地15克，丹参12克，玄参15克，麦冬15克，金银花15克，连翘15克，黄连10克，竹叶芯20克，石膏15克，芦根15克。

【用法用量】水煎，候温，体重100千克猪一次灌服，每天1剂，连用3～6天。

【功效】清营凉血，透热转气。

【应用】用本方治疗患病猪125例，治愈91例，有效16例，治愈率72.8%，总有效率82.4%。（赵婵娟.中国兽医杂志，2014，11）

方2

【处方】丹参250克，生地250克，柴胡200克，麻黄250克，桔梗100克，金银花300克，连翘300克，大黄200克，甘草150克。

【用法用量】研成极细末（过1000目），拌料1000千克，或加入500千克水中，自由采食，或饮水。连用7～10天。

【功效】清热凉血。

【应用】用本方治疗仔猪高热症99例，治愈率66.6%。（邓登义等.中兽医学杂志，2010，2）

方3

【处方】石膏200克，生地50克，水牛角50克，栀子50克，丹皮50克，黄芩50克，赤芍50克，玄参50克，知母50克，连翘50克，桔梗25克，甘草15克，淡竹叶100克。

【用法用量】研末或煎水灌服。每天投药30～100克，连用10～14天。

【功效】清热泻火，凉血解毒。

【应用】用本方加减（热盛口渴，加金银花、黄柏、麦冬；咳重喘急，加贝母、杏仁、葶苈；鼻塞不通，加辛夷；惊厥抽搐，加钩藤、茯神；粪便秘结，加大黄；尿液短赤，加滑石、二丑）、配合西药解热镇痛、抗菌消炎、抗病毒，治疗猪无名高热，治愈率达70%。（邹春生.中国畜牧兽医，2008，5）

方 4

【处方】全当归 200 克，杭芍 150 克，五加皮 250 克，地骨皮 200 克，姜皮 150 克，茯苓皮 150 克，大青叶 250 克，藿香叶 300 克，制香附 150 克，川朴 200 克，枳壳 200 克，大黄 360 克，杏仁 150 克。

【用法用量】煎汁，20 头猪一次拌料喂服或饮水，每天 1 次，连用 3 天。

【功效】清热利水，理气通便。

【应用】用本方加减（泄泻，去大黄、枳壳、川朴，加地榆炭、炒槐花、诃子；高热，加黄柏、黄芩；流涕，加荆芥、防风；尿短赤，加淡竹叶、葛根）、配合氨基比林和特效阿莫仙等，临床治疗猪无名高热 4622 头，治愈 4352 头。（侯家冲等．动物保健，2007，1）

方 5

【处方】生地 60 克，知母 30 克，玄参 30 克，金银花 50 克，连翘 50 克，竹叶 40 克，大青叶 40 克，甘草 30 克。

【用法用量】按每千克体重 0.5 克煎汁饮水，每天 2 次，连用 3～4 天。

【功效】滋阴，清热，利水。

【应用】用本方配合安乃近、庆大霉素、盐酸吗啉胍、盐酸左旋咪唑、甲氧苄啶肌内注射，治疗临床病猪 1928 头，治愈 1754 头，治愈率 91%。（刘凤吉．中兽医医药杂志，2005，3）

方 6

【处方】石膏 40 克，大黄 20 克，生地 20 克，金银花 20 克，栀子 20 克，板蓝根 20 克，黄芩 30 克，连翘 30 克，甘草 30 克。

【用法用量】煎汁候温灌服，每天 1 剂，连用 3 天。

【功效】清热，解毒。

【应用】用本方加减（阴虚，加麦冬、玄参；气滞，加厚朴、枳实）、配合青霉素、链霉素、卡那霉素和安痛定注射，治疗猪无名高热 129 例，治愈 118 例，治愈率 91.5%。配合后三里、后海穴等白针或电针疗法，效果更好。（周元军．中兽医学杂志，2004，4）

方 7

【处方】大黄 25 克，丹皮 20 克，栀子 15 克，连翘 15 克，金银花 20 克，天花粉 20 克，蒲公英 20 克，黄柏 20 克，黄芩 20 克，甘草 10 克，芒硝 150 克。

【用法用量】煎汁后放入芒硝，候温 1 次灌服，每天 1 剂，连用 2 剂。

【功效】清热解毒，攻积导滞。

【应用】用本方治疗猪无名高热有效。（刘代才．中兽医学杂志，2002，2）

7. 猪链球菌病

方 1

【处方】黄连 30 克，黄芩 30 克，玄参 30 克，陈皮 30 克，甘草 15 克，连翘 40 克，板蓝根 60 克，牛蒡子 30 克，薄荷 30 克，僵蚕 20 克，升麻 30 克，柴胡 30 克，桔梗 40 克，栀子 30 克，石膏 300 克，知母 30 克，紫草 50 克。

【用法用量】水煎 2 次，合并药液，体重 50 千克猪一次胃管灌服，每天 1 剂，连用 2～4 天。

【功效】清热，凉血，解毒。

【应用】用本方治疗猪链球菌病，效果显著。（赵学好．中兽医医药杂志，2007，2）

方 2

【处方】金银花 20 克，连翘 10 克，蒲公英 10 克，地丁 10 克，大黄 10 克，山豆根 10 克，射干 50 克，麦冬 20 克，甘草 5 克。

【用法用量】共为末，水煎候凉，按 1％拌料喂服，或体重 100 千克猪，一次灌服 100 克，连用 3～5 天。

【功效】清热，解毒，利咽。

【应用】用本方配合磺胺间甲氧嘧啶钠、复方对乙酰氨基酚、50％葡萄糖、5％NaHCO₃ 注射，初发病的猪 3 天可基本治愈。（张同来．山东畜牧兽医，2005，4）

方 3

【处方】生石膏 300 克，生地 45 克，水牛角 30 克，川黄连 30 克，栀子 30 克，桔梗 30 克，黄芩 30 克，知母 25 克，赤芍 30 克，玄参 25 克，连翘 25 克，甘草 15 克，丹皮 30 克，鲜竹叶 15 克。

【用法用量】水煎，分 2～3 次胃管投服，每天 1 剂，连用 3～6 天。

【功效】清热解毒，泻火凉血。

【应用】用本方配合庆大霉素、卡那霉素、地塞米松注射，便秘，加大黄、芒硝；阴虚，加沙参、麦冬。治疗猪链球菌病 40 例，治愈 36 例。（李如焱．中兽医医药杂志，2003，6）

方 4（解疫散）

【处方】野菊花 60 克，蒲公英 40 克，紫花地丁 30 克，忍冬藤 20 克，夏枯草 40 克，芦竹根 30 克，大青叶 30 克。

【用法用量】水煎取汁，10 头猪一次拌料喂服，每天 1 次，连用 3～5 天。

【功效】清热解毒，祛风散瘀。

【应用】用本方配合西药（青霉素、链霉素和磺胺对甲氧嘧啶肌内注射，严重者静脉注射氨苄西林、维生素 C、地塞米松，对假定健康猪群同时喂服复方新诺明粉进行预防），治疗猪链球菌病 190 例，治愈 188 例，治愈率 97.6％，预防保护率 99.4％。（李国生等．中兽医医药杂志，2001，1）

8．猪肺疫

方 1

【处方】鱼腥草 10 克，金银花 10 克，青蒿 8 克，野菊花 10 克，射干 10 克，马勃 6 克，桔梗 6 克，石膏 15 克，绿豆 15 克，车前草 10 克，夏枯草 6 克，大蒜 20 克。

【用法用量】大蒜捣成泥，石膏、绿豆先煎，余药后下，煎成汤剂，待凉加入大蒜泥，使用前将药液充分搅拌再混入饲料中，体重 20 千克猪一次喂服，每天 1 剂，连用 4～6 天。

【功效】清热解毒，化痰利咽。

【应用】用本方配合青霉素、链霉素和磺胺类药物，可显著降低猪肺疫发病率和死亡率。

（黄晓老．中兽医医药杂志，2008，3）

方 2

【处方】板蓝根 200 克，大蒜 50 克，雄黄 15 克，鸡蛋清 2 个。

【用法用量】将板蓝根煎水，加大蒜、雄黄、鸡蛋清调服，每天 1 剂，连用 3 天。

【功效】清热解毒，清肺利咽。

【应用】用本方配合西药（青霉素、链霉素分别按每千克体重 250 毫克、1000 单位肌内注射，庆大霉素按每千克体重 5000 单位与猪肺疫抗血清同时肌内注射），取得较好效果。（陶春中等．当代畜牧，2005，1）

方 3

【处方】川贝母 20 克，款冬花 20 克，杏仁 20 克，栀子 20 克，陈皮 20 克，葶苈子 20 克，瓜蒌仁 20 克，黄芩 25 克，金银花 35 克，甘草 15 克。

【用法用量】煎汤候温，拌少量米汤喂服，每天 2 剂，连用 3 天。

【功效】清热散结，化痰止咳。

【应用】用本方配合西药（青霉素 240 万单位、链霉素 100 万单位、氨基比林 10 毫升混合肌内注射，连用 3 天；重症用 10％磺胺嘧啶钠 60 毫升、氨茶碱 20 毫升、5％葡萄糖 200 毫升混合耳静脉注射，每天 1 次，连用 3 天），治疗病猪 11 头，1 周后痊愈。（黎惠芹．贵州畜牧兽医，2001，6）

9. 猪丹毒

方 1

【处方】连翘 30 克，大青叶 20 克，大黄 20 克，黄芩 20 克，黄连 20 克，石膏 20 克，丹皮 20 克，牛蒡草 25 克，甘草 25 克。

【用法用量】研细末，分两次拌入饲料喂服，连用 5 天。

【功效】清热解毒，凉血散瘀。

【应用】本方配合青霉素、链霉素肌内注射，治疗经产患病母猪 5 头有效。（周小建等．中兽医药杂志，2014，6）

方 2

【处方】生石膏 30 克，黄芩 30 克，连翘 30 克，大青叶 60 克，板蓝根 30 克，生地 30 克，丹皮 30 克，甘草 30 克。

【用法用量】水煎去渣，候温灌服，体重 50 千克的猪每天 1 剂，连用 3 天。

【功效】清热解毒，凉血消斑。

【应用】本方配合柴胡注射液、林可霉素等肌内注射，针刺山根、血印、肺腧、尾尖等穴位，治愈率达 98.5％。（项海水等．中兽医医药杂志，2010，4）

方 3

【处方】金银花 120 克，连翘 80 克，地骨皮 12 克，黄芩 80 克，大黄 120 克，蒲公英 150 克，三棵针 150 克，仙鹤草 100 克，葛根 150 克，生石膏 150 克，升麻 150 克，重楼 150 克，地丁 100 克，槟榔 50 克，地龙 85 克。

【用法用量】水煎灌服，体重 15～30 千克的猪每次 20～40 毫升，每天 2～3 次，连用3～5 天。

【功效】清热解毒，宣表透疹。

【应用】本方适用于亚急性型猪丹毒的治疗。配合注射青霉素、猪丹毒菌苗、穿心莲，效果更好。（肖静思．中国西部科技，2007，11）

方 4

【处方】土大黄 150 克，忍冬藤 300 克，蒲公英 200 克，车前草 200 克（上药均为鲜品）。

【用法用量】水煎分 3 次灌服，每天 1 剂，连用 2～3 天。

【功效】清热解毒，泻热消肿。

【应用】用本方配合青霉素、安乃近肌内注射，治疗疹块型猪丹毒，治愈率在 98% 以上。（胡家伦．中兽医医药杂志，2006，4）

方 5

【处方】生石膏 90 克，生地黄 60 克，水牛角 60 克，黄连 30 克，栀子 30 克，桔梗 30 克，黄芩 30 克，知母 30 克，赤芍 30 克，玄参 60 克，连翘 30 克，丹皮 30 克，竹叶 30 克，大青叶 60 克，丹参 60 克，紫草 30 克。

【用法用量】加水 1000 毫升，煎取 250 毫升药汁，体重 50 千克猪一次拌入饲料中喂服或灌服。

【功效】清热，凉血，解毒。

【应用】本方适用于亚急型猪丹毒的治疗。急性型用生石膏 240 克，生地黄 120 克，水牛角 120 克，黄连 60 克，去竹叶，加大青叶 120 克；慢性型则生石膏、生地黄、水牛角、黄连的用量减半，去桔梗、知母、竹叶、栀子，加升麻 18 克，泽泻 30 克，苦参 30 克，鸡血藤 60 克；粪便干硬，加大黄 30 克；腹泻，加茯苓 60 克；呼吸困难，加党参 30 克，五味子 18 克，麦冬 18 克。用本方配合注射青霉素、10% 葡萄糖，治疗猪丹毒 118 例，其中急性型 62 例，亚急性型 35 例，慢性型 21 例，治愈 114 例，有效率达 97%。（陈庆勋等．中兽医医药杂志，2005，6）

方 6

【处方】石膏 50 克，知母 30 克，金银花 20 克，连翘 15 克，大青叶 15 克，板蓝根 15 克，僵蚕 10 克，薄荷 10 克，重楼 5 克，蚕蜕 5 克。

【用法用量】共为末，开水调，体重 60 千克猪候温一次灌服。每天 1 剂，治愈为止。

【功效】清热泻火，凉血解毒。

【应用】用本方治疗猪丹毒 254 例，治愈 245 例。粪便秘结，加大黄、枳实、厚朴等；出现口渴、尿短赤，加玉竹、麦冬、生地等；恢复期，加莱菔子、三仙等。（李冰等．畜禽业，2003，3）

10. 仔猪白痢

方 1

【处方】白头翁 6 克，黄连 3 克，黄柏 3 克，苍术 3 克，白芍 3 克，秦皮 3 克。

【用法用量】研末或煎汤分早、晚 2 次灌服。每天 1 剂，连用 2～3 天。

【功效】清热凉血，健脾止痢。

【应用】2004年以来对当地3个猪场发生的仔猪白痢，用本方煎汤灌服治疗，治愈率100%。将上方制备成注射剂，先后治疗165例，治愈163例，疗效明显优于氯霉素注射液。（姜聪文．中兽医学杂志，2007，1）

方2

【处方】黄芪30克，白术15克，防风12克，炒艾叶20克。

【用法用量】混合粗碎，加一定量水浸泡60分钟，煎煮2次，每次30分钟，合并2次滤液，分2次灌服，早、晚各1次，连用2~3天。

【功效】补中益气，燥湿止泻。

【应用】用本方治疗仔猪白痢155例，治愈152例。还可将本方中的各味药物除去杂质晒干，分别粉碎后过60目筛，按5：3：2：4比例混合均匀拌料喂服，每头仔猪1次用量10~15克，哺乳仔猪则喂服母猪30~50克，每天1次，连用2~3次，效果亦佳。（毕玉霞等．中兽医学杂志，2007，1）

方3

【处方】黄柏500克，蒲公英500克，马齿苋500克，瞿麦500克。

【用法用量】上药用水浸泡后，加水适量煎熬20~30分钟，过滤去渣，药汁浓缩到1000克，候凉灌服。5千克以下仔猪每次5克，10千克以下者每次10克，15千克以下者每次30克。每天2次，连用2天。

【功效】清热，利湿。

【应用】用本方治疗仔猪白痢150头，治愈率98%。在母猪临产前15天喂服，预防仔猪白痢有效。（李淑娟等．中兽医学杂志，2006，4）

方4（猪白散）

【处方】猪苓60克，马齿苋60克，黄芪60克，大黄炭50克，泽泻40克，金银花30克，黄连30克，厚朴30克。

【用法用量】共为细末，开水冲调，搅拌于精料中，让母猪自由采食。每天1剂，连用3天。

【功效】除湿健脾，和中止痢。

【应用】用本方治疗仔猪白痢97例，治愈88例，治愈率90.7%。用本方结合火针后海穴，治疗仔猪白痢132例，治愈129例，治愈率97.7%。（韦旭斌等．中兽医学杂志，2002，2）

方5（三黄汤）

【处方】黄芩150克，黄柏150克，黄连60克，白芍200克，白头翁200克，五龙爪150克，陈皮200克，凤尾草250克，地锦草350克，地榆200克，神曲200克，马齿苋400克。

【用法用量】水煎2次，第1次煎2小时，第2次煎1~1.5小时，合并滤液，浓缩至4000~5000毫升，加0.25%苯甲酸15~20毫升。每次灌服10毫升，每天2次，连用2~3天。

【功效】清热燥湿，凉血止痢。

【应用】用本方治疗仔猪白痢2460例，治愈2420例，治愈率98.3%。（王会香．四川畜

11. 仔猪黄痢

方1

【处方】白头翁 400 克，马齿苋 400 克，龙胆草 200 克，大蒜 200 克。

【用法用量】加水 4000 毫升，小火慢煎，直至煎成 800 毫升药液。每头每次灌服 7 毫升，每天 2 次，连用 3 天。

【功效】清热解毒。

【应用】用本方配合庆大霉素、氧氟沙星注射、硫酸链霉素灌服，治疗仔猪黄痢 17 例，治愈 15 例，治愈率 88%。（梁育铭 . 畜禽业，2007，10）

方2

【处方】白头翁 50 克，黄柏 40 克，秦皮 30 克，黄连 30 克，黄芪 30 克，当归 30 克，板栗雄花絮 50 克。

【用法用量】共研细末，哺乳母猪拌料喂服，每天 1 剂，连用 3 剂；同时取上药水煎，灌服 10 头发病仔猪，每天 2 次，连用 2～4 天。

【功效】清热解毒，调气行血。

【应用】用本方治疗自然感染仔猪黄痢，用药 2 天和 4 天的治愈率分别为 70.3% 和 93.0%。治疗人工感染仔猪黄痢 12 例，治愈率 83.3%。若结合肌内注射环丙沙星，治愈率提高至 91.2%。（王自然 . 江西农业学报，2007，5）

方3

【处方】黄连 5 克，黄柏 20 克，黄芩 20 克，金银花 20 克，诃子 20 克，乌梅 20 克，草豆蔻 20 克，泽泻 15 克，茯苓 10 克，神曲 10 克，山楂 10 克，甘草 5 克。

【用法用量】研末，分 2 次拌入母猪饲料中喂服，连用 2 剂。

【功效】清热燥湿，利水止泻。

【应用】用本方治疗仔猪黄痢，治愈率在 95% 以上。（王靖德 . 畜牧兽医科技信息，2004，1）

12. 仔猪水肿病

方1

【处方】黄芩 10 克，黄柏 10 克，大黄 10 克，芒硝 10 克，枳壳 6 克，厚朴 6 克，泽泻 10 克，茯苓皮 10 克，生姜皮 10 克，甘草 5 克。

【用法用量】水煎灌服，每天 1 次，连用 2～3 天。

【功效】清热燥湿，利水消肿。

【应用】用本方配合 10% 磺胺嘧啶钠 30～50 毫升、25% 葡萄糖注射液 50 毫升、40% 乌洛托品注射液 10～20 毫升、10% 钙注射液 10 毫升静脉注射，治疗仔猪水肿病 52 例，治愈率达 80%。（李剑 . 饲料博览，2008，6）

方 2

【处方】白术 10 克，苍术 10 克，黄柏 10 克，泽泻 6 克，陈皮 6 克，枳壳 6 克，神曲 6 克，猪苓 6 克，甘草 6 克。

【用法用量】煎汁 2 次，分 2 次灌服，每天每头 1 剂，连用 3 剂。

【功效】健脾燥湿，利水。

【应用】用本方治疗仔猪水病 300 余头，取得一定疗效。用本方结合注射 20％葡萄糖、氯化钙、安钠咖、磺胺嘧啶钠效果更佳。若在断乳猪料中按每头每天加黄芩 9 克、白术 6 克、神曲 6 克，研末拌料喂猪，连用 3～6 天，可有效降低发病率。（赵桂荣等．畜禽业，2008，1）

方 3

【处方】黄连 100 克，黄芩 100 克，板蓝根 300 克，黄柏 200 克，生地 300 克。

【用法用量】水煎去渣，每头灌服 20 毫升，每天 1 次，连用 3 天。

【功效】清热，燥湿，解毒。

【应用】用本方治疗仔猪水肿病 86 例，治愈 78 例，治愈率 80.7％。（掌海红．中国猪业，2008，5）

方 4

【处方】苍术 50 克，白术 40 克，陈皮 40 克，茯苓 40 克，桑白皮 40 克，大腹皮 30 克，厚朴 35 克，川芎 30 克，桔梗 30 克，甘草 20 克，木通 25 克，车前草 35 克，山楂 40 克，神曲 40 克，麦芽 40 克。

【用法用量】水煎取汁，对能采食仔猪，将药汁混入饲料中，10 头体重 15 千克仔猪一次喂服。对不能采食仔猪，取药汁 50～80 毫升候温灌服。每天 1 剂，连用 2 天。

【功效】燥湿健脾，消积利水。

【应用】用本方加减（寒冷季节，加桂枝 30 克；猪体温下降，加麻黄 20 克；气候较热，猪体温超过 39℃，加黄连 20 克，栀子 40 克）、配合盐酸环丙沙星、地塞米松、维生素 C、维生素 B₁ 肌内注射，治疗仔猪水肿病 820 例，有效率 90％。（何子双．中兽医学杂志，2003，3）

方 5

【处方】车前草 100 克，鸭跖草 100 克，蚯蚓 20～30 条。

【用法用量】鲜蚯蚓洗净捣烂，车前草和鸭跖草煎至沸腾 5 分钟后，去渣，趁热冲泡蚯蚓，候温分 3 次灌服或混入食物中喂服，每天 1 剂，连用 3～5 天。

【功效】利水，消肿。

【应用】用本方配合硫酸链霉素肌内注射、口服呋喃唑酮，治疗仔猪水肿病 594 例，治愈 489 例，治愈率 82.5％。（胡池恩．中兽医学杂志，2001，2）

13. 仔猪副伤寒

方 1

【处方】黄连 9 克，木香 9 克，白芍 12 克，槟榔 12 克，茯苓 12 克，滑石 15 克，甘草

6 克。

【用法用量】水煎灌服，每头 10～15 毫升，每天 1 剂，连服 3～4 剂。

【功效】清热燥湿，健脾利尿。

【应用】用本方配合 10％磺胺甲基异噁唑、地塞米松、维生素 C 肌内注射，治疗仔猪副伤寒病例 86 例，治愈率 97％。（金俊. 中兽医学杂志，2004，4）

方 2

【处方】白头翁 15 克，黄连 15 克，白芍 12 克，苍术 12 克，龙胆草 10 克，生地 10 克，黄柏 10 克，金银花 10 克，木香 10 克，栀子 8 克，苦参 8 克，青藤香 6 克，陈皮 6 克，甘草 6 克。

【用法用量】水煎灌服，每天 1 次，连服 2～3 天。

【功效】清热凉血，健脾止泻。

【应用】用本方配合地塞米松、卡那霉素肌内注射，内服新诺明、诺氟沙星胶囊、酵母片，治疗仔猪副伤寒 68 例，治愈 57 例，治愈率 83.8％。（吴家骥. 中兽医学杂志，2003，1）

方 3

【处方】黄连 40 克，木香 40 克，白芍 30 克，柴胡 30 克，大青叶 50 克，金银花 50 克，茯苓 50 克，黄芩 50 克，甘草 25 克。

【用法用量】水煎 4 次，煎液混合，10 头猪分 4 次服用，2 天服完，连用 4 剂。

【功效】清热解毒，利水止泻。

【应用】用本方配合注射恩诺沙星、复方新诺明，治疗仔猪副伤寒效果良好。（郑育忠. 福建畜牧兽医，2002，5）

方 4

【处方】马齿苋 60 克，鲜枫叶 60 克，鲜松针 30 克。

【用法用量】上药一半水煎，一半加水捣汁。两液混合，喂服，每天 2～3 次，连用 3～4 天。

【功效】凉血解毒。

【应用】用本方治疗仔猪副伤寒有效。（颜邦斌. 农村百事通，2005，12）

14. 猪气喘病

方 1

【处方】金银花 25 克，黄芩 30 克，板蓝根 30 克，鱼腥草 30 克，蒲公英 40 克，黄连 5 克。

【用法用量】粉碎，拌料饲喂，体重 100 千克猪，每天 1 剂，连用 2 天。

【功效】清热解毒。

【应用】用本方治疗猪气喘病 22 例，治愈率 68.2％，有效率 86.4％。（叶宝娜等. 中国畜牧兽医文摘，2017，1）

方 2

【处方】板蓝根 90 克，葶苈子 50g，甘草 25 克，大青叶 20 克，瓜蒌 15 克，苏子 15 克，浙贝母 5 克，桔梗 5 克，麻黄 5 克。

【用法用量】药物研末，混合均匀，每千克体重 3～5 克，每天 1 次，连用 7 天。

【功效】清热祛痰，止咳平喘。

【应用】用本方治疗猪气喘病 15 例，治愈率 93.3％。（陈士华等．黑龙江畜牧兽医综合版，2015，8）

方 3

【处方】金银花 25 克，炒白芍 25g，地肤子 20 克，黄柏 12 克，五味子 12 克，杏仁 12 克，炙麻黄 10 克，柴胡 10 克，白芷 10 克，大黄 5 克。

【用法用量】水煎，分二次灌服，每天 1 剂，连用 3～4 天。

【功效】清热解毒，宣肺平喘。

【应用】用本方治疗猪肺炎支原体感染引起的气喘病 8 例，均治愈。[梁任山等．广西大学学报（自然科学版），2013，9]

方 4

【处方】生石膏 90 克，连翘 30g，黄连 9 克，板蓝根 30 克，黄芩 18 克，栀子 18 克，赤芍 18 克，桔梗 18 克，玄参 30 克，丹皮 18 克，甘草 12 克。

【用法用量】灌服或拌料，每天 2 次，连用 3～4 天。

【功效】清热解毒，宣肺平喘。

【应用】用本方治疗猪肺炎支原体感染引起的咳喘 27 例，显效 16 例，有效 10 例，总有效率 96.3％。（姜应元．北京农业，2013，27）

方 5

【处方】苏子 30 克，款冬花 20 克，杏仁 20 克，桔梗 15 克，陈皮 15 克，甘草 15 克，鱼腥草 25 克。

【用法用量】水煎，灌服，每天 1 剂，连用 4 天。

【功效】降气润肺，化痰平喘。

【应用】用本方治疗肥育猪气喘病 15 头，治愈 11 头，显效 2 头，治愈率 73％，总有效率 87％。（李国旺．贵州农业科学，2011，2）

15. 猪弓形虫病

方 1

【处方】黄连 10 克，地丁 15 克，青蒿 30 克，菖蒲 12 克，苦参 30 克，常山 10 克，使君子 10 克，贯众 5 克，柴胡 10 克。

【用法用量】加水 1500 毫升，煎取药液至 500 毫升，等分成 2 份，每天 2 次，于早、晚各取 250 毫升，拌料饲喂。

【功效】清热，杀虫。

【应用】用本方配合磺胺甲氧嘧啶钠对猪弓形虫滋养体有较好杀灭作用。（彦友荣等．江西农业科学，2012，7）

方 2

【处方】贯众 80 克，雷丸 90 克，大青叶 60 克，青蒿 60 克，柴胡 40 克，地丁 40 克，百部 40 克。

【用法用量】共研细末，拌入 100 千克饲料中喂服，连用 5～7 天。预防量减半。

【功效】清热解毒，杀虫。

【应用】用本方配合磺胺-6-甲氧嘧啶、三甲氧苄胺嘧啶、黄芪多糖治疗猪弓形虫病，效果显著。（寇宗彦．中国兽医寄生虫病，2007，4）

方 3

【处方】常山 20 克，槟榔 12 克，柴胡 8 克，麻黄 8 克，桔梗 8 克，甘草 8 克。

【用法用量】将常山、槟榔先用文火煮 20 分钟，再加入柴胡、桔梗、甘草同煮 15 分钟，最后放入麻黄煎 5 分钟，去渣候温，体重 35～45 千克猪一次灌服。每天 1～2 剂，连用 2～3 天。

【功效】清热，杀虫。

【应用】用本方配合复方磺胺嘧啶钠注射液，按每千克重 70 毫克剂量肌内注射（首次量加倍），或增效磺胺-5-甲氧嘧啶注射液，按每千克体重 0.2 毫升剂量肌内注射，每天 2 次，连用 3～5 天，治疗猪弓形虫病有一定疗效。（李建萍．中兽医学杂志，2003，5）

16. 猪蛔虫病

方 1（乌梅驱虫散）

【处方】乌梅（去核）100 克，贯众 100 克，鹤虱 100 克，雷丸 100 克，川楝 80 克，槟榔 100 克，甘草 20 克，党参 60 克，当归 60 克。

【用法用量】共研细末，按每千克体重 3 克喂服，连用 3 次。

【功效】驱虫，补气血。

【应用】用本方治疗猪蛔虫病，有效率 99%。服用上方 3 次后，停食半天再服油类泻剂，效果更好。（杨先峰．河北畜牧兽医，2000，5）

方 2（乌梅丸）

【处方】乌梅 50 克，茵陈 50 克，白芍 15 克，龙胆草 15 克，槟榔 15 克，川椒 10 克，干姜 9 克，甘草 6 克。

【用法用量】水煎，候温灌服。

【功效】驱虫，清热，敛阴。

【应用】用本方治疗猪蛔虫病有效。结合西药（敌百虫 100 毫克/千克，或左旋咪唑 800 毫克/千克，或丙硫苯咪唑 10～20 毫克/千克，拌料喂服）效果更好。腹痛剧烈，加郁金、延胡索；粪便秘结，加大黄。（李锦宇等．中兽医医药杂志，1999，6）

方 3

【处方】鲜辣蓼。

【用法用量】将鲜辣蓼与饲料按 2∶1 或 3∶1 比例拌匀饲喂，连用 5 天。

【功效】杀虫。

【应用】用本方治疗猪蛔虫病，效果良好。（游巧秀．福建农业，2000，2）

17. 猪疥癣

方1

【处方】狼毒 60 克，蛇床子 15 克，百部 20 克，巴豆 15 克，木鳖子 15 克，当归 20 克，荆芥 15 克。硫黄 30 克（研末另包），冰片 10 克（研末另包）。

【用法用量】植物油 1 千克烧热，放入本方中前 7 味药，慢火熬 5 分钟，候温将硫黄、冰片投入拌匀，涂擦患处。

【功效】杀虫。

【应用】用本方治疗猪疥癣 293 例，经 1～2 次治疗，治愈 285 例，治愈率占 97％。（霍全胜．中兽医学杂志，2008，1）

方2

【处方】硫黄 15 克，花椒 15 克，花生油（豆油、棉籽油）100 毫升。

【用法用量】植物油烧开，加入硫黄和花椒油，搅拌成粥状。待冷却后涂擦患处。

【功效】杀虫。

【应用】用本方治疗猪疥癣 235 例，全部治愈。其中用药 1 次即治愈 136 例，治愈率 58％，用药 2～3 次治愈 99 例。（曾昭范．吉林畜牧兽医，2000，4）

方3

【处方】硫黄 40 克，枯矾 50 克，花椒 30 克，雄黄 20 克，蛇床子 20 克。

【用法用量】共研细末，调油擦患部，每天 1 次，连用 2～3 天。

【功效】杀虫。

【应用】用本方治疗猪疥癣效果较好。还可用烟丝 50 克、食醋 500 克，煎水滤渣取液擦患部；或百草霜 3 克与生油调匀涂擦，或棉叶适量煎水洗患部，或荞麦秆灰适量调水洗涂患部。（曹之钧．畜牧兽医 科技信息，1999，11）

18. 猪虱病

方1

【处方】百部 250 克，苍术 200 克，菜油 200 克，雄黄 100 克。

【用法用量】先将百部加水 2 千克煮沸后去渣，然后加入细末苍术、雄黄和菜油，充分搅匀后涂擦患部，每天 1～2 次，连用 2～3 天。

【功效】杀虫。

【应用】用本方治疗猪虱效果较好。还可用烟叶 30 克，加水 1 千克，煎汁涂擦，每天 1 次；或煤油 10 毫升，食盐 1 克，温水 2 毫升，混合后涂擦；或生猪油、生姜各 100 克，混合捣碎成泥状涂擦。（塔娜，当代畜牧养殖，2004，7）

方2(三合剂)

【处方】兽用精制敌百 4 片，滑石粉 100 克，樟脑丸 2 粒。

【用法用量】共研细末，涂撒患处，每天 1 次，连 3～5 天。

【功效】杀虫。

【应用】用本方治疗猪虱效果较好。本方还可用于治疗牛、兔、鸡等畜禽的体外寄生虫病。（李正飞．养殖技术顾问，2002，1）

方 3

【处方】鲜桃叶。

【用法用量】捣碎涂擦。

【功效】杀虫。

【应用】用本方治疗猪虱效果好。（王正球，湖南农业，1996，11）

19. 猪不食症

方 1

【处方】白术50克，黄芩45克，龙胆草45克，桔梗45克，苍术50克，厚朴45克，白豆蔻35克，甘草25克。

【用法用量】水煎灌服，每剂3次，每天2次，连用2～3天。

【功效】清热燥湿，醒脾调胃。

【应用】用本方配合青霉素、双黄连注射液、维生素 B_1 注射液肌内注射，治疗母猪产前不食23例，效果显著。（张自朵等．养殖技术顾问，2007，8）

方 2

【处方】柴胡、当归、白芍、白术、茯苓、炙甘草、薄荷、生姜各10～20克。

【用法用量】水煎，胃管投服或拌食喂服，每天1剂，连用3剂。

【功效】疏肝解郁，理气健脾。

【应用】用本方治疗猪顽固性不食有效。粪干，加槟榔、桃仁；拉稀，加山药、车前子；腹胀，加莱菔子；腹痛，加延胡索、灵脂。（宗旭斌等．中兽医学杂志，2004，2）

方 3

【处方】大黄20克，厚朴10克，枳壳10克，芒硝15克（冲），玄参20克，麦冬15克，生地15克，当归20克，麻仁10克，番泻叶10克。

【用法用量】水煎服，每天1剂，用1～2剂。

【功效】润肠通便，消积导滞。

【应用】用本方治疗母猪顽固性不食，1剂治愈42例，2剂再治愈13例。产前不食、便秘不食，去芒硝，加黄芩、白术；产后便秘不食，去生地，加熟地、白芍；气虚体弱，加黄芪、白术、党参；空怀母猪顽固性不食、便秘，去枳壳，加枳实、大黄。（赵淑霞等．中兽医医药杂志，2003，1）

方 4

【处方】党参15克，白术15克，黄芪15克，当归10克，熟地10克，川芎10克，白芍10克，甘草10克，神曲10克，山楂10克，麦芽10克，陈皮20克。

【用法用量】水煎成浓汁，一次灌服，每天1剂，连用3～5天。

【功效】补气养血，健脾开胃。

【应用】用本方配合 25％～50％葡萄糖、维生素 C、氢化可的松静脉注射，内服酵母片、复合维生素 B，治疗猪产后衰竭不食有效。（刘惠玲，农业科技通讯，2001，8）

方 5 (化瘀开胃汤)

【处方】党参 30 克，白术 30 克，当归 30 克，黄芪 60 克，三棱 15 克，莪术 15 克，建曲 30 克，山楂 30 克，麦芽 30 克，炙甘草 15 克，食醋 50 毫升。

【用法用量】水煎，体重 60 千克猪一次灌服，每天 1 剂，连用 2～3 天。

【功效】益气补中，消食导滞。

【应用】用本方治疗猪顽固性不食 36 例，治愈 34 例，治愈率 94.4％。治疗母猪产后不食可配合注射复合维生素 B20 毫升，同时去麦芽；体温高，配合青霉素、地塞米松；便秘，加生地、玄参、麦冬、麻仁；恶露不尽，加五灵脂、蒲黄。（郭金帅．中兽医学杂志，2000，3）

20. 僵猪

方 1

【处方】碳酸氢钙、苍术各 10～20 克，食盐 5～10 克。

【用法用量】研成细末，分 3 次均匀拌料饲喂，体重 15～25 千克每次 200 克，体重 30 千克以上每次 300 克。每天 1 次，连用 10 天。2 个月再喂服 1 个疗程。

【功效】壮骨，健胃。

【应用】用本方治疗僵猪有一定效果。还用焙黄的蛋壳、骨头各 500 克，贯众、何首乌各 250 克，粉碎拌料喂服。（马发顺，当代畜禽养殖业，2008，1）

方 2

【处方】炒神曲、炒山楂、炒麦芽各 30～45 克。

【用法用量】共研细末，拌料喂服，每天 2～3 次，连用 3～5 天。

【功效】消食开胃。

【应用】用本方治疗僵猪，同时用马钱子酊 2～3 毫升，人工盐 25 克，大黄苏打片 0.5 克，拌料喂服，有一定效果。（马清河等．黑龙江畜牧兽医，2008，5）

方 3

【处方】绵马贯众 3 克，制首乌 3 克，麦芽 47 克，炒黄豆 47 克。

【用法用量】粉碎，10 头仔猪一次拌料喂服，每天 1 次，连用 5 天后，再用上药 100 克拌全价料 50 千克喂服，连用 14 天。

【功效】健胃消食。

【应用】用本方治疗虫僵有效。在用本方前 5 天，按每千克体重用左旋咪唑 15～20 毫克拌料投喂，效果更好。（李伟东等．河南畜牧兽医，2007，7）

方 4 (僵猪散)

【处方】山楂 120 克，陈皮 30 克，厚朴 30 克，香附 30 克，雷丸 30 克。

【用法用量】共研细末，拌料喂服，体重 5～8 千克猪每天 80 克，10～20 千克猪每天 120 克，20 千克以上猪每天 240 克，连用 3 天。

【功效】消食导滞。

【应用】用本方结合西药（伊维菌素或阿维菌素注射液按每10千克体重2～4毫克、肌苷注射液200毫克、维生素B_{12}1毫克、维生素$B_1$200毫克，分别肌内注射，7天1次，连用2～3次），治疗僵猪164例，治愈159例，治愈率为97%。（杨宝兰，郑州牧业工程高等专科学校学报，2004，1）

方5（催长散）

【处方】芒果叶1000克，槟榔120克，甘草100克，茯苓80克，陈皮80克，当归80克，黄芩60克，白术60克。

【用法用量】混合粉碎，过100目筛。每天300克加入饲料中，分数次喂服，连用3天。

【功效】导滞，健脾。

【应用】用本方治疗僵猪56例，治愈率98.5%。（傅春贵．农村养殖技术，2003，6）

21. 猪腹泻

方1

【处方】白头翁30克，龙胆草20克，黄连10克，黄芪30克。

【用法用量】水煎2次，取汁，分3次灌服10头7千克仔猪，每天1剂，连用1～2剂。

【功效】清热凉血，燥湿健脾。

【应用】用本方加减（腹泻严重、泄粪较多，加乌梅、诃子各15克；腹泻后，加白术、茯苓各20克；脱水严重，用5%碳酸氢钠10毫升/千克、复方生理盐水10毫升/千克静脉注射）治疗猪腹泻效果较好。（杨淑琴．中兽医医药杂志，2008，3）

方2

【处方】草豆蔻20克，木香25克，丁香30克，藿香30克，陈皮15克，青皮15克，肉桂15克，木通20克，茯苓20克，生姜25克，枳壳15克，车前15克，泽泻15克。

【用法用量】煎汁去渣，候温加白酒20毫升，一次灌服。体重10千克以下猪每次50毫升，10～20千克猪每次50～150毫升，20～50千克猪每次150～500毫升，50千克以上猪每次500～1000毫升。每天1剂，连用2～3天。

【功效】温中和胃，利水止泻。

【应用】用本方加减（病初腹痛不安、呕吐不止，加延胡索15克、香附15克、姜半夏15克；病后期伤津口渴贪饮，去茯苓、车前、木通，加百合15克、麦冬15克、石斛10克、芦根10克；久泻不止，加乌梅15克、石榴皮10克、诃子10克；病后期食欲不振，加山楂20克、神曲20克、莱菔子20克）治疗猪不明原因腹泻38例，其中使用1剂治愈27例，连用2～3剂再治愈6例。（娘贡才让，现代畜牧兽医，2006，11）

方3

【处方】苦参10克，地榆10克，大黄5克，黄连5克，知母5克，柴胡5克，石膏5克，神曲10克，山楂5克，陈皮5克，木通5克，滑石10克，粟壳5克。

【用法用量】文火水煎，每剂煎3次，每次滤取煎液约300毫升，10～30千克体重猪分2次灌服，每天1剂。药渣拌入饲料内喂服，连用3～4天。

【功效】清热消积，利水止泻。

【应用】用本方治疗猪腹泻 290 例，服用 1 剂治愈 40 例，2 剂治愈 80 例；3 剂治愈 160 例，治愈率 97%。同时每天给病猪 1～2 次口服补液盐，效果更好。（王学明．养殖技术顾问，2006，1）

方 4（顽泻痢停散）

【处方】党参 15 克，黄芪 15 克，当归 15 克，炒白术 20 克，炒山药 30 克，乌梅 12 克，煨诃子 12 克，酸石榴皮 12 克，茯苓 13 克，泽泻 13 克，炙甘草 10 克。

【用法用量】水煎，候温，分 3 次灌服 15～20 千克体重仔猪，每天 1 剂，连服 2～4 剂。

【功效】益气补中，涩肠止泻。

【应用】用本方加减（脱肛，加柴胡、升麻；四肢、耳鼻冰冷，加干姜、附子；消化不良，加焦三仙、砂仁）治疗仔猪顽固性腹泻 226 例，治愈 204 例。（刘成生．中兽医医药杂志，2006，3）

方 5

【处方】附子 10 克，肉桂 6 克，干姜 12 克，白术 12 克，党参 20 克，甘草 10 克。

【用法用量】水煎 2 次，过滤药液 200 毫升。用棉球蘸药，在患猪腹、背部反复擦 2～3 分钟，尽量不让药液流失。每天 1～2 次，连用 1～3 天。

【功效】温中散寒，化湿止泻。

【应用】用本方治疗仔猪断奶前寒泻 100 例，总有效率 75%。热泻，用葛根 12 克、黄连 10 克、黄芩 12 克、炙甘草 10 克；脾虚，用党参 15 克、白术 12 克、茯苓 15 克、木香 10 克、藿香 12 克、葛根 12 克、甘草 10 克；伤食泻，用神曲 20 克、川黄连 10 克、茯苓 15 克、半夏 10 克、陈皮 10 克、莱菔子 15 克、车前子 15 克。（张丁华等．中兽医医药杂志，2006，1）

方 6

【处方】藿香 15 克，紫苏 10 克，白芷 10 克，桔梗 10 克，白术 10 克，厚朴 10 克，半夏 10 克，大腹皮 10 克，茯苓 10 克，陈皮 10 克，甘草 5 克，大枣 15 克。

【用法用量】水煎候温灌服，每天 1 剂，连用 3～4 剂。

【功效】解表化湿，理气和中。

【应用】用本方加减（气血虚弱，加人参 12 克、熟地 10 克、黄芪 10 克），病重脱水者，腹腔注射或静脉注射 25% 葡萄糖溶液 100～200 毫升、维生素 C 10～20 毫升、安钠咖 2～10 毫升，治疗幼猪冷泻 30 余例，治愈率 91% 以上。（陈万昌．中兽医医药杂志，2001，5）

22. 猪便秘

方 1（赭石散）

【处方】赭石 60 克，元明粉 60 克，甘遂 6 克，干姜 6 克。

【用法用量】研末，体重 50 千克以上猪一次灌服，体重 50 千克以下剂量减半。

【功效】泻热通便。

【应用】用本方治疗猪流感继发肠便秘 357 例，治愈率 95.8%。（徐京平等．中兽医学杂志，2012，1）

方 2

【处方】玄参 20 克，麦冬 20 克，生地 20 克，大黄 30 克，芒硝 30 克。

【用法用量】水煎灌服，每天 1 剂，连用 3～4 天。

【功效】泻热通便，滋阴增液。

【应用】用本方对热病后期的津枯便秘确有良好的效果。食欲不振，加党参、白术、山楂、麦芽。（孙信仁．中兽医学杂志，2008，2）

方 3

【处方】大黄 16 克，芒硝 30 克，厚朴 16 克，枳实 16 克。

【用法用量】研末水煎，1 次性喂服，每天 1 剂，连用 2 天。

【功效】攻下，泻热，通便。

【应用】用本方结合西药（鱼腥草注射液 40 毫升、先锋 5 号 240 万单位肌内注射，维生素 B_1 10 毫升后海穴注射）治疗猪便秘，效果良好。（范凤谦．江西畜牧兽医杂志，2005，5）

方 4

【处方】玄参 50 克，麦冬 40 克，生地 50 克，黄芩 30 克，杏仁 30 克，陈皮 50 克，大黄 30 克，炒三仙各 30 克。

【用法用量】共为细末，开水冲调，50 千克猪分早、晚 2 次拌料喂服或灌服，每天 1 剂，连用 2～3 天。

【功效】滋阴泻火，滑肠通便。

【应用】用本方治疗猪顽固性便秘 30 余例，效果良好。腹胀气滞，加枳壳；口渴，加生石膏。（李梦熊．中兽医学杂志，2004，6）

方 5

【处方】山楂 40 克，麦芽 50 克，六曲 50 克，莱菔子 40 克，大黄 30 克，芒硝 40 克。

【用法用量】水煎灌服，每天 1 剂，连用 2～3 天。

【功效】消积导滞，健脾消食。

【应用】用本方治疗猪便秘效果较好。病初期口渴严重时，加石膏以清热泻火生津；病程较长、体质差时，加黄芪、当归、川芎，以补气活血；发热时，加柴胡、生姜、荆芥；腹胀比较严重时，加陈皮、厚朴、枳实。（左新等．云南畜牧兽医，2002，2）

方 6

【处方】炙巴豆（成年母猪 1 克，育肥猪 1.2 克）、甘遂（成年母猪 4 克、育肥猪 6 克），大黄 40 克、芒硝 50 克，干姜 50 克。

【用法用量】共为细末，开水 500 毫升冲调，候温 1 次灌服。

【功效】攻积导滞。

【应用】用本方配合 10%安钠咖、5%盐酸毛果芸香碱、30%安乃近肌内注射、5%氯化钠静脉注射，治疗顽固性便秘 5 例，有一定效果。（郑宏．中国兽医科技，2002，4）

方 7（木槟硝黄散）

【处方】木香 8 克，玉片 6 克，大黄 15 克，芒硝 30 克。

【用法用量】共研细末，开水冲调，体重 40 千克以下猪用汤匙慢慢灌服，每天 1 剂，连用 2 剂。

【功效】行气导滞，润燥破结。

【应用】用本方治疗猪便秘 45 例，屡试屡验。津液亏耗，加党参 30 克、白术 20 克、沙参 20 克、麦冬 20 克、当归 20 克、山药 40 克。（冯汉洲．中兽医医药杂志，2001，5）

23. 猪脱肛

方1（明矾注射液）

【处方】明矾。

【用法用量】加 20 倍水溶解，三层滤纸过滤，分装，高压灭菌 30 分钟。先将脱出直肠以 0.1% 高锰酸钾温水洗净，去除坏死组织，肿胀处用小宽针点刺，挤出血水，用 2% 明矾水冲洗后还纳。然后取消毒的明矾注射液 30～50 毫升在肛门周围 1～2 厘米分点注射，每点注射 3～4 毫升，每天 1 次，连用 2～3 天。

【功效】解毒，收敛。

【应用】用本方治疗仔猪脱肛 108 例，全部治愈。（吴其仁．中国兽医杂志，2007，5）

方2（止脱散）

【处方】明矾、五味子、云南白药（中成药）、消炎粉各等份。

【用法用量】明矾、五味子碾细末，然后加入云南白药、消炎粉充分混合。将脱出直肠用 0.1% 高锰酸钾溶液或温热的生理盐水洗干净，将止脱散均匀撒于患处，保持经常有药。

【功效】解毒止痛，收敛消肿。

【应用】用本方治疗猪脱肛，轻症 2～3 天即愈。结合 0.5% 盐酸普鲁卡因青霉素液后海穴封闭，效果更好。（沈祥宇等．中兽医学杂志，2005，2）

方3

【处方】明矾 50 克。

【用法用量】研成细粉，撒在脱出的直肠上，轻轻揉擦，将脱出的直肠送回，稍停 2～3 分钟后，再将猪轻轻放开。

【功效】解毒，收敛。

【应用】用本方治疗猪脱肛，一次即愈。（郑彦才等．黑龙江畜牧兽医，1999，3）

方4

【处方】八棱麻 50 克，桐油 50 克，金银花 30 克，红花 30 克，鸡蛋清 10 克。

【用法用量】混合，加童尿调成糊状，涂搽于脱出的直肠，并将直肠复位。

【功效】清热解毒。

【应用】用本方治疗猪脱肛，一次见效。（谭明元．农村百事通，2000，22）

【按语】八棱麻，别名戳戳叶，系多年生草本植物，常以根、叶入药，性味苦寒，具有清热解毒的功效。

24. 猪尿不利

方1

【处方】蟋蟀 10～30 只，蝼蛄 10～30 只（共捣如泥），红糖 100～200 克。

【用法用量】开水冲调，候温灌服。

【功效】利水，消肿。

【应用】用本方治疗猪胞转 20 例，1～3 剂即愈。（施仁波等．中国兽医杂志，2007，5）

方 2

【处方】滑石 20 克，猪苓 10 克，泽泻 8 克，茵陈 15 克，灯心草 15 克，知母 15 克，黄柏 10 克。

【用法用量】水煎，1 次灌服。

【功效】清热利湿。

【应用】用本方配合硫酸庆大霉素 30 毫克、地塞米松磷酸钠 20 毫克一次肌内注射，治疗母猪产后尿闭 27 例，治愈 26 例。（邹山青．中国兽医医药杂志，2000，4）

方 3

【处方】玉米须 30～60 克（鲜品 60～100 克）。

【用法用量】水煎去渣，候温灌服，每天 1 剂，连用 2 天。

【功效】清热利尿。

【应用】用本方治疗公猪尿道阻塞、淋浊 59 例，治愈 58 例。（王志惠．中兽医医药杂志，1999，4）

25. 猪骨软症

方 1（畜禽旺）

【处方】麦饭石 95%，六神曲 2%，陈皮 1%，大黄 1%，甘草 1%。

【用法用量】共研细末，按 2% 拌料喂服母猪，连用 30 天。

【功效】健脾，壮骨。

【应用】用本方喂服生产母猪，可显著减少仔猪骨软症、腹泻、贫血、异食癖的发生，提高仔猪存活率。（霍全胜．中国兽医杂志，2002，4）

方 2

【处方】炒苍术 300～500 克，煅牡蛎（醋炙）200～250 克。

【用法用量】研成细末，混入 7 天的饲料喂服，每天 2～3 次。

【功效】燥湿，健脾，固精。

【应用】用本方同时适量添加生长素，治疗猪骨软症效果较好。体瘦，加麦芽、健曲、食盐；粪便干结，加麻仁；尿液黄，加首乌。（林洪．农村百事通，2001，2）

方 3（健骨散）

【处方】骨粉 70%，淫羊藿 1.5%，五加皮 2.5%，茯苓 2.5%，白芍 1.5%，苍术 1.5%，大黄 2.5%，小麦麸 18%。

【用法用量】混合研末，加骨粉搅拌均匀，每天 30～50 克，分 2 次拌料喂服，连用 7 天。

【功效】补肾、健脾、壮骨。

【应用】用本方治疗骨软症 482 例，治愈 70 例，治愈率 96.5%。（瞿自明主编，新编中兽医治疗大全．中国农业出版社，1993 年）

26. 猪风湿症

方 1（防己祛风除湿散）

【处方】汉防己、威灵仙、独活各 20 克，秦艽、防风、白芍、当归、茯苓、川芎、桑寄生、杜仲、牛膝、桂枝各 10 克，甘草 5 克，细辛 3 克。

【用法用量】共为细末，分为 2 份，每次 1 份，用开水冲调，加黄酒 100 毫升，灌服，每天 1 次，连用 3～5 天。

【功效】祛风胜湿，通经活络。

【应用】用本方加减（四肢硬直，加麻黄、五加皮、白芷、紫苏、羌活、僵蚕各 10 克；半侧身体不能动或麻木失调，加萹蓄、瞿麦、石韦、木通各 10 克；气虚，加党参、生芪、白术各 20 克；血虚，加熟地、核桃仁、山药各 20 克；后肢不灵活，加荜澄茄、菟丝子、巴戟天、小茴香、补骨脂、肉桂各 15 克；体温升高，加羌活、柴胡、葛根、木瓜各 20 克）、配合 1‰水杨酸钠溶液静脉注射，治疗猪风湿症效果较好。配合针灸治疗效果更佳。（张振君，现代农业科技，2007，21）

方 2

【处方】制川乌 30 克，制草乌 30 克，胆南星 25 克，地龙 15 克，乳香 30 克，没药 30 克，当归 30 克，川芎 30 克，独活 30 克，羌活 30 克，桑寄生 30 克，杜仲 30 克，牛膝 30 克，续断 30 克，肉桂 30 克，附片 15 克，细辛 10 克，陈皮 25 克，厚朴 15 克，甘草 25 克。

【用法用量】每剂煎服 3 次，连用 3 剂。

【功效】祛风除湿，温经通络，逐瘀止痛。

【应用】用本方配合夏天无注射液肌内注射（每天 2 次，连用 3 天），治疗猪风湿瘫痪 29 例，治愈 28 例，治愈率 96％。（李承强．中兽医药杂志，2001，5）

方 3

【处方】浮萍 9 份，蜂蜜 2 份。

【用法用量】混合捣烂，每次投服 0.5 千克，同时服水酒 20 毫升，每天 2 次，连用 8～10 天。

【功效】解表发汗，行水消肿。

【应用】用本方治疗猪风湿瘫痪 2 例，均获痊愈。（王进修．中兽医学杂志，1995，1）

27. 猪湿疹

方 1

【处方】枯矾 35 克，黄柏 30 克，海螵蛸 20 克，黄连 15 克，黄芩 15 克，板蓝根 15 克，甘草 15 克，冰片 10 克，苦参 10 克，生地 10 克，滑石 10 克，车前子 10 克。

【用法用量】共为细末，开水冲服，每天 2 次，连用 2～3 天。

【功效】清热燥湿，利水消肿。

【应用】用本方结合西药［红斑性和丘疹性湿疹，用胡麻油和石灰水等量混合涂擦；水疱性、脓疱性和糜烂性湿疹，用 3％～5％龙胆紫涂擦或撒布氧化锌-滑石粉（1∶1）。痂皮期用硼酸软膏或氧化锌软膏涂擦；奇痒不安时，用 1％～2％石炭酸酒精液涂擦］，治疗猪湿疹 238 例，治愈 236 例，治愈率 99.2％，有效率 100％。（杜劲松．中兽医药杂志，2008，2）

方 2

【处方】柴胡 20 克，黄芩 20 克，金银花 20 克，防风 20 克，白鲜皮 20 克，桔梗 15 克，蝉蜕 15 克，丹皮 15 克，当归 15 克，半夏 15 克，黄芩 40 克，大枣 5 枚，甘草 6 克。

【用法用量】共研细末，开水冲调，1 次灌服，每天 1 剂，连用 2～3 天。

【功效】清热燥湿，利水消肿。

【应用】用本方内服，同时用大黄、黄连、黄芩、地肤子、蛇床子、百部各 35 克水煎外洗患处，治疗猪湿疹 20 例，均有效。(李海邦，现代畜牧兽医，2008，2)

方 3（参柏汤）

【处方】苦参 30 克，黄柏 30 克，百部 30 克，黄芩 30 克，生石膏 30 克，硫黄 20 克，冰片（后下）10 克，明矾（后下）10 克。

【用法用量】前 6 味水煎取汁，乘热放入冰片和明矾，搅匀，过滤残渣，制成 500 毫升，候温涂搽患处，连用 2～3 天。

【功效】清热燥湿，消肿定痛。

【应用】用本方治疗猪湿疹，初期用药 1 次即可，局部结痂脱皮的 2～3 次即愈。(李海邦，现代畜牧兽医，2008，2)

方 4（吴贼硫黄散）

【处方】吴茱萸 200 克，乌贼骨 15 克，硫黄 80 克。

【用法用量】粉碎成细末，均匀撒敷患处。或将上药细粉用蓖麻油或化开的猪油调匀，涂抹，每天 1 次，连用 3 天。

【功效】清热燥湿，消肿定痛。

【应用】用本方治疗猪湿疹 52 例，重症 16 例配合大叶桉注射液、地塞米松、维生素 B_2 肌内注射，疗效显著。(刘丰杰等.中兽医医药杂志，2002，1)

28. 猪胎动不安

方 1

【处方】白术 30 克，当归 30 克，川芎 30 克，荆芥 30 克，羌活 32 克，黄芪 35 克，厚朴 30 克，菟丝子 32 克，枳壳 28 克，贝母 31 克，艾叶 32 克，甘草 20 克。

【用法用量】打碎成粉拌料，每天 1 剂，连用 2～3 天。

【功效】补气养血，固肾安胎。

【应用】用本方配合肌内注射黄体酮抑制子宫收缩，治疗猪胎动不安 89 例，治愈 82 例。(彭刚，畜牧市场，2004，8)

方 2（安胎汤）

【处方】菟丝子 60 克，熟地 50 克，党参 40 克，山药 40 克，白术 30 克，续断 30 克，甘草 25 克，枸杞子 30 克，杜仲 20 克。

【用法用量】水煎服，分 2 次食后灌服，每天 1 剂，连用 6 剂。

【功效】补肾壮阳，益气养血，安胎。

【应用】用本方加减（腹痛起卧，加炒白芍 30 克、陈皮 20 克；阴道流血，加阿胶 30 克、仙鹤草 30 克、地榆炭 30 克；偏阴虚胎热，加生地 30 克、麦冬 20 克、黄芩 20 克；偏气虚胎寒，加黄芪 50 克、艾叶炭 30 克、砂仁 30 克）治疗习惯性流产 30 例，疗效满意。(猴蜂蜂等.中兽医医药杂志，2001，1)

方3(安胎散)

【处方】苏叶 10 克，艾叶 15 克，白术 15 克，黄芩 15 克，续断 15 克。

【用法用量】水煎为 30% 浓度药汁，一次内服。

【功效】理气和血，止痛安胎。

【应用】用本方加减（体虚，加黄芪、党参；血热胎动加白芍；肾虚或腰部损伤，加杜仲；阴道流血，加阿胶）治疗猪胎动不安 246 例，治愈 245 例。（郑宗赞等．中兽医学杂志，1993，3）

29. 猪妊娠水肿

方1

【处方】土炒白术 45 克，大腹皮 25 克，茯苓 25 克，桑白皮 20 克，生姜 25 克。

【用法用量】水煎，拌料喂服或灌服，每天 1 剂，连用 2～3 剂。

【功效】健脾，利水。

【应用】用本方加减（气虚，加党参、黄芪；血虚，加当归、熟地、白芍、川芎；气滞，加枳实、青皮），配合 10% 碘酒（10 毫升加水 100 毫升，浸泡纱布缠于浮肿处，外包绷带，剩余碘酒水，每隔 3～5 小时浇洒患处）治疗猪妊娠水肿效果较好。（王廷生，内蒙古畜牧科学，2003，2）

方2(复方白术散)

【处方】大腹皮 12 克，生姜皮 12 克，黄芪 12 克，炒白术 15 克，双宝 15 克，茯苓皮 20 克，赤小豆 20 克，陈皮 10 克。

【用法用量】水煎成 30% 浓度的药汁，加红糖少许为引，混料喂服。

【功效】健脾行水，扶正安胎。

【应用】用本方治疗妊娠中期四肢下部、腹下及阴部水肿 216 例，其中头部、四肢俱肿较重者，取鲤鱼头 2 只煎汁兑入药汁同服。治愈 211 例，其中经西药治疗无效者 98 例，经 15 天随访观察，未见复发。（郑宗赞等．中兽医学杂志，1993，3）

【按语】双宝，主要由红参、蜂乳、蜂蜜等制成，具有滋补强壮、益气健脾的功效。

30. 猪乳腺炎

方1

【处方】紫花地丁 120 克，萱草根 60 克，丝瓜络半个。

【用法用量】水煎服，每天 1 剂，连服 3～4 天。

【功效】清热解毒，利水消肿。

【应用】用本方治愈乳腺炎病猪 10 例。（祁鹤民等．青海畜牧兽医杂志，2007，5）

方2

【处方】虎杖 30 克，杏香兔耳风 35 克，党参 40 克，王不留行 30 克，穿山甲 25 克。

【用法用量】煎汤去渣喂服。

【功效】清热解毒，补气通经。

【应用】用本方内服，局部红肿处用鲜蒲公英 500 克捣茸后醋调敷，配合盐酸普鲁卡因注射液、青霉素 160 万单位、链霉素 100 万单位乳房封闭，治疗猪乳腺炎效果较好。（李俊 . 吉林畜牧兽医，2004，4）

方 3

【处方】鲜皂角树枝叶 200～300 克（干枝 100～200 克）

【用法用量】水煎取汁，候温让猪自饮或拌饲料喂服，每天 1～2 剂，连用 3～4 天。

【功效】消肿，排脓。

【应用】用本方配合用抗生素类药物肌内注射，治疗脓肿型乳腺炎 80 余例，疗效显著。（董彦普 . 畜牧与兽医，2004，8）

方 4（蜂房散）

【处方】露蜂房 10 克，蒲公英 50 克，全蝎 5 克，蜈蚣 5 克，僵蚕 8 克，蝉蜕 20 克。

【用法用量】粉碎，拌料喂服，每天 2 次，连用 3～6 天。

【功效】清热解毒。

【应用】用本方治疗猪急性乳腺炎 56 例（乳头外伤化脓者配合 10％蜂房散煎液外洗，每天 3 次），治愈 51 例，治愈率 91.7％。（林春驿等 . 中国兽医杂志，1999，1）

方 5

【处方】鲜鱼腥草 100～150 克（干品减半），铁马鞭 50～100 克。

【用法用量】加 2～3 倍量清水煎熬，煎液连同药渣拌料喂服。

【功效】清热解毒，利水消肿。

【应用】用本方治疗猪乳腺炎，通常使用 3～4 次，乳房红肿便可消退。病初配合使用普鲁卡因青霉素在乳房基部周围注射封闭，效果更快更好。（刘九生 . 江西畜牧兽医杂志，1999，1）

31. 猪产后瘫痪

方 1

【处方】黄芪 10 克，白术 10 克，当归 18 克，党参 10 克，防风 10 克，羌活 10 克，附子 6 克，川芎 8 克，白芍 10 克，熟地 10 克，甘草 10 克，生姜 10 克。

【用法用量】水煎灌服，每天 1 剂，连用 3 天。

【功效】温经通络，祛风胜湿。

【应用】用本方治疗猪产后瘫痪，同时火针百会穴（进针 3～5 厘米，留针 5～10 分钟），疗效显著。（喇成庆 . 中国畜牧兽医，2008，5）

方 2

【处方】龙骨 300 克，当归 50 克，熟地 50 克，红花 15 克，麦芽 400 克。

【用法用量】水煎 2 次，合并煎液，每天分早、晚 2 次灌服，连用 3 剂。

【功效】强筋壮骨，通经活络。

【应用】用本方配合静脉注射 10％～20％葡萄糖酸钙 50～100 毫升或 10％氯化钙 20～30

毫升，连用 2～3 次，治疗猪产后瘫痪效果良好。（莫慧云 . 云南农业科技，2008，3）

方3

【处方】黄芪 40 克，党参 50 克，升麻 30 克，白术 20 克，当归 40 克，丹皮 20 克，防己 15 克，川芎 40 克，甘草 20 克。

【用法用量】水煎灌服，每天 1 剂，连用 2～3 天。

【功效】补中益气，活血祛瘀。

【应用】用本方治疗猪产后瘫痪效果良好。血瘀，加红花 30 克、川芎 30 克；风湿，加独活 20 克、羌活 20 克。（杨芬红等 . 青海畜牧兽医杂志，2007，4）

方4

【处方】秦艽、龙骨各 50 克，牡蛎、防己各 40 克，附子、党参、白术、川芎、当归各 30 克，薏苡仁、杜仲、升麻、桑寄生各 20 克，牛膝、厚朴各 15 克，甘草 20 克。

【用法用量】水煎，分 2 次灌服，每天 1 剂，连用 2～3 天。

【功效】活血化瘀，祛风除湿。

【应用】用本方配合西药（5％葡萄糖盐水 300 毫升、10％硼葡萄糖酸钙 200 毫升、2％安钠咖 5～10 毫升静脉注射，每天 1 次，连用 3 天；安痛定 10～20 毫升，肌内注射，每天 1 次，连用 3～4 天），辅助乳房送风，治疗母猪产后瘫痪 40 余例，均收良效。（丁大伦 . 贵州畜牧兽医，2007，5）

方5

【处方】鳝鱼骨 60 克，红糖 60 克。

【用法用量】鳝鱼骨研末，加红糖拌匀，喂服 3～4 天，连用 7～14 天。

【功效】补虚损，强筋骨。

【应用】用本方治愈母猪产后瘫痪 18 例。（祁鹤民等 . 青海畜牧兽医杂志，2007，5）

方6(补肝益肾汤)

【处方】党参 15 克，当归 20 克，熟地 20 克，牛膝 15 克，白芍 15 克，山茱萸 20 克，骨碎补 15 克，杜仲 15 克，伸筋草 12 克，秦艽 12 克，续断 20 克，桑寄生 20 克，甘草 10 克。

【用法用量】水煎，加黄酒 50 毫升，灌服，每天 1 剂，连用 2～3 天。

【功效】补气血，益肝肾，壮筋骨。

【应用】用本方配合西药（静脉注射 10％葡萄糖酸钙 150～200 毫升或 25％葡萄糖 100～200 毫升，10％氯化钙 20～50 毫升，每天 1 次；肌内注射 2.5％维生素 B_1 10～20 毫升，维丁胶性钙 5～10 毫升）治疗母猪产后瘫痪 197 例，治愈 191 例。（李光金 . 中兽医医药杂志，2006，5）

方7

【处方】威灵仙 20 克，独活 15 克，防己 15 克，防风 12 克，木瓜 12 克，川牛膝 12 克，川芎 15 克，红花 10 克，当归 15 克，黄芪 10 克，白芍 10 克，甘草 10 克。

【用法用量】水煎灌服，每天 1 剂，连用 3～5 天。

【功效】祛风除湿，补气活血。

【应用】用本方治疗猪产后瘫痪 41 例，均获痊愈。腰脊疼痛，加杜仲、巴戟天；病久，加杜仲。（马玉臣 . 中兽医学杂志，2000，3）

32. 猪胎衣不下

方1

【处方】当归 45 克，川芎 30 克，山甲珠 30 克，芡实 30 克，没药 35 克，五灵脂 40 克，炒香附子 10 克，白酒 100 克。

【用法用量】水煎服，每天 1 剂，连用 2～3 天。

【功效】活血化瘀。

【应用】用本方配合皮下或肌内注射垂体后叶素 5～10 单位（2 小时后重复 1 次）、催产素 10～50 单位，治疗猪胎衣不下效果较好。（宋红娟．猪业科学，2006，6）

方2（送胞饮）

【处方】益母草 10 克，当归 10 克，灵芝 10 克，红花 10 克，桃仁 10 克，香附 10 克，甘草 10 克。

【用法用量】共研细末，开水冲调，每天 1 剂，用 1～2 剂。

【功效】活血散瘀，理气止痛。

【应用】用本方治疗胎衣不下 39 例，治愈 36 例。（李成业等．青海畜牧兽医杂志，2005，1）

方3（复方益母草酊）

【处方】益母草 30 克，蒲公英 30 克，黄芪 20 克，党参 20 克，当归 15 克，川芎 15 克，牛膝 15 克，枳壳 15 克，甘草 10 克。

【用法用量】水煎成 30% 浓度药液，加米酒少许为引，每天 1 剂，连用 2～3 天。

【功效】破结消肿，调理气血。

【应用】用本方内服，配合公英花粉消炎液（天花粉 15 克，蒲公英 30 克，水煎成 30% 浓度，五层纱布过滤 2 次，取上清液）子宫注入，治疗胎衣不下 348 例，愈 347 例。（郑宗赞等．中兽医学杂志，1993，3）

33. 猪恶露不尽

方1

【处方】当归 20 克，川芎 20 克，金银花 20 克，连翘 20 克，蒲公英 20 克，夏枯草 20 克，板蓝根 20 克，黄芩 15 克，益母草 15 克，甘草 15 克。

【用法用量】水煎灌服，每天 1 剂，连用 2 剂。

【功效】清热解毒，活血祛瘀。

【应用】用本方治疗母猪产后恶露不尽，疗效显著。（王惠强．中国畜牧兽医文摘，2006，5）

方2

【处方】益母草 50 克，当归 15 克，制香附 15 克。

【用法用量】共研细末，开水冲调，加白酒 75 毫升灌服，每天 1 剂，连用 2 剂。

【功效】活血祛瘀，理气止痛。

【应用】用本方治疗猪恶露不行有效。本方用于催产，去制香附，加红花、三棱、莪术各15克；用于堕胎，加川芎、桃仁、炮姜各15克；治疗胎衣不下，加黄芪、车前子各50克。（王永书.中兽医学杂志，2001，4）

方3

【处方】红花15克，川芎10克，黑芥穗30克，连翘15克，丹参15克，车前20克。

【用法用量】加水3千克文火煎熬，滤取约1.5千克药液；药渣加水再煎，滤取药液0.5千克，2次煎液混合，早晚各灌服1千克（多数母猪能自饮）。

【功效】活血祛瘀，生新。

【应用】用本方治疗母猪产后恶露不尽10例，1剂治愈率32%，2剂治愈率达90%，少数重病例最多服药4剂即愈。（于乐治.中国动物检疫，1998，6）

34. 母猪缺乳症

方1

【处方】黄芪75克，瓜蒌75克，党参50克，当归50克，茯苓50克，白术40克，路路通40克，穿山甲40克，王不留行100克，通草25克，甘草30克。

【用法用量】共研细末，分为3份，每天1份加黄酒200毫升，拌料喂服。

【功效】补气养血，通经下乳。

【应用】用本方治疗母猪缺乳效果较好。母猪有乳汁而泌乳不畅，还可用催产素40～60单位肌内注射，每天3次，连用3天。（沈南雄等.福建畜牧兽医，2008，1）

方2

【处方】牛蒡子10克，天花粉10克，连翘10克，金银花10克，黄芩8克，陈皮8克，栀子8克，皂角刺8克，柴胡8克，青皮8克，漏芦10克，王不留行10克，木通10克，路路通10克。

【用法用量】水煎自饮或拌料喂服。每天1剂，直至痊愈。

【功效】消肿止痛，通经解毒。

【应用】用本方加减（乳房有肿块，加当归、赤芍各10克；恶露不尽，加益母草20克、川芎、当归各10克）、配合西药（催产素5～10单位，肌内注射，间隔3～4小时1次，连用4～5次；己烯雌酚4毫升，肌内注射，每天2次）治疗母猪缺乳效果较好。（夏春峰.中国畜牧兽医，2005，3）

方3

【处方】猪蹄匣壳（焙干）4个，炒穿山甲16克，王不留16克，木通30克。

【用法用量】上药共研细末，75千克以上的猪1次灌服，75千克以下分2次灌服。每天或隔天1剂。

【功效】补气养血，下乳。

【应用】用本方治疗母猪缺乳，轻症服后即可见效。气血不通，加党参、黄芪、白芍；经脉壅滞，加路路通、漏芦。（郭海俊.河北农业科技，2005，2）

方 4

【处方】黄芪 20 克，党参 20 克，当归 20 克，白芍 20 克，天花粉 20 克，王不留行 40 克，通草 15 克，皂角刺 15 克，白术 15 克。

【用法用量】共研细末，拌料喂服，每天 1 剂，连用 2～3 天。

【功效】补气养血，通经下乳。

【应用】用本方治疗母猪缺乳症多例，疗效显著。（刘省花等．养猪，2004，4）

方 5

【处方】当归 15 克，黄芪 20 克，王不留行 15 克，炮山甲 15 克，通草 10 克，党参 15 克，白术 15 克，熟地 15 克，红糖 60 克，鲜虾 250 克。

【用法用量】虾单独煎汤，余药煎 2 次去渣，混合，加入红糖调匀，内服。

【功效】补气养血，通乳。

【应用】本方适用于母猪气血双亏的缺乳。用本方治疗病猪 23 例，效果显著的 21 例，有效的 1 例，有效率 95.7%。肥胖型缺乳，去党参、白术、熟地，加柴胡 10 克、青皮 10 克、漏芦 10 克；乳房红肿，加蒲公英 15 克、连翘 15 克、天花粉 15 克、赤芍 15 克。（施仁波等．中兽医医药杂志，2002，6）

方 6

【处方】当归 30 克，川芎 30 克，党参 30 克，通草 30 克，木通 25 克，黄芩 25 克，生地 20 克，白芍 20 克，白术 20 克，萱草 50 克，王不留行 40 克，甘草 10 克，蒲公英 20 克。

【用法用量】水煎，加黄酒 500 毫升为引，灌服，每天 1 剂，连用 3 剂。

【功效】通经活血，补气养血。

【应用】用本方配合西药（脑垂体后叶 40 万单位、50% 葡萄糖 60 毫升静脉注射，青霉素 160 万单位肌内注射）治疗母猪缺乳效果较好。（曾建光．中兽医医药杂志，2002，1）

35．猪中暑

方 1

【处方】香薷 30 克，厚朴 30 克，金银花 40 克，连翘 35 克，麦冬 25 克。

【用法用量】水煎取汁，分 2 次灌服。

【功效】清热解暑。

【应用】用本方加减（兴奋不安，加远志 30 克、钩藤 30 克、蜈蚣 10 克、全蝎 15 克；昏迷，加郁金 20 克、菖蒲 20 克、天竺黄 20 克）、配合西药（安乃近 3～5 克、安钠咖 0.5～1 克、维生素 C2 克、5% 葡萄糖溶液 250～750 毫升，静脉注射）治疗猪中暑效果较好。（朱萍等．养殖技术顾问，2007，7）

方 2

【处方】金银花 25 克，菊花 25 克，连翘 20 克，黄芩 20 克，薄荷 20 克，茯苓 30 克，玄参 25 克，淡竹叶 40 克，朱砂 10 克。

【用法用量】共研细末，温开水冲服。

【功效】清热，安神。

【应用】用本方配合西药（安乃近 10～30 毫升，或氨基比林、安痛定 20～40 毫升）治疗猪中暑效果较好。还可剪破耳缘静脉放血 50～250 毫升。（张印等．养殖技术顾问，2007，11）

方 3

【处方】鱼腥草 100 克，野菊花 100 克，淡竹叶 100 克，橘皮 25 克。

【用法用量】水煎服。

【功效】解暑，利尿。

【应用】用本方配合西药（中暑严重，肌内注射苯甲酸钠咖啡因 0.5～2 克；极度不安，肌内注射安痛定 6～10 毫升或 2.5％氯丙嗪 3～5 毫升；严重脱水，灌服生理盐水或静脉注射 5％葡萄糖生理盐水 1500～2000 毫升）治疗猪中暑效果较好。（陈丽英等．汕头科技，2006，2）

36. 猪癫痫

方 1（治癫汤）

【处方】白花蛇 1 条，全蝎 15 克，僵蚕 10 克，钩藤 20 克，桑寄生 15 克，菖蒲 20 克，香附子 20 克，白芍 20 克，郁金 20 克，防风 15 克。

【用法用量】水煎灌服，2 天 1 剂。

【功效】祛风镇惊，清热安神。

【应用】用本方治疗猪癫痫效果较好。肝阳上亢、肝阴不足，加玄参、生地、珍珠母；肝郁气滞、清阳被阻，加乌药、枳实；心肾不交，加夜交藤、五味子、女贞子；头部外伤有瘀血，加丹参、赤芍；气血不足、筋脉失养，加党参、白术、当归；痰浊郁火、上扰清宫，加礞石、胆南星、龙胆草。（逯登明等．中兽医医药杂志，2006，4）

方 2（镇痫散）

【处方】炒大黄 30 克，天竺黄 20 克，钩藤 20 克，僵虫 20 克，防风 15 克，天麻 12 克，川芎 15 克，全虫 10 克。

【用法用量】水煎或为末拌饲料，体重 100 千克猪 1 次喂服，每天 1 剂，连用 3～5 剂。

【功效】镇惊安神。

【应用】用本方配合天门穴注入氯丙嗪（1～3 毫克/千克，隔天 1 次，连用 2～3 次），治疗猪癫痫病 25 例，用药 3～5 剂即愈。（何志生等．中兽医学杂志，2004，3）

方 3

【处方】新鲜半夏、生姜各 3～5 克。

【用法用量】将上药一同捣成泥状，加适量饲料喂服，每天 3 次，连用 5～6 天。

【功效】燥湿化痰，消痞散结。

【应用】用本方治疗猪癫痫 2 例，均有效。（吕小钧等．中兽医医药杂志，2002，6）

37. 猪食盐中毒

方 1

【处方】甘草 300 克，绿豆 300 克。

【用法用量】水煎，候温灌服，每天2次，连用3天。

【功效】解毒。

【应用】用本方配合甘露醇、硫酸镁静脉注射治疗猪食盐中毒，治疗期间给予大量清洁水自由饮用，效果显著。（牛绪东．中兽医杂志，2006，6）

方2

【处方】茶叶30克，菊花35克。

【用法用量】加1000毫升，煎至500毫升，1次灌服，每天2次，连用3～4天。

【功效】清热解毒。

【应用】用本方配合5%氯化钙皮下注射（0.2克/千克，溶于1%明胶溶液中），治疗猪食盐中毒效果显著。（黄纪永．江西畜牧兽医杂志，2005，4）

方3

【处方】葛根250～300克、茶叶30～50克。

【用法用量】加水1.5～2千克，煮沸30分钟，候温灌服，每天2次，连用2天。

【功效】清热解毒。

【应用】用本方配合静脉注射10%葡萄糖酸钙60～100毫升、50%高渗葡萄糖60～100毫升、皮下注射10%安钠咖5～10毫升，治疗猪食盐中毒效果显著。（王盛库．农村养殖技术，2003，8）

方4

【处方】生石膏30克，绿豆50克，天花粉30克，甘草45克，茶叶30克，萹蓄20克，瞿麦20克千克。

【用法用量】加水500毫升，煮沸30分钟，去渣取汁，体重30千克猪一次服用，每天1剂，连用3～5天。

【功效】清热泻火，利尿解毒。

【应用】用本方配合腹腔注射50%葡萄糖液80毫升，肌内注射10%安钠咖6毫升，治疗猪食盐中毒40余例，效果良好。（徐慧中等．中兽医学杂志，2000，3）

38. 猪霉饲料中毒

方1

【处方】蒲公英1000克，鱼腥草750克，金银花500克，板蓝根250克，黄精400克。

【用法用量】加水蒸馏制得蒸馏液1000毫升，药渣加水煎煮提取3次，滤液经醇沉后浓缩液，与蒸馏液合并，流通蒸气灭菌后制成含生药2克/毫升的注射液，按每千克体重0.5～1毫升肌内注射，每天1～2次。

【功效】清热解毒。

【应用】用本方配合肝泰乐注射液和肌酐注射液治疗猪霉饲料中毒20例，治愈18例。（杨国亮．中国动物保健，2011，8）

方2

【处方】绿豆30克，甘草30克。

【用法用量】水煎喂服。

【功效】清热解毒。

【应用】用本方治疗猪霉饲料中毒有一定效果。还可用防风 15 克、甘草 30 克、绿豆汤 500 毫升、白糖 60 克，同煎灌服；或绿豆 150 克、甘草 10 克、金银花 20 克、明矾 10 克、冰片 3 克，研末，开水调服；或绿豆 50 克、甘草 20 克、金银花 30 克、连翘 50 克，研末，开水调服。（魏秋华．养殖技术顾问，2004，11）

方 3

【处方】新鲜石灰水上清液（10%～20%）250 克，生大蒜头 2 个，雄黄 50 克，鸡蛋清 2 个，苏打 75 克。

【用法用量】将大蒜捣烂，加雄黄、苏打、鸡蛋清、石灰水，搅拌均匀，一次灌服，每天 3 次，连用 2～3 天。

【功效】解毒。

【应用】用本方治疗猪霉饲料中毒有一定效果。配合针刺耳尖、尾尖等穴位放血，效果更好。（魏秋华．养殖技术顾问，2004，11）

方 4

【处方】蒲公英 1000 克，金银花 500 克，鱼腥草 500 克。

【用法用量】加 4～5 倍量水蒸气蒸馏 30 分钟，收集蒸馏液 2000 毫升，二次重馏为 1000 毫升；将药渣加 4～5 倍量水煎煮 2 次，滤液浓缩至流膏状，依次用 20%石灰乳、50%硫酸调 pH，加蒸馏水稀释，静置过滤，浓缩至浸膏状；两种药液合并制成注射液 1000 毫升。每次 10～20 毫升肌内注射，每天 1～2 次，连用 2～3 次。

【功效】清热解毒。

【应用】用本方治疗霉饲料中毒 521 例，治愈 485 例，有效率 93%。（杨国亮．中兽医学杂志，2001，1）

第八章　羊病方

1. 羊传染性脓疱

方1（柴葛解肌散加减）

【处方】柴胡 15～25 克，葛根 20～30 克，连翘 20～30 克，桔梗 20～30 克，牛蒡子 20～30 克，大青叶 20～30 克，板蓝根 20～30 克，当归 20～30 克，赤芍 20～30 克，紫草 15～25 克，蝉 10～15 克，黄芩 25～30 克，甘草 15～20 克。

【用法用量】水煎服，每天 1 剂，连用 4～5 天。

【功效】清热解表，祛风透疹。

【应用】羊传染性脓疱又称羊口疮，是由痘病毒科副痘病毒属的羊传染性脓疱病毒引起的一种急性接触性人畜共患病，羔羊多为群发。本方适用发病早期，对于后期机体正气亏虚、津液灼伤者，方用八珍散合增液散加减以扶助正气、滋补津液：党参 25 克，山药 25 克，土炒白术 15 克，茯苓 20 克，当归 30 克，生地 30 克，连翘 30 克，川芎 30 克，赤芍 30 克，元参 25 克，麦冬 30 克，葛根 30 克，金银花 30 克，板蓝根 30 克。水煎服，每天 1 剂，连用 4～5 天。用上 2 方结合西药治疗病山羊 245 只，除发病初期由于用药不及时死亡 11 只外，其余 234 只病羊均治愈，治愈率达 95.5%。（传卫军. 中兽医医药杂志，2017，4）

方2

【处方】天花粉 40 克，黄芩 60 克，黄连 40 克，连翘 40 克，茯神 40 克，黄柏 40 克，桔梗 40 克，栀子 40 克，牛蒡子 40 克，木通 40 克，白芷 30 克。

【用法用量】共为细末，开水冲匀，候温，加蛋清 5 个，同调灌服，每天 1 次。

【功效】清心解毒。

【应用】无躁动不安者，去茯神；粪干燥者，加大黄、枳实以泻热攻下。用本方结合局部处理，治疗羔羊口疮 180 只，治疗 5 天痊愈。（汤日新等. 中兽医医药杂志，2016，6）

方3（解毒消疮饮）

【处方】穿山甲（炙）10 克，天花粉 30 克，甘草节 20 克，乳香 30 克，没药 30 克，赤芍 35 克，皂角刺（炒）35 克，白芷 30 克，贝母 35 克，防风 35 克，陈皮 50 克，金银花 90 克，当归尾 30 克。

【用法用量】水煎取汁 3000 毫升，供 10～15 只羔羊灌服，成年羊酌加剂量，每天 1 次，连服 5 天。

【功效】清热利湿。

【应用】用本方结合西药（病情严重者适当补液）治疗奶山羊口疮 2 例共 98 只，全部治愈。（杨宏卓等. 中兽医医药杂志，2014，6）

方 4

【处方】早期用冰硼散（冰片 1 克，朱砂 1 克，玄明粉 10 克，硼砂 10 克），或石膏青黛散（青黛 5 克，黄连 3 克，黄柏 4 克，桔梗 3 克，薄荷 5 克，儿茶 3 克，煅石膏 3 克）；后期服熟地黄芪汤（熟地 30 克，生黄芪、当归、女贞子、丹皮、山药、茯苓、山茱萸、川芎、牛膝各 20 克）。

【用法用量】冰硼散研细混匀，装入纱布袋中，用温水浸湿后横嚼于患羊口中，两端固定，隔天换药 1 次，连用 3～5 天。进食时取下，进食后再嚼上；熟地黄芪汤水煎服，每天 1 次，连用一周。

【功效】清热解毒，滋补津液。

【应用】本病早期治疗以清热解毒为主，后期正气亏虚、以滋补津液为主。两方结合，效果显著。用本方配合西药治疗 6 只大耳羊传染性脓疱病，全部康复。（卢福山，中兽医医药杂志，2008，2）

2. 羊伪狂犬病

【处方】连翘 100 克，板蓝根 100 克，金银花 50 克，地骨皮 100 克，黄连 20 克，栀子 80 克，黄芩 30 克，黄花地丁 80 克，生地 80 克，麦冬 80 克，夏枯草 80 克，淡竹叶 100 克，芦根 200 克。

【用法用量】水煎去渣，灌服。此为 25 千克体重用量，每天 1 剂，连用 3 剂。

【功效】清热解毒。

【应用】某养殖户新购进一批本地山羊 56 只，5 天后发现个别羊出现症状，对发病羊和疑似病羊立即捕杀，其余羊紧急免疫，投服本方，精料中加入维生素 C 粉，饮水中添加葡萄糖和电解多维，以增强羊的体质，防止继发感染。5 天后回访，再无病羊出现。（仇道海．中兽医医药杂志，2011，2）

3. 羊乙型脑炎

方 1

【处方】生石膏 20 克，龙胆草 15 克，菊花 15 克，白芷 15 克，当归 10 克，黄连 10 克，石菖蒲 15 克，远志 15 克，酸枣仁 10 克，藁本 10 克，蝉蜕 10 克，蒲公英 15 克，甘草 10 克。

【用法用量】煎汤或研磨，灌服，每天 1 剂，连用 3～5 剂。

【功效】清热泻火，清肝定惊。

【应用】用本方结合西药（磺胺嘧啶、清开灵、乌洛托品、四环素、氯丙嗪）收治绵羊散发性乙型脑炎 8 例，4～6 天全部治愈，疗效显著。（高纯一．中兽医医药杂志，2017，1）

方 2

【处方与用法】① 大青叶 25 克，生石膏 10 克，芒硝 4 克（冲），黄芩 10 克，栀子、丹皮、紫草各 8 克，鲜生地 50 克，黄连 2 克。加水煎至 60～100 毫升，成年羊一次灌服，每天 1 次，连服 3 天。

② 生石膏、板蓝根各 120 克，大青叶 60 克，生地、连翘、紫草各 30 克，黄芩 18 克。水煎后，幼年羊分两次灌服，连服 3 天。

【功效】清热解毒。

【应用】配合西药（磺胺嘧啶、葡糖糖、维生素）、针灸治愈 117 只病羊，治愈率 97.5%。（李东亚等．北方牧业，2011，25）

4. 羊痘病

方 1（秦艽散）

【处方】秦艽 30 克，炒蒲黄 20 克，瞿麦 15 克，车前子 25 克，天花粉 25 克，黄芩 25 克，大黄 20 克，红花 20 克，白芍 20 克，栀子 20 克，甘草 10 克，淡竹叶 15 克。

【用法用量】混合粉碎，拌料自由采食，每天 1 剂，7～15 天为 1 疗程。

【功效】清心凉营，利湿退黄。

【应用】本方结合西药治疗羊痘并发传染性口膜炎 268 例，除 6 例治疗过程中死亡外，其余全部治愈。（马正文．中兽医医药杂志，2014，1）

方 2

【处方】皂刺 15 克，乳香 10 克，没药 10 克，赤芍 8 克，荆芥 10 克，防风 10 克，白芷 8 克，紫草 8 克，陈皮 10 克，桔梗 80 克，金银花 10 克，连翘 10 克，蒲公英 8 克，紫花地丁 8 克，甘草 5 克。

【用法用量】水煎 2 次，每次加水 1000 毫升，文火煎沸 20 分钟，煎汁混匀，供 3 只 15～20 千克重的羊一次灌服，每天 1 剂，连用 3 天。

【功效】清热解毒，凉透疹血，消痈散结。

【应用】用本方结合西药（病毒唑、氨苄青霉素）治疗山羊痘 294 只，死亡 3 只，治愈 291 只，治疗效果显著。（张忠花．中兽医医药杂志，2013，1）

方 3（升麻葛根汤）

【处方】升麻 10 克，葛根 10 克，紫草 10 克，苍术 15 克，黄柏 15 克，绿豆 20 克，白糖 25 克。

【用法用量】煎汤灌服，每天 1 剂，连服 3 剂。全身痘症明显后，减升麻、葛根，加黄连 9 克。

【功效】清热解毒，发表和里。

【应用】用本方中西结合治疗患病山羊 3215 只，治愈率为 92.8%。（谈雅丽．中兽医学杂志，2008，1）

5. 羔羊痢疾

方 1

【处方】黄连 6 克，黄柏 6 克，白头翁 5 克，陈皮 10 克，神曲 12 克，甘草 6 克。

【用法用量】共研细末，加水 200 克煎汤，稍凉后喂服，每次 40 克，每天 2 次，连喂服 3 天。

【功效】清热燥湿，消导止痢。

【应用】用本方配合西药治疗 36 例，治愈 25 例。一般用药 3～5 天后痊愈。（苏小惠等 . 中兽医学杂志，2018，2）

方 2（加味白头翁汤）

【处方】白头翁 9 克，黄连 9 克，秦皮 12 克，诃子 9 克，茯苓 9 克，白芍 9 克，生山药 20 克，山萸肉 12 克，白术 15 克，干姜 5 克，甘草 6 克。

【用法用量】水煎 2 次，每次煎汤 300 毫升，混合，每次灌服 10 毫升，每天 2 次，连用 3～5 天。

【功效】清热解毒，凉血止痢。

【应用】羔羊痢疾常引起羔羊发生大批死亡，给养羊业带来巨大损失。症见剧烈腹泻、小肠溃疡。经采用本方结合西药输液、灌服收治羔羊痢疾 5 例，取得较好效果。（许英民 . 中兽医医药杂志，2014，6）

方 3（加减乌梅汤）

【处方】乌梅（去核）9 克，炒黄连 9 克，黄芩 9 克，郁金 9 克，炙甘草 9 克，猪苓 9 克，诃子 12 克，焦山楂 12 克，神曲 12 克，泽泻 7 克，干柿饼（切碎）1 个。

【用法用量】加水 500 毫升，煎汤至 150 毫升，红糖 50 克为引，每次每只羔羊灌服 20 毫升，每天 1 次，连服 3 天。如果腹泻不止，再用 1～2 次。

【功效】清热燥湿，涩肠止痢。

【应用】羔羊痢疾又称羔羊梭菌性痢疾，是由 B 型产气荚膜梭菌引起的初生羔羊的一种毒血症。特征为剧烈腹泻、小肠溃疡。用本方配合西药治疗，病情得到控制。（许英民 . 中兽医医药杂志，2014，6）

方 4（加减承气汤+ 加减乌梅散）

【处方与用法】① 大黄 6 克，芒硝 15 克，厚朴 6 克，枳实 6 克，青皮 6 克，酒黄芩 6 克，焦栀子 6 克，甘草 6 克。除芒硝外其余药加水 400 毫升，煎至 150 毫升，后加芒硝，候温灌服，每只 20～30 毫升，每天 1 次。

② 乌梅（去核）6 克，炒黄连 6 克，黄芩 6 克，郁金 6 克，炙甘草，猪苓 6 克，诃子肉 6 克，泽泻 6 克，焦山楂 12 克，神曲 12 克，干柿饼一个（切碎），加水 400 毫升，煎汤 150 毫升，加红糖 50 克，每只 30 毫升。每天先灌方①，6～8 小时后再灌本方 1～2 次。

【功效】泻下热毒，涩肠止痢。

【应用】本方结合西药灌服、输液、注射疗法治疗羔羊痢疾 4 例，第 3 日腹泻好转，第 4 天痊愈。（张晓政 . 中兽医医药杂志，2009，2）

方 5（郁金散）

【处方】郁金 9 克，诃子 9 克，黄连 6 克，黄芩 6 克，黄柏 6 克，栀子 5 克，白芍 5 克，大黄 3 克。

【用法用量】水煎去渣，或共为细末，开水冲调，候温灌服，每天 1 次，连用 3 天。

【功效】清热利湿。

【应用】用本方收治羔羊痢疾 38 例，一般 3 剂治愈。（穆春雷等 . 中兽医医药杂志，2014，3）

方6（白头翁汤）

【处方】白头翁5克，黄连3克，黄柏6克，秦皮6克。

【用法用量】水煎去渣，或共为细末，开水冲调，候温灌服，每天1次，连用3～5天。

【功效】清热解毒，凉血止痢。

【应用】用本方收治羔羊痢疾31例，一般3剂、重者5剂治愈。（穆春雷等．中兽医医药杂志，2014，3）

方7

【处方】白头翁10克，黄柏6克，黄连6克，黄芩6克，秦皮6克，栀子10克，茯苓10克，甘草4克。

【用法用量】水煎服。

【功效】清热燥湿。

【应用】适用于羔羊痢疾初期。证见肚腹胀满，发热，湿热痢，粪便黏稠状、色黄，尿少色黄。（李勇生．中兽医学杂志，2007年第，6）

方8

【处方】党参10克，白术10克，茯苓10克，炙甘草6克，山药6克，白扁豆12克，莲肉10克，桔梗10克，薏苡仁8克，砂仁8克。

【用法用量】水煎，候温加红糖100克，灌服。

【功效】健脾益气，养胃止泻。

【应用】适用于羔羊痢中期。证见精神沉郁，不思饮食，腹部胀满，水样便、色绿或黑，尿失禁。（李勇生．中兽医学杂志，2007，6）

6. 羊肠毒血症

【处方】地榆15克，诃子12克，生地12克，当归10克，白芍10克，黄连10克，黄芩10克，木通6克，甘草3克，石膏2克，川芎2克，乌梅5个。

【用法用量】共研末，开水冲调，候温灌服，连用3天。

【功效】强心镇静。

【应用】用本方结合西药（抗菌、强心、补液、镇静等对症治疗）治疗绵羊肠毒血症19例，死亡5只，治愈14只，彻底控制了病情。（陶得和等．中兽医医药杂志，2014，6）

7. 羊支原体肺炎

方1

【处方】生石膏300克，太子参200克，贝母200克，桔梗200克，半枝莲200克，鱼腥草200克，金银花200克，连翘300克，板蓝根300克，芦根200克，麻黄100克。

【用法用量】碾碎混匀，按每只10克拌料喂服，连用6天。

【功效】清热解毒，止咳化痰。

【应用】可根据病情酌情延长加药时间。用本方结合西药治疗病藏羊40只，1周后痊愈25只，12天后再痊愈13只，总治愈率95%。（刘金鹏等．中兽医学杂志，2017，3）

方2（参芪银连汤）

【处方】太子参 10 克，黄芪 10 克，桔梗 10 克，半枝莲 10 克，金银花 15 克，连翘 15 克，板蓝根 15 克，芦根 10 克，浙贝母 10 克，鱼腥草 10 克，麻黄 5 克。

【用法用量】水煎，候温灌服，每天 1 剂，连服 3 剂。

【功效】宣肺行气，化痰开郁。

【应用】用本方治疗 210 例，3 剂后，症状减轻，又连服 2 剂，全部治愈。（张伟．中兽医医药杂志，2011，2）

方3（速效肺炎散）

【处方】山豆根 20 克，板蓝根 20 克，大青叶 20 克，黄芩 10 克，半枝莲 20 克，贝母 10 克，茯苓 20 克，黄芪 25 克，党参 15 克，川芎 15 克，甘草 10 克。

【用法用量】水煎，滤取煎液，待温灌服，每天早晚各服 1 次，连服 5 天。

【功效】清热解毒，止咳化痰，补气活血。

【应用】本方适用于山羊传染性胸膜肺炎、羊霉形体肺炎、支气管炎、支气管肺炎、大叶性肺炎等，特别是对羊霉形体肺炎（支原体肺炎）疗效独特，治愈率达 94.8%。（周学辉等．中兽医医药杂志，2005，1）

8. 羊传染性胸膜肺炎

方1

【处方】蒲公英 100 克，黄芩 100 克，紫花地丁 80 克，贝母 80 克，丹参 80 克，瓜蒌 70 克，款冬花 70 克，桑叶 70 克，天冬 70 克，甘草 70 克。

【用法用量】以上为 34 头山羊的用量，混合粉碎，水煎 3 次，取汁混匀，饮水或灌服，每天 1 剂，连用 5 天。

【功效】清热解毒，益气养阴。

【应用】用本方结合西药治疗病羊 34 只，经过 5 天治疗后，除 4 只病重羊淘汰，其余 30 只病羊精神食欲逐渐好转，10 天后回访已痊愈。（刘文群．中兽医医药杂志，2014，5）

方2（马鞭散）

【处方】马鞭草梢 25 克，苦参 25 克，黄柏 30 克，细辛 20 克，款冬花 20 克，陈皮 15 克，木香 25 克，建曲 20 克，麦芽 25 克，山楂 30 克，甘草 10 克。

【用法用量】水煎灌服，每天 2 次，连用 4 天。

【功效】泻火、止咳、理气、消食。

【应用】用本方结合西药（泰乐菌素、恩诺沙星、含氟苯尼考）治疗病羊 61 只，4 天后痊愈。（方洪舜等．中兽医医药杂志，2014，1）

方3（平喘止咳汤）

【处方】苦参 40 克，麻黄 40 克，法半夏 30 克，杏仁 30 克，川贝 30 克，浙贝 40 克，金银花 50 克，苏子 40 克，广郁金 40 克，黄芩 40 克，红糖 100 克，鲜姜 50 克，野菊花 40 克。

【用法用量】每只山羊用 110 克，水煎取汁灌服，每天 2 次，连用 3～4 天。

【功效】止咳平喘。

【应用】用本方结合西药（青、链、庆大霉素）治疗种山羊100只，治愈85只。（还庶.中兽医医药杂志，2012，4）

方4

【处方】银花550克，连翘400克，芦根360克，桔梗320克，薄荷280克，黄芩280克，荆芥250克，甘草220克，神曲340克，山楂180克。

【用法用量】水煎取汁，或共研细末兑水供20头羊灌服，每天1剂，连用2天。

【功效】辛凉解毒，清热解毒。

【应用】用本方治疗山羊传染性胸膜肺炎效果较好。（周砥平等.中兽医学杂志，2008，1）

9. 羊传染性结膜炎

方1(清解合剂)

【处方】生石膏15克，麻黄10克，蝉蜕12克，生甘草5克，桑白皮8克，黄芩12克，枳壳6克，炒麦芽6克，龙胆草8克，栀子6克。

【用法用量】水煎，早晚分服，每天1剂，连用7剂。

【功效】清肝明目，解毒止痒。

【应用】采用内服清解合剂和外涂银朱粉治疗羊传染性结膜炎23例，治愈20例，有效率87%。病羊曾经注射抗生素、涂搽眼药膏等治疗，病情时好时坏，且不断加重。使用本方治疗9天后痊愈。（田永祥.中兽医学杂志，2016，5）

方2(祛风除湿汤)

【处方】薄荷20克，防风15克，荆芥15克，白芷12克，菊花10克，茯苓15克，黄芩12克，川芎12克，甘草10克。

【用法用量】水煎两次，合并药液，一次内服，每天1剂，连服3～5剂。

【功效】清热除湿，祛风止痒，解毒明目。

【应用】用本方治疗羊急性传染性结膜炎200余例，治疗3～5天全部治愈。奇痒者加白蒺藜12克、蝉蜕30克；湿热重者加地肤子15克、苍术12克。（何志生等.中兽医学杂志，2003，6）

10. 羊破伤风

方1

【处方】蔓荆子5克，旋覆花5克，天麻5克，全蝎5克，地龙5克，独活5克，蝉蜕5克，沙参5克，防风5克，阿胶5克，羌活5克，车前子5克，川芎5克，升麻3克，乌蛇3克，甘草3克。

【用法用量】水煎去渣，加入阿胶烊化，候温加朱砂灌服。每天1剂。

【功效】解表散风。

【应用】用本方结合西药治疗母羊产后破伤风，连用2天后关节可屈曲，扶起可站立行走，采食少许。后改用蔓荆子6克、麻黄6克、阿胶6克、菊花5克、黄芩5克、防风5克、白芷5克、薄荷5克、石膏5克、羌活5克、川芎5克、细辛5克、茯苓5克，每天1剂，连用2天，患羊可自由行走，饮食欲增加，1周后痊愈。（邹杰等．中兽医医药杂志，2014，5）

方2（乌蛇菊花汤）

【处方】乌蛇20克，防风15克，荆芥10克，菊花10克，生黄芪10克。

【用法用量】水煎服。

【功效】祛风止痉，解毒定惊。

【应用】本方为治疗羊破伤风基础方。当风由肺传于肝时（肢体僵直，两耳直立，尾巴拖直，筋腱痉挛，瞬膜外露），加羌活20克、桂枝5克；当风由肝传于脾时（四肢僵直，口紧难开，口涎多而不能饮食），加苍术10克、香附10克、白芍10克、干姜6克、川朴6克、草豆蔻6克、枳实6克、云苓6克、陈皮6克；当风由脾传于肾时（背腰僵硬如棍），加僵蚕10克、续断10克；当风由肾传于心时（头颈部强直，心脏衰弱，舌色赤紫，脉行洪数），加薄荷10克、白芷10克；胎动不安者，减乌蛇、荆芥，加续断10克、砂仁10克、阿胶10克、炒白术10克、杭白芍6克、黄芩6克、川朴6克、云苓6克、陈皮6克、生姜6克。（王存峰．山西农业，2007，3）

方3

【处方】蔓荆子、天南星、防风各8克，红花、半夏各3～6克，全蝎4克，当归3克，细辛2克。

【用法用量】煎水去渣，加蜂蜜20克胃管送服。

【功效】凉肝熄风，定惊止痉。

【应用】用本方治疗羊破伤风效果较好，如配合静注破伤风抗毒素和25％硫酸镁溶液治疗效果更佳（廖可军，农村实用技术与信息，2003，7）

11. 羊脑包虫病

【处方】续断续、川芎、五味子、龙眼肉、炙甘草、枸杞子各12克，炒白芍、炒白术、当归、何乌、常山、阿胶、熟地黄、黄芪各20克，鸦胆子30克。

【用法用量】加水煎成2000毫升，每只灌服500毫升，每天1次。

【功效】清热解毒、活血化瘀。

【应用】本方配合杀虫药吡喹酮，可以有效减轻患羊的临床表现，高效杀灭羊只体内的寄生虫，并加速患病羊的机体功能恢复，促进感染区域的炎症消散，进而增强治疗效果。（杨红平．中兽医学杂志，2018，8）

12. 羊梨形虫病（焦虫病）

方1

【处方】当归30克，川芎20克，炒白芍30克，制何首乌30克，阿胶30克，常山30克，鸦胆子50克，炒白术30克，续断20克，炙黄芪30克，五味子20克，熟地黄30克，龙眼肉 20 克，枸杞子 20 克，炙甘草 20 克。

【用法用量】水煎成 2000 毫升，羔羊每只 80~100 毫升，1 岁羊每次 100~150 毫升，灌服或，自由饮用。

【功效】清热杀虫，补血活血。

【应用】食欲欠佳或者废绝者，加炒麦芽 20 克，焦山楂 30 克，六神曲 40 克；反刍迟缓而粪粗糙者，加鸡内金 30 克，炒莱菔子、枳壳各 20 克；肚腹胀满者，加大腹皮、醋香附各 25 克；体况严重消瘦、呼吸迫促、心脏衰弱者，重用黄芪，加党参 30 克，麻黄根 20 克；尿短赤不利者，加茯苓、泽泻、车前子各 20 克；鼻镜龟裂者，减川芎、续断，加知母、柴胡、连翘各 25 克；血虚严重者，重用阿胶、炙黄芪、当归、龙眼肉、制何首乌；流泪、眼眵多、流清白鼻涕者，减龙眼肉、续断，加防风、菊花各 20 克，荆芥、薄荷各 15 克；粪干而色黑者，加酒大黄 25 克、生大麻仁 30 克。用本方结合西药（贝尼尔、血虫净等）治疗病绵羊 4 例，3 天后痊愈。（焦世璋 . 中兽医医药杂志，2016，3）

方 2

【处方】秦艽 25 克，当归 30 克，赤芍 25 克，茵麦 20 克，车前子 20 克，焦栀子 20 克，连翘 25 克，云苓 20 克，炒蒲黄 20 克，竹叶 20 克，灯心草 25 克，川楝子 20 克，甘草 20 克。

【用法用量】共为末或水煎，一次灌服，隔天 1 次，连用 3 天。

【功效】清热泻火，解毒利尿。

【应用】适用于焦虫病早期。（胡克胜等 . 山东畜牧兽医，2006，4）

方 3（加味黄芩散）

【处方】黄芩 20 克，黄柏 25 克，党参 30 克，黄芪 30 克，白术 25 克，双花 25 克，连翘 25 克，陈皮 20 克，山楂 40 克，神曲 40 克，泽泻 20 克，猪苓 25 克，车前子 20 克，生地 25 克，甘草 20 克。

【用法用量】共为末或水煎，一次灌服，隔天 1 次，连用 3 天。

【功效】清热解毒、健脾利尿。

【应用】适用于焦虫病中期。（胡克胜等 . 山东畜牧兽医，2006，4）

方 4（加味四物汤）

【处方】当归 25 克，白芍 20 克，川芎 25 克，熟地 25 克，党参 25 克，白术 25 克，云苓 20 克，黄芪 20 克，首乌 25 克，阿胶珠 25 克，甘草 20 克。

【用法用量】水煎，一次灌服，隔天 1 次，连用 3 天。

【功效】补气养血。

【应用】适用于焦虫病后期。（胡克胜等 . 山东畜牧兽医，2006，4）

13. 羊附红细胞体病

【处方】当归 25 克，黄芪 40 克。

【用法用量】水煎 2 次，混合药液，分 2 次灌服，每天 1 次，连用 3 次。

【功效】补气益血。

【应用】采用中西医（杀虫、抗菌、强心、补液）结合方法治疗绵羊附红细胞体病 238

例，治愈 216 例，治愈率达 90% 以上。（马明义等．中兽医医药杂志，2012，3）

14. 羊螨病

方1（石硫烟合剂）

【处方】生石灰 150 克（研细末），硫黄 50 克（研细末），烟叶 100 克。

【用法用量】烟叶剪碎，加水煎 3 次合并取汁 1000 毫升，再微火浓煎至 500 毫升，与余药混合；病羊患部剪毛，用肥皂水洗，刮除痂皮见红肉，再用淡盐水冲洗并涂搽 5% 碘酊，最后涂搽石硫烟合剂，每天 1 次，连搽 3 次。

【功效】杀虫止痒生肌。

【应用】用本方试治 85 只山羊，获得满意效果（赵应伦等，中兽医学杂志，2008，2）

方2（阎狼硫黄膏）

【处方】阎王刺 500 克（烧灰），狼毒 500 克，硫黄 100 克，白胡椒 50 克，豆油 500 克。

【用法用量】豆油煎沸，加入阎王刺灰、狼毒、硫黄末、白胡椒拌匀成膏，患部用皂角水洗净后涂擦。

【功效】清热除湿，杀虫止痒。

【应用】用本方治疗羊疥癣病 500 例，治愈 490 例，治愈率为 98%。用药 2～3 次即愈，8 天左右患处可脱痂，13 天左右患处可重新长出新毛。如结痂严重，顽固不愈，可加水银 15 克、巴豆 100 克。（石烈祖，贵州畜牧兽医，2002，3）

【按语】阎王刺又名"云实"，具有清热除湿、杀虫、行气止痛、截疟、止消渴的功效。

15. 羊口炎

方1（清胃散加味）

【处方】生地 30 克，当归 20 克，丹皮 20 克，黄连 10 克，升麻 12 克，石膏 50 克，神曲 30 克，甘草 20 克。

【用法用量】水煎取汁，候温灌服，每天 2 次，每次 300 毫升。

【功效】清胃凉血。

【应用】用本方结合西药治愈高寒牧区细毛羊口炎 55 例：4 天后好转，开始采食，流涎减少，口疮溃烂缩小，开始愈合。（王谨等．中兽医医药杂志，2015，5）

方2（泻黄散）

【处方】防风 24 克，升麻 24 克，黄芩 24 克，栀子 24 克，黄连 24 克，生石膏 24 克，藿香 24 克，白芷 18 克，半夏 15 克，甘草 15 克。

【用法用量】共为细末，加蜂蜜 100 毫升为引，每天 1 剂，开水冲调，候温分 2 次灌服，3 天为一疗程。

【功效】清热泻火。

【应用】用本方治疗羊口腔黏膜溃疡 30 例，治愈 26 例，疗效满意。（张晓鹏．中兽医医药杂志，2014，1）

方3(加味黄连解毒汤)

【处方】黄连 20 克，黄柏 40 克，黄芩 30 克，栀子 30 克，大黄 30 克，芒硝 80 克，金银花 50 克，连翘 25 克，甘草 20 克。

【用法用量】加水 1500 毫升，煎至 500 毫升，每只羊灌服 15 毫升，每天 2 次，连用 3 天。

【功效】清热解毒。

【应用】用本方结合西药、局部处理治疗幼绵羊弥漫性坏死性口膜炎 12 例，取得显著疗效。多数在 2～3 天内痊愈。(张海成等.中兽医医药杂志，2010，2)

方4(硼砂散)

【处方】硼砂 15 克，冰片 10 克，薄荷 10 克，苏打 10 克，青黛 10 克。

【用法用量】薄荷、冰片分别研末，再与硼砂、苏打、青黛混合拌匀。先用 0.9% 生理盐水冲洗口腔，把药末吹入患部，每天早晚各 1 次，连用 2～3 天。

【功效】清心泻火，消肿止痛。

【应用】用本方治疗羊口膜炎 43 例，用药后 2～3 天痊愈。病情较严重并伴有溃烂者，用蜂蜜调入药末后涂之。(赵承海.中兽医学杂志，2008，2)

16. 羊前胃弛缓

方1(香砂六君子汤加减)

【处方】党参 20 克，白术 20 克，砂仁 20 克，生姜 15 克，茯苓 15 克，陈皮 15 克，半夏 15 克，木香 15 克，甘草 10 克，大枣 5 枚。

【用法用量】一般用 2～3 剂，第 1 剂两煎，每次煎煮 15 分钟，两次滤汁不少于 1500 毫升，第 2、3 剂开水冲调，候温灌服。

【功效】益气健脾。

【应用】老弱病羊，加黄芪 30～50 克、当归 20 克、川芎 10 克；间歇性瘤胃臌气者，加枳壳、香附、厚朴、莱菔子、神曲、山楂、麦芽（泌乳羊不用）各 20 克，减党参、白术各 10 克，去大枣；外感风寒者，加紫苏、防风、荆芥、白芷各 15 克，细辛 10 克，神曲 30 克；积滞重者，加山楂、神曲、麦芽（泌乳羊不用）各 30～50 克，玉片 20 克；粪便稀薄者，加苍术 30 克、厚朴 15 克；脾胃虚寒重、口色青流涎者，加丁香 10 克、干姜 20 克、藿香 15 克。首剂服药采用煎汤灌服，第 2 剂采用开水冲调灌服的方法，可提高疗效。用本方治疗莎能奶山羊前胃迟缓 230 余例，均收到了满意的疗效。(金建平等.中兽医医药杂志，2009，6)

方2

【处方】茯苓 15 克，泽泻 9 克，党参、白术、黄芪、苍术各 8 克，青皮、木香、厚朴各 7 克，甘草 6 克。

【用法用量】共为细末，开水冲调，候温灌服。

【功效】健脾消食，理气和胃。

【应用】适用于前胃迟缓无寒热者。虚寒者，加陈皮、豆蔻、小茴香、干姜；风寒者，加荆芥、防风、生姜；风热者，加柴胡、黄芩、生姜；胃寒吐草者，加丁香、代赭石、半夏、

小茴香。(张年等．湖北畜牧兽医，2006，3)

17. 羊瘤胃膨气

方1

【处方】鲜酢浆草 500 克，莱菔子 150 克。

【用法用量】捣烂，加水 5 千克煎至 4.5 千克，加盐 150 克，一次灌服。

【功效】清热凉血，消积导滞。

【应用】适用于食滞性瘤胃膨气(张年等，湖北畜牧兽医，2006，3)

方2

【处方】新鲜草木灰 20 克，植物油 50～100 毫升。

【用法用量】混合，一次灌服。

【功效】泻下消胀。

【应用】适用于泡沫性瘤胃膨气。也可用香烟 10 根剥去纸皮，分 3 次塞入患羊口中，让其食入胃内。病轻者 1 小时即愈，重者可多喂几根或在 1 小时后再喂一次。(张年等，湖北畜牧兽医，2006，3)

方3(五香散)

【处方】小茴香 25 克，藿香、香附各 20 克，广木香 15 克，丁香 10 克。

【用法用量】共为末，加植物油 500 毫升，开水冲调，一次灌服。

【功效】温中开胃，理气消胀。

【应用】用本方治疗急性瘤胃膨气病羊 8 例，一般服 2～5 剂均可痊愈(曹树和，中兽医医药杂志，2002，6)

18. 羊瘤胃积食

方1

【处方】大黄 12 克，芒硝 30 克，厚朴 12 克，枳壳 9 克，槟榔 1.5 克，香附子 9 克，陈皮 6 克，千金子 9 克，木香 3 克，二丑 12 克。

【用法用量】水煎，加鸡蛋清 2 个、黄烟面 50 克，一次灌服。

【功效】攻积泻下，理气导滞。

【应用】用本方配合西药治疗 35 只病羊，第二天病情好转，继续治疗 5 天全部康复。(张永山．中兽医学杂志，2018，1)

方2

【处方】党参、黄芪、炒山楂、炒麦芽、神曲、槟榔各 9 克，白术、柴胡、升麻、陈皮、三棱、莪术、枳实、厚朴、莱菔子、牵牛子各 6 克，炙草 3 克。

【用法用量】水煎取汁 500 毫升，加石蜡油 500 毫升，一次灌服。

【功效】补升中气，消食导滞。

【应用】用本方配合西药治疗牛羊前胃迟缓继发瘤胃积食 38 例，痊愈 27 例。(李根明，

方3

【处方】芒硝、枳壳各 10 克，山楂、麦芽、神曲、炒牵牛子、郁李仁、槟榔各 5 克。

【用法用量】水煎，去渣灌服。

【功效】健脾开胃，消食导滞。

【应用】用本方治疗羊瘤胃积食效果较好。也可用莱菔子 250 克（捣碎）、菜油 150 克，调匀灌服。（张年等，湖北畜牧兽医，2006，3）

方4（木香槟榔丸）

【处方】木香 25 克，槟榔 25 克，青皮 25 克，陈皮 25 克，炒枳壳 25 克，黄连炒 25 克，三棱 25 克，莪术 25 克，酒炒黄柏 70 克，酒浸大黄 70 克，香附 100 克，黑丑 100 克。

【用法用量】研成细末，据体质、症候轻重决定用量。亦可将诸药适量煎汤灌服。

【功效】行积导滞，通便除胀。

【应用】本方对运化无力不能升降的阳明胃实证，可起到异病同治的功效，20 分钟后即见效果，且无副作用，并可配合胃穿刺、强心输液等措施。将散剂转汤剂作用更迅速。（范云刚等，吉林畜牧兽医，2002，2）

19. 羊瘤胃酸中毒

方1（平胃散）

【处方】苍术 60 克，厚朴 45 克，陈皮 45 克，甘草 20 克，生姜 20 克，大枣 90 克。

【用法用量】每次 30～40 克，加小苏打粉 50～80 克，开水冲，一次灌服，每天 2 次。

【功效】温胃健脾，理气消胀。

【应用】适用于因过食玉米等精料所致瘤胃酸中毒，用时加水应充足，药液浓度应不高于 5％，严重者配合静脉输液效果更好。（李兴如等，中兽医医药杂志，2006，6）

方2（茯苓饮）

【处方】人参 20 克，茯苓 10 克，枳实 10 克，白术 10 克，陈皮 10 克，干姜 10 克，三仙各 10 克。

【用法用量】水煎，灌服，每天 1 剂。

【功效】补气健脾，消食开胃。

【应用】用本方治疗小尾寒羊谷物酸中毒，第 3 天痊愈（李积宏等，青海畜牧兽医杂志，2006，4）

20. 羊瓣胃阻塞

方1

【处方与用法】① 增液承气汤加减：大黄、郁李仁、枳壳、生地、玄参各 10 克。水煎去渣，加芒硝、蜂蜜各 20 克，猪油 100 克，调和灌服。

② 猪膏散加减：大黄 15 克，当归、白术、牵牛子、大戟、甘草各 5 克；芒硝 20 克，

滑石 10 克，猪油 100 克。前 6 味研末，加后 3 味开水冲服。

【功效】增液润燥，导滞化积。

【应用】方①用于瓣胃阻塞初期，方②用于瓣胃阻塞中期。（张波．畜牧兽医科技信息，2016，6）

方 2（大承气汤加味）

【处方】山楂 80 克，青皮 70 克，大黄 120 克，厚朴 30 克，芒硝 200 克，当归 70 克，枳壳、枳实各 30~50 克，香油 50 克。

【用法用量】水煎取汁，候温加芒硝、香油，一次投服。

【功效】泻热攻积，润燥通便。

【应用】本方治疗羊瓣胃阻塞效果较好。久病体虚者，加党参、白术、熟地；肚疼甚者，加桂枝、香附；磨牙者，加莲子肉、半夏、大枣；胃浊湿热者，加茵陈、黄芩、龙胆草；大便干燥难下者，重用香油（或液状石蜡）。（张年等．湖北畜牧兽医，2006，3）

21. 羊皱胃阻塞

方 1

【处方与用法】① 健胃散：陈皮、枳实、神曲、山楂、萝卜籽各 9 克，厚朴、枳壳各 6 克，水煎去渣灌服。

② 制香附 60 克，炒神曲 30 克，土炒陈皮 24 克，三棱、莪术各 9 克，炒麦芽 30 克，炙甘草、砂仁、党参各 15 克。共研细末，每只每次用药 2 克，以开水冲调，候温灌服，每天 2 次。

【功效】健脾理气，消积化滞。

【应用】对皱胃阻塞多有良效，一般服用 1~2 次，个别需服 3~4 次。（张波．畜牧兽医科技信息，2016，6）

方 2

【处方】大黄 9 克，油炒当归 12 克，芒硝 10 克，生地 3 克，桃仁 2.5 克，莪术 2.5 克，郁李仁 3 克。

【用法用量】煎成水剂内服。

【功效】破气消积。

【应用】用于哺乳期羔羊常因过食羊奶而使凝乳块聚结充盈于皱胃腔内，或因毛球移至幽门部不能下行而形成皱胃阻塞。（张亚健．乡村科技，2012，11）

22. 羊腹泻

方 1（胃苓散）

【处方】苍术 6 克，厚朴 6 克，陈皮 6 克，甘草 6 克，白术 9 克，肉桂 6 克，猪苓 6 克，泽泻 6 克，茯苓 6 克，生姜 9 克，大枣 6 克。

【用法用量】水煎去渣，候温灌服。每天 1 次，连用 3 天。

【功效】温中散寒，健脾利水。

【应用】适用于寒湿型腹泻。证见肠鸣腹泻，粪稀薄甚至泻下如水、不臭，草料不化。用本方治疗病羔羊 35 例，全部治愈。（穆春雷等. 中兽医医药杂志，2014，3）

方 2（郁金散）

【处方】郁金 9 克，诃子 9 克，黄芩 6 克，大黄 3 克，黄连 6 克，黄柏 6 克，栀子 5 克，白芍 5 克。

【用法用量】水煎去渣，或共为细末，开水冲调，候温灌服，每天 1 次，连用 3 天。

【功效】清热利湿。

【应用】适用于湿热型腹泻。证见泻粪如浆，赤秽腥臭，有的带血，腹痛不安。腹痛显著者，加乳香、没药。用本方治疗病羔羊 38 例，全部治愈。（穆春雷等. 中兽医医药杂志，2014，3）

方 3（枳实导滞丸）

【处方】枳实 9 克，白术 6 克，茯苓 6 克，黄芩 6 克，黄连 6 克，泽泻 6 克，神曲 12 克，大黄 6 克。

【用法用量】水煎去渣，或共为细末，开水冲调，候温灌服，每天 1 次，连用 3 天。

【功效】消食导滞，理气和胃。

【应用】适用于伤食型腹泻。证见腹胀，腹痛，泻后痛减，腹泻，泻粪酸臭夹有未消化的草料。用本方治疗病羔羊 26 例，全部治愈。（穆春雷等. 中兽医医药杂志，2014，3）

方 4（参苓白术散加味）

【处方】党参 6 克，茯苓 6 克，白术 6 克，白扁豆 4 克，山药 12 克，炙甘草 5 克，莲子肉 9 克，砂仁 3 克，薏苡仁 6 克，桔梗 6 克。

【用法用量】水煎去渣，或共为细末，开水冲调，候温灌服。每天 1 次，连用 3～5 天。

【功效】健脾益气，利水止泻。

【应用】适用于脾虚型腹泻。证见食欲减退，粪稀软不成形，草谷不化，臭味不重，食欲减退，喜卧懒动。虚甚者加黄芪；久泻不止者加升麻、柴胡；湿重者加苍术、厚朴；寒重者加肉桂、附子、干姜。用本方治疗病羔羊 11 例，3～5 天痊愈。（穆春雷等. 中兽医医药杂志，2014，3）

23. 羊异食癖

方 1

【处方】生姜 6 克，当归、升麻、菖蒲、泽泻、肉桂、炒白术、枳壳、赤石脂各 5 克，甘草 4 克，半夏 3 克；或神曲 10 克，山楂、麦芽各 9 克，陈皮、枳壳、厚朴各 6 克，青皮、苍术各 5 克，甘草 3 克。

【用法用量】共研成粉末，开水冲调，待温灌服。

【功效】温胃理气，健脾消食。

【应用】用于营养不足、代谢紊乱、消化功能障碍等造成味觉出现异常引起的异食癖。（孟凡军. 现代畜牧科技，2017，5）

方 2（平胃散）

【处方】苍术 60 克，厚朴 45 克，陈皮 45 克，甘草 20 克，生姜 20 克，大枣 90 克。

【用法用量】每次 40～50 克开水冲，一次灌服，每天 1 次，连用 2～4 次。

【功效】温胃健脾，理气消胀。

【应用】适用于前胃迟缓、消化不良等导致患畜食欲不振、味觉异常而引起的异食癖（李兴如等．中兽医医药杂志，2006，6）

24. 羊感冒

方1

【处方与用法】① 紫苏散：紫苏 18 克，防风 20 克，桔梗 20 克，黄皮叶 40 克，鸭脚术 40 克。煎水内服。

② 银翘散：金银花 6 克，连翘 6 克，淡豆豉 5 克，荆芥 6 克，薄荷 5 克，牛蒡子 5 克，桔梗 5 克，淡竹叶 5 克，芦根 6 克，生甘草 5 克。共研细末，开水冲调，内服。

【功效】解表。

【应用】方①适用于风寒感冒；方②适用于风热感冒，也可用杏苏散：杏仁 12 克、桔梗 20 克、紫苏 20 克、炙半夏 10 克、陈皮 20 克、前胡 20 克、甘草 8 克，枳壳 15 克，茯苓 20 克。（马青秀．中国畜牧兽医文摘，2018，5）

方2（荆防败毒散）

【处方】荆芥、桔梗、防风各 15 克，羌活、独活、柴胡、前胡、枳壳、茯苓各 10 克，川芎、甘草各 8 克，薄荷、生姜各 5 克。

【用法用量】生姜捣碎，余药共为细末，开水冲调，候温灌服，连服 2 剂。

【功效】解表散寒，祛湿宣肺。

【应用】用本方治疗羊风寒感冒夹湿证，1 剂后症状大减，开始采食，但站立困难，原方加牛膝、木瓜、杜仲各 8 克，服后 2 天内病愈。（李富育等，中兽医学杂志，2000，1）

25. 羊咳喘证

方1（止咳散）

【处方】百合 65 克，生地 50 克，熟地 50 克，玄参 25 克，川贝母 20 克，桔梗 25 克，紫菀 15 克，款冬花 15 克，百部 20 克，白前 20 克，橘红 15 克，甘草 10 克。

【用法用量】此方为 5 只山羊一次用量。研成细末，开水冲调，待温一次灌服，每天 1 剂。

【功效】滋阴润肺，止咳平喘。

【应用】用于治疗久咳不愈病羊 86 例，治愈率 100%。（李光怀．中兽医医药杂志，2014，1）

方2（敛肺定喘散）

【处方】麻黄 7 克，杏仁 8 克，石膏 15 克，知母 8 克，贝母 8 克，桑白皮 10 克，葶苈子 8 克，黄芩 8 克，二花 9 克，大黄 9 克，枳壳 8 克。

【用法用量】共研细末温水灌服，或煎汤灌服，每天 1 剂，连服 3 剂。

【功效】清热解毒，止咳平喘。

【应用】用此方收治千余例羊肺喘症，都得以控制和治愈。疗程短、效果好、不易复发（孙树民等，中兽医学杂志，2003，3）

方3（止嗽平喘散）

【处方】桔梗 30 克，杏仁 20 克，麻黄、荆芥、白前、紫菀、陈皮、百部、苏子、当归、甘草各 15 克。

【用法用量】上药水煎 20 分钟后，去渣留煎液 500 毫升，候温灌服，每天 1 次，3 天为 1 疗程。

【功效】疏风化痰，止咳平喘。

【应用】用本方治疗羊咳嗽、喘息病证 228 例，1 个疗程治愈 123 例，2 个疗程再治愈 69 例，3 个疗程再治愈 36 例，另有 4 例 3 个疗程后治愈。临床应用于急慢性支气管炎症之久咳、喘息、痰多色白、咽痒气逆，不论新久均可奏效。（刘诚生．中兽医医药杂志，2002，3）

26. 羊惊风

方1（血府逐瘀汤加减）

【处方】当归 25 克，生地 25 克，桃仁 25 克，红花 20 克，川芎 25 克，赤芍 25 克，柴胡 25 克，钩藤 25 克，酸枣仁 25 克，枳壳 20 克，桔梗 25 克，牛膝 20 克，甘草 15 克。

【用法用量】水煎两次，混合药液，分 2 次灌服，每天早、晚各 1 次。

【功效】活血化瘀，定惊安神，疏肝理气。

【应用】用本方结合西药（补液、镇痛、消炎）疗法收治绵羊惊瘫 1 例，首次治疗后精神稍有好转，惊恐稍缓解，心跳 90 次/分钟，呼吸 30 次/分钟，肌肉震颤减轻，有食欲，饮水少许，但仍不能站立。次日重复治疗后症状明显减轻，呼吸、心率接近正常，食少量青草，饮水量增加，欲站立，但需人工扶助勉强站立，仍不能行走。重复治疗 3 天后病羊精神、饮食欲、呼吸、心率、体温等正常，能站立行走，创伤愈合，行动自如。（杨永孝．中兽医医药杂志，2009，2）

方2（牛角钩藤汤）

【处方】水牛角 3 克（切薄片先煎），钩藤 15 克，生地 15 克，白芍 15 克，茯神 15 克，菊花 15 克，龙胆 10 克，生甘草 10 克，鲜竹茹 30 克，鲜桑叶 30 克（干者减半）。

【用法用量】水煎 2 次，每天 1 剂，分 3 次灌服。

【功效】滋阴养血，凉肝熄风。

【应用】用本方治疗羊惊风证 12 例，治愈 11 例，治愈率 91.7%。（任婵英．贵州畜牧兽医，2006，4）

27. 羊脑膜炎

【处方（加减黄连解毒汤）】黄连 15 克，黄柏 25 克，生地 20 克，青皮 20 克，陈皮 15 克，木香 20 克，黄芪 10 克，建曲 10 克，麦芽 15 克，山楂 10 克，甘草 5 克。

【用法用量】水煎取汁，候温灌服，每天 2 次，连用 4 天。

【功效】清热解毒。

【应用】用本方结合西药（磺胺嘧啶钠）治疗羊外感并发急性脑膜炎 12 例，取得良好效果。（覃立等．中兽医医药杂志，2013，6）

28. 羊风湿症

方1（独活散）

【处方】独活 3 克，秦艽 3 克，白芍 3 克，防风 3 克，归尾 3 克，党参 3 克，焦茯苓 3 克，川芎 3 克，桂枝 3 克，杜仲 4 克，牛膝 4 克，甘草 2 克，细辛 1 克。

【用法用量】共为细末，开水焖 1 小时后调服，每天 1 剂，连服 3 剂为 1 疗程。

【功效】祛风湿。

【应用】用本方配合穴位注射维生素，3 天后好转，患牛症状减轻，瘸腿症状基本消失，7 天后痊愈。（陈雪峰等．中兽医学杂志，2006，6）

方2（蠲痹汤）

【处方】炙黄芪 40 克，酒当归 30 克，羌活 20 克，姜黄 15 克，赤芍 15 克，防风 15 克，生姜 15 克，甘草 10 克，大枣 10 枚。

【用法用量】水煎两次，混合，一次灌服，每天 1 剂，连用 3～5 剂。

【功效】祛风活血，行血止痛。

【应用】用本方治疗羊急性肌肉风湿症 28 例，治愈 26 例，有效率 90% 以上。（陈功义等．中兽医医药杂志，2003，5）

29. 羊肢体溃疡病

【处方（黄连解毒汤）】黄连 60 克，黄芩 60 克，黄柏 60 克，栀子 60 克。

【用法用量】加水 2000 毫升煎煮，纱布过滤，取汁 1000 毫升，高压灭菌，装瓶备用，视伤口大小准备合适的灭菌纱布浸此药液贴于患处、固定，视病情用药，每天 1～3 次。

【功效】清热，解毒，燥湿。

【应用】肢体溃疡是外科常见皮肤病，本方既能有效杀灭病菌或抑制细菌生长，又可清热燥湿，除去皮肤溃烂组织，促进皮肤愈合，从而达到有效治疗并根除溃疡的目的。一般 5～7 天即可痊愈。用本方收治绵羊肢体溃疡病 36 例，痊愈 30 例，占 83.3%；显效者 6 例，占 16.7%，总有效率 100%。（袁金章．中兽医医药杂志，2015，6）

30. 羊尿结石

方1

【处方】大黄、芒硝、萆薢、竹叶各 20 克，硼砂 10 克、琥珀 6 克、车前子 20 克。

【用法用量】共研细末，兑水灌服。每天 1 剂，连用 2 剂。

【功效】化石通淋。

【应用】对于尿道完全阻塞或者药物治疗没有明显效果的病羊，要采取手术治疗。（曹伟．

方 2

【处方】鲜连钱草、鲜蓬草、鲜海金沙各 400 克（干品减半），滑石 200 克。

【用法用量】捣碎，水煎取汁，化入冰糖 100 克，灌服，每天 1 剂。

【功效】化石通淋。

【应用】用药的同时，消除病因。（冯煜秦等 . 畜禽业，2018，3）

方 3（排石汤）

【处方】海金沙 25 克，金钱草 25 克，石韦 20 克，冬葵子 20 克，车前子 15 克，萹蓄 20 克，瞿麦 25 克，木通 20 克，鸡内金 15 克，木香 10 克。

【用法用量】水煎 2 次，合并药液，早晚各灌服 1 次，连服 7 剂。

【功效】排石通淋。

【应用】用本方结合西药（青霉素、乌洛托品）治疗公羊尿结石效果良好。（赵万寿 . 中兽医医药杂志，2013，2）

31. 羊不孕症

方 1

【处方】① 温肾暖宫散：当归 32 克，川芎 23 克，白芍 27 克，熟地 32 克，巴戟天 27 克，淫羊藿 32 克，菟丝子 32 克，益母草 50 克，茯苓 8 克，小茴香 27 克，荔枝核 27 克，醋艾叶 23 克。

② 滋肾育阴散：当归 32 克，熟地 27 克，生地 27 克，白芍 27 克，山药 27 克，枸杞子 29 克，菟丝子 32 克，巴戟天 27 克，怀牛膝 27 克，益母草 60 克，淫羊藿 32 克，甘草 23 克。

【用法用量】共为细末，开水冲调，候温灌服。发情停止后第 5 天开始灌药，1 剂/3 天，连用 4 剂。

【功效】温肾壮阳，暖宫散寒；滋补肝肾，调理冲任。

【应用】适用于肝肾不足型（方①适用于肾阳虚型、方②适用于肾阴虚型）不孕症。用两方治疗肝肾不足型不孕症 33 例，治愈 32 例，治愈率 96％。（郭剑波 . 中兽医医药杂志，2010，10）

方 2（疏肝化瘀散）

【处方】柴胡 32 克，生白芍 32 克，赤芍 27 克，枳壳 32 克，当归 32 克，川芎 23 克，红花 23 克，桃仁 27 克，益母草 100 克，五灵脂 27 克，醋香附 23 克，甘草 23 克。

【用法用量】水煎取汁，候温灌服。在发情前 6～8 天给药，隔天 1 剂，连服 3 剂。

【功效】活血祛瘀，理气通经。

【应用】适用于气滞血瘀型不孕症。用本方治疗气滞血瘀型不孕症 17 例，治愈 16 例，治愈率 94％。（郭剑波 . 中兽医医药杂志，2010，10）

方 3（八珍汤加减）

【处方】当归 32 克，炒白术 32 克，白芍 27 克，熟地 27 克，党参 32 克，黄芪 32 克，茯苓 32 克，川芎 23 克，山药 27 克，陈皮 23 克，盐黄柏 23 克，益母草 60 克，炙甘草 23 克。

【用法用量】研末，开水冲调，待凉灌服，连用 3～5 剂。

【功效】益气健脾，滋养肝肾。

【应用】适用于血虚型不孕症。用本方治疗血虚型不孕症 45 例，治愈 41 例，治愈率 91%。（郭剑波．中兽医医药杂志，2010，10）

方 4（二陈汤加减）

【处方】半夏、陈皮、茯苓、白术、当归、石菖蒲各 32 克，山楂 35 克，薏苡仁、香附、川芎、甘草各 30 克。

【用法用量】水煎取汁，候温灌服。在发情前 6～8 天给药，隔天 1 剂，连服 3 剂。

【功效】豁痰化湿，理气健脾。

【应用】适用于痰湿阻滞型不孕症。用本方治疗痰湿阻滞型不孕症 18 例，治愈 17 例，治愈率 94%。（郭剑波．中兽医医药杂志，2010，10）

32. 羊妊娠毒血症

方 1

【处方】① 炙黄芪、白芍、当归、党参各 30 克，熟地、砂仁、白术、川芎、续断各 25 克，柴胡、20 克枳实各 20 克，炙甘草 15 克。

② 生地 50 克，白芍、当归、北沙参、麦冬、枸杞子各 30 克，郁金 25 克，柴胡 20 克。

【用法用量】共研细末，开水冲调或加水煎煮，候温灌服。

【功效】补气养血，疏肝理气。

【应用】方①适用于脾胃虚弱型，方②适用于肝肾型（姜延骞，畜牧兽医科技信息，2018，10）

方 2

【处方】当归 30 克，川芎 30 克，生地 25 克，党参 25 克，白术 30 克，黄芪 30 克，炙甘草 20 克，陈皮 20 克，麦芽 30 克。

【用法用量】水煎服，每天 1 剂，连用 1～3 剂。

【功效】补脾健胃，补血养气。

【应用】用本方治疗脾胃虚弱型小尾寒羊妊娠毒血症效果较好。（刘德福等，河南畜牧兽医，2002，12）

方 3

【处方】当归 20 克，白芍 25 克，生地 25 克，郁金 25 克，北沙参 20 克，枸杞 20 克，川楝子 20 克，柴胡 20 克，麦芽 25 克。

【用法用量】水煎服，每天 1 剂，连用 1～3 剂。

【功效】滋阴降火，疏肝理气。

【应用】用本方治疗肝肾阴虚型小尾寒羊妊娠毒血症效果较好。（刘德福等，河南畜牧兽医，2002，12）

方 4

【处方】党参 30 克，茯苓 25 克，薏苡仁 25 克，大腹皮 25 克，白术 25 克，苍术 20 克，麦芽 20 克，草豆蔻 20 克，厚朴 25 克，香附 25 克，菖蒲 25 克，柴胡 20 克，升麻 15 克，陈皮 20 克，桂枝 25 克，炙甘草 20 克。

【用法用量】水煎服，每天 1 剂，连用 1～3 剂。

【功效】温脾健胃，渗湿利水。

【应用】用本方治疗脾虚湿困型小尾寒羊妊娠毒血症效果较好。（刘德福等，河南畜牧兽医，2002，12）

33. 羊子宫脱

方1（补中益气汤加减）

【处方】黄芪 20 克，党参 15 克，白术 15 克，炙甘草 10 克，当归 10 克，升麻 10 克，柴胡 10 克，陈皮 10 克，枳壳 10 克，牛膝 10 克，杜仲 10 克，枸杞子 10 克。

【用法用量】水煎去渣灌服，每天 1 剂，连用 4 天。

【功效】补中益气，升阳举陷。

【应用】四肢不温、腰膝无力者，加牛膝、杜仲、枸杞子，用本方结合西药（补充能量、电解质、钙、抗生素）治疗奶山羊子宫脱 16 例，除 1 例由于阴道损伤严重放弃治疗外，其余全部治愈。（邹杰等．中兽医医药杂志，2017，5）

方2（加味补中益气汤）

【处方】黄芪 15 克，党参 12 克，白术 10 克，炙甘草 8 克，陈皮 10 克，当归 10 克，柴胡 15 克，升麻 15 克，熟地 10 克。

【用法用量】水煎服，连用 3 剂。

【功效】补气养血，升提固脱。

【应用】久泻者，加诃子 12 克、乌梅 12 克；小便不通者，加木通 15 克、车前子 10 克。本病须尽早手术整复，整复后两侧阴脱穴各注射 75% 酒精 5 毫升，或电针针刺百会、交巢 2 穴加以固定。用本方治疗母羊产后子宫脱出 20 例，取得了很好的治疗效果。（王景福．今日畜牧兽医，2008，5）

34. 羊产后瘫痪

方1（生化汤加减）

【处方】当归 30 克，川芎 20 克，桃仁 15 克，益智仁 20 克，益母草 30 克，续断 15 克，牛膝 10 克，良姜 10 克，炙甘草 10 克。

【用法用量】水煎去渣，调匀一次灌服。

【功效】活血祛瘀，补益肝肾。

【应用】用本方配合西药（补糖、补钙）治愈小尾寒羊生产瘫痪 3 例。（隋海龙．北方牧业，2018，10）

方2

【处方】党参、白术、大枣、益母草、黄芪、甘草、当归各 30 克，白芍、陈皮各 20 克，升麻、柴胡各 10 克。

【用法用量】水煎，加白酒 100 毫升灌服，每天 1 剂，连服 2 剂。

【功效】补中益气，养血升举。

【应用】用本方治疗母羊产后瘫痪，连服 2 剂即可治愈。在母羊怀孕期间多晒太阳，多运动，分娩后给母羊饮温盐水和补充钙质饲料，可预防本病。（谢思湘 . 农村百事通，2007，9）

35. 羊乳腺炎

方 1（透脓散加味）

【处方】黄芪 15 克，川芎 10 克，当归 15 克，皂刺 10 克，连翘 10 克，金银花 10 克，青皮 7 克，白芍 15 克，柴胡 15 克，枳壳 10 克，香附 7 克。

【用法用量】水煎，分 2 次灌服。每天 1 剂。

【功效】活血散结，舒肝解郁。

【应用】用本方治疗奶山羊乳腺炎 151 例，治愈 142 例，效果显著。只要辨证准确，灵活加减，对已经形成肿块、有脓未破、抵抗力下降的慢性病病畜有独特的治疗效果。（田永祥 . 中兽医学杂志，2017，3）

方 2

【处方】金银花 25 克，连翘 15 克，蒲公英 30 克，知母 10 克，穿山甲 10 克，瓜蒌 10 克，丹参 10 克，黄芩 10 克，柴胡 10 克，当归 15 克，乳香 10 克，没药 20 克，甘草 3 克。

【用法用量】研为细末，开水冲调，温后一次灌服，每天 1 剂。

【功效】清热解毒，活血散瘀。

【应用】用本方配合西药治疗小尾寒羊乳痈 24 例，有效率 95.8%。本方适用于乳痈初期、乳结不通型。如乳房红肿热痛严重、全身症状明显，加大剂量，再加入天花粉 10 克、生地 20 克、党参 10 克、大黄 15 克；乳房内肿块大、产乳量下降者，加赤芍 10 克、红花 15 克、漏芦 10 克、王不留 10 克、通草 10 克、皂刺 10 克；伴有外感者，加荆芥 10 克、防风 10 克、薄荷 10 克；伴有子宫炎者，加山药 10 克、车前子 10 克、川芎 10 克、黄柏 10 克、苍术 10 克；产后恶露不尽者，加红花 10 克、益母草 20 克、生蒲黄 10 克；食欲不振者，加山楂 15 克、麦芽 15 克、神曲 10 克。（朱文浩 . 青海畜牧兽医杂志，2007，4）

方 3（公英散）

【处方】蒲公英 15 克，金银花 10 克，连翘 10 克，丝瓜络 15 克，通草 10 克，芙蓉花 10 克，穿山甲 5 克。

【用法用量】水煎，候温一次灌服，每天 1 剂，连用 4 天。

【功效】清热解毒，消肿散痈。

【应用】用本方配合西药治疗小尾寒羊急性乳腺炎 158 例，治愈 152 例，治愈率 96.2%。（梁福文等 . 中兽医医药杂志，2006，5）

方 4（逍遥散）

【处方】柴胡 10 克，当归 10 克，白芍 10 克，白术 10 克，茯苓 10 克，炙甘草 5 克，煨生姜 5 克，薄荷 5 克。

【用法用量】水煎，候温一次灌服，每天 1 剂，连用 5 天。

【功效】舒肝解郁，清热散结。

【应用】本方适用于肝气郁结、气机不畅、气滞血凝所致的慢性乳腺炎。（梁福文等．中兽医医药杂志，2006，5）

36. 羊胎衣不下

方1

【处方】当归20克，川芎20克，赤芍20克，桃仁15克，红花15克，栀子20克，连翘20克，穿心莲20克，鱼腥草20克，二花20克，黄柏20克，党参30克，黄柏30克，白术15克，柴胡15克，升麻10克，牛黄15克，元胡15克，附子15克，郁金15克。

【用法用量】水煎汁去渣，分3次送服，每天早、晚各服1次，二剂服3天。

【功效】活血祛瘀，行气止痛。

【应用】用本方治疗母羊胎衣不下，取得较好的疗效。（史健等．兽医导刊，2014，12）

方2

【处方】当归尾25克，川芎15克，山甲珠15克，芡实15克，没药15克，五灵脂20克，炒香附50克。

【用法用量】煎服，每次加白酒25克为引。

【功效】活血祛瘀，理气止痛。

【应用】用此方治疗小尾寒羊胎衣不下49例，收到满意效果。也可用车前子100～200克，用酒拌匀，点火，边烧边拌，熄火后待凉研末，加温水调服；或加入麻仁等量，分别研末服，或麻仁加水煮后滤去渣，与车前子灌服。对小尾寒羊胎衣不下排出腐败分解的胎儿，有良好疗效。（钱礼春等．养殖技术顾问，2004，5）

方3（加味参灵汤）

【处方】生大黄25克，益母草15克，当归15克，川芎10克，生蒲黄10克，五灵脂10克，党参10克。

【用法用量】共为细末，冷水调灌。

【功效】活血化瘀，攻积排衣。

【应用】用本方治疗6例，5例灌服1剂、1天后胎衣自下，无任何不良反应。（倪金莲．内蒙古畜牧科学，2003，6）

37. 羊阴囊湿疹

【处方】苍术、炒山栀、黄柏、柴胡各35克，龙胆草30克，生地、连翘、白鲜皮、川草薢、紫花地丁各45克，鱼腥草、薏苡仁、蒲公英各50克，车前子（包煎）60克，牛膝25克，川木通、生甘草各20克。

【用法用量】水煎2次，浓缩至1000毫升，早、晚各灌服500毫升；药渣加地肤子50克、花椒30克煎汤温洗。

【功效】清热解毒，祛湿止痒。

【应用】用本方内服、外洗，配合静脉注射青霉素钠800万单位、5%葡萄糖400毫升，

治疗种公羊阴囊湿疹21例，治愈19例，治愈率90.48%。（钟永晓．中兽医学杂志，2008，1）

38. 公羊肾虚

方1

【处方】阳起石10克，淫羊藿15克，续断20克，巴戟天15克，杜仲（炒）10克，牛膝10克，天冬20克，麦冬20克，益智仁20克，黄芪15克。

【用法用量】混合水煎，候温灌服，每天2次，每次250～300毫升，连用3天。

【功效】温阳补肾，强精益髓。

【应用】用本方治疗5只性欲差的种公羊，取得了很好的效果。为提高疗效应加强饲养管理。（毛占强，中兽医学杂志，2008，1）

方2（知柏地黄汤加味）

【处方】熟地30克，山药12克，山萸肉12克，丹皮、茯苓、泽泻各10克，知母、黄柏、生地、元参、郁李仁各15克，麻仁40克。

【用法用量】共为细末，开水冲调，一次灌服，每天1剂。

【功效】滋补肾阴。

【应用】用本方治疗6例小尾寒羊种公羊肾阴虚，连服3～5剂治愈。兼气虚者，加黄芪、党参；虚热盗汗者，加胡黄连、地骨皮；咳嗽、口干者，加杏仁、天花粉；大便秘结者，加郁李仁、麻仁、蜂蜜；津伤甚者，加生地、元参、麦冬。（贺贵祥等．中兽医医药杂志，2000，1）

第九章 牛病方

1. 牛恶性卡他热

方1（龙胆泻肝汤）

【处方】龙胆草60克，黄芩60克，薄荷30克，茵陈120克，柴胡60克，僵蚕30克，牛蒡子30克，板蓝根30克，栀子45克，金银花30克，连翘30克，玄参30克，车前草60克，淡竹叶60克，地骨皮60克。

【用法用量】以上各药，共煎汤，每日灌服1剂，3～5天为1疗程。

【功效】清泻肝火，活血祛瘀。

【应用】应用本方和普济消毒饮结合西药治疗牛恶性卡他热效果较好。（赵红星等．中兽医学杂志，2018，2）

方2（加味普济消毒饮）

【处方】黄芩30克，黄连、牛蒡子、桔梗、升麻、马勃、僵虫、薄荷各25克，玄参、板蓝根、柴胡、连翘、二花各40克，甘草、陈皮、木香各20克，知母、黄柏各45克。

【用法用量】水煎服，每天1剂，连用3天。

【功效】清热解毒，疏风散邪。

【应用】用本方配合西药强心补液，抗继发感染治疗牛恶性卡他热效果好。（宋维彪等．当代畜牧，2016，10）

方3（解毒泻肝汤）

【处方】龙胆草60克，黄芩60克，薄荷30克，茵陈120克，柴胡60克，僵蚕30克，牛蒡子30克，板蓝根30克，栀子45克，金银花30克，连翘30克，玄参30克，车前草60克，地骨皮60克。

【用法用量】煎汤灌服，每天1剂，连用3～5天。

【功效】清热解毒，疏肝解郁。

【应用】用本方治疗奶牛恶性卡他热36例，获得理想的治疗效果。（柴西超．中兽医学杂志，2006，5）

方4

【处方】大青叶200克，金银花120克，连翘120克，黄芩120克，栀子120克，柴胡120克，生地150克，元参150克，麦冬150克，生石膏500克，知母100克，白芍100克，石斛100克，菊花90克，木贼90克，青葙子90克，龙胆草90克，鲜芦根500克。

【用法用量】水煎2次，灌服，每天1剂，连服3～4剂。

【功效】清热解毒，泻火滋阴。

【应用】用本方配合西药强心补液，抗继发感染，治疗牛恶性卡他热 17 例，治愈 13 例。有神经症状另加茯神、枣仁、远志各 80 克。（郭金帅等．中兽医学杂志，2000，4）

2. 牛病毒性腹泻

方1

【处方】大黄、丹皮、生地、栀子各 10 克，秦皮 15 克，枳壳 8 克，厚朴 7 克，石榴皮 5 克，黄芩 20 克。

【用法用量】成年牛每次 300～500 克，犊牛每次 100～150 克，煎汤灌服，每日 1～2 次，连用 5 天。

【功效】清热解毒，燥湿止泻。

【应用】用本方治疗患牛 30 头，治愈 23 头。（朱水喜．畜牧兽医科技信息，2013，1）

方2（白芍散）

【处方】白芍 24 克，车前子 21 克，地榆炭 18 克，金银花 30 克，滑石 30 克，大黄 24 克，白头翁 30 克，茯苓 21 克，甘草 9 克。

【用法用量】共为细末，温水调，一次灌服。

【功效】泻火止痢，清热燥湿。

【应用】本方治疗牛病毒性腹泻效果较好，一般治愈率可达 80% 以上。（杨尤坤．湖北畜牧兽医，2013，2）

方3

【处方】芍药 100 克，枳壳 80 克，厚朴 80 克，陈皮 80 克，柴胡 50 克，板蓝根 100 克，黄芪 100 克，细辛 1 克。

【用法用量】碾细，加温水 1 次投服，每天 1 次，连服 3 天。

【功效】涩肠止泻，益气健脾。

【应用】采用对症疗法和控制继发感染治疗的同时，应用本方效果确实。（薛涛等．畜牧与兽医，2007，2）

方4（白头翁汤加味）

【处方】白头翁 60 克，黄连 60 克，黄芩 60 克，黄柏 60 克，秦皮 60 克，茵陈 60 克，苦参 60 克，穿心莲 60 克，白扁豆 60 克，玄参 50 克，生地 50 克，泽泻 50 克，椿白皮 50 克，诃子 50 克，乌梅 50 克，木香 50 克，白术 50 克，陈皮 50 克。

【用法用量】水煎，候温灌服，每天 1 剂，分 3～4 次服完。

【功效】清热解毒，健脾燥湿，涩肠止泻，滋阴生津。

【应用】以本方为主对 102 例黄牛病毒性腹泻-黏膜病进行综合治疗，除 15 例因病重晚治无效死亡外，其余均获治愈，疗效满意。（伍永炎等．黑龙江畜牧兽医，1995，5）

3. 牛流感

方1

【处方】金银花 45 克，薄荷 24 克，桔梗 30 克，黄芪 76 克，连翘 41 克，柴胡 30 克，防风 30 克，川首 24 克，白芷 24 克，牛蒡子 24 克，荆芥 30 克，贝母 30 克，石膏 60 克，甘草 24 克。

【用法用量】研磨成粉，开水调服。

【功效】清热解毒，祛风除湿。

【应用】若患牛有食量减少的症状，可加焦三仙。若患流行性感冒有咳嗽、喘粗气的症状，减少防风、荆芥的用量，加瓜蒌、葶苈子。（王亮等．畜牧兽医科技信息，2016，2）

方 2（九味羌活汤加减）

【处方】防风、羌活、苍术各 45 克，川芎、白芷、黄芩、生地、甘草、柴胡、生姜各 30 克，细辛 25 克，葱白 1 根。

【用法用量】水煎去渣，候温灌服，每天 1 天，连用 3 天。

【功效】祛风除湿，清肺平喘。

【应用】用本方结合西医治疗 1 头水牛、5 头黄牛，治疗 3 天后均痊愈。（李翠鸾等．中兽医学杂志，2015，4）

方 3

【处方】麻黄 60 克，桂枝 50 克，防风 40 克，荆芥 50 克，金银花 60 克，茯苓 50 克，黄芩 50 克，柴胡 60 克，黄柏 50 克，远志 40 克，车前 40 克，泽泻 40 克，葶苈子 50 克，桔梗 40 克，连翘 50 克，生姜 50 克。

【用法用量】水煎取汁，白酒为引，候温灌服，每日 3 次，连用 3 日。

【功效】热解表，祛风除湿

【应用】本方结合西医的抗菌消炎、强心补液疗效显著。有咳者加陈皮、杏仁、款冬花各 60 克；发喘者加瓜蒌仁 60 克；臌气者加青皮 60 克、枳壳 60 克；大便干燥者加大黄 100 克、枳实 40 克、芒硝 80 克；体弱者加党参 60 克、黄芪 60 克。（刁继俊．中兽医学杂志，2015，7）

方 4

【处方】葱白 200 克，生姜 200 克，大蒜 200 克，萝卜 200 克，橘子皮 200 克，杏仁 200 克，胡椒 50 粒。

【用法用量】加水煮 10 分钟，趁热温服，每天 1 剂，连用 1 周。

【功效】发散风寒。

【应用】本方感冒初应用效果理想。或用葱白、生姜各 100 克，加食盐 10 克，混合，捣成糊状，用纱布包好，擦前胸，背及腋窝，肘窝，再饮 50℃ 热红糖水。牛舍要保温，牛卧处铺厚垫草，腰上盖麻袋，半小时后，牛可出汗退烧。（王金宝．北方牧业，2007，19）

方 5

【处方】羌活 50 克，防风 50 克，生地 35 克，黄芩 40 克，川芎 35 克，白芷 35 克，细辛 25 克，甘草 40 克。

【用法用量】大葱为引，水煎，一次灌服。

【功效】祛风除寒，补气活血。

【应用】体温居高不下者，加大青叶、金银花；四肢拘紧者，加桑寄生、独活；咳嗽者加半夏、杏仁，无食者欲加麦芽、山楂。用本方配合西药治疗流感病牛 59 例，全部治愈。（田祥等．畜牧兽医科技信息，2007，6）

方6

【处方】麻黄 50 克，杏仁 50 克，石膏 50 克，桔梗 40 克，知母 40 克，黄芩 30 克，甘草 30 克。

【用法用量】加水适量煮开，不烫手时趁热灌下。

【功效】宣肺止咳。

【应用】对咳嗽、气喘的病牛疗效显著。（王金宝．北方牧业，2007，19）

4. 牛传染性鼻气管炎

方1（荆防败毒散加减）

【处方】荆芥 45 克，防风 40 克，羌活 25 克，独活 25 克，柴胡 25 克，前胡 25 克，枳壳 25 克，桔梗 25 克，茯苓 30 克，川芎 25 克，甘草 20 克，党参 30 克，薄荷 15 克。

【用法用量】共为末，开水冲，候温一次灌服，连用 2～3 剂。

【功效】辛温散寒，理气化湿。

【应用】本方疗效良好。病牛发热、鼻镜干燥、流脓性分泌物者，加二花、连翘各 35 克；口干舌燥、饮欲增加者，加芦根、地骨皮各 25 克；食欲不振、反刍减少者，去枳壳加枳实 25 克、炒山楂 60 克、神曲 60 克。（王忠明等．现代农业科技，2009，7）

方2

【处方】马勃、升麻各 18 克，薄荷、桔梗、黄连各 20 克，黄芩、柴胡、连翘、玄参、甘草、牛蒡子各 30 克，板蓝根 120 克。

【用法用量】加 1.5 升水煎成 500 毫升，候温灌服。每天早、晚各 1 次，至愈。

【功效】透卫清热，解毒消肿。

【应用】本方配合西药共治疗 70 例病牛，其中呼吸型 41 例，结膜型 3 例，生殖器型 12 例，流产不孕型 2 例，脑膜脑炎型 2 例，肠炎型 10 例。完全治愈 61 例，显效 7 例，无效 2 例，总有效率 97% 左右。（陈庆勋等．中国奶牛，2008，12）

方3（犀角地黄汤）

【处方】犀角 50 克，生地 50 克，芍药 35 克，丹皮 35 克，金银花 30 克，连翘 30 克，黄连 30 克。

【用法用量】共为末，开水调冲灌服，每天 1 剂。

【功效】清热解毒，凉血散瘀。

【应用】用此方配合复方磺胺间甲氧嘧啶钠（按每千克体重 0.1 毫升注射）、复方柴胡注射液，体质较差的用维生素 C、肌苷、ATP、20% 葡萄糖，出现肠卡他性炎症的服磺胺脒片，治疗 6 头病牛全部康复。（周树禄等．云南畜牧兽医，2007，4）

5. 牛流行热

方1

【处方】柴胡 50 克，黄芩 50 克，苏叶 60 克，知母 40 克，麻黄 35 克，桂枝 50 克，葛根

50 克，炒枳实 50 克，川芎 50 克，生姜 100 克，甘草 25 克。

【用法用量】水煎取汁，候温一次灌服，每天 1 剂，连用 3 天。

【功效】解热镇痛。

【应用】热盛者加板蓝根、银花、连翘；跛行明显者加木瓜、防己、独活。中西医结合治疗，效果更佳。（王占宏等．畜牧兽医杂志，2012，2）

方 2（银翘解毒汤）

【处方】金银花 45 克，连翘 45 克，生地 45 克，玄参 45 克，蚕沙 90 克，土茯苓 90 克，黄芩 45 克，木瓜 30 克，生甘草 30 克。

【用法用量】水煎，去渣，候温灌服；或共研细末，开水冲服。

【功效】解毒凉血，祛风湿，和胃。

【应用】跛行重者，加独活、秦艽、威灵仙；食欲废绝者，加茯苓、砂仁、白豆蔻；病情严重者，加黄连、赤芍、紫草、豨莶草。用此方治疗牛流行热 600 余例，其中水牛 10 余例，均有药到病除之功。（李如焱．中兽医学杂志，2007，3）

方 3（羌活汤加减）

【处方】羌活 60 克，防风 60 克，苍术 60 克，川芎 30 克，白芷 45 克，黄芩 60 克，大青叶 100 克，蒲公英 100 克，金银花 60 克，连翘 60 克，桔梗 45 克，贝母 30 克，甘草 30 克，大葱 120 克，生姜 120 克。

【用法用量】水煎服，每天 1 剂，连服 3 剂为 1 疗程。

【功效】祛湿风除，清热解毒。

【应用】本方适用于奶牛流行热初期，功效甚佳。患病牛当晚服药，第 2 天体温降至 38.5℃，开始反刍，连服 3 剂后痊愈，未发病奶牛可灌服本方预防。（李生涛等．中兽医学杂志，2007，4）

方 4（贯仲败毒饮）

【处方】贯仲 90 克，金银花 60 克，连翘 60 克，大青叶 100 克，苏子 35 克，葶苈子 30 克，桑叶 60 克，天花粉 60 克，贝母 45 克，沙参 60 克，苍术 45 克，黄芩 60 克，佩兰 45 克，蒲公英 60 克，甘草 60 克，藿香 45 克，蜂蜜 250 克为引。

【用法用量】水煎服或为末，开水冲调，候温灌服，每天 1 剂，连服 7 天为 1 疗程。

【功效】解毒祛湿，宣肺定喘。

【应用】用本方治疗奶牛流行热合并间质性肺气肿，首先用地塞米松肌内注射，3% 过氧化氢溶液、毒毛旋花子苷 K、5% 葡萄糖氯化钠缓慢滴注，10 分钟后呼吸困难缓解，心衰症状有所减轻，病势趋于稳定。随后服中药，7 天后痊愈。本方亦是治疗病毒性肺炎、肺气肿之良方。（李生涛等．中兽医学杂志，2007，4）

方 5（荆防败毒散加减）

【处方】荆芥、防风、羌活、前胡、桔梗各 40 克，柴胡、枳壳、茯苓各 30 克，川芎、生甘草各 20 克，板蓝根 60 克。

【用法用量】水煎灌服。

【功效】辛温解表，疏风祛湿。

【应用】本方用于风寒型牛流行热。跛行者，加桂枝 30 克、宣木瓜 30 克、怀牛膝 30 克、马鞭草 20 克以通经止痛。（吴卫平等．现代农业科技，2007，27）

方6(银翘散加减)

【处方】金银花、连翘、薄荷、大青叶、板蓝根各40克,桔梗、竹叶、夜交藤、甘草各30克。

【用法用量】水煎灌服。

【功效】辛凉解表,清热解毒。

【应用】本方用于风热型牛流行热,四肢沉重者,加羌活35克、独活35克、川芎30克以祛风湿;泄泻腹胀者,加藿香30克、白扁豆30克、大腹皮30克、厚朴25克、茯苓30克以健脾行气、化湿除胀。(吴卫平等.现代农业科技,2007,27)

6. 牛传染性角膜结膜炎

方1

【处方】菊花30克,连翘30克,栀子30克,柴胡30克,车前子30克,泽泻30克,生地30克,甘草15克,防风6克。

【用法用量】煎服,每天1剂,3天为1疗程。

【功效】清肝明目。

【应用】本方配合西药治愈患牛15头。(百合强.现代畜牧科技,2014,9)

方2

【处方】石决明30克,草决明25~30克,黄连30~40克,黄药子15~25克,大黄20~40克,黄芩30克,白药子15~25克,枝子15~30克,没药15~30克,郁金20~30克,黄芪20~30克,青葙子20~30克。

【用法用量】上药为末,开水冲药,加蜂蜜、鸡蛋清、浆水同调灌服。每天1剂,连续服3剂。

【功效】清肝明目。

【应用】应用本方结合生理盐水清洗和氧氟沙星点眼,效果好。(刘晋.畜牧兽医科技信息,2014,8)

方3(决明散加减)

【处方】煅石决明45克,草决明45克,栀子30克,黄药子30克,白药子30克,黄芪30克,大黄30克,黄芩30克,黄连20克,郁金20克,没药20克。

【用法用量】煎汤候温加蜂蜜60克、鸡蛋清2个,同调灌服。

【功效】清肝明目,退翳消瘀

【应用】本方配合西药清洗点眼有较好效果。(刘文来等.现代农业科技,2013,1)

方4(拔云散)

【处方】炉甘石30克,硼砂30克,大青盐30克,黄连30克,铜绿30克,硇砂10克,冰片10克。

【用法用量】共研极细末过筛装瓶。用直径3毫米的一段塑料管将药吹入眼内,或保定头部点入眼内,每天2次,轻症3~5天,重症7~10天。

【功效】去翳脱腐,收敛止泪。

【应用】用本方治疗牛传染性角膜结膜炎，方法简便，便于操作，临床应用效果确实，而且市面有医用拨云散可买到，有诸多可取之处。（房世雄．兽医导刊，2008，2）

方 5

【处方】防风 30 克，荆芥 30 克，黄连 30 克，黄芩 30 克，煅石决明 60 克，草决明 60 克，青葙子 60 克，龙胆草 15 克，蝉蜕 15 克，没药 24 克，甘草 12 克。

【用法用量】水煎服。

【功效】疏风散热，清肝明目。

【应用】热毒盛者加金银花、连翘、菊花、蒲公英。用此方治疗牛传染性角膜结膜炎效果良好。（尹懋．中兽医医药杂志，2007，4）

7．牛肺疫

方 1

【处方】黄连 40 克，黄芩 40 克，知母 40 克，白术 40 克，白芍 40 克，厚朴 40 克，白蔹 40 克，五味子 25 克，贝母 25，阿胶 25 克，泽泻 25 克，云苓 25 克，火麻仁 13 克为引。

【用法用量】研末，开水冲服，每日 1 剂，连服 3 剂。

【功效】清热解毒，宽中理气。

【应用】中西药联合治疗，患病牛恢复健康。（梁俊昌．当代畜牧，2017，11）

方 2

【处方】病初期：甘草、薄荷各 30 克，淡豆豉、桔梗各 40 克，金银花、连翘、牛蒡子、竹叶各 55 克，芦根 100 克。

病中后期：木通、桔梗、贝母各 40 克，当归、白芍、白芨、寸冬、百合、黄芩、花粉、滑石各 50 克。

【用法用量】水煎取汁，一次灌服，各连续用 2~3 剂。

【功效】清热解毒，理气宽胸。

【应用】本方配合西药治疗，效果更好。（格日多杰等．中国畜牧兽医文摘，2016，9）

方 3

【处方】银花 50 克，连翘 59 克，山豆根 30 克，射干 50 克，黄连 30 克，黄芩 60 克，大黄 50 克，麦冬 50 克，生石膏 100 克，僵蚕 30 克，蝉蜕 30 克，木通 20 克，桔梗 30 克，甘草 30。

【用法用量】水煎，24 月龄犊牛分 2 次灌服，每天 1 剂，连用数天。

【功效】清热解毒，宣肺平喘。

【应用】用此方治疗病牛 460 头，治愈 432 头，治愈率达 94%。（赵建华等．中国兽医科技，1996，1）

8．牛破伤风

方 1（追风散合蚱蝉地肤散加减）

【处方】蝉蜕 30 克，地肤子 100 克，乌头 15 克，白术 30 克，川芎 25 克，防风 30 克，白芷 25 克。

　　【用法用量】发病初共为细末，开水冲，加白酒 60 毫升同调，一次灌服。

　　【功效】解表祛风，活血燥湿，通痹。

　　【应用】用于破伤风初期。（王占斌．中兽医医药杂志，2008，3）

方 2（千金散加减）

　　【处方】天麻 25 克，乌蛇 30 克，蔓荆子 30 克，羌活 30 克，独活 30 克，防风 30 克，升麻 30 克，阿胶 30 克，何首乌 30 克，沙参 30 克，天南星 20 克，僵蚕 20 克，蝉蜕 20 克，藿香 20 克，川芎 20 克，桑螵蛸 20 克，全蝎 20 克，旋覆花 20 克，细辛 15 克，生姜 30 克。

　　【用法用量】共为细末，开水冲，候温加白酒 60 毫升共调，一次灌服，每日 1 剂，连续服至症状缓解。

　　【功效】散风解痉，熄风化痰，补血养阴。

　　【应用】用于破伤风中期。（王占斌．中兽医医药杂志，2008，3）

方 3（润肺散合二珍散加减）

　　【处方】防风 30 克，荆芥 25 克，薄荷 15 克，生姜 25 克，大黄 30 克，栀子 25 克，滑石 45 克，半夏 25 克，黄芪 25 克，连翘 25 克，当归 40 克，川芎 25 克，白芍 25 克。

　　【用法用量】共研为末，加白酒 60 毫升共调，一次灌服，每日 1 剂，服至症状缓解。

　　【功效】清热祛风，镇静除痰，补气养阴，扶正祛邪。

　　【应用】用于破伤风后期。（王占斌．中兽医医药杂志，2008，3）

方 4

　　【处方】大蒜（独头为佳）65 克，天南星 65 克，防风 65 克，僵蚕 65 克，蝎子 65 克，枸骨根 65 克，乌梢蛇 16 克，天麻 14 克，羌活 14 克，蔓荆子 13 克，藁本 13 克，蝉蜕 10 克，蜈蚣 3 条。

　　【用法用量】水煎汁，加黄酒 300 克，一次灌服，每天 1 剂，连服 2 天。

　　【功效】祛风解痉。

　　【应用】用此方治疗病牛 18 例，治愈 17 例。（邓庆城等．农村新技术，2001，4）

方 5

　　【处方】甘菊花 32 克，辣椒蒂、枸骨根、沙参各 25 克，独活 16 克，僵蚕 16 克，白芷 16 克，蔓荆子 16 克，乌梢蛇 14 克，草乌 14 克，川乌 14 克，防风 13 克，藁本 13 克，蝉蜕 10 克，钩藤 5 克。

　　【用法用量】水煎汁，一次灌服，每天 1 剂，连服 3 剂。

　　【功效】清热平肝，熄风定惊。

　　【应用】用此方治疗 10 余头病牛，均愈。（邓庆城等．农村新技术，2001，4）

9. 牛放线菌病

方 1

　　【处方】黄柏 12 克，白矾 9 克，黄连 6 克，白及 30 克，白蔹 30 克。

　　【用法用量】共为末，开水冲调成糊状，装入布袋，噙于口中，袋两端系绳，固定于头部。同时内服清热解毒之剂：黄连 15 克，黄芩 24 克，连翘 24 克，栀子 30 克，金银花 30 克，桔梗 15 克，赤芍 15 克，薄荷 12 克，郁金 30 克，玄参 30 克，牛蒡子 30 克，大黄 3 克，甘草 9 克，共为末，开水冲调，候温加入蜂蜜 120 克、蛋清 4 个，同调灌服。

【功效】清热解毒。

【应用】用于木舌型的病例。（刘颖国 . 中兽医学杂志，2017，5）

方2

【处方】白砒 30 克，黄丹 15 克，巴豆霜 15 克，轻粉 15 克。

【用法用量】共研细末，用糯糊调匀，捏成枣核大小备用。视创口大小塞入数粒，如果肿胀未破，可以刺破塞入。还可以用适量的食盐，炒热，塞入创口内，如果肿未破，可以切开塞入。数日后，用消毒药液冲洗，然后用 5% 的碘酊浸纱布条，塞入创口，隔两天更换一次，数次后脓尽，则涂碘酊即可，直至消肿为止。

【功效】清热解毒。

【应用】用于皮肤或者骨组织的放线菌病例。（刘颖国 . 中兽医学杂志，2017，5）

方3

【处方】海藻、海带各 100 克，双花、生芪、连翘、黄连、黄柏、花粉各 50 克，当归、乳香、没药、红花、甘草各 25 克。

【用法用量】共为细末，开水冲调，候温加黄酒 250 毫升为引，一次灌服。

【功效】软坚化结，清热解毒。

【应用】初局部肿胀，热痛较甚或舌发生肿胀时，另加郁金、生地、防风、荆芥各 40 克。肿胀中心或尖部发软，有破溃倾向时，另加甲珠、皂刺、牛蒡子各 40 克。如病畜身体瘦弱，另加党参、山药、肉苁蓉各 50 克。（石莉萍等 . 中国牛业科学，2009，5）

方4

【处方】石蒜 5 颗，生石灰 250 克。

【用法用量】捣碎，加白酒 250 克制成糊状，涂于放线菌肿块处。

【功效】清热解毒，防腐生肌。

【应用】用药半小时后肿块会逐渐消除。（袁登富 . 农技服务，2005，5）

10. 牛绦虫病

方1

【处方】贯众 50 克，鹤虱 50 克，大黄 40 克，党参 40 克，白术 40 克，神曲 35 克。

【用法用量】共为末，开水冲，候温，分 2 次灌服；或加水 800～900 毫升煎至 400 毫升分 2 次灌服，每天 1 剂。

【功效】驱虫健胃，理气和中。

【应用】用该方疗犊牛绦虫病 200 多例，治愈率达 93.7%。应用鹤虱、贯众、槟榔、雷丸等中草药进行大群驱虫时，无论单用还是配伍用，药液制备好后，都要先以少数患畜进行试验，以观察其安全性和确定适当用量，然后才能全群用药。（申建军等 . 中兽医医药杂志，2007，6）

方2

【处方】鲜贯众 250 克。

【用法用量】洗净，除去根须和叶片，加水 800 毫升，煎沸 30 分钟，去渣，分两次灌服，早晚各 1 次。

【功效】驱虫。

【应用】单用鲜贯众治疗犊牛绦虫病具有很好的驱虫效果。（申建军等 . 中兽医医药杂志，2007，6）

11. 牛环形泰勒焦虫病

方1（八珍散加减）

【处方】白术 30 克，当归 30 克，黄芪 20 克，党参 30 克，熟地黄 25 克，白芍 25 克，阿胶 30 克，黄芩 27 克，砂仁 25 克，陈皮 27 克，丹参 23 克，甘草 23 克，生姜 20 克。

【用法用量】加入 1000 毫升水煎 2 次，混合灌服，并加入维生素 C 片 2 克同服。

【功效】补气，补血和中，健脾生血，增强体质。

【应用】本方配合西药进行驱杀虫体，调节体温，防止继发他病。（房世平 . 畜牧兽医科技信息，2006，7）

方2（复方首乌散）

【处方】首乌 60 克，鸡血藤 60 克，当归 30～50 克，川芎 30 克，熟地 30 克，生地 30 克，菖蒲 30 克，青皮 25 克，陈皮 25 克，黄芩 30～50 克，大黄 50 克，枳壳 30 克，滑石 60～100 克，甘草 30 克。

【用法用量】共研细末，开水冲调，候温灌服，隔天 1 剂，依病情服 2～5 剂。

【功效】清热解毒，补血活血。

【应用】本方对牛环形泰勒焦虫引起的贫血症状具有显著的治疗作用。在西药治疗的基础上服用此方，精神、食欲、反刍等逐渐恢复，血色素逐渐回升。体温高、粪便干者，重用生地；体温一般，重用熟地；呼吸喘促，重用黄芩，酌加黄药子、白药子；食欲差者酌加山药、白术、茯苓；气虚体弱者酌加黄芪。（朱秀玲 . 中兽医医药杂志，1996，1）

12. 牛副丝虫病

方1

【处方】① 生地 90 克，白茅根 50 克，槐花 50 克，百草霜 100 克，地榆 40 克，白糖 100 克，茜草 20 克。共为细末，开水冲调，候温灌服，每天 1 剂，连服 3～5 剂。

② 郁金 30 克，甘草 30 克，白矾 30 克，黄芩 30 克，大黄 45 克，寒水石 30 克。共为细末，开冲调，候温灌服。

③ 鱼腥草 500 克，车前草 500 克，煎汤去渣，洗擦患部。

【用法用量】按以上说明。

【功效】清热杀虫。（闫忠等 . 畜牧兽医科技信息，2017，6）

方2（化虫散）

【处方】苦参 30 克，苦楝根皮 30 克，鹤虱 30 克，黄连 20 克，大黄 20 克，贯众 20 克，侧柏叶 15 克，小蓟 15 克，赤芍 10 克，使君子 10 克，丹皮 10 克。

【用法用量】共为末，开水冲，候温灌服，每日 1 剂，连用 7 天。

【功效】清热杀虫，凉血止血。

【应用】本方配合西药治疗耕牛副丝虫病效果良好。（杨丽华．吉林畜牧兽医，2017，2）

方3

【处方】郁金 40～80 克，甘草 40～80 克，寒水石 50～90 克，大黄 70～100 克，白矾 40～80 克，黄芩 40～90 克。

【用法用量】研末，淘米水冲服。每天 1 剂，连用 3 剂。

【功效】杀虫，止血。

【应用】用此方结合静脉注射 1％酒石酸锑钾和局部涂擦 5％稀碘溶液，对牛副丝虫病具有较好的治疗效果。血流不止加仙鹤草 40～80 克、陈棕榈 40～80 克、侧柏叶 40～80 克。（杨兴勇．贵州畜牧兽医，2004，1）

13. 牛口炎

方1

【处方】内治：用消黄散加减。消黄散：大黄 24 克，知母 18 克，朴硝 60 克，黄柏 60 克，栀子 18 克，黄芩 20 克，连翘 15 克，花粉 18 克，薄荷 12 克。

外治：口噙青黛散或者吹冰硼散。青黛散：青黛 9 克，黄连 6 克，黄柏 9 克，薄荷 3 克，桔梗 6 克，儿茶 6 克。冰硼散：冰片 1.2 克，硼砂 15 克，元明粉 15 克，朱砂 1.8 克。

【用法用量】消黄散共为细末，开水冲调，候温灌服，每日 1 剂，连服 3 剂。青黛散共为细末，装入一长条状纱布袋中，两端扎绳，先在热水中浸润，候凉口内噙之。将绳套于耳后，或者系于笼头上。冰硼散研极细末，用苇管吹于患处，每日 1 次。

【功效】清解心脾积热。

【应用】该方主要用于心脾积热型病例。（李化德．中国草食动物科学，2017，2）

方2（清胃散加味）

【处方】当归 30 克，黄连 24 克，丹皮 30 克，生地 30 克，升麻 18 克，石膏 60 克，大黄 30 克，芒硝 30 克。

【用法用量】共为细末，开水冲调，候温灌服，每日 1 剂，连服 3 剂。

【功效】清胃泻火，养阴凉血。

【应用】该方主要用于胃火熏蒸型病例。（李化德．中国草食动物科学，2017，2）

方3（知柏地黄汤）

【处方】知母 24 克，黄柏 24 克，熟地 24 克，山萸肉 18 克，山药 30 克，茯苓 24 克，泽泻 18 克，丹皮 18 克。

【用法用量】共为细末，开水冲调，候温灌服，每日 1 剂，连服 3 剂。

【功效】滋阴降火。

【应用】该方主要用于虚火上浮型口炎病例。（李化德．中国草食动物科学，2017，2）

方4(蜜冰矾磺苏膏)

【处方】蜂蜜 300 克，冰片 5 克，白矾面 8 克，生绿豆面 60 克，粟米（小米）面 60 克，增效联磺片（磨面）4 克，小苏打 20 克。

【用法用量】混合调成膏剂，如果不便纱袋透过，可适量加入常水。装入双层纱布袋内，噙于患牛口内，饲喂和饮水时取下。

【功效】清热解毒，收敛止痛。

【应用】本方对口腔内炎症有显著疗效，治疗 32 例，全部治愈。其中 25 例仅治疗 1 次即愈。个别患畜对磺胺类药物过敏的，可去掉增效联磺片，加大黄粉 20 克。（石德立．湖北畜牧兽医，2001，6）

14. 牛舌炎

方1(三黄败毒散)

【处方】黄连 35 克，黄芩 35 克，黄柏 35 克，栀子 35 克，大黄 35 克，连翘 35 克，金银花 35 克，桔梗 35 克，玄参 35 克，生地 35 克，芒硝 50 克，白矾 30 克，甘草 10 克。

【用法用量】共研为末，开水冲，候温加蜂蜜 150 克，鸡蛋清调服，隔天 1 剂，连服 2～3 剂。

【功效】泻火解毒，凉血消肿。

【应用】用此方治疗 3 例病牛，全部治愈。（索南．中兽医学杂志，2002，4）

方2

【处方】穿心莲 40 克，板蓝根 40 克，蒲公英 50 克，鲜芦根 50 克，黄芩 35 克，赤芍 35 克，夏枯草 30 克，元参 30 克，贝母 30 克，牛蒡子 30 克，马勃 20 克。

【用法用量】水煎，一次灌服。

【功效】清热解毒，凉血消肿。

【应用】用此方灌服，同时用刘寄奴适量，捣烂，小麦粉适量，用醋共调于患处，日敷 2 次，共治疗病牛 136 例，用药 1 剂治愈 38 例，2 剂再治愈 46 例，4 剂再治愈 52 例，全部治愈且不复发。如体温升高，加荆芥穗 40 克，粪便干硬者加大黄、石膏各 50 克，知母 30 克。（邹山青．中兽医学杂志，1997，2）

15. 牛腮腺炎

方1

【处方】二花 40 克，防风 25 克，白芷 25 克，陈皮 25 克，当归 25 克，甘草 20 克，赤芍 25 克，花粉 25 克，贝母 25 克，乳香 25 克，没药 25 克，山甲珠 25 克，皂刺 25 克。

【用法用量】共为末，煎汁灌服；或先用皂刺煎汁冲其余药粉末灌服，每天 1 剂，分 3 次灌服。

【功效】热解毒。

【应用】本方结合西药用 0.25%～0.5% 盐酸普鲁卡因青霉素 30～60 毫升肌注。（张有安．

方2

【处方】当归60克，川芎30克，红花、桃仁、银花、连翘、地丁、夏枯草各45克，蒲公英30克，枳壳、青皮、陈皮各40克，桔梗、半夏、甘草各30克。

【用法用量】水煎，灌服，连用3剂。

【功效】活血祛瘀，行气散结。

【应用】用本方结合西药抗炎，治疗腮腺炎患牛24例，治愈率达95%。（周康乐，沈智星，吴学高．贵州畜牧兽医，2004，2）

16. 牛咽炎

方1

【处方】板蓝根40克，山豆根50克，芦根60克，桔梗、黄连、黄芩、黄柏各40克，射干25克，银花、连翘各45克，玄参、牛蒡子、重楼各35克，马勃20克，甘草15克。

【用法用量】加水3000毫升，煎成1500毫升，煎取2次，共得药汁3000毫升，1日1剂，分早、中、晚三次灌服。

【功效】清热利咽。

【应用】热盛加生石膏60克、花粉35克，粪便干燥加大黄30克。用本方结合西药治疗马牛急性咽炎117例，痊愈94例。（钟永晓．畜牧与兽医，2008，1）

方2（养阴利咽汤）

【处方】生地黄45克，麦冬45克，玄参45克，白芍35克，青果35克，浙贝母30克，牡丹皮30克，射干30克，木蝴蝶15克，甘草15克。

【用法用量】上药研末开水冲，候温投服，每天1剂，一般2~3剂为1个疗程。

【功效】养阴清热，化痰散结。

【应用】本方适用于慢性咽炎，如属急性咽炎非本方所宜。用此方治愈慢性咽炎牛6例。咽部疼痛重者加金银花45克、山豆根30克；下颌淋巴结肿大者加当归、香附子各30克，郁金30克；粪便秘结者加大黄50克，气虚者加黄芪45克、党参45克；食少、便溏者减生地黄、麦冬用量，加山药30克、炒白术30克。（文进明等．中兽医医药杂志，2003，6）

方3

【处方】蜂蜜250克，冰片4克，枯矾10克，小苏打15克，青黛10克。

【用法用量】混合调成膏剂，装入纱布袋内，噙于患牛口内，饲喂、饮水时取下。

【功效】收敛止痛，防腐生肌。

【应用】用本方治疗口腔咽炎，简便易行，疗效确切，轻者1次即愈，重者2次即愈，有效率达95%以上。（陈双贤．新农业，2000，5）

17. 牛食道炎

【处方】栀子50克，半夏50克，香附子50克，郁金55克，枳壳55克，青皮50克，黄连 50 克，柴胡 50 克，木香 40 克，龙胆草 40 克。

【用法用量】研末或煎服，每天 1 剂。

【功效】行气降逆，止痛散瘀。

【应用】肿胀严重、草料难进者，加乳香、没药、生地、玄参、麦冬各 40 克；热盛者，加黄芩、连翘各 45 克；慢草者，加焦三仙各 45 克。用此方治疗黑白花奶牛食道炎 7 例，治愈 6 例。(李建强. 中兽医医药杂志，2007，1)

18. 牛肺寒吐沫

方1(半夏散加减)

【处方】半夏 30 克，升麻 45 克，防风 25 克，枯矾 45 克，生姜 30 克。

【用法用量】共为末，开水冲，候温加蜂蜜 60 克，同调灌服。

【功效】温肺散寒，燥湿止涎。

【应用】寒重腹胀者，可加木香、草豆蔻。本方治疗肺寒、流涎效果较好。(庞海等. 吉林畜牧兽医，2015，3)

方2(止涎散)

【处方】附子 25 克，干姜 25 克，丁香 25 克，白术 40 克，益智仁 30 克，乌药 30 克，山药 40 克，姜半夏 25 克，木香 25 克，炙甘草 25 克。

【用法用量】水煎后分上、下午两次灌服，每日 1 剂，10 日为 1 个疗程。

【功效】温脾散寒，降逆止涎。

【应用】脾阳虚较重者，酌加吴茱萸等；气虚甚者，加黄芪、柴胡、大枣等。本方配合火针治疗牛流涎具有良好效果。(董玉光. 吉林畜牧兽医，2015，3)

方3

【处方与用法】苍术 40 克，益智仁 35 克，陈皮 40 克，当归 30 克，半夏 15 克，菖蒲 15 克，肉桂 30 克，白术 30 克，升麻 15 克，甘草 15 克，炒三仙各 50 克，厚朴 30 克。

【功效】温脾除湿，消痰开窍。

【用法用量】共末或水煎投服，每日 1 剂，连用 3 剂。

【应用】本方配合西药标本兼治，共治疗肺寒吐沫症 300 多例，除 3 例死亡外，其余均全部治愈。(尹春朵. 畜牧兽医杂志，2009，1)

方4(二陈汤加减)

【处方】制半夏 45 克，陈皮 45 克，茯苓 35 克，防风 35 克，草豆蔻 35 克，砂仁 25 克，炙甘草 25 克，乌梅 25 克。

【用法用量】加适量水以文火煎汤，分 4 次灌服，每次 700～800 毫升，另加蜂蜜 50 克，每天 2 次，连服 2～4 剂。

【功效】温化寒痰，调气健胃。

【应用】此方仅适用于牛肺寒吐沫(流白色泡沫，沫多涎少，口色如棉，脉沉细)，治疗 19 例，效果满意；对心热流涎、胃热吐沫、胃冷吐涎和恶癖吐水无效。(鲁志鹏. 中兽医医药杂志，2003，5)

19. 牛消化不良

方1

【处方】红花 100 克。

【用法用量】加水适量浸泡 4～6 小时后煎 0.5 小时，滤出药液，再加水适量煎 0.5 小时，滤出药液，将两次药液混合，用 6～8 层纱布过滤，高压灭菌备用。每次耳根穴注射药液 30 毫升，每天 1 次，连用 3 天。

【功效】活血化瘀，散郁开结。

【应用】注射时边注射边退针，使大部分药液注于耳根穴深处，少部分注于皮下。用本方治疗牛慢性胃卡他（脾虚慢草）病牛 13 例，治愈 11 例。（马瑛等．中兽医学杂志，2007，4）

方2（贴脐糊剂）

【处方】糯米 50 克，灶心土 250 克，生姜 250 克（去皮切成米粒大小），全葱 250 克（寸断），石菖蒲根 100 克（切细），仙人掌 250 克（鲜品刮去皮刺，捣烂如泥），米醋 500 克，白酒 500 毫升。

【用法用量】上药除米醋、白酒外，水煮成糯米饭，将米醋分 2 次加入煮好的药中（加醋时用慢火煮）。然后均匀摊放在 40 厘米² 大小的布上，加一半白酒趁热贴于患畜脐部，固定好，4 天后取下，将药烘热，再加一半白酒同法贴敷。

【功效】温中散寒，理气开胃。

【应用】此方治愈胃寒型胃卡他千余例，效果奇特，贴后次日见效，草水日增。（蒋承全等．中兽医学杂志，2005，3）

方3

【处方】大蒜（以紫皮为佳）100～200 克，食盐 80～150 克。

【用法用量】将大蒜捣成泥，食盐适量溶于常水，混合，一次灌服。

【功效】消食化积，行气散满。

【应用】积食严重者加食醋 500 毫升，心脏衰弱者肌内注射安钠咖 10～20 毫升。用本方治疗牛慢性胃卡他（脾虚慢草）病牛 98 例，治愈 96 例。（赵沛林等．中兽医学杂志，2003，2）

20. 牛前胃弛缓

方1（补中益气汤加减）

【处方】黄芪 64 克，党参 65 克，生姜 40 克，陈皮 40 克，柴胡 45 克，槟榔 38 克，白芍 40 克，三仙各 35 克，枳壳 37 克，山楂 90 克，甘草 35 克。

【用法用量】水煎取汁，候温一次灌服。

【功效】补中益气。

【应用】适用于脾胃气虚型前胃迟缓。服用 3 剂后痊愈 6 例，显效 10 例，有效率 90%。（孔垂永等．中兽医医药杂志，2013，5）

方2(木香导滞汤加减)

【处方】木香 20 克，槟榔 40 克，枳实 45 克，大黄 200 克，芒硝 280 克，白术 45 克，茯苓 40 克，泽泻 40 克，黄连 30 克，神曲 50 克，山楂 200 克，麦芽 40 克。

【用法用量】共为末，开水冲调，候温灌服，连用 3 剂。

【功效】清热化湿，攻积导滞。

【应用】本方适用于食滞型前胃迟缓，有效率 90%。（孔垂永等．中兽医医药杂志，2013，5）

方3(附子理中汤加减)

【处方】白术 40 克，附子 40 克，干姜 40 克，茯苓 45 克，厚朴 30 克，陈皮 20 克，枳实 40 克，苍术 40 克，党参 50 克，泽泻 40 克，当归 35 克。

【用法用量】共为末，连用 3 剂为 1 疗程。

【功效】温中散寒，健脾理气。

【应用】本方适用于脾胃虚寒型前胃迟缓，配合西药使用效果显著，治愈患牛 7 头。（孔垂永等．中兽医医药杂志，2013，5）

方4

【处方】韭菜 2.5～3.5 千克，食盐 150～250 克，麻子 1～1.5 千克。

【用法用量】将韭菜掺食盐搓揉成团，挤压取汁；麻子炒黄捣烂，开水冲调后与韭菜汁混合，一次灌服，服后禁食 1 天，只给饮水。

【功效】润燥滑肠，滋养润下，温脾益胃。

【应用】用此方治疗 19 例病牛，18 例痊愈。此方对积食臌气和脾虚泻泄也有效，对健牛可增强食欲。注意韭菜要揉得彻底些，麻籽炒的火候不能过轻或过重（炒香），压得不能太碎，应用时要尽量将韭菜团送入咽部，不要让牛咀嚼效果更好。（孙晓利等．内蒙古畜牧科学，2002，2）

21. 牛瘤胃积食

方1(大承气汤)

【处方】厚朴 30 克，枳实 30 克，大黄 60 克，芒硝 250 克。

【用法用量】水煎灌服。

【功效】消积破滞，健脾开胃。

【应用】轻度积食加苍术 30 克、茯苓 25 克、陈皮 30 克，瘤胃蠕动废绝时加三棱 35 克、莪术 30 克、莱菔子 60 克；促进消导加谷芽 60 克、神曲 60 克。（李芳等．中兽医杂志，2018，1）

方2(当归苁蓉汤)

【处方】当归 60 克，肉苁蓉 60 克，番泻叶 50 克，木香 30 克，厚朴 35 克，枳壳 30 克，香附 40 克，瞿麦 30 克，通草 30 克，神曲 60 克。

【用法用量】水煎灌服，每日 1 次，连用 3 天。

【功效】消积破滞，润肠通便。

【应用】此方常用于怀孕母牛或者老弱多病、体虚的牛，当归用300毫升植物油煎炸研末连同植物油一并灌服效果更佳。(李芳等．中兽医杂志，2018，1)

方3（木香槟榔散）

【处方】木香40克，槟榔60克，枳实60克，大黄40克，牵牛子30克，黄连30克，生姜30克。

【用法用量】水煎灌服。

【功效】理气消食，导滞除满。

【应用】本方行气攻下之力较猛，主要适于牛瘤胃积食之实证。多数病牛用本方1剂即可收效，一般不重复用药。治疗耕牛瘤胃积食27例，痊愈26例。(马禀珍等．畜牧兽医科技信息，2008，1)

方4

【处方】鲜乌白根300克，桐籽4～6个，槟榔30克，香附30克，大黄50克，龙胆草50克，枳实60克，谷芽60克，麦芽60克，神曲60克，山楂60克，青皮25克，甘草20克。

【用法用量】煎水去渣待温后加菜籽油250克灌服，每天1剂，每剂煎2次。

【功效】消食理气，泻热通便。

【应用】用此方治疗牛瘤胃积食，绝大多数2～3剂就能治愈。治疗期间，要加强饲养管理，喂易消化食物，并给予充足饮水。(胡文魁．江西畜牧兽医杂志，2007，2)

22. 牛瘤胃臌气

方1

【处方】苍术50克，厚朴40克，陈皮40克，青皮40克，木香30克，枳实40克，大黄60克，紫苏40克，莱菔子40克，玉片40克，牙皂30克，山楂80克，神曲80克，麦芽80克，砂仁30克，白豆蔻30克，生姜30克，生草20克，花椒20克。

【用法用量】水煎2次，煎成4000毫升，加食醋500毫升、酒精100毫升，一次灌服。急性的先进行瘤胃穿刺放气，再灌服。

【功效】行气消胀。

【应用】用该方治疗奶牛瘤胃臌胀87例，治愈85例，治愈率98%。(王文志．北方牧业，2010，19)

方2

【处方】木香40克，丁香30克，青皮30克，陈皮30克，枳壳40克，厚朴40克，槟榔40克，神曲30克，麦芽40克，山楂40克，莱菔子30克，大黄80克，芒硝120克。

【用法用量】大黄、芒硝另包后下短煎，药汤煎好后加花生油或菜籽油250毫升，待温分2次灌服，每日服1剂，连服2～3剂。

【功效】行气消食，攻积除胀。

【应用】本方治疗牛瘤胃臌气病例57例，治愈55例，治愈率96.49%。(姜世火．畜禽业，2010，10)

方3

【处方】滑石粉300～800克，丁香20～30克，肉蔻或草豆蔻30～40克。

【用法用量】研末，一次灌服。

【功效】行气消胀，通便止痛。

【应用】用此方配合插枝法治疗牛非泡沫性瘤胃臌气 76 例，治愈 71 例，治愈率达 93.4％。（李莎燕．中兽医医药杂志，2001，5）

方4(五香散)

【处方】丁香 25 克，广木香 30 克，藿香、香附各 35 克，小茴香 45 克。

【用法用量】共为末，加植物油 500 毫升，开水冲调，一次灌服。

【功效】理气散结，化湿开胃。

【应用】用此方治疗牛急性瘤胃臌气 24 例，获得良好效果。该方不仅对牛急性瘤胃臌气有独特的疗效，而且对慢性和泡沫性膨胀亦有特效，一般灌服 2～5 剂即可痊愈。（曹树和．中国兽医科技，2002，11）

方5

【处方】香烟 30 支，灶心土（伏龙肝）500 克，松尖 100 克，香油 500 克，食用小苏打 200 克，大蒜 150 克。

【用法用量】香烟用热水 300 毫升浸泡 5 分钟，去渣；灶心土加热水 1000 毫升搅拌，待澄清后去土；松尖去毛粉碎；大蒜捣烂，加香油，食用小苏打混匀用，一次灌服。

【功效】理气解毒，导滞宽肠。

【应用】用本方治疗牛瘤胃臌气 138 例，治愈 138 例，治愈率达 100％。（陈德斌等．养殖技术顾问，2006，1）

23. 牛瘤胃酸中毒

方1(曲麦散加减)

【处方】厚朴 35 克，枳壳 35 克，苍术 35 克，神曲 60 克，麦芽 60 克，山楂 60 克，玉片 45 克，三棱 40 克，莪术 40 克，莱菔子 60 克，陈皮 30 克，大黄 50 克，甘草 30 克，硫酸镁 250 克。

【用法用量】一次研磨灌服，每天 1 剂，连用 3 天。

【功效】化谷消导，活血降气。

【应用】应用于病重后期，症状严重者配合补液、补碱。（邓军佐．中兽医学杂志，2018，1）

方2(藿香正气散加减)

【处方】藿香 40 克，大腹皮 35 克，紫苏 20 克，茯苓 30 克，白芷 20 克，陈皮 30 克，白术 5 克，厚朴 40 克，半夏 30 克，桔梗 25 克，山楂 30 克，麦芽 30 克，神曲 30 克，甘草 20 克。

【用法用量】研末灌服

【功效】理气化湿，解表和中。

【应用】用本方治愈患牛 2 头。（王祥．畜牧兽医杂志，2017，2）

方3(平胃散)

【处方】苍术 80 克，川厚朴 5 克，陈皮 50 克，甘草 30 克，生姜 30 克，大枣 10 枚。

【用法用量】水煎后加碳酸氢钠粉 60～100 克灌服。

【功效】健脾燥湿，行气和胃，消胀除满。

【应用】用本方治疗牛瘤胃酸中毒，获得满意效果。严重病例可用平胃散与增液汤（生地、玄参、麦冬）合方水煎灌服。（张洪涛等．黑龙江畜牧兽医，2010，20）

方 4(加味平胃散)

【处方】苍术 80 克，白术 50 克，陈皮 60 克，厚朴 40 克，焦山楂 50 克，炒神曲 60 克，炒麦芽 40 克，炮干姜 30 克，薏苡仁 40 克，甘草 30 克，大黄苏打片 200 片。

【用法用量】将上药共研细末，牛 0.5 克/千克体重，用温水调成稀粥状灌服，每天 1 次，连用 2～3 天。

【功效】温中化湿，消积散满。

【应用】用本方治疗牛瘤胃酸中毒 94 例，其中黄牛 25 例，奶牛 34 例，绵羊 28 例，山羊 17 例，治愈 89 例，有效率为 95.2%。轻者单用本方即可，重者配合抗酸药治疗。（王建国．中兽医医药杂志，2005，2）

24. 牛瓣胃阻塞

方 1(五仁散加味)

【处方】桃仁 60 克，杏仁 60 克，柏子仁 60 克，麻仁 60 克，郁李仁 60 克，红花 45 克，当归 60 克，生地 60 克，生白芍 60 克，蜂蜜 120 克，甘草 15 克。

【用法用量】共研细末，加适量蜂蜜灌服，每日 1 剂，连用 1～2 剂。

【功效】滋阴润燥，消导泻下

【应用】治愈患牛 4 例，病牛 1～3 日即愈。（张兴发等．中兽医学杂志，2016，2）

方 2

【处方】当归 200 克，大戟 30 克，甘遂 20 克，陈皮 50 克，大黄 150 克，枳实 60 克，厚朴 60 克，麻仁 250 克，麦冬 80 克，生地 60 克，甘草 60 克。

【用法用量】将甘草、大戟、甘遂研末，余药煎汤，候温加入药末和硫酸钠 250 克灌服。

【功效】滋阴降火，润燥通便。

【应用】首先用生猪板油 1000 克和生萝卜 2000 克剁细喂 2～3 次，起滑肠、通便作用；再用中药。连用 3～7 天即可痊愈。（伏彦红等．上海畜牧兽医通讯，2015，5）

方 3(米曲汤)

【处方】玉米面 1000 克，陈曲 250 克，食盐 250 克。

【用法用量】用 3000～4000 毫升水浸泡至起泡，取澄清液 1000～2000 毫升一次瓣胃注射。

【功效】峻下通便，宽中破积。

【应用】用本方取得较好效果，一般 1 次即可治愈，顽固者 2 次即愈。（薛志成．畜牧与兽医，2002，4）

方 4(增液承气汤)

【处方】生地 100 克，麦冬 60 克，元参 60 克，大黄 100 克，芒硝 400 克，川朴 60 克，枳壳 60 克，瓜蒌 60 克。

【用法用量】上药早、晚两煎，取汁候温，加菜油 500 毫升灌服。每天 1 剂，连用 2 剂。

【功效】增液软坚，润肠通便。

【应用】用本方治疗 12 例，治愈 9 例，有效 2 例。食欲不振加麦芽 100 克、山楂 50 克、神曲 50 克；肚胀胀满加莱菔籽 60 克、木香 60 克；高热不退加黄连 30 克、连翘 30 克。严重患畜结合输液疗效更佳。（陈旭东等．中兽医学杂志，2007，4）

方5（猪膏散）

【处方】大戟 40 克，甘遂 30 克，二丑 40 克，滑石 60 克，大黄 80 克，续随子 40 克，肉桂 30 克，槟榔 40 克，三棱 30 克，青皮 30 克，当归 30 克，甘草 20 克。

【用法用量】水煎（大黄后放），调和猪脂 500 克、蜂蜜 100 克、芒硝 300 克，候温灌服。每天 1 剂，连服 2 剂。

【功效】峻下逐水。

【应用】用本方治疗耕牛瓣胃阻塞 10 例，均痊愈。本方以峻下逐水见长，对胃肠刺激强烈，促进胃肠蠕动和分泌，兴奋前胃机能，对耕牛瘤胃积食、瓣胃阻塞、前胃迟缓等前胃疾病，只要辨证无误，用之恰当往往见效迅速。对体质虚弱、正气已衰、严重心脏病、溃疡或有出血者以及孕畜忌用此方剂。（何世文等．贵州畜牧兽医，2004，5）

25. 牛真胃阻塞

方1（加味通腑导滞汤）

【处方】当归 100 克，大芸 100 克，滑石 100 克，芒硝 50 克，麻仁 60 克，郁李仁 60 克，柏子仁 60 克，大黄 40 克，二丑 30 克，大戟 15 克，甘遂 15 克，赤芍 45 克，桃仁 30 克，丹参 45 克。

【用法用量】除滑石、芒硝外，余药煎 2 次，每次 30 分钟，混合，加入芒硝，纱布过滤，得滤液 2000～3000 毫升，加入滑石、石蜡油 500 毫升，候温注入真胃，再注入生理盐水 500 毫升。

【功效】润肠通便，保护胃肠黏膜，防止脱水。

【应用】本方结合西药静脉注射以补充体液、消炎、促进胃肠蠕动，取得了较好的疗效。（陈双胡．畜牧兽医杂志，2011，2）

方2（加味榆白皮散）

【处方】榆白皮 150 克，大黄 120 克，枳实 60 克，油当归 100 克，桃仁 30 克，三棱 40 克，莪术 40 克，神曲 150 克，莱菔子 150 克，元参 30 克，麦冬 40 克，火麻仁 50 克。

【用法用量】水煎服，每天 1 剂。

【功效】消积导滞，通便散结。

【应用】用本方辅以口服补液盐治疗牛真胃阻塞 19 例，治愈 15 例，治愈率 78.95%，疗效满意。（王存军．中兽医医药杂志，2001，5）

方3（当归导滞汤）

【处方】油炒当归 120 克，赤芍 90 克，炒白术 45 克，茯苓 30 克，三仙各 30 克，厚朴 30 克，枳实 30 克，木香 30 克，二丑 30 克，大黄 30 克，千金子 30 克，番泻叶 30 克，郁李仁

45 克，杏仁 30 克，桔梗 30 克，清油 250～500 克（炒当归用）。

【用法用量】上药水煎取汁，灌服。每天 1 剂，连用 3 剂。

【功效】理气活血，消积导滞。

【应用】用本方治疗牛真胃阻塞，取得了较好的效果。（王学智等．中兽医医药杂志，1996，5）

26. 牛真胃炎

方1

【处方】山楂 80 克，麦芽 40 克，神曲 40 克，青皮 40 克，莱菔子 40 克，鸡内金 30 克，焦槟榔 30 克，延胡索 20 克，川楝子 30 克，厚朴 40 克，大黄 40 克。

【用法用量】水煎去渣，候温灌服，每日 1 剂，连用 5～7 天。

【功效】健胃消食，理气散结。

【应用】本方配以西药治疗，效果确实。（王永生．中兽医学杂志，2017，5）

方2

【处方】焦三仙各 200 克，厚朴 30 克，枳壳 50 克，陈皮 50 克，莱菔子 40 克，玉片 20 克，元胡 40 克，党参 50 克，甘草 20 克，大黄 30 克，大枣 40 克。

【用法用量】水煎灌服，每日 1 剂，连用 3～5 天。

【功效】消积导滞，理气和胃。

【应用】本方配合西药补液，治疗 43 例，治愈 38 例，治愈率 88%。（辛文刚等．畜牧兽医杂志，2012，3）

方3（真胃消炎散）

【处方】苍术 20 克，甘草 15 克，陈皮 30 克，厚朴 20 克，蒲公英 50 克，地丁 50 克，双花 40 克，连翘 40 克，郁金 20 克，香附 10 克，枳壳 25 克，胡盐 50 克。

【用法用量】研末，一次灌服，每天 1 剂。

【功效】理气健脾，清热解毒。

【应用】用本方治疗奶牛真胃炎取得了良好的效果。（史兴山．北方牧业，2006，24）

方4（保和金铃散）

【处方】焦三仙各 200 克，大黄 50 克，金铃子 50 克，元胡 40 克，陈皮 60 克，厚朴 40 克，玉片 20 克，莱菔子 50 克。

【用法用量】水煎灌服。

【功效】消积导滞，理气止痛。

【应用】用本方治疗真胃炎 46 例，治愈 40 例，治愈率 87%。（王存军．中国兽医杂志，2001，3）

27. 牛真胃溃疡

方1（白及乌贝散）

【处方】白及 200 克，乌贼骨 150 克，浙贝母 100 克。

【用法用量】共研细末，开水冲，候温灌服，每天1剂，7天为1疗程。视病情用药2～4个疗程。

【功效】收敛止血，消肿生肌。

【应用】本方为民间流传的治疗人胃溃疡病方剂，用其试治奶牛真胃溃疡59例，痊愈48例，有效5例，总有效率为89.8%。实热重者加黄连、吴茱萸；虚寒重者加白术、干姜；痰湿重者加苍术、厚朴；气虚者加党参、黄芪；血虚者加当归、白芍；积滞者加三仙、莱菔子。（鲁必均等．中兽医医药杂志，2007，4）

方2（失笑散加减）

【处方】炒蒲黄60克，五灵脂60克，白及60克，元胡60克，地榆炭60克，白芍60克，大黄60克，栀子50克，木香45克，槐米60克，甘草20克。

【用法用量】研末水煎，候温灌服，每天1剂，连用2～3剂。

【功效】化瘀理气，和胃止痛。

【应用】用本方治疗牛真胃炎46例，疗效颇佳。食欲不振者，加炒鸡内金45克、炒麦芽60克、神曲60克；胃胀满者，加砂仁45克、青皮50克、莱菔子60克；热盛者，加黄芩40克、金银花50克；眼球下陷者，加天花粉40克，生地、麦冬各45克。（赵玉莲等．中兽医医药杂志，2002，1）

方3

【处方】太子参40克，黄芪40克，白花蛇舌草30克，白及30克，乌贼骨80克，木香30克，元胡40克，茜草40克，地榆40克，甘草12克。

【用法用量】研末，开水冲候温灌服。

【功效】理气止痛，活血化瘀。

【应用】用本方治疗牛真胃溃疡多例，收效较好。（尚青生．青海畜牧兽医杂志，2000，5）

28. 牛冷肠泄泻

方1

【处方】乌梅55克，苍术55克，大枣55克，茯苓30克，猪苓30克，泽泻30克，陈皮30克，厚朴30克，桂枝25克，生姜25克，甘草20克。

【功效】燥脾除湿，生津利水。

【应用】用该方治疗牛冷肠泄泻多例，效果理想。寒重者，加干姜、附子、吴芋、肉豆蔻等；脾虚者，加白术、山药、扁豆、芡实、连肉、黄芪等；湿重者，加车前子、二丑等。（赵光瀛等．黑龙江畜牧兽医，2007，6）

方2（胃苓汤加减）

【处方】猪苓45克，苍术45克，厚朴40克，陈皮30克，泽泻40克，白术50克，官桂30克，炙甘草20克，炮姜65克，大枣15枚。

【用法用量】水煎服。

【功效】温中健脾，利水止泻。

【应用】食欲不振牛加麦芽50克、草豆蔻30克、建曲5克；腹痛牛加木香30克、干姜

30 克。本方治疗牛冷肠泄泻效果好。（蒋兆春等．科学种养，2006，5）

方 3 (痢泻如神散)

【处方】炒白术 50，白芍 25 克，白茯苓 25 克，厚朴 25 克，姜黄连 20 克，木香 18 克，木通 18 克，干姜 20 克，乌梅 50 克，苍术 20 克，生姜 50 克，大枣肉 120 克为引。

【用法用量】共为细末，开水冲，候温灌服，每天 1 剂。

【功效】温中散寒，止泻分清。

【应用】用本方治疗牛冷肠泄泻症 72 例，一般 1～2 剂即愈，治愈率 95％以上。（安茂生等．中兽医医药杂志，2003，3）

29. 牛肾虚泄泻

方 1 (温肾止泻散)

【处方】补骨脂 24 克，五味子 24 克，车前子 24 克，肉豆蔻 24 克，吴茱萸 24 克，茯苓 24 克，肉桂 18 克，白术 24 克，生姜 24 克，大枣 10 枚。

【用法用量】水煎去渣，候温灌服。

【功效】补肾壮阳，健脾止泻。

【应用】应用于牛肾虚泄泻效果好。（黄娟红等．中兽医学杂志，2017，6）

方 2

【处方】炒破故纸 60 克，党参 30 克，黄芪 40 克，白术 30 克，吴茱萸 30 克，煨肉蔻 40 克，五味子 60 克，生姜 30 克，煨大枣 90 克，桂枝 15 克，升麻 30 克，炙甘草 20 克，泽泻 25 克，茯苓 25 克，猪苓 25 克。

【用法用量】共研末，开水冲调，候温灌服。

【功效】温补脾肾，固涩止泻，渗湿利水。

【应用】应用本方治疗该病 15 例，治愈 13 例，好转 2 例。病久泄重、中气下陷者，重用黄芪、党参、升麻以益气升阳；形寒肢冷者，重用桂枝，改生姜为炮姜，加附子以温补肾中阳气；肠鸣腹痛重者加附子、炮姜以温补脾阳；食欲减少者加陈皮、焦三仙。（陈双胡．中国牛业科学，2010，5）

方 3 (四神丸加减)

【处方】补骨脂 50 克，党参 50 克，白术 50 克，煨豆蔻 40 克，吴茱萸 40 克，炙五味子 40 克，炒山药 30 克，制茴香 30 克，茯苓 30 克，泽泻 30 克，大枣 25 克，炙甘草 25 克。

【用法用量】水煎取汁，候温灌服。

【功效】温肾补脾，涩肠止泻。

【应用】本方以四神丸为主，随症加减，改丸剂为汤剂，治疗病牛 36 例，效果理想。（陈旭东．中兽医医药杂志，2001，1）

30. 牛暑热泄泻

方 1 (通肠芍药汤加减)

【处方】黄连 60 克，黄芩 60 克，白芍 60 克，栀子 50 克，诃子 50 克，黄柏 50 克，苦参

50 克，地榆 50 克，仙鹤草 50 克，翻白叶 100 克，青叶胆草 50 克，腹痛者加木香 50 克以行气止痛。

【用法用量】共研末，温水冲调，候温后一次灌服。

【功效】祛暑清热，解毒止泻。

【应用】本方配合西药强心补液消炎止痛，治愈患牛 14 头，轻者用药 1 次，重者用药 3 次，即可治愈。（赵绍清等．山东畜牧兽医，2012，9）

方 2（蒿参散）

【处方】鲜黑蒿 500 克，苦参 50 克，地榆 100 克，糊米（大米炒至黑黄色）500 克，茶叶 150 克。

【用法用量】苦参、地榆、糊米、茶叶共碾细末，鲜黑蒿加水 1500～2000 毫升，微煎去渣，用煎液冲调上药末，候温灌服。

【功效】祛暑清热，解毒止泻。

【应用】腹痛者加木香 30 克以行气止痛。本方配合西药有良好疗效，治愈率 85.45%。（阮光治．中兽医医药杂志，1996，6）

31. 牛肠黄

方 1（白头翁汤加减）

【处方】白头翁 64 克，黄连、黄柏、秦皮各 32 克。

【用法用量】水煎服。

【功效】清热解毒，凉血止痢。

【应用】本方对体热、口渴、下痢以及伴有里急后重的病牛效果显著。体弱或者产后的病牛，可酌加阿胶、甘草；去秦皮，加黄芩、枳壳、砂仁、厚朴、苍术、猪苓、泽泻，清热燥湿效果较好；减砂仁、苍术，加生地、花粉、大黄和芒硝，对高热和粪便带脓血的病牛效果明显。结合西药治疗有良好效果。（刘俊文．现代农村科技，2017，6）

方 2（藿香正气散加减）

【处方】藿香 30 克，紫苏 30 克，白芷 30 克，大腹皮 30 克，白术 60 克，半夏曲 60 克，陈皮（去白）60 克，厚朴（姜汁炙）60 克，苦桔梗 60 克，炙甘草 75 克，白头翁 60 克，黄连 30 克，黄柏 30 克，秦皮 30 克，猪苓 30 克，泽泻 30 克，车前 30 克。

【用法用量】共为末，牛用 50～150 克，生姜、大枣煎水冲调，候温灌服，也可水煎候温灌服。每日 1 剂，连用 3 天。

【功效】清热解毒，消黄止痛，活血化瘀。

【应用】本方结合西药清理肠胃、抑菌消炎、解毒强心，对牛肠黄有良好治疗效果。（朱国花等．中兽医学杂志，2015，3）

方 3

【处方】黄连 30 克，黄芩 30 克，党参 60 克，木香 25 克，白头翁 60 克，陈皮 30 克，枳壳 25 克，车前子 40 克，白芍 35 克，甘草 30 克，粪便带血者加麻仁 40 克，厚朴 40 克。

【用法用量】水煎灌服。

【功效】清热解毒，固肠止泻。

【应用】应用本方对 29 例胃肠炎采取中西药结合的治疗措施，取得了较为满意的结果。（胡常红等．当代畜牧，2010，8）

方 4（椿矾汤）

【处方】椿根皮 150 克，木香 40 克，苦参 50 克，黄连 50 克，白头翁 60 克，石榴皮 80 克，白芍 60 克。

【用法用量】水煎取汁，加入明矾 5 克，待凉一次灌服。每天 1 剂，连服 1～3 剂。

【功效】清热燥湿，凉血止痢，行气止痛。

【应用】体温升高者，加连翘、银花；腹痛重者，加元胡、砂仁；便血多而严重者，加地榆、槐花；体质虚弱者，加党参、黄芪、山药；食积不化者，加莱菔子、三仙、三棱、莪术。用本方治疗牛肠黄 15 例，疗效均佳。（郭继君．中国兽医杂志，2007，9）

方 5（银白散）

【处方】金银花 150 克，白头翁 100 克，黄连 50 克，黄芩 60 克，陈皮 60 克，木香 40 克，枳壳 40 克，甘草 30 克，黄柏 30 克，郁金 30 克。

【用法用量】煎汁，一次灌服，每天 1 剂。

【功效】清热解毒，凉血止痢。

【应用】消瘦重者加黄芪，粪稀水样无潜血者加罂粟壳 100 克或五倍子 100 克，粪中有潜血者加五灵脂（炒），重用金银花。用本方治疗牛消化系统疾病 80 余例，且粪便有潜血与鲜血的病例居多，除 5 例失于治疗外，其他均痊愈。（张东明．中兽医医药杂志，2007，4）

方 6（郁金散）

【处方】郁金 45 克，黄连 20 克，黄芩 30 克，黄柏 30 克，栀子 30 克，诃子 30 克，白芍 30 克，大黄 45 克。

【用法用量】水煎灌服，第一次投服中药前一小时先投服生菜油 1 千克。

【功效】清热解毒，涩肠止泻。

【应用】体质虚弱者加黄芪、党参、白术各 40 克，不食者加神曲、麦芽、山楂各 25 克，有脓血者加地榆炭、炒蒲黄、炒侧柏叶各 30 克。用本方配合西药共救治各种原因引起的奶牛胃肠炎 391 例，治愈 353 例，治愈率达 90.3%。（沈留红等．中国兽医杂志，2006，9）

32. 牛便血

方 1（归脾汤合槐花散）

【处方】茯神 25 克，远志 15 克，当归 35 克，黄芪 35 克，党参 25 克，白术 25 克，甘草 20 克，枣仁 25 克，木香 35 克，龙眼肉 30 克，生姜 15 克，大枣 20 克，炒侧柏叶 50 克，炒槐花 40 克，炒荆芥穗 35 克，枳壳 30 克。

【用法用量】研末，加开水冲，候温灌服。

【功效】补脾摄血。

【应用】本方适用于脾虚型便血，3 剂即愈。（朱芬花．中兽医学杂志，2016，6）

方 2

【处方】白头翁 50 克，炒地榆 40 克，白芍 30 克，当归 40 克，黄柏 30 克，黄连 30 克，苦参 40 克, 炒侧柏叶 40 克, 甘草 20 克。

【用法用量】研成细末, 煎服, 一日 2 次, 连用 3 天。

【功效】清热凉血。

【应用】本方适用于湿热便血。(权英存．中兽医学杂志, 2014, 3)

方3 (止血汤)

【处方】大黄 25 克, 黄连 30 克, 黄柏 30 克, 黄芩 30 克, 栀子 30 克, 槐花 35 克, 炒蒲黄 35 克, 侧柏叶 40 克, 仙鹤草 40 克, 焦荆芥穗 40 克, 炒地榆 60 克, 乌贼骨 60 克, 甘草 15 克。

【用法用量】水煎 2 次, 每次加水 1500 毫升, 煎取药汁 1000 毫升, 共得药汁 2000 毫升, 分早、晚 2 次灌服, 每次加三七粉 20 克、白及粉 25 克。

【功效】清热凉血, 泻腑祛瘀, 收敛止血。

【应用】用本方结合西药 (输液、补充电解质、抗菌消炎等) 治疗牛便血 47 例, 疗效满意。(王海霞．上海畜牧兽医通讯, 2007, 4)

方4

【处方】槐花、侧柏叶 (炒) 各 60 克, 荆芥、枳壳、熟地、青皮各 50 克, 当归、升麻、桔梗各 30 克。

【用法用量】煎汤, 候温一次灌服。

【功效】止血止泻, 补脾健胃。

【应用】本方适用于脾虚型便血。虚寒者加白酒 60 毫升、红糖 60 克。(李天寿．福建畜牧兽医, 2004, 4)

33. 牛结症

方1

【处方】前结: 大黄 90 克, 芒硝 240 克, 枳壳 30 克, 厚朴 30 克, 黑丑 15 克, 白丑 15 克, 玉片 15 克, 木通 30 克, 油当归 30 克, 郁李仁 30 克。后结: 续随子 30 克, 郁李仁 30 克, 油当归 30 克, 大黄 30 克, 芒硝 250 克, 木通 24 克, 二丑 30 克, 滑石 30 克, 炙山甲 24 克, 枳壳 24 克, 玉片 15 克。

【用法用量】共为末灌服。

【功效】消积导滞, 通便泻下。

【应用】对妊娠患畜, 去黑、白二丑; 肚腹胀大、疼痛较甚者, 加乌药、木香、白芍; 耳鼻和四肢冰凉者, 加干姜、小茴香。若用药后 12 小时仍不见排粪, 可用豆油 500 毫升、芒硝 250 克、大黄末 90 克, 加适量水一次灌服。(丰中标．浙江畜牧兽医, 2007, 6)

方2 (千蛜散)

【处方】炙千金子 20~50 克, 蜣螂、蝼蛄各 10~40 克 (以个大为佳), 香油 150~400 毫升。

【用法用量】千金子炒至爆响, 蜣螂、蝼蛄焙干, 3 药混合共为细末, 入油内调匀灌服, 用量以家畜大小和便秘程度酌情加减。

【功效】攻坚逐粪, 化积利便。

【应用】用该方治疗牛结症 84 例，治愈 81 例，治愈率达 96.4%。本方对牛的瓣胃阻塞也有较好的疗效。（张立民．中兽医医药杂志，1995，6）

方 3（五毒穿肠散）

【处方】蜣螂 7 个，蝼蛄 7 个，槟榔 100 克，细辛 15 克，五灵脂 30 克。

【用法用量】蜣螂、蝼蛄烘焦，与槟榔、细辛、五灵脂碾成粉末，另取鲜榆白皮 500～700 克，捣烂如泥，加温水 8000 毫升，搅拌均匀灌服。

【功效】攻坚行气，化积利便。

【应用】用该方治疗牛结症均获良效。一般服药后 10～15 分钟出现空嚼、流涎等表现，接着出现肠音，用药 40～100 分钟后开始排粪，2～6 小时后食欲恢复。（张权等．中兽医学杂志，1994，4）

34. 牛冷痛

方 1

【处方与用法】① 小茴香 30 克，黑胡椒 24 克，莱菔子 66 克。共为细末，开水冲调，候温灌服。

② 陈皮 30 克，青皮 30 克，厚朴 30 克，当归 30 克，茴香 24 克，肉桂 24 克，干姜 30 克，白芷 18 克。共为细末，开水冲，加白酒 120 毫升为引，候温灌服。病重者加细辛；腹泻者加猪苓、泽泻。

③ 葱 1 根，炒茴香 120 克，生姜 60 克。切碎，开水冲调，候温灌服。

④ 肉桂 24 克，细辛 10 克，吴茱萸 18 克，苍术 24 克，陈皮 30 克，青皮 24 克，厚朴 34 克，枳实 24 克，小茴香 24 克，白芷 24 克，干姜 30 克。共为细末，开水冲调，候温灌服。

【功效】温中散寒，理气止痛。

【应用】上方结合西药治疗牛冷痛症 13 例，治愈 12 例。（彭春阳等．中兽医医药杂志，2016，3）

方 2（橘皮散）

【处方】陈皮 30 克，厚朴 30 克，槟榔 18 克，白芷 25 克，当归 25 克，细辛 10 克，桂心 20 克，小茴香 30 克，青皮 30 克，葱白 3 根，炒盐 25 克，白酒 100 毫升。

【用法用量】研末服，每日 1 剂。

【功效】温中散寒，和血顺气。

【应用】也可去葱、盐、酒，加苍术 30 克、二丑 25 克、五灵脂 20 克、生姜 30 克；直尾行、大肠痛，减白芷，加苍术 30 克、木通 20 克；卷尾行、小肠痛，加五灵脂 25 克、苍术 30 克；蹲腰踏地胞经痛，减茴香，加木通 20 克、枳壳 25 克、茵陈 25 克、滑石 60 克；肠鸣泄泻冷气痛，加皂角 20 克、艾叶 25 克；急起急卧脾气痛，减茴香，加白术 30 克、甘草 15 克。用本方治疗牦牛肠痉挛、卡他性肠痛，取得了满意的疗效。（达吉．中兽医学杂志，2014，2）

方 3（核桃散）

【处方】核桃仁 40 克，大枣 25 克，陈皮 15 克，麦麸皮 1000 克。

【用法用量】共研细末加白酒 60 毫升灌服。

【功效】理气活血，温中健脾。

【应用】核桃仁必须带壳在火中烧一下，壳焦仁不焦；麦麸皮和大枣炒至发黄。为了加强止痛可针刺耳尖穴。应用本方治疗牛肠痉挛 195 列，治愈 163 例，治愈率 83.6％。（李元香.甘肃畜牧兽医，2001，4）

方 4（橘皮散加味）

【处方】青皮 30 克，陈皮 30 克，当归 30 克，官桂 25 克，茴香 25 克，厚朴 25 克，白芷 20 克，槟榔 15 克，细辛 6 克。

【用法用量】共为细末，开水冲调，候温加姜酊 150 毫升内服。

【功效】理气活血，散寒止痛。

【应用】腹痛剧烈者，加木香、元胡、枳壳各 25 克（配合 5％酒精水合氯醛溶液 100 毫升内服，效果更佳）；阴盛寒重者，加附子、干姜各 20 克；尿不利者，加滑石、乌药、木通各 25 克；患畜体瘦毛焦、舌淡涎多者，加白术、砂仁、益智仁各 30 克。用本方治疗 11 例，其中母牛 9 例、公牛 2 例，用药 1～3 剂全部治愈。（马常熙等.中兽医医药杂志，2000，6）

方 5

【处方】厚朴 40 克，陈皮 25 克，苍术 30 克，吴茱萸 20 克，小茴香 30 克，益智仁 30 克，当归 30 克，细辛 10 克，二丑 25 克。

【用法用量】研末，开水冲调，候温加醋 250 毫升灌服。

【功效】行气止痛，温中祛寒。

【应用】应用该方治疗肠痉挛黄牛 5 头、犏牛 3 头，均治愈。（毛占强.中国牛业科学，2000，4）

35. 牛肠臌气

【处方与用法】① 10％新鲜石灰乳 250 克，加入等量煎沸的植物油搅匀，凉后一次灌服。
② 生石灰 200～400 克，加水 2500～3000 毫升，溶化后取上清液灌服。
③ 熟石灰 120 克，植物油 300 毫升。油烧开后，加入石灰搅拌，一次灌服。

【功效】行气消胀。

【应用】用上述各方治疗牛肠臌气，效果良好。（甘肃畜牧兽医编辑部.甘肃畜牧兽医，1995，4）

36. 牛脱肛

方 1（提肛散）

【处方】人参 60 克，黄芪 300 克，炙甘草 90 克，白术 90 克，当归 30 克，升麻 60 克，柴胡 60 克，陈皮 60 克，枳壳 60 克，金樱子 120 克，槐花 30 克，五味子 60 克。

【用法用量】水煎灌服，每日 1 次，7 日为 1 疗程。

【功效】补中益气，升阳举陷。

【应用】应用本方治疗牛脱肛效果好，1～2 个疗程即愈。（杨会起等.北方牧业，

2011，5）

方2（加味补益当归散）

【处方】当归 35 克，党参 35 克，熟地 35 克，川芎 35 克，白芍 35 克，茯苓 35 克，白术 25 克，升麻 25 克，柴胡 25 克，防风 25 克，炙甘草 25 克，黄酒 150 毫升为引。

【用法用量】共为末，开水冲，候温灌服，每日 1 剂，连服 3 剂。

【功效】补中益气。

【应用】本方治疗牛脱肛 2 例，效果满意。（严峻．畜牧兽医科技信息，2009，10）

方3（提肠散加减）

【处方】麻仁 60 克，黄芪 60 克，陈皮 50 克，干姜 40 克，牡蛎 70 克，白术 60 克，槐花 60 克，附子 60 克，甘草 40 克，当归 70 克，诃子肉 70 克，五倍子 40 克，茴香 60 克，升麻 70 克，肉豆蔻 60 克，赤石脂 50 克，石榴皮 60 克，枯矾 50 克。

【用法用量】共研末，温水调服，每天 1 剂，连服 5 剂。

【功效】补气提升，涩肠固脱。

【应用】在手术整复的基础上，灌服本方具有较好的治疗效果。（胡师萍．江西畜牧兽医杂志，2002，5）

方4

【处方】枳壳（或枳实）200 克，鲜鸡屎藤 200 克，鲜羊耳草 200 克，鲜紫珠叶 200 克。

【用法用量】共切碎，加水 2000 毫升，煮取 1500 毫升，一次灌服，每天 1 剂。

【功效】理气止痛，健脾祛湿。

【应用】用本方治疗牛直肠脱，2 天后直肠脱可自行回缩。（吴淑疆．中兽医学杂志，2005，3）

37. 牛翻胃吐草

方1

【处方】香附 100 克，黄连 50 克，木香 30 克，生姜 50 克，丁香 25 克，砂仁 25 克，白术 25 克，厚朴 25 克，陈皮 25 克，枳壳 25 克，党参 25 克，茯苓 25 克，粪渣粗大，加炒三仙各 25 克。

【用法用量】研末灌服。

【功效】暖胃温脾，理气止呕。

【应用】粪渣粗大者，加炒三仙各 25 克；体瘦腰胯无力者，加破故纸、菟丝子、巴戟各 25 克；四肢疼痛，加秦艽、伸筋草、骨碎补各 25 克；结膜舌色淡白，加熟地、川芎各 25 克。用本方治疗病牛 11 例，全部治愈。（魏青娟．山东畜牧兽医，2013，9）

方2

【处方与用法】①止吐散：灶心土 250 克，黄连（吴茱萸炒）40 克，厚朴 50 克，肉豆蔻 40 克，砂仁 60 克，神曲 10 克，山楂（炒）70 克，麦芽 15 克。共研为末，烧酒 250 克为引，每天分 2 次温水调灌，连服 3 天。

②暖胃温脾散：砂仁 20 克，益智 20 克，白豆蔻 20 克，白术（炒）25 克，陈皮 25 克，

厚朴 25 克，腹毛 25 克，当归 25 克，山药 25 克，炮姜 25 克，法半夏 40 克，公丁香 15 克，甘草 5 克，食盐 10 克。共研为末，加大枣十枚煎水冲，灌服。

【功效】健脾暖胃，止吐。

【应用】用以上两方治疗牛翻胃吐草，均获得较好效果。（李淑霞. 畜牧兽医科技信息，2010，5）

方 3（旋覆止呕散）

【处方】湿热型翻胃吐草：鲜旋覆花 500 克，厚朴 50 克，白术 50 克，炒山楂 100 克，麦芽 100 克，伏龙肝 500 克。

虚寒型翻胃吐草：旋覆花 50 克，厚朴 50 克，炒白术 50 克，炒山楂 80 克，炒麦芽 50 克，伏龙肝 200 克，干姜 100 克，党参 100 克。

【用法用量】水煎取汁灌服。

【功效】降逆止呕，理气消食。

【应用】本方治疗牛翻胃吐草疗效甚佳。（曹书显. 中兽医学杂志，2009，5）

方 4（加减益智散）

【处方】益智仁 25 克，厚朴 25 克，陈皮 25 克，茯苓 25 克，白术 30 克，当归 20 克，青皮 30 克，木香 30 克，砂仁 20 克，草果 20 克，枳壳 25 克，官桂 25 克，槟榔 12 克，肉桂 20 克，细辛 15 克，白芷 25 克，丁香 20 克，甘草 10 克，生姜 25 克，大枣（烧）20 枚，白酒 100 毫升为引。

【用法用量】研末，加白酒一次灌服。

【功效】理气散寒，止吐。

【应用】粪渣粗大者，加炒三仙 25 克、鸡内金 20 克；体瘦而腰胯无力者，加破故纸 20 克、菟丝子 20 克；四肢疼痛者，加秦艽 25 克、伸筋草 25 克、骨碎补 20 克。用本方治疗牛翻胃吐草 8 例，其中黄牛 5 例、犏牛 3 例，疗效显著。（郭继君. 黑龙江畜牧兽医，2007，4）

方 5

【处方】鲜佩兰 500 克（干品 250 克），红糖 200～250 克，食醋 150～250 毫升。

【用法用量】佩兰加水 3000 毫升，煎 20～25 分钟，取滤液 1500 毫升加入红糖，一次饮服或灌服。每剂可煎 2～3 次，每天上下午各服 1 次。服药 4 小时后再灌食醋，每天 1 次。

【功效】健脾消食，行气化湿。

【应用】用本方治疗奶牛翻胃吐草 10 例，轻者 2～3 剂，重者 4～5 剂痊愈。本方对奶牛产后不食也有良效。（尚朝相. 中兽医医药杂志，1994，5）

38. 牛呕吐涎沫

方 1

【处方与用法】轻证：桂附理中丸 10 丸，生姜 50 克。煎汤灌服。

重症：小茴香 30 克，吴茱萸 30 克，高良姜 30 克，红糖 200 克。煎汤加白酒 200 毫升、桂附理中丸 15 丸，灌服。幼畜用量减半。

【功效】温中祛寒，健脾补气。

【应用】本方治疗胃寒吐涎沫效果好。（保影祥等．当代畜牧，2015，8）

方2（温胆汤）

【处方】半夏 60 克，陈皮 90 克，茯苓 60 克，乌梅 30，炙甘草 30 克，竹茹 90 克，枳实 60 克，生姜 60 克，大枣 30 克。

【用法用量】水煎，候温，分数次缓慢灌服。

【功效】燥湿化痰，和胃止呕。

【应用】用本方治疗曾用消炎、止呕、止痛等对症治疗 3 天无效的病例，用药 1 剂见效，2 剂痊愈。（田鸿义．中兽医医药杂志，2003，1）

39. 牛感冒

方1（银翘散加减）

【处方】金银花 60 克，连翘 45 克，淡豆豉 30 克，桔梗 25 克，荆芥 30 克，淡竹叶 20 克，薄荷 30 克，牛蒡子 45 克，芦根 30 克，甘草 20 克。

【用法用量】共为末，开水冲调，候温灌服或煎汤服。

【功效】辛凉解表，清热解毒。

【应用】本方主治外感风热或温病初起。（朱二勇等．兽医导刊，2016，3）

方2

【处方与用法】① 桑叶 500 克，薄荷 50 克，甘草 50 克，鲜芦根 500 克。水煎汁适量，候温一次灌服。

② 板蓝根 200 克，贯众 100 克。共研为细末，用适量开水冲调，候温一次灌服。

③ 忍冬藤 100 克，野菊花 75 克，射干 25 克，蒲公英 50 克。水煎汁适量，候温一次灌服。

④ 羌活、防风、苍术各 50 克，川芎、白芷、生地、黄连、生姜、甘草各 30 克，细辛 25 克，大葱 1 根。加水煎汤，候温一次灌服。

⑤ 金银花、连翘、黄芩各 45 克，羌活、生地、陈皮、苍术、冬花各 30 克，防风、川芎、白芷、细辛各 24 克，桔梗、甘草各 18 克。水煎一次灌服。四肢跛行者，加桑寄生、独活等；咳嗽者加半夏、杏仁等；大便出血者，加焦地榆、侧柏叶炭等；食欲减退者，加麦芽、神曲、山楂等。

⑥ 枇杷叶、紫苏叶各 100 克，地胆头、东风桔（或山桔）、茅根、土荆芥、黄皮叶各 120 克，加水 4.5 千克，煎成 2.5 千克，一次灌服。

⑦ 麻黄 50 克，桂枝 50 克，杏仁 40 克，炙甘草 50 克。水煎取汁，候温一次灌服，每天 1 次，连用 3 天。

⑧ 柴胡 50 克，黄芩 50 克，苏叶 80 克，知母 40 克，麻黄 35 克，桂枝 80 克，葛根 50 克，炒枳实 50 克，川羌 50 克，生姜 150 克，甘草 25 克。水煎取汁，候温一次灌服，每天 1 剂，连用 3 天。

【功效】清热解表，祛风除湿。

【应用】以上各方用于治疗牛流行性感冒效果好，同时应注意对症治疗，预防继发感染，调整胃肠机能，严防牛只倒地不起。（朱二勇等．兽医导刊，2016，3）

方3

【处方】桂枝 20 克，干姜 25 克，甘草 20 克，麻黄 15 克，杏仁 15 克，桔梗 15 克，细辛 10 克，陈皮 15 克，苍术 25 克，茯苓 20 克，连翘 20 克，黄芩 15 克。

【用法用量】上药粉碎，温水冲调，一次灌服，每日 1 剂。

【功效】疏风解表，清解郁热。

【应用】本方治疗伤寒感冒病牛 10 余头，收到满意效果。（戚永兴．中国畜牧兽医文摘，2015，6）

方4（荆防败毒散）

【处方】防风 30 克，荆芥 30 克，羌活 25 克，柴胡 25 克，前胡 25 克，独活 25 克，桔梗 30 克，枳壳 25 克，茯苓 20 克，甘草 25 克，川芎 20 克。

【用法用量】共为末，开水冲，候温灌服，每日 1 剂，轻症 3 剂，重症 5 剂。

【功效】辛温解表，疏散风寒。

【应用】本方主要用于治疗牛风寒感冒，对于风热表证及湿而兼热者不宜应用。（杜红梅等．畜牧与饲料科学，2009，3）

方5

【处方与用法】① 紫苏叶 100 克，陈皮 100 克，葱头 80 克。水煎灌服，每天 2 次，连用 3 天。

② 一枝黄花 100 克，紫花地丁 200 克，金银花 300 克，青蒿 400 克。煎水灌服，每天 1 次，连用 2～3 天。

【功效】发汗解表，燥湿化痰。

【应用】以上 2 方治疗牛感冒效果良好。（申济丰．四川畜牧兽医，2002，10）

40. 牛鼻出血

方1

【处方】知母 30 克，黄柏 30 克，地榆 30 克，蒲黄 30 克，栀子 20 克，槐花 20 克，侧柏叶 20 克，血余炭 20 克，杜仲 20 克，棕榈皮。

【用法用量】除血余炭外，各药炒黑，共研为末，开水冲，候温灌服。

【功效】清热泻火，凉血止血

【应用】该方应用于外感热邪或虚火内生的血热妄行，间歇式频繁恶性出血的患牛，同时结合物理外科止血，肌内注射止血敏、安络血、维生素 K 等止血药。（赵立权等．当代畜牧，2015，33）

方2

【处方】桑叶 75 克，菊花 30 克，杏仁 60 克，连翘 50 克，薄荷 25 克，桔梗 60 克，甘草 25 克，芦根 60 克，白茅根 300 克，藕节 90 克，茜草炭 60 克，丹皮 60 克，栀子炭 60 克，侧柏叶 60 克。

【用法用量】水煎，分次灌服；或粉碎饲喂。

【功效】疏散风热，凉血止血。

【应用】本方主要用于外感风热或燥热之邪犯肺引起的鼻出血。（王立新．北方牧业，2013，11）

方3

【处方】熟地黄240克，山茱萸120克，山药120克，泽泻90克，牡丹皮90克，茯苓90克，知母60克，黄柏60克，旱莲草30克，阿胶60克（入汤剂宜烊化冲服），藕节90克，仙鹤草60克，白及30克，黄精50克，何首乌60克，桑椹子60克，生地120克。

【用法用量】水煎，分次灌服；或粉碎饲喂。

【功效】滋阴补肾，清热凉血，收敛止血。

【应用】该方主要用于素体阴虚，或劳损过度、肝肾阴虚、肝不藏血、虚火上炎，损伤鼻窍血络、血溢脉外而衄。（王立新．北方牧业，2013，11）

方4

【处方】白术90克，茯苓90克，黄芪120克，龙眼肉120克，酸枣仁（炒）120克，人参60克，木香60克，当归90克，远志60克，甘草（炙）30克，白及30克，仙鹤草60克，生地120克，何首乌60克，桑椹子60克，生姜50克，大枣10枚。

【用法用量】水煎，分次灌服；或粉碎饲喂。

【功效】补脾益气，生血止血。

【应用】该方主要用于久病、脾气虚弱、统摄无权、鼻窍渗血。（王立新．北方牧业，2013，11）

方5（吹鼻散）

【处方】杜仲炭10克，冰片6克，血余炭10克。

【用法用量】共研细末，装入细管吹入鼻腔深部。

【功效】消肿止痛，收敛止血。

【应用】用本方治疗家畜顽固性鼻衄13例，全部治愈，且无1例复发。（李春生等．中兽医医药杂志，2002，3）

方6（建瓴汤）

【处方】赭石50克，山药50克，生龙骨50克，牛膝190克，生地50克，茅根70克，生牡蛎50克，白芍50克，枸杞30克，菊花20克。

【用法用量】煎汤灌服，每天1剂。

【功效】镇肝潜阳，滋阴凉血。

【应用】用本方治疗曾用止血消炎西药治疗无效的3例病牛，均获痊愈。（黄恒威．中兽医学杂志，2000，3）

41. 牛喉炎

方1

【处方】知母25克，黄檗25克，黄药子25克，黄连18克，白药子25克，郁金25克，黄芩31克，栀子25克，连壳25克，大黄31克，贝母25，冬花25克，甘草22克，秦艽25克，蜂蜜100克，鸡蛋清8个。

【用法用量】共为末，开水冲，候温灌服。

【功效】清热解毒，止咳消肿。

【应用】应用本方治疗牛喉炎效果好。（夏天星等．中国畜牧兽医文摘，2015，5）

方2（清咳散）

【处方】夏枯草90克，灵丹草90克，黄芩60克，桔梗60克，甘草30克。

【用法用量】共研末，温开水调服。急性病例每日1次，慢性病例隔日1次，连用3次。

【功效】清热消肿，祛痰止咳。

【应用】本方治疗马、牛、猪6115头（匹），治愈5872头（匹），治愈率96.03%。（王增华等．中国兽医杂志，2009，5）

方3

【处方】狗脊蕨100～200克。

【用法用量】开水调，候温灌服，或拌入饲料中自由采食，每天1剂，连服3天。

【功效】清热解毒。

【应用】狗脊蕨，又名大叶贯众。取其根茎晒干为末备用，是民间用于治疗人喉炎的单方。用其治疗黄牛喉炎31例，治愈30例。若体温明显升高者，配合抗生素治疗效果更加明显。（张扬杰．中兽医学杂志，2005，3）

42. 牛支气管炎

方1

【处方】浙贝母、泡半夏、玉桔梗、桑白皮、紫菀、荆芥、炙甘草各15克，细辛10克，金银花100克，苦杏仁20克，连翘30克。

【用法用量】水煎2次，煎成2000毫升，分2次灌服，每日1剂。

【功效】止咳化痰，清热解毒。

【应用】该方配合西药综合治疗，效果可靠。（郭慧等．现代畜牧科技，2017，8）

方2

【处方】炙麻黄25克，炒杏仁30克，半夏25克，陈皮30克，茯苓25克，炙紫菀30克，炙百部30克，前胡30克，桔梗30克，知母25克，黄芩30克，苏子40克，五味25克，甘草20克。

【用法用量】共研细末，开水冲调，候温灌服。每天1剂，连用3剂。

【功效】宣肺降气，止咳定喘。

【应用】本方配合西药治疗牛慢性支气管炎27例，治愈23例，治愈率90.2%。（王红英等．中国奶牛，2008，8）

方3

【处方与用法】① 麻黄30克，血余炭25克，白矾40克，胆制生军（牛胆内装满生军末，阴干研末）15克。水煎，一次灌服。

② 瓜蒌3～5个，川贝30～40克，蜂蜜200～250克，干姜40～50克，红糖100～120克。瓜蒌剖开去籽，放入川贝末，外用泥包好，放炭火上烤烧，泥土裂后除去泥，熬开蜂蜜

后放入白矾末搅拌，红糖与干姜粉共炒焦，共为细末，每次 20～30 克，水冲灌服。

③ 白葡萄干 290 克，生石膏 180 克，香附 180 克，石榴皮 180 克，红花 90 克，肉桂 90 克，甘草 50 克。共为细末，每服 150～200 克，开水冲药，一次灌服。

【功效】清热化痰，宣肺平喘。

【应用】以上 3 方治疗以咳嗽、肺部听诊为啰音、流鼻涕为特征的牛支气管炎效果良好。（杨久强．农业科技通讯，2002，3）

方 4

【处方】黄葱 30 克，鲜姜 30 克，寻骨风 30 克，食盐 30 克（火煨），童便 350～400 毫升，水竹子 1 根（烤出油）。

【用法用量】葱、姜、寻骨风煎水，放入煨盐、童便、水竹子油，调匀灌服，每天 1 次，连用 2～3 天。

【功效】发散风寒，滋阴降火，凉血散瘀。

【应用】用于风寒咳嗽。（尹福生．河南畜牧兽医，2000，4）

方 5

【处方】麻油 300 毫升，茅草花 30 克，蜂蜜 60 克，人发 10 克，鸡蛋清 5 个。

【用法用量】麻油烧开，放入茅草花炸黄后加蜂蜜、人发，即盛起，候冷加鸡蛋清 5 个，温水适量调服。每天 1 次，连用 1～3 天。

【功效】清肺化痰，止咳平喘。

【应用】用于肺热咳嗽。（尹福生．河南畜牧兽医，2000，4）

43. 牛大叶性肺炎

方 1（清毒活瘀汤）

【处方】白花蛇舌草 60 克，鱼腥草、穿心莲各 50 克，虎杖、当归、生地、黄芩、白茅根、赤芍、川芎、桃仁各 30 克，甘草 15 克。

【用法用量】水煎 2 次，煎成取 2000 毫升，分 4 次灌服，每日 1 剂。

【功效】清热润肺，止咳祛痰，降气定喘。

【应用】用本方加减治疗牛大叶性肺炎 28 例，治愈 21 例。3 天内退热，血象转为正常，症状消失；无效 7 例，3 天以上体温未降，病情无改善甚至加重。（王海霞．中国兽医医药杂志，2008，3）

方 2（苇茎汤）

【处方】苇茎 45 克，生薏苡仁 45 克，冬瓜仁 30 克，桃仁 25 克，桔梗 25 克，黄芩 25 克，甘草 20 克。

【用法用量】研末，开水冲泡，胃管投服，一般 3～5 剂。

【功效】清热解毒，肃肺化痰，祛瘀止血，利湿散结。

【应用】热毒甚者加金银花、鱼腥草各 45 克；血痰多者加白茅根 30 克，白及、茜草、侧柏叶各 45 克；湿咳者加百部、前胡、浙贝母各 30 克；粪便干结者加大黄（后下）100 克。用本方治疗牛 7 例，疗效满意。其中症状消失多在 7～10 天；退热时间最短 5 小时，最长 6 天，一般在 2～4 天。（李积锦．中兽医医药杂志，2007，4）

44. 牛化脓性肺炎

【处方（四白汤）】生白及 50 克，炒白果 50 克，银花 50 克，连翘 50 克，白矾 50 克，白芷 50 克，甘草 30 克，黄芩 40 克，栀子 40 克，贝母 40 克，沙参 40 克，百合 40 克，紫菀 40 克。

【用法用量】水煎服，每天 1 剂。

【功效】清热解毒，宣肺排脓。

【应用】用本方治疗耕牛肺痈 8 例，均获痊愈。（张丕林等．中兽医学杂志，1998，2）

45. 牛异物性肺炎

方 1

【处方】贝母 40 克，桔梗 60 克，玄参 100 克，百合 100 克，熟地 100 克，生地 100 克，甘草 30 克，寸冬 80 克，白芍 80 克，当归 80 克。

【用法用量】水煎取汁灌服。

【功效】解除异物，清热清痰，止咳，通利肺气

【应用】应用本方治疗牛异物性肺炎效果较好。（安国伟．湖北畜牧兽医，2015，9）

方 2（千金苇茎汤加味）

【处方】鲜芦根 40 克，鱼腥草 40 克，银花 40 克，连翘 40 克，野菊花 40 克，败酱草 40 克，公英 40 克，地丁 40 克，冬瓜子 40 克，皂角 40 克，桃仁 30 克，枳壳 30 克，黄芪 30 克，甘草 15 克。

【用法用量】水煎灌服，每日 1 剂。

【功效】清热解毒，解除异物，通利肺气。

【应用】服用 3 剂后根据病情适当减量。用本方配合西药治疗牛异物性肺炎，可获得较好效果。（孔凡兵．养殖技术顾问，2011，5）

方 3

【处方】百合 250 克，蜂蜜 500 克。

【用法用量】将百合研成细末，或煎汤加入蜂蜜，一次胃管投服。

【功效】清肺泻热，润肺止咳。

【应用】用本方治疗牛异物性肺炎 19 例，均痊愈。（郭宏山等．黑龙江畜牧兽医，2005，8）

方 4

【处方】金银花 50 克，连翘 30 克，桔梗 40 克，牛蒡子 30 克，薄荷 40 克，花粉 40 克，板蓝根 40 克，山枝子 30 克，桑白皮 30 克，马斗铃 30 克，葶苈子 50 克，芦根子 30 克，贝母 30 克，杏仁 30 克，黄芩 30 克。

【用法用量】研末开水冲调，蜂蜜 100 克为引，灌服，每天 1 剂。

【功效】宣肺平喘，清热解毒。

【应用】用本方配合青霉素、链霉素注射治疗牛异物呛肺可获得较好效果。（王学明．养

殖技术顾问，2004，10)

方5

【处方】新鲜鲤鱼 500～1000 克。

【用法用量】洗净捣成泥状，加温水适量，用纱布过滤后去渣，徐徐口服。

【应用】用本方治愈成年母牛 3 头，犊牛 2 头。（吕世文．畜牧兽医杂志，1999，1)

方6(洗肺甘露油)

【处方】井花水 120 毫升，鸡蛋清 4 个，菜油 120 克。

【用法用量】混合搅匀，胃管投服，每天 1 次，连用 10 天。

【应用】本方治疗牛异物性肺炎具有较高的治愈率，还可治疗慢性肺气肿。（张建岳，新编实用兽医临床指南．中国林业出版社，2003)

【按语】井花水为早上起来从井里边打上来的第一桶水，味甘性凉，具有清热、泻火、养阴的作用。

46. 牛肺气肿

方1(毛扫荡)

【处方】去势绵羊头 1 个，鲜甘青铁线莲根 250 克，茯茶 50 克，姜皮 30 克，鸡蛋清 7 个。

【用法用量】绵羊头烧焦，加水与鲜甘青铁线莲根、茯茶、姜皮共煮，煮到羊头脱骨，过滤去渣，候温加蛋清 7 个灌服。

【应用】用本方治疗肺气肿 20 例，疗效在 85％以上。（张集民．青海畜牧兽医杂志，2002，5)

【按语】茯茶是以优质黑毛茶为原料，经科学配方，在全程清洁化环境下机制而成。本品砖面整洁、松紧均匀、金花茂盛、水色红浓、滋味醇正、菌香浓纯，是茯砖茶中的上品。

方2

【处方】鲜薤白 500 克，白酒 250 毫升。

【用法用量】鲜薤白捣浆，加白酒搅匀，一次灌服。

【功效】理气宽胸，通阳散结。

【应用】用本方治疗由变态反应引起的牛间质性肺气肿 12 例，全部治愈。（黄文东等．中兽医医药杂志，1994，3)

方3(蔊鱼汤)

【处方】蔊菜 80 克，鱼醒草 60 克，苏子 60 克，蓖麻根 30 克，虎杖 30 克，厚朴 30 克，莱菔子 30 克，桔梗 20 克，大枣 20 枚。

【用法用量】每天 1 剂，连服 3 剂。

【功效】定喘祛痰，利湿解毒。

【应用】用本方治疗肺气肿病牛 2 例，全部治愈，治疗时肌注氨茶碱效果更好。（曹德贵等．中兽医学杂志，1995，4)

【按语】蔊菜为十字花科植物蔊菜及印度蔊菜的全草，性微寒，味苦，辛，归肺、肝经，具有定喘祛痰、利湿解毒的功效。

47. 牛心力衰竭

方1（参附汤加减）

【处方】黄芪、党参各100克，黑附子、肉桂各60克，干姜40克，柴胡、川芎、藁本、秦艽各45克，生地、麦冬、玄参各35克，甘草15克。

【用法用量】水煎浓汁灌服，每日1剂，连服2剂。

【功效】大温大补，回阳救逆。

【应用】本方对劳伤心血、元气大亏、外感内伤而致的心阳虚用之最宜，特别用于输液、强心之后，不但有增强药效的作用，而且可以维持治疗，加速病情好转。（田永祥．中兽医学杂志，2017，3）

方2（附子葶苈汤）

【处方】附子40克（先煎40分钟），葶苈子35克（布包煎），太子参40克，丹参40克，茯苓50克，麦冬40克，川芎20克，炙甘草30克。

【用法用量】水煎灌服，每天1剂，每剂2煎，分早晚服。

【功效】助阳化气，活血化瘀。

【应用】用本方治疗患畜3例，均获满意疗效。治疗时需配合静注5%糖盐水1000毫升、10%葡萄糖1000毫升、复方氯化钠500毫升、10%维生素C80毫升、地塞米松60毫升、洋地黄5毫克。每天1次。（张海．中兽医医药杂志，1994，6）

48. 牛肾盂肾炎

方1

【处方】黄柏40克，车前子30克，马鞭草30克，葫芦壳30克，白茅根30克，野苦荞根30克，石韦30克，兰花根30克，木通25克，土三七20克，乳香15克，没药15克，茯苓20克，苍术20克，白术20克，枣皮20克，补骨脂20克，杜仲30克，甘草15克。

【用法用量】水煎，后加三七粉10克，灌服。

【功效】清热解毒，除湿利尿，健脾强肾。

【应用】本方与西医结合治疗牛肾盂肾炎疗效好。中药调理病牛的整体机能，西药消除病因，促进肾脏功能恢复。伴有心力衰竭及水肿者，可单独用洋地黄叶末2～8克，1次灌服。（马勇将．中兽医学杂志，2016，4）

方2（八正散）

【处方】木通30克，瞿麦30克，车前子45克，扁蓄30克，甘草梢25克，灯心草10克，金银花30克，栀子25克，滑石10克，大黄15克。

【用法用量】共为末，开水冲调，候温灌服。

【功效】清热利湿，通淋。

【应用】应用该方治疗肾炎效果确实。（高学超等．吉林农业，2010，8）

方3

【处方】蒲公英 150 克，金银花 100 克，滑石 80 克，甘草梢 40 克，丹参 40 克，香附 30 克。

【用法用量】水煎汤，每天早晚灌服。以上约为体重 150 千克患畜用量。

【功效】清热利湿，解毒通淋。

【应用】用本方治疗牛肾盂肾炎 8 例，效果颇佳。伴有寒热、体温升高者，加柴胡 80 克、黄芩 100 克；尿红赤者，加小蓟 80 克、白茅根 60 克；粪便秘结者，加大黄 70 克。（杜文章等．中兽医医药杂志，2002，2）

49. 牛膀胱炎

方1（知柏汤加味）

【处方】知母 100 克，黄柏 100 克，茵陈 100 克，丁木香 30 克，黄栀子 50 克，滑石 50 克，木通 40 克，川楝子 50 克，车前子 40 克，甘草 25 克，瞿麦 50 克，石膏 50 克。

【用法用量】水煎灌服，每日 1 剂，连用 5 天。

【功效】泻膀胱湿热，通利水道。

【应用】本方结合 5% 葡萄糖氯化钠、青霉素静脉注射治愈患牛 2 例。（余定达．中兽医学杂志，2009，1）

方2（八正散）

【处方】木通、瞿麦、扁蓄各 30 克，车前子 45 克，滑石 10 克，甘草梢、栀子各 25 克，大黄 15 克，灯芯草 10 克。

【用法用量】共研末，开水冲服，候温灌服。

【功效】清热泻火，利水通淋。

【应用】本方配合西药治疗膀胱湿热型牛膀胱炎，疗效很好。（黄党池．上海畜牧兽医通讯，2007，6）

方3（肾气丸）

【处方】山药、山茱萸、熟地各 60 克，茯苓、泽泻、丹皮、怀牛膝、车前子各 30 克，肉桂、附子各 12 克。

【用法用量】共研末，开水冲服，候温灌服。

【功效】健脾除湿，温补肾阳。

【应用】本方配合西药治疗肾虚型牛膀胱炎，疗效很好。（黄党池．上海畜牧兽医通讯，2007，6）

方4（知柏二苓汤）

【处方】黄柏 50 克，知母 50 克，茯苓 45 克，猪苓 45 克，泽泻 45 克，白术 35 克，滑石 40 克（用药汁冲服），茵陈 30 克，木通 15 克，官桂 15 克，甘草 15 克。

【用法用量】加水 1500 毫升，煎取药汁 1000 毫升，煎取 2 次，共得药汁 2000 毫升，分早、晚 2 次灌服，每天 1 剂。

【功效】清热燥湿，利尿通淋。

【应用】用本方治疗牛出血性膀胱炎 32 例，总有效率为 90.6%。（李梅．中国畜牧兽医文摘，2007，3）

方 5

【处方】车前草 500 克，海金砂 500 克，黄柏 100 克，黄参 100 克，牛膝 50 克，甘草 10 克。

【用法用量】上药加水适量，每天 1 剂。

【功效】泻热利水。

【应用】用此方配合西药（冲洗膀胱、抗菌消炎）治疗牛膀胱炎，取得了理想的治疗效果。车前草和海金砂用新鲜全草比用干草治疗效果好，尿道堵塞要及时排除。治疗要早，特别是公牛，如果时间拖延失治，会引起尿道堵塞，继发尿道大面积坏死，导致尿滞留、尿毒症。（黄健晖等．福建畜牧兽医，1999，1）

50. 牛尿道炎

方 1

【处方】金钱草 60 克，海金沙 90 克，金银花 50 克，木通 30 克，滑石粉 6 克，黄柏 30 克，知母 30 克，甘草 30 克，鲜车前草、竹叶、马鞭草适量。

【用法用量】煎汤灌服，每日 1 次，连服 3 天。

【功效】清热解毒，利尿通淋。

【应用】本方配合西药治愈水牛过敏性尿道炎。（赵永琳等．云南畜牧兽医，2014，2）

方 2

【处方】新鲜柳枝。

【用法用量】取新鲜柳枝 250 克左右，让病畜自食。

【功效】利尿，消肿止痛。

【应用】本方治疗尿道炎多例，大多病例用药一次即愈。（陈正迪等．中兽医学杂志，2009，1）

方 3（萆薢苦参汤）

【处方】萆薢 40 克，苦参 35 克，黄柏 35 克，土茯苓 35 克，白鲜皮 30 克，扁蓄 30 克，薏苡仁 30 克，车前子（包煎）30 克，通草 25 克，瞿麦 25 克，滑石（后下）25 克，丹皮 25 克，蒲公英 40 克，紫花地丁 40 克，银花 40 克，金钱草 40 克。

【用法用量】每天 1 剂，水煎，候温灌服。

【功效】清热解毒，除湿化浊，散结消肿。

【应用】用本方结合西药（40% 乌洛托品 4 毫升、10% 水杨酸钠 150 毫升、10% 安钠咖 10 毫升、10% 葡萄糖 500 毫升。混合静脉注射，氧氟沙星 0.4 克静脉滴注；青霉素钠 600 万单位、5% 葡萄糖 500 毫升静脉滴注）治疗牛尿道炎 48 例，痊愈 41 例，占 85%，有效 5 例，占 10.4%，总有效率为 95%。（钟永晓等．畜牧与兽医，2005，7）

51. 牛血尿

方 1（八正散加减）

【处方】木通 25 克，车前子 45 克，扁蓄 30 克，大黄 25 克，滑石 35 克，瞿麦 30 克，甘草梢 25 克，栀子 30 克，灯芯 10 克，乳香 20 克，没药 20 克，秦艽 25 克，巴戟天 25 克，桑寄生 30 克，黄连 20 克，黄芩 20 克。

【用法用量】共为细末，开水冲调，候温灌服。

【功效】清热泻火，利水通淋。

【应用】本方结合西药治愈牛肾炎型血尿。（汉吉业等 . 中国牛业科学，2016，2）

方 2

【处方】知母 100 克，黄柏 100 克，栀子 100 克，地榆 80 克，槐花 80 克，蒲黄 80 克，侧柏叶 80 克，棕皮 80 克，杜仲 60 克，以上各药炒黑；血余炭 20 克。

【用法用量】碾碎，开水浸泡 20 分钟，待温灌服。每日 1 剂，连用 3 剂。

【功效】清热凉血，止血。

【应用】用本方治疗病牛 5 例，疗程最长 5 天，用药 4 剂；轻者 2～3 天，用药 2～3 剂即愈。（陈英 . 贵州畜牧兽医，2002，4）

方 3（茜草活血散）

【处方】茜草 40 克，炙香附 40 克，川牛膝 40 克，盐杜仲 50 克，补骨脂 18 克，续断 60 克，全当归 60 克，木通 30 克，川芎 40 克，车前子 50 克，赤茯苓 30 克，地龙 30 克。

【用法用量】共为末，开水冲，候温灌服，每天 1 剂，连用 3 天。

【功效】凉血止血，补肾助阳，利尿通淋。

【应用】用本方治牛肾性血尿 51 例，取得了较好的疗效；结合西药消炎、利尿、解热等对症疗法，效果会更好。（孔宪莲 . 中兽医医药杂志，2007，2）

方 4

【处方】金钱草 250 克，海金沙藤 250 克，车前草 150 克，凤尾草 200 克，灯芯草 150 克，杠板归 150 克，白茅根 150 克，以上均为鲜药；瞿麦 80 克，扁蓄 60 克，琥珀 25 克，地榆炭 45 克，木通 30 克，滑石粉 40 克（另包），甘草 15 克。

【用法用量】水煎灌服，每天 1 剂。

【功效】清热止血，利尿通淋。

【应用】用本方治疗牛尿血 92 例，治愈率达 91.4%，效果颇为满意。若粪便秘结，减金钱草和杠板归，加大黄和芒硝。（胡文魁 . 中兽医学杂志，2007，3）

【按语】杠板归，又名河白草、蛇倒退、梨头刺、蛇不过，为蓼科植物杠板归的地上部分。性微寒，味酸。具有利水消肿、清热解毒、止咳的功效，主治肾炎水肿、百日咳、泻痢、湿疹、疔肿和毒蛇咬伤等。

方 5（行血安络方）

【处方】当归 50 克，生地 50 克，蒲黄 30 克，小蓟根 100 克，白茅根 80 克。

【用法用量】藕节为引，水煎灌服。

【功效】行血止血。

【应用】用本方加减治疗种公畜血尿症 22 例（其中黄牛 7 例、猪 5 例、山羊 10 例），全部治愈。实热证，加栀子、黄柏、丹皮、赤芍；虚热证，加知母、地骨皮等；气虚证，加党参、黄芪、白术、云苓。（杨铁矛等 . 中兽医学杂志，2004，1）

52. 牛垂缕不收

方1

【处方与用法】① 大葱 200 克，花椒 10 克，蒲公英 50 克，黄柏 20 克。水煎半小时去渣，温洗（敷）垂缕阴茎。

② 麻叶 500 克，硼砂 30 克。煎水洗垂缕阴茎。

③ 木憋子 50 克，大葱 7 根。大葱烧成黄色和木鳖子一同捣烂，摊在纱布上，包裹垂缕阴茎。

④ 蚯蚓 20 条，白砂糖 100 克。共捣溶，涂于脱出阴茎部，每天 2 次，4～5 天可痊愈。

【功效】益气升提。

【应用】以上各方治疗牛垂缕有一定效果。（李树晰．畜牧兽医科技信息，2000，6）。

方2（固肾散）

【处方】巴戟天、熟地各 40 克，补骨脂 60 克，胡芦巴、小茴、川楝子各 45 克，炒白术、当归、枸杞子、茯苓各 30 克。

【用法用量】共为末，烧酒 200 克为引，分两次温水冲调灌服。

【功效】温补肾阳。

【应用】在手术整复脱出阴茎的基础上服用本方，共治疗 62 例，取得满意效果。（蒋世延．中兽医学杂志，1995，3）

方3（龙胆泻肝汤）

【处方】龙胆 60 克，黄芩、木通、车前子、泽泻、柴胡各 45 克，当归、生地各 50 克，甘草 20 克。

【用法用量】水煎灌服。

【功效】清泻肝经湿热。

【应用】本方用于肝火太盛、下劫肾精、收摄乏力所致的垂缕不收，治疗牛 12 例，疗效确实。（吕文鹏．中兽医学杂志，1991，3）

方4

【处方与用法】局部处理：①银花、连翘、白芷各 30 克，艾叶 50 克，甘松、防风、川柏、食盐各 20 克，共研细末煎水，待凉清洗患处。②田螺（洗净），再放上冰片少许，待泌出田螺液，用毛笔蘸着涂擦于阴茎上。

内服中药：葫芦巴、黑故子、山药、巴戟天、杜仲各 50 克，肉苁蓉、熟地各 40 克，枸杞、肉桂、泽泻各 30 克。研末，煎水灌服。

【功效】清热解毒，温补肾阳。

【应用】本方治疗公牛垂缕不收 5 例，均痊愈。（李开舫．中兽医学杂志，1990，4）

53. 牛睾丸炎

方1（加味如意金黄膏）

【处方】大黄 120 克，土茯苓 250 克，天花粉 250 克，黄柏 200 克，姜黄 100 克，陈皮

60克。

【用法用量】共碾细末，用枣花蜂蜜适量调制成膏状，装入密封器皿内备用。施药膏前先以1‰新洁尔灭液或0.1‰高锰酸钾溶液消毒阴囊及会阴部。然后将药膏适当加热后均匀涂于患部或涂于3～4层消毒纱布上（药膏厚约0.4厘米）包裹阴囊，每天换药1次，连续3天为1疗程。

【功效】清热解毒，化瘀散结，消肿。

【应用】用本方治疗动物阴肾黄50例，治愈率100%。治疗期间禁止运动，加强饲养管理。严重者，可配合输液抗菌治疗。（王利等．中兽医医药杂志，2005，5）

方2(仙苓膏)

【处方】茯苓粉末2份，鲜仙人掌1份（去刺、去皮、捣泥）。

【用法用量】诸药混合，加冰片、鸡蛋清少许调成膏，敷于阴囊红肿部位。

【功效】清透热毒，散瘀止痛。

【应用】用本方治疗阴肾黄疗效确切，疗程短，经济简便，无副作用，治愈率为100%。（刘万平．中兽医医药杂志，2002，6）

54. 牛阳痿

【处方（桂附地黄汤）】肉桂10克，黑附子10克，熟地20克，山药20克，山茱萸15克，丹皮15克，云苓15克，泽泻15克，淫羊藿40克，阳起石40克，巴戟20克，枸杞20克，肉苁蓉20克，黄芪30克。

【用法用量】共为细末，开水冲泡，候温，成牛一次灌服。

【功效】补肾壮阳。

【应用】用本方治疗各种公畜141例，治愈126例，有效率为89.9%。阴虚火旺者，减桂、附，加知柏；脾胃虚弱者，加健胃药；腰肾损伤者，加杜仲散；滑精者，加瑕龙骨、牡蛎、芡实各30克；尿血者，加炒地榆、白茅根、侧柏叶各30克；肝脾湿热者，改用龙胆泻肝汤。（李生恕．宁夏农林科技，1997，3）

55. 牛滑精

方1(韭子故纸汤)

【处方】韭菜子80克，破故纸80克。

【用法用量】水煎2次，混合，分早、晚2次灌服，每天1剂，连用3剂。渣晒干或烘干研末，停药3天后，用药渣拌糖喂服，每次约50克，每天3次，用完为止。

【功效】补肾壮阳，固精暖肾。

【应用】用本方配合中成药枸杞药酒，治疗种公牛滑精2例，疗效满意。（李泉生．中兽医学杂志，1994，4）

方2

【处方】沙苑蒺藜、莲肉、莲须、芡实各30克，煅龙骨、煅牡蛎、熟地、山萸肉、山药各 25 克，龟板、茯神、远志、酸枣仁各 20 克。

【用法用量】共为细末，开水冲服，候温灌服。

【功效】补肾益精。

【应用】本方治疗牛滑精 2 例，服药 1～3 剂治愈，效果颇佳。（刘德贤．中兽医药杂志，1991，3）

56. 牛脑黄

方1

【处方】朱砂 15 克、茯神、黄连、枝子、远志、郁金、黄芩、菖蒲各 40～50 克。

【用法用量】水煎去渣，待冷后加鸡蛋清 7 个，蜂蜜 4 两，混合灌服。

【功效】清热解毒，安神镇静。

【应用】应用本方治疗牛脑膜炎效果较好。（吴卫明．新疆畜牧业，2015，s1）

方2

【处方】知母 36 克，黄连 20 克，龙胆草 37 克，黄柏 12 克，茵陈 37 克，石膏 150 克，黄芩 18 克，芒硝 140 克，木香 13 克，桔梗 19 克，木通 18 克，大黄 37 克，琥珀 11 克，朱砂 10 克。

【用法用量】共研细末，加水调和后一次灌服。

【功效】清热解毒，镇静安神。

【应用】本方配合西药进行镇静、消炎、降低颅内压、消除脑水肿，治愈患牛 1 例。（马志远．畜牧兽医杂志，2014，5）

方3（定惊息风汤）

【处方】天麻 25 克，防风 25 克，羌活 30 克，僵虫 25 克，全虫 25 克，钩丁 20 克，薄荷 20 克，朱砂（另包，用药液冲灌）20 克，茯神 20 克，远志 20 克，枣仁 20 克，贝母 20 克，半夏 15 克，甘草 15 克。

【用法用量】每剂两煎，早、晚灌服。

【功效】镇惊安神，泻热利尿。

【应用】用本方配合西药镇静、降低颅内压、消炎解毒、强心等治疗牛脑膜炎 3 例，均获痊愈。（陈旭东等．中兽医学杂志，2000，1）

57. 牛日射病

方1（朱砂安神散）

【处方】朱砂 10 克，茯神 30 克，远志 20 克，酸枣仁 30 克，柏子仁 24 克，黄连 24 克，大黄 30 克，合欢皮 30 克，栀子 30 克，生地 30 克，玄参 30 克。

【用法用量】水煎去渣，候温加蜂蜜 120 克，一次灌服。

【功效】清热解暑，凉血安神。

【应用】用本方配合冷盐水灌肠、静脉放血、西药镇静、补液等治疗 8 例，除 2 例延误治

疗时机外，其余 6 例均获得满意效果。（杨红莲．甘肃农业科技，2017，3）

方 2

【处方】防风 20 克，香薷 20 克，独活 20 克，枣仁 30 克，远志 20 克，柏子仁 20 克，半夏 20 克，龙积草 30 克，柴胡 20 克，藿香 15 克，僵蚕 20 克，黄芩 20 克，桔梗 20 克，石莲子 20 克，栀子 20 克，薄荷 15 克，甘草 12 克。

【用法用量】共研为细末，开水冲调，候温灌服，连服 4 剂即可。

【功效】清热散风，安神镇惊。

【应用】在用西药镇静、补液、调解酸碱平衡急救之后，结合血针用本方治疗病牛 88 头，治愈 83 头，治愈率达 94.3%。（杨金华．畜牧业，2015，12）

方 3

【处方】香薷、黄连、栀子、连翘、薄荷、菊花各 25 克，黄芩、知母各 20 克。

【用法用量】水煎 2 次，每次加水 5000 毫升，煮沸 20 分钟，一次灌服。

【功效】清热解暑。

【应用】用该方结合血针及西药镇静、补液、解热等综合治疗，效果较好。（黄翔芳．当代畜牧，2014，27）

方 4

【处方】香薷 30 克，广藿香 30 克，生地黄 60 克，生山栀 30 克，金银花 30 克，麦门冬 30 克，生石膏 90 克，枯黄芩 30 克，白茯苓 30 克，滑石粉 60 克，生甘草 10 克。

【用法用量】共研为细末，开水冲调，待凉后加朱砂面 6 克、白糖 120 克、鸡蛋清 5 个为引，灌服。

【功效】清热解暑，生津安神。

【应用】该方可随证加减、调整药量，配合血针治疗牛中暑效果好。（韩茹．畜牧兽医科技信息，2014，10）

方 5

【处方】朱砂 10 克（另研），党参 60 克，茯神 30 克，黄连 30 克。

【用法用量】共研末，开水冲，候温灌服。

【功效】重镇安神，清热泻火。

【应用】用本方治疗牛中暑效果良好。对神情恍惚、低头、闭眼、流涎、卧地四肢乱划者，加防风、远志、栀子、郁金、黄芩各 25 克，麻黄 15 克，黄连减至 20 克，加蛋清、蜂蜜灌服。（陈远见．农业科技与信息，2000，7）

58. 牛脑震荡

方 1

【处方】用石决明（先煎）120 克，钩藤、茯苓各 90 克，白芷、当归、红花、木通、菊花、蔓荆子、三七（为末另包）各 30 克，川芎 15 克，琥珀 18 克（为末另包）。

【用法用量】水煎，冲入三七、琥珀药末，灌服。

【功效】镇静安神。

【应用】本方治愈因头部遭击打而发病患牛。(艾小生等. 云南畜牧兽医, 2000, 3)

方2(通窍活血汤加味)

【处方】赤芍 20 克, 川芎 20 克, 桃仁 30 克, 红花 30 克, 生姜 30 克, 老葱 1 握（切碎), 麝香 0.5 克（可用白芷、冰片代之), 丹参 25 克, 石决明 40 克, 菊花 20 克, 牛膝 20 克。

【用法用量】水煎, 候温灌服。病轻者, 每天 1 剂; 病重者, 每天 2 剂（中牛酌减)。

【功效】活血通窍, 行瘀疏风。

【应用】本方对脑震荡具有较好的治疗效果。(张伟. 中兽医学杂志, 1996, 4)

方3

【处方】柴胡 20 克, 乳香 20 克, 没药 20 克, 细辛 8 克, 黄连 15 克, 泽兰 15 克, 薄荷 10 克, 当归 80 克, 土元 25～30 克, 丹参 30 克, 川芎 30 克, 半夏 18 克。

【用法用量】研末。开水冲, 候凉灌服, 连用服 3～5 剂。

【功效】调气活血, 消瘀散结。

【应用】本方对脑震荡效果颇显, 能使新血生、瘀血除, 骨质愈合速, 恢复快。(彭小平. 中兽医学杂志, 1997, 3)

59. 牛癫痫

方1(薄荷当归镇惊汤)

【处方】薄荷叶 300 克, 当归身 70 克, 川芎 60 克, 枣仁 60 克, 寸冬 60 克, 茯神 90 克, 远志 60 克, 朱砂 20 克, 蜂蜜 180 克。

【用法用量】水煎汤灌服。

【功效】活血除风, 散瘀化痰, 解热清心。

【应用】用本方治疗癫痫病牛 160 余头, 治愈 149 头, 治愈率达 93%。血热型, 加炒栀子 60 克、郁金 100 克、生石膏 250 克、黄连 30 克, 薄荷叶增加到 360 克; 血虚型, 去蜂蜜, 加党参、黄芪各 120 克, 生山药 150 克, 焦白术 60 克, 生牡蛎 180 克, 生龙骨 180 克; 肝风内动型, 加柴胡 100 克、龙胆草 60 克、琥珀 60 克、全蝎 120 克、蜈蚣 60 条; 邪热中风型, 方中每味药减量至 1/3, 加钩丁 25 克、柴胡 30 克、全蝎 24 条、蜈蚣 15 条。(杨斌. 中兽医学杂志, 2007, 3)

方2(钩丁胆星汤)

【处方】钩丁 25 克, 胆南星 10 克, 天竹黄 20 克, 元参 15 克, 酸枣仁 20 克, 生地黄 25 克, 蝉蜕 10 克, 炒僵蚕 10 克, 薄荷叶 10 克, 当归 20 克, 陈皮 20 克, 大黄 20 克, 麦冬 10 克, 生石膏 20 克, 朱砂 2 克（单包冲服)。

【用法用量】水煎服, 每剂煎服 3 次, 每次取药汁约 300 毫升, 候温灌服, 每天 1 次。

【功效】清热镇静, 滋阴降火。

【应用】用本方治疗犊牛癫痫病 20 例, 治愈 18 例, 疗效显著。(乔登荣等. 中兽医学杂志, 2007, 4)

方3(豁痰定狂汤加减)

【处方】生龙齿 50 克, 生牡蛎 100 克, 生石决明 100 克, 生珍珠母 100 克, 天竺黄 30

克，节菖蒲 30 克，郁金 30 克，旋覆花 30 克，代赭石 50 克，金礞石 50 克，僵蚕 30 克，全蝎 30 克，琥珀 50 克，胆南星 30 克。

【用法用量】水煎服，每剂药煎服 3 次，每次取药汁约 300 毫升，候温灌服，每天 1 次。

【功效】熄风止痉，豁痰开窍，镇惊安神。

【应用】用本方治疗该病，获得较好疗效。发作时肌注安定注射液 100 毫克，苯妥英钠注射液 0.1 克。(郑旺喜等．中兽医医药杂志，2007，6)

方 4

【处方】地龙 40 克，蜈蚣 20 条，全蝎 40 克，田七 50 克，川贝 50 克，龙胆草 60 克，羌活 40 克，煅磁石 60 克，琥珀 50 克，代赭石 60 克，石决明 60 克，生牡蛎 60 克，冰片 30 克，石菖蒲 60 克。654-2 片 300 毫克，谷维素 1000 毫克。

【用法用量】共研细末，每次 300 克（小牛酌减），开水冲，候温灌服，每天 1 次，7 天为 1 疗程。

【功效】熄风镇惊，开窍醒脑。

【应用】用本方配合火针天门、百会、尾尖，治疗耕牛 23 例，效果较为满意。发作时肌注安定注射液 100 毫升、苯妥英钠注射液 0.1 克。(郑旺喜等．中兽医医药杂志，2007，6)

方 5（镇痉祛风散）

【处方】黄芪 30 克，白术 20 克，防风 20 克，菊花 25 克，半夏 20 克，白僵蚕 20 克，全蝎 8 克，蝉蜕 60 克，升麻 10 克，双钩 30 克，酸枣仁 30 克，甘草 20 克，大枣 30 克。

【用法用量】水煎，候温灌服，每日 1 剂。

【功效】祛风镇痉。

【应用】本方治疗奶牛癫痫病 21 例，均获满意疗效。(郑玉成．中兽医学杂志 2006，2)

方 6（安神散加减）

【处方】生地 15 克，川芎 15 克，蔓荆子 15 克，天竺黄 15 克，川黄连 15 克，朱砂（研末，另包）15 克，琥珀（研末，另包）15 克，天南星 10 克，白芍 10 克，当归 10 克，蝉蜕 10 克，石菖蒲 10 克，远志 10 克，钩藤 10 克，甘草 9 克。

【用法用量】共为细末，水煎候温冲朱砂、琥珀灌服。

【功效】清热镇惊。

【应用】用本方配合西药（肌内注射盐酸氯丙嗪 50 毫克，复合维生素 B30ml，青霉素 150 万 IU，每天 2 次）治疗 56 例，治愈 51 例。(王待聘．中兽医学杂志，1996，1)

60. 牛佝偻病

【处方（壮骨散）】当归 20 克，补骨脂 20 克，杜仲 15 克，续断 15 克，何首乌 15 克，枸杞子 15 克，阿胶 15 克，山药 15 克。

【用法用量】水煎取液约 100 毫升，一次灌服，每天 1 剂，连服 3 剂。

【功效】补益肝肾，益精填髓。

【应用】用本方配合西药（维生素 B₁ 22.5 克、维丁胶性钙注射液 5 毫升、维生素 D₃ 注射液 5 毫升，混合一次肌注，隔 2 天 1 次，连用 4 次）治疗 7 例犊牛佝偻病，均在 10～15 天内治愈。(孙树民．中兽医学杂志，1997，1)

61. 牛虚劳

方1（加味补中益气汤）

【处方】党参、白术（土炒）、当归、陈皮各 60 克，升麻、柴胡各 30 克，炙黄芪 90 克，炙甘草 45 克，熟地 30 克，牛膝、桂枝各 25 克，大枣 35 克。

【用法用量】上药加水 6000 毫升，文火煎至 3000 毫升，渣再加水 5000 毫升，文火煎至 2500 毫升，两次药液混合后，分早、晚 2 次候温灌服，每日 1 剂，连用 3～5 剂。

【功效】补中益气，通经活络。

【应用】适用于气虚型。应用中西结合疗法治疗牛虚劳 10 多例，取得满意效果。（曾文娟等．纪念元亨疗马集付梓 400 周年论文集，2008）

方2（加减薯蓣丸）

【处方】薯蓣（山药）100 克，党参 50 克，白术 50 克，云苓 40 克，神曲 50 克，甘草 50 克，黄芪 50 克，当归 40 克，川芎 40 克，白芍 40 克，熟地 40 克，麦冬 40 克，阿胶 40 克，桂枝 30 克，防风 30 克，羌活 30 克，独活 30 克，丹参 30 克，柴胡 30 克，杏仁 20 克，桔梗 30 克，大枣 100 克。

【用法用量】煎服隔天 1 剂。

【功效】补气健脾，养血滋阴，祛风散寒，活血通络。

【应用】用本方治疗牛虚劳，收到很好的效果。粪干者，重用当归、肉苁蓉、火麻仁；便溏者，去当归，加陂皮、薏苡仁，重用白术、薯蓣；四肢痛者，加牛膝、槲寄生；易汗者，重用黄芪，加龙骨、牡蛎。（高喜存等．山西农业，2007，8）

62. 牛遍身黄

方1

【处方与用法】① 消风散：防风 45 克，石膏 45 克，荆芥 40 克，苦参 40 克，苍术 40 克，胡麻仁 40 克，生地黄 35 克，牛蒡子 35 克，当归 30 克，知母 30 克，木通 30 克，蝉蜕 25 克，甘草 20 克。水煎灌服，每日 1 剂。

② 蒿叶 5 份，花椒 5 份，防风 2 份；或艾蒿叶 5 份，黄柏 5 份，白矾 2 份。煎水洗患处，每天 2 次。

【功效】疏风清热，除湿止痒。

【应用】应用本方治疗牛遍身黄效果好。（王升．畜牧兽医杂志，2010，5）

方2

【处方】地耳 100 克，知母 60 克，黄芩 60 克，黄连 60 克，黄药子 50 克，白药子 70 克，虫蜕 40 克，蜜糖 250 克。

【用法用量】煎服，每天 1 剂，分 3 次服完，连用 2 天。

【功效】解毒消肿，凉血止血。

【应用】用本方治疗 25 例，痊愈 23 例，连用 2 天即可。（姚玉青．中兽医学杂志，2000，1）

【按语】地耳又名地区莲、地踏菜、天仙菜、地木耳、地皮菜、葛仙米，为石耳属念珠藻科植物葛仙米的藻体。状如木耳，春夏生雨中，雨后采摘。江南农村常作野菜食用。性寒，味甘淡，具有清热，明目功效。

63. 牛汗症

方1

【处方】太子参50克，黄芪100克，白术60克，防风50克，麻黄根60克，浮小麦40克，牡蛎40克，五味子40克。

【用法用量】研成细末，开水冲调，候温灌服，每日1剂，连服2～4剂。

【功效】补气健脾，固表止汗。

【应用】本方用于因产后虚弱、体瘦而发病的患牛。心率加快、四肢站立不安者，加茯神、枣红、生麻各30克。（洪学. 当代畜禽养殖业，2012，7）

方2

【处方】桂枝60克，白芍50克，黄芪80克，生干姜40克，何首乌100克，防风40克。

【用法用量】研成细末，开水冲调，候温灌服，每日1剂，连服2～3剂。

【功效】祛风散寒，固表止汗。

【应用】腰背、关节僵硬者，加葛根60克，灵仙、续断、牛膝各50克。（洪学. 当代畜禽养殖业，2012，7）

方3（八珍汤）

【处方】党参60克，炒白术60克，茯苓60克，炙甘草30克，熟地黄45克，白芍45克，当归45克，川芎30克。

【用法用量】水煎灌服，每日1次，连用4日。

【功效】以补气血，健脾消食为主。

【应用】本方用于气血皆虚型的自汗症患牛。（张中锋. 中兽医学杂志，2003，4）

方4（六味地黄汤合玉屏风散加减）

【处方】熟地20克，山茱萸15克，茯苓10克，山药15克，丹皮10克，泽泻10克，黄芪30克，党参20克，龙骨30克，牡蛎30克，麻黄根1克，防风12克，白术12克。

【用法用量】煎服，每天1剂，连服3剂。

【功效】滋阴补肾，固表止汗。

【应用】用本方共治疗奶牛56例，改良牛犊24例，本地黄牛犊2例，取得满意的效果，3剂即可痊愈。（夏俊凯. 中兽医医药杂志，2007，2）

方5（当归六黄汤加味）

【处方】当归40克，生地40克，熟地50克，黄芩30克，黄连30克，黄柏25克，黄芪60克，生牡蛎40克，浮小麦200克，大枣20枚。

【用法用量】水煎2次，合并煎液，一次灌服，每天1剂。

【功效】养阴清热，固表止汗。

【应用】用该方治疗牛盗汗18例，用药2～4剂而愈。（张红超等. 中兽医医药杂志，2003，4）

64. 牛结膜角膜炎

方1(决明散)

【处方】石决明50克，草决明25克，龙胆草25克，栀子25克，大黄25克，白药子25克，蝉蜕25克，黄芩25克。

【用法用量】共为细末，开水冲灌或用水煎液洗眼。

【功效】平肝明目，退翳消瘀。

【应用】本方配合西药喷雾治疗牛传染性角膜结膜炎，疗效显著。（高红霞.中兽医学杂志，2017，4）

方2

【处方】活水蛭6条，生蜂蜜10毫升，冰片2克。

【用法用量】将水蛭放入清水中3天，自由活动洗净身上泥土，吐出腹中垢质后，取出水蛭放入生蜂蜜中浸泡1小时死亡，水蛭与蜂蜜接触液体呈现混浊，再浸泡5小时捞起死水蛭，然后在药液中投入冰片，待冰片溶解后过滤，装瓶封存备用。用滴管或者一次性塑料注射器（5毫升）吸取药液点眼，每次3滴，每天2～3次。

【功效】清热解毒，活血祛瘀，消炎止痛。

【应用】冰蛭蜜点眼治疗水黄牛结膜角膜炎14例，均获得满意的治疗效果。（田绍明等.云南畜牧兽医，2008，2）

方3(拨云散)

【处方】炉甘石30克，硼砂30克，青盐30克，铜绿30克，硇砂10克，冰片10克，黄连10克。

【用法用量】共为极细末，过筛分装成10小包密封备用。每天用2小包吹入患眼。

【功效】清热解毒，消炎消肿，明目退翳

【应用】本方配合西药治疗牛传染性角膜结膜炎效果可靠，一般连用3～5天即愈。（刘佑东.贵州畜牧兽医，2005，4）

方4

【处方】冰片10克，麝香5克，醋酸可的松100毫升，鲜猪胆6个（取汁）。

【用法用量】冰片、麝香和醋酸可的松研成细末，混于猪胆汁中，将患眼皮翻起，用药棉棒蘸药液轻轻涂擦和清洗，每天6次。

【功效】清热解毒，消肿止痛。

【应用】用本方治疗牛急性结膜炎43例，全部治愈。（李吉秀.医学动物防制，2004，12）

方5(治睛粉)

【处方】枯矾20克，胆矾20克，食醋500克。

【用法用量】上药放入搪瓷盆或瓦盆内慢火焙干，取出后研成细末，装入有色玻璃瓶内密封备用。每次取0.5克药粉用纸筒吹入患眼内，每天1次。

【功效】收敛止痛，散瘀消肿。

【应用】用本方治疗角膜炎收到满意疗效，一般 1～3 天即可痊愈。本方对轻度外伤性、表层性角膜炎效果显著。（苗铁成等．黑龙江畜牧兽医，2003，1）

方6

【处方】盐竹丹 100 克，冰片 5 克。

【用法用量】研成细末，充分混匀，每次取少许点眼，每天 2～3 次。

【功效】去翳明目，消肿止痛。

【应用】用本方治疗牛角膜炎 100 余例，治愈率达 96% 以上，一般 5～7 天可治愈。（段正发．云南畜牧兽医，2001，4）

【按语】盐竹丹制法：取鲜竹子 1 筒，两端留节，一端钻一小孔，将食盐装入孔内，用纸塞住孔后放炭火上烘烤至竹筒焦枯时，取出食盐，研细装瓶待用。

方7

【处方】扁担藤汁。

【用法用量】先用 0.85% 生理盐水冲洗患眼。取鲜扁担藤结与结之间 10～12 厘米 1 段，将一端靠近患眼，从另一端把藤中流出的汁液吹出滴于患眼结膜囊内，轻轻按摩患眼。每天 3 次，连用 2～3 天。

【功效】祛风，除湿。

【应用】用本方治疗牛创伤性角膜炎 37 例，治愈 33 例，治愈率 89.2%，4 例角膜穿孔、虹膜脱出者效果不明显。（陈洪亮．福建畜牧兽医，2000，2）

方8

【处方】鲜葡萄藤。

【用法用量】取中指粗、长 30 厘米左右鲜葡萄藤数根，两端切成斜形，架在两块砖上，中间用木炭火烤，两端用杯接取流出的汁液，待温用药棉棒蘸取汁液涂擦患眼。每天 3～4 次，连用 3～5 天，严重病例结合服用中药 1～2 剂。

【应用】用本方治疗患牛 33 例，均在 3～5 天内治愈。（戴立成．中兽医学杂志，2000，1）

65. 牛跛行

方1

【处方】党参 60 克，黄芪 60 克，当归 60 克，川芎 60 克，杜仲 70 克，续断 70 克，白芍 60 克，牛膝 70 克，秦艽 70 克，威灵仙 70 克，五加皮 60 克，桑寄生 70 克，木瓜 50 克，茯苓 50 克，附子 30 克，独活 60 克，巴戟天 60 克，胡芦巴 60 克，三棱 60 克，莪术 60 克，白术 70 克，槟榔 70 克。

【用法用量】煎汤，分早晚投服，每日 1 剂。

【功效】补中益气，温肾壮阳，行血止痛，祛湿通络。

【应用】本方结合西药施治，治疗牛跛行疗效显著。（戴从文等．畜禽业，2009，6）

方2

【处方】当归 30 克，川芎 25 克，红花 25 克，牛膝 35 克，续断 30 克，伸筋草 35 克，没药 35 克，乳香 35 克，煅自然铜 25 克，生姜 25 克，透骨草 25 克。

【用法用量】共研为细末，开水冲，加黄酒 250 毫升，一次灌服，2～3 日重复 1 次。

【功效】活血散瘀，通络止痛。

【应用】本方结合西药治疗牛前后肢跛行 38 例，治愈 35 例。（张玉环等．中兽医学杂志，2006，6）

方 3

【处方】白及 150 克，白芥子 50 克，乳香 50 克，没药 50 克，冰片 6 克，牡蛎 50 克，皂刺 50 克，大黄 50 克，白蔹 50 克，蟾蜍 60 克，雄黄 50 克，陈醋 1000 毫升。

【用法用量】先将陈醋煮沸，其余药物研细成粉末，倒入煮沸的醋中搅拌，调制成糊状药膏，装入广口瓶内备用。用时取适量涂敷肿胀处，每天或隔 2 天处理 1 次。

【功效】活血化瘀，消肿止痛。

【应用】用本方治疗奶牛腕关节黏液囊炎、跗关节硬肿，同时适当用西药对症治疗，收到了明显疗效，疗程短，操作简单。如结合内服活血散瘀消肿止痛、续筋骨的药物，疗效更好。（蒋继琰等．中兽医学杂志，2003，1）

方 4（活血化瘀汤）

【处方】当归 30 克，土元 30 克，自然铜（醋炙）30 克，大黄 30 克，元胡 30 克，益母草 30 克，六曲 30 克，红花 20 克，桃仁 20 克，骨碎补 20 克，地龙 20 克，制南星 20 克，甘草 20 克，山楂 60 克。

【用法用量】水煎 2 次，混合约 3000 毫升，候温加黄酒 250 毫升灌服。

【功效】活血化瘀，健胃纳食。

【应用】寒重者去地龙加炮姜，前肢痛加桂枝，后肢痛加牛膝、杜仲，股胯痛加木瓜、续断，体温升高者配合抗菌药。用本方治疗牛跛行，疗效显著。（张子龙．中兽医学杂志，1994，4）

66. 牛腐蹄病

方 1

【处方与用法】① 青黛 60 克，龙骨 6 克，冰片 30 克，碘仿 30 克，轻粉 15 克。共研成细末，在去除坏死组织部分后将药粉塞入，包扎蹄绷带。

② 桐油 150 克，明矾 2 克。桐油置铁锅里煮沸，加入明矾，混匀后趁热涂烫患处，烫后用凡士林或黄蜡封口，包扎蹄绷带。

③ 桐油 150 克，血竭 50 克。将桐油煮沸，缓慢加入研细的血竭，搅拌，文火熬成稠膏，以常温灌入腐烂空洞内，灌满后用纱布绷带包扎，10 天后拆除。

【功效】清热解毒，消肿止痛。

【应用】用本方治疗牛腐蹄病效果较好。（王科等．中国畜牧兽医文摘，2017，10）

方 2（血竭白及散）

【处方】血竭 100 克，白及 100 克，儿茶 50 克，樟脑 20 克，龙骨 100 克，乳香 50 克，没药 50 克，红花 50 克，朱砂 20 克，冰片 20 克，轻粉 20 克。

【用法用量】共研细末，先除去腐烂组织，排净脓液，用生理盐水和酒精清洗，撒上药粉。

【功效】止血消肿，敛疮生肌。

【应用】应用本方治疗牛腐蹄病效果好。（贾振岭．农家参谋，2009，1）

方3

【处方】雄黄 10 克，鸦胆子（去壳）10 克，枯矾 30 克。

【用法用量】共研细粉，过筛装瓶备用。先彻底洗涤患蹄，除去污物，切除坏死组织，再用双氧水或热青油冲洗，用纱布吸干疮面，撒布药粉，以遮盖住疮面为度，外包 5 层鱼石脂纱布条，用绷带固定。4～5 天换药 1 次，3 次为 1 疗程。

【功效】祛瘀消肿。

【应用】用本方治疗牛腐蹄病 18 例，治愈 16 例。（逯克庆．青海畜牧兽医杂志，2006，1）

方4

【处方】枯矾 500 克，陈石灰 500 克，熟石膏 400 克，没药 400 克，血竭 250 克，乳香 250 克，黄丹 50 克，冰片 50 克，轻粉 50 克。

【用法用量】共研为极细末，患部清理后填塞药粉，绷带包扎。连用 3 剂。

【功效】祛瘀消肿，敛疮生肌。

【应用】本方治疗牛腐蹄病 8 例效果好。（蔡荣珍等．贵州畜牧兽医，2002，5）

方5

【处方】桐油 80 毫升，黄蜡 30 克，密陀僧 7 克，血余炭少许。

【用法用量】将桐油煎沸，加黄蜡，密陀僧粉溶化，再入血余炭，候温待用。清洗患部，将上药趁热注于洞内，绷带包扎。

【功效】收敛防腐，止血消肿。

【应用】用本方治疗牛漏蹄，轻症 1 次，严重者 2～3 次即愈。（肖世忠．中兽医医药杂志，1994，6）

67．牛面瘫

方1

【处方与用法】① 棉籽生姜汤：棉花籽 30 克，生姜 100 克，花椒 20 克。加水煎汤，加蜂蜜 10 克，一次灌服，每日 1 剂，连用 3 天。

② 松针黄芪汤：松针 200～250 克，黄芪 120 克，生姜 100 克。共煎汤，加红糖 100 克，待温一次灌服，每日 1 剂，连用 3～5 剂。

【功效】祛风除湿，益气活血。

【应用】用本方治疗病畜 58 例，治愈 56 例。（孙耀华．中国兽医杂志，2008，7）

方2

【处方】党参、当归、川芎、白术各 20 克，防风、制白附子、天麻、僵蚕各 25 克，全蝎 15 克。

【用法用量】共研末，黄酒为引，开水冲调，候温灌服，每日 1 剂。

【功效】益气活血，驱风活络。

【应用】用本方治疗牛面神经麻痹，连服 3 剂治愈。（索南．中兽医学杂志，2000，1）

方 3

【处方】马钱子 6 克，斑蝥 8 个，蜈蚣 6 条，全蝎 10 条。

【用法用量】共研细末。患侧剪毛，清洗擦干，取大于颜面 2/3 的橡皮膏，撒匀药末贴患处，5 天换 1 次。

【功效】息风解痉，破血散结。

【应用】用本方治疗牛面瘫，用药 6 次痊愈。（甘肃畜牧兽医编辑部．甘肃畜牧兽医，1995，4）

68. 牛疮黄

方 1

【处方】苍耳叶细粉

【用法用量】排出疮黄脓汁，用消毒药液洗净，将苍耳叶细粉撒布于患处。每天 1 次，至腐肉去、肉芽长出后，可隔 2~3 天换药 1 次，直至愈合为止。

【应用】对瘘管，可先排尽管内的脓汁，用硬纸卷筒将药粉吹入管道；如瘘管深而弯曲，可充分扩创再撒药。用本方治疗家畜化脓性疮症（包括脓肿、溃疡、化脓性创伤、瘘管等）255 例，治愈 242 例，好转 5 例，有效率达 96%。（李俊玲等．中兽医学杂志，2007，5）

【按语】苍耳叶夏秋季节采收，以墨绿色、大片、厚实的为佳。除去泥沙，阴干，碾细，过细罗，装于色玻璃瓶中备用。

方 2（复方蛇油膏）

【处方】虎杖 600 克，草血竭 600 克，冰片 30 克，蛇油 600 克，菜油 1200 克。

【用法用量】用菜油炸草血竭、虎杖至枯，滤油去渣，待温后加入蛇油、冰片，拌匀装瓶备用。患部毛消毒，涂上药膏（破溃疮黄须先除去脓性分泌物及坏死组织），每天换药 1 次。

【功效】清热利湿，化腐生肌。

【应用】用本方治疗牛疮黄和皮肤溃疡 21 例，疗效满意。（张民中等．中兽医学杂志，2004，1）

【按语】蛇油制法：伏天毒蛇 1 条，胡麻油适量。将活蛇放进小口瓶中，随后灌胡麻油至满，加盖蜡封，埋入 1 米深湿土中，百日取出，蛇全部液化即为蛇油。

方 3（花椒酊）

【处方】75% 酒精 500 毫升，生花椒 50 克。

【用法用量】花椒放酒精中 20℃ 恒温下浸泡 5~8 天后，去渣取滤液涂擦患部，每天数次。

【应用】用本方治疗奶牛乳疮 135 例，治愈率达 87%，总有效率 100%。治疗时先将病乳房用水洗净擦干，然后涂擦药液，先擦乳房周围健康部位，后擦乳房患病部位。疮黄初起即用此方，一般 1 剂可愈。如未消散，可连用数天至消散。如久不消散，改涂鱼石脂。待脓肿成熟或水肿明显时，切开局部，排净脓水，外用碘酊涂擦，配合注射消炎抗菌等药物效果更好。（关兴照等．中国奶牛，1998，5）

方4（五味生肌散）

【处方】银珠2份，冰片2份，铁砂3份，孩儿茶1份，硼砂1份。

【用法用量】共为细末混匀，装瓶备用。疮黄先按一般外伤常规处理，排除脓血，有的需开刀扩疮排脓，然后视疮面大小、疮洞深浅，均匀撒布五味生肌散，疮洞较深时用药棉蘸药送到疮内。严重的每天换药1次，好转较轻时可隔天1次或数天换药1次，待新肌增生、疮平口时停止上药。

【功效】化腐燥湿，提脓生肌，消肿止痛。

【应用】用本方治疗大牲畜疮黄症247头，7天内治愈201头，占81%，其余均在15日内治愈。（孙振华等．黑龙江畜牧兽医，1995，1）

69. 牛挫伤

方1（创伤膏）

【处方】乳香3份，没药3份，红花3份，大黄5份，细辛2份，樟脑1份，凡士林3份。

【用法用量】凡士林于瓷缸内加热溶解，余药研末，待凡士林温度降低至60℃时混入，充分搅拌成油膏。摊在比受伤范围大1倍的棉布上，膏药厚度约0.3厘米，患部剪毛、消毒后贴敷，外用绷带固定，每天1次，4次为1个疗程。

【功效】活血化瘀，消肿止痛。

【应用】用本方治疗各种动物急性软组织挫伤25例，大多数收到良好疗效。（于文荣．养殖技术顾问，2007，6）

方2

【处方】黄芪50克，朱砂9克，茯神50克，远志30克，柏子仁50克，葶苈子50克，红花75克，没药50克，延胡索50克，茯苓皮75克，陈皮、白豆蔻各50克，甘草30克。

【用法用量】水煎，候温灌服，每日1剂，连服2剂。

【功效】养心安神，活血止痛，利水消肿。

【应用】用本方治疗牛脑挫伤效果较好。（钟慎鑫等．畜牧与兽医，1997，5）

70. 牛鞍伤

【处方（冰雄黄柏膏）】冰片20~100克，雄黄30~150克，黄柏40~200克。

【用法用量】共研细末，加凡士林200~600克调匀。患部清创后敷药，每天换药1次。

【功效】清热解毒，去腐生肌。

【应用】用本方治牛鞍伤，疗效很好，一般4~8天后痊愈。本方还可用于其他皮肤深部炎症及溃疡疖肿。（曹谦．中国畜牧兽医，2003，2）

71. 牛烧伤

方1

【处方】大黄6份，生地榆6份，紫草5份，虎杖5份，苍术3份，黄连6份，当归3

份，没药 1 份，金银花 2 份，冰片 1 份。

【用法用量】先将大黄、地榆炒成黄褐色，研细末过 100 目筛，混匀；将紫草、虎杖、苍术、黄连、当归、没药、金银花放入麻油内炸枯，过滤弃去药渣；趁热放入研细大黄、地榆粉及冰片，调成药膏；装瓶备用。患部清理、消毒、干燥后，涂敷药膏，外用纱布等敷料包扎。每日涂敷 3 次，2 天后每天涂敷 1 次。

【功效】清热解毒，消肿止痛。

【应用】用本方配合西药补液、抗感染等治疗牛烧伤效果较好。（温伟等．中国兽医杂志，2014，9）

方 2

【处方】大黄 800 克，青刺果油 1000 毫升。

【用法用量】将大黄研细末炒成半焦状，加入青刺果油调成糊状，涂于创面，每日 3 次。

【功效】消炎生肌，吸附。

【应用】用本方治疗牛烧伤效果较好，不留疤痕。（和义瑞等．中兽医学杂志，2014，1）

方 3（蚯蚓散）

【处方】鲜蚯蚓 300 克，洗净泥土后用瓦罐焙干研成粉末 2 份，冰片 1 份，红糖（或白糖）1 份。

【用法用量】加麻油或鸡蛋清调成糊状，涂抹在烧伤部位，每日 2～3 次，连涂 3～4 天。

【应用】用本方治疗牛烧伤效果确实。（王斌泉．中兽医学杂志，2010，6）

方 4（樟脑三七膏）

【处方】樟脑（单包）10 克，三七（单包、研细）15 克，血竭（单包、研末）15 克，当归 15 克，白芷 15 克，连翘 15 克，生地 15 克，紫草 15 克，花粉 15 克，甘草 15 克，双花 15 克，乳香 15 克，没药 15 克，儿茶 15 克，香油 500 克，蜂蜡 60 克。

【用法用量】将香油置锅内熬沸，放入白芷、当归、连翘、生地、紫草、花粉、甘草，炸焦去渣；待油再沸，放入双花、乳香、没药、儿茶，炸焦去渣；再放入蜂蜡使其溶化，文火熬至取 1 滴滴于冷水中冷却后手捻不沾手为度；将锅离火，搅入樟脑、三七粉、血竭粉，倒入容器内冷却成膏。用前先将伤处进行一般外科消毒，除去污物及坏死组织，将药膏均匀涂布于纱布或白布上，敷于患处。每天换药 1 次，至愈为止。

【功效】化瘀止血，消肿止痛，清热解毒。

【应用】用本方结合抗生素疗法治疗患畜 10 余例，收到满意效果。（冯卫田等．山东畜牧兽医，2003，4）

方 5（三白散）

【处方】白糖 1 份，白矾 1 份，食用碱 1 份。

【用法用量】共研磨成粉末，加水搅拌成蜂蜜状黏稠液体。创面用生理盐水冲洗干净后涂抹，每 3～5 天换 1 次。

【功效】清热解毒，止血止痒。

【应用】用本方治疗家畜烧伤，收到满意疗效，一般 3～5 次即可痊愈。（梅强等．云南畜牧兽医，2003，1）

方 6（二桐合剂）

【处方】新鲜桐花 500 克，桐油 500 毫升。

【用法用量】将新鲜桐花浸于桐油中，加盖密封，离地保存3个月后可用。烧伤面用消毒溶液清洗后涂抹，每天3～4次，直至创面痂壳润泽不痛为度。

【应用】用本方治疗家畜烧伤Ⅰ度18例、Ⅱ度8例，见效快，恢复早。（何仁勇等．中兽医学杂志，2001，2）

方7（芙蓉花油）

【处方】菜油0.5千克，鲜芙蓉花0.25千克。

【用法用量】每年9、10月份芙蓉花盛开季节（初开时是白色花朵，后逐渐转为粉红色），待花为深红色时，将整个花朵摘下，放入备好的玻璃瓶中，然后将菜油置铁锅内加热到50℃左右，倒入瓶中，搅拌，浸泡5天即可使用。取药油液涂抹烧（烫）伤部，每日3～4次，连用5～7天，即可痊愈。

【应用】用本方治疗家畜烧（烫）伤11例，均获痊愈。（吴家骥等．中兽医医药杂志，2001，1）

方8（黄白散）

【处方】生大黄300克，白及300克，生地炭300克，花粉100克，乳香100克。

【功效】清热消炎，解毒止痛。

【用法用量】先将药混合研细，加入蜂蜜1.5千克，充分搅拌，调成糊状，涂于伤面。涂药前需先用野菊花根煎水洗净患部污物，待水干后方可涂擦。

【功效】消肿止痛，活血散瘀，收敛生新。

【应用】用部分治疗牛烧伤12例，其中2度烧伤9例，3度烧伤3例，均收到了良好效果。（吕元喜等．中兽医医药杂志，1990，1）

72. 牛骨折

【处方】鲜野牛膝500克，鲜苎麻根500克，鲜野葡萄根500克。

【用法用量】洗净，甩干水，切碎，混合放入石钵中打成膏状。将患部喷上白酒，由轻到重缓慢地来回揉擦（促进血液循环）数分钟，整复，敷上1～2厘米厚药膏，用竹帘或小木板条固定。3天后换药，以后每2天换药1次，每天用中药的第3煎药汁淋湿患部1～2次，保持湿润。

【功效】活血散瘀，消肿止痛。

【应用】用本方外敷结合内服中药活络效灵丹治疗病牛4例，均获痊愈。（李泉生．中兽医学杂志，1998，4）

73. 牛牙痛

【处方（清胃汤）】石膏100克，黄连、川芎各30克，丹皮、生地、大黄、荆芥各50克，当归、升麻各40克，细辛15克（后下）。

【用法用量】石膏碾末，余药煎2次，每次得药液500ml，合并混匀，候温一次灌服。

【功效】清热降火，止痛活血。

【应用】用本方治疗该病3例，均收到满意的效果。（马景星．中兽医学杂志，1994，2）

74. 牛湿疹

方1

【处方及用法】① 茵陈 75 克，生地、金银花、蒲公英、苍术各 50 克，苦参、泽泻、车前子各 40 克，栀子 30 克，黄芩 25 克。剧痒者加白蒺藜 40 克，蝉蜕 25 克。共为细末，温水冲调，一次灌服。

② 寒水石、石膏、冰片、赤石脂、炉甘石各等份，共为细末，撒布患部或用水调涂。

③ 当归、生地、何首乌、薏苡仁、丹皮、白癣皮各 50 克，地肤子、白芍各 40 克，蝉蜕、荆芥各 30 克。共为细末，开水冲调，一次灌服。

④ 雌黄、白及、白敛、龙骨、大黄、黄柏各 50 克。共为细末，用水调成糊涂抹患处，隔日 1 次，3 次见效；生芪 45 克，赤芍、当归各 36 克，党参 35 克，桃仁、红花各 30 克，用清水煎熬给牛灌服。

【功效】清热解毒，脱敏祛湿。

【应用】方①、方②适用于急性患牛，方③、方④适用于慢性患牛。（周军等．当代畜禽养殖业，2013，7）

方2（拔毒散）

【处方】雄黄、枯矾各等份。

【用法用量】共为细末，过筛。撒布患部，直至表面无渗出液。若患部表面有干痂，先将痂皮除去，再撒布药粉。结痂后，用芝麻油将药粉调成糊状涂擦。每天 2～3 次，隔天换药 1 次，直到痊愈。

【功效】清热解毒，收敛渗湿。

【应用】用本方治疗牛湿疹 3 例，无名肿毒 6 例，均收到满意的效果。（付泰．中兽医医药志，2007，1）

方3（木菠萝叶合剂）

【处方】木菠萝黄叶 2 份，大叶桉黄叶 1 份，芭蕉黄叶 1 份。

【用法用量】洗净、晒干，放入锅中烧成灰，研末，过筛，装瓶备用。患部用 0.1% 高锰酸钾水溶液清洗，除去污垢和坏死组织，再用 3% 明矾水溶液冲洗干净，揩干，撒上药粉。

【功效】清热解毒，收敛渗湿。

【应用】用本方治疗牛湿疹，皮肤渗出迅速减少，愈合快，效果好，轻症一般用药 2～3 次、重症 4～6 次即愈。共治愈牛 26 例，有效率达 98% 以上。（黎德明．中兽医医药杂志，2005，4）

75. 牛滞产

【处方】益母草 150 克，归尾 30 克，红花 30 克，三棱 30 克，莪术 30 克。

【用法用量】水煎，冲入人或畜尿 500 毫升、白酒 250 毫升，灌服。

【功效】补血活血，祛瘀调经，行气止痛。

【应用】本方用于催产、下死胎、排胎衣有较好效果。（张建岳，新编实用兽医临床指南．

中国林业出版社，2003）

76. 牛流产

方1

【处方】全当归45克，川芎5克，菟丝子30克，炒白芍9克，枳壳12克，炙甘草9克，焦杜仲15克，续断30克，补骨脂24克，生姜15克。

【用法用量】研末灌服，隔3日1剂，连服3剂。

【功效】补血养血，安胎。

【应用】本方对有习惯性流产的乳牛，分别在怀孕后2、4、7个月时应用，预防效果较好。（何成旭等.中国畜禽种业，2013，9）

方2（泰山磐石散加味）

【处方】人参30克，黄芪25克，当归25克，川续断20克，黄芩20克，白术25克，甘草20克，川芎20克，芍药20克，熟地30克，砂仁20克，陈皮20克，五味子20克。

【用法用量】共为细末，加红糖200克，开水冲调，候温灌服。

【功效】益气健脾，补肝肾，养血安胎。

【应用】用本方治疗黄牛流产42例，治愈39例，治愈率92.9%。（尚恩锰.中兽医医药杂志，2001，6）

方3

【处方】党参35克，黄芪50克，白术60克，当归30克，白芍35克，熟地30克，续断30克，寄生40克，阿胶30克，杜仲60克，砂仁30克，黄芩30克，菟丝子30克，补骨脂30克，艾叶40克。

【用法用量】水煎，候温灌服，每日1剂，连服2～3剂。

【功效】补气养血，固肾安胎。

【应用】用本方预防牛流产效果确实。（王雅.四川畜牧兽医，2000，27）

77. 牛不孕症

方1（八珍汤加减）

【处方】党参40克，白术40克，茯苓40克，甘草30克，当归40克，白芍40克，熟地40克，川芎30克，艾叶30克，附子20克。

【用法用量】研末，开水冲调，候温灌服，每日1剂，连服5～7剂。

【功效】暖宫散寒，益气补血。

【应用】本方适用于宫寒虚弱型不孕。（柳志成等.中兽医学杂志，2009，4）

方2（银翘红酱汤加减）

【处方】银花40克，连翘40克，红藤40克，败酱草40克，当归30克，熟地30克，黄连20克，党参30克，白术20克，茯苓20克，甘草15克。

【用法用量】研末，开水冲调，候温灌服，每日1剂，连服5～7剂。

【功效】清热燥湿，滋阴补肾。

【应用】本方适用于湿热带下型不孕。（柳志成等．中兽医学杂志，2009，4）

方3（陈夏六君子汤加减）

【处方】陈皮30克，半夏20克，生姜20克，党参30克，茯苓30克，白术30克，甘草20克。

【用法用量】研末，开水冲调，候温灌服，每日1剂，连用10天。

【功效】燥湿化痰。

【应用】本方适用于营养过剩型不孕。减少饲料中碳水化合物含量，增加运动量。（柳志成，等．中兽医学杂志，2009，4）

方4（逍遥散加减）

【处方】柴胡30克，当归30克，白芍30克，茯苓30克，甘草20克，生姜20克，薄荷15克。

【用法用量】研末，开水冲调，候温灌服，每日1剂，连服5～7剂。

【功效】疏肝解郁，健脾养血。

【应用】本方适用于情志失调型不孕。1头3岁奶牛发情后配种受孕，追访已成功产犊。（柳志成，程万辉，陈双胡．中兽医学杂志，2009，4）

方5（自拟益母汤）

【处方】益母草300克，丹参200克，当归150克，菟丝子100克。

【用法用量】水煎，加红糖250克为引，一次灌服。

【功效】补虚，活血，祛瘀。

【应用】不孕奶牛无发情的，不论何时均可每周服1剂，连服3剂；有发情或性周期紊乱的，在发情后1周服药，5天1剂，连服2剂。用本方治疗牛不孕症效果特佳。（王晓兰等．中兽医学杂志，2008，6）

方6（加减四物汤）

【处方】熟地30克，当归45克，白芍40克，香附40克，姜黄40克，益母草80克，菟丝子60克，肉桂30克，小茴香60克，白术45克，茯苓45克，淫羊藿80克，甘草30克。

【用法用量】水煎，候温灌服，每日1剂，连用3剂。

【功效】益气养血，活血散瘀。

【应用】用本方治疗奶牛不孕症35例，治愈31例。（蒲林春等．中国兽医杂志，2007，5）

方7（穿败汤）

【处方】炮穿山甲45克（碾末），败酱草45克，当归45克，川芎30克，桃仁35克，赤芍40克，红花30克，路路通45克，地龙30克（碾末），土茯苓30克，苏木30克，益母草45克，仙茅30克，淫羊藿30克，乳香30克，没药30克，甘草30克。

【用法用量】炮山甲、地龙先煎30分钟，后加诸药共煎30分钟，煎2次，合并煎液，一次灌服，每天1剂。

【功效】行气活血，化瘀通络。

【应用】用本方治疗奶牛继发性不孕症50例，均获满意疗效。（李国定．中兽医医药杂

方8(复方藿阳促孕汤加减)

【处方】淫羊藿90克，阳起石60克，当归60克，赤芍、白芍各50克，川芎60克，三棱70克，莪术80克，香附60克，青皮50克。

【用法用量】水煎，候温灌服，每日1剂，4剂为一个疗程。

【功效】补肾壮阳，通络活血，祛瘀生新。

【应用】本方可随证加减。应用本方加减治疗奶牛不孕症76例，发情配种62头，受胎49头，总有效率为79.1%。(麻延峰等．上海畜牧兽医通讯，2005，3)

方9(调经散)

【处方】党参40克，当归40克，白术50克，茯苓30克，巴戟40克，吴茱萸30克，砂仁30克，炒山药30克，制香附50克，官桂25克，小茴香30克，补骨脂40克，续断30克，桃仁30克，白芍30克，炙甘草30克，益母草30克，陈皮50克，白芍30克，升麻30克。

【用法用量】研为细末，黄酒二两、生姜一两为引，同调候温灌服，连服3～4剂。

【功效】补气，理气，温中，燥湿健脾，固肾暖宫，补血养血，活血化瘀。

【应用】气血虚甚者，加熟地、阿胶、大枣；子宫虚寒甚者，加艾叶、干姜；湿痰重者，加制半夏、苍术、黄芩；子宫炎重者，加二花、连翘、公英。用本方治疗母牛不孕症268头，治愈率达97.6%，疗效显著。(张顺明．黄牛杂志，2005，6)

方10

【处方】益母草60克，淫羊藿40克，党参、山药、菟丝子、元胡、当归各30克，升麻25克，熟地20克，甘草15克。

【功效】益气养血。

【用法用量】水煎，取汁灌服，每日1剂，2～6剂为一疗程。

【应用】应用本方治疗200多头不孕母牛，受胎率达85%以上。一般1个疗程即可治愈，个别严重病例需2个疗程。(柴宏高．中国兽医科技，2004，8)

方11(淫羊藿汤)

【处方】淫羊藿60克，当归100克，丹参100克，益母草400克，赤芍30克。

【用法用量】水煎温服。

【功效】补肾壮阳，补血和血，调经止痛。

【应用】用本方治母牛不孕症47例，一般2～3剂，治愈产犊37例，治愈率为79%。在每次灌药前后，单喂鲜韭菜1.5～2千克(或灌其汁)。(郭顺卿．中兽医学杂志，2004，3)

78. 牛妊娠水肿

方1

【处方】当归50克，白芍50克，陈皮30克，炙甘草30克，党参40克，柴胡30克，白术30克，桂枝20克，麦冬30克，苍术50克，茯苓50克，黄芩20克。

【用法用量】共为细末，开水冲调，候温灌服，每日1剂，连用4～5天。

【功效】疏肝健脾，补心阳。

【应用】用本方治愈多例妊娠浮肿的奶牛。（赵忠庆等．养殖技术顾问，2006，2）

方2（车前石滑子散）

【处方】车前子 500 克（炒后研末），滑石粉 250 克。

【用法用量】水煎候温，一次灌服。

【功效】利水清热。

【应用】用本方治疗 6 头患牛，收到满意效果。（齐贵祥等．黑龙江畜牧兽医，2004，9）

方3（五皮饮）

【处方】桑白皮 45 克，陈皮 60 克，生姜皮 60 克，大腹皮 60 克，茯苓皮 60 克。

【用法用量】共为末，开水冲服。

【功效】健脾化湿，行气利水。

【应用】分娩前水肿，加土炒白术 80～120 克、黄芪 35～60 克、当归 25 克、炒黄 35 克、川芎 20 克、桑寄生 60 克、砂仁 25 克、菖蒲 20 克；分娩后水肿，加炮姜 30 克、艾叶 40 克、土炒白术 80 克、当归 60 克、川芎 20 克、益母草 150～200 克、香附 45 克、甘草 30 克；兼有胎衣不下者，加桃仁 30 克、红花 25 克；兼有消化不良者，加炒三仙各 60 克、玉片 25 克、李仁 60 克、麻仁 60 克。用本方随证加味治疗大家畜妊娠水肿 18 例，治愈率 88%，收效显著。（肖乃志等．黄牛杂志，2002，8）

79. 牛阴道出血

方1

【处方】当归 40 克，赤芍 50 克，生地 30 克，旱莲草 30 克，女贞子 30 克，益母草 50 克，白花蛇舌草 40 克，仙鹤草 40 克，菟丝子 30 克，杜仲 30 克，续断 30 克，桃仁 20 克，红花 20 克，甘草 20 克。

【用法用量】水煎服。发情前 3 天开始，每日 1 剂，连服 3 剂。

【功效】补肾阴，化瘀血，通经络。

【应用】用本方治疗牛阴道出血效果较好。（康轩．中国畜牧兽医文摘，2014，7）

方2（归脾散）

【处方】黄芪 40 克，党参 30 克，白术 30 克，龙眼肉 30 克，当归 45 克，茯神 25 克，远志 20 克，酸枣仁 20 克，木香 15 克，炙甘草 15 克，大枣 30 克，生姜 20 克。

【用法用量】共为末，开水冲调，候温一次灌服，每天 1 剂，连服 3～4 天。

【功效】养心益气，健脾养血，固胎止崩。

【应用】用本方治疗患牛 7 头，均服药 1～2 剂见效，3～4 剂痊愈，全部治愈。（黄权钜．中兽医学杂志，1996，4）

80. 牛阴道脱出

方1（加味补中益气散）

【处方】黄芪 30 克，党参 30 克，甘草 15 克，陈皮 15 克，白术 30 克，当归 20 克，升麻

15 克，柴胡 30 克，生姜 20 克，熟地 10 克，大枣 10 克为引。

【用法用量】共为末，开水冲服，每天 1 剂，连喂 3 剂。

【功效】补气升陷。

【应用】整复后应用。共收治母牛阴道脱出病例 51 例，痊愈 49 例。一般 3 剂即可治愈。（刘宏伟等．现代畜牧科技，2010，8）

方 2

【处方】五倍子粉 100 克，香油 100 毫升。

【用法用量】调匀，整复前涂抹在脱出的阴道黏膜上。

【功效】收敛，保护，止血。

【应用】用本方结合缝合阴门治疗牛阴道脱出 30 余例，全部治愈无复发。（马登龙等．中国兽医杂志，2010，9）

81. 牛产后瘫痪

方 1（独活寄生汤）

【处方】独活 25 克，桑寄生 30 克，秦艽 25 克，防风 25 克，细辛 10 克，川芎 25 克，当归 25 克，熟地 25 克，白芍 25 克，桂枝 25 克，茯苓 25 克，炒杜仲 30 克，牛膝 25 克，党参 25 克，甘草 15 克。

【用法用量】研末开水冲服或水煎服，每日 1 剂，连用 2～3 剂。

【功效】祛风舒筋，活血补肾。

【应用】用本方治疗产后瘫痪的病例效果较好。（吴成梁．中兽医学杂志，2016，3）

方 2（补阳疗瘫汤合补中益气汤）

【处方】当归 30 克，黄芪 60 克，龙骨 45 克，益智仁 45 克，续断 30 克，破故纸 45 克，枸杞子 30 克，桑寄生 30 克，熟地 30 克，小茴香 30 克，白术 40 克，青皮 30 克，陈皮 30 克，升麻 40 克，柴胡 30 克，党参 40 克，生姜 20 克，大枣 30 克，甘草 20 克。

【用法用量】研末，开水冲调，候温灌服，每日 1 剂，连服 3 剂。

【功效】活血补肾，益气健脾升阳。

【应用】用本方结合西药治疗牛产后瘫痪 5 例，全部治愈。（陈双胡．甘肃畜牧兽医，2010，4）

方 3（加味麒麟散和补阳疗瘫汤）

【处方】木通 30 克，没药 30 克，益智仁 45 克，血蝎 30 克，巴戟天 30 克，川楝子 25 克，小茴香 30 克，白术 30 克，天麻 30 克，破故纸 25 克，秦艽 30 克，木瓜 25 克，续断 30 克，海风藤 30 克，当归 50 克，酒地黄 30 克，枸杞 30 克，桑寄生 30 克。

【用法用量】共研末，开水冲调，候温灌服，每日 1 剂，连用 2～4 剂。

【功效】祛风舒筋，活血补肾。

【应用】用本方治疗牛产后瘫痪 16 例，全部治愈。（赵兵等．畜牧与饲料科学，2009，9）

方 4（四逆汤加味）

【处方】熟附子 45 克，党参 60 克，干姜 60 克，炙甘草 30 克，黄芪 30 克，红花 30 克。

【用法用量】水煎灌服。

【功效】回阳救逆。

【应用】用本方结合其他措施治疗产后瘫痪 218 例，治愈 201 例，治愈率 92%。（杨全红. 畜牧兽医科技信息，2009，9）

方5（十全大补汤加减）

【处方】党参、白术、益母草、黄芪、当归各 50 克，白芍、陈皮、大枣各 40 克，熟地、川芎、甘草各 30 克，升麻、柴胡各 25 克。

【用法用量】共研细末，开水冲调，候温加白酒 100 毫升，一次灌服，每日 1 剂，连用 3 剂。

【功效】补气健脾，补肾升阳，理气。

【应用】用本方加减治疗牛产后瘫痪 5 例，全部治愈。（黄志伟. 福建畜牧兽医，2009，4）

方6（加味归芪益母汤）

【处方】党参 65 克，白术 65 克，益母草 65 克，黄芪 65 克，甘草 65 克，当归 65 克，白芍 40 克，陈皮 40 克，大枣 40 克，升麻 25 克，柴胡 25 克。

【用法用量】水煎，候温加白酒 100 毫升灌服，每天 1 剂。

【功效】补气益血，活血祛瘀。

【应用】用本方治疗病牛 23 例，全部治愈。（传卫军. 中兽医医药杂志，2004，2）

82. 牛产后子宫复旧不全

方1（补中益气汤加减）

【处方】党参 50 克，当归、续断、升麻、焦白术、赤芍各 40 克，炙黄芪 80 克，益母草 10 克，陈皮 30 克，醋香附 60 克，炙甘草 20 克。

【用法用量】水煎灌服，每天或隔天 1 剂，连用 3 剂为 1 个疗程。

【功效】补中益气，升阳举陷，破瘀生新。

【应用】本方对产后子宫复原疗效明显。（刘静. 中国畜牧兽医文摘，2012，8）

方2（生化汤加味）

【处方】当归 60 克，川芎 40 克，桃仁 50 克，炮姜 50 克，炙甘草 30 克，益母草 60 克，党参 60 克，黄芪 60 克，山楂 80 克。

【用法用量】水煎灌服，每天 1 剂，连服 2 剂。

【功效】补中益气，活血化瘀。

【应用】用本方治疗奶牛产后子宫复旧不全 80 例，均收到良好效果，其中 1 剂治愈 25 头，2 剂再治愈 38 头，3 剂以上再治愈 17 头，总治愈率为 100%。多数奶牛服药 1 剂后，当天即见恶露排出量增多，次日量少色淡；服药 2 剂后，子宫颈收缩，精神较好，食欲旺盛，体温、脉搏和呼吸正常。少数奶牛服药 1 剂后，当天无显著变化，次日恶露排出量增多；服 2 剂后，恶露量少色淡，其他症状均见好转，2～3 天恢复正常。（黄其国. 中兽医医药杂志，2002，2）

83. 牛子宫内膜炎

方 1

【处方】党参 50 克，黄芪 50 克，茯苓 30 克，陈皮 40 克，当归 30 克，川芎 30 克，桃仁 30 克，赤芍 30 克，红花 30 克，没药 20 克，益母草 80 克，元胡 30 克，炙甘草 20 克。

【用法用量】研末，水煎，候温灌服，每日 1 剂，连服 2 天。

【功效】活血化瘀，清热解毒。

【应用】用本方结合西药治疗患牛 68 例，治愈 63 例，治愈率为 92.6%，疗效显著。（姬治春等．中国畜牧兽医文摘，2012，6）

方 2

【处方】当归 40 克，桃仁 30 克，红花 30 克，枳壳 30 克，党参 60 克，黄芪 60 克，二花 30 克，连翘 30 克，益母草 30 克，没药 30 克，蒲公英 40 克，天花粉 30 克，甘草 30 克。

【用法用量】研末，开水冲调，候温灌服，每日 1 剂。

【功效】清热解毒，散瘀缩宫。

【应用】用本方结合西药治疗子宫内膜炎效果确实。（王金帮．中兽医学杂志，2008，1）

方 3

【处方】当归 60 克，赤芍 50 克，桃仁 40 克，红花 25 克，香附 40 克，益母草 90 克，青皮 30 克。

【用法用量】水煎 2 次，合并灌服，每天 1 剂，2～5 剂为 1 疗程。

【功效】活血祛瘀。

【应用】本方适用于一般性子宫内膜炎。子宫弛缓时，加党参、黄芪、柴胡、升麻；恶露多时，加茯苓、车前子；卵巢机能不全或减退时，加阳起石、淫羊藿、菟丝子、补骨脂。（吴媛．中国畜牧兽医，2008，2）

方 4

【处方】党参 30 克，山药 30 克，黄柏 25 克，栀子 25 克，乳香 25 克，金银花 30 克，桃仁 20 克，没药 20 克，熟地 20 克，益母草 50 克，元胡 30 克，当归 30 克，淫羊藿 25 克，升麻 20 克，甘草 15 克。

【用法用量】水煎 2 次，合并灌服，每天 1 剂，2～5 剂为 1 疗程。

【功效】清热解毒，祛瘀生新。

【应用】本方适用于卡他性脓性子宫内膜炎。（吴媛．中国畜牧兽医，2008，2）

方 5

【处方】三棱 50 克，莪术 50 克，当归 30 克，灵脂 30 克，枳壳 30 克，丹皮 30 克，牡丹皮 50 克，丹参 30 克。

【用法用量】水煎 2 次，合并灌服，每天 1 剂，2～5 剂为一疗程。

【功效】活血化瘀，祛腐生肌。

【应用】本方适用于脓性子宫内膜炎。粪干，加芒硝、大黄各 30 克。（吴媛．中国畜牧兽医，2008，2）

方 6

【处方】益母草 200 克，桃仁 30 克，香附 30 克，元胡 15 克，赤芍 30 克，当归 20 克，川芎 20 克，红花 15 克，栝楼 30 克，炙甘草 15 克，红糖 100 克。

【用法用量】水煎 2 次，合并灌服，每天 1 剂，2～5 剂为 1 疗程。

【功效】活血化瘀。

【应用】本方适用于隐性子宫内膜炎。（吴媛．中国畜牧兽医，2008，2）

方 7（益气化瘀汤）

【处方】生黄芪 50 克，丹参 30 克，赤芍 30 克，丹皮 30 克，益母草 40 克，桃仁 25 克，川芎 30 克，红藤 50 克，败酱草 50 克，生蒲黄 50 克，党参 50 克，白术 50 克。

【用法用量】共为末，开水冲调，候温一次灌服。

【功效】解毒化瘀，理气祛湿。

【应用】用本方治疗母牛慢性子宫内膜炎 39 例，治愈受胎 28 例，好转 9 例，有效率 94.9%。拱背努责者，加路路通 40 克、小茴香 30 克；带下量多秽臭者，去生蒲黄，加薏苡仁 60 克、皂角刺 50 克；带下黏稠脓样者，加生山栀 40 克、龙胆草 40 克。（谭志军．中兽医学杂志，2005，6）

方 8

【处方】醋香附 40 克，醋元胡 40 克，盐故子 40 克，酒知母 30 克，酒黄柏 30 克，芡实 40 克，黄芩 40 克，连翘 30 克，甘草 25 克。

【用法用量】共为末，开水冲调，候温灌服，每日 1 剂，连服 2～5 剂。

【功效】调经活血，理气止痛，清除带下。

【应用】用本方治疗子宫内膜炎 16 例，治愈 14 例，有效率为 87.5%。（张虎社等．中兽医医药杂志，2003，2）

84. 牛胎衣不下

方 1（益母散）

【处方】益母草 200 克，艾叶 100 克，生桃仁 40 克，炮姜 40 克，蒲黄 40 克，赤芍 30 克，当归 30 克，川芎 30 克，白术 30 克，黑豆 250 克，红糖 250 克，炙甘草 20 克。

【用法用量】共为细末，开水冲调，加黄酒 200 毫升为引，分 1～2 次灌服。

【应用】用本方加减治疗牛羊胎衣不下 30 例，均治愈，疗效显著。（彭春阳．中兽医医药杂志，2018，1）

方 2

【处方】干荷叶 200～300 克或新鲜荷叶 1000 克，车前草 250～400 克。

【用法用量】加水约 6000 毫升，煎 30～60 分钟，加入白酒 10 毫升入药为引，候温一次灌服。

【功效】破血散瘀，收缩子宫。

【应用】用本方治疗牛胎衣不下 35 例，均治愈。一般一次有效，灌服后 1 小时左右即见胎衣排出。若同时饲喂新鲜萝卜叶疗效更佳。（陶志平．畜牧兽医科技信息，2017，3）

方 3（归芪益母汤）

【处方】黄芪 150 克，益母草 90 克，当归 30 克。

【用法用量】水煎 2 次，取汁，合并药液，候温加红糖 150 克为引，一次灌服。

【功效】补气养血，活血祛瘀。

【应用】气血虚弱者，加党参 40 克、白术 30 克、川芎 30 克、香附 30 克、炙甘草 15 克；寒凝血滞者，加炮姜 30 克、肉桂 25 克、川牛膝 50 克、白芍 45 克、炙甘草 15 克；久病化热者，加黄芩 30 克、金银花 40 克、连翘 30 克、陈皮 25 克、天花粉 30 克、芦根 30 克、麦冬 30 克。用本方加味治疗牛胎衣不下 124 例，其中用药 1～2 剂治愈 86 例，3～4 剂再治愈 31 例，用药 4 剂后仍无效 7 例。（杨胜元．中兽医医药杂志，2012，5）

方 4（生化汤加味）

【处方】当归、枳壳各 30 克，瞿麦 35 克，川芎、桃仁、牛膝各 30 克，益母草 100 克，炮姜、红花各 20 克，炙甘草 15 克。

【用法用量】先取上药加水 6000 毫升，煎至 3000 毫升；再取上药加水 5000 毫升，煎至 2500 毫升，两次药水混合分 2 次灌服，每日 1 剂，连用 2～3 天。

【功效】活血祛瘀，温经止痛，清除恶露。

【应用】体质虚弱者，加党参、黄芪各 30 克；胎衣腐败发臭、阴道流出污秽、气味腥臭者，加金银花、连翘各 30 克。用本方结合西药治愈牛胎衣不下多例。（李世旺．云南畜牧兽医，2012，5）

方 5

【处方】当归 50 克，川芎 30 克，泡姜 30 克，炙甘草 20 克，党参 70 克，黄芪 100 克，桃仁 40 克。

【用法用量】共为末，加白酒 100～150 毫升，开水冲调，候温灌服。

【应用】用本方结合西药治疗牛胎衣不下 17 例，效果很好。（刘正刚．山东畜牧兽医，2010，8）

方 6（缩宫逐瘀汤）

【处方】当归 60 克，川芎 40 克，桃仁 40 克，红花 30 克，蒲黄 30 克，五灵脂 90 克，党参 60 克，黄芪 90 克，枳壳 40 克，益母草 60 克，天花粉 40 克，黄酒 250 毫升。

【用法用量】共为末，水煎或开水冲调，候温灌服，每日 1 剂，连用 3 剂。

【功效】行气活血，祛瘀散滞，补中益气，缩宫排衣。

【应用】用本方治疗牛胎衣不下 38 例（奶牛 5 例、黄牛 33 例），愈后配种均受孕。（陈伟．中兽医医药杂志，2007，2）

方 7

【处方】益母草膏 125 克。

【用法用量】为末，加麸皮 1000 克、1％食盐水 10 千克，混匀，一次喂服。

【功效】行血祛瘀，活血养气。

【应用】用本方治疗 147 头母牛胎衣不下，取得了良好效果。（薛彦安．中兽医学杂志，2007，2）

方 8（冬葵子汤）

【处方】冬葵子 60 克，红花 20 克，桃仁 10 克，乳香 10 克，没药（醋炙）10 克，生地

15 克，生甘草 10 克。

【用法用量】每剂煎汁 3 次，混合，一次灌服，每天 1 剂。本方为中等牛（体重 200 千克左右）的用量，临床应以牛体重大小酌情加减。

【功效】活血止痛，散瘀消肿。

【应用】虚弱者，加黄芪 30 克、党参 30 克，藏红花 10 克；兼有高热及粪干燥者，加金银花、黄芩各 20 克，酒大黄 50 克。灌服时加红葡萄酒 200 毫升效果更佳。用本方治疗牛胎衣不下 12 例，治愈 11 例，治愈率达 91.7%，效果满意。（樊雪琴．中兽医医药杂志，2005，2）

方 9

【处方】益母草 100 克，黄芪 300 克，车前子 200 克，黄酒 200 毫升。

【用法用量】煎汤取汁，候温加黄酒灌服，用投药管一次灌服。

【功效】活血散瘀，利水通经，补气升阳。

【应用】用本方治疗牦牛胎衣不下 12 例，效果良好。（拉毛多杰．畜牧与饲料科学，2005，6）

方 10（指甲花白糖汤）

【处方】新鲜指甲花（又名凤仙花）苞 100～150 克（干品 50 克～100 克），白糖 250～500 克。

【用法用量】将指甲花苞打碎拌白糖，加水 1000～2000 毫升用文火煮开 10 分钟，凉后一次灌服。如服后 6～10 小时内胎衣仍不排出、患牛有努责者，再灌 1 次。

【功效】活血通经。

【应用】用本方治疗牛胎衣不下 36 头，除 4 头胎衣滞留时间较长改用手术剥离外，其余 32 例疗效良好。大部分患牛只用 1 次见效，少数需用 2 次痊愈。对产仔超过 36～48 小时、病牛无努责者，必须用手术剥离法。（薛志成．湖北畜牧兽医，2003，1）

【按语】新鲜指甲花又名凤仙花，为凤仙花科植物凤仙花的花，夏季花盛开时采收，鲜用或晒干，味甘性温，有小毒，具有活血通经、祛风止痛的功效，主治闭经、跌打损伤、瘀血肿痛、风湿性关节炎、痈疖疔疮、蛇咬伤等。

85. 牛乳腺炎

方 1

【处方】当归 40 克，柴胡 30 克，连翘 50 克，金银花 40 克，黄芩 40 克，漏芦 40 克，王不留行 50 克，赤芍 40 克，炮甲 30 克。

【用法用量】研末。开水冲，候温灌服，连服 3 剂。

【功效】疏肝理气，通乳活络。

【应用】本方适用于产后气血不畅，未及时调理，致气滞血瘀、乳房肿胀、乳络不畅、乳汁郁积于内。临床可见患病乳房增大或局部炎性肿胀、发红、发热、变硬，乳汁中含有絮状物，肉眼观察色泽多无变化，无明显异味，无明显全身症状。（宋宪增．河南畜牧兽医，2004，8）

方 2

【处方】金银花 50 克，连翘 80 克，蒲公英 40 克，紫花地丁 49 克，栀子 50 克，生地 50 克，赤芍 40 克，当归 40 克，皂刺 40 克，木通 30 克，石膏 40 克，山楂 50 克，陈皮 40 克，砂仁 30 克。

【用法用量】研末，开水冲调，候温灌服，连服 5 剂。

【功效】清热解毒，消肿散结。

【应用】本方适用于产后气血虚弱、子宫迟缓、胎盘滞留、恶露腐败导致内热。临床可见乳房红肿，乳汁突然减少而稀、色青灰、腥臭味、含有凝固物，体温高，精神沉郁，食欲剧减。（宋宪增．河南畜牧兽医，2004，8）

方 3

【处方】川芎 40 克，当归 30 克，瓜蒌 60 克，通草 40 克，赤芍 20 克，王不留行 30 克，连翘 40 克，桔梗 30 克，甘草 20 克，蒲公英 60 克。

【用法用量】研末，加水稍煎，药液一次灌服，药渣拌料饲喂，每天 1 剂，连用 3 剂为 1 疗程，或视症状酌情加 1 疗程。

【功效】行气散结，通经下乳。

【应用】应用本方治疗 12 头奶牛的 33 个乳区，治愈 21 个，有效 11 个，总有效率 97%，治疗效果明显优于抗生素对照组。中药组痊愈奶牛的日平均泌乳量由治疗前的 10.7 千克增加到 19.3 千克，增加 8.6 千克；抗生素组痊愈奶牛由 10.9 千克增加到 16.2 千克，增加了 5.3 千克。（王忠红．河南畜牧兽医，2004，5）

方 4（芍草公英散）

【处方】蒲公英 90～160 克，赤芍 90～120 克，生甘草 60～90 克。

【用法用量】研末开水冲，候温灌服，每天 1 剂。

【功效】清热解毒，化瘀消肿。

【应用】用本方治疗牛哺乳期急性乳腺炎，效果较为理想，一般 3～4 剂即愈。（钟永晓．中国兽医杂志，2003，8）

方 5（公英散加味）

【处方】蒲公英 50 克，双花 50 克，连翘 50 克，木芙蓉 30 克，浙贝母 30 克，丝瓜络 30 克，通草 25 克。

【用法用量】共末，开水冲调，候温灌服；或拌料饲喂。

【功效】清热解毒，通络消肿。

【应用】乳房有硬块，加黄柏 40 克、皂刺 30 克、炮穿山甲 30 克；乳房增生、硬块不消的，加昆布 30 克、海藻 30 克、七叶一枝花 30 克。用本方加味防治奶牛乳腺炎典型病例 286 列，总有效率 92%。（高纯一等．中国兽医杂志，2001，7）

方 6（金银花消痈汤）

【处方】紫花地丁 100 克，黄花地丁（蒲公英）100 克，夏枯草 100 克，鱼腥草 200 克，大蓟根 150 克，芙蓉根 100 克。

【用法用量】煎水，候温灌服，每天 1 剂，严重者日服 2 剂，连服 1～3 天。

【功效】清热解毒，散瘀消肿。

【应用】本方治乳痈效果好，内服外敷相结合有立竿见影之效。外敷方：鲜大蓟根 250克，鲜黄花地丁 150 克，捣烂敷患处 1～3 小时；红肿严重的加鲜紫花地丁 100 克，溃脓者加鲜芙蓉花（或叶）100 克；每天换药 1～2 次，1～3 天可愈。如无鲜品可用干品研末，用油调成膏外敷，效果一样。(杨国亮．中兽医学杂志，2000，3)

方 7（瓜蒌散加减）

【处方】大瓜蒌 80 克，蒲公英 120 克，金银花 120 克，连翘 60 克，酒当归 60 克，川芎 60 克，桃仁 25 克，甘草 30 克，炒侧柏叶 40 克。

【用法用量】共研细末，开水冲调，候温灌服。连服 3 剂。

【功效】清热化痰，解郁散结，祛瘀，消肿。

【应用】用本方治疗牛乳腺炎 38 例，治愈 34 例。(董禄．中兽医医药杂志，2000，1)

86. 牛漏乳症

方 1（补中益气汤加减）

【处方】黄芪 120 克，党参 120 克，炒白术 40 克，陈皮 40 克，升麻 40 克，柴胡 40 克，当归 30 克，麦冬 40 克，五味子 40 克，炙甘草 30 克，红枣 12 枚，蜂蜜 120 克。

【用法用量】共研末，开水冲调，候温灌服，每日 1 剂，连用 3～4 剂。

【功效】补中益气，升阳举陷。

【应用】用本方治疗奶牛漏乳症，得到了满意效果。(马成林．中兽医学杂志，2008，2)

方 2（补中益气汤）

【处方】黄芪 200 克，党参 80 克，白术 60 克，当归 60 克，柴胡 60 克，升麻 60 克，陈皮 60 克，甘草 35 克。

【用法用量】水煎，姜、枣为引，灌服，每天 1 剂。

【功效】升阳举陷，固气摄乳。

【应用】用本方治疗奶牛产后漏乳症 3 例，全部治愈。气虚甚者，加山药、茯苓；自汗严重者，黄芪用量加倍；兼血虚者，加川芎、熟地、白芍。(杨铁矛．中兽医医药杂志，2005，2)

方 3

【处方】白术 60～80 克，升麻 70～80 克，柴胡 60～80 克，香附 40～50 克，黄芩 60～80克，知母 50～60 克，苏梗 50～60 克，炒麦芽 80～120 克，朴硝 80～120 克，甘草梢 30 克。

【用法用量】水煎，一次灌服。

【功效】补气回乳。

【应用】用本方治疗病牛 22 例，治愈 21 例。本方夏季应用加生地 40 克、地骨皮 40 克。(麻云华．中兽医医药杂志，2008，2)

87. 犊牛消化不良

方 1

【处方】旋复花地上部分。

【用法用量】加 10 倍水制成浸剂，按 10 毫升/千克体重，于喂饮初乳前 30～40 分钟内喂服，每天数次。

【功效】降气止呕。

【应用】本浸剂单独应用，痊愈时间为 4 天；与多黏菌素或土霉素合用，痊愈时间为 2.5 天；而对照新生犊牛常规疗法（抗生素和等渗氯化钠溶液），痊愈时间为 5 天。（耿凤琴．畜牧兽医科技信息，2000，7）

方 2

【处方】炒陈曲 30 克，焦山楂 30 克，鸡内金（炒焦）30 克，炒麦芽 30 克，三棱 9 克，莪术 9 克，厚朴 15 克，党参 15 克，砂仁 15 克，炙甘草 15 克，炮干姜 15 克，草豆蔻 9 克，小茴香 15 克。

【用法用量】共研为细末，过筛，每次取 20～30 克，用开水冲调成糊状，候温灌服，每天 2～3 次。

【功效】健胃消食，温里祛寒。

【应用】应用本方结合西药治疗，对犊牛消化不良具有较好的效果。（张延龙．甘肃畜牧兽医，2008，1）

88. 犊牛腹泻

方 1（自拟苍葛芩连汤）

【处方】苍术 25 克，葛根 15 克，黄芩、白术各 15 克，黄连、茯苓、泽泻、车前子、金银花、金樱子、升麻、甘草各 10 克，木香、槟榔各 6 克，神曲 30 克。

【用法用量】剂量随年龄适当增减。水煎两次合并待温后灌服，每日 1 剂。

【功效】健脾除湿，解毒止泻。

【应用】用本方治疗犊牛腹泻 120 例，取得满意疗效。（王利．今日畜牧兽医，2008，1）

方 2（加减郁金散）

【处方】郁金 40 克，黄芩 40 克，黄连 40 克，黄柏 40 克，栀子 40 克，白头翁 25 克，秦皮 25 克，连翘 25 克，金银花 30 克，木香 15 克，车前子 15 克。

【用法用量】水煎，分 3 次灌服。

【功效】清热解毒，凉血除湿。

【应用】用本方结合西药氟哌酸、痢菌净粉、口服补液盐等治疗犊牛腹泻 37 例，治愈 34 例，治愈率达 92%。（马如海．中兽医医药杂志，2007，5）

方 3

【处方】山楂、生麦芽、生六曲各 15 克，半夏、陈皮、茯苓、连翘、白术各 10 克。

【用法用量】水煎，一次灌服。

【功效】消食助运，调中止泻。

【应用】适用于犊牛伤乳泄泻。形寒肢冷、口色青白而有里寒证者，加干姜、厚朴；口色发红，有热象者，加黄连、木香，同时可服西药多酶片 6～10 片、酵母片 10～20 克、乳酶生 5～10 粒。（王宝琴等．中兽医学杂志，2005，5）

方4

【处方】葛根、黄连、黄芩各 15 克，乌梅（去核）、煨诃子、姜黄各 10 克，甘草 5 克。

【用法用量】水煎，一次灌服。

【功效】清热解毒，化湿止泻。

【应用】适用于犊牛湿热泄泻。泻下带血者，加银花炭、地榆炭、白头翁；腹痛甚者，加白芍；津液耗伤，见口渴不安、眼球凹陷者，可加石斛、麦冬、芦根；神疲乏力，脉象虚弱而有气虚证者，可加党参。用本方中西结合治疗病犊 86 例，治愈 82 例，治愈率为 95.3%。（王宝琴等．中兽医学杂志，2005，5）

方5

【处方】党参、白术、茯苓、白扁豆各 15 克，煨诃子、炮姜各 10 克，砂仁 5 克。

【用法用量】水煎，一次灌服。

【功效】补脾养胃，和中止泻。

【应用】适用于犊牛脾虚泄泻。如有腹痛，加木香、白芍；形寒肢冷、口色苍白而有里寒证者加肉桂；滑泻不止，酌加煨诃子用量，再加五味子、肉豆蔻等。西药可酌情使用多酶片、酵母片、鱼肝油丸、次硝酸铋。治疗犊牛腹泻 86 例，中西结合治愈 82 例，治愈率为 95.3%。（王宝琴等．中兽医学杂志，2005，5）

第十章　马病方

1. 马流感

方1(清瘟败毒散)

【处方】桑白皮30克，花粉30克，知母30克，黄芩30克，玄参30克，瓜蒌30克，葶苈子30克，桔梗20克，贝母20克，杏仁30克，麻黄15克，柴胡30克，猪苓30克，泽泻30克，生石膏50克，甘草20克。

【用法用量】水煎服，每天1～2次，连用2～3天。

【功效】清热解毒，止咳平喘。

【应用】用于咳嗽严重、两肺出现啰音、呼吸促迫时。并发胃肠炎时，可用郁金散治疗，本方与白头翁汤合用疗效更好。(曹开红. 中国畜牧兽医文摘，2018，3)

方2

【处方】柴胡、防风各45克，贝母、杏仁各30克。

【用法用量】共研细末，开水冲调，候温灌服。

【功效】清热解毒，祛痰止咳。

【应用】适用于流感初期、咳嗽剧烈的患马，或体温较长时间不下降的患马。共试治40匹，治愈31匹，治愈后复发9匹。(杨文祥. 畜牧兽医科技信息，2017，1)

方3

【处方】双花、黄芩各15克，桔梗、杏仁各30克。

【用法用量】共研细末，开水冲调，候温灌服。每天1剂，轻者连服1～2剂，重者3～4剂。

【功效】清热解毒，祛痰止咳。

【应用】配合针灸放血（鼻俞、耳尖、尾尖）。对较重的病马配合使用抗生素。用此法治疗体温长时间不降的重病马183匹，治愈165匹，治愈后复发23匹。(杨文祥. 畜牧兽医科技信息，2017，1)

方4(黄连解毒汤加味)

【处方】黄连30克，黄柏40克，黄芩40克，栀子40克，石膏100～200克，知母40克，沙参60克，麦冬60克。

【用法用量】石膏研碎水煎，其他药共为末，沸水冲调，与石膏煎液混合后胃管投服，每天1剂。

【功效】清热泻火，滋阴润肺。

【应用】用本方治疗经抗生素治疗无效的顽固性马流感26例，治愈24例，一般1～2剂

即可痊愈。本方不可多服，多服则伤胃。（李春生等．中兽医医药杂志，2000，6）

2. 马腺疫

方1（黄芪散）

【处方】黄芪 30 克，浙贝母 25 克，金银花 25 克，当归 20 克，郁金 20 克，栀子 20 克，黄芩 20 克，知母 20 克，黄连 15 克，黄药子 15 克，白药子 15 克，甘草 10 克。

【用法用量】共为细末，开水调为糊状，候温灌服。

【功效】泻心肺火，解毒消肿。

【应用】适用于实热型。证见食槽硬肿、咳嗽、鼻流脓涕、脉洪数、口色鲜红，重者咽喉肿痛、口内流涎、水草难咽。（高梅等．中兽医医药杂志，2010，1）

方2（黄连解毒汤加减）

【处方】黄连 25 克，黄柏 25 克，栀子 25 克，金银花 25 克，板蓝根 25 克，连翘 25 克，大黄 25 克，黄芩 30 克，黄芪 30 克，党参 30 克，甘草 10 克。

【用法用量】水煎取汁，分早、晚两次灌服。

【功效】清热解毒，扶正祛邪。

【应用】适用于热毒型。证见体质衰弱、食草减少，有的颈前形成肿胀，或呈轻度腹痛、消化不良；发热时脉数舌红，久病则脉虚。（高梅等．中兽医医药杂志，2010，1）

方3（加味黄芪散）

【处方】黄芪、当归、郁金、甘草、花粉、穿山甲、皂角刺、金银花、牛蒡子、马勃各 30 克。

【用法用量】水煎去渣，候温加蜂蜜 120 克，胃管灌服。

【功效】清热解毒，拔脓消肿。

【应用】用本方和手术结合，治疗马腺疫 58 例，治愈 57 例，治愈率达 98%。槽口硬肿、久不破溃者，可重用黄芪、当归，再加白芷、桔梗以托里排脓。（唐科志，云南畜牧兽医，2007，4）

3. 马破伤风

方1

【处方】蝉蜕 150 克，元明粉 100 克（另包），天麻 50 克，羌活 50 克，防风 50 克，秦艽 20 克，天南星 18 克，细辛 18 克，川芎 18 克，白附子 15 克，桂枝 15 克，全蝎 12 克，蜈蚣 8 克，麝香 2 克（另包）。

【用法用量】水煎取汁，冲入元明粉、麝香，候温灌服。每天 1 剂，连用 3 剂。

【功效】祛风镇惊，宣通经络，逐邪外出。

【应用】用本方结合西药、针灸治疗马破伤风，用药后，病马饮食欲正常，精神状态良好，运动趋于协调，停药后痊愈。（高治国．中兽医医药杂志，2017，1）

方2（破伤风四味汤）

【处方】菖蒲根 500～1000 克，槐树枝 500～1000 克，白蒺藜 250 克，露蜂房 4 个。

【用法用量】煎汁，每天 2 次胃管投服，连服 5 天。

【功效】清热凉血，祛风开窍。

【应用】用本方结合电针、破伤风抗毒素等治疗马、驴破伤风 96 例，治愈 92 例，治愈率高达 95.8%。（管守胜等．畜牧兽医杂志，2008，1）

方 3（乌蛇全虫散加减）

【处方】乌蛇 45 克，全虫 20 克，僵蚕 30 克，天麻 30 克，当归 30 克，蔓荆子 25 克，川芎 20 克，麻黄 15 克，胆南星 15 克，甘草 15 克，蜈蚣 3~5 条，细辛 10 克。

【用法用量】共为细末，开水冲调，候温加白酒 60 毫升，一次胃管投服，每天 1 剂，连服 3~5 剂。

【功效】熄风止痉，活血化瘀。

【应用】本方适用于破伤风初期。（张振君等．现代农业科技，2008，44）

方 4

【处方】当归 60 克，川芎 20 克，牛膝 20 克，白芍 20 克，醋香附 30 克，防风 30 克，独活 30 克，木瓜 25 克，威灵仙 20 克，杜仲 30 克，菟丝子 25 克，熟地 30 克。

【用法用量】共为细末，开水冲调，候温一次灌服或胃管投服，每天 1 剂，连服 3~5 剂。

【功效】补肾强筋，活血祛风。

【应用】本方适用于破伤风后期，患畜病情好转，精神、食欲基本正常，仅腰部和后肢不灵活。（张振君等．现代农业科技，2008，44）

方 5（当归大黄扫毒汤）

【处方】当归 180 克，大黄 180 克，芒硝 500 克，蝉蜕 60 克，天麻 30 克，蜈蚣 30 条，全蝎 30 克，钩藤 30 克，乌蛇 30 克，天竺黄 30 克，枣仁 30 克，防风 60 克，荆芥 20 克，滑石粉 30 克，木通 30 克，玉片 30 克。

【用法用量】芒硝、天麻、全蝎、蜈蚣、蝉蜕、滑石粉、天竺黄共为末，其他药水煎 2 次去渣与细末混合，候温，胃管投服，隔日 1 次，连用 4~5 剂。

【功效】解表散热，和血镇惊。

【应用】用本方结合西医疗法治疗马属动物破伤风 83 例，治愈 67 例，获满意效果。眼红目急加龙胆草 25 克、菊花 30 克、栀子 25 克清泄在里之热邪；呼吸喘促加知母 30 克、黄芩 25 克、桑皮 30 克平喘。（王岐山等．中兽医学杂志，2005，5）

方 6

【处方】蝉蜕 50 克，蜈蚣 20 克，全蝎 20 克，僵蚕 50 克，地龙 50 克，荆芥 50 克，防风 50 克，胆南星 40 克，天麻 40 克，羌活 40 克。

【用法用量】水煎，胃管投药，每天 1 次，连服 3 日，第 1 次投服时加麝香 1 克。

【功效】祛风镇惊，解毒止痉。

【应用】用本方治疗破伤风马 7 匹，治愈 6 匹，疗效显著。（张新．云南畜牧兽医，2003，1）

4. 马梨形虫病

方 1

【处方】青蒿 30 克，黄连 30 克，黄芩 60 克，黄柏 60 克，栀子 45 克，加减熟地黄 45

克，当归45克，白芍45克。

【用法用量】共为细末，开水冲调，候温一次灌服。

【功效】清热解毒，补血。

【应用】马梨形虫病是由驽巴贝斯虫和马泰勒虫寄生于马属动物红细胞内所引起的血液原虫病。对确诊为马泰勒虫病的9匹患马分别采用中西药物治疗，西药治疗组治愈率为5/5，中药组治愈率为4/4。纯血马对西药有较强的应激反应，应用中药治疗会是更好的选择。（刘世芳等．畜牧与兽医，2018，5）

方2（龙胆泻肝汤加味）

【处方】龙胆草（酒炒）50克，大黄60克，黄芩40克，栀子40克，茵陈40克，泽泻30克，木通30克，柴胡30克，生地30克，车前子20克，当归（酒炒）20克，甘草20克。

【用法用量】温服，每天1剂。

【功效】清热解毒，利尿通便。

【应用】本方适用于心肺型梨形虫病急性期。结膜苍白、有贫血者，加重当归、生地；粪干涩难下者，重用大黄，加芒硝；高热不退，加石膏、知母；咽喉肿痛者，加金银花、连翘。（陈双胡．中兽医医药杂志，2009，4）

方3（十全大补汤加味）

【处方】党参60克，白术30克，茯苓30克，甘草100克，当归30克，川芎30克，白芍50克，地黄30克，肉桂30克，黄芪100克，大枣50克。

【用法用量】温服。

【功效】益气补血。

【应用】适用于心肺型梨形虫病恢复期。结膜黄染者加重龙胆草、茵陈、栀子；食欲不振者加焦三仙；粪干者加大黄；结膜苍白者重用当归、熟地，加阿胶。（陈双胡．中兽医医药杂志，2009，4）

方4（郁金散加减）

【处方】金银花炭50克，连翘30克，郁金30克，黄芩30克，黄连25克，黄柏25克，栀子25克，大黄25克，甘草15克。

【用法用量】温服。

【功效】清热解毒，消黄止痛，健胃整肠。

【应用】适用于胃肠型梨形虫病急性期。粪干者重用大黄；肠鸣腹痛甚者加白芍50克，青皮、陈皮各25克；粪便带血者加焦地榆50克；粪便带大量肠黏膜者加滑石粉100克。（陈双胡．中兽医医药杂志，2009，4）

方5（白术散加减）

【处方】白术60克，党参40克，茯苓30克，山药25克，肉蔻25克，焦三仙25克，木香25克，砂仁25克，陈皮25克，甘草20克。

【用法用量】温服。

【功效】健脾和胃、消食理气。

【应用】适用于胃肠型梨形虫病恢复期。粪干者加大黄；肠音亢进者加白芍；精神委顿者重用党参，加黄芪。（陈双胡．中兽医医药杂志，2009，4）

方6（茵陈蒿汤加减）

【处方】茵陈蒿20克，栀子10克，黄芩15克，黄连10克，金银花15克，连翘15克，石膏100克，知母50克，柴胡10克，龙胆草20克，薄荷10克，板蓝根10克，丹皮15克。

【用法用量】共为细末，开水冲调，候温一次灌服。

【功效】清热解毒，利胆退黄。

【应用】本方适用于泰勒虫病高热期，体温40℃以上，呈稽留热型，黄疸明显时。用本方结合西药治疗马泰勒虫病12例，全部治愈。（陆国致等．中国兽医杂志，2001，11）

方7

【处方】茵陈蒿20克，生地、麦冬、玄参、栀子各15克，知母20克，黄芪15克，当归15克，白芍10克，黄药子10克，白药子10克，金银花15克，连翘15克，党参20克，白术15克，砂仁10克，青皮10克，陈皮10克。

【用法用量】共为末，开水冲调，候温灌服。

【功效】补气养血，解毒退黄。

【应用】本方适用于泰勒虫病低热期，体温38.5～40℃时。本方结合西药治疗马泰勒虫病12例，全部治愈。（陆国致等．中国兽医杂志，2001，11）

方8（归脾汤加减）

【处方】黄芪20克，白术15克，党参10克，甘草10克，当归15克，酸枣仁15克，茯神10克，远志10克，木香15克，砂仁10克，茯苓10克，三仙各15克，生姜、大枣各3片。

【用法用量】共为末，开水冲调，候温灌服。

【功效】补气养血，引血归经。

【应用】本方适用于泰勒虫病恢复期，高热已退、食欲不振时。本方结合西药治疗马泰勒虫病12例，全部治愈。加入青蒿、柴胡、茵陈、栀子等效果更好。（陆国致等．中国兽医杂志，2001，11）

5. 马中暑

方1

【处方】生石膏、黄芩、黄连、黄柏、甘草各40克，鲜车前草、薄荷各500克。

【用法用量】水煎服。

【功效】清热泻火，生津止渴。

【应用】病马立即采取降温措施，饮服十滴水50毫升，投服本方，当天下午服1剂，晚上服1剂，第二天上午服1剂后，下午病马基本能自由活动。（曾祥文等．中兽医学杂志，2015，1）

方2（白虎汤）

【处方】石膏200克，知母60克，甘草30克，粳米100克。

【用法用量】石膏打碎先煎，其他药后下，水煎至米熟汤成，去渣分2次灌服。

【功效】清热泻火，生津止渴。

【应用】神昏、粪便秘结、尿短赤者，可加大黄、芒硝；高热、神昏抽搐者，可加水牛角、钩藤等；寒热往来者，可加柴胡。病马立即采取降温措施，颈脉穴放血，补液，投服本方，用药后症状大为减轻，第2天完全康复。（温伟等。黑龙江畜牧兽医，2010，6）

方3

【处方】生石膏60克，麦冬、藿香、炒扁豆、豨莶草、山药各45克，知母、牛蒡子、银花、连翘、党参、防风、黄芩、茯神、远志、栀子、钩藤各30克，甘草20克，细辛15克。

【用法用量】共为末，开水冲调，候温加蛋清5个灌服。

【功效】清热解暑，滋养安神。

【应用】用本方治疗马中暑效果较好。（马瑛，中兽医学杂志，2008，2）

6. 马咽炎

方1（芩翘增液汤）

【处方】黄芩75克，连翘75克，生地50克，麦冬50克，玄参50克，甘草25克。

【用法用量】加水2.5升，温火煎40分钟，去渣，待温灌服。

【功效】清热解毒，生津利咽。

【应用】应用芩翘增液汤治疗马类动物咽喉炎30余例，治愈率达93%以上，收效显著。一般不需用抗生素治疗。急性咽喉炎、体温稍高者，投服本方效果尤佳。1剂症减，连服2~3剂痊愈。（米繁华．中兽医学杂志，2012，3）

方2（清解利咽汤）

【处方】板蓝根40克，山豆根50克，芦根60克，桔梗、黄连、黄芩、黄柏各40克，射干25克，银花、连翘各45克，玄参、牛蒡子、重楼各35克，马勃20克，甘草15克。

【用法用量】加水3000毫升，煎取药汁1500毫升，煎取2次，共得药汁3000毫升，每天1剂，分早、中、晚3次灌服。

【功效】清热解毒，消肿止痛。

【应用】用本方结合西药治疗马牛急性咽炎117例，痊愈94例，占80.34%；有效10例，占8.55%，总有效率为88.89%。热盛加生石膏60克、花粉35克；粪便干燥加大黄30克。（钟永晓．畜牧与兽医，2008，1）

7. 马胃寒

方1（理中汤）

【处方】党参60克，干姜60克，炙甘草60克，白术60克，半夏30克，陈皮30克。

【用法用量】水煎取汁，候温灌服，每天1剂，连服2剂。

【功效】温中散祛寒，和胃止呕。

【应用】用本方治疗马胃寒呕吐，2天后痊愈。（余国富．中兽医医药杂志，2015，3）

方2（桂心散）

【处方】桂心25克，益智仁25克，砂仁15克，青皮25克，陈皮25克，肉豆蔻25克，当归 25 克，川朴 30 克，白术 25 克，升麻 20 克，柴胡 20 克，苍术 25 克，焦山楂 50 克，大麦芽 60 克，神曲 60 克，生姜 50 克。

【用法用量】水煎，候温灌服，每天 1 剂，连服 3～5 剂。

【功效】温中祛寒，和血顺气。

【应用】用本方治疗马冬春季胃寒不食，疗效显著。（毛瑞学．黑龙江畜牧兽医，2008，3）

方 3

【处方】附子理中丸 2 盒（人用中成药，20 丸×9 克），五香调料末（200 克中含干姜 50 克、大料 30 克、良姜 20 克、胡椒 20 克、荜茇 20 克、花椒 20 克、草果 20 克、肉桂 10 克、丁香 5 克、砂仁 5 克）100 克。

【用法用量】开水冲泡，候温胃管投服。每天 1 剂，重症连用 3 剂。

【功效】温中散寒，和血顺气。

【应用】用本方治疗马属家畜胃寒不食 100 多例，疗效满意，一般病例 1 剂而愈。附子理中丸温补脾胃，五香调料末温中祛寒，健脾消食。二者配合，缓解胃肠痉挛立效。并且取材方便，药价低廉。（李积善．青海畜牧兽医杂志，2007，4）

方 4（天麻散）

【处方】天麻 15 克，荆芥 15 克，防风 15 克，薄荷 15 克，苍术 15 克，当归 30 克，白芷 15 克，陈皮 15 克，青皮 15 克，黄芪 30 克，川芎 15 克，厚朴 15 克，玉片 15 克，泽兰叶 15 克。

【用法用量】温开水冲灌。

【功效】温中散寒，祛风解表。

【应用】用本方治疗马胃寒腹痛效果显著。（翟卫红等．中兽医学杂志，2007，2）

方 5（平胃散加减）

【处方】苍术 60 克，厚朴 45 克，陈皮 45 克，甘草 20 克，生姜 20 克，大枣 90 克。

【用法用量】共为末，开水冲，一次灌服，每天 1 次，连用 2～4 次。

【功效】温胃健脾，理气消胀。

【应用】用本方治疗马牛羊消化道疾病取得良好的效果。便秘者加大黄末、硫酸钠，腹泻者加碳酸铋、颠茄片，体瘦者加党参、黄芪、白术、姜酊、五味酊。（李兴如等．中兽医医药杂志，2006，6）

方 6

【处方】当归 40 克，茴香 40 克，苍术 25 克，陈皮 25 克，肉桂 25 克，甘草 25 克，木香 25 克，砂仁 20 克。

【用法用量】水煎取汁，另加大枣 50 克，白酒 60 毫升灌服。每天 1 剂，连用 3 天。

【功效】温脾暖胃，理气消胀。

【应用】以此方治疗马属动物脾胃虚寒证，一般 2～3 剂治愈。胃冷吐涎加生姜 40 克、白芷 25 克、荆芥 20 克、防风 20 克，胃冷不食加桂心 20 克、益智仁 20 克、白术 25 克、肉豆蔻 20 克，减苍术、木香；兼有腹泻加泽泻 25 克、猪苓 20 克，减当归；有腹痛重用木香，去苍术；食欲大减加神曲 20 克、炒麦芽 20 克、焦山楂 20 克。（李洪霞，中兽医学杂志，2005，5）

8. 马慢性消化不良

方1（补中益气汤加味）

【处方】黄芪、白术、党参、云苓、陈皮、当归、熟地、生山药、白扁豆、柴胡、升麻、甘草各 30 克，大枣 60～120 枚，生姜 30～60 克。

【用法用量】水煎去渣，待温灌服。

【功效】补脾和胃，升举中气。

【应用】用本方治疗马骡脾胃虚弱症效果较好。偏寒者，加肉桂、附子、乌药、小茴香；偏热者，加麦冬、沙参、知母、栀子；气虚重者，重用黄芪、升麻、大枣、五味子、龙骨、牡蛎；血虚重者，加何首乌、山萸肉；脾虚湿邪较重者，加猪苓、泽泻、木通、苍术；腹泻经久不愈或黎明前泄泻者，加故纸、附子、乌梅、诃子。（蒲文祥等．青海畜牧兽医杂志，2006，1）

方2（加减理中汤）

【处方】干姜 60 克，附子 10 克，党参 60 克，苍术 20 克，茯苓 20 克，草果 10 克，炙甘草 60 克。

【用法用量】草果粉碎，余药开水煮沸 4 小时后去渣，加入草果粉，一次灌服。每天 1 剂，连用 5 天。

【功效】温脾开胃，散寒化湿。

【应用】适用于寒湿型脾胃虚弱，用本方治疗 14 例收到满意效果。（杨占梅等．中兽医医药杂志，2005，3）

方3

【处方】黄芩 60 克，大黄 20 克，芒硝 20 克，白术 60 克，木通 20 克，猪苓 20 克，党参 60 克，炙甘草 60 克。

【用法用量】水煮去渣，待微温后加芒硝，一次灌服。每天 1 剂，连用 5 天。

【功效】清热利湿，健脾和胃。

【应用】适用于湿热型脾胃虚弱，用本方治疗 9 例收到满意效果。（杨占梅等．中兽医医药杂志，2005，3）

方4

【处方】党参 60 克，白术 60 克，大黄 30 克，麦冬 30 克，玉竹 30 克，生地 20 克，麻仁 20 克，鸡内金 10 克，炙甘草 60 克。

【用法用量】水煮去渣，待微温后加入鸡内金粉末，一次灌服。每天 1 剂，连用 3 天。

【功效】滋阴生津，清热养胃。

【应用】适用于阴虚型脾胃虚弱，用本方治疗 8 例收到满意效果。（杨占梅等．中兽医医药杂志，2005，3）

方5

【处方】肉桂 25 克，当归 40 克，苍术 25 克，陈皮 25 克，茴香 40 克，砂仁 20 克，木香 25 克，甘草 25 克。

【用法用量】水煎取汁，另加大枣 50 克，白酒 60 毫升灌服，每天 1 剂，连用 3 天。

【功效】暖胃温脾，散寒除湿。

【应用】用本方治疗马属动物脾胃虚寒效果较好。胃冷吐涎，加白芷 25 克、荆芥 20 克、防风 20 克、生姜 40 克；胃冷不食，加桂心 20 克、益智仁 20 克、白术 25 克、肉豆蔻 20 克，减苍术、木香。兼腹泻，加泽泻 25 克、猪苓 20 克，减当归；有腹痛，重用木香，去苍术；食欲大减，加神曲 20 克、炒麦芽 20 克、焦山楂 20 克。（李洪霞，中兽医学杂志，2005，5）

方 6（肉桂附子还阳汤）

【处方】肉桂 60 克，附子 30 克，白芍 60 克，茯苓 60 克，白术 60 克，山药 60 克，党参 60 克，五味子 60 克，麦冬 60 克，黄连 30 克，滑石 60 克，甘草 30 克。

【用法用量】水煎灌服。每天 1 剂，连用 1～2 剂。

【功效】温中补肾，渗湿健脾。

【应用】用本方治疗马属动物脾虚泄泻 27 例，治愈 26 例。（金霞等．中兽医医药杂志，2001，3）

9．马胃扩张

方 1（油当归散）

【处方】食油或液状石蜡油 500 克，当归 200 克。

【用法用量】食油或液状石蜡油烧开离火，当归为末倒入油内，搅拌为褐黄色为度，候温灌服。

【功效】润肠通便，理气除胀。

【应用】用本方治疗 102 例马属动物食滞性胃扩张，治愈 98 例，治愈率达 96%。投药后 1～2 小时病畜腹痛症状减轻或消失，随后或次日出现食欲，恢复健康。该方也可用于马属动物气结。（杨斌．中兽医学杂志，2006，1）

方 2

【处方】青皮、陈皮各 50 克，厚朴 35 克，桂心 25 克，茴香、干姜各 50 克，吴茱萸 25 克，元胡 35 克，细辛 20 克，皂角 20 克。

【用法用量】加水 2500 毫升煮沸 1 小时，去渣胃管投服。

【功效】温中散寒，理气除胀。

【应用】用本方中西医结合抢救急性胃扩张病马 38 例，其中原发性胃扩张 35 例，继发性胃扩张 3 例，食滞性胃扩张 30 例，气胀性胃扩张 5 例全部治愈。（赵雅芝等．黑龙江畜牧兽医，2003，3）

方 3（消积冲胃汤）

【处方】醋香附 20 克，神曲 25 克，麦芽 25 克，莱菔子 25 克，三棱 25 克，槟榔 25 克，枳实 25 克，莪术 25 克，苍术 20 克，二丑 25 克，滑石 25 克，白豆蔻 15 克，大黄 50 克，当归 20 克，木香 20 克，陈皮 15 克。

【用法用量】加水煎成 500 毫升，候温灌服。

【功效】消积导滞，降气止痛。

【应用】用本方中西医结合疗马骡胃扩张 32 例，治愈 31 例。气胀性胃扩张另加丁香；食滞性胃扩张重用大黄、枳实，加厚朴。（施进文等．中国兽医杂志，2000，3）

10. 马胃肠炎

方 1（郁金散）

【处方】黄柏、黄芩、大黄、栀子、黄连、郁金、诃子、白芍各 75 克。

【用法用量】水煎服，每天 1～2 剂。

【功效】清热解毒，平肝养阴。

【应用】腹痛重者，加枳壳 50 克，乳香、没药各 40 克；眼窝下陷者，加玄参、生地、石斛各 50 克；湿热已除仍腹泻不止者，减苦寒药（黄柏、黄芩、大黄、栀子、黄连），加石榴皮、枳壳、乌梅。用本方中西医结合治疗胃肠炎 87 例，治愈 74 例。（王建业，现代畜牧兽医，2008，2）

方 2（当归桃仁汤加减）

【处方】油炒当归 200 克，红花 20 克，桃仁 20 克，槟榔 40 克，莱菔子 100 克，车前子 120 克，枳壳 100 克，白芍 120 克，蜂蜜 400 克。

【用法用量】当归先研末，用 100 克菜籽油炼过后离火约半分钟左右放入当归末，不断搅拌，莱菔子与车前子一起研末，其他药混合研末，三者相混，开水冲调，候温加入蜂蜜一次灌服。

【功效】活血破瘀，润肠利水，解毒止痛。

【应用】继发结症而结粪未下者，加大黄 200 克、番泻叶 25 克、厚朴 50 克、神曲 100 克、香附 100 克、木香 30 克、通草 20 克、熟菜籽油 250 克；尿如籽子油量少而黏者，加茵陈 75 克、苡米 75 克、木通 40 克、滑石 80 克、瞿麦 40 克；失水较重者，加元参 100 克、生地 200 克、麦冬 100 克、乌梅 50 克、石膏 50、知母 50 克；热重、泄泻腹痛较为剧烈者，重用白芍，加赤芍 75 克、黄连 50 克、黄芩 50 克、黄柏 50 克、炒二花 30 克、连翘 50 克、郁金 40 克、大黄 30 克、蒲公英 100 克、延胡索 40 克。用本方加减治疗骡马胃肠炎 210 多例，服药 1 剂治愈 183 例，2～3 剂再治愈 25 例。（董禄．中兽医学杂志，2007，1）

方 3

【处方】莱菔子 90 克，槟榔 20 克，厚朴 40 克，木香 25 克，二丑 60 克，陈皮、青皮各 30 克，木通 20 克，大黄 50 克，元明粉 200 克，山楂 90 克。

【用法用量】共为末，开水冲服，候温灌服，每天 1 剂，连服 3 天。

【功效】消食导滞、宽中下气。

【应用】本方在理气药的基础上加苏子、桑白皮、陈皮、半夏、杏仁等降肺气药，用于治疗马骡肠性腹胀效果较好。（赵明川．中兽医医药杂志，2002，4）

方 4（丁桂散）

【处方】丁香 40 克，肉桂 40 克，藿香 40 克，焦山楂 40 克，苍术 30 克，乌梅 30 克。

【用法用量】共为末，开水冲调，候温灌服。每天 1 剂，驹减半。

【功效】芳香化湿，消食止泻。

【应用】用本方配合 654-2（一种药）穴位注射治疗患畜 60 例，取得了满意疗效。（张民

方5(黄芩散加味)

【处方】生石膏 100 克，当归 50 克，莱菔子 50 克，山楂 50 克，麦芽 50 克，神曲 50 克，生地 50 克，黄芩 40 克，丹皮 40 克，升麻 30 克。

【用法用量】共为细末，开水冲调，候温灌服。

【功效】清胃泻火，滋阴生津。

【应用】用本方治疗马属动物碱性胃卡他（临床上以食欲减退和异嗜为特征）125 例，其中初诊病例 102 例全部治愈；用其他方法治疗无效改用本方治疗 23 例，治愈 22 例。在治疗初 1～2 天，应减量饲喂，病重者应禁食 1 天，停喂精料，只喂青绿多汁饲料，充分供给温水，停止使役或减轻使役。(李春生等．中兽医医药杂志，2000，2)

11. 马疝痛

方1(砂仁散)

【处方】砂仁 50 克，益智仁 45 克，草豆蔻 45 克，车前子 45 克，茴香 50 克，皂刺 20 克，桂皮 25 克，元胡 40 克，桂皮 45 克，元胡 40 克，厚朴 45 克，陈皮 40 克，青皮 40 克，肉豆蔻 45 克，麦冬 45 克，木通 50 克，细辛 30 克，槟榔 45 克，木香 50 克，瞿麦 40 克，滑石粉 70 克，二丑 50 克，酒 200 毫升，清油 300 毫升。

【用法用量】一次灌服。

【功效】温脾暖胃，逐风祛寒，行气通肠。

【应用】用本方结合西药（安痛定）治疗马属动物阴寒起卧症 57 例，治愈 55 例，治愈率为 96%，疗效显著。(杨永清．中兽医医药杂志，2018，4)

方2

【处方】炮姜 60 克，肉桂 50 克，茱萸 40 克，苍术 35 克，青皮 30 克，元胡 30 克，草豆蔻 30 克，大黄 30 克，枳实 30 克，厚朴 30 克，续随子 30 克，滑石 30 克，牵牛子 30 克，槟榔 30 克，泽泻 30 克。

【用法用量】共为细末，葱白煎汤调为糊状，候温灌服，每日 1 剂。

【功效】温中散寒，通肠逐水。

【应用】5 岁母马早晨饮水后全身颤抖，不时回头顾腹，继而前蹄刨地，后肢踢腹，弓腰拧尾，起卧不安，诊为水结。经西药输液、针灸未见成效，立即灌服上方，2 小时后急起急卧消失，泻出大量污浊粪水，病愈。(陈学民等．中兽学杂志，2015，1)

方3

【处方】肉桂 80 克，干姜 80 克，小茴香 60 克，草果 60 克，八角茴香 40 克。

【用法用量】研为末，开水冲，候温灌服，病情轻者，服用 1～2 剂即可；病情重者服用 3～4 剂。

【功效】温中散寒、理气止痛。

【应用】用本方治疗马肠痉挛，灌服本方 1 剂，腹痛等症状随即减轻，30 分钟后，精神、食欲正常，腹痛症状消失。(白卫兵等．中兽医医药杂志，2012，6)

方 4（血竭散）

【处方】血竭 25 克，乳香 25 克，没药 25 克，当归 30 克，川芎 15 克，骨碎补 30 克，刘寄奴 15 克，乌药 15 克，广木香 15 克，白芷 15 克，青皮 15 克，陈皮 15 克，桔梗 15 克，甘草 10 克。

【用法用量】共为细末，开水冲调，候温加童便 1 碗为引灌服。

【功效】和血顺气，温中散寒。

【应用】用本方结合针灸（脾俞穴药物注射 0.5％硫酸阿托品注射液 5 毫升）治疗马肠痉挛 26 例，均治愈。（纪天成，中兽医学杂志，2008，1）

方 5（温脾散加硫黄）

【处方】益智仁 30 克，细辛 10 克，陈皮 40 克，青皮 40 克，厚朴 40 克，当归 40 克，苍术 40 克，牵牛子 20 克，硫黄 30 克，甘草 20 克。

【用法用量】共为末，一次灌服。

【功效】温中散寒，理气止痛。

【应用】用本方治疗马属动物习惯性伤水 39 例，治愈率 98％。（李喜斌等．中兽医医药杂志，2008，2）

方 6

【处方】青皮、陈皮、茴香、干姜各 30 克，厚朴、元胡各 20 克，桂心、吴茱萸各 15 克，细辛、皂角各 10 克。

【用法用量】加水 2500 毫升煮沸 1 小时，除去药渣，加大蒜 3 头（捣成泥），胃管投服。

【功效】理气活血，温中止痛。

【应用】用本方治疗腹痛效果较好。（武权．黑龙江生态工程职业学院学报，2008，3）

方 7

【处方】附子 15 克，桂心 30 克，茴香 30 克，党参 60 克，白术 40 克，黄芪 40 克，陈皮 40 克，当归 40 克，芍药 30 克，甘草 20 克，生姜 20 克。

【用法用量】水煎灌服。

【功效】温中补虚，柔肝缓急。

【应用】用本方治疗马骡冷痛效果较好。（庞生久．甘肃畜牧兽医，2004，3）

方 8

【处方】生姜 30 克，大蒜 25 克，茴香 15 克，胡椒 15 克。

【用法用量】加温开水 300～500 毫升、白酒 250 毫升，混合一次内服。

【功效】温中散寒，活血止痛。

【应用】用本方结合针灸治疗马肠痉挛症多例，一般治愈时间在几分钟，最长 2 小时左右就能见效康复。若有轻度臌气加椰树子 30 克、草果 15 克，混合内服。（王子席．中兽医学杂志，2003，5）

方 9（苓桂术甘汤）

【处方】茯苓 60 克，白术 45 克，桂枝 30 克，生姜 120 克，陈皮 30 克，木香 45 克，乳香 30 克，没药 30 克，甘草 30 克。

【用法用量】共研末，开水冲调，候温灌服，每天 1 剂。

【功效】渗湿利水，温经通阳。

【应用】用本方治疗马属动物冷痛多例，一般1~2剂冷痛可愈。（董书昌等．中国兽医科技，2000，1）

12. 马结肠炎

方1

【处方】当归50克，川芎50克，红花50克，郁金45克，黄连45克，黄芩30克，白芍30克，元参45克，栀子50克，连翘50克，金银花60克，云苓45克，泽泻45克，车前子40克，诃子45克，石榴皮45克，五味子30克，远志30克。

【用法用量】水煎服。

【功效】活血化瘀，清热解毒，涩肠止泻。

【应用】用本方中西医结合治疗马属动物急性结肠炎120例，治愈84例，治愈率70%。（时菊爱等．中兽医学杂志，2005，6）

方2（郁金散加减）

【处方】陈皮、郁金各40克，黄连、赤芍、黄芩、黄柏各35克，栀子、大黄、砂仁各30克，鱼腥草、败酱草各75克，丹皮、元胡各5克，甘草25克。

【用法用量】共为细末，开水冲调，候温灌服，每天1剂。

【功效】活血化瘀，清热燥湿，理气健脾。

【应用】用本方结合西药治疗马结肠炎24例，治愈16例。（马有山等．中兽医学杂志，1997，2）

13. 马便秘

方1

【处方】大黄30克，芒硝150克，厚朴30克，枳实60克，番泻叶30克，二丑30克，秦皮30克，木香30克。

【用法用量】共研末，开水冲服。

【功效】软坚润下，消积导滞。

【应用】本方适用于小肠结。在采用穿刺放气、按压破结和多次内服泻药、补液、纠正酸碱平衡、针灸未见成效的情况下，用本方20小时后症状改善而痊愈。（虎军红等．中兽医学杂志，2018，4）

方2

【处方】大黄50克，厚朴25克，陈皮30克，苍术25克，黄芪25克，神曲30克，鲜麦芽20克，山楂20克，甘草20克，生姜10片，干枣8枚。

【用法用量】共研细末，开水冲服。

【功效】软坚润下，消积导滞。

【应用】本方适用于十二指肠乙状弯曲部阻塞。治疗时先灌肠、按压破结、内服泻药、补液、纠正酸碱平衡、消炎进行掏结，同时灌服上方，约16小时后腹痛消失，开始排粪。（虎

方3（枳实破结散）

【处方】枳实80克，泻叶40克，大黄80克，芒硝250克，二丑60克，厚朴50克，青皮50克，木香50克。

【用法用量】共研末，用开水调成粥状待温，灌服时再加白豆蔻、砂仁各50克混合搅拌内服。

【功效】攻坚破结。

【应用】适用于大肠便秘。若粪便在肠道内积存过久，已有肠炎表现的加黄连60克、白芍50克。用本方治疗发病初期与中期病马59例，治愈53例。（杨丽娥等．中兽医学杂志，2015，7）

方4（凉膈散加味）

【处方】大黄80克，芒硝（后下）400克，生石膏150克，竹叶心100克，栀子60克，连翘60克，黄芩60克，天花粉60克，槟榔60克，枳实60克，薄荷40克，厚朴40克，甘草35克。

【用法用量】先将生石膏武火煎煮10分钟，后加余药煎水，候温，加入蜂蜜150毫升灌服。每天2次，每天1剂。

【功效】清热泻火、急下存阴。

【应用】本方治疗马热结便秘，用药2天结粪已下。后采用生石膏100克，黄芩、栀子、天花粉、沙参、麦冬、槟榔、苍术、陈皮、黄柏各60克，大黄、枳壳、厚朴、木香各50克，甘草40克，水煎服，每天2次，两天1剂，连服2剂，5日后痊愈。（尹华江等．中兽医医药杂志，2016，1）

方5

【处方】大黄50克，二丑50克，焦山楂50克，苍术50克，炒麦芽50克，炒神曲50克，枳实50克，陈皮30克，青皮30克，木通20克。

【用法用量】共为细末，开水冲，焖半小时后加猪脂500毫升，灌服，每天1剂，连用3天。

【功效】化积宽中，通利消导。

【应用】用本方治疗马泥沙结，药后次日病马即开始排少量带泥沙的粪便，疼痛减轻，2天后开始出现食欲，3天后基本恢复正常。（陈勇．中兽医医药杂志，2009，4）

方6

【处方】千金子90克，二丑40克，滑石40克，莱菔子30克，川朴30克，木香25克，通草10克。

【用法用量】上药为末，开水冲服，加猪油500克，候温灌服。

【功效】消积破气，利水通肠。

【应用】用本方中西医结合治疗马骡盲肠阻塞收到满意效果，一般3～5剂即愈。中药千金子、二丑、莱菔子、川朴为主的中药配伍方剂治疗马、骡盲肠阻塞效果好，药力作用时间长、力量强，经口服直接作用于胃肠发病部分，从根本上消除病症，达到治疗目的。（王国明等．中兽医学杂志，2007，6）

方 7

【处方】苍术 60 克，厚朴 60 克，枳实 40 克，大黄 120 克，麻仁 40 克，郁李仁 40 克，陈皮 40 克，二丑 30 克，玉片 25 克，香附 20 克，木香 15 克，甘草 15 克。

【用法用量】研末，开水冲调，一次灌服。连用 1～2 剂。

【功效】补中益气，理气破结。

【应用】用本方配合西药治疗马类动物大肠阻塞 66 例病畜，治愈 61 例。对老弱病程长者，应加滋补药党参，重用麻仁、郁李仁，去大黄；对寒邪侵入机体、耗阳过度者，宜选用肉桂和附子等升阳药物；对重症老弱病畜，在应用本方的同时，还应配合西医疗法，强心、补液，并灌服一定剂量的石蜡油或蓖麻油，以滑肠通便，减少因应用腹泻药后伤津耗阳，保护胃肠黏膜。（姚之义等．中兽医学杂志，2007，5）

方 8（当归苁蓉汤加减）

【处方】油炒当归 120 克，苁蓉 40 克，番泻叶 40 克，厚朴 30 克，枳壳 40 克，广木香 20 克，神曲 50 克。

【用法用量】水煎取汁，加液体石蜡油 500 毫升，候温一次胃管投服，每天 1 剂，连用 3 天。

【功效】润肠通便，理气泻下。

【应用】用本方治疗马属动物肠阻塞效果较好。（邱晓霞等．养殖与饲料，2007，3）

方 9（两仁三子槟硝散）

【处方】火麻仁 7.5%，郁李仁 6.25%，莱菔子 6.75%，使君子 6.25%，苏子 6.25%，槟榔 5%，芒硝 62%。

【用法用量】共为细末，一次剂量 800 克，加水 8000 毫升，搅匀后灌服。

【功效】理气破滞，润肠泻下。

【应用】用本方治疗马骡大肠阻塞病 208 例，治愈率 90%。（陈凤先等．现代畜牧兽医，2007，11）

方 10（槟榔散）

【处方】槟榔 50～100 克，大黄 50～100 克，芒硝 250～1000 克，厚朴 50 克，枳实 50 克，二丑 50 克，木香 50 克，陈皮 50 克，山楂 100～200 克，郁李仁 50 克，火麻仁 100～200 克。

【用法用量】共为末，开水冲调后加芒硝，候温胃管一次投服。

【功效】攻下导滞，软坚破结。

【应用】本方适用于马属动物不完全阻塞性肠便秘。槟榔、大黄、芒硝等根据畜体状况进行调整。加水量在 5000～8000 毫升，使芒硝的浓度在 5%～8%。肠臌气者应先穿刺放气；脱水、心力衰竭的患畜应先强心补液，待症状缓解后再投本方。（王明兴，中兽医医药杂志，2000，1；王学明，中兽医学杂志，2004，5；周金梅等．中兽医学杂志，2006，2）

方 11（通肠散）

【处方】厚朴 30 克，香附 25 克，木香 25 克，二丑 30 克，玉片 45 克，泻叶 60 克，滑石 30 克，白芷 20 克，细辛 15 克，陈皮 30 克，麦芽 45 克。

【用法用量】上药研末，开水冲调后加大黄苏打片 200～300 片，硫酸钠 200～300 克，一次灌服。每天 1 剂，连用 2～3 剂。

【功效】润肠通便，泻下导滞。

【应用】用本方治疗马属动物肠道不完全阻塞 115 例，均治愈。（李晓燕，中兽医学杂志，2005，2）

方 12（木槟硝黄散）

【处方】木香 30 克，槟榔 25～30 克，大黄 90～150 克，芒硝 200～400 克。

【用法用量】木香、槟榔和大黄 3 药共研细末，过筛，包装备用。用时以开水冲调，加入芒硝，候温一次灌服。体型较小的毛驴和驹酌情减量。

【功效】攻逐积粪，行气止痛。

【应用】用本方治疗马属动物结症 30 例，其中 27 例仅服 1 剂即愈，有 3 例服 2 剂愈，疗效显著。用时水量一定要充足，一般为 4000～8000 毫升，以每 100 毫升水中含有芒硝 5 克为宜。（毕玉霞等．中兽医学杂志，2004，4）

14. 马发热

方 1（小柴胡汤加减）

【处方】柴胡 50 克，黄芩 40 克，半夏 35 克，党参 12 克，白芍 40 克，香附 30 克，甘草 10 克，大枣 10 枚。

【用法用量】研末内服，每天 1 剂。

【功效】疏肝理气，泻火退热。

【应用】适用于肝郁发热。证见烦躁不安，郁热不退，少食或不食，肚腹间歇性轻胀，粪球干小，尿短黄。本方参草枣剂量要小，以防阻碍气机运行；且柴胡应为党参用量 4 倍左右，黄芩应为党参 3 倍左右，这样有利于散火清热。用本方治马属动物无名热 15 例，连服 3 剂治愈。（尉瑞福．中兽医学杂志，2017，3）

方 2（克感散加减）

【处方】双花 90 克，柴胡 30～60 克，板蓝根 30～60 克，威灵仙 30 克，青蒿 30 克，连翘 30 克，贯众 30 克，大青叶 30 克，大黄 20 克。

【用法用量】共为末，每天 1 剂，幼畜剂量酌减。

【功效】清热透邪，凉血解毒。

【应用】适用于外感高热。流涕者，加防风 30 克、薄荷 20 克、苍耳子 20 克；咳嗽明显者，加桑叶 20 克、杏仁 20 克、前胡 20 克；脾虚粪稀者，加党参 30 克、白术 30 克、麦芽 40 克；粪便干难下者，加芒硝 40 克。用本方治疗外感高热 60 例，临床总有效率（93%）显著优于青霉素和病毒唑对照组（69%）。（张民中等．中兽医学杂志，2007，1）

15. 马咳嗽

方 1（三拗汤加味）

【处方】麻黄 6 克，杏仁 12 克，甘草 3 克，紫菀 12 克，白前 12 克，百部 10 克，桔梗 9 克，陈皮 9 克，荆芥 6 克。

【用法用量】水煎取汁，候温灌服，每天 1 剂，连服 7 天为 1 个疗程，服用 2 个疗程。

【功效】止咳平喘。

【应用】用本方中西医结合治疗马支原体感染咳嗽 5 例。服药 1 个疗程后，发热、流鼻涕症状消失，偶有咳嗽、气喘等，食欲渐渐恢复。2 个疗程后，患马所有症状均消失，精神状况和食欲恢复正常。（李林峰等．中兽医医药杂志，2017，2）

方 2（加味六君子汤）

【处方】当归 30 克，熟地 30 克，党参 30 克，白术 30 克，茯苓 30 克，炙甘草 15 克，半夏 25 克，陈皮 25 克，紫菀 25 克，冬花 25 克，五味子 25 克，山药 30 克，杏仁 25 克。

【用法用量】共为细末，开水冲调，候温一次灌服。

【功效】益气温阳，养血镇咳。

【应用】用本方治疗马骡虚寒型劳伤咳嗽（慢性支气管炎）效果较好。（李大业等．现代畜牧兽医，2007，5）

方 3（百合固金汤加味）

【处方】熟地黄 50 克，生地黄 40 克，玄参 30 克，百合 30 克，麦冬 25 克，贝母 30 克，当归 25 克，芍药（炒）25 克，桔梗 20 克，阿胶（炒）25 克，杏仁 25 克，款冬花 30 克，知母 30 克，苏子 30 克，白芥子 30 克，葶苈子 30 克，桑白皮 30 克，甘草 25 克。

【用法用量】共为细末，开水冲调，候温灌服。

【功效】滋阴润肺、止咳平喘。

【应用】用本方治疗马骡劳伤咳嗽 68 例，治愈 62 例，好转 4 例，治愈率 91.2%。（杨保平．中兽医医药杂志，2006，1）

16．马气喘

方 1（瓜蒌散）

【处方】瓜蒌 50 克，炒莱菔子 100 克，葶苈子 100 克，陈皮 40 克，贝母 50 克，花粉 50 克，白芍 50 克，党参 50 克，红花 20 克，栀子 25 克，黄芩 25 克，二花 40 克，连翘 40 克。

【用法用量】共研末，开水冲，蜂蜜 60 克为引，候温灌服。每日 1 剂，连服 3 剂。

【功效】降气清痰，敛肺定喘。

【应用】适用于因重剧使役，尤其是饱肚后重载或激烈奔驰伤及肺气，肺中气滞痰凝乃至淤血发胀，碍于肺脏升清降浊引起的气喘证。以本方为基本方，随症加减，取得了较为满意的效果。（董 禄．中兽医学杂志，2008，5）

方 2（麻黄汤加减）

【处方】麻黄 45 克，桂枝 30 克，杏仁 45 克，炙甘草 15 克，川朴 30 克，生姜 15 克。

【用法用量】煎汁灌服。

【功效】宣肺止喘

【应用】用本方治疗马属动物肺寒气喘效果较好。（易俊兴等．中兽医学杂志，2007，4）

方 3（麻杏石甘汤加减）

【处方】麻黄 45 克，杏仁 45 克，石膏 90 克，炙甘草 30 克，沙参 45 克，麦冬 45 克，生地 30 克，玄参 30 克，鱼腥草 60 克，二花 40 克，贝母 30 克，百部 30 克，薏苡仁 30 克。

【用法用量】共为细末，开水冲调，候温灌服。

【功效】清热宣肺。

【应用】用本方治疗马属动物肺热气喘效果较好。（易俊兴等．中兽医学杂志，2007，4）

方 4（小青龙汤加减）

【处方】麻黄 40 克，桂枝 25 克，细辛 15 克，干姜 30 克，五味子 15 克，白芍 40 克，半夏 40 克，炙甘草 25 克，石膏 40 克，冬花 30 克，紫菀 30 克，茯苓 40 克。

【用法用量】煎汁灌服。

【功效】外解风寒，内散水饮。

【应用】用本方治疗马属动物表寒夹饮气喘效果较好。（易俊兴等．中兽医学杂志，2007，4）

方 5（二陈平胃散加减）

【处方】苍术 60 克，厚朴 45 克，法半夏 45 克，陈皮 45 克，茯苓 45 克，甘草 20 克，生姜 20 克，乌梅 20 克，石膏 45 克，瓜蒌仁 45 克，胆南星 30 克。

【用法用量】共为细末，开水冲调，凉温灌服。

【功效】燥湿化痰，理气和中。

【应用】用本方治疗马属动物痰湿阻肺、气喘效果较好。（易俊兴等．中兽医学杂志，2007，4）

方 6（金匮肾气丸加减）

【处方】干地黄 75 克，山药 45 克，丹皮 30 克，泽泻 30 克，茯苓 30 克，桂枝 10 克，附子 10 克，杏仁 30 克，麻黄 30 克，胆南星 20 克，葶苈子 30 克，甘草 10 克。

【用法用量】1 剂 2 煎，一次灌服。

【功效】温肺补肾，祛痰平喘。

【应用】用本方治疗马属动物肺肾两虚、气喘效果较好。（易俊兴等．中兽医学杂志，2007，4）

方 7（百合雏鸽散）

【处方】百合 30 克，黄芪（蜜炙）30 克，马兜铃 120 克，瓜蒌 30 克，桔梗 20 克，杏仁 20 克，桑白皮（蜜炙）20 克，猪苓 120 克，茯苓 20 克，川贝母 20 克，白芍 100 克，炙甘草 15 克，雏鸽 1 对。

【用法用量】中药共为细末，雏鸽去毛捣烂，混合加开水灌服。服药 2～3 天后，如不愈可再服一次。

【功效】益气定喘，补肾纳气。

【应用】体质瘦弱、食欲减少者，加沙参、炙粟壳、熟地、三仙、莱菔子等。用本方治疗马骡虚喘症 46 例，疗效显著。（鲁俊玺．中兽医医药杂志，2003，5）

17. 马支气管炎

方 1

【处方】款冬花 30 克，知母 24 克，贝母 24 克，马兜铃 18 克，桔梗 21 克，杏仁 18 克，双花 24 克，桑皮 21 克，黄药子 21 克，郁金 18 克。

【用法用量】共为末，开水冲，候温灌服。

【功效】清热降火，化痰止咳。

【应用】适用于受寒引起的急性支气管炎。用本方结合抗生素治疗，2 天后咳嗽次数明显减少，食欲有所改善，精神状态明显好转，5 天后基本恢复正常。（王增光．中国畜牧兽医文摘，2015，9）

方 2（遂芫苈枣散）

【处方】甘遂 20 克，芫花 15 克，葶苈子 60 克，半夏 30 克，麦冬 40 克，大枣 150 克。

【用法用量】先将芫花以醋煎炒干，前 5 味药合并碾末，再加大枣碾细，开水冲，候温一次灌服，隔日 1 次，3～5 剂为 1 疗程。

【功效】泻肺止喘。

【应用】适用于紫茎泽兰中毒引起的过敏性支气管肺炎。用本方 1～2 个疗程后能显著改善气喘症状，咳喘和呼吸次数明显减少，且疗效平稳。（张家翔等．云南畜牧兽医，2010，10）

方 3（麻杏石甘汤加减）

【处方】黄芪 40～100 克，沙参 30 克，麦冬 30 克，炙麻黄 20 克，苦杏仁 30 克，生石膏 100 克，知母 20 克，贝母 30 克，炙百部 30 克，紫菀 30 克，葶苈子 20 克，焦白术 30 克，茯苓 30 克，五味子 20 克，陈皮 30 克，木香 10～15 克，桔梗 30 克，焦三仙各 30 克，炙甘草 20 克。

【用法用量】研末灌服，每天 1 剂，连服 7～10 天；精神状况较差、饮食欲明显下降者，煎服，每天 1 剂，连服 10～15 天。

【功效】补益脾肺、滋阴降火、止咳平喘。

【应用】用本方治疗马属动物慢性支气管炎 89 例，治愈率 96.6%。呼吸困难、体温升高者，加二花 60～80 克、连翘 60～80 克、板蓝根 30～50 克、鱼腥草 30～60 克；流脓性鼻涕者，加白及 30～50 克、冬瓜仁 60～100 克。（王建国．医学动物防制，2006，4）

18. 马肺气肿

方 1（四白散）

【处方】生石膏、白及、枯矾、硼砂各 150 克。

【用法用量】共为细末，凉水冲调，一次胃管投服。应空腹服药，两天 1 次。

【功效】清热解毒，化痰止咳。

【应用】用本方治疗马肺气肿 14 匹，治愈率 87%。一般用 1 剂见效，3～4 剂痊愈。（俞慧民．青海畜牧兽医杂志，2008，2）

方 2（加味三子养亲汤）

【处方】苏子 30 克，白芥子 30 克，莱菔子 30 克，川贝 40 克，元参 40 克，生山药 40 克，蛤蚧（去头足）1 对。

【用法用量】共为细末，开水调匀，候温灌服，每天 1 剂。

【功效】扶正祛邪，止咳平喘。

【应用】用本方治疗马属动物慢性肺泡气肿 16 例，一般 3～5 剂即可见效，7～10 剂多可治愈。（马瑛等．中兽医学杂志，2007，3）

方 3（二陈汤加味）

【处方】半夏 45 克，陈皮 45 克，茯苓 30 克，麦冬 30 克，五味子 30 克，苏子 60 克，知母 60 克，当归 30 克，丹皮 30 克，白术 30 克，紫菀 45 克，冬花 45 克，桔梗 30 克，大枣 18 克，生姜 18 克，甘草 18 克。

【用法用量】共为细末，开水冲调，候温灌服。每天 1 剂。

【功效】清肺开郁，益气止咳定喘。

【应用】适用于因过度使役、劳伤、剧烈运动，长期饲养在有粉尘的矿区，及饲喂霉变饲料或其他呼吸系统疾病继发引起的肺气肿。气虚体弱者加党参、黄芪；痰多壅肺、尿不畅者加葶苈子、桑白皮；饮食欲不振者加焦三仙。用本方结合抗生素治疗马肺气肿 55 例，治愈 41 例，显效 8 例，总治愈率达 89.1%，获得了良好效果。（邱晓霞．中兽医药杂志，2005，1）

方 4

【处方】麻黄 15 克，桑皮 25 克，杏仁 20 克，冬花 25 克，黄芩 25 克，陈皮 20 克，白芥子 20 克，半夏 15 克，苏子 20 克，百合 30 克，米壳 20 克，甘草 15 克，蜂蜜 100 克。

【用法用量】共为细末，开水冲调，候温灌服。前 3 天每天 1 剂，以后隔天 1 剂，至病愈为止。

【功效】润肺祛痰，止咳平喘。

【应用】适用于病情较轻、病程较短、体温升高的肺泡阻塞型"小喘"，治愈率达到 70%。（陈忠．中国兽医杂志，2002，6）

方 5

【处方】熟地 30 克，山药 30 克，沙参 30 克，党参 25 克，五味子 15 克，紫菀 20 克，首乌 30 克，麦冬 30 克，炒杏仁 25 克，前胡 20 克，丹参 25 克，葶苈子 20 克。

【用法用量】水煎灌服。

【功效】滋阴润肺，止咳平喘。

【应用】适用于病程长、体温基本正常，呈虚喘症状的慢支型肺气肿，治愈率达 70%。（陈忠．中国兽医杂志，2002，6）

19. 马异物性肺炎

【处方（葶苈散）】葶苈子 60 克，知母 60 克，贝母 30 克，马兜铃 30 克，升麻 20 克，黄芪 60 克。

【用法用量】水煎服，每天 1 剂，连用 3 剂。

【功效】清肺泄热，止咳平喘。

【应用】用本方中西医结合治疗大家畜异物性肺炎 11 例，5 天后治愈。（付泰等．中兽医学杂志，2007，6）

20. 马肝经风热

方 1（防风散加减）

【处方】菊花 20 克，防风 30 克，蝉蜕 30 克，木贼 20 克，天麻 20 克，僵蚕 25 克，板蓝根 30 克，川黄连 25 克，黄芩 25 克，龙胆草 30 克，甘草 20 克，青葙子 30 克，石决明 25 克，草决明 25 克，旋覆花 20 克，当归 30 克，川芎 30 克，丹参 25 克。

【用法用量】共研为末，鸡蛋清 5 个，蜂蜜 200 克，开水冲药，候温用胃管一次灌服，每天 1 剂，一般 2~3 剂。

【功效】祛风清肝，明目退翳。

【应用】用本方治疗马骡的肝经风热症 22 例，治愈 18 例。（张军保，甘肃畜牧兽医，2008，1）

方 2（荆防散）

【处方】荆芥 30 克，防风 25 克，菊花 25 克，枸杞 25 克，木贼 20 克，白蒺藜 20 克，红花 25 克，黄连 20 克，龙胆草 30 克，蝉蜕 25 克，柴胡 30 克，黄芩 30 克。

【用法用量】共为末，开水冲，候温灌服，每天 1 剂，一般 2~3 剂。

【功效】祛风清肝，明目退翳。

【应用】本方剂量为大家畜用量，幼畜及小家畜酌减。先用生理盐水冲洗双眼，后用细纸筒吹少许辛红。用本方治疗大小家畜肝经风热证 42 例，均收到显著疗效。（俄志弘等．中兽医医药杂志，2006，2）

21. 马肾炎

方 1

【处方】黄柏 40 克，车前子 30 克，木通 25 克，泽泻 30 克，川芎 30 克，赤芍 25 克，当归 30 克，没药 15 克，乳香 15 克，苍术 25 克，补骨脂 20 克，枣皮 20 克，茯苓 20 克，白术 25 克，甘草 15 克。

【用法用量】共研为末，开水冲调，候温灌服，每天 1 剂，连用 3 剂。

【功效】清热利水、健脾强肾。

【应用】用本方中西医结合治疗马肾炎效果较好。（郑本元等．中兽医医药杂志，2008，2）

方 2

【处方】大黄 40~60 克，芒硝 80~120 克，香附子 60~80 克，半夏 15~30 克，甘草 30~50 克，兜铃 30~50 克，黄柏 60~80 克，车前子 80~100 克，瞿麦 50~100 克，丹皮 30~50 克，桃仁 20~40 克。

【用法用量】水煎服。

【功效】泻热破瘀，散结消肿。

【应用】用本方治疗马、驴的急性弥漫性肾炎 19 例，均在短时间内治愈，疗效显著。（胡彦平等．中兽医学杂志，2006，5）

方 3

【处方】龙骨 200 克，牛膝 100 克，桑螵蛸 100 克（焙黄）。

【用法用量】共研细末，开水冲调，候温灌服。每天 1 次，连用 3~7 次。

【功效】益肾助阳，固精缩尿。

【应用】用本方治疗马肾虚遗尿症 43 例，治愈 39 例，治愈率为 90%。（王生花，中兽医

医药杂志，2003，4）

22. 马血尿

方1(秦艽散加味)

【处方】秦艽 50 克，当归 50 克，赤芍 25 克，瞿麦 50 克，大黄 40 克，焦山栀 40 克，没药 25 克，连翘 35 克，车前子 40 克，茯苓 40 克，侧柏叶 50 克，淡竹叶 25 克，甘草 20 克。

【用法用量】共研细末，开水冲调，候温灌服，每天 1 次，连服 2~3 天。

【功效】清热泻火，凉血止血。

【应用】用本方治疗家畜肾源性血尿（肾盂肾炎）效果较好。（李昌铭等．中兽医学杂志，2006，6）

方2

【处方】青蒿、炒栀子各 50 克，黄柏、生地、当归各 30 克，知母、白芍、川芎、瞿麦、萹蓄、滑石、阿胶各 20 克。

【用法用量】共研细末，灌服，每天 1 次，连服 3 剂。

【功效】滋阴降火，利水通淋。

【应用】热甚者重用栀子、青蒿；体虚者加黄芪。用本方治疗马热结尿血，治愈率达 95%。（尹海栋等．河北畜牧兽医，2003，12）

23. 马肌红蛋白尿

方1(羌活胜湿汤加减)

【处方】羌活、独活各 50 克，藁本、防风、杜仲、没药、乳香、炙甘草各 35 克，蔓荆子、牛膝、当归、党参各 25 克，川芎、茯苓各 15 克

【用法用量】研末，开水冲调，候温灌服，每日 1 剂，连服 5 天。

【功效】祛风利湿，活血止痛。

【应用】湿邪较重、肢体酸楚甚者，加苍术、细辛，以助祛湿通络；郁久化热者，加黄芩、黄柏、知母等清里热。用本方结合穴位注射、西药治疗马肌红蛋白尿病取得较好效果。（徐慧秋等．四川畜牧兽医，2017，5）

方2(清热活血散)

【处方】生地黄 60 克，连翘 50 克，白茅根 50 克，淡竹叶 40 克，柴胡 35 克，大黄 35 克，当归 50 克，白芍 50 克，桃仁 30 克，红花 30 克，乳香 30 克，土鳖虫 30 克，甘草 20 克。

【用法用量】共为细末，开水冲调，候温入黄酒 200 毫升，一次灌服。每日 1 剂，连用 3~5 剂。

【功效】清热利湿，活血化瘀。

【应用】用本方结合针灸、西药治马麻痹性肌红蛋白尿病 20 例，治愈 18 例。（古丽加娜提·阿里木等．湖北畜牧兽医，2014，10）

方3(秦艽散加减)

【处方】秦艽 25 克，当归 25 克，白芍 30 克，黄芩 30 克，大黄 25 克，炒栀子 30 克，金银花 35 克，茵陈 25 克，车前子 35 克，瞿麦 25 克，泽泻 25 克，炒蒲黄 25 克，乳香 20 克，没药 20 克，桃仁 20 克，红花 20 克。

【用法用量】上加水煎至 4000 毫升，候温，分两次胃管投服，每天 1 剂。

【功效】凉血活血，清热利湿。

【应用】用本方中西医结合治疗马麻痹性肌红蛋白尿病 23 例，治愈 18 例，有效率 96%。（宋花奎.中兽医医药杂志，2003，5）

方4

【处方】秦艽 30 克，当归 30 克，白芍 30 克，黄芩 30 克，炒栀子 30 克，金银花 30 克，羌活 30 克，车前子 30 克，木瓜 30 克，川芎 25 克，泽泻 25 克，杏仁 25 克，甘草 20 克。

【用法用量】研细末，开水冲调，候温灌服。

【功效】凉血活血，清热利湿。

【应用】用本方中西药结合治疗马麻痹性肌红蛋白尿病多例，3~5 剂告愈。（郭小琴.中兽医医药杂志，2000，3）

24. 马尿崩症

【处方（六味地黄汤加减）】熟地 100 克，山萸 100 克，丹皮 40 克，山药 50 克，云苓 40 克，生地 50 克，元参 25 克，寸冬 40 克，五味子 40 克，乌梅 50 克，益智 40 克，甘草 100 克。

【用法用量】共为细末，开水冲调，每天 1 剂。

【功效】滋阴降火，补肾益气，生津止渴。

【应用】用本方治疗尿崩症（证见口渴，多饮，多尿，进行性消瘦，行动无力，精神短少，尿中无血、无糖，不是糖尿病和肾脏症）取得了满意效果。（陈照江.中兽医学杂志，2004，3）

25. 马阴肾黄

方1(加减茴香散)

【处方】小茴香 30 克，防己 20 克，桂枝 30 克，破骨脂 20 克，干姜 20 克，丁香 15 克，荜澄茄 20 克，苍术 30 克，青皮 20 克，泽泻 30 克，川楝子 20 克，升麻 30 克，益智仁 30 克，木通 20 克，大葱 50 克（捣烂入药），共研为末，灌服。

【用法用量】共研末，灌服。每天 1 剂，连服 2 剂。

【功效】温肾祛寒，除湿利水。

【应用】用本方治疗睾丸硬肿（阴肾黄）患马 36 例，均获痊愈。（史可明等.甘肃畜牧兽医，2008，7）

方2(暖肾利水方)

【处方】肉桂 30 克，茴香 30 克，吴茱萸 30 克，益智仁 30 克，故纸 30 克，炒杜仲 30

克，猪苓30克，生姜皮40克，白茯苓30克，苍术30克，荔核30克，橘核30克，山芋20克，山药30克，白术30克，甘草20克，川楝子30克，独活30克。

【用法用量】研末，开水冲调，待凉灌服，每天1剂，连服2剂。

【功效】暖肾祛寒，利湿利水。

【应用】用本方治疗阴肾黄患马2匹、骡2头、驴1头，治愈3例，基本痊愈1例，显效1例。（乜花．甘肃畜牧兽医，2006，3）

方3（清利湿热方）

【处方】知母20克，黄柏20克，栀子20克，泽夕30克，茯苓30克，木通20克，茯苓皮30克，桂枝40克，丹皮20克，熟地30克，山药30克，山芋20克，益智仁20克，故纸20克，炒杜仲30克，甘草20克。

【用法用量】研末，开水冲调，待凉灌服，连服2剂。

【功效】清热解毒，消肿止痛。

【应用】用本方治疗阴肾黄患马1匹，骡4头，驴1头治愈3例，基本痊愈2例，显效1例。（乜花．甘肃畜牧兽医，2006，3）

方4

【处方】小茴香30克，肉桂25克，荆芥30克，防风25克，白术30克，茯苓30克，泽泻30克，猪苓30克，干姜20克，川楝子20克，补骨脂30克，菟丝子30克，厚朴20克。

【用法用量】水煎服，每天1剂，连服3剂，药渣热敷阴囊。

【功效】温肾壮阳，渗湿利水。

【应用】用本方治疗阴肾黄患马，连用3剂后复诊，症状明显减轻。去荆芥、防风、厚朴，加秦艽、红花、乳香、荔核、橘核各30克，再用2剂后痊愈。（李卫生等．中兽医医药杂志，2002，4）

26. 马脑水肿

方1（天麻散）

【处方】天麻15克，僵蚕30克，川乌15克，草乌15克，乌蛇30克，党参30克，焦白术20克，苍术20克，木通20克，车前子15克，泽泻15克，石决明30克，草决明30克，龙胆草30克，怀牛膝15克，菖蒲15克，甘草10克。

【用法用量】水煎取汁，一次内服。

【功效】健脾燥湿，平肝熄风。

【应用】用本方治疗马属家畜脾虚湿邪（相当于现代医学的脑水肿）多例，一般连服4～5剂，症状明显减轻，6～12剂基本痊愈。头颈歪斜、跳槽冲墙、转圈严重者，加钩藤、琥珀；痉挛抽搐者，加白附子、全虫；视力减弱者，加熟地、菊花；水肿或流涎多者，加大利水燥湿药量，再加半夏；神昏似醉者，加菖蒲、牛黄；久病气虚者，重用党参，加黄芪、当归。（豆兆琪．中国草食动物，2006，2）

方2

【处方】桔梗50克，菊花50克，茯苓40克，白芷25克，半夏30克，苍术40克，猪苓40克，泽泻40克，灯芯草15克，竹叶40克，蝉蜕50克，薄荷25克，双花50克，升麻

20 克。

　　【用法用量】共为末，开水冲，候温灌服，每日 1 剂，连用 3 剂。。

　　【功效】燥湿利水，化浊清脑。

　　【应用】用本方治疗马脑震荡继发脑水肿，用药 1 次，病情明显好转，能自行站立运动。又继续治疗 6 天停药，数日后追访，病马已痊愈。(王国明等．中兽医学杂志，2004，3)

27. 马癫痫

方 1(泻肝散加味)

　　【处方】石决明 40 克，草决明 40 克，僵蚕 40 克，黄连 35 克，乌蛇 30 克，龙胆草 30 克，旋覆花 30 克，青葙子 30 克，酸枣仁 30 克，栀子 24 克，郁金 24 克，朱砂 24 克(另包)，生地 21 克，熟地 21 克，甘草 18 克。

　　【用法用量】共为末，开水冲调，待温加朱砂一次灌服，每天 1 剂，连用 5 剂。

　　【功效】养阴补血，活血化痰。

　　【应用】本方用于肝阳偏亢所致马癫痫症。辨证施治各种家畜癫痫病 84 例，除 1 例屠宰外，其余全部治愈。(马正文．中兽医医药杂志，2012，2)

方 2(丹栀逍遥散)

　　【处方】丹皮、栀子、柴胡、茯苓、石菖蒲各 50 克，当归、白术、天麻各 30 克，白芍 60 克，薄荷、甘草各 20 克。

　　【用法用量】水煎，候温灌服。

　　【功效】疏肝解郁，健脾养血，清心化痰。

　　【应用】肝血亏虚者，加生地黄、熟地黄各 30 克；肝郁气滞者，去白术，加香附 30 克；四肢抽搐者，加钩藤、千年健、石决明各 30 克；口中痰涎较多者，加天竺黄 50 克；昏迷者，重用石菖蒲，加酸枣仁、柏子仁及车前子各 30 克；久病体弱者，加黄芪、党参、山药各 60 克。用本方中西结合治疗骡马癫痫病 2 例，3 剂告愈。(马玉苍等．中兽医学杂志，2002，2)

28. 马心力衰竭

　　【处方 (益心散)】当归 30 克，党参 30 克，黄芪 30 克，五味子 25 克，川芎 25 克，枳壳 25 克，茯苓 20 克，柴胡 20 克，生姜 20 克，白芍 20 克，红花 15 克，甘草 15 克，建曲 20 克。

　　【用法用量】共研末，开水冲调，候温一次灌服。

　　【功效】补气助阳，活血散瘀，安神健脾。

　　【应用】用本方中西医结合治疗马心力衰竭 1 例，治愈。(王永胜，中兽医学杂志，2008，1)

29. 马膈肌痉挛

方 1(旋覆代赭汤加减)

　　【处方】旋覆花(包煎)50 克，代赭石 30 克，柴胡 30 克，生麦芽 60 克，陈皮 20 克，枳壳 40 克，桔梗 30 克，木香 15 克，茯苓 25 克，半夏 45 克，炙甘草 20 克，生姜 20 克，大枣 8 枚。

【用法用量】水煎 2 次，取汁 2000 毫升，候温一次灌服。

【功效】疏肝理气，降逆止呃。

【应用】用本方治疗马属动物膈肌痉挛 13 例，疗效较佳。（杨胜元．中兽医医药杂志，2017，5）

方 2

【处方】枳壳 50 克，厚朴 50 克，木香 30 克，党参 50 克，黄芪 50 克，五味子 50 克，朱砂 12 克，元 30 克，白术 45 克，茯苓 45 克，甘草 25 克。

【用法用量】一次煎服。

【功效】理气降逆，安神止呃。

【应用】用本方配合静脉注射硫酸镁，治疗病马驴 47 例（其中马 16 例、驴 31 例），治愈率 100%。（许道庆．河南畜牧兽医，1993，4）

30. 马有机磷中毒

方 1

【处方】绿豆 500 克，甘草 500 克，滑石粉 300 克，贯仲 30 克。

【用法用量】研末，水煎服。

【功效】清热解毒，渗湿利尿。

【应用】用本方治疗马属动物甲拌磷中毒症 5 例，约 4 小时，患畜精神转好，起卧、流涎、出汗开始减少，步态好转，有饮欲。复用 1 剂，次日恢复正常。（鲍洪寿等．中兽医学杂志，2006，1）

方 2（黄连解毒汤合承气汤加减）

【处方】黄连、黄芩、黄柏、栀子、枳壳、枳实各 40 克，大黄、滑石粉各 100 克，芒硝150 克，泽泻、木通、车前、茵陈各 30 克，甘草 60 克。

【用法用量】研末，一次喂服。

【功效】清热解毒，渗湿利尿。

【应用】用本方结合西药治愈马有机磷中毒。（刘锦锋．四川畜牧兽医，2002，5）

31. 马霉玉米中毒

方 1

【处方】板蓝根 30 克，金银花 24 克，黄芪 24 克，防风 21 克，蝉蜕 20 克，泽泻 20 克，生地 18 克，黄连 18 克，栀子 18 克，朱砂 12 克（另包），甘草 12 克，白芷 10 克。

【用法用量】研末，开水冲，候温灌服，朱砂另灌服。

【功效】清热解毒，利尿通淋。

【应用】适用于兴奋型病畜，对沉郁病畜减朱砂、栀子，加菖蒲、郁金各 24 克。用本方结合西药疗法治疗马属动物霉玉米中毒 15 例（其中马 2 例、骡 3 例、驴 10 例），治愈 10

方 2

【处方】板蓝根 40～60 克，二花 30～45 克，连翘 30～40 克，栀子 30～45 克，大黄 45～60 克，朴硝 40～80 克，甘草 30～45 克，绿豆 100～150 克。

【用法用量】水煎服，每天 1 剂。

【功效】清热解毒，清胃涤肠。

【应用】兴奋型可加远志、合欢皮、蝉蜕。用本方结合西药治疗马属动物霉玉米中毒 50 例（其中驴 36 例，马 11 例，骡 3 例），3～5 天告愈 48 例，治愈率 96%。（王继臣等．中兽医学杂志，2000，3）

32. 马牙痛

方 1（清胃散加味）

【处方】石膏 100 克，黄连 30 克，黄芩 30 克，生地 40 克，丹皮 25 克，升麻 25 克，二花 25 克，连翘 25 克，大黄 25 克，朴硝 50 克，川芎 25 克，细辛 20 克，白芷 20 克，甘草 20 克。

【用法用量】共为细末，开水冲调，候温灌服。

【功效】清泻胃火，消肿止痛。

【应用】用本方治疗关中驴牙痛，收到良好效果。（杨进保，中兽医学杂志，2008，2）

方 2（牙痛散）

【处方】石膏 60 克，威灵仙 60 克，生地 30 克，黄芩 30 克，川芎 25 克，白芷 25 克，元参 25 克，细辛 15 克，升麻 15 克。

【用法用量】共研细末，加蜂蜜 200 克，开水冲调，候温灌服。

【功效】清热解毒，凉血止痛。

【应用】用本方结合西药治疗马属动物牙痛 37 例，痊愈 35 例，2 剂而愈，获得满意疗效。方中威灵仙其性好走，通十二经，并有消肿止痛功效，用大剂量效果较好。（王金帮，中兽医学杂志，2006，3）

33. 马萎缩性鼻炎

【处方（益气祛瘀汤）】黄芪 40 克，川芎、桃仁、红花、赤芍各 30 克，苍耳子、辛夷、黄芩各 25 克，甘草 10 克。

【用法用量】开水冲调，候温灌服。每天 1 剂，连用 5 天。

【功效】益气祛瘀，疏风通窍。

【应用】鼻液带血或流血者，加棕榈炭、地榆炭、仙鹤草；鼻变形者，加海藻、石决明、龙骨；伴有全身症状者，加黄连、金银花、蒲公英；机体衰弱者，加党参、何首乌、山药。用本方中西结合治疗马萎缩性鼻炎 12 例，效果满意。（姚海儒，中兽医医药杂志，2007，4）

34. 马鼻窦炎

方 1（辛夷苍耳子散）

【处方】辛夷 25 克，苍耳子、白芷各 35 克，川芎、郁金、防风、柴胡各 30 克，黄芪 40

克，黄芩 45 克，黄柏 60 克，甘草 15 克。

【用法用量】研末，开水冲调，候温灌服，每天 1 剂，7 天为一疗程。

【功效】疏风清热，排脓解毒，通利鼻窍。

【应用】用本方治疗马属动物慢性鼻窦炎 47 例，总有效率 91.5%，取得满意疗效。（钟永晓 . 中兽医学杂志，2007，5）

方 2（鼻渊汤）

【处方】党参、黄芪各 40 克，白芷、泽泻、路路通、石菖蒲、桔梗各 30 克，柴胡、龙胆草、川芎、辛夷、苍耳子各 25 克，薏苡仁 45 克，细辛、炙甘草各 15 克。

【用法用量】研末，开水冲调，凉后灌服，每天 1 剂，一般 3~6 剂。

【功效】补虚泻实，宣肺通窍。

【应用】用本方治疗马属动物慢性鼻窦炎 12 例，有效率 91.6%。涕多且黄稠者，加鱼腥草、败酱草；涕多质黄白相兼但较清稀者，加五味子、诃子。（祁小英 . 中国兽医杂志，2007，10）

方 3

【处方】酒知母 150~200 克，酒黄柏 150~200 克，木香 30~50 克。

【用法用量】共为细末，开水冲服，每 2 天 1 剂，连用 2~3 剂。

【功效】滋阴降火，理气通窍。

【应用】用本方中西医结合治疗马属动物鼻额窦蓄脓 17 例（马 10 例、骡 6 例、驴 1 例），治愈 14 例，效果较好。（付泰等 . 中兽医学杂志，2006，4）

方 4（加减辛夷汤）

【处方】辛夷 60 克，苍耳子 30 克，酒知母 60 克，酒黄柏 60 克，广木香 15 克，制乳香 30 克，制没药 30 克，黄芪 40 克，桔梗 20 克，荆芥 15 克，防风 15 克，连翘 30 克，银花 25 克，蒲公英 25 克，甘草 15 克。

【用法用量】研末开水冲，候温灌服，隔天 1 剂，一般 3 剂。

【功效】清热解毒、疏风通窍。

【应用】用本方治疗马属动物额窦炎 43 例，少则 1 剂，多则 3 剂，全部治愈。（王福权等 . 甘肃畜牧兽医，2003，3）

35. 马肚底黄

方 1

【处方】藤黄 100 克。

【用法用量】加食醋 1500 毫升磨成汁，蘸涂于患处，每天数次，连用 3~5 天。

【功效】清热解毒，散瘀消肿。

【应用】藤黄为藤黄科植物的胶质树脂，性味酸、涩，有毒，具有清热解毒、消肿散结、止血杀虫的作用。对肚底黄阳黄（患部触诊痛而热，病畜发热，出汗，食欲不振，尿短赤，脉浮或沉数）效果显著，对阴黄无热者无效。用本方治愈马肚底黄 16 例。（高明琴等 . 中兽医医药杂志，2013，5）

方 2

【处方】党参 60 克，白术 50 克，茯苓 40 克，车前子 40 克，制附子 30 克，山药 40 克，黑丑 20 克，白丑 20 克，黄芪 40 克，木通 30 克，泽泻 30 克，桑白皮 40 克，陈皮 40 克，甘草 20 克。

【用法用量】水煎灌服，连用 3 剂。

【功效】温补脾胃，壮阳化气。

【应用】用本方治疗马骡肚底黄（腹下水肿），连用 3 剂，配合针灸带脉、点刺肿胀部，8 天后痊愈。（庞生久．甘肃畜牧兽医，2004 年 3）

方 3（健脾散加味）

【处方】当归 30 克，桂枝 30 克，菖蒲 20 克，泽泻 30 克，砂仁 20 克，厚朴 20 克，白术 30 克，干姜 20 克，肉桂 20 克，青皮 25 克，陈皮 25 克，茯苓 30 克，五味子 30 克，黄芪 30 克。

【用法用量】共末冲服，每天 1 剂，连服 4 剂。

【功效】温运脾阳，通利水湿。

【应用】用本方治疗驴腹底黄，每天 1 剂，连服 4 剂痊愈。（李卫生等．中兽医医药杂志，2002，4）

36. 马直肠息肉

【处方】地肤子 150 克，鸦胆子 50 粒，明矾 45 克。

【用法用量】水煎至 500 毫升，每次取 250 毫升灌肠，每天 2 次。

【功效】清热利湿，化瘀生新，收敛止血。

【应用】用本方治疗马直肠息肉便血 1 例，灌肠 2 次后症状减轻，6 日后停药，大便正常，恢复健康。（王本琢等．中兽医学杂志，2004，1）

37. 马外阴瘙痒

【处方】狼毒 9 克，花椒 9 克，蛇床子 10 克，黄柏 10 克。

【用法用量】水煎取汁，加入少许枯矾，取适量药棉擦洗，直至药汁用毕。每天 1 次，连用 5 天。

【功效】清热解毒，燥湿止痒。

【应用】用本方结合药膏（马齿苋 120 克捣烂，加入青黛 30 克、麻油适量和匀）外涂治疗马外阴瘙痒症，连用 5 天痊愈。（王本琢等．中兽医学杂志，2004，2）

38. 马荨麻疹

方 1（防风通圣散加减）

【处方】荆芥 20 克，防风 20 克，薄荷 15 克，麻黄 15 克，栀子 15 克，滑石 20 克，石膏 20 克，连翘 30 克，当归 30 克，川芎 20 克，白芍 20 克，大黄 15 克，芒硝 20 克，白鲜皮

20 克，蝉蜕 20 克，苦参 20 克，地肤子 20 克，甘草 15 克。

【用法用量】共研为末，开水冲调，候温灌服，每天 1 剂，连服 3～5 剂。

【功效】解表通里，疏风清热。

【应用】用本方治疗马荨麻疹 11 例，均获痊愈，未见复发。热甚者，重用黄芩、石膏；痒剧者，重用当归、川芎、白芍，加白鲜皮、蝉蜕、苦参、地肤子；食欲下降者，加陈皮、枳壳、焦三仙；粪干、尿赤少者，重用大黄、芒硝、栀子、滑石，放鹘脉血 300～500 毫升。（柳志成，中兽医医药杂志，2008，1）

方 2（人参败毒汤加味）

【处方】党参 30 克，茯苓 20 克，川芎 20 克，枳壳 20 克，蝉蜕 20 克，羌活 20 克，桔梗 15 克，独活 15 克，生姜 15 克，甘草 15 克，薄荷 10 克。

【用法用量】共为细末，开水冲调，候温灌服。

【功效】益气解表，祛风止痒。

【应用】用本方中西医结合治疗驴急性遍身黄，1 剂而愈。（负桂珍．中兽医医药杂志，2007，1）

方 3（五参散加减）

【处方】党参 30 克，丹参 30 克，沙参 30 克，元参 30 克，苦参 30 克，何首乌 30 克，秦艽 20 克，百合 30 克，当归 20 克，地骨皮 20 克，生黄芪 45 克，地肤子 30 克，皂刺 15 克。

【用法用量】共为细末，开水冲调，加鸡蛋清 4 个，蜂蜜 50 克，候温灌服，连服 2 剂。

【功效】补气养血，滋阴润燥。

【应用】用本方治疗母骡慢性遍身黄，连服 2 剂痒止，食欲大增，退毛，皮损肿毒消散愈合，新毛光亮。（负桂珍．中兽医医药杂志，2007，1）

方 4（消黄散）

【处方】黄药子 20 克，白药子 20 克，知母 20 克，贝母 20 克，栀子 20 克，大黄 20 克，黄芩 20 克，黄芪 30 克，连翘 30 克，防风 20 克，郁金 20 克，蝉蜕 30 克，朴硝 60 克，甘草 15 克。

【用法用量】鸡蛋清 4 个为引，研末，开水冲成稠糊状（过稠难灌，过稀易呛），一次灌服。

【功效】清热解毒，消肿止痒。

【应用】用本方治疗马类家畜风热型遍身黄，一般 1 剂而愈。（张亚黎．甘肃畜牧兽医，2007，4）

方 5（加减荆防败毒散）

【处方】荆芥 25 克，防风 25 克，羌活 25 克，独活 25 克，前胡 15 克，柴胡 20 克，川芎 15 克，当归 25 克，茯苓皮 30 克，大腹皮 25 克，生姜皮 30 克，滑石粉 20 克，甘草 10 克。

【用法用量】共为细末，开水冲成稠糊状，一次灌服，每天 1 剂，治愈为止。

【功效】祛风解表，化湿利水。

【应用】用本方治疗马类家畜风寒型遍身黄效果较好。（张亚黎．甘肃畜牧兽医，2007，4）

方 6（玉屏风散加味）

【处方】黄芪 60 克，白术 40 克，防风 30 克，荆芥 30 克，独活 30 克，羌活 30 克，川芎

25 克，陈皮 30 克，半夏 20 克，茯苓 20 克，地肤子 30 克，白鲜皮 30 克，桂枝 20 克，生姜 20 克。

【用法用量】共末冲服，每天 1 剂，连服 3 剂。

【功效】祛风散寒，健脾渗湿。

【应用】用本方治疗驴遍身黄连服 3 剂痊愈。（李卫生等．中兽医医药杂志，2002，4）

39. 马风湿症

方 1（独活寄生散）

【处方】独活 30 克，桑寄生 30 克，秦艽 25 克，防风 20 克，杜仲 20 克，肉桂 20 克，牛膝 20 克，细辛 10 克，当归 20 克，白芍 20 克，川芎 15 克，地黄 20 克，党参 25 克，茯苓 20 克，甘草 20 克。

【用法用量】共为细末，开水冲调，加黄酒 250 毫升，候温灌服。每天 1 次，连用 5 天。

【功效】养血舒筋，祛风除湿。

【应用】用本方治愈马风湿症。（姚学军等．中兽医医药杂志，2013，6）

方 2（蠲痹汤加减）

【处方】当归 40 克，桑枝 40 克，麻黄 30 克，牛膝 30 克，甘草 30 克，秦艽 15 克，羌活 15 克，独活 15 克，乳香 15 克，木香 15 克，细辛 15 克，附子 15 克，木瓜 15 克，桂心 10 克，川芎 10 克。

【用法用量】水煎候温，胃管投服，1 剂/天，连用 3～5 天。

【功效】温经散寒，祛风除湿。

【应用】用本方配合针刺、醋麸灸治疗纯血马寒伤腰胯型痹证 12 例，均收到满意效果。先用蠲痹汤加减连服 4 天，针刺选取百会、肾俞、肾棚、肾角、腰前、腰中、腰后穴，醋麸灸每天 1 次，连用 4 天。（温伟等．中兽医医药杂志，2010，3）

方 3（红花散加减）

【处方】红花 25 克，当归 20 克，炙乳香 25 克，炙没药 25 克，桂枝 20 克，防风 20 克，羌活 25 克，木瓜 25 克，五加皮 20 克，川芎 20 克，白芍 20 克，甘草 15 克。

【用法用量】共为末，开水冲，加白酒 120 毫升，候温灌服。

【功效】舒筋活血，散风止痛。

【应用】前肢疼，加桂枝 25 克；后肢疼，加牛膝 30 克；食欲不振、大便干燥，加莱菔子、三仙、大黄、火麻仁等。结合针灸疗效更佳。用本方治疗马属动物寒伤四肢痛 15 例，均取得较好的疗效。（俄志宏等．中兽医学杂志，2008，1）

方 4

【处方】当归、川芎各 35 克，生乳香、生没药、桂枝各 25 克，防风、秦艽、独活、羌活、丹参各 40 克，威灵仙 45 克，鸡血藤 50 克。

【用法用量】水煎服，每天 1 剂，连服 3 剂。

【功效】活血通络，祛风除湿，散寒止痛。

【应用】前肢疼痛者，加桑枝 30 克、白芷 25 克；后肢疼痛者，加牛膝 25 克；风气胜者，加防己、桂枝、海风藤各 30 克；寒气胜者，加麻黄、干姜各 30 克，制附子 20 克，川乌 15

克，细辛 10 克；湿气胜者，加薏苡仁 30 克、萆薢 25 克；痛甚者，加芍药 35 克、甘草 15 克；肾气不足者，加杜仲、续断、巴戟天各 25 克，桑寄生 30 克，淫羊藿 35 克；气血不足者，加黄芪、熟地各 35 克；病久者，加穿山甲 35 克、地龙 30 克、全蝎 20 克、乌梢蛇 40 克；湿热痹症，加石膏 80 克，知母 60 克，桂枝 35 克，连翘、栀子各 25 克。用本方结合西医疗法治疗马牛痹症 52 例（马 15 例，骡 16 例，驴 21 例，病程最长的 9 个月，最短的 3 天），取得了比较满意的疗效。（白生贵等．上海畜牧兽医通讯，2006，3）

方 5（白虎桂枝汤）

【处方】生石膏 100 克，知母 70 克，炙甘草 60 克，粳米 70 克，桂枝 60 克，银花藤 60 克，桑枝 50 克，晚蚕沙 40 克，汉防己 40 克。

【用法用量】水煎 2 次，混合后分早、晚 2 次灌服，每天 1 剂。

【功效】清热通经，解肌祛风。

【应用】用本方治疗马骡风湿性关节炎马 11 例，获得良好效果。（黄启相，广西畜牧兽医，2005，6）

方 6

【处方】独活、寄生、当归、川芎、白芍、熟地各 25 克，党参、茯苓、官桂、杜仲、牛膝、木瓜、故纸、秦艽、防风、桂枝各 20 克，生姜、细辛各 15 克。

【用法用量】共研细末，加黄酒为引灌服。每天 1 剂，连服 4～5 剂。

【功效】除湿散寒，通经活络，益肾疏肝。

【应用】用本方结合针灸、西药治疗骡风湿筋骨痛，治疗 3 天彻底痊愈。（王文珍等．中兽医学杂志，2005，6）

40．马面神经麻痹

【处方（加味牵正散）】制白附子 30 克，僵蚕 30 克，天麻 30 克，白芷 30 克，防风 30 克，全蝎 20 克，蜈蚣 15 克。

【用法用量】水煎 2 次，混合加黄酒 250 毫升，一次胃管投服。每天 1 次，连用 2 剂。

【功效】祛风除湿，解痉通络。

【应用】用本方治疗马口眼歪斜多例，均收到显著效果。（俄志弘，中兽医学杂志，2002，4）

41．马扭伤

方 1

【处方】大黄 80 克，雄黄 60 克，冰片 20 克，红花 20 克，栀子 20 克。

【用法用量】共研细末，用鸡蛋清调成糊状，敷于患部，绷带包扎。

【功效】活血化瘀，燥湿解毒。

【应用】用本方治疗家畜关节损伤 32 例，1 次治愈 10 例，2 次再治愈 16 例，3 次再治愈 6 例。本方用于家畜四肢关节的扭伤、挫伤以及屈腱炎等，以急性病例效果较好。（杨永清．中兽医学杂志，2007，4）

方 2

【处方】当归、川芎各 30 克，莪术、蒲黄各 25 克，红花、桃仁、乳香、没药、秦艽、桂枝、牛膝、续断、杜仲、覆盆子、益智仁、故纸、木瓜各 20 克，甘草 15 克。

【用法用量】共研末，开水冲调，候温灌服，每天 1 剂，连服 3 天。

【功效】活血化瘀，补肾壮骨。

【应用】用本方中西结合治疗骡闪伤，连服 3 日治愈。（王文珍等．中兽医学杂志，2007，3）

方 3（红花散加减）

【处方】红花 25 克，当归 25 克，牛膝 25 克，续断 25 克，杜仲炭 25 克，巴戟天 25 克，乌药 25 克，没药 20 克，血竭 20 克，乳香 20 克，元胡 20 克，自然铜 20 克。

【用法用量】共为细末，开水冲调，黄酒 200 毫升为引，食后一次灌服。每天 1 剂，连用 7 天。

【功效】活血化瘀，行气通络，消肿止痛。

【应用】用本方治疗马属动物因使役或失步引起的跛行 34 例，治愈率 90%，疗效满意。15 天后患部肿胀减退，跛行减轻，2 月后痊愈并恢复使役。（王玺．中兽医医药杂志，2003，2）

42. 马骨折

【处方（乳香没药散）】乳香 30 克，没药 30 克，血竭 25 克，当归 25 克，红花 25 克，千年健 25 克，生胆南星 25 克，续断 20 克，大黄 20 克，香附 20 克。

【用法用量】共为细末，加食醋 300 毫升调和，敷药包扎。

【功效】活血散瘀，消肿止痛。

【应用】用本方治疗马、骡骨折 51 例，15 天后除去外固定竹片，20 天后痊愈。（李贤清，青海畜牧兽医杂志，2006，3）

43. 马腰肌劳损

方 1（六味地黄汤加味）

【处方】熟地 50 克，山药 50 克，山萸肉 50 克，茯苓 35 克，泽泻 35 克，丹皮 35 克，杜仲 50 克，川续断 50 克，牛膝 40 克。

【用法用量】水煎取汁，候温灌服，每天 1 剂。

【功效】滋阴补肾，强壮筋骨。

【应用】用本方结合西药疗法治疗马属动物腰肌劳损 11 例，疗效满意。（后留宝．中兽医医药杂志，2016，4）

方 2（松筋止痛活血汤）

【处方】鲜臭牡丹 200～300 克，松筋草 250 克，水泽兰 200～300 克，矮脚南 150～200 克。

【用法用量】水煎沸 30 分钟，凉至 35～40℃，取汁 500 毫升兑 35 度白酒 100 毫升，一次灌服，每日 2 次，连用 7 日。

【功效】滋阴补肾，强壮筋骨。

【应用】用本方结合西药（抢风穴注射地塞米松、青霉素，肌注维生素 B_{12}）治疗马腰肌劳损 38 例，治愈 36 例。（阳树成等．广西畜牧兽医，2012，6）

44. 马蜂毒中毒

方 1

【处方】黄芩 35 克，黄连 30 克，二花 35 克，板蓝根 40 克，生地 30 克，桔梗 25 克，玄参 30 克，白芍 25 克，黄芪 30 克，酸枣仁 25 克，远志 30 克，茯神 30 克，滑石 100 克，枳实 30 克，防风 30 克，蝉蜕 25 克，朱砂 12 克，竹叶 30 克，甘草 80 克。

【用法用量】共研细末，开水冲调，候温灌服。

【功效】清热解毒，凉血安神。

【应用】用本方结合西医方法治疗马蜂中毒。证见体温升高，呼吸急促。蜇刺处皮肤肿胀，头部、鼻腔周围、鼻内肿胀尤为明显。因病马呼吸急促，鼻内肿胀，胃管无法投送。用木制灌角小心灌服，3 剂后症状大减，后痊愈。（李德强．中兽医学杂志，2015，5）

方 2（银翘地丁散）

【处方】金银花 100 克，地丁 40 克，连翘 50 克，白菊花 60 克，蒲公英 100 克，黄芩 50 克，黄连 50 克，防风 40 克，雄黄 15 克，茯苓 50 克，滑石粉 50 克，甘草 50 克。

【用法用量】水煎灌服。

【功效】清热解毒，消肿利尿。

【应用】用本方结合西医方法治疗马、骡、牛蜂螫中毒 87 例，治愈率达 98.9%。（周金梅．中兽医医药杂志，2005，6）

45. 马外障眼

【处方（明目散）】石决明、草决明、菊花、谷精草、黄芩各 50 克，龙胆草、蝉蜕、青葙子、密蒙花、木贼各 30 克，马尾黄连、旋覆花各 25 克。

【用法用量】水煎服。

【功效】清肝明目，退翳解毒。

【应用】用本方治疗马、骡外障眼（两侧同时发生，无伤痕）效果良好。（李印霞，养殖技术顾问，2008，4）

46. 马肾精不足

【处方（五子衍宗丸加味）】枸杞子、菟丝子、肉苁蓉各 30 克，淫羊藿、覆盆子、车前子各 20 克，黄芪、当归、五味子各 15 克。

【用法用量】粉碎拌匀，开水冲服，每天 1 剂，连用 5 剂。

【功效】滋阴助阳，益肾补元。

【应用】五子衍宗丸由五味子、车前子、覆盆子、菟丝子、枸杞子组成，主治疗肾虚精少，久不生育。用本方灌服 3 头种公驴，每天 1 剂，连服 5 剂。21 天后，精子活力比试前提高 0.24 级，精子畸形率由 18.03％下降到 13.10％；射精量在用药后第 3 周增至高峰，达到 80 毫升，精子存活时间由 96 小时增至 144 小时；差异均极显著。对照组 3 头种公驴不服药，各项指标无显著变化。（殷守锋等．中兽医学杂志，2006，5）

47. 马妊娠毒血症

方 1

【处方与用法】① 茵陈、龙胆草各 60 克，栀子、柴胡、苍术、厚朴、藿香各 30 克，黄芩、陈皮、车前各 20 克，半夏、甘草各 15 克。水煎，加滑石 30 克、蜂蜜 250 克，一次灌服。

② 党参、神曲、山楂各 60 克，黄芪、茵陈各 45 克，当归、生地、山药、丹参、郁金、板蓝根各 30 克，白芍、黄精、泽泻各 25 克，秦艽 2 克。水煎服。

【功效】清热利湿，理气活血。

【应用】方①用于初期，方②用于中后期。（孔宪宏．现代畜牧科技，2017，4）

方 2

【处方】砂仁 15 克，生地榆 15 克，赤石脂 15 克，牡蛎 15 克，生地 30 克，菖蒲 10 克，茯苓 15 克，远志 10 克，柏子仁 10 克，陈皮 10 克，麦冬 20 克，元参 30 克，薄荷 20 克，朱砂 6 克，冰片 3 克，滑石粉 15 克。

【用法】研末，一次灌服，每日 1 剂，连服 3 天。

【功效】清热解毒，醒脾开胃，滋阴安神，凉血利尿。

【应用】粪球干小而黑色者，加神曲 50 克、麦芽 20 克、天冬 15 克、玉竹 15 克、郁李仁 20 克；腹泻黑便者，减元参、麦冬、滑石粉，加大腹皮 20 克、泽泻 20 克、白术 20 克；脉数者，朱砂加至 10 克，远志加至 20 克，柏子仁加至 20 克。用本方加减治疗驴马妊娠毒血症 14 例，治愈率达到 92％以上。（岳振华．甘肃畜牧兽医，2015，3）

方 3

【处方】当归 30 克，川芎 25 克，白芍 30 克，熟地 30 克，党参 30 克，白术 30 克，黄芪 45 克，续断 30 克，砂仁 25 克，黄芩 30 克，杜仲 45 克，生姜 25 克，甘草 20 克。

【用法用量】共为末，一次灌服，每天 1 剂，连服 3 剂。

【功效】活血祛瘀，补气安胎。

【应用】用本方中西医结合治疗马属动物妊娠毒血症 23 例，治愈率达 90％。（宗旭斌等．中国兽医杂志，2003，7）

48. 马产后热

【处方】当归 60 克，柴胡 60 克，黄芩 60 克，玄参 60 克，党参 60 克，白芍 50 克，黄芪 50 克，荆芥 50 克，防风 50 克，山药 50 克，薄荷 40 克。

【用法用量】共为末，开水冲调，候温一次灌服。

【功效】补气养血，清热解毒。

【应用】用本方治疗马产后热多例，均1~2剂治愈。暑湿发热者，加生石膏、知母；瘀血发热者，加益母草、丹参；气虚者，重用党参、黄芪。（崔希望．中兽医医药杂志，2000，6）

49. 马产后出血

【处方（生化汤加减）】当归60克，川芎30克，桃仁25克，炮姜25克，蒲黄25克，五灵脂25克，白茅根20克，血余20克，没药20克，乳香20克，红花20克，炙甘草20克。

【用法用量】共为细末，开水冲调，候温灌服。

【功效】和血行瘀、消肿止血。

【应用】用本方治疗马产后出血不止，首剂阴户收缩良好，努责症状消失；2剂出血终止，病告痊愈。（陈旭东，中兽医学杂志，2006，6）

50. 马产后腹痛

【处方（生化汤加减）】黄芪100克，党参50克，当归50克，川芎30克，桃仁25克，炮姜25克，益母草25克，陈皮25克，元胡25克，香附25克，升麻20克，甘草20克。

【用法用量】共为细末，开水调为糊状，候温加食醋250毫升一次灌服。

【功效】生新化瘀，补中益气。

【应用】用本方治疗马产后腹痛不食，服用1剂后，次日该畜能自行站立，正常进食饮水，照原方继进1剂诸症皆消，病愈如初。（陈旭东，中兽医学杂志，2006，6）

51. 马不孕症

方1

【处方】党参15克，白术15克，茯苓15克，炙甘草15克，山药15克，芡实15克，莲子15克，陈皮15克，车前子15克，巴戟15克，补骨脂15克，归身15克，小茴香15克，黄酒半盅，生姜50克，枣5枚，白鸡冠花1朵，引砂仁15克，炙黄芪50克，杜仲50克，酒谷米1盅。

【用法用量】开水冲，候温灌服。

【功效】补脾益肾。

【应用】适用于衰弱不孕。（李淑霞．畜牧兽医科技信息，2010，5）

方2（温精散）

【处方】熟地50克，醋香附30克，艾叶20克，当归50克，川芎25克，盐小茴30克，净萸肉25克，炒白芍25克，焦术30克，炒山药25克，生黄芪35克，官桂25克，茯苓25克，芡实25克，续断25克。

【用法用量】共为末，开水调，候温灌服，每3天1剂，连服5~7剂。

【功效】温宫祛寒。

【应用】适用于宫寒不孕。(李淑霞.畜牧兽医科技信息,2010,5)

方3(苍术散)

【处方】炒苍术 40 克,滑石 40 克,制香附 30 克,半夏 30 克,茯苓 35 克,神曲 40 克,陈皮 30 克,炒枳壳 30 克,白术 25 克,当归 25 克,莪术 20 克,三棱 20 克,甘草 20 克,升麻 10 克,柴胡 20 克。

【用法用量】共为末,开水调,候温灌服。每 2 天 1 次,连服 3 剂。

【功效】燥湿化痰。

【应用】适用于肥胖不孕。(李淑霞.畜牧兽医科技信息,2010,5)

方4(生化汤加减)

【处方】当归 50 克,熟地 30 克,赤芍 30 克,川芎 30 克,丹参 30 克,益母草 25 克,桃仁 25 克,炮姜 25 克,香附 25 克,元胡 25 克,五灵脂 25 克,炙甘草 20 克。

【用法用量】共为细末,开水冲调,候温加黄酒 250 毫升灌服,每天 1 剂,连服 3 剂。

【功效】活血化瘀,理气壮阳。

【应用】用本方治疗关中驴不孕症,连服 3 剂后,方减桃仁、炮姜、元胡、香附,加大蓉 30 克、阿胶 25 克、淫羊藿 25 克、阳起石 25 克、杜仲 25 克,连进 2 剂,交配受孕,翌年产驹。(陈旭东.中兽医学杂志,2006,6)

52. 驹腹泻

方1(太极藿香正气液)

【处方】苍术、陈皮、厚朴、白芷、茯苓、大腹皮、生半夏、甘草浸膏、广藿香油、紫苏叶油。

【用法用量】每头每次 10 毫升灌服,每天早、晚各 1 次。

【功效】解表化湿,理气和中。

【应用】7 月初,某规模化养驴场因天气骤变而发生多头驴驹严重腹泻病情,发病率达 40%,巧用太极藿香正气液治疗,病驴驹全部治愈,达到良好效果。1~2 天即可治愈,配合磺胺脒片灌服效果更佳,1 天内痊愈。(舒蕾等.养殖与饲料,2018,5)

方2(乌梅散)

【处方】乌梅 12 克,郁金、茯苓、石榴皮各 10 克,砂仁、姜黄、黄连各 8 克,诃子 15 克,炙甘草 5 克。

【用法用量】加水 1 升,文火熬成 150 毫升,每天分 3 次灌服,连服 3~5 天。

【功效】清热解毒,涩肠止泻。

【应用】用于规模化驴场驴驹细菌性腹泻的辅助治疗。(徐明光等.中国动物保健,2017,12)

方3(补气止泻散)

【处方】白术 80 克,当归、木瓜、熟地各 70 克,砂仁、茯苓、藿香、山药各 60 克,干姜 50 克,五味子、党参、肉豆蔻各 40 克,炙甘草 30 克。

【用法用量】开水煎服,连服 5 天。

【功效】益气健脾，收敛止泻。

【应用】用于规模化驴场驴驹病毒性腹泻的辅助治疗，有特效。（徐明光等．中国动物保健，2017，12）

方4（胆砂散）

【处方】猪苦胆1个，白砂糖50克。

【用法用量】将白砂糖用少许开水溶化后，加入胆汁（大胆囊分6份，小者分3份；没有鲜苦胆，可用干的代替，用水泡取汁）调匀，日服3次。

【功效】燥湿止泻。

【应用】用本方治疗小驹腹泻33例，皆愈。（陈解放．中兽医学杂志，2013，5）

方5

【处方】党参9克，炙黄芪6克，焦白术9克，焦小栀6克，郁金6克，黄芩9克，茯苓9克，苍术6克，车前子6克，诃子6克，大腹皮6克，甘草6克。

【用法用量】共为细末，调后加磺胺脒6～12克，一次灌服，每天1剂。

【功效】健脾强胃，清热除湿。

【应用】用本方中西医结合治疗驴驹腹泻36例，治愈34例，有效率达95％以上。（纪天成，中兽医学杂志，2007，1）

方6（复方吴茱萸散）

【处方】吴茱萸3克，丁香2克，木香3克，肉桂3克，苍术4克，猪苓4克，云苓4克。

【用法用量】共为细末，或醋调成糊状，患畜脐部外敷，包扎固定，以防脱落。每天1次。

【功效】温中散寒，利湿止泻。

【应用】用本方贴脐治疗幼畜腹泻100例，均用药1～3次而愈。（何志生等．中兽医学杂志，2006，2）

53. 初生骡驹溶血病

方1（茵陈地黄汤）

【处方】茵陈25克，生地15克，山药10克，茯苓10克，泽泻10克，山芋10克，丹皮5克，山栀5克，大黄5克，甘草5克，车前子5克。

【用法用量】煎汁候温投服。

【功效】滋阴补肾，利胆退黄。

【应用】用本方治疗骡驹肾阴虚型溶血病，每天1剂，连用3天后尿色清亮，又灌服补血地黄汤（黄芪25克，当归15克，山药10克，茯苓10克，泽泻10克，丹皮10克，山茱萸15克，熟地10克，甘草5克，煎汁投服）3剂出院，后追访已痊愈。（宗旭斌等．中兽医学杂志，2006，2）

方2（茵陈肾气汤）

【处方】茵陈25克，山芋15克，熟地10克，山药10克，茯苓10克，泽泻10克，丹皮

10克，肉桂5克，附子5克，甘草5克。

【用法用量】煎汁，候温灌服。

【功效】温阳补肾、利胆退黄。

【应用】用本方治疗骡驹肾阳虚型溶血病，连用4剂，第五天尿色清亮，又灌服补血地黄汤（见方1【应用】）2剂后痊愈。（宗旭斌等．中兽医学杂志，2006，2）

54. 初生驹胎粪停滞

方1

【处方】蛋清4个，白糖50克，大黄末20克。

【用法用量】一次混匀灌服。

【功效】解毒润肠，泻下通便。

【应用】用本方结合温肥皂水和石蜡油深部灌肠，治疗胎粪停滞马驹4例、驴驹2例，全部康复。可配合后海穴注射10％的氯化钾30毫升以促进肠蠕动。（万玛吉等．中兽医学杂志，2006，4）

方2（加减槟榔散）

【处方】槟榔15克，芒硝50克，大黄20克，枳实10克，厚朴10克，二丑8克，大麻仁25克，郁李仁10克，山楂10克，木香10克，续随子6克。

【用法用量】共为末，加开水600～1000毫升，候温灌服。

【功效】解毒润肠，泻下通便。

【应用】用本方治疗马驹胎粪难下，1剂见效，用药后6小时可见排便。（方国岭．中兽医学杂志，1987，6）

中兽医验方与妙用精编

第十一章　骆驼病方^❶

1. 驼牙痛

方1(加味黄芪散)

【处方】黄芪 60 克，党参 45 克，花椒 15 克，丁香 24 克，藿香 30 克，枳壳 30 克，草乌 21 克，当归 30 克，细辛 15 克，升麻 15 克，血竭 24 克，炒益智仁 30 克，甘草 30 克。

【用法用量】共为末，开水冲，加白酒 120 毫升，混合灌服，连灌 3 剂。

【功效】补气健脾，活血止痛。

【应用】专治老弱驼的牙疼吐草。(骆驼病诊疗经验^❷)

方2(椒艾汤)

【处方】花椒 30 克，胡椒 15 克，炒艾 90 克。

【用法用量】共为末，加陈醋 120 毫升，黑糖 120 克，水适量，混合灌服。

【功效】止痛。

【应用】专治风火牙疼。(骆驼病诊疗经验)

方3(白芷藁本散)

【处方】白芷 30 克，石膏 30 克，当归 30 克，藁本 30 克，川芎 30 克，陈皮 30 克，细辛 15 克，川乌 21 克，半夏 30 克，乳香 30 克，没药 30 克，甘草 30 克，桔梗 18 克，独活 30 克

【用法用量】共为末，开水冲药，白酒 120 克，混合灌服。一日一剂，连灌三剂。

【功效】祛风活血，消肿止痛。

【应用】主治骆驼牙疼吐草。(骆驼病诊疗经验)

2. 驼口疮

方1(连翘散)

【处方】连翘 45 克，大黄 45 克，黄柏 30 克，金银花 30 克，板蓝根 30 克，生枣仁 30 克，香薷 30 克，白矾 30 克，党参 30 克，当归 30 克，半夏 24 克，甘草 30 克。

【用法用量】共为末，开水冲，加入蜂蜜 120 克，混合灌服，连灌 2~5 剂。

【功效】清热解毒，理气活血，安神止痛。(新编中兽医治疗大全^❸)

---

❶ 骆驼病证中药防治现代报道较少，本节主要摘录部分专著内方剂，供读者参考。

❷ 杨来瑾主编. 骆驼病诊疗经验. 兰州：甘肃人民出版社，1982。

❸ 瞿自明主编. 新编中兽医治疗大全. 北京：中国农业出版社，1993。

方 2

【处方】枯矾 15 克，青黛 12 克，黄连 12 克，雄黄 6 克。

【用法用量】外用方，共为末，过筛，口内吹之，每次少许，每天 1 次。

【功效】清热解毒，止痛。（骆驼病诊疗经验）

方 3（芩连败毒散）

【处方】黄芩 60 克，黄连 30 克（可用板蓝根 60 克代替），大黄 60 克，黄柏 60 克，栀子 60 克，郁金 30 克，白芍 30 克，连翘 60 克，金银花 60 克，青黛 30 克，雄黄 15 克，桔梗 30 克，甘草 30 克。

【用法用量】共为细末，开水冲调，候温灌服。

【功效】清热解毒，祛瘀生新。（酒泉地区中兽医验方汇编❶）

方 4

【处方】蜂蜜 60 克，青黛 12 克。

【用法用量】外用方，按比例调成稀膏，涂敷患处。

【功效】清热解毒。（全国中兽医经验选编❷）

方 5

【处方】大黄 250 克，黄连 30 克，陈皮 90 克，甘草 30 克。

【用法用量】共为末，开水冲调，候温灌服，每日一剂，连服三日。

【功效】清心败毒，滋阴降火，内外兼治。（骆驼病诊疗经验）

3. 驼舌肿

方 1（解毒元参散）

【处方】元参 45 克，桔梗 30 克，黄连 21 克，麦冬 30 克，栀子 30 克，豆根 30 克，贝母 30 克，丹皮 30 克，竹叶 30 克，葛根 45 克，甘草 45 克，石膏 60 克。

【用法用量】共为末，开水冲药，加蜂蜜 240 克，混合候凉灌服。隔天 1 剂，连灌 3 剂。

【功效】泻热清心，解毒消肿。（骆驼病诊疗经验）

方 2

【处方】青黛 15 克，苍术 30 克，冰片 9 克，黄连 6 克。

【用法用量】外用方，分别为末，装入布袋，两端系绳，口内嚼之。

【功效】解毒消肿。（骆驼病诊疗经验）

方 3

【处方】浆水 1500～2000 毫升，鸡蛋清 10 个，砖茶 250 克。

【用法用量】研末，混合灌服。

❶ 酒泉地区科学技术委员会、酒泉地区畜牧兽医工作站编.酒泉地区中兽医验方汇编.酒泉地区科学技术委员会，1979。

❷ 全国中兽医经验选编编审组.全国中兽医经验选编.北京：科学出版社，1977。

【功效】清热消肿。

【按语】浆水为西北地区人民用包菜或芹菜等蔬菜作原料，在沸水里烫过后，加酵母发酵而成，淡白色，微酸，营养丰富，具有调中和胃、化滞止渴作用，为消暑解热佳品。可直接饮用，或加少许白糖后饮用。（骆驼病诊疗经验）

4. 驼噎症

方 1

【处方】芸苔子、瓜蒂、胡椒、皂角各等分，麝香少许。

【用法用量】共为细末，取 6 克吹入两鼻孔，用手捏紧捂住气，待病驼努气甩头时松手，使打喷嚏，努吹鼻孔，轻者即可通利。

【功效】行气通滞，消肿。

【按语】芸苔子为十字花科芸薹属植物油菜（*Brassica campestris* L.）的种子，味甘、辛，性温，能行气祛痰，消肿散结。本法为吹鼻急治法，对怀孕母驼不宜使用。（骆驼病诊疗经验）

方 2（将军消积散）

【处方】炒大黄 30 克，千金子 30 克，党参 30 克，当归 30 克，皂角 30 克，木通 30 克，滑石 30 克，香附 30 克，枳壳 45 克，二丑 30 克，甘草 30 克。

【用法用量】水煎，每天 1 剂，分 2 灌服，连用数天即可。

【功效】行气导滞，消肿。（骆驼病诊疗经验）

5. 驼胃热

方 1（清胃石膏散）

【处方】生石膏 30 克，大黄 45 克，黄芩 30 克，滑石 45 克，郁金 30 克，连翘 60 克，元参 30 克，枳实 30 克，黄药子 30 克，栀子 30 克，甘草 30 克，白药子 30 克。

【用法用量】共为末，蜂蜜 250 克，开水冲药，混合灌服，隔天 1 剂，连灌 3～5 剂。

【功效】清热润燥，益阴生津。（新编中兽医治疗大全）

方 2（知母石膏散）

【处方】知母 60 克，生石膏 120 克，白芍 45 克，郁金 45 克，花粉 60 克，枳实 45 克，黄芩 60 克，大黄 90 克，食盐 60 克，甘草 30 克。

【用法用量】共为末，开水冲调，候温灌服。

【功效】清胃润燥，滋阴生津。（酒泉地区中兽医验方汇编）

方 3

【处方】大黄 120 克（为细末），浆水 2.5 千克。

【用法用量】混合一次灌服，隔天 1 剂，连灌 5～7 剂。

【功效】泻热通便，调中和胃，化滞止渴。（骆驼病诊疗经验）

6. 驼胃寒

方1(白术暖胃散)

【处方】炒白术60克，肉桂30克，干姜30克，炒厚朴30克，砂仁30克，陈皮30克，炒益智30克，当归30克，炒枳壳30克，炒二丑24克，炙川乌18克，炙甘草30克。

【用法用量】共为研末，开水冲，加大葱（捣）250克，白酒200毫升，混合一次灌服。隔天1剂，连灌2~4剂。灌药后，患驼身搭毯牵蹓出汗为度。

【功效】暖胃健胃，理气止痛。（新编中兽医治疗大全）

方2

【处方】藿香30克，草果60克，青皮30克，白芷30克，厚朴30克，枳实30克，细辛15克，官桂60克，滑石60克，木通30克，莱菔子120克，炒茴香45克，酒大黄60克，白酒15毫升。

【用法用量】共为细末，开水冲调，候温灌服。

【功效】温中散寒，活血止痛。（酒泉地区中兽医验方汇编）

方3

【处方】生姜120克，炒小米500克，食盐60克（炒黄）。

【用法用量】共为细末，口内填之。

【功效】温胃散寒。1日1剂，连灌3~4剂。

【应用】本方适用于外牧或运输途中治疗不便时使用。（骆驼病诊疗经验）

7. 驼胃肠积砂

方1(消积导滞散)

【处方】炒香附45克，滑石30克，枳实30克，二丑45克，千金子30克，皂角30克，厚朴30克，番泻叶30克，大黄60克，山楂45克，芒硝120克，神曲60克（另包）。

【用法用量】共为末，开水冲药，清油500毫升，候凉加入神曲灌服。隔天1剂，连灌2~4剂。

【功效】消积导滞，通肠泻便。（骆驼病诊疗经验）

方2

【处方】川乌21克，木香24克。

【用法用量】共为细末，开水冲药，加石蜡油1500毫升，混合灌服。灌药后用木棍在腹下抬压，反复多次。每天饮淡盐水1次。

【功效】消积导滞，行气止痛。（骆驼病诊疗经验）

8. 驼胃冷吐涎

方1(加味理中汤)

【处方】党参45克，白术45克，炮姜30克，厚朴30克，肉桂30克，附片30克，陈皮

30 克，半夏 30 克，苡米 30 克（炒），木通 30 克，云苓 30 克，炙甘草 30 克。

【用法用量】共为末，开水冲药，加白酒 120 克，候温灌服，隔天 1 剂，连灌 4 剂。

【功效】温中健脾，降逆制酸。（新编中兽医治疗大全）

方 2（暖胃散）

【处方】厚朴 30 克，官桂 24 克，茯苓 24 克，青皮 18 克，陈皮 24 克，台乌 15 克，丁香 12 克，肉豆蔻 15 克，砂仁 12 克，白豆蔻 12 克，当归 15 克，五味子 12 克，木香 9 克，枳壳 15 克，小茴香 24 克，苍术 18 克，炙甘草 12 克，生姜 15 克。

【用法用量】共为末，开水冲调，候温加白酒 50 毫升灌服。

【功效】健脾暖胃，祛湿降逆。（甘肃中兽医诊疗经验❶）

9. 驼倒潲病

方 1

【处方】炮姜 90 克，小米粉 240 克。

【用法用量】共为末，大枣 240 克煎汤冲药，候凉灌服。每天 1 剂，连灌 3 剂。

【功效】健脾燥湿，祛寒。（骆驼病诊疗经验）

方 2（健脾益胃散）

【处方】炒益智仁 60～90 克，炒香附 45 克，炒白术 45 克，陈皮 45 克，当归 45 克，草豆蔻 45 克，黄芪 30 克，茯苓 30 克，炒枳壳 30 克，炙甘草 30 克，肉桂 30 克，生姜 30 克，木香 15 克，升麻 15 克，红枣 240 克。

【用法用量】共为细末，红枣煎汁去核，用药汁冲药，候温灌服。一般服 2～3 剂即可。

【功效】健脾益胃，祛湿。（全国中兽医经验选编）

10. 驼肠痉挛

方 1（姜桂温中汤）

【处方】炮姜 60 克，附片 30 克，官桂 45 克，厚朴 45 克，枳壳 30 克，苍术 30 克，香附 30 克，花椒 21 克，茯苓 30 克，木通 30 克，砂仁 15 克，毛姜 24 克，胡椒 15 克，炙甘草 30 克。

【用法用量】共为末，加入炒盐 90 克，混合，开水冲服，一次灌服。

【功效】温中散寒，活血止痛。（骆驼病诊疗经验）

方 2（温中茴香散）

【处方】茴香 60 克，官桂 60 克，雀舌 30 克，皂角 30 克，香附 60 克，良姜 30 克，白芍 30 克，生姜 30 克。

【用法用量】共为末，开水冲，加炒盐 120 克，混合一次灌服。

【功效】温中散寒，理气止痛。（骆驼病诊疗经验）

---

❶ 甘肃省畜牧厅主编. 甘肃中兽医诊疗经验. 兰州：甘肃人民出版社，1964。

方 3 (加味健脾散)

【处方】白术 45 克，当归 30 克，菖蒲 30 克，砂仁 24 克，厚朴 45 克，官桂 30 克，青皮 30 克，陈皮 30 克，云苓 30 克，良姜 30 克，木通 30 克，炒益智仁 60 克，炙甘草 30 克。

【用法用量】共为末，开水冲，加大葱 120 克（捣烂），炒盐 60 克，混合灌服，每天 1 剂，连灌 3 剂。

【功效】温补脾胃，理气散寒。（骆驼病诊疗经验）

方 4

【处方】炒扁豆 500 克，生姜 90 克，炒盐 30 克。

【用法用量】共为末，开水冲，混合灌服，每天 1 剂，连灌 6 剂。

【功效】和中化湿，健脾止痛。（骆驼病诊疗经验）

11. 驼泄泻

方 1 (止泻七补散)

【处方】党参 60 克，白术 45 克，青皮 30 克，香附 30 克，天雄 30 克，肉桂 30 克，白芍 30 克，良姜 30 克，厚朴 30 克，猪苓 30 克，赤苓 30 克，灯心草 24 克，炙甘草 30 克，天仙子 30 克，锁阳 240 克。

【用法用量】共为末，开水冲，候温灌服。

【功效】温补脾胃，燥湿止泻。

【应用】适用于驼脾虚泄泻。（骆驼病诊疗经验）

方 2 (加减参术散)

【处方】炒白术 60 克，党参 30 克，云苓 30 克，炒山药 45 克，苡米 45 克，肉蔻 30 克，莲子肉 45 克，泽泻 30 克，石斛 30 克，炒扁豆 45 克，砂仁 24 克，炙甘草 80 克，生姜 30 克。

【用法用量】共为末，用大枣 250 克，水 1500 毫升，煎煮后捏去枣核，用汁和药灌之。灌药后牵蹓 30 分钟，勿使躺卧。

【功效】温中止泻。

【应用】适用于驼脾虚泄泻。（骆驼病诊疗经验）

方 3

【处方】黄连 30 克，生地 30 克，丹皮 30 克，白蔹 30 克，金银花 30 克，白头翁 60 克，甘草 30 克。

【用法用量】共为末，开水冲，加童便适量，灌服。

【功效】泻火解毒，止泻。

【应用】适用于驼肠黄泄泻。（新编中兽医治疗大全）

方 4 (老翁驱毒散)

【处方】黄连 15 克，黄芩 30 克，白头翁 90 克，地榆 90 克，生白芍 60 克，大黄 60 克，南槟榔 30 克，酒黄柏 15 克，川郁金 15 克，山栀子 30 克，广木香 9 克，陈皮 15 克，山槐花 15 克，炒枳壳 30 克，生姜 9 克为引。

【用法用量】共为末，开水冲成糊状，候温灌服。

【功效】清热解毒，化湿止痢。

【应用】适用于急性肠黄。（甘肃中兽医诊疗经验）

方5（消痛散）

【处方】黄连 45 克，木香 24 克，苦参 60 克，秦皮 90 克，郁金 60 克，白头翁 100 克，炙诃子 45 克，白芍 45 克，黄芩 60 克，栀子 60 克，黄柏 60 克，炒槐花 15 克，甘草 30 克。

【用法用量】共为末，开水冲调，候温灌服。

【功效】养阴清热，厚肠止泻。

【应用】适用于慢性肠黄。（全国中兽医经验选编）

方6

【处方】大黄 30 克，甘草 60 克。

【用法用量】共为末，加入白糖 120 克，混合开水冲服。

【应用】适用于驼肠黄泄泻。（骆驼病诊疗经验）

方7（地榆葛根汤）

【处方】焦地榆 60 克，葛根 30 克，石膏 45 克，炒升麻 45 克，连翘 30 克，天仙子 30 克，酒知母 30 克，甘草 30 克，酒黄柏 30 克。

【用法用量】共为末，开水冲，加入蜂蜜 250 克，混合一次灌服。

【功效】清热，生津，止泻。

【应用】适用于驼暑热泄泻。（骆驼病诊疗经验）

方8

【处方】瞿麦 500 克，浆水 2500 毫升。

【用法用量】混合，一次灌服。

【功效】清热泻火，调中和胃，化滞止渴。

【应用】适用于驼暑热泄泻。（骆驼病诊疗经验）

12. 驼结症

方1（滑肠承气汤）

【处方】郁李仁 60 克，滑石 30 克，大黄 60 克，续随子 45 克，芒硝 180 克，枳壳 30 克，厚朴 30 克，玉片 30 克，甘草 30 克，当归 60 克（油炒）。

【用法用量】共为末，加酥油 500 克，开水冲，混合灌服，灌药后牵蹓 30 分钟，防止跌伤。

【功效】软坚润下，消积破结。

【应用】适用于前结。（骆驼病诊疗经验）

方2（将军冲关散）

【处方】大黄 60 克，滑石 60 克，皂角 30 克，枳实 45 克，大戟 30 克，番泻叶 30 克，二丑 45 克，芒硝 180 克，续随子 60 克，木香 24 克，千金子 30 克。

【用法用量】共为末，开水冲，加清油 500 毫升，混合灌服。

【功效】攻坚破积，消积导滞。

【应用】适用于后结。（骆驼病诊疗经验）

方 3

【处方】大麻仁 500 克（捣烂过筛），皂角 60 克。

【用法用量】共为末，开水冲服。

【功效】润肠通便。

【应用】适用于老弱病驼结症。（骆驼病诊疗经验）

方 4

【处方】大黄 60 克，芒硝 30 克，枳实 30 克，厚朴 180 克。

【用法用量】先用水煎枳实、厚朴，后下大黄而煮沸，取汁入芒硝，候温灌服，或共为末，开水冲，同调灌服。

【功效】攻下热结，破结通肠。（李长宏，青海畜牧兽医杂志，2011，1）

13. 驼暑热伤脏

方 1（生津益气汤）

【处方】天冬 30 克，大黄 30 克，知母 30 克，麦冬 30 克，柴胡 30 克，葛根 30 克，赤芍 30 克，甘草 30 克，黄丹 15 克。

【用法用量】共为末，开水冲，候凉灌服。

【功效】养阴清热，益气生津。（骆驼病诊疗经验）

方 2

【处方】西瓜 5 千克，朱砂 30 克。

【用法用量】西瓜搅成汁，朱砂水飞，混合灌服。

【功效】清热解暑，除烦安神。（骆驼病诊疗经验）

方 3

【处方】香薷 90 克，藿香 30 克，紫苏 30 克，黄芩 60 克，栀子 30 克，白芷 30 克，青蒿 90 克，白芍 30 克，郁金 30 克，秦艽 30 克，黄连 30 克，钩藤 45 克，木通 30 克，甘草 30 克。

【用法用量】研磨内服。

【功效】清热解暑（白天忠，畜牧兽医简讯，1976，4）

14. 驼脱肛

方 1（加味理中汤）

【处方】党参 45 克，白术 30 克，干姜 30 克，厚朴 30 克，云苓 30 克，陈皮 30 克，独活 30 克，附片 30 克，肉桂 30 克，当归 30 克，枳壳 30 克，炒大黄 30 克，荜澄茄 30 克，炙甘草 30 克。

【用法用量】共为末，开水冲，加猪油 250 克，混合一次灌服，每天 1 剂，连灌 2 剂。

【功效】温中散寒，健脾理气。

【应用】适用于脾胃虚寒型。(骆驼病诊疗经验)

方 2(润肠三仁汤)

【处方】郁李仁 45 克，杏仁 30 克，大麻仁 120 克（捣），秦艽 30 克，陈皮 30 克，黄芩 30 克，半夏 30 克，苏子 30 克，防风 30 克，甘草 30 克，木香 30 克，连翘 30 克。

【用法用量】共为末，开水冲药，加熟清油 250 克，混合一次灌服，每天 1 剂，连灌 2 剂。

【功效】清热解毒，散瘀消肿，理气止痛。

【应用】适用于湿热型。(骆驼病诊疗经验)

方 3(补中益气汤)

【处方】黄芪 90 克，党参 60 克，白术 30 克，陈皮 45 克，升麻 30 克，柴胡 30 克，当归 45 克，甘草 30 克，生姜 24 克，大枣 250 克（水煎去核）。

【用法用量】共为末，开水冲，混合灌服，每天 1 剂，连灌 1～3 剂。

【功效】升阳益气，补中固脱。

【应用】适用于劳伤型。(骆驼病诊疗经验)

方 4

【处方】防风 30 克，荆芥 30 克，当归 30 克，刘寄奴 30 克，红花 15 克，花椒 15 克，仙鹤草 30 克，川芎 30 克。

【用法用量】水煎去渣外洗患部，每天 2 次。

【功效】升阳益气，固脱止血。(骆驼病诊疗经验)

15. 驼便血

方 1(当归止血散)

【处方】当归 60 克，丹皮 30 克，赤芍 30 克，赤小豆 30 克，地榆 30 克，黄连 30 克，炒黄柏 30 克，槐花 30 克，香附 30 克，焦栀子 60 克，甘草 30 克，苍耳子 30 克。

【用法用量】共为末，开水冲，加蜂蜜 250 克，混合灌服，每天 1 剂，连灌 5 剂。

【功效】清热燥湿，消肿止血。

【应用】适用于湿热型。(骆驼病诊疗经验)

方 2(加味槐花散)

【处方】炒槐花 30 克，枳壳 30 克，生地 30 克，侧柏叶 30 克，荆芥 30 克，大黄 45 克，白茅根 30 克，山药 30 克，甘草 30 克，胡黄连 30 克。

【用法用量】共为末，开水冲，加百草霜 60 克，混合灌服，每天 1 剂，连灌 3 剂。

【功效】清热解毒，活血止痛。

【应用】适用于湿热型。(骆驼病诊疗经验)

方 3(益气止血散)

【处方】黄芪 60 克，党参 30 克，云苓 30 克，山药 30 克，白芍 30 克，升麻 30 克，白及 30 克，官桂 30 克，干姜 30 克，茜草 30 克，阿胶 30 克，地榆炭 30 克，甘草 30 克。

【用法用量】共为末，开水冲，加童便适量，混合灌服，隔天1剂，连灌5剂。

【功效】补脾摄血，散瘀止血。

【应用】适用于虚寒型。（骆驼病诊疗经验）

16. 驼黄疸

方1（苍术五皮散）

【处方】苍术30克，赤苓30克，桑皮30克，地骨皮30克，陈皮30克，玉片24克，白头翁30克，木香24克，香薷30克，夏枯草30克，菊花30克，甘草30克。

【用法用量】共为末，开水冲，加猪胆2个（鲜的用汁，干的用粉），混合灌服，每天1剂，连灌3剂。

【功效】健脾燥湿，清肝利胆。

【应用】适用阳黄。（骆驼病诊疗经验）

方2（温中茵陈散）

【处方】茵陈240克，党参60克，白术60克，云苓45克，附子60克，炙甘草45克。

【用法用量】共为末，开水冲，候温灌服。

【功效】健脾燥湿，温中化痰。

【应用】适用阴黄。（全国中兽医经验选编）

17. 驼肝阴虚

方1（补肝养肾汤）

【处方】当归50克，川芎20克，炒白芍20克，丹参30克，柴胡20克，麦冬20克，陈皮30克，炒香附30克，炒枳壳20克，山楂20克，升麻15克，炒阿胶30克，山萸肉25克，枸杞20克，甘草15克。

【用法用量】共为末，另加切碎捣成糊状的白羊肝500克，开水冲调，候温一次灌服。一般1～4剂即愈。

【功效】补肝益肾，养血明目。（新编中兽医治疗大全）

方2（羊肝红花补血汤）

【处方】白羊肝500克（切碎、捣成糊状），红花30～40克，萝卜2.5千克，大枣200克（加水煎去核）。

【用法用量】加水5000毫升，煮成3000毫升左右的药糊。候温一次灌服，一般1～3剂。

【功效】补肝益肾，养血明目。（新编中兽医治疗大全）

18. 驼感冒

方1（桂枝橘红散）

【处方】桂枝30克，橘红45克，麻黄24克，苏叶30克，防风30克，姜半夏30克，荆芥 30 克，前胡 30 克，冬花 30 克，云苓 30 克，枯矾 30 克，炙杏仁 30 克，白芍 24 克，甘草 30 克，马兜铃 30 克。

【用法用量】共为末，开水冲，大葱 200 克（捣烂），混合灌服。

【功效】发汗祛风，宣肺止咳。

【应用】适用于风寒感冒。（骆驼病诊疗经验）

方 2

【处方】生姜 60 克，白矾 60 克，甘草 60 克

【用法用量】共为末，开水冲，一次灌服，连灌 3 剂。防止体热出汗受风寒。

【功效】发表散寒，化痰止咳。（骆驼病诊疗经验）

方 3（加味荆防败毒散）

【处方】荆芥 50 克，防风 40 克，党参 50 克，羌活 50 克，独活 50 克，前胡 30 克，柴胡 30 克，白芷 30 克，桔梗 30 克，茯苓 30 克，枳壳 30 克，川芎 30 克，薄荷 30 克，款冬花 30 克，生姜 20 克，甘草 20 克。咳嗽剧烈声大者加桑皮 30 克、黄芩 30 克，咳嗽时痛苦喉痛者加元参 30 克、山豆根 30 克，体壮膘肥者去党参。

【用法用量】一次投服。

【功效】益气解表、扶正败毒。

【应用】适用于流行感冒。（王学明．中兽医学杂志，2003，1）

19. 驼肺寒

方 1（橘红半夏散）

【处方】橘红 60 克，半夏 30 克，枯矾 30 克，防风 30 克，云苓 30 克，升麻 24 克，苍术 30 克，藿香 30 克，厚朴 30 克，苏叶 24 克，柴胡 30 克，砂仁 15 克，桂枝 30 克，麻黄 15 克，葛根 30 克，炙甘草 30 克，生姜 30 克。

【用法用量】共为末，开水冲，加大葱 120 克（捣烂），混合灌服。

【功效】温中理肺，解肌化痰。（骆驼病诊疗经验）

方 2

【处方】生姜 60 克，白矾 60 克，甘草 30 克

【用法用量】共为末，开水冲，候温灌服。每天 1 剂，连灌 3～5 剂，灌药后令其发汗。

【功效】温中润肺，收涩化痰。（骆驼病诊疗经验）

20. 驼鼻沥血

方 1（地黄饮子）

【处方】生地 60 克，白芍 30 克，柴胡 30 克，菊花 30 克，葛根 30 克，黄柏 45 克，栀子 45 克，黄连 20 克，连翘 30 克，桔梗 30 克，元参 30 克，地榆 30 克，藕节 45 克，蒲黄 30 克，大蓟 150 克。

【用法用量】共为末，开水冲，候凉灌服，每天 1 剂，连灌 3 剂。

【功效】泻火凉血，止血散瘀。（骆驼病诊疗经验）

方 2

【处方】白糖 250 克，槐花 90 克（为末），藕粉 1500 克，韭菜汁 120 克。

【用法用量】混合一次灌服。

【功效】清热凉血，散瘀止血。（骆驼病诊疗经验）

21. 驼丁喉

【处方（十神祛邪散）】香附 45 克，葛根 30 克，升麻 30 克，豆根 30 克，陈皮 45 克，川芎 45 克，元参 30 克，黄芩 45 克，白芷 30 克，麻黄 21 克，赤芍 30 克，射干 45 克，甘草 30 克。

【用法用量】共为末，开水冲，加大葱 250 克（捣烂），混合灌服，每天 1 剂，连灌 3～5 剂。灌药后，身搭毡屉，牵蹓出汗，勿受风寒。

【功效】理气解表，散瘀消肿。（骆驼病诊疗经验）

22. 驼嗓黄

方 1（加味仙方活命饮）

【处方】金银花 45 克，贝母 30 克，当归 30 克，赤芍 60 克，皂角 30 克，炮山甲 30 克，花粉 30 克，防风 30 克，乳香 30 克，黄芩 30 克，连翘 30 克，没药 30 克，桔梗 30 克，甘草 30 克。

【用法用量】共为末，开水冲，加浆水适量，混合候凉灌服，如难咽下，可将药品煎汤去渣灌服。

【功效】清热泻火，解毒止痛。（骆驼病诊疗经验）

方 2（移黄散）

【处方】信石 3 克，蜈蚣 4 条，炒巴豆 3 克，花椒 9 克。

【用法用量】分别研细，混合，取 5 克埋入喉头下方 6～12 厘米处皮下，用纱布包住切口，以肿起为效。

【功效】祛痰行水，散结止痛。（骆驼病诊疗经验）

23. 驼咳喘

方 1（百合清肺散）

【处方】百合 60 克，板蓝根 45 克，桔梗 30 克，知母 30 克，贝母 30 克，苏子 30 克。豆根 30 克，黄芩 30 克，栀子 30 克，花粉 45 克，桑皮 30 克，紫菀 30 克，天冬 30 克，麦冬 30 克，石膏 60 克，甘草 30 克。

【用法用量】共为末，开水冲，加浆水 1500 毫升，混合灌服，隔天 1 剂，连灌 3～5 剂。

【功效】清热润肺，止咳化痰。

【应用】适用于驼肺热咳喘。（全国中兽医经验选编）

中兽医验方与妙用精编

方 2

【处方】大黄 90 克（研末），蜂蜜 250 克。

【用法用量】加浆水 2500 毫升，混合灌服。

【功效】清热泻火，润肺平喘。

【应用】适用于驼肺热咳喘。（全国中兽医经验选编）

方 3（大黄散）

【处方】大黄 60 克，连翘 30 克，栀子 30 克，黄芩 45 克，黄柏 30 克，知母 30 克，贝母 30 克，冬花 30 克，天冬 30 克，麦冬 30 克，花粉 30 克，兜铃 30 克，桔梗 30 克，甘草 30 克。

【用法用量】共为末，开水冲，加藕粉 250 克，混合一次灌服。隔天 1 剂，连灌 3～5 剂。

【功效】宣肺理气，止咳化痰。

【应用】适用于驼肺热咳喘。（全国中兽医经验选编）

方 4（苏子降气汤）

【处方】炙苏子 60 克，前胡 30 克，陈皮 60 克，半夏 30 克，桔梗 30 克，郁金 30 克，重楼 30 克，炙甘草 30 克，兜铃 30 克，冬花 30 克，海浮石 30 克，杷叶 30 克，甘草 30 克。

【用法用量】共为末，开水冲，鸡蛋清 10 个，混合一次灌服。

【功效】降气平喘，温补肾气。

【应用】适用于驼肺热咳喘。（骆驼病诊疗经验）

方 5（枇杷定喘散）

【处方】炙枇杷叶 45 克，炙杏仁 30 克，川贝母 30 克，炙冬花 30 克，炙紫菀 30 克，兜铃 30 克，桔梗 30 克，炙五味 30 克，葶苈子 30 克，炙桑 30 克，白芥子 30 克，旋覆花 30 克，闹羊 25 克，百部 30 克，前胡 30 克，炒枳壳 30 克，陈皮 30 克。

【用法用量】共为末，开水冲，蜂蜜 250 克，混合灌服。每天 1 剂，连灌 5～7 剂。

【功效】清宣肺气，止咳定喘。

【应用】适用于驼劳伤或风寒咳喘。（骆驼病诊疗经验）

方 6

【处方】蛤蚧 1 对。

【用法用量】研细灌服。

【功效】补肺益肾，纳气定喘

【应用】适用于驼劳伤或风寒咳喘。（骆驼病诊疗经验）

方 7（桂枝橘红散）

【处方】桂枝 30 克，橘红 45 克，麻黄 24 克，苏叶 30 克，防风 30 克，姜半夏 30 克，荆芥 30 克，前胡 30 克，冬花 30 克，云苓 30 克，枯矾 30 克，炙杏仁 30 克，白芍 24 克，甘草 30 克，马兜铃 30 克。

【用法用量】共为细末，开水冲药，大葱 200 克（捣烂），混合灌服。

【功效】发散风寒，解表止咳。

【应用】适用于风寒咳嗽。（苏依勒等．动物医学进展 2001，1）

24. 驼肺呛水肿

方1（白前木通散）

【处方】白前 30 克，木通 45 克，贝母 30 克，紫菀 30 克，百部 30 克，藜芦 30 克，桑皮 30 克，杷叶 30 克，赤苓 30 克，泽泻 30 克，猪苓 30 克，大黄 30 克，黄芩 30 克，青果 24 克，茵陈 60 克，苏叶 30 克。

【用法用量】共为末，开水冲，加米泔水适量，混合灌服，隔天 1 剂，连灌 3～5 剂。

【功效】宣肺行水，止咳化痰。（骆驼病诊疗经验）

方2（知母散）

【处方】炙知母 45 克，贝母 30 克，冬花 30 克，橘白 30 克，黄柏 30 克，栀子 30 克，核桃仁 30 克，二丑 30 克，云苓 30 克，炙杏仁 30 克，苏子 30 克，瞿麦 30 克，葶苈子 30 克，甘草 30 克。

【用法用量】共为末，开水冲，候温一次灌服。

【功效】滋阴清热，润肺，利水。（骆驼病诊疗经验）

25. 驼肺风脱毛

方1（清血五参散）

【处方】秦艽 45 克，首乌 30 克，当归 30 克，生地 30 克，党参 30 克，沙参 30 克，元参 30 克，丹参 30 克，川芎 30 克，菊花 30 克，连翘 30 克，防风 30 克，白芍 30 克，苏叶 30 克，桂枝 30 克，麻黄 15 克，大黄 45 克，苦参 30 克。

【用法用量】共为末，开水冲，清油 500 毫升，蜂蜜 250 克，混合灌服，隔天 1 剂，连灌 3～5 剂。

【功效】宣肺，祛风，活血，止痒。（骆驼病诊疗经验）

方2（敛肺散）

【处方】白及 60 克，白蔹 30 克，柯子 30 克，椿皮 30 克，龙骨 30 克，川楝子 30 克，牡蛎 25 克，枯矾 30 克，五味子 30 克，石膏 30 克，牙皂 30 克，甘草 30 克。

【用法用量】共为末，开水冲，加陈醋 250 毫升，混合灌服。

【功效】清泻肺火，理气活血。

【按语】灌药后，影响食欲，歇草 1 天，是药物反应，不必治疗。（骆驼病诊疗经验）

26. 驼肺痈

方1（芦根散）

【处方】芦根 60 克，桔梗 30 克，赤芍 30 克，玉竹 30 克，花粉 30 克，瓜蒌 60 克，黄芩 30 克，贝母 30 克，当归 30 克，白芍 30 克，甘草 30。

【用法用量】共为末，开水冲，加蜂蜜 250 克，鸡蛋清 10 个，混合灌服。每天 1 剂，连灌 5 剂。

【功效】清热理肺，消痈解毒。（骆驼病诊疗经验）

方 2（加味白芨散）

【处方】白及 60 克，白蔹 30 克，枯矾 30 克，阿胶 30 克，栀子 30 克，紫菀 30 克，兜铃 30 克，瓜蒌 60 克，葶苈子 30 克，橘红 30 克，黄柏 30 克，贝母 30 克，桔梗 30 克，甘草 30 克。

【用法用量】共为末，开水冲，加蜂蜜 250 克，混合灌服。

【功效】清热解毒，消痈散结，敛肺平喘。（骆驼病诊疗经验）

27. 驼胸胁痛

方 1（加味龙胆泻肝汤）

【处方】黄芩 45 克，龙胆草 30 克，白芍 30 克，青皮 30 克，胡黄连 25 克，菊花 30 克，荆芥 30 克，炒栀子 30 克，防风 30 克，白芷 25 克，白蒺藜 30 克，复花 30 克，当归 30 克，柴胡 30 克，木通 30 克。

【用法用量】共为末，开水冲，加蜂蜜 250 克，每天 1 剂，连服 3 剂。

【功效】清肝利胆，熄风止痛。（骆驼病诊疗经验）

方 2（加减柴胡散）

【处方】银柴胡 30 克，郁金 30 克，黄柏 30 克，连翘 30 克，黄芩 45 克，防风 30 克，赤芍 30 克，山楂 30 克，桔梗 30 克，知母 30 克，金银花 30 克，甘草 30 克。

【用法用量】共为末，开水冲，加入浆水适量，混合灌服。

【功效】疏肝解郁，解热止痛。（骆驼病诊疗经验）

28. 驼胸膈痛

方 1（解郁止痛散）

【处方】刘寄奴 30 克，香附 30 克，木香 15 克，枳壳 30 克，血竭 15 克，青皮 30 克，瓜蒌皮 45 克，元胡 30 克，没药 30 克，丹参 30 克，桔梗 30 克，郁金 30 克，黄芩 30 克，枇杷叶 30 克，甘草 30 克。

【用法用量】共为末，开水冲，蜂蜜 250 克，混合灌服，每天 1 剂。

【功效】理气散郁，活血止痛。（骆驼病诊疗经验）

方 2（利膈止痛散）

【处方】炙知母 60 克，陈皮 30 克，川芎 30 克，炙杏仁 30 克，台乌 30 克，复花 30 克，骨碎补 30 克，乳香 30 克，柴胡 30 克，佛手片 30 克，白芷 30 克，藕粉 30 克，炒枳壳 30 克，甘草 30 克。

【用法用量】共为末，开水冲，童便适量，混合灌服，隔天 1 剂，连灌 5 剂。

【功效】理气止痛，解郁。（骆驼病诊疗经验）

29. 驼尿淋漓

方 1（消补连翘散）

【处方】连翘 30 克，黄芩 30 克，栀子 30 克，金银花 30 克，猪苓 30 克，泽泻 30 克，云苓 30 克，瞿麦 30 克，党参 30 克，黄芪 45 克，当归 30 克，益智仁 30 克，香附 30 克，白芍 30 克，桂心 24 克，川芎 30 克，炙甘草 30 克，麻仁 120 克（捣，过罗）。

【用法用量】共为末，开水冲，候温灌服，隔天 1 剂，连灌 3 剂。

【功效】清热泻火，利水通淋，调理气血。

【应用】适用于驼肾痈尿涩。（骆驼病诊疗经验）

方 2（知母散）

【处方】知母 30 克，防己 30 克，补骨脂 30 克，当归 30 克，生地 30 克，巴戟肉 25 克，潼蒺藜 30 克，黄芩 30 克，炒黄柏 30 克，刘寄奴 30 克，茵陈 60 克，炙甘草 30 克。

【用法用量】共为末，开水冲药，加清油 250 克，混合灌服。

【功效】滋阴补肾，利水通淋。

【应用】适用于驼肾痈尿涩。（骆驼病诊疗经验）

方 3

【处方】鲜蒲公英 500 克，鲜败酱草 500 克，鲜萹蓄 500 克。

【用法用量】代草饲喂，每天 1 次，连用 3～5 天。

【功效】清热利湿。

【应用】适用于驼肾痈尿涩。（骆驼病诊疗经验）

方 4（茴香散）

【处方】茴香 60 克（盐水炒），阳起石 30 克，党参 30 克，云苓 30 克，白术 30 克，陈皮 30 克，黄芪 30 克，半夏 30 克，五味 25 克，良姜 30 克，肉桂 30 克，附片 30 克，木香 15 克，木通 30 克，炙甘草 30 克。

【用法用量】共为末，开水冲，加大葱 120 克（捣烂），白酒 120 克，混合灌服，每天 1 剂，连灌 4 剂。

【功效】温补肾阳，利尿通淋。

【应用】适用于驼肾寒尿滴。（骆驼病诊疗经验）

方 5（壮阳散）

【处方】党参 45 克，炙附片 30 克，肉桂 30 克，苍术 30 克，藿香 20 克，云苓 30 克，当归 30 克，炙干姜 30 克，硫黄 15 克，白蒺藜 30 克（炒）。

【用法用量】共为末，开水冲，加大葱 120 克（捣烂），炒盐 60 克，混合灌服。

【功效】温补肾阳，利尿。

【应用】适用于驼肾寒尿滴。（骆驼病诊疗经验）

30. 驼尿血

方 1（小蓟蒲黄散）

【处方】大蓟 60 克，小蓟 60 克，蒲黄 30 克（炒），二丑 30 克，木通 30 克，滑石 30 克，藕节 45 克，青皮 30 克，当归 30 克，生地 30 克，红花 24 克，焦栀子 30 克，炒大黄 30 克，炒黄芩 30 克，侧柏叶 20 克，甘草 30 克，川芎 30 克。

【用法用量】共为末，开水冲，加炒盐 60 克，混合灌服，隔天 1 剂，连灌 3 剂。

【功效】活血止血，利尿通淋。

【应用】用于膀胱湿热型。（骆驼病诊疗经验）

方2（知柏秦艽散）

【处方】盐知母120克，盐贝母120克，木香15克，秦艽30克，瞿麦30克，车前子30克，当归30克，炒侧柏叶30克，赤芍30克，仙鹤草60克，炒蒲黄60克，焦栀子60克，炒大黄60克，茵陈60克，竹叶60克。

【用法用量】茵陈、竹叶煎汤，余药为细末，用汤冲之，候温灌服。

【功效】活血化瘀，凉血止血。

【应用】用于努伤型。（全国中兽医经验选编）

方3

【处方】党参33克，黄芪33克，炒白术33克，茯神30克，淮山药30克，当归24克，陈皮24克，炙甘草15克，地榆炭15克，大枣100克。

【用法用量】水煎，加红糖120克，开水冲服。

【功效】补脾益肾，活血止血。

【应用】用于肾脾亏虚型。（实用中兽医学[1]）

方4

【处方】九地炭24克，知母24克，贝母24克，山药24克，山萸肉24克，牡丹皮18克，泽泻30克，棕榈炭24克，阿胶30克，白芍24克，当归24克，地榆炭12克，瞿麦18克，萹蓄18克，焦柏叶24克，姜黄18克，藕节炭15克，炒蒲黄15克。

【用法用量】研末，开水冲调，候温，加黄酒150毫升，草前煎服。

【功效】补脾益肾，活血止血。

【应用】用于肾脾亏虚型。（甘肃中兽医诊疗经验）

方5（秦艽散）

【处方】秦艽60克，蒲黄45克，知母30克，黄柏30克，红花20克，汉三七15克，扁蓄30克，瞿麦30克，木通30克，车前子30克，竹叶20克，滑石45克，甘草15克。

【用法用量】无。

【功效】清热通淋，祛瘀止血。

【应用】用于治疗骆驼膀胱出血。（张莹斋，畜牧兽医简讯，1979，6）

31. 驼砂石淋

方1（金砂滑石散）

【处方】滑石30克，桑白皮45克，茅根30克，石苇30克，陈皮30克，猪苓30克，赤芍30克，海金沙30克（另包冲服），萹蓄45克，瞿麦30克，枳实30克，竹叶30克，木香15克，灯心草15克，甘草梢30克。

【用法用量】共为末，大米120克水煎煮后取汁冲药，候温灌服，隔天1剂，连灌5～

---

[1] 汤德元，陶玉顺主编.实用中兽医学.北京：中国农业出版社，2005。

7剂。

　　【功效】清热除湿，利尿通淋。

　　【应用】适用于患病初期。（骆驼病诊疗经验）

方2

　　【处方】西瓜适量（捣碎），白糖120克。

　　【用法用量】水煎取汁，混合约3000毫升，候温后再加黄酒250ml灌服。

　　【功效】利尿通淋。

　　【应用】秋季发病者用，可反复使用。（骆驼病诊疗经验）

32. 驼肾虚腰软

方1（益智黄芪散）

　　【处方】黄芪60克，益智仁30克，山萸肉30克，山药30克，云苓25克，牡丹皮30克，熟地30克，炮泽泻30克，何首乌30克，枸杞30克，淫羊藿30克，当归30克，天雄30克，肉苁蓉45克，桂枝30克，木香15克。

　　【用法用量】共为末，开水冲，加黄酒250克，混合灌服，隔天1剂，连灌4剂。

　　【功效】补气益血，暖腰益肾。（骆驼病诊疗经验）

方2（茴香暖腰散）

　　【处方】炒茴香60克，党参45克，当归45克，炒白术30克，茯神30克，熟地30克，炒白术30克，炙甘草30克，川芎30克，炒枳壳30，枸杞子30克，芦巴子20克，炙附片30克。

　　【用法用量】共为末，开水冲，加炒盐60克，混合灌服。

　　【功效】祛湿散寒，健脾益气。（骆驼病诊疗经验）

33. 驼阴肾黄

方1（公英茴香散）

　　【处方】蒲公英90克，炒茴香30克，青皮30克，佛手片30克，台乌30克，良姜30克，五灵脂30克，益智仁30克，木通30克，地肤子30克，车前子30克，云苓30克，酒知母30克，酒黄柏30克，滑石30克。

　　【用法用量】共为末，开水冲，候温加白酒120克，葱120克（切葱），混合灌服。

　　【功效】暖肾助阳，利水消肿。（骆驼病诊疗经验）

方2（降气消黄散）

　　【处方】酒知母30克，酒黄柏30克，木香15克，栀子30克，郁金30克，陈皮30克，木通30克，香附30克，生地30克，白药子30克，甘草30克。

　　【用法用量】共为末，开水冲药，加大葱120克（捣烂）混合灌服。本方可在先服"公英茴香散"后方可服用。

　　【功效】活血消肿。（骆驼病诊疗经验）

34. 驼滑精

方1（加味莲子清心饮）

【处方】黄芩 60 克，麦冬 30 克，石莲子 30 克，云苓 30 克，黄芪 45 克，党参 45 克，柴胡 30 克，白芍 30 克，龙骨 30 克，牡蛎 30 克，车前子 30 克，黄连 15 克，甘草 30 克，地骨皮 45 克。

【用法用量】共为末，开水冲，加蜂蜜 250 克，混合灌服。隔天 1 剂，连灌 5～7 剂。

【功效】益阴降火，补气固精。（骆驼病诊疗经验）

方2

【处方】韭菜籽 120 克，枯矾 50 克。

【用法用量】共为末，鸡蛋清 10 个，开水冲，混合灌服。

【功效】补肾益固精。（骆驼病诊疗经验）

35. 驼心经热毒

方1（加味连翘散）

【处方】连翘 45 克，栀子 30 克，桔梗 30 克，当归 25 克，赤芍 30 克，元参 30 克，黄芩 45 克，红花 30 克，葛根 30 克，陈皮 30 克，远志 30 克，金银花 30 克，甘草 30 克，黄连 15 克，蒲公英 30 克。

【用法用量】共为末，开水冲，蜂蜜 250 克，混合灌服。

【功效】泻火解毒，滋阴润燥。（骆驼病诊疗经验）

方2

【处方】砖茶 250 克，大黄 90 克。

【用法用量】共为末，开水冲，候温灌服，隔天 1 剂，连灌 3～5 剂。

【功效】利尿泻火。（骆驼病诊疗经验）

36. 驼心悸

方1（加减归脾汤）

【处方】党参 30 克，黄芪 45 克，白术 45 克，当归 30 克，茯神 30 克，远志 30 克，焦枣仁 30 克，元肉 60 克，赤芍 30 克，黄连 25 克，木香 15 克，甘草 30 克，生姜 15 克，大枣 60 克。

【用法用量】共为末，开水冲药，蜂蜜 250 克，将大枣加水煎煮，除去枣核，混合候凉一次灌服，每天 1 剂，连灌 5～7 剂。

【功效】健脾养心，补益气血。（骆驼病诊疗经验）

方2（双补健脾散）

【处方】当归 30 克，川芎 25 克，白芍 30 克，生地 45 克，党参 30 克，苍术 30 克，云苓 30 克，炙苏子 30 克，炒大黄 30 克，滑石 25 克，甜瓜籽 30 克，甘草 30 克。

【用法用量】共为末，开水冲，加猪胆 2 个（鲜的用汁，干的用粉），混合灌服，每天 1

剂，连用 5～6 剂。

【功效】健脾益气，补血调血。主治老年驼乏弱多惊。（骆驼病诊疗经验）

37. 驼脾虚风邪

方1（加味天麻散）

【处方】天麻 30 克，苍术 45 克，羌活 30 克，党参 30 克，当归 30 克，升麻 30 克，丹参 30 克，川芎 30 克，黄芪 60 克，防风 30 克，首乌 30 克，甘草 30 克，独活 30 克，桂枝 30 克。

【用法用量】共为末，开水冲，大葱 120 克（捣烂），混合灌服，每天 1 剂，连灌 3 剂，灌药后，身搭毡屉，令其出汗。

【功效】燥湿健脾，祛风活血。（骆驼病诊疗经验）

方2（加味八珍汤）

【处方】党参 60 克，白术 60 克，云苓 30 克，当归 60 克，生地 30 克，川芎 30 克，白芍 30 克，半夏 30 克，茵陈 30 克，木香 25 克，芫花 20 克，菖蒲 30 克，麦芽 30 克。

【用法用量】共为末，开水冲，加入炒小米（研细）250 克，混合灌服。

【功效】益气健脾，补血调血。每天饲喂适量食盐。（骆驼病诊疗经验）

38. 驼盗汗

方1（加味党归六黄汤）

【处方】当归 30 克，生地 30 克，熟地 30 克，黄连 25 克，黄柏 30 克，黄芪 30 克，知母 30 克，牡蛎 30 克，鳖甲 30 克，五味 30 克，地骨皮 30 克，麻黄根 30 克。

【用法用量】共为末，开水冲，加入炒盐 60 克，混合灌服，隔天 1 剂，连服 3～5 剂。

【功效】滋阴降火，固表敛汗。（骆驼病诊疗经验）

方2

【处方】麻黄根 60 克，浮小麦 1000 克。

【用法用量】共为末，加韭菜汁适量，开水冲，混合灌服。

【功效】固表止汗。（骆驼病诊疗经验）

方3（当归六黄汤加味）

【处方】黄芪 60 克，浮小麦 60 克，当归 40 克，生地 40 克，熟地 40 克，牡蛎 40 克，麻黄根 40 克，黄柏 30 克，知母 30 克，黄芩 20 克，黄连 20 克，龟板 20 克。

【用法用量】水煎服，每日 1 剂，10 天为一个疗程。

【功效】滋阴泻火，固表止汗。

【应用】用于阴虚火旺所出现的盗汗。（温伟等，中国兽医杂志，2012，11）

39. 驼热晕风

方1（清热三黄汤）

【处方】黄芩 60 克，黄连 30 克，黄柏 30 克，桔梗 30 克，白芷 30 克，党参 25 克，防风

326

30 克，大黄 60 克，云苓 30 克，栀子 45 克，麦冬 30 克，香薷 30 克，当归 30 克，生地 30 克。

【用法用量】共为末，开水冲，加入浆水适量，混合灌服，隔天 1 剂，连灌 3～5 剂。

【功效】清热凉血，活血解毒。（骆驼病诊疗经验）

方 2（清血石膏汤）

【处方】生石膏 60 克（水飞），知母 30 克，贝母 30 克，黄药子 30 克，白药子 30 克，黄柏 30 克，菊花 30 克，郁金 30 克，川芎 30 克，远志 30 克。

【用法用量】共为末，开水冲，加入白糖 120 克，混合灌服，每天 1 剂，连灌 5 剂。

【功效】清热解肌，活血安神。（骆驼病诊疗经验）

40. 驼血热风邪

方 1（清血四物汤）

【处方】当归 60 克，川芎 30 克，生地 30 克，白芍 30 克，大黄 90 克，黄芩 60 克，栀子 60 克，郁金 60 克，桃仁 30 克，红花 15 克，连翘 30 克，细辛 15 克，甘草 30 克。

【用法用量】共为末，开水冲，加蜂蜜 250 克，候温灌服，每天 1 剂，连灌 5～7 剂。

【功效】凉血熄风。（骆驼病诊疗经验）

方 2（白芷凉膈散）

【处方】党参 30 克，白芷 45 克，云苓 30 克，桔梗 30 克，大黄 60 克，赤芍 60 克，砖茶 250 克，甘草 30 克。

【用法用量】共为末，开水冲药，候温灌服。

【功效】宣肺清热。（骆驼病诊疗经验）

41. 驼闷症

方 1（清热止暑散）

【处方】白扁豆 30 克，白芷 30 克，石莲子 30 克，香薷 30 克，郁金 30 克，白药子 30 克，元参 30 克，丹参 30 克，青蒿 30 克。

【用法用量】共为末，开水冲，加浆水适量，混合灌服。

【功效】消热解暑。（骆驼病诊疗经验）

方 2（加味消黄散）

【处方】黄药子 60 克，白药子 60 克，黄连 30 克，栀子 30 克，桔梗 30 克，香薷 30 克，川芎 25 克，花粉 30 克，何首乌 30 克，荆芥 30 克，贝母 30 克，茯苓 30 克，知母 30 克，二花 30 克，桂枝 15 克，甘草 30 克。

【用法用量】共为末，开水冲，加蜂蜜 250 克，混合候凉灌服。每天 1 剂，连灌 3～5 剂。

【功效】解暑利湿，调和营卫。（骆驼病诊疗经验）

方 3（三黄石膏汤）

【处方】黄芩 90 克，黄柏 60 克，大黄 90 克，生石膏 45 克，桔梗 30 克，连翘 60 克，郁金 60 克，金银花 30 克，甘草 30 克，蜂蜜 250～500 克，浆水（酸菜水）3500～5000 毫升为引。

【用法用量】每日或隔日 1 剂，5～6 剂可愈。夏季加黄连。

【功效】清热祛邪。

【应用】用于成年驼闷热症。（杨中齐整理．兽医科技杂志，1981，5）

方 4（加味香薷散）

【处方】生香薷 60 克，黄芩 30 克，栀子 30 克，连翘 30 克，白芍 30 克，葛根 30 克，紫苏 30 克，甘草 30 克，胡黄连 30 克，秦艽 30 克，郁金 30 克，槐花 30 克，薄荷 30 克，白砂糖 250 克为引。

【用法用量】夏季加木通，瞿麦。

【功效】清热祛邪。

【应用】用于幼龄驼闷热症。（杨中齐整理．兽医科技杂志，1981，5）

42. 驼中毒

方 1（败毒黄金散）

【处方】大黄 60 克，甘草 60 克，金银花 30 克，黄连 30 克，芒硝 150 克，二丑 30克，郁金 30 克，豆豉 30 克，防风 30 克，枳实 30 克，黄芪 45 克，土茯苓 30 克，荆芥穗 30 克。

【用法用量】共为末，开水冲，加碱面 90 克，混合一次灌服，隔天 1 剂，连灌 3～5 剂。

【功效】清热解毒。

【应用】适用于慢性酸中毒。（骆驼病诊疗经验）

方 2（乌梅解毒汤）

【处方】乌梅 90 克，山楂 60 克，五味子 60 克，木炭末 250 克。

【用法用量】共为末，开水冲，加陈醋 120 毫升，混合一次灌服，每天 1 剂，连灌 5 剂。

【功效】开护胃，生津，解毒。

【应用】适用于慢性碱中毒。（骆驼病诊疗经验）

方 3

【处方】甘草 120 克，炒扁豆 250 克。

【用法用量】共为末，开水冲，加陈醋 120 毫升，混合一次灌服，每天 1 剂，连灌 3～5 剂。

【功效】解毒。

【应用】适用于毒草中毒。（骆驼病诊疗经验）

方 4

【处方】消黄散 300 克，清热解毒散 100 克，清心散 100 克。

【用法用量】置于盆中加开水 1000～1500 毫升搅拌，候温空腹灌服，每峰骆驼 500 克，隔日重复 1 次。

【功效】解毒。

【应用】适用于沙葱中毒。(潘存洋等.动物毒物学,2009,1-2)

方5(甘草绿豆汤)

【处方】甘草250克,绿豆300克。

【用法用量】混合煮成汤一次灌服,每日1次,连用3~5天。

【功效】解毒。

【应用】适用于霸王(蒺藜科霸王属的多年生木本植物,是骆驼、牛、羊等反刍动物良好的食用植物)幼芽中毒。(张有辉等.甘肃畜牧兽医,2002,2)

43. 驼龟项风

方1(天麻活络散)

【处方】天麻30克,防风30克,荆芥25克,桔梗30克,白芷30克,当归45克,川芎25克,秦艽30克,南星25克,红花30克,升麻15克,独活30克,苏叶30克,连翘20克,甘草20克,薄荷15克。

【用法用量】共为末,开水冲药,加蜂蜜250克,混合灌服。灌服3剂后,去升麻、连翘、薄荷。加桂枝45克,桑寄生30克,白附子30克,芒硝120克,再灌3剂。

【功效】祛风活络。(骆驼病诊疗经验)

方2(加味追风散)

【处方】苍术30克,细辛15克,白芷30克,乌蛇30克,川芎30克,骨碎补30克,红花25克,防风30克,伸筋草30克,没药30克,牙皂15克,白附子30克。

【用法用量】共为末,开水冲,加白酒120毫升,混合一次灌服,连灌3~5剂。

【功效】活血通络。(骆驼病诊疗经验)

44. 驼癫痫

方1(柴葛平肝散)

【处方】柴胡45克,葛根30克,菊花30克,黄连25克,黄芩45克,苦参30克,生地45克,贝母30克,桔梗30克,栀子30克,香薷30克,焦枣仁30克,大黄30克,滑石30克,法半夏25克,金银花30克,甘草30克。

【用法用量】共为末,开水冲药,加陈醋120毫升,混合灌服,每天1剂,连灌5~7剂。

【功效】泻热化痰,熄风镇静。(骆驼病诊疗经验)

方2(橘红散)

【处方】橘红60克,胆南星25克,细辛15克,丹参30克,姜半夏30克,天麻25克,枳实30克,白附子20克,二丑30克,三棱30克,茯神30克,独活30克,防风30克,木通30克,甘草30克,朱砂15克(另研)。

【用法用量】共为末,开水冲,大葱120克(捣烂),混合灌服。

【功效】破气化痰,安神镇静。

【应用】春秋季应用。(骆驼病诊疗经验)

45. 驼青干病

方1(白术散)

【处方】白术 60 克，白芍 60 克，黄芩 30 克，青皮 30 克，陈皮 30 克，郁金 25 克，木香 12 克，大黄 60 克，黄药 120 克，白药 120 克，甘草 30 克。

【用法用量】共为末，开水冲，加蜂蜜 120 克，一次灌服，每天 1 剂，连灌 1～5 剂。

【功效】清热解毒，健脾理气。

【应用】用于热伤型。(骆驼病诊疗经验)

方2(加味七伤散)

【处方】知母 60 克，贝母 25 克，防己 60 克，青皮 30 克，陈皮 30 克，干姜 15 克，白芍 60 克，肉蔻(去油) 30 克，党参 30 克，当归 60 克，瓜蒌 60 克，桔梗 30 克，大黄 60 克，补骨脂 30 克，槟榔(另研) 25 克，官桂 25 克，木香 12 克，黄药子 120 克，白药子 120 克。

【用法用量】共为末，开水冲药，加蜂蜜 180 克，候温一次灌服，每隔 2 天灌 1 剂，宜灌 1～6 剂。

【功效】清热解毒，健脾理气。

【应用】用于劳伤型。(骆驼病诊疗经验)

方3(桂枝厚朴汤)

【处方】桂枝 45 克，当归 60 克，青皮 30 克，陈皮 30 克，甘草 30 克，厚朴 30 克，山楂 60 克，二丑 30 克，干姜 20 克，菖蒲 60 克，茯苓 90 克，生姜 35 克。

【用法用量】共为末，开水冲，候温一次灌服，每天 1 剂，连服 1～4 剂。

【功效】健脾益气。

【应用】适用于寒伤型。(骆驼病诊疗经验)

方4

【处方】生姜 40 克，羊肝 1 个，萝卜 1.5 千克。

【用法用量】分别捣碎，混合灌服。

【功效】温中理气，益肝健脾。(骆驼病诊疗经验)

方5(养营扶赢散)

【处方】党参 100 克，白术 30 克，白芍 30 克，熟地 30 克，黄芪 30 克，山药 30 克，陈皮 30 克，五味子 30 克，芦巴子 30 克，补骨脂 30 克，枳壳 30 克，山楂 30 克，云苓 20 克，木香 20 克，炙草 20 克，生姜 20 克，大枣 20 克，当归 50 克，糯米 250 克，生猪油 200 克。

【用法用量】上药共为末，大枣、糯米煎汤，取汁冲调药末，将生猪油切成细末一并掺入搅匀，候温一次灌服。

【功效】气血双补、疏肝培土。

【应用】用本方治疗 29 例青干病骆驼中后期，获得理想的治疗效果。(雷振春.中兽医学杂志，1997，3)。

46. 驼破伤风

方1(党归羌活散)

【处方】当归 30 克，红花 25 克，桂枝 30 克，羌活 45 克，独活 30 克，木瓜 30 克，麻黄

25克，藿香 30克，草乌 15克，黄连 20克，麦冬 30克，川芎 30克，赤芍 30克，熟地 30克，防风 30克，甘草 30克。

【用法用量】共为末，开水冲药，加蜂蜜 250克，混合灌服。

【功效】解表散寒，止惊解痉。

【应用】适用于发病初期。灌药后身搭毡屉，令其出汗。（骆驼病诊疗经验）

方 2（乌蛇全虫散）

【处方】乌蛇 45克，金银花 45克，防风 45克，生黄芪 45克，全蝎 30克，蝉蜕 30克，白菊花 30克，酒当归 30克，酒大黄 30克，麻根 30克，天南星 24克，羌活 20克，荆芥 25克，栀子 25克，桂枝 15克，地龙 15克，甘草 15克。

【用法用量】水煎，加白酒（或黄酒）250毫升，调和灌服。伤口在头者，加白芷、薄荷；口涎过多者，去黄芪、麻根，加白芍、干姜、半夏；背腰强拘严重者，加炒僵蚕、酒续断，血竭；四肢僵硬严重者，加羌活、独活、茯苓、红花、木瓜；尿不利者加车前子。

【功效】解表散邪，止惊解痉。

【应用】适用于发病初期。（新编中兽医治疗大全）

方 3

【处方】乌蛇 250克，僵蚕 60克，升麻 60克，全蝎 60克，羌活 30克，防风 30克，附子 30克，川芎 30克，京子 30克，麻黄 30克，桂枝 60克，蝉蜕 60克，蜈蚣 5条。

【用法用量】共为末，加白酒 500毫升，开水冲服。

【功效】祛风镇惊，解毒止痉。

【应用】适用于发病中期。（新编中兽医治疗大全）

方 4

【处方】白术 30克，苍术 30克，川芎 24克，川乌 15克，细辛 15克，羌活 30克，防风 30克，乌蛇 60克，天虫 60克，朱砂 15克，雄黄 15克。

【用法用量】共为细末，开水冲服。

【功效】补气养血，镇惊解痉。

【应用】适用于发病后期。（新编中兽医治疗大全）

47. 驼灯盏黄

方 1（加减地黄散）

【处方】熟地 45克，黄芩 45克，生地 30克，天冬 30克，金银花 30克，柴胡 30克，黄连 15克，白芍 30克，地骨皮 30克，当归 30克，枳壳 30克，甘草 45克。

【用法用量】共为末，开水冲，加猪苦胆 2个（鲜的用汁，干的用粉），混合灌服。

【功效】滋阴凉血，清热解毒。

【应用】对停草歇料的患驼，每天用青稞珍子煎粥加陈醋灌服。（骆驼病诊疗经验）

方 2

【处方】韭菜汁 250克，蜂蜜 250克。

【用法用量】混合灌服。

【功效】清热解毒。（骆驼病诊疗经验）

48. 驼疔症

方1（清血消黄散）

【处方】知母60克，贝母60克，黄芩45克，黄柏30克，栀子30克，土茯苓30克，元参30克，生地30克，当归60克，川芎30克，黄连20克，芦根30克，红花20克，金银花45克，甘草30克。

【用法用量】共为末，开水冲，加韭菜汁120克、蜂蜜250克，混合灌服，每天1剂，连灌1～3剂。

【功效】清热解毒，泻火消肿。（骆驼病诊疗经验）

方2（加减仙方活命饮）

【处方】金银花60克，炮山甲30克，皂刺25克，当归60克，甘草30克，赤芍30克，花粉30克，陈皮30克，羌活25克，白芷25克，贝母25克，阿胶30克，黄芪45克。

【用法用量】共为末，开水冲药，加白酒120毫升，混合一次灌服。每天1剂，连灌3～5剂。

【功效】清热解毒，消肿排脓。

【应用】适用于发病中期，成脓者排脓，未成脓者散瘀。（骆驼病诊疗经验）

方3（透脓散）

【处方】炮山甲30克，皂刺60克，当归45克，赤芍25克，陈皮30克，藿香25克，苍耳子30克，神曲15克，白芷30克，车前草60克，骨碎补25克，连翘45克，红花15克，秦艽25克，枳壳30克，甘草15克，炒香附30克。

【用法用量】共为末，开水冲，候凉灌服，隔天1剂，连灌5～7剂。

【功效】补气养血，排脓敛疮。

【应用】适用于发病后期，促进成脓，收口敛疮。（骆驼病诊疗经验）

方4（防风愈疮散）

【处方】防风60克，当归45克，花椒15克，艾叶30克，白矾25克，红花15克，黄连15克，甘草10克。

【用法用量】捣碎，加水2500～5000毫升，煎汁，冲洗患部，连洗2～3次。

【功效】活血化瘀，排脓消肿。

【应用】适用于疔破溃后外洗。（骆驼病诊疗经验）

49. 驼草瘊子

方1（清消石膏散）

【处方】黄芩45克，石膏60克，金银花30克，连翘30克，桔梗30克，番泻叶25克，牙皂20克，木香15克，黄连须15克，栀子30克，甘草30克，龙胆草30克。

【用法用量】共为末，开水冲，加蜂蜜120克，混合候凉灌服。

【功效】败毒消肿，清热护阴。（骆驼病诊疗经验）

方2（消补散）

【处方】党参45克，白术30克，云苓30克，当归30克，川芎25克，熟地30克，白芍30克，香附30克，炙甘草30克，金银花30克，栀子30克，蒲公英60克，郁金30克，大黄60克，紫花丁60克。

【用法用量】共为末，开水冲药，加食盐60克，混合灌服。

【功效】健脾益气，清热解毒。

【应用】适用于体质瘦弱病驼。（骆驼病诊疗经验）

方3

【处方】植物油60克，雄黄30克（研细）。

【用法用量】植物油熬煎，雄黄投入植物油内炸至发黑，趁热烫患部。每天1次，连用3～5次。（骆驼病诊疗经验）

50. 驼大头瘟

方1（加减普济消毒散）

【处方】黄芩45克，黄连30克，板蓝根30克，木通30克，连翘30克，元参25克，云苓30克，桔梗30克，牛蒡子30克，瞿麦30克，防风25克，升麻15克，天麻20克，白芷15克，地肤子30克，菊花15克，大黄15克，金银花30克

【用法用量】共为末，开水冲，加浆水适量、蜂蜜120克，混合灌服，隔天1剂，连灌3～5剂。

【功效】疏散风邪，清热解毒。（骆驼病诊疗经验）

方2（防风通经散）

【处方】防风60克，荆芥30克，连翘30克，滑石30克，麻黄25克，薄荷20克，川芎25克，甘草25克，当归30克，白芍30克，白术30克，栀子25克，大黄30克，芒硝30克，黄芩20克，桔梗25克，石膏30克。

【用法用量】共为末，开水冲药，候凉灌服。

【功效】解表通里，疏风清热。（骆驼病诊疗经验）

51. 驼眼外伤

方1（加味青葙子散）

【处方】青葙子30克，木贼30克，蝉蜕25克，白蒺藜30克，杏仁30克，当归30克，石决明30克，白芍30克，红花25克，草决明30克，细辛15克，乌梅30克，菊花30克，甘草30克。

【用法用量】共为末，开水冲，蜂蜜250克混合，候凉灌服。

【功效】清肝明目，活血退翳。（骆驼病诊疗经验）

方2（菊花决明散）

【处方】杭菊花30克，草决明30克，石决明30克，防风30克，蔓荆子30克，黑元参

30 克，白茯苓 30 克，生地黄 30 克，甘草梢 30 克。

【用法用量】共为末，开水冲药，加浆水适量，候温一次灌服。

【功效】清肝明目。（骆驼病诊疗经验）

52. 驼闪骨遮睛

方1（龙胆苍术散）

【处方】龙胆草 45 克，苍术 30 克，生地 45 克，栀子 30 克，柴胡 30 克，菊花 30 克，黄芩 30 克，木通 30 克，桔梗 30 克，杏仁 30 克，甘草 30 克，木香 15 克，荆芥 30 克，茵陈 60 克。

【用法用量】共为末，开水冲，蜂蜜 250 克，混合灌服。每天 1 剂，连灌 3～5 剂。

【功效】清热凉肝，疏散解郁。（骆驼病诊疗经验）

方2

【处方】胆矾 15 克，黄连 6 克，铜绿 6 克，冰片 2 克。

【用法用量】共为细末，过筛。每次取少许点眼，每天 2～3 次。

【功效】泻火解毒，去腐退翳。（骆驼病诊疗经验）

53. 驼肝热眼昏

方1（加味决明散）

【处方】石决明 30 克（煅），草决明 30 克（炒），枸杞子 30 克，桔梗 30 克，木贼 30 克，杭菊 30 克，谷精草 30 克，蝉蜕 25 克，荆芥 30 克，桑叶 30 克，旋覆花 30 克，苍术 30 克，黄柏 30 克，黄芩 30 克，甘草 30 克，砖茶 120 克。

【用法用量】共为末，开水冲，候温灌服，隔天 1 剂，连灌 3～5 剂。

【功效】清肝明目，泻热清营。（骆驼病诊疗经验）

方2

【处方】密蒙花 90 克，菊花 60 克，金银花 60 克，蝉蜕 60 克，青葙子 60 克，木贼 60 克，石决明 60 克，当归 60 克，草决明 60 克，谷精草 60 克。

【用法用量】共为细末，开水冲，加鸡蛋清 10 个，白糖 500 克为引，一次灌服。

【功效】清肝明目，养阴退翳。（酒泉地区中兽医验方汇编）

54. 驼结膜炎、角膜炎

方1（青葙子散）

【处方】青葙子 30 克，柴胡 30 克，葛根 30 克，黄连 30 克，黄柏 30 克，赤芍 30 克，苏叶 30 克，知母 30 克，杭菊 30 克，甘草 30 克。

【用法用量】共为末，开水冲，加蜂蜜 120 克，混合灌服。

【功效】清热明目。（骆驼病诊疗经验）

方 2

【处方】茵陈 120 克，大黄 90 克。

【用法用量】共为末，开水冲，加陈醋 60 毫升，混合灌服。

【功效】清肝明目。（骆驼病诊疗经验）

方 3

【处方】冰片 10 克，熊胆 3 克，硼砂 15 克，硇砂 3 克，铜绿 15 克，辛红 6 克，琥珀 1.5 克。

【用法用量】研成细末喷撒在病眼内。

【功效】清肝明目。

【应用】用于传染性角膜结膜炎。（马兰花等．中国兽医杂志，2012，3）

55. 驼疔疮、背肋黑疮

方 1（健补十全散）

【处方】党参 60 克，黄芪 60 克，白术 30 克，当归 45 克，赤芍 30 克，川芎 30 克，云苓 30 克，甘草 30 克，制乳香 30 克，红花 25 克，木香 15 克，制没药 30 克。

【用法用量】共为末，开水冲，加猪油 250 克，混合一次灌服。

【功效】消肿化腐，托疮生肌。

【应用】适用于背肋黑疮，症见两峰间和两肋部皮肤肌肉流脓血，久不收口，颜色变黑。根据使用季节加减：春季，加陈皮 30 克、防风 25 克、蝉蜕 30 克；夏季，加木通 30 克、酒军 30 克，去猪油加砖茶 250 克；秋季，加苍术 30 克、苍耳子 30 克、蛇床子 30 克；冬季，加大腹皮 30 克、香附 30 克、炒盐 60 克。（骆驼病诊疗经验）

方 2

【处方】金银花 30 克，黄芩 30 克，红花 30 克，土茯苓 30 克，防风 30 克，花椒 20 克，当归 30 克，甘草 25 克，石膏 30 克（另研）。

【用法用量】加水适量煎煮，取汁去渣，冲洗疮面。洗后撒上研细的石膏粉，30 分钟后再用药液冲洗。如此反复多次。

【功效】清热解毒，消肿。

【应用】适用于背肋黑疮。（骆驼病诊疗经验）

方 3（补益散）

【处方】党参 60 克，当归 45 克，白术 30 克，木香 20 克，熟地 30 克，益智仁 30 克，红花 15 克，桂枝 30 克，甘草 30 克，云苓 30 克，黄芪 45 克，桑椹 30 克（炒），白芍 30 克，川芎 25 克。

【用法用量】共为末，开水冲，加猪油 500 克，混合灌服。

【功效】理气活血，去腐生肌。

【应用】适用于阴疔疮。（骆驼病诊疗经验）

方 4（七补散）

【处方】知母 45 克，贝母 30 克，黄柏 30 克，当归 30 克，红花 15 克，川楝子 30 克，青蒿 30 克，桔梗 30 克，党参 30 克，栀子 30 克，黄芪 30 克，破骨纸（炒）30 克，槐花 25 克，瓜蒌 60 克，甘草 15 克。

【用法用量】共为末，开水冲，加食盐 90 克，清油 250 毫升，混合灌服。

【功效】清热解毒，活血散瘀。

【应用】适用于阳疔疮。（骆驼病诊疗经验）

方 5（防风汤）

【处方】防风 30 克，川乌 30 克，全虫 15 克，红花 15 克，花椒 15 克，白芷 30 克，当归 30 克，木香 15 克，川芎 15 克。

【用法用量】水煎去渣，加食盐 60 克，溶化后洗患部。连用 4～5 次。

【功效】祛风解表。

【应用】适用于疔疮。（骆驼病诊疗经验）

方 6

【处方】枯麻绳。

【用法用量】适量烧灰，加植物油 60 毫升，调和，在患部涂搽。

【功效】收湿敛疮。

【应用】疔疮。（骆驼病诊疗经验）

56. 驼锅底黄

【处方（加味消黄散）】苍术 60 克，酒知母 30 克，酒黄柏 30 克，赤芍 30 克，黄药子 30 克，木香 15 克，云苓 30 克，木通 30 克，白药子 30 克，栀子 30 克，甘草 30 克。

【用法用量】共为末，开水冲，候凉灌服。每天 1 剂，连灌 3～5 剂。

【功效】健脾燥湿，理气消肿。

【应用】根据使用季节加减：春季，加茵陈、香附、蜂蜜；夏季，加黄连、金银花、大黄、石膏、浆水；秋季，加香薷、滑石、瞿麦、鸡子清。（骆驼病诊疗经验）

57. 驼蹄病

方 1（活血止痛散）

【处方】当归 45 克，川芎 30 克，红花 25 克，桔梗 30 克，乳香 30 克，没药 30 克，桂枝 30 克，川乌 20 克，刘寄奴 30 克，花椒 15 克，香附 30 克，威灵仙 30 克，党参 30 克，黄芪 30 克，曼陀罗 20 克，甘草 30 克。

【用法用量】共为末，开水冲，加白酒 250 毫升，混合灌服。

【功效】理气活血，散瘀止痛。

【应用】适用于驼蹄甲损伤。（骆驼病诊疗经验）

方 2

【处方】花椒 30 克，辣椒 30 克，红花 15 克，艾叶 120 克。

【用法用量】水煎去渣，取汁外洗。每天 2 次。药渣可反复煎煮 2～3 次，洗过 3～4 日后，用纱布包扎，外敷溶化黄蜡，防止再次受伤。

【功效】活血消肿。

【应用】适用于驼蹄甲损伤。(骆驼病诊疗经验)

方3(乌头牛膝散)

【处方】牛膝 30 克,乌头 25 克,香附 45 克,陈皮 30 克,枳壳 30 克,桂枝 30 克,桑枝 30 克,秦艽 30 克,红花 15 克,木香 20 克,续断 30 克,杜仲 30 克,血竭 15 克,白及 30 克,白蔹 30 克,甘草 30 克。

【用法用量】共为末,开水冲,加葱白 120 克(捣烂),混合灌服。

【功效】活血止痛,生肌敛疮。

【应用】适用于驼蹄掌折裂。(骆驼病诊疗经验)

方4

【处方】花椒 30 克。

【用法用量】煎汁,加碱面 60 克,浸洗患蹄,清除裂皮腐肉,缝合裂口。若蹄掌穿孔,先清除异物,再用泡软的牛皮缝补伤口。

【功效】活血消肿。

【应用】适用于驼蹄掌折裂。(骆驼病诊疗经验)

方5

【处方】大黄 120 克,白药子 60 克,黄药子 60 克,知母 30 克,黄柏 45 克,当归 60 克,白术 60 克,金银花 30 克,红花 30 克,赤芍 45 克,黄芩 30 克,郁金 30 克,元参 60 克,花粉 30 克。

【用法用量】共为末,开水冲,加蜂蜜 120 克,清油 120 毫升。候温灌服。

【功效】活血止痛,生肌敛疮。

【应用】适用于驼蹄底磨损。(酒泉地区中兽医验方汇编)

方6

【处方】蜂蜜 60~90 克。

【用法用量】患部涂抹,数次可痊愈。

【功效】生肌敛疮。

【应用】适用于驼蹄底磨损。(酒泉地区中兽医验方汇编)

58. 驼髋关节脱臼

方1(攒筋续断散)

【处方】牛膝 30 克,桂枝 30 克,续断 45 克,当归 30 克,川芎 30 克,五加皮 30 克,乳香 30 克,葛根 30 克,炙龟板 30 克,毛姜 30 克,木香 20 克,炙鳖甲 30 克,川楝子 24 克,甘草 30 克,白芥子 30 克。

【用法用量】共为末,开水冲,加白酒 120 毫升,混合灌服。

【功效】祛瘀活血,消肿止痛。(骆驼病诊疗经验)

方2(红花汤)

【处方】红花 30 克,当归 30 克,川芎 30 克,毛姜 60 克,川乌 30 克,黄柏 30 克,椿皮

30 克。

【用法用量】外洗法。加水煎煮，洗患部，反复 4～5 次。

【功效】活血祛瘀。（骆驼病诊疗经验）

59. 驼夹气痛

方1(理气止痛散)

【处方】藿香 30 克，当归 30 克，炒元胡 30 克，酒大黄 30 克，党参 60 克，桔梗 25 克，炒没药 30 克，炙甘草 15 克，桂枝 30 克，乳香 30 克，炒白芍 30 克，防风 30 克，木香 20 克，独活 30 克，自然铜 30 克（水飞）。

【用法用量】共为末，开水冲药，加大葱 250 克（捣烂），白酒 120 毫升，混合一次灌服。

【功效】理气活血，散瘀止痛。（骆驼病诊疗经验）

方2(骨碎补散)

【处方】补碎骨 60 克（酒炒），乳香 30 克，没药 30 克，血竭 15 克（另包），当归 30 克，红花 15 克，土元 15 克，桔梗 30 克，桂枝 30 克，知母 30 克（酒炒），牛膝 30 克，木香 15 克，自然铜 30 克（醋淬），甘草 30 克。

【用法用量】共为末，开水冲药，加童便适量，混合一次灌服。

【功效】补肾健骨，止痛。

【应用】适用于外夹气痛。（全国中兽医经验选编）

60. 驼五攒痛

方1(加减茵陈散)

【处方】茵陈 120 克，香附 60 克，没药 30 克，当归 30 克，郁金 30 克，红花 30 克，陈皮 30 克，青皮 30 克，云苓 30 克，杏仁 30 克，桔梗 30 克，白药子 30 克，枇杷叶 30 克，甘草 30 克。

【用法用量】共为末，开水冲药，清油 120 毫升，混合灌服，每天 1 剂，连灌 3～5 剂。

【功效】宽胸利膈，散瘀止痛。（骆驼病诊疗经验）

方2(沙参止痛散)

【处方】沙参 30 克，枳壳 30 克，乳香 30 克，橘红 45 克，赤芍 30 克，丝瓜络 30 克，郁金 30 克，牛膝 30 克，荷叶 30 克，知母 30 克，甘草 30 克。

【用法用量】共为末，开水冲药，加童便 500 毫升，混合灌服，隔天 1 剂，连灌 3 剂。

【功效】活血止痛。（骆驼病诊疗经验）

61. 驼腰胯闪伤

方1(补气止痛散)

【处方】党参 45 克，白芷 30 克，细辛 15 克，陈皮 30 克，木香 15 克，花椒 15 克，乳香

30 克，枳壳 30 克，没药 30 克，当归 30 克，赤芍 30 克，半夏 30 克，毛姜 30 克，黄芪 30 克，泽泻 30 克，自然铜 30 克。

【用法用量】共为末，开水冲药，白酒 120 毫升，混合灌服。

【功效】理气活血，消肿止痛。（骆驼病诊疗经验）

方 2（乳没散）

【处方】乳香 18 克，没药 18 克，牛膝 18 克，骨碎补 30 克，自然铜 24 克，当归 18 克，红花 12 克，延胡索 15 克，龙骨 24 克，血竭花 12 克，青皮 15 克，乌药 18 克，元桂 18 克，葫芦巴 15 克，陈皮 12 克，破故纸 15 克，巴戟天 15 克，小茴香 24 克，肉苁蓉 18 克，木香 6 克，川楝子 18 克，甘草 15 克。

【用法用量】共研末，加白酒 90 毫升，童便 500 毫升为引，开水冲药，候温灌服。

【功效】理气活血，消肿止痛。（甘肃中兽医诊疗经验）

方 3（疗伤散）

【处方】泽兰叶 100 克，白芷 35 克，防风 30 克，自然铜（醋淬）50 克，当归 80 克，续断 50 克，牛膝 50 克，乳香 30 克，没药 30 克。血竭 30 克，红花 30 克。如体虚加党参、黄芪、熟地。食欲不振加山楂、神曲、麦芽、白术、陈皮等。

【用法用量】水煎取汁，加白酒 100 毫升、童便 250 毫升为引，一次灌服。

【功效】理气活血，消肿止痛。（王学明．中国兽医杂志，2005，4）

62. 驼风湿症

方 1（羌活狗脊散）

【处方】羌活 45 克，狗脊 45 克，独活 45 克，当归 30 克，杜仲 45 克，白芷 25 克，木瓜 30 克，防己 30 克，破故纸 30 克（炒），细辛 15 克，牛膝 30 克，桑寄生 30 克，苍术 30 克，苍术 30 克，骨碎补 45 克。

【用法用量】共为末，开水冲，加童便 500 毫升，混合灌服。

【功效】祛散风寒，活血熄风。

【应用】适用于腰胯风湿。（骆驼病诊疗经验）

方 2（胜湿活络散）

【处方】苍术 45 克，羌活 30 克，桑寄生 45 克，川乌 16 克，肉桂 25 克，千年健 20 克，细辛 15 克，川乌 25 克，海风藤 25 克，台乌 20 克，丹皮 30 克，威灵仙 30 克，泽泻 30 克，甘草 30 克，小茴香 45 克。

【用法用量】共为末，开水冲，白酒 120 毫升，混合灌服。

【功效】除湿散寒。

【应用】适用于腰胯风湿。（全国中兽医经验选编）

方 3（暖胃茴香散）

【处方】盐炒小茴香 30 克，肉桂 24 克，补骨脂 30 克，当归 30 克，防己 45 克，木瓜 45 克，吴茱萸 20 克，干姜 30 克，肉豆蔻 30 克，二丑 30 克，元胡 30 克，白附片 30 克，川续断 45 克，土炒白术 45 克，熟地 30 克，麻黄 30 克，乌蛇 30 克，没药 30 克，炒牛膝 45 克，秦艽 30 克，防风 30 克，焦杜仲 45 克，桑寄生 45 克，大葱 250 克。

【用法用量】共为细末，加白酒 100 毫升，开水冲调，候温灌服。

【功效】温肾散寒，祛湿活血。

【应用】适用于腰胯风湿。（酒泉地区中兽医验方汇编）

方 4（党归麻黄散）

【处方】麻黄 45 克，当归 45 克，桂心 30 克，川芎 24 克，半夏 21 克，干姜 21 克，紫苏 30 克，前胡 30 克，白芷 30 克，枳壳 30 克，葛根 30 克，白附片 30 克，炮黑附片 15 克，细辛 15 克，防风 30 克，羌活 30 克，天麻 30 克，陈皮 30 克，蜈蚣 10 条，红花 30 克，厚朴 30 克，大葱 250 克。

【用法用量】共为末，加黄酒 250 毫升，开水冲调，候温灌服。

【功效】祛风止痛，活血疏筋。

【应用】适用于前肢风湿。（全国中兽医经验选编）

方 5

【处方】当归 30 克，川楝子 15 克，巴戟 15 克，血竭 18 克，藁本 21 克，补骨脂 15 克，牵牛子 15 克，红花 15 克，续断 15 克，木瓜 18 克，羌活 15 克，地龙 15 克。

【用法用量】共为末，开水冲调，候温灌服。

【功效】祛风止痛，活血疏筋。

【应用】适用于前肢风湿。（全国中兽医经验选编）

63. 驼风皮癣

方 1（败毒通圣散）

【处方】大黄 60 克，防风 30 克，白芍 30 克，当归 30 克，川芎 30 克，连翘 30 克，栀子 30 克，白术 30 克，土茯苓 120 克，桔梗 30 克，滑石 30 克，石膏 30 克，芒硝 180 克，甘草 30 克。

【用法用量】共为末，开水冲药，候凉灌服。

【功效】活血理气，败毒止痒。

【应用】根据使用季节加减：春季，加清油 500 克、茵陈 120 克，隔天 1 剂，连灌 3～5 剂；夏季，去白芍、川芎，加清油 500 克、金银花 30 克、白糖 120 克、瓜水适量；冬季，加炒麻仁 500 克、牙皂 25 克。（骆驼病诊疗经验）

方 2（杂癣败毒汤）

【处方】五倍子 20 克，花椒 20 克，防风 20 克，钩丁 20 克，川芎 20 克，木鳖子 20 克，蝉蜕 20 克，雄黄 20 克，红娘子 20 克。

【用法用量】加水煎煮，候温洗患部。临洗时每次加胆矾 15 克，每天 1 次，连洗 5 次。

【功效】祛风止痒。（骆驼病诊疗经验）

64. 驼疥癣

方 1（清消败毒散）

【处方】板蓝根 45 克，桔梗 30 克，知母 30 克，贝母 30 克，金银花 30 克，麦冬 30 克，郁金 30 克，栀子 30 克，红花 30 克，黄芩 30 克，赤芍 30 克，花粉 30 克，大黄 60 克，甘草 30 克。

【用法用量】共为末，开水冲，加鱼汤 500 毫升（即鲜鱼适量，加水煎煮后，去渣取汁），混合灌服。

【功效】清热除湿，理血败毒。

【应用】随证加减：虫疥癣，去甘草，加百部 30 克，椿皮 30 克，陈醋 120 毫升；砂疥癣，加黄连 20 克，生枣仁 25 克，当归 30 克，蜂蜜 250 克；湿疥癣，原方去甘草，加木通 30 克，苍术 30 克，大蓟 30 克，白糖 120 克；浮疥癣，加白及 30 克，杏仁 30 克，酥油 250 克（猪油也可）；蜂窝疥癣，加党参 30 克，肉苁蓉 30 克，食盐 90 克。（骆驼病诊疗经验）

方 2

【处方】雄黄 45 克，胆矾 30 克，百部 25 克，川芎 25 克，苦楝皮 25 克，蝉蜕 30 克，巴豆 30 克，砒霜 15 克。

【用法用量】共为末，加猪油调匀成膏，装瓶备用。患部用浓盐水洗干净，然后分片涂搽。隔天 1 次，

【应用】涂搽后防止患驼用嘴啃拭，以免中毒。（骆驼病诊疗经验）

65. 驼大骚病

方 1（五黄石膏散）

【处方】大黄 60 克，黄芩 45 克，黄柏 30 克，黄连 20 克，栀子 30 克，生石膏 120 克，姜黄 30 克，连翘 60 克，芫荽子 45 克，赤芍 30 克，甘草 30 克，地肤子 30 克。

【用法用量】共为末，开水冲药，加芒硝 180 克，混合一次灌服，隔天 1 剂，连灌 5～7 剂。

【功效】清热败毒，杀骚润肤。

【应用】随证加减：冠状鳞甲骚，去芒硝，加柴胡 30 克、龙胆草 30 克、菊花 30 克、浆水适量；松皮裂纹骚，去芒硝、姜黄，加当归 30 克、川芎 25 克、红花 25 克、远志 30 克、清油 500 克；象皮皱纹骚，去芒硝、大黄，加黄芪 30 克、土茯苓 60 克、金银花 30 克、大枣肉 250 克（煎汁）；烂皮汪血骚，去芫荽子，加白矾 30 克、瓜蒌 60 克、百合 30 克、酥油 250 克；葡萄钉形骚，加熟地 30 克、泽泻 130 克、枸杞子 30 克、炒茴香 30 克；猪皮大骚，加白蔹 30 克、土茯苓 120 克、赤茯苓 30 克、丹皮 30 克。（骆驼病诊疗经验）

方 2

【处方】金银花 30 克，连翘 90 克，牛蒡子 90 克，知母 90 克，黄芩 90 克，黄柏 90 克，血竭 60 克，僵蚕 90 克，黄药子 90 克，白药子 90 克，木通 90 克，蜈蚣 20 条，猪牙皂 90 克，蛇床子 120 克，土茯苓 120 克，栀子 90 克。

【用法用量】共为细末，开水冲调，候温灌服。

【功效】清热败毒，祛风止痒。（酒泉地区中兽医验方汇编）

方 3

【处方】红娘子 60 克，巴豆 30 克，斑蝥 30 克，蜈蚣 20 条，砒霜 30 克。

【用法用量】共为末，清油调成糊状，分数次涂搽患部。

【功效】杀虫润肤。（全国中兽医经验选编）

方4

【处方】硫黄 250 克，陈石灰 120 克，百部 120 克，花椒 250 克，蛇床子 150 克，食盐 60 克。

【用法用量】共研极细末，用猪脂 1000 克，植物油 1000 毫升，调成软膏，外涂患部。

【功效】杀虫润肤。（酒泉地区中兽医验方汇编）

方5

【处方】艾叶 500 克，雄黄 120 克（研细），烟叶 250 克（研碎）。

【用法用量】将烟叶与雄黄末卷入艾绒，做成 4 个艾条。将患驼牵至屋内，关闭门窗，头伸于外，点着艾条熏之，熏至患驼股内侧出汗为度，隔 3 小时再熏 1 次，熏 3~4 次即可止痒，以后骚痂慢慢脱离即愈。

【功效】祛风止痒。（骆驼病诊疗经验）

66. 驼懋胎症

方1（加味补中益气汤）

【处方】黄芪 60 克，党参 45 克，当归 30 克，白术 30 克，陈皮 30 克，升麻 25 克，柴胡 25 克，五味 25 克，砂仁 25 克，炙甘草 30 克，山萸肉 30 克，枸杞子 30 克，枯矾 30 克，阿胶 30 克，肉苁蓉 45 克，附片 30 克，益智仁 30 克。

【用法用量】共为末，开水冲，鸡蛋清 10 个，混合灌服，每天 1 剂，连灌 3 剂。

【功效】补中益气，温肾安胎。（骆驼病诊疗经验）

方2

【处方】白矾 60 克为末。

【用法用量】用凉水溶化，浸洗阴门，每天 1 次，连洗 3 次。

【功效】燥湿，收敛。（骆驼病诊疗经验）

67. 驼胎动腹痛

方1（白术安胎散）

【处方】炒白术 60 克，当归 30 克，川芎 25 克，炒白芍 30 克，熟地 45 克，阿胶 30 克（炮），炒黄芩 30 克，紫苏 30 克，炙甘草 30 克，升麻 20 克，炙五味 30 克，党参 30 克，炒艾叶 30 克，枯矾 30 克。

【用法用量】共为末，开水冲药，加鸡蛋清 10 个，混合灌服，每天 1 剂，连灌 3 剂。

【功效】安胎止痛，固涩敛阴。

【应用】随证加减：若慢性腹痛过 3 天者，加没药、砂仁。（骆驼病诊疗经验）

方2（补血安胎散）

【处方】黄芪 120 克，当归 30 克，五味子 30 克，泽泻 30 克，木瓜 30 克，焦地榆 30 克，党参 30 克，炙甘草 30 克。

【用法用量】共为末，开水冲药，候温灌服。

【功效】安胎止痛，固涩敛阴。（骆驼病诊疗经验）

68. 驼流产

方1(白术安胎散)

【处方】炒白术 45 克，当归 45 克，川芎 25 克，熟地 30 克，白芍 45 克，陈皮 30 克，炒黄芩 25 克，云苓 25 克，阿胶 30 克，艾叶 30 克，党参 30 克，黄芪 30 克，五味子 30 克，苏梗 30 克，木香 15 克，续断 30 克，木瓜 30 克，砂仁 25 克，炙甘草 30 克。

【用法用量】共为末，开水冲药，加红糖 120 克，混合灌服，每天 1 剂，连灌 3 剂。

【功效】安胎益肾，理气止痛。（骆驼病诊疗经验）

方2(活血调气散)

【处方】当归 30 克，川芎 25 克，白芍 30 克，陈皮 30 克，香附 30 克，益智仁 30 克，云苓 15 克，良姜 25 克，炒桃仁 10 克，红花 15 克，藿香 15 克，甘草 15 克。

【用法用量】共为末，开水冲，加黄酒 120 毫升，混合灌服。

【功效】活血理气。（骆驼病诊疗经验）

69. 驼带症

方1(加味浣带汤)

【处方】白术 45 克，党参 30 克，山药 25 克，白芍 30 克，苍术 30 克，陈皮 30 克，柴胡 30 克，甘草 25 克，车前子 30 克，芡实 30 克，菟丝子 30 克，金樱子 30 克，巴戟天 30 克，龙骨 30 克，荆芥穗 30 克。

【用法用量】共为末，开水冲，加炒盐 120 克，混合灌服，隔天 1 剂，连灌 3～5 剂。

【功效】燥湿健脾，益气固摄。

【应用】随证加减：黄带者，去柴胡、荆芥穗，加黄柏、木香；白带者，加白果仁、鸡内金。（骆驼病诊疗经验）

方2(加味逍遥散)

【处方】白术 45 克，当归 30 克，柴胡 25 克，白芍 30 克，云苓 25 克，香附 30 克，龙骨 30 克，牡蛎 30 克，肉蔻 30 克（去油），山萸 30 克，黄芪 30 克，苍术 30 克。

【用法用量】共为末，开水冲药，候温灌服。

【功效】疏肝健脾，活血理气。（骆驼病诊疗经验）

70. 驼难产

方1(催生散)

【处方】当归 60 克，川芎 45 克，红花 30 克，龟板 60 克，莪术 30 克，郁李仁 30 克，三棱 30 克，桂枝 30 克，二丑 30 克，甘草 20 克，千金子 30 克。

【用法用量】共为末，开水冲，大葱 120 克（捣烂），白酒 60 毫升，混合灌服。

【功效】活血破瘀，开骨下胎。

【应用】灌药应在助产前进行，如果胎死腹中，宜先取死胎后灌药。（骆驼病诊疗经验）

方 2

【处方】红花 30 克，当归 60 克，龟板 30 克。

【用法用量】共为末，开水冲，白酒 250 毫升，混合灌服。

【功效】活血补血。（骆驼病诊疗经验）

71. 驼产后腹痛

方1（消瘀四物汤）

【处方】当归 45 克，元胡 30 克，二丑 30 克，川芎 30 克，白芍 30 克，熟地 30 克，木通 30 克，滑石 30 克，刘寄奴 30 克，红花 15 克，橘红 30 克，白芷 25 克，玉片 25 克，甘草 30 克。

【用法用量】共为末，开水冲药，加清油 500 毫升，混合灌服。

【功效】活血化瘀，补血止痛。（骆驼病诊疗经验）

方2（党归乳香散）

【处方】当归 60 克，川芎 45 克，丹皮 30 克，乳香 30 克，赤芍 30 克，益母草 30 克，桃仁 30 克，牛膝 30 克，荆芥炭 45 克，通草 30 克，甘草 25 克，焦山楂 60 克。

【用法用量】共为末，开水冲药，候温灌服。

【功效】活血祛瘀，生新止痛。（骆驼病诊疗经验）

72. 驼胎衣不下

方1（皂甲散）

【处方】炒皂角 60 克，炮山甲 30 克，二丑 30 克，玉片 25 克，木香 20 克，当归 45 克，川芎 30 克，红花 15 克，桃仁 30 克，红花 15 克，郁李仁 30 克，元胡 15 克，滑石 30 克，木通 30 克，枳实 30 克，炙甘草 30 克，酒大黄 30 克。

【用法用量】共为末，开水冲，加猪油 250 克，混合灌服。

【功效】破血祛瘀，行气下胎。

【应用】灌药后保定患驼，过数小时胎衣仍不下，宜手术剥离。（骆驼病诊疗经验）

方2（加味生化汤）

【处方】当归 60 克，川芎 60 克，桃仁 30 克，炮姜 25 克，土元 60 克，甘草 30 克。

【用法用量】共为末，开水冲，候温灌服。

【功效】活血化瘀，温经止痛。（骆驼病诊疗经验）

73. 驼产后瘫痪

方1（四物独活汤）

【处方】当归 45 克，川芎 30 克，炒白芍 30 克，熟地 30 克，独活 30 克，羌活 30 克，白芷 30 克，细辛 15 克，桂枝 30 克，麻黄 20 克，秦艽 30 克，防风 30 克，附片 25 克，毛姜 25 克，炒苍术 30 克，陈皮 30 克，甘草 20 克。

【用法用量】共为末，开水冲，加大葱 120 克（捣烂），白酒 120 毫升，混合灌服。

【功效】活血熄风，通活经络。

【应用】灌药后身搭毡屉，令其出汗。汗出以胸前和交当毛湿为度。汗后拴温暖处，勿使受风。（骆驼病诊疗经验）

方 2（川乌追风散）

【处方】川乌 30 克，荆芥 30 克，防风 30 克，当归 30 克，钩丁 30 克，蔓荆子 30 克，陈皮 45 克，藿香 25 克，白附子 30 克，赤芍 30 克，香附 45 克，潼蒺藜 30 克，甘草 30 克。

【用法用量】共为末，开水冲，加大蒜 60 克（捣烂），混合灌服。

【功效】祛湿止痛，活络。（骆驼病诊疗经验）

74. 驼产后血脱

方 1（加味四物汤）

【处方】当归 30 克，白芍 30 克，生地 30 克，川芎 20 克，黄芪 30 克，焦升麻 30 克，丹皮 18 克，黄柏 30 克，炒柏叶 30 克，焦地榆 30 克，焦蒲黄 25 克，旱莲草 30 克，甘草 20 克，仙鹤草 30 克，百草霜 120 克。

【用法用量】共为末，开水冲药，候凉灌服，每天 1 剂，连灌 3～5 剂。

【功效】补气摄血，凉血止血。（骆驼病诊疗经验）

方 2（加减十黑散）

【处方】知母 30 克，黄柏 30 克，栀子 25 克，地榆 30 克，槐花 30 克，蒲黄 30 克，柏叶 30 克，棕皮 30 克（以上均炒黑），秦艽 30 克，生地 30 克，旱莲草 30 克。

【用法用量】共为末，开水冲药，加童便适量，混合灌服，每天 1 剂，连灌 5 剂。

【功效】活血祛瘀，收敛止血。（骆驼病诊疗经验）

75. 驼缺乳

方 1（猪脂催乳散）

【处方】黄芪 60 克，党参 45 克，当归 30 克，川芎 25 克，白芍 25 克，山甲珠 30 克，熟地 30 克，细辛 15 克，王不留行 30 克，木香 15 克，桂枝 30 克，通草 15 克，木通 30 克，紫草 15 克，甘草 30 克。

【用法用量】共为末，开水冲药，加猪油 500 克，混合灌服，每天 1 剂，连灌 3 剂。

【功效】补养气血，生津化乳。（骆驼病诊疗经验）

方 2（加味党归补血汤）

【处方】黄芪 120 克，当归 30 克，麦冬 30 克，丁香 25 克，花粉 60 克，漏芦 30 克，僵蚕 15 克，甘草 30 克，穿山甲 30 克。

【用法用量】共为末，开水冲，加蜂蜜 250 克，混合灌服。

【功效】补气养阴，活血下乳。（骆驼病诊疗经验）

76. 驼溢乳

方1（补气固摄散）

【处方】黄芪120克，当归30克，五味子30克，芡实60克，升麻30克，白芍45克，生地30克，山药30克，甘草30克，柴胡30克，乌梅30克，金樱子30克。

【用法用量】共为末，开水冲，加入大枣肉120克，混合灌服，隔天1剂，连灌5剂。

【功效】益气生血，收涩固摄。（骆驼病诊疗经验）

方2（加减十全大补散）

【处方】党参60克，白术30克，云苓30克，炙甘草30克，当归60克，生地60克，白芍30克，黄芪60克，五味子30克，山药30克，金樱子30克。

【用法用量】共为末，开水冲，候凉灌服。

【功效】补气固脱。（骆驼病诊疗经验）

77. 驼乳腺炎

方1（加味逍遥散）

【处方】柴胡30克，当归30克，白芍30克，白术30克，薄荷25克，云苓30克，瓜蒌60克，元胡30克，香附30克，贝母30克，没药30克，石膏30克，酒黄柏30克。

【用法用量】共为末，开水冲，加蜂蜜250克，混合灌服，每天1剂，连灌3～5剂。

【功效】疏肝解郁，清热消肿。

【应用】乳房深部出现硬核者，加元参30克、牡蛎30克、王不留行30克、穿山甲30克。（骆驼病诊疗经验）

方2

【处方】蒲公英120克，金银花60克。

【用法用量】共为末，开水冲和，加蜂蜜250克，混合灌服。

【功效】消肿止痛。（骆驼病诊疗经验）

78. 驼羔胎粪不下

方1（麻仁汤）

【处方】大麻仁60克（捣烂过罗），杏仁15克，芒硝60克，雄黄6克，油当归30克。

【用法用量】共为末，开水冲药，加生猪油120克，混合灌服。

【功效】补血润肠，通肠利便。（骆驼病诊疗经验）

方2

【处方】大黄30克，芒硝30克，滑石60克。

【用法用量】共为末，开水冲药，加生猪油120克，候温灌服。

【功效】滋阴清热，润肠通便。（全国中兽医经验选编）

79. 驼羔泄泻

方1（健脾燥湿散）

【处方】苍术 30 克，升麻 15 克，云苓 25 克，泽泻 20 克，乌梅 30 克，粟壳 20 克，白芍 15 克，肉桂 15 克，车前子 20 克，党参 30 克，黄芪 30 克，生姜 10 克。

【用法用量】共为末，开水冲药，加入炒盐 60 克，混合灌服，每天 1 剂，连灌 3 剂。

【功效】燥湿健脾，利湿止泻。

【应用】用于寒泻。（骆驼病诊疗经验）

方2（当归散）

【处方】当归 24 克，白芍 12 克，大黄 18 克，生地 30 克，川芎 15 克，蒲黄 18 克，天花粉 18 克，延胡索 12 克，连翘 15 克，红花 9 克，青皮 15 克，山栀 12 克，没药 12 克，知母 15 克，甘草 12 克。

【用法用量】共为末，开水冲，加黄酒 100 毫升，分 4 次灌服，每天 2 次。

【功效】清热燥湿，利水止泻。

【应用】用于湿热泻。（甘肃中兽医诊疗经验）

方3（加减参苓白术散）

【处方】党参 30 克，白术 30 克，云苓 30 克，桔梗 15 克，山药 15 克，莲肉 15 克，砂仁 15 克，乌梅 25 克，苡米 20 克，赤石脂 20 克，甘草 15 克。

【用法用量】共为末，开水冲药，候温灌服。

【功效】健脾利湿，涩肠止泻。

【应用】用于脾虚泻。（骆驼病诊疗经验）

方4

【处方】党参 15 克，木通 9 克，白术 15 克，黄连 12 克，乌梅 15 克，茯苓 12 克，苍术 9 克，陈皮 12 克，葛根 30 克，炙甘草 9 克。竹叶为引。

【用法用量】水煎服。

【功效】健脾利湿，涩肠止泻。

【应用】用于脾虚泻。（青海中兽医验方汇编❶）

---

❶ 青海省中兽医诊疗经验总结协作组、青海省革命委员会畜牧局畜牧兽医处编．青海中兽医验方汇编．西宁：青海人民出版社，1978.

第十二章 鱼病方

1. 鱼出血病

方1

【处方】干烟叶 100 克。

【用法用量】用于 667 立方米水体。加入 1.2 升开水，浸泡 6～8 小时，兑水全池泼洒。每天下午泼洒 1 次，连续 3 次。

【功效】清热凉血，解毒。

【应用】本方用于防治鱼出血病和细菌性烂鳃病，连续 3 次，可达到治疗的目的。（刘基正．渔业致富指南，2014，12）

方2

【处方】辣蓼 5000 克，薄荷 3000 克，板蓝根 3000 克。

【用法用量】加水煎煮 2 小时，兑水全池泼洒 667 立方米水体，连续 3 天为 1 疗程。

【功效】清热燥湿，凉血止血。

【应用】本方防治鱼出血病、肠炎均有效。（王兆平．农家顾问，2005，7）

方3

【处方】枫杨树叶 250～500 克。

【用法用量】用于 1 万尾鱼种。研粉，热水浸泡过夜，拌饵投喂，连用 5 天。

【功效】清热凉血，解毒。

【应用】本方用于防治鱼出血病。同时用硫酸铜全池泼洒，使池水浓度大 0.7 毫克/升水，连用 2 天。（钟权林．成都水利，2005，4）

方4

【处方】大青叶 150 克，贯众 150 克，板蓝根 100 克，野菊花 100 克。

【用法用量】碾粉或煎水，拌料制成药饵投喂 50 千克鱼种，每天 1 次，3 天为 1 疗程。

【功效】清热凉血，解毒。

【应用】本方用于防治鱼出血病，对于患"红肌肉型"和"红鳃盖型"的病鱼可加金银花、连翘各 100 克，对于患肠炎型出血病可加土黄连、地榆各 150 克，效果十分明显。（李向军．渔业致富指南，2000，13）

方5（三黄粉）

【处方】大黄 125 克，黄柏 75 克，黄芩 50 克，食盐 250 克，菜饼 15 千克，麦麸 5 千克。

【用法用量】制成药饵投喂 50 千克鱼种，每天 1 次，7 天为 1 疗程。

【功效】清热燥湿，凉血止血。

【应用】本方用于预防鱼出血病。也可单用大黄，按每1万尾鱼种或50千克鱼用大黄500克碾粉，加开水浸泡12小时后拌入饵料中喂鱼，5天为1疗程。(唐文联．湖南农业，2000，7)

方6

【处方与用法】① 鲜地榆根500克。洗净，与3～5千克稻谷加水煮至稻谷裂口，冷后投喂50千克鱼，5天为1疗程。

② 马鞭草250克，水花生500克。马鞭草切碎，加水煎煮半小时取药液，水花生捣烂取汁，然后与适量饲料制成药饵，喂50千克鱼，7天为1疗程。

【功效】凉血止血，收敛解毒。

【应用】本方防治鱼出血病、肠炎病均有效。(唐文联．湖南农业，2000，7)

2. 草鱼出血病

方1

【处方】黄芪多糖（含量70%）100克，板蓝根200克，维生素K3 100克，维生素C粉100克。

【用法用量】拌饵投喂1万尾鱼种，每天1次，连喂6天为1疗程。

【功效】补气升阳，清热解毒。

【应用】本方用于防治草鱼病毒性出血病，也可用于其他鱼出血病。(马贵华．中兽医学杂志，2008，增刊)

方2

【处方】大青叶、贯众各300克，板蓝根、白花蛇舌草各200克，黄连、地榆、金银花、连翘各100克。

【用法用量】分别碾粉，取前4种药粉加10升开水浸泡4～6小时，兑水全塘泼洒667立方米水体；然后取所有药粉拌入5～10千克麦麸或鲜嫩青草制成药饵，投喂50千克鱼种，每天1次，连喂3天为1疗程。

【功效】解毒，收湿敛疮。

【应用】本方用于草鱼病毒性出血病。(阮寿延．农业与技术，2007，4)

方3

【处方】水花生10千克，韭菜2千克，大黄粉1千克，食盐1千克，大蒜0.5千克。

【用法用量】捣碎混合于饵料中，捏成团状喂100千克鱼，连喂4天。

【功效】清热解毒，散瘀止血。

【应用】本方用于治疗草鱼病毒性出血病轻症。也可按每667平方米水体配大青叶1千克、贯众5千克加水煮沸10～15分钟，兑水全池泼洒，见效更快。(陶桂庆．现代渔业信息，2005，1)

方4

【处方】侧柏、艾叶粉各125克，仙鹤草250克。

【用法用量】粉碎，加精饲料5千克，制成颗粒饲料喂50千克鱼，连喂5天。

【功效】温经理气，收敛止血。

【应用】本方用于治疗草鱼病毒性出血病。病轻或预防可用仙鹤草鲜草 1 千克或干品 250 克煎汁，拌饵料投喂 50 千克鱼，连喂 5 天。（李明．渔业致富指南，2005，16）

方 5

【处方与用法】① 鲜枫树叶 10 千克。加水煎沸 30 分钟，取汁拌饵投喂 1 万尾鱼种，每天 1 次，5 天为 1 疗程。

② 刺槐粉 500 克。与 10 倍精饲料制成外干内湿的条状药饵投喂 50 千克鱼种，每天 1 次，连喂 3～5 天。

【功效】清热解毒，凉血止血。

【应用】本方用于预防草鱼病毒性出血病，也可用于其他鱼出血病。（李明．渔业致富指南，2005，16）

方 6

【处方】仙鹤草 250 克，紫珠草 100 克，大青叶 250 克，海金沙 100 克，大黄、板蓝根各 400～500 克。

【用法用量】共煎汁，洒在青饲料上投喂 50 千克鱼，连喂 4～5 天。

【功效】清热解毒，凉血止血。

【应用】本方用于治疗草鱼病毒性出血。病重时，加地榆 0.5 千克、稻谷 3～5 千克，兑水煮至稻谷裂口，冷却后投喂，连喂 3～5 天，效果更好。（韦公远．科学养鱼，2004，11）

方 7

【处方】马鞭草 300 克，鲜水花生 300 克。

【用法用量】马鞭草洗净切碎，加水 1.5～2 升煮 2～3 次，取汁，药渣捣碎，水花生捣碎取汁 250 克，加入麸皮 2.5 千克，拌匀，搓成团，放食台投喂。第 1 次 250 克，隔天 150 克，再隔天 100 克，3 次为 1 疗程。

【功效】清热解毒，活血止血。

【应用】本方用于预防草鱼病毒性出血病，一般 1 个疗程可防病 1 年。平时也可每 1 万尾鱼用水花生 4 千克、大蒜 250 克、食盐 250 克与浸泡豆饼一起磨碎投喂，每天 2 次，连喂 4 天。（韦公远．养殖与饲料，2004，3）

方 8

【处方】大黄 500 克，黄柏 300 克，黄芩 200 克，食盐 500 克。

【用法用量】共研成粉，拌入面粉 2 千克，加适量水制成半干状药饵。每 100 千克鱼用药饵 0.5～1 千克，每天 1 次，3 天为 1 疗程，用药前停食 1 天。

【功效】清热燥湿，凉血解毒。

【应用】本方用于治疗草鱼病毒性出血病重症。病初鱼体状态较好时，可单用大黄粉 0.5 千克，直接配入饲料或水煎后拌饵料投喂 1 万尾鱼种，连用 4 天。（古家齐．广西热带农业，2003，3）

方 9

【处方与用法】① 鲜水花生 5 千克，食盐 1.2 千克。鲜水花生打成浆，加入食盐，搅匀，再拌入 15 千克左右面粉，制成丸状药饵，投喂 100 千克鱼，每天 1 次，连喂 3 天。

② 大蒜 0.25 千克，水花生 4 千克，加食盐 0.25 千克，与适量浸泡过的豆饼混合磨浆，投喂 1 万尾鱼种，每日 2 次，连续投喂 4 天。

【功效】清热凉血，解毒。

【应用】本方防治草鱼出血病。（邓厚群．黑龙江水产，2003，1）

3. 青鱼出血病

方 1

【处方】大黄 125 克，黄柏、黄芩各 50 克。

【用法用量】研细，加食盐 500 克、面粉 1 千克、麦麸 5 千克，用水和匀，制成药饵投喂 100 千克鱼，连续投喂 5～7 天。

【功效】清热燥湿，凉血止血。

【应用】本方用于治疗青鱼病毒性出血，也可以治疗其他鱼出血病。（成春钊．渔业致富指南，2006，21）

方 2

【处方】大黄粉 1 千克，大蒜素 1 千克，食盐 0.5 千克，鲜韭菜 5 千克。

【用法用量】大黄粉加热水浸泡 12 小时，大蒜素、食盐与鲜韭菜共捣烂，然后拌入 100 千克饲料中做成药饵投喂。

【功效】清热解毒，燥湿止血。

【应用】本方用于治疗青鱼病毒性出血病。也可按每 667 立方米水体用大黄 0.6 千克，加 3～5 升水煮半小时，加菜油 1.75 千克混合，兑水全池泼洒。病情轻者用 1 次，重者连用 2～3 次，防治病毒性出血病效果良好。（蒋专．内陆水产，2005，7）

方 3

【处方】三黄粉（大黄 50%、黄柏 30%、黄芩 20%）1 千克，地榆粉 100 克。

【用法用量】拌入 100 千克饲料中，做成药饵每天投喂。或按每 50 千克鱼用三黄粉 250 克、食盐 250 克、菜饼 1.5 千克、麦麸或米糠 5 千克制成药饵投喂，连用 7 天。

【功效】清热凉血，燥湿解毒，化瘀止血。

【应用】本方用于治疗青鱼病毒性出血病。（韦公远．黑龙江水产，2004，6）

方 4

【处方】水花生 5 千克，食盐 0.25 千克。

【用法用量】水花生捣烂取汁，加食盐，与麦麸、米糠或浮萍、莪术等混匀，制成半干半湿的饵球放在食台喂 50 千克鱼，连用 7 天。

【功效】凉血止血，清热解毒。

【应用】本方用于治疗青鱼病毒性出血病，也可按每 50 千克鱼用马鞭草 150～250 克、水花生 250 克混合投喂。（韦公远．养殖与饲料，2004，3）

4. 鳜鱼病毒性肝炎

【处方】茵陈 5 份，板蓝根 3 份，黄芩 1 份，夏枯草 1 份。

【用法用量】混合磨成粉状，按1%的比例拌入鱼料，制成药饵投喂。

【功效】清热燥湿，凉血解毒。

【应用】本病的主要症状是病鱼拒食静卧或独游，鳃丝发白缺血。鱼体及肛门无明显病变，剖腹后可见肝脏苍白或呈黄色，肝细胞呈水泡状、胆囊增大。胆汁浑浊变黄、脾脏呈黑红色、无光泽。用本方治疗，1周内可控制病情。（孙克年．渔业致富指南，2006，1）

5. 鲤鱼穿孔病

【处方】鱼腥草100克，黄连10克，黄芩30克，千里光50克，金银花30克。

【用法用量】煎汁拌料投喂100千克鲤鱼，每天1次。

【功效】清热燥湿，凉血解毒。

【应用】本方防治鲤鱼穿孔病。（汪开毓．科学养鱼，2001，11）

6. 鱼烂鳃病

方1

【处方与用法】① 五倍子500克。按每立方水体2～4克用药。捣碎，加开水浸泡或煎汁（加水2千克煮沸15分钟），连渣带汁全池泼洒，每天1次，连续两天。

② 桉树叶。预防：鲜桉树叶25～50千克，扎成一捆，放在667立方米水体的食台一角沤水。治疗：干桉树叶0.5千克，捣碎，搅拌在饲料内，投喂50千克鱼种，每天1次，连喂6天。

【功效】清热解毒，收湿敛疮。

【应用】本方用于防治草、青鱼的烂鳃、肠炎等病。（刘基正．渔业致富指南，2014，12）

方2

【处方】乌桕叶或大黄。

【用法用量】预防：鱼种分养时，用10%乌桕叶煎液或1%大黄煎液浸洗鱼体5～10分钟；在发病季节，定期用乌桕叶扎成数小捆，放在池中沤水，隔天翻动1次。治疗：干乌桕叶1千克，加2%生石灰水20升浸泡12小时后，再煮沸10分钟，全池遍洒；或大黄1千克，加0.3%氨水20升浸泡12～24小时，然后以2.5～3.75毫克/升水的浓度全池遍洒；乌桕叶干粉0.25千克或鲜叶0.5千克煮汁，或大黄粉0.5千克，拌饵投喂1万尾鱼种或100千克鱼，每天2次，连喂3天。

【功效】清热解毒，收湿敛疮。

【应用】本方用于防治鱼类细菌性烂腮病。（倪以虎等．水产信息，2013，6）

方3

【处方与用法】① 土黄连300克，百部200克，鱼腥草200克，大青叶200克。碾粉或煎水去渣，拌饵投喂100千克鱼种，3天为1个疗程。

② 韭菜2千克，大黄粉末1千克，大蒜0.5千克，食盐1千克，水花生10千克。捣碎，搅匀，拌饵投喂100千克鱼，连喂4天。

【功效】清热解毒，收湿敛疮。

【应用】本方防治鱼类烂鳃病。（倪以虎等．水产信息，2013，6）

方4

【处方】铁苋菜3千克，地锦草3千克，石菖蒲2千克，辣蓼2千克。

【用法用量】混合粉碎，按每100千克鱼第1天2千克、第2~3天各1千克用药。加2.5倍水煎煮20分钟，加入适量面粉或米粉煮成糊浆，冷却后拌嫩草2.5~4千克或细糠0.5~1千克投喂。

【功效】清热解毒，收敛止血。

【应用】本方用于治疗烂鳃病轻症。重症，每100千克鱼再用10千克新鲜辣蓼汁、0.6千克肥皂水，加入糠做成团子，丢入池内，连续3天；或用蓖麻叶6千克、辣蓼5千克，按每立方米水体用药粉50克，全池均匀泼洒，每天1次，连续2~3天。（薛志成．农村科学实验，2007，8）

方5

【处方】黄连150克，百部100克，鱼腥草100克，大青叶100克。

【用法用量】切碎或煎汁，拌饵投喂50千克鱼。

【功效】清热凉血，解毒燥湿，活血化瘀。

【应用】本方用于治疗鱼类烂鳃病有效，可根据病情轻重加减。（孙莉颖．黑龙江水产，2006，5）

方6

【处方】樟树叶15千克，枫杨树叶6千克，桑叶2千克，生姜5千克。

【用法用量】加水煎煮2小时，加猪血1千克、盐1千克，兑水全池泼洒667平方米水面。

【功效】清热解毒，收湿敛疮。

【应用】本方用于治疗鱼类烂鳃病。预防可按每667平方米用枫杨树叶20千克，捣烂后用水稀释，全池泼洒。（蒋专．内陆水产，2005，7）

方7

【处方】五倍子3千克，虎杖1.5千克，食盐3千克。

【用法用量】前2味用热水浸泡，加入食盐，全池泼施667平方米水面，用药2~3次，然后用生石灰将水的pH值调整为8.5。

【功效】清热解毒，收湿敛疮。

【应用】本方用于治疗鱼类烂鳃病，也可防治赤皮病。也可单用五倍子，捣碎浸泡1~2天，全池泼洒。（韦公远．养殖与饲料，2004，3）

7. 鱼白皮病

方1

【处方】艾叶1000克，地肤子100克，苍术150克，百部50克，大黄30克。

【用法用量】混合，加苯甲酸20克、70℃温水3千克浸泡48小时，取药汁均匀地泼洒于池中。

【功效】理气燥湿，清热解毒。

【应用】用本方治疗黄鳝白皮病，效果显著。应用过程中要注意观察，若鱼无较大反应，可在2～3天后换水换药，一般2次可治愈。（张文革.渔业致富指南，2007，11）

方2

【处方】鱼腥草、海金砂、青木香鲜草各5千克（或干品各1.5千克），食盐5千克。

【用法用量】前3种药物切碎，煮水，加食盐溶化，用于667平方米水面全塘泼洒。

【功效】清热凉血，燥湿解毒。

【应用】本方用于防治鱼白皮病。（阮寿延.农业与技术，2007，4）

方3

【处方】板蓝根210克，苦木90克，食盐160g。

【用法用量】粉碎，拌料投喂500千克鱼，每天1次，连续7天（投喂前停食1天）。

【功效】清热解毒，凉血燥湿。

【应用】本方用于防治鱼白皮病。（成春钊.渔业致富指南，2006，21）

方4

【处方】菖蒲1千克，枫杨树枝叶5千克，辣蓼3千克，杉树叶2千克。

【用法用量】煎汁，加入人尿20千克全池泼洒667立方米水体。

【功效】清热凉血，燥湿解毒，活血化瘀。

【应用】本方用于治疗鱼白皮病。预防，可用鲜菖蒲6千克，切碎浸入10千克人尿中浸泡6～8小时，连渣带汁均匀泼洒667平方米水面，每天1次，连泼2次。（李明.渔业致富指南，2005，16）

8. 鱼腐皮病

方1

【处方】大黄20千克。

【用法用量】加0.3%氨水（含氨量25%），常温浸泡12～24小时，将药液和药渣兑水后，用于1千克鱼全池均匀泼洒，使水中大黄的浓度达到2.5～3.7毫克/升水。

【功效】清热凉血，燥湿解毒。

【应用】本方用于治疗无鳞鱼种的纤维黏细菌腐皮病。（祁俊英.当代畜禽养殖业，2016，8）

方2

【处方】苦参2千克。

【用法用量】加10千克水煮沸30分钟，用于667平方米水体全塘泼洒。

【功效】清热凉血，燥湿解毒。

【应用】本方用于防治鱼腐皮病。（阮寿延.农业与技术，2007，4）

方3

【处方】鲜柳树叶10～15千克。

【用法用量】用于667立方米水。扎捆投入水中，树叶烂了再更换1次。

【功效】清热燥湿，凉血消肿。

【应用】本方防治草鱼腐皮病、肠炎、烂鳃等病。（钟权林，成都水利，2005，4）

9. 鱼赤皮病

方1

【处方】石菖蒲 4～5 千克，蓖麻叶 4～5 千克，白杨叶 1～1.5 千克。

【用法用量】石菖蒲、蓖麻叶切碎，一起裹在 10 千克松枝叶里，扎成 2～3 捆，放置在 667 平方米水面的食场及上风进水口处，浸没在水中，每天翻动 1 次，使其腐烂。同时，按每 1 万尾鱼种每天内服白杨叶 1.0～1.5 千克，连服 6 天。

【功效】利水敛疮、燥湿解毒。

【应用】本方为主治肠炎、烂鳃、赤皮病。（王春华．渔业致富指南，2011，7）

方2

【处方】鲜地锦草 500 克，乌桕 500 克，青蒿 500 克，辣蓼 1.5 千克，菖蒲 1.5 千克。

【用法用量】切碎后煎汁，拌饵投喂 50 千克鱼。

【功效】燥湿，清热解毒。

【应用】本方为防治鱼赤皮病方。（孙莉颖．内陆水产，2006，5）

方3

【处方】金樱子嫩根（焙干）150 克，金银花 1 千克，青木香 100 克，天葵子 50 克。

【用法用量】磨成粉，拌饵投喂 50 千克鱼，连用 3 天。

【功效】凉血解毒，收敛理气。

【应用】本方为防治赤皮病的内服方。（陶桂庆等．现代渔业信息，2005，1）

方4

【处方】野菊花、菖蒲、车前草各 5 千克，豇豆叶 3 千克，雄黄 100 克，食盐 2 千克。

【用法用量】前 4 味捣碎，加食盐、雄黄，拌饲料投喂，每天 1 次，6 天为 1 疗程。

【功效】清热解毒，利湿敛疮。

【应用】本方防治草鱼细菌性赤皮病。（蒋专．内陆水产，2005，7）

方5

【处方】鲜薄荷 15～25 千克。

【用法用量】直接投入 667 平方米水体喂食，每天 1 次，连用 3～5 天。

【功效】凉血，清热解毒。

【应用】本方为防治鱼赤皮病的常用方，轻症一般 3～5 天基本痊愈。注意应连续用药，直至痊愈。（韦公远．黑龙江水产，2004，4）

方6

【处方】枫杨树叶、枫香树叶各 20 千克。

【用法用量】）两种树叶按 1∶1 比例混合，扎成 5～10 捆，分别投入 667 平方米、水深 1～1.5 米池塘中，沉入水底，每隔 3 天翻动 1 次。

【功效】清热解毒，辟秽敛疮。

【应用】本方防治草鱼赤皮病。也可加艾叶 10 千克（鲜艾 30 千克），加水 60 千克，文火煎至 30 千克，全池泼洒。每天 1 次，连用 3～5 天。（游德福．农家科技，2002，4）

方 7

【处方】穿心莲 30 克，地锦草 100 克，苦参 50 克。

【用法用量】粉碎，加菜饼粉 100 克、玉米粉 1.5 千克，制成药饵，投喂 50 千克鱼，连喂 3 天。服药后施生石灰，将水的 pH 值调整至 8.5。

【功效】清热解毒，收湿敛疮。

【应用】本方防治鱼赤皮病效果显著。（邓菊云．内陆水产，2001，10）

10. 鱼竖鳞病

方 1

【处方】大蒜素 2～3 毫升。

【用法用量】加入 20 升水中，浸洗病鱼。

【功效】清热解毒，凉血燥湿。

【应用】对治疗鲤鱼竖鳞病有效。（刘占文．渔业致富指南 2016，11）

方 2

【处方】大蒜 0.5～1 千克。

【用法用量】拌入饲料中投喂 100 千克鱼，6 天为 1 疗程。或大蒜加水煎成 10～30 毫克/千克浓度，浸洗鱼体 1 小时。

【功效】清热解毒，凉血燥湿。

【应用】用于防治鲤鱼竖鳞病有效，可杀死锚头鳋。（张晓红．渔业致富指南 2006，11）

方 3

【处方】蒜头 250 克，艾蒿根 5 千克，石灰 1.5 千克。

【用法用量】前 2 药捣烂取汁，加石灰调匀后泼洒全池。或将蒜头捣烂，混入 50 千克水中，浸洗病鱼数次。

【功效】清热解毒，凉血燥湿。

【应用】本方为防治竖鳞病的外用基础方。也可用苦参或艾蒿叶的浸出液，浸洗病鱼 20～30 分钟，每天 1 次，4～5 天即可治愈。（李明．渔业致富指南，2005，16）

方 4

【处方】食盐水，小苏打。

【用法用量】配成含 20％食盐、3％小苏打的混合水溶液，浸洗病鱼。

【功效】清热解毒，凉血燥湿。

【应用】本方用于防治竖鳞病，浸洗 10 分钟即可治愈。（游德福．农技服务，2002，3）

11. 鱼白头白嘴病

方 1

【处方】大黄 1 千克，五倍子。

【用法用量】大黄加 0.3%氨水 20 千克室温浸泡 12 小时，全池泼洒；五倍子捣碎，用开水浸泡后，连渣汁一起全池泼洒，使池水浓度为 2～4 毫克/升水。

【功效】清热燥湿，解毒敛疮。

【应用】本方可防治白头白嘴病、白皮病、赤皮病、疖疮病。（刘占文 . 渔业致富指南，2016，11）

方 2

【处方】乌桕 600 克。

【用法用量】用于 100 立方米水体。乌桕加入 20 倍量 2%石灰水浸泡 12 小时，全池泼洒。

【功效】清热燥湿，解毒敛疮。

【应用】用此方防治鱼白头白嘴病。浸泡后再煮沸 10 分钟后，可提高药效。（孙奇 . 渔业致富指南，2011，7）

方 3

【处方】鲜乌蔹莓 5 千克，硼砂 1.5 千克。

【用法用量】乌蔹莓捣成浆汁，拌入硼砂，加水混合，使药液含乌蔹莓 5～7 毫克/千克、硼砂 1.2～1.5 毫克/千克，全池泼洒，每天 1 次，连续 3 天，病情严重时连用 5 天。

【功效】清热燥湿，解毒敛疮。

【应用】用此方防治白头白嘴病，效果显著。（李涛 . 渔业致富指南，2007，11）

方 4

【处方】金银花、白芷各 135 克，干姜、甘草、白术各 90 克。

【用法用量】煎汁，拌豆浆全池泼洒 667 平方米水面。

【功效】清热解毒，燥湿健脾。

【应用】本方为防治白头白嘴病的常用方，疗效达 85%以上。（宋学宏 . 科学养鱼，1999，11）

方 5

【处方】菖蒲 15～22.5 千克，艾蒿 37.5 千克，食盐 22.5 千克。

【用法用量】加水煎汁，全池泼洒 1 公顷水面。

【功效】燥湿解毒，安神开窍。

【应用】本方治疗白头白嘴病，一般 3 天之内就可控制症状，疗效达 85%以上。（张耀武 . 安徽农业科学，2006，14）

方 6

【处方】苦楝树叶 30 千克。

【用法用量】煎汁，全池泼洒 667 平方米水面。或取 15 千克浸泡于鱼池水中，7～10 天换 1 次水，连续 3～4 次。

【功效】燥湿解毒，驱虫。

【应用】用于防治白头白嘴病。也可用苦楝枝叶 80 千克煎汁，加生石灰 40 千克，兑水全池泼洒 667 平方米水面。（陶桂庆 . 现代渔业信息，2005，1）

12. 鱼疖疮病

方1

【处方】大黄、五倍子各 0.25 千克。

【用法用量】混合，煎汁，用于 667 平方米水面全池泼洒。

【功效】清热解毒，收湿敛疮。

【应用】本方治疗疖疮病效果显著，一般 2～3 天见效。（李化．科学养鱼，2016，3）

方2

【处方】干地锦草 250 千克。

【用法用量】加水煎煮，连渣拌入饵料制成药饵，用于 1 万条鱼苗，或总质量为 50 千克的鱼，每天 1 次，3 天为 1 疗程。

【功效】清热，收湿敛疮。

【应用】本方用于治疗疖疮病。（王春华．渔业致富指南，2011，7）

方3

【处方】大黄 5 千克，黄柏 3 千克，黄芩 2 千克，五倍子适量。

【用法用量】将前 3 味药粉碎拌料投喂，五倍子煎汁按 2～4 毫克/千克全池泼洒。

【功效】清热，收湿敛疮。

【应用】本方治疗疖疮病效果显著，一般 2 天见效。（李涛．渔业致富指南，2007，11）

方4

【处方】仙人掌 0.5 千克，大黄 0.5 千克。

【用法用量】仙人掌去刺，捣烂加水浸泡 1～2 天，加适量食盐，与浸泡 12 小时左右的大黄粉混合，拌入饵料投喂 100 千克鱼，连用 5 天。

【功效】清热解毒，行气活血。

【应用】本方用于治疗鱼疖疮病，还可用于鱼类一般细菌病的防治。（宋学宏．科学养鱼，1999，11）

13. 鱼肠炎

方1

【处方】橘皮 3～5 千克。

【用法用量】切碎，加入食盐 0.5 千克，放入锅中旺火煮沸，小火焖烂，冷却后捣成泥，拌入精料中，制成药饵投喂 667 立方米水体内鱼，每天 2 次，3 天为 1 个疗程。

【功效】清热泻火，凉血解毒。

【应用】防治细菌性肠炎病的发生。（祁俊英．当代畜禽科技，2016，8）

方2

【处方】鲜辣蓼 50 千克或干辣蓼 120～150 克，干铁苋菜 130 克。

【用法用量】预防：鲜辣蓼扎成 2 捆，放在 667 立方米水体的食台附近沤水。治疗：干辣蓼、干铁苋菜加水 2.5 千克，煎煮 2 小时，拌饲料（花生麸加面粉或米饭等）投喂 50 千克鱼，每天 1 次，连续 3 天。

【功效】清热泻火，凉血解毒。

【应用】本方防治草、青鱼的肠炎病，效果显著。（刘基正．渔业致富指南，2014，12）

方3

【处方】韭菜 2.5 千克，食盐 0.2 千克。

【用法用量】韭菜切碎，加入食盐 0.2 千克，拌入饲料中投喂 667 立方米水体内的鱼，连喂 1～3 天。

【功效】清热泻火，凉血解毒。

【应用】本方防治鱼肠炎病。（邓厚群．黑龙江水产，2013，1）

方4

【处方】穿心莲 2.5 千克，大青叶 3 千克，野菊花 2 千克，大黄 3 千克，黄柏 2 千克，黄芩 1.5 千克，黄连 3 千克，雷公藤 3 千克。

【用法用量】煎水，拌麸皮 50 千克，分早、晚 2 次投喂，连续喂 5 天，药渣装袋投入水中。

【功效】清热解毒，凉血止痢。

【应用】本方用于防治鲢鳙鱼出血性肠炎，3～4 天可完全控制病情。（林选锋．科学养鱼，2007，11）

方5

【处方】黄芩、芍药各 200～300 克，甘草 100～200 克。

【用法用量】混合煎煮，药液拌入 100 千克饵料中投喂，连喂 5～7 天。

【功效】清热泻火，平肝止痛。

【应用】本方用于治疗鳗鱼肠炎。预防：可按每 100 千克鱼加大黄（粉碎成粉）、大蒜（捣碎）、食盐各 1 千克混入饲料，制成药饵投喂，每 7 天 1 剂，连续投喂 2～3 次。（柳富荣．常见鱼病防治新技术，2007，12）

方6

【处方】干姜 100 克，大蒜 1100 克，土茯苓 75 克，紫苏 300 克，海金砂 300 克。

【用法用量】水煎，拌入饲料中投喂 50 千克鱼，连喂 5 天。

【功效】温中散寒，利湿止痢。

【应用】本方用于防治鳗鱼肠炎。湿毒重者，每 100 千克饲料加穿心莲、黄柏各 100～200 克，鱼腥草 300～500 克，连喂 5～7 天。（柳富荣．湖南农业，2007，12）

方7

【处方】千里光 1 千克，大青叶 1 千克，地榆 0.5 千克。

【用法用量】煎水，拌料投喂 50 千克鱼，连喂 3 天。

【功效】清热凉血，收湿止痢。

【应用】本方为防治鳗鱼肠炎方。严重者，每 50 千克鱼加马鞭草、车前草各 300 克，加水煮沸半小时后拌米糠，搓成团状投喂，连用 3～5 天。（柳富荣．湖南农业，2007，12）

方8

【处方】柴胡、半夏、黄芩各 200 克，甘草、黄连各 100 克。

【用法用量】混合煎汁，混入 100 千克饵料中投喂，连喂 5～7 天。

【功效】清热凉血，燥湿止泻。

【应用】本方用于治疗鳗鱼肠炎。病重者加铁苋菜、地锦草、马齿苋各 300～500 克，煎汁拌 100 千克饵料，连喂 5～7 天。（柳富荣．湖南农业，2007，12）

方 9

【处方】鲜车前草、马鞭草、樟树叶各 1 千克，鲜辣蓼 2 千克。

【用法用量】加水煎沸 30 分钟，拌饲料投喂 100 千克鱼，每天 1 次，连用 4 天。

【功效】清热解毒，涩肠止痢，凉血燥湿。

【应用】本方为防治鱼肠炎病的常用方。病重时，加鲜地锦草 1 千克。（蒋专．内陆水产，2005，7）

方 10

【处方】鲜菖蒲 3 千克，马齿苋 2.5 克，大蒜头 1.5 千克。

【用法用量】切碎捣汁，加食盐 500 克，拌入饲料投喂 50 千克鱼，每天 1 次，连用 3 天。

【功效】清热凉血，燥湿止痢。

【应用】本方为防治鱼肠炎病的常用方。肠炎流行季节，可加鲜车前草、铁马鞭、樟树叶各 0.5 千克，加水煮 30 分钟，拌入饲料投喂，每天 1 次，连用 4 天；或按每 50 千克鱼（或 7 厘米以下鱼苗 1 万尾）加鲜地锦草 1.25 千克或干草 0.25 千克，加 8～10 倍水煮沸半小时，取出药汁加入少量面粉调成糊状拌在嫩草上或浮萍上投喂，连喂 3 天为 1 个疗程。（陶桂庆．现代渔业信息，2005，1）

方 11

【处方】大黄，或金樱子花。

【用法用量】大黄捣烂，加适量水煮沸 10 分钟，稀释成 1‰药液，浸洗鱼种 5 分钟。金樱子花用法基本相同，只是浸洗鱼体 15 分钟。

【功效】清热燥湿，涩肠止泻。

【应用】本方为防治鱼肠炎病的外用浸洗方。（陶桂庆．现代渔业信息，2005，1）

方 12

【处方】大蒜素 300 克，韭菜 4 千克，食盐 500 克。

【用法用量】韭菜切碎，加大蒜素、食盐，拌饲料投喂 100 千克鱼，每天 1 次，连喂 5 天。

【功效】清热凉血，燥湿止痢。

【应用】本方为防治鱼肠炎的常用方。若无大蒜素，可用大蒜头 2 千克，捣烂与适量面粉搅匀，与 15 千克嫩苏丹草或嫩旱莲草（切成 3 厘米长）拌和，晾干叶面水分后，全池遍撒，每天 1 次，连续 3～4 天。（王兆平．中国水产，2005，4）

方 13

【处方】烟杆 2～3 千克或烟叶 0.5 千克，或蓖麻枝叶 15 千克。

【用法用量】煎汁，与发酵的兔粪 10～15 千克拌匀后，撒 667 立方米水体。

【功效】燥湿止痢。

【应用】本方主治肠炎病，兼治烂鳃病、赤皮病。发病季节，用烟杆或蓖麻枝叶扎成几束

插在池塘四处可预防。（王兆平，中国水产，2005，4）

方 14

【处方】蛇莓 500 克。

【用法用量】加水（占精饵料的 25%）煮沸 30 分钟，取汁拌入 50 千克饲料中，捏成团状，投喂 50 千克鱼，连喂 6 天。

【功效】止血止痢。

【应用】本方为防治鱼肠炎病的常用方。（李明．渔业致富指南，2005，6）

方 15

【处方】桑叶 2.5 千克，青木香 3.5 千克，辣蓼 0.5 千克，菖蒲 2.5 千克，大蒜 1.5 千克，食盐 1.5 千克，雄黄 0.1 千克。

【用法用量】前 4 药煎汁，大蒜捣碎，与食盐和雄黄拌入麸皮或饲料内撒入 667 立方米水体投喂，连喂 3 天。

【功效】清热凉血，燥湿解毒，涩肠止痢。

【应用】本方用于防治草鱼肠炎病。重症，每 100 千克鱼加黄连根须、板蓝根各 100 克，加水 5 千克煎汁，用药液煮大米、稻谷等饲料喂鱼，每天 1 剂，连用 2～3 次。（李正飞．渔业致富指南，2007，8）

方 16

【处方】鲜菖蒲 10 千克，马齿苋 5 千克，大蒜头 3 千克。

【用法用量】切碎捣汁，加适量食盐，拌料投喂 100 千克鱼，每天 1 次，连用 3 天。

【功效】清热解毒，涩肠止痢，凉血燥湿。

【应用】本方用于防治草鱼肠炎病。夏季应用时，每 100 千克鱼加马鞭草、车前草各 500 克煎汁拌饲料投喂，每天 1 次，连续 5～6 天。（蒋专．内陆水产，2005，7）

方 17

【处方】乌桕树叶 150 克，大蒜 150 克，苦木粉 50 克，食盐 100 克，菜油 100 克，玉米粉 1500 克。

【用法用量】前 3 味药粉碎，加入食盐、菜油、玉米粉制成药饵，投喂 50 千克鱼，连喂 3～5 天。

【功效】清热泻火，凉血解毒。

【应用】本方防治肠型点状产气单胞菌点状亚种引起的鱼肠炎病，疗效显著。（邓菊云．内陆水产，2001，10）

方 18

【处方】墨旱莲、铁苋菜、辣蓼、益母草、蒲公英各 100 克，地锦草、芙蓉花、木芙蓉嫩叶、怀胎草（再生稻草）、瓜蒌、车前草、桑树叶各 50 克。

【用法用量】碾成细末，分装成 800 克/袋，密封备用。用时每袋撒于 15～20 平方米水面中，每隔 20～30 天撒 1 次。

【功效】清热解毒，凉血止痢。

【应用】用于防治黄鳝肠炎、出血病、萎瘪病等。要增强疗效，可按每 100 千克鱼加枫树叶 1.3 千克、铁苋菜 4.2 千克，加水煎汁与干饲料拌匀制成药饵，连喂 2 天。（邓菊云．内

陆水产，2001，10)

方 19

【处方】铁苋菜、地锦草各30％，菖蒲、辣蓼各20％。

【用法用量】混合，鲜草3千克或干粉1千克（第2～4天减半）加水5千克，煮沸20分钟加适量面粉煮成药糊，冷却后拌嫩草或与精料制成药饵喂50千克鱼，连喂4天为1疗程。

【功效】清热燥湿，固肠止痢。

【应用】本方为防治鱼肠炎的常用方。可再加马齿苋鲜草1.5～3千克切碎投喂或拌料投喂，连喂2～5天，每天1次。本方还可防治草鱼、赤皮病和烂鳃病。（唐文联.湖南农业，2000，7)

14. 鱼打印病

方 1

【处方】黄芩。

【用法用量】粉碎成细粉，按5％的比例加入饲料中投喂，5天为1疗程。或将黄芩切细加水浸泡24小时，煎煮3次，煎成1％浓度，全池泼洒，每天1次，连用3天。

【功效】清热燥湿，凉血消肿。

【应用】本方防治鱼打印病。（张晓红.渔业致富指南，2015，12)

方 2

【处方】苦参1～2千克。

【用法用量】加水15～20千克，浸泡，煮沸20～30分钟，然后连渣全池泼洒667平方米水面，每天1次，连续3天为1疗程。

【功效】清热燥湿，凉血消肿。

【应用】本方治疗由点状气单胞菌点状亚种引起的鱼打印病效果显著。病轻1疗程即可，病重需2～3疗程。在发病季节每隔15天预防1次。（罗庆华.安徽农业科学，2006，1)

方 3

【处方】五倍子3千克，大黄1.5千克；鲜地锦草、鱼腥草各200克，雄黄30克。

【用法用量】五倍子捣碎，大黄加开水浸泡8小时，混合，加酒精4千克、食盐3千克，兑水全池泼洒667平方米水体；鲜地锦草、鱼腥草、雄黄共捣成泥，拌精料2千克，投喂50千克鱼，连喂3～4天。

【功效】清热燥湿，凉血解毒。

【应用】本方用于防治鱼打印病。轻症可按每万尾鱼种用大黄粉0.5千克拌料或水煎后拌饵投喂，或泼洒五倍子使池水浓度达4～10毫克/升水。（罗庆华.安徽农业科学，2006，3)

方 4

【处方】烟杆500克，或烟叶250克。

【用法用量】加水10～15千克浸泡，煎煮2～3小时，100立方米水体一次全池泼洒。

【功效】解毒消肿。

【应用】本方用于防治鱼打印病。也可用生石灰6.5千克、茶籽5.4千克，水调后泼洒全

池。（王世荣．渔业致富指南，2005，24）

15. 鳗鱼爱德华氏菌病

【处方】五倍子 500 克，茵陈蒿 20 克，陈皮 15 克，板蓝根 7.5 克，车前草 7.5 克，甘草 7.5 克。

【用法用量】五倍子碾碎，加 5 倍量水煮汁，100 立方米水体全池泼洒，隔 2 天泼 1 次，连用 3 次；余药加 6～7 倍水煎汁，拌入饲料投喂 100 千克鳗鱼，每天 2 剂，连用 3 天。

【功效】清热燥湿，活血消肿。

【应用】本方防治鳗鱼爱德华氏病。（林明辉．内陆水产，2007，10）

16. 鳗鱼弧菌病

【处方】仙鹤草 0.5 千克。

【用法用量】加适量水煮沸 10～15 分钟，然后连渣带汁拌入米糠，捏成团状，投喂 100 千克鱼。

【功效】清热解毒，理气活血。

【应用】本方用于防治鳗鱼弧菌病和其他细菌病。（成春钊．渔业致富指南，2006，1）

17. 欧鳗红头病

方 1

【处方】大黄 10 克，穿心莲 5 克，金银花 10 克，连翘 10 克，茵陈 8 克，黄连 6 克，苦参 8 克。

【用法用量】水煎取汁，按 60 毫克/升水的剂量全池泼洒，渣撒在池角浅水区，连续 3 天。

【功效】清热解毒，泻火燥湿。

【应用】本方用于治疗欧鳗红头病，效果可达 85％以上。（李涛．渔业致富指南，2007，11）

方 2

【处方】生石灰，黄连。

【用法用量】生石灰按 20 毫克/升水全池泼洒；黄连煎汁，按 12 毫克/升水全池泼洒，连续 3 天。

【功效】清热燥湿。

【应用】本方防治欧鳗红头病。（李涛．渔业致富指南，2007，11）

18. 鱼脱黏病

方 1（百草脱黏康）

【处方】鱼腥草 50 克，黄芪 50 克，龙胆草 30 克，黄芩 30 克，厚朴 30 克，苍术 30 克，柴胡 30 克，甘草 20 克。

【用法用量】超微粉碎，按 0.1% 的添加入饲料中投喂。

【功效】清热燥湿，凉血解毒。

【应用】本方用于防治鳗鱼脱黏病，对其他鱼类的脱黏病同样有效，可常年添加。（吴德峰．福建农林大学学报，2006，3）

方 2

【处方】五倍子 270 克，板蓝根、金银花各 3 千克，穿心莲、黄连各 6 千克。

【用法用量】加水煎煮半小时，取汁全池泼洒 667 平方米、水深 0.8 米鱼池，连用 3 天。

【功效】清热燥湿，凉血解毒。

【应用】本方用于治疗胡子鲶急性脱黏、皮肤溃疡综合征。用药期间池塘停止进排水，3 天后死鱼明显下降。换水 1/3，再用 4 天，鱼逐渐恢复进食。（林选锋．科学养鱼，2006，11）

方 3

【处方】黄连 50 克，大黄 30 克，黄芩 20 克，五味子 30 克，甘草 20 克。

【用法用量】加五倍水煎 0.5～1 小时，取汁，按 3～5 毫克/升水的比例，全池泼洒，每天换水 1/3 左右，连续 3 天。

【功效】清热燥湿，解毒敛疮。

【应用】本方用于治疗鳗鱼脱黏病，也可用于预防。（郭根和．福建农业科技，2003，3）

19. 草鱼赤皮、肠炎、烂鳃并发症

方 1

【处方】菜油 0.75 千克，生姜 0.25 千克。

【用法用量】用于 667 平方米池塘。先将菜油放入锅里烧热，然后把切成碎片的生姜倒入油锅中煮熬 20 分钟捞出，加适量水混合，拌饵投喂。每天 1 次，连续 2 天。

【功效】燥湿解毒，凉血化瘀。

【应用】本方防治鱼肠炎、烂鳃、赤皮并发症等。（倪以虎．水产信息，2013，6）

方 2

【处方】带小枝的鲜柳树叶 1.5～2 千克。

【用法用量】用于 100 平方米鱼池。扎成小捆，堆放在鱼池进水口或食台附近的水中。树叶腐烂时更换 1 次。

【功效】燥湿解毒，凉血化瘀。

【应用】本方防治鱼肠炎、烂鳃、赤皮并发症。（成春钊．渔业致富指南，2006，6）

方 3

【处方】苦木粉 125 克，黄柏粉 75 克，黄芩粉 50 克，食盐 200 克，面粉 1.5 千克，豆饼粉 6 千克。

【用法用量】掺入适量清水做成颗粒药饵，晒干后喂 50 千克鱼，连服 7 天为 1 疗程。

【功效】燥湿解毒，凉血化瘀。

【应用】本方用于防治草鱼细菌性赤皮病、肠炎、烂腮病。预防服 1 个疗程，治疗服 2 个疗程。（李明．渔业致富指南，2005，16）

方 4

【处方】① 干地锦草、旱莲草、苦楝根皮各 250 克。

② 一见喜、火炭母、凤尾草各 150～250 克。

③ 乌桕叶、算盘子叶、火炭母全草、苦楝根皮各 250 克。

【用法用量】粉碎，制成药饵投喂 50 千克鱼，连喂 3～5 天。

【功效】清热凉血，燥湿止痢。

【应用】本方为治疗草鱼三病的常用内服方。方①可配合马尾松鲜叶 15 千克，研碎兑水 25 千克，泼洒 667 立方米水体；方②可配合柳树叶 10 千克，与人尿 40 千克浸泡 12 小时后全池泼洒 667 平方米水体；每天 1 次，连泼 3 天。（李明．渔业致富指南，2005，16）

方 5

【处方】鲜韭菜 3 千克，鲜洋葱叶 2 千克，鲜辣蓼 5 千克，鲜薄荷叶 5～6 千克。

【用法用量】捣碎拌入饲料，喂 100 千克鱼，每周 1 次。

【功效】清热解毒，燥湿止痢。

【应用】本方用于预防草鱼三病。（蒋专．内陆水产，2005，7）

方 6

【处方】大黄 0.5 千克，黄芩 0.5 千克，黄柏 0.5 千克，食盐 0.5 千克。

【用法用量】煎汁拌料投喂 100 千克鱼，每天 2 次，连喂 6 天。

【功效】清热泻火，燥湿止痢。

【应用】本方为防治草鱼三病的常用方。可配合菖蒲打浆全池泼洒，每年 1 次，可有效预防草鱼三病。（蒋专．内陆水产，2005，7）

方 7

【处方】车前草、铁马鞭、辣蓼鲜草各 2 千克，葎草 3 千克。

【用法用量】用前 3 药切碎，加适量水煮沸 20 分钟，加适量面粉制成药糊，冷却后拌嫩草或与精饲料制成药饵喂 50 千克鱼，5 天 1 疗程，肠炎严重者再加葎草煮沸拌料。

【功效】清热凉血，利湿止痢。

【应用】本方用于防治草鱼"三大病"。（启珍．饲料与畜牧，2003，5）

20. 鱼链球菌病

【处方】仙鹤草 0.5 千克。

【用法用量】加适量水煮沸 10～15 分钟，然后连渣带汁拌入米糠，捏成团状，投喂 100 千克鱼。

【功效】清热解毒，凉血燥湿。

【应用】本方为防治鱼类链球菌病和其他细菌性鱼病的常用内服方药。（黄洋春．内陆水产，2003，2）

21. 鱼出血性败血症

方1

【处方】①花椒、五倍子各等份；②黄芩或诃子、五倍子各等份。

【用法用量】粉碎，加水煮沸30分钟，药渣药水与饵料混合搅匀，制成粒径为1毫米的颗粒饵料，晒干。每天按鱼体重的2%（预防）～3%（治疗）分2次定时投喂药饵料，连用15天。

【功效】清热解毒，收敛止血。

【应用】用于防治罗非鱼感染嗜水气单胞菌引起的出血性败血症。方①实验治疗的保护率为83.33%、方②实验预防的保护率为94.44%。（彭金菊等．中国兽医杂志2010，10）

方2

【处方】大黄、侧柏叶各等量。

【用法用量】混合粉碎，过80目筛，以1%比例拌料投喂，连喂5天。

【功效】清热解毒，活血止血。

【应用】本方治疗淡水鱼类细菌性败血症，1周后可控制病情。（陆广富．中兽医医药杂志，2006，6）

22. 胡子鲶黑体病

【处方】大蒜500克。

【用法用量】捣烂，拌于50千克饵料中投喂，连喂5～6天。

【功效】清热解毒，理气消肿。

【应用】本方用于防治由多种细菌引起的胡子鲶黑体病。与土霉素配合使用，效果更显著。（江为．渔业致富指南，2004，20）

23. 鱼水霉病

方1

【处方】五倍子1.5～2千克或菖蒲12～14千克，食盐1千克。

【用法用量】五倍子捣烂，加适量60～70℃水浸泡20～24小时，加入食盐搅拌溶解；或菖蒲捣烂，加入食盐和40千克人尿浸泡24小时。然后全池泼洒。每天1次，连用3～4天。

【功效】清热解毒。

【应用】本方防治鳝鱼水霉病。（刘阳．渔业致富指南，2013，11）

方2

【处方】石榴皮50克，槟榔30克。

【用法用量】共碾细粉，拌于5千克饵料投喂50千克鱼，连喂3～5天。

【功效】温中化湿，解毒。

【应用】本方防治鳝鱼水霉病。对鱼类原生虫、蠕虫病及水霉病有较好效果。（张晓红．

方3

【处方】烟茎叶 10 千克，食盐 3 千克。

【用法用量】烟茎叶加水 50 千克煎熬，加食盐，全池泼洒 667 立方米水体 2～3 次。

【功效】清热解毒。

【应用】本方用于治疗鱼水霉病。预防可用桐树叶或芝麻秆 10 千克扎成小捆放入池中。（罗庆华．内陆水产，2002，1）

方4

【处方】雪胆 100 克，黄芩 50 克，桐油 150 克。

【用法用量】混合制药饵投喂，连喂 2～3 天。

【功效】解毒，收湿敛疮。

【应用】本方用于防治水霉病。（邓菊云．内陆水产，2001，10）

方5

【处方】臭灵丹适量。

【用法用量】阴干粉碎，装药袋放入水池中，使水体达 0.05% 浓度。

【功效】解毒，燥湿。

【应用】本方为防治鲫鱼水霉病的良方。（李树荣．中兽医学杂志，2004，1）

【按语】臭灵丹为菊科植物，别名狮子草、臭叶子、六棱菊、大黑药、臭树。

方6

【处方】蓖麻鲜叶或鲜嫩枝 15 千克

【用法用量】用于 667 平方米鱼池。折成数段，捆成小捆放在饵料周围，连用 2 次。

【功效】清热燥湿。

【应用】本方用于防治水霉病。（国文．水产渔业，2001，4）

24. 鱼鳃霉病

方1

【处方】芭蕉心 50 千克，食盐 1.5～2 千克。

【用法用量】芭蕉心捣碎，加食盐拌匀，放在食台投喂。每 50 千克鱼喂 2～5 千克。

【功效】清热解毒，燥湿。

【应用】此方为防治鳃霉病简便方。发病后应迅速加入清水，或将鱼迁到水质较瘦的池塘，或流动的水中，再用本方效果较好，病情可马上减缓。（李明．渔业致富指南，2005，16）。

方2

【处方】艾叶 5 千克，或烟叶 500 克。

【用法用量】艾叶切碎，加盐 0.5～1 千克，用人尿 20 千克浸泡 12 小时；或烟叶加水浸泡 24 小时。全池泼洒 667 立方米水体，每天 1 次，连续 3 天。

【功效】温中化湿，解毒。

【应用】本方为防治鳃霉病的外用方。（陈远玉．农家顾问，2004，2）

25. 鱼黏球菌病

方 1

【处方】大黄 5～10 克。

【用法用量】碾成粉末混入饲料内，1 千克鱼一次喂服。每天 1 次，连用 3 天。

【功效】温中化湿，解毒。

【应用】本方用于防治黏细菌性鱼病。（刘占文．渔业致富指南，2016，12）

方 2

【处方】夏枯草、甘草各 2 千克；或艾叶干品 10 千克或鲜草 30 千克。

【用法用量】水煎煮 3 次，浓缩至 20 千克；或艾叶煎成 30 千克。全池泼洒 667 立方米水体，每天 1 次，连用 3～5 天。

【功效】温中化湿，解毒。

【应用】本方可防治鱼黏球菌病。（张晓红．渔业致富指南，2006，2）

26. 鱼车轮虫病

方 1

【处方】枫杨树叶 20 千克。

【用法用量】用于 667 立方米水体，浸泡于饵料台下。

【功效】驱虫。

【应用】本方用于预防车轮虫病。（祁俊英．当代畜禽养殖，2016，8）

方 2

【处方】苦楝树叶（果）、马尾松、樟树叶各 3 千克。

【用法用量】煎汁 25 千克，全池泼洒 667 立方米水体，每天 1 次，连续 3 天。

【功效】驱虫杀虫。

【应用】本方为抑制车轮虫繁殖的常用方，3 味药可合用，也可单用。也可按每吨水用苦楝树枝 45 克煎汤，全网箱泼洒，或将楝树树枝扎成捆悬挂在网箱中。也可在鱼池入水口处用投放苦楝树叶浸泡，每隔 7～10 天换 1 次。（李正飞．渔业致富指南，2007，8）

方 3

【处方】① 土茯苓、明矾各 100～200 克，甘草、大黄、金银花、野菊花、薄荷叶、黄连各 50～100 克。

② 苦楝树枝叶 450 千克，韭菜 30 千克，食盐 7.5 千克。

【用法用量】方①中各药混合加水 7.5 千克煮 1～2 小时，每公顷水面用药汁 15 千克，掺水全池泼洒；方②中苦楝树枝叶煮水，泼洒 667 立方米水体；韭菜加食盐研成浆投喂。

【功效】驱虫杀虫。

【应用】本方用于防治车轮虫病，疗效达 80% 以上。（罗庆华．安徽农业科学，2006，

28)

方 4

【处方】干苦楝、干雷公藤各 500 克，苦楝和大蒜适量。

【用法用量】用干苦楝、干雷公藤煮水，全池泼洒 100 立方米水体，每天 1 次；同时，鱼饵用苦楝（饵料的 0.2％）和大蒜（饵料量的 0.2％）混合液浸泡后投喂，每天 3 次。连用 3 天。

【功效】驱虫杀虫。

【应用】本方用于防治河豚车轮虫病，效果特别明显。（胡先勒．齐晋渔业，2004，11）

方 5

【处方】大蒜、葱白各 3.75 千克，黄豆 75 千克。

【用法用量】大蒜、葱白切碎后和煮熟的黄豆混合磨成浆，遍洒 1 公顷水面，连续 3 天。

【功效】驱虫。

【应用】本方用于防治车轮虫病。（启珍．饲料与畜牧，2003，5）

27. 鱼小瓜虫病

方 1

【处方】辣椒粉 0.3 千克或鲜红辣椒 1 千克，生姜 0.75 千克。

【用法用量】用于 667 立方米水体。加水 10 千克，熬成汤，在中午时全池泼洒，连续泼洒两天。

【功效】驱虫杀虫。

【应用】本方用于防治小瓜虫病。用药两天，小瓜虫便可被杀灭。（孙奇．黑龙江水产，2011，3）

方 2

【处方】大黄 1 千克，野菊花 1 千克。

【用法用量】混合煎汁，兑水全池泼洒 667 平方米水面，每天 1 次，连续 3 天。

【功效】驱虫杀虫。

【应用】本方为治疗小瓜虫病常用方。（陈礼强．河南科学，2007，5）

方 3

【处方】樟树叶 2～3 千克。

【用法用量】加水煎汁，加适量水，浸洗鱼体 3～5 分钟，连续 3 天。

【功效】驱虫杀虫。

【应用】用本方治疗鳜鱼小瓜虫病效果良好。（孙克年．渔业致富指南，2006，1）

方 4

【处方】干苦楝、干马尾松、干辣蓼各 500 克。

【用法用量】煮水，全池泼洒 100 立方米水体，每天 1 次，连续 3 天。

【功效】驱虫杀虫。

【应用】本方用于治疗河豚小瓜虫病效果显著。（胡先勒．齐晋渔业，2004，11）

方5

【处方】干辣椒粉 50 克，生姜 100 克，五倍子 50 克，土荆芥 50 克。

【用法用量】加 5 千克水浸泡 20 分钟，煮沸 30 分钟，药汁冷却后全池均匀泼洒 10 立方米水体，2 小时内大量换水，连续泼洒 5 天。

【功效】驱虫杀虫。

【应用】用本方治疗大西洋鲑鱼小瓜虫病，泼洒 5 天后鱼活动能力和食欲加强，泼洒 10 天后鱼体上小瓜虫数量明显减少，15 天后镜检虫体全部脱落。鱼苗成活率可达 95% 以上。（王维林．黑龙江水产，2002，6）

28. 鱼指环虫病

方1

【处方】黄芩、大青叶、乌柏、金银花各等量。

【用法用量】粉碎，按鱼饲料 2%～3% 的比例添加饲喂。

【功效】驱虫，解毒。

【应用】本方为治疗鳜鱼指环虫病内服方，同时用五倍子粉兑水全洒，7 天 1 次，连用 3 次，效果显著。（孙克年．渔业致富指南，2006，1）

方2

【处方】雷丸 100 克，石榴皮 100 克，生石灰 10 千克，食盐 25 克。

【用法用量】雷丸、石榴皮加水 10 千克煎熬 4～5 小时，煎成 10 升，浸泡病鱼 20～30 分钟。同时，生石灰、食盐加适量水泼洒 667 立方米水体。

【功效】驱虫杀虫。

【应用】用本方治疗鳜鱼指环虫病，3～4 天后虫体被杀死脱落。（孙克年．渔业致富指南，2006，1）

方3

【处方】苦楝树皮叶 2 千克，韭菜 0.2 千克，南瓜子粉 0.2 千克，槟榔粉 0.1 千克，食盐 0.5 千克。

【用法用量】苦楝树皮叶和韭菜捣烂，与南瓜子粉、槟榔粉和食盐拌入精料内饲喂 50 千克鱼，连喂 3～4 次。

【功效】驱虫。

【应用】本方为治疗指环虫病常用方。（徐永福．内陆水产，2002，6）

方4

【处方】苦楝树叶 15 千克，大黄 10 千克。

【用法用量】捣碎，浸泡 1 天，煎熬药汁 1 千克，全池泼洒 667 平方米水面。

【功效】驱虫。

【应用】本方用于防治指环虫病，疗效一般可达 85%。（柳富荣．水产科技情报，2002，4）

29. 黄鳝棘头虫病

【处方】苦楝树根或果实 2 千克，三氯甲烷溶液 1.5 千克。

【用法用量】苦楝树根或果实捣烂，加入三氯甲烷溶液，密封 3 天后过滤、分馏后拌蚯蚓 1 千克投喂病鳝，连续 6 天。

【功效】驱虫。

【应用】用本方治疗黄鳝棘头虫病，连续 6 天见效。(张文革. 渔业致富指南，2007，11)

30. 黄鳝肠寄生虫病

方 1

【处方】使君子、百部、贯众、榧子各 200 克。

【用法用量】研成粉末，拌入饲料喂 50 千克黄鳝。

【功效】驱虫。

【应用】本方专治黄鳝各种肠道寄生虫病。(葛雷. 水利渔业，2005，1)

方 2

【处方】南瓜子、蚯蚓各 200 克。

【用法用量】焙干炒香，研成粉末，拌入饲料，喂 50 千克黄鳝。

【功效】驱虫。

【应用】本方专治黄鳝各种肠道寄生虫病。(刘小琴. 农家科技，2006，8)

31. 鱼口丝虫、球虫、碘孢虫病

方 1

【处方】苦楝树皮叶 2 千克，大黄 500 克。

【用法用量】熬煮药汁 1 千克，拌入精饲料投喂 50 千克鱼，连喂 2～3 次。

【功效】驱虫杀虫。

【应用】本方治疗口丝虫、球虫和碘孢虫。(邓菊云. 内陆水产，2001，10)

方 2

【处方】2.5％食盐水。

【用法用量】浸洗病鱼 30 分钟。

【功效】杀虫。

【应用】本方为治疗鱼类口丝虫病的简便方，也可用于治疗鱼类球虫、碘孢虫病。(戈杰. 渔业致富指南，2000，7)

32. 鱼钩介幼虫病

【处方】苦楝树皮 2 千克，韭菜 200 千克，沙南瓜子粉 200 克，槟榔粉 100 克，食盐

500 克

【用法用量】苦楝树皮熬汁，韭菜捣成泥，与沙南瓜子粉、槟榔粉、食盐混匀，加精料制成药饵，投喂 50 千克鱼，连喂 3～4 天。

【功效】杀虫。

【应用】本方为治疗鱼钩介幼虫的常用方。（邓菊云. 内陆水产，2001，10）

33. 鱼鳃隐鞭虫病

方 1

【处方】鲜苦楝树枝叶 15～20 千克。

【用法用量】用于 667 立方米水体。扎成捆，浸泡于水中，7～10 天换 1 次，连续 3～4 次；或加水 50 千克，煮沸半小时，连渣带汁全池泼洒，每天 1 次，连续 2 天。

【功效】驱虫杀虫。

【应用】本方可治疗鱼鳃隐鞭虫病和车轮虫病。（刘基正. 渔业致富指南，2014，12）

方 2

【处方】苦楝树叶 30 千克，鲜桑叶 10 千克，麻饼或花生麸 10 千克，菖蒲 12.5 千克。

【用法用量】用于 667 立方米水体池塘。捣碎混合后全池泼洒。

【功效】驱虫杀虫。

【应用】本方可治疗鱼鳃隐鞭虫病和车轮虫病。（刘基正. 渔业致富指南，2014，12）

34. 黄鳝毛细线虫病

方 1

【处方】秋水仙碱 3 克，毛茛碱 1 克，氨茶碱 0.3 克，生石灰 100 克，苯甲酸 3 克。

【用法用量】用温水浸泡 7 天后过滤，全池泼洒 667 立方米水体，连续 3 次。

【功效】驱虫杀虫。

【应用】本方治疗黄鳝毛细线虫病，药液中加入漂白粉 2 克全池泼洒，连续 3 次见效。（张文革. 渔业致富指南，2007，11）

方 2

【处方】贯众 320 克，荆芥 100 克，苏梗 60 克，苦楝树根皮 100 克。

【用法用量】加入 3 倍量水，煎至原水量的 1/2，倒出药汁；此法复煎 1 次，合并药汁，拌入饵料中投喂 100 千克黄鳝，每天 1 次，连喂 6 天。

【功效】驱虫。

【应用】本方用于防治黄鳝毛细线虫病。可配合生石灰清塘以杀死虫卵及带虫者。（赵亚东. 科学养鱼，2004，11）

方 3

【处方】贯众 16 份，土荆芥 5 份，苏梗 3 份，苦楝树皮 5 份。

【用法用量】每 50 千克鱼用 290 克，煎汁拌料投喂，连喂 6 天。

【功效】驱虫。

【应用】本方用于防治毛细线虫病。（李果．内陆水产，2001，7）

35. 鲫鱼黏孢子虫病

【处方】槟榔2～4克。

【用法用量】水煎取汁，拌精料制成颗粒饲料，100千克鱼一次投喂，每天1次，连喂16天。

【功效】驱虫。

【应用】本病由黏孢子虫寄生在鳃、体表、脏器上引起，表现为寄生处有白色孢囊。本方内服可防治鲫鱼黏孢子虫病，也可用于其他鱼类黏孢子虫病。（丁成曙．科学养鱼，2005，10）

36. 鱼斜管虫病

方1

【处方】鲜地耳草、鲜辣蓼、鲜鸭跖草各50克。

【用法用量】捣烂揉汁，加盐蛋黄1个，撒入鱼盆或孵化池中，15分钟后换水。

【功效】驱虫杀虫。

【应用】本方用于防治鱼种鲤鱼斜管虫病。（谢卫华．科学养鱼，2005，3）

方2

【处方】辣椒粉210克，干姜100克。

【用法用量】加水煎煮成25升药液，全池泼洒667立方米水体，每天1次，连续2天。

【功效】驱虫杀虫。

【应用】本方为治疗鱼斜管虫病的土方。也可用苦楝树枝叶4～5千克，水煎取汁，一次全池泼洒100立方米水体。（渔工．北京水产，2004，4）

37. 鱼绦虫病

方1

【处方】贯众320克，荆芥100克，苏梗60克，苦楝树皮100克。

【用法用量】水煎2次，合并药液浓缩成总生药量的3倍，拌入干豆饼内一次投喂100千克鱼，每天1次，连喂6天。

【功效】驱虫。

【应用】本方用于防治鱼头槽绦虫效果良好。（刘德建．齐鲁渔业，2007，7）

方2

【处方】雷丸、贯众、槟榔、鹤虱各150克，大黄、甘草各100克。

【用法用量】粉碎，加面粉混匀制成药饵，100千克鱼一次投喂，每天1次，连喂7天。

【功效】驱虫。

【应用】本方用于防治鲤鱼头槽绦虫。（王猛．科学养鱼，2006，8）

方3

【处方】南瓜子 250 克。

【用法用量】研末，混入 1 千克豆饼或米糠，拌匀，1 万尾鱼一次投喂，每天 1 次，连喂
3 天。

【功效】驱虫。

【应用】本方用于治疗鱼舌状绦虫。（夏艳洁．农村科学实验，2000，8）

38. 鱼刺激隐核虫病

【处方】槟榔、苦参、苦楝各 150 克。

【用法用量】熬成药汤，全池泼洒 667 立方米水体，每天 1 次，连续 3 天。

【功效】驱虫杀虫。

【应用】用本方治疗红鳍东方鲀刺激隐核虫病 3 天，第 4 天大换水，停药 2 天再同法
处理，鱼体表面白点消失，鱼体恢复正常，治愈率达 90％以上。（陈章群．水产养殖，
2005，4）

39. 鱼嗜子宫线虫病

【处方】大蒜头 5 千克。

【用法用量】去皮捣碎取汁，加 5 倍水稀释，浸洗病鱼 2 分钟。

【功效】驱虫杀虫。

【应用】本方治疗嗜子宫线虫病，效果良好。（李明峰．内陆水产，2004，4）

40. 鳜鱼纤毛虫病

方1

【处方】马尾松、乌桕、苦楝树（叶、皮）各 10～13 千克。

【用法用量】切碎，煎成 12～25 千克药液，全池泼洒 667 平方米水面，每天 1 次，连用
3 天。

【功效】驱虫杀虫。

【应用】本方用于治疗鳜鱼纤毛虫病，也可治疗由车轮虫、斜管虫、舌杯虫等引起的寄生
虫病。（孙克年．渔业致富指南，2006，1）

方2

【处方】苦楝树枝叶 30～40 千克，大青叶 5～10 千克。

【用法用量】用于 667 平方米水面。扎成 6～8 捆，分别放入池中和四周堆沤，7～10 天
后捞出。

【功效】驱虫。

【应用】本方可有效预防和治疗鳜鱼纤毛虫病。（孙克年．渔业致富指南，2006，1）

41. 鳜鱼孢子虫病

【处方】雷丸、苦楝树皮、槟榔、石榴皮各等量。

【用法用量】粉碎，按 5% 的比例添加于饲料中饲喂。

【功效】驱虫杀虫。

【应用】本方治疗鳜鱼孢子虫病有较好疗效。如果在苗种放养前配合生石灰清塘消毒，效果更好。（孙克年．渔业致富指南，2006，1）

42. 鱼锚头鳋病

方 1

【处方】大茶叶（胡蔓藤）60 千克，或五加皮 75～100 千克；或松树叶 10～15 千克，松香 200 克。

【用法用量】大茶叶或五加皮分成数束用绳捆扎于竹竿上，插入 667 平方米水体中，使茎叶浸在水里，连续 6～7 天。或松树叶捣碎浸出树汁，生松香研磨成粉，混合全池泼洒 667 立方米水体。

【功效】驱虫杀虫。

【应用】本方治疗鳜鱼锚头鳋，用药 6～7 天后，鱼体上的虫体可全部脱落。（孙克年．渔业致富指南，2006，1）

方 2

【处方】辣蓼 40 千克。

【用法用量】扎成 4 捆，浸泡于 667 立方米水体中。

【功效】杀虫。

【应用】本方用于治疗锚头鳋，一般用药 1 周后见效。（陶桂庆．现代渔业信息，2005，1）

方 3

【处方】山苍子叶 50 千克。

【用法用量】用于 667 立方米水体。扎成小捆，压在水下面。

【功效】杀虫。

【应用】本方用于治疗锚头鳋。（兰天．农村新技术，2005，1）

方 4

【处方】百部（碾碎）150 克，白酒 250 克；或雷丸、石榴皮各 200 克。

【用法用量】百部用白酒浸泡 24 小时后，取药液拌饵投喂 50 千克鱼；或雷丸、石榴皮熬汁 25 千克，全池泼洒 667 立方米水体。每天 1 次，连续 3 天。

【功效】驱虫。

【应用】本方用于治疗锚头鳋，效果良好。（陶桂庆．现代渔业信息，2005，1）

方 5

【处方】棉籽 1 千克，桐油 0.25 千克。

【用法用量】棉籽炒熟磨粉，拌入桐油，再与饵料混匀投入水池。

【功效】驱虫。

【应用】本方为治疗鱼锚头鳋病的土方。（韦公远．黑龙江水产 2004，4）

方 6

【处方】桑叶 5 千克，苦楝树根 6 千克，麻饼或豆饼 11 千克，菖蒲 12.5 千克。

【用法用量】研末混合，全池泼洒 667 平方米水体。

【功效】驱虫。

【应用】本方用于治疗锚头鳋，一般用药 1 周后见效。（启珍．饲料与畜牧，2003，5）

43. 鱼鲺病

方 1

【处方】马尾松枝叶 20 千克。

【用法用量】用于 667 平方米水面。扎成多束散放于池，7 天后取出轮换。

【功效】驱虫杀虫。

【应用】本方可防治鱼鲺病。（陈莉平．农村新技术，2016，1）

方 2

【处方】樟树叶 15 千克，煤油 1000 克；或乌桕叶 20 千克。

【用法用量】樟树叶捣碎，加煤油混匀；或乌桕叶捣碎煎汁。兑水遍洒 667 平方米水面，每天 1 次，连续 3 天。

【功效】杀虫。

【应用】本方治疗鱼鲺病。（陈礼强，河南科技，2007，5）

方 3

【处方】乌桕叶 10 千克，或百部 2 千克。

【用法用量】切碎熬汁，泼洒 667 平方米水体。

【功效】驱虫杀虫。

【应用】本方为治疗鱼鲺病的土方。（杨学军．北京水产，2006，1）

方 4

【处方】虎杖 45 根。

【用法用量】每 5 根虎杖扎成一束，每 667 平方米水面用 7～9 束投入池中。

【功效】杀虫。

【应用】本方浸出液可杀死鱼虱。（古家齐．养殖指南，2005，4）

方 5

【处方】大茶叶 50～60 千克。

【用法用量】每 10 千克扎成一束，分散投入 667 立方米水体中。

【功效】杀虫。

【应用】大茶叶为马钱科植物胡蔓藤，又叫断肠草，有剧毒，治疗鱼鲺病有特效。（韦公远．黑龙江水产 2004，4）

方6

【处方】樟树叶 15 千克，或枫杨树叶 15 千克。

【用法用量】捣烂，连渣带汁，泼洒 667 平方米水体。

【功效】杀虫。

【应用】本方为治疗鱼鲺病的土方。（启珍．饲料与畜牧，2003，5）

44. 鱼肺炎

【处方】三黄粉（大黄 50%、黄柏 30%、黄芩 20%）5～10 千克，食盐 0.5 千克。

【用法用量】用水和匀，拌入面粉 2 千克、麦麸 12 千克，制成半干状药饵，投入食台，每天 1 次，3 天为 1 个疗程。

【功效】清热解毒。

【应用】此方可有效地防治鱼肺炎、出血病，兼治赤皮病及烂鳃病。用药前应停食 1 天。（古家齐．广西热带农业，2003，3）

45. 河豚黑变病

【处方】陈皮 20 克，荞麦 30 克，川芎 30 克，小茴香 20 克。

【用法用量】粉碎，按 0.2%～0.3% 的比例添加在饲料中，每天 1 次，连续 6 天为 1 个疗程。

【功效】理气活血。

【应用】用本方治疗有效，若添加适量维生素 E，效果更佳。（王大建．齐鲁渔业，2007，11）

46. 鱼苗白粉病

【处方】鲜枫树枝叶 25～30 千克，或生石灰 2000 克。

【用法用量】枫树枝叶扎成 5～6 捆，均匀投放入 667 立方米水体池塘中。或生石灰加水溶解，遍洒 100 立方米水体，使池水为微碱性。

【功效】清热解毒。

【应用】本方治疗有效。（陈远玉．农家顾问，2004，2）

47. 鲟黑身病

【处方】大蒜，干酵母，鱼肝油。

【用法用量】按大蒜 0.8%～1%、干酵母 0.8%～1.2%、鱼肝油 0.5%～0.8% 的比例添加于饲料中饲喂。

【功效】健脾理气。

【应用】本方用于治疗由于营养代谢不良引起的鲟黑身病。（洪文彪．中国水产，2006，1）

48. 鱼气泡病

方1

【处方】鲜车前草 6 千克，生石膏 6 千克。

【用法用量】混合，兑水磨浆，加水至 50～70 升，667 平方米水面全池泼洒。

【功效】清热解毒，理气。

【应用】本方可防治鱼类气泡病。（邓厚群．黑龙江水产，2013，1）

方2

【处方】鲜扁柏树叶 2000 克，广木香 260 克，陈皮 130 克；或大蒜 600 克。

【用法用量】煎煮取汁，667 立方米水体全池遍洒；或大蒜捣碎，拌青饲料投喂 100 千克鱼，连喂 3 天。

【功效】理气，解毒。

【应用】本方用于治疗因池水氧气、二氧化碳或氮气过饱和或池中饵料不足引起的鱼气泡病。（邓志武．科学养鱼，2007，5）

49. 鱼诱食剂

方1

【处方】柑橘皮、甜橙皮各适量。

【用法用量】分别粉碎，在饵料中分别添加 0.25％和 0.1％。

【功效】理气消食。

【应用】本方可作为鲤鱼诱食剂。在饵料中添加后，鲤鱼咬嚼饵料球的频率和力度明显提高，22 天后试验组增重比对照组提高 11.5％。最好用鲜品，错过季节可用陈皮。（丁光，水利渔业，2006，2）

方2

【处方】艾叶适量。

【用法用量】在饵料中添加 0.5％。

【功效】理气活血，健脾消食。

【应用】本方可作为鳙鱼的诱食剂。添加后，鳙鱼增长率可比对照组提高 15.4％～30.6％。（聂兴国．内陆水产，2005，11）

50. 鱼增重添加剂

方1

【处方】黄芪 100 克，党参 80 克，枸杞子 50 克，当归 60 克，陈皮 50 克。

【用法用量】粉碎，按 2％的比例添加于饲料，饲喂罗真鲷幼鱼 2 个月。

【功效】补气养血，健脾理气。

【应用】本方作为真鲷幼鱼增重添加剂，添加2个月可显著提高生长率和血清中溶菌酶的活力。（史会来．现代生物医学进展，2007，4）

方2

【处方】杜仲。

【用法用量】粉碎，按2.5％的比例添加到配合饲料中，连续30天或全程添加。

【功效】补肝肾，强筋骨。

【应用】本方作为鳝鱼改善肉质的饲料添加剂，能使鳝鱼蛋白胶厚度得到改善，肉质烹调后味道与野生鳝鱼相当。（王亮．中国饲料，2005，2）

方3

【处方】黄芪100克，党参80克，当归60克，陈皮50克，白术80克，元参50克，神曲50克，山楂50克。

【用法用量】粉碎，按2％的比例添加于基础饲料。

【功效】补气养血，健脾消食。

【应用】本方作为鳗鱼增重添加剂，可显著提高增重。添加3个月，试验组比对照组平均每只增重44.7克。（吴德峰．福建农林大学学报，2001，1）

51. 鱼免疫增强剂

方1

【处方】刺五加100克，蒲公英50克，枸杞子60克，金银花60克。

【用法用量】烘干，粉碎，按3％的比例添加于饲料中。

【功效】清热解毒，滋阴壮阳。

【应用】本方作为鲤鱼免疫增强剂，一般在发病季节添加，连续应用1周。能显著提高成活率和增重率，并能明显提高血清谷丙转氨酶、谷草转氨酶和红细胞过氧化氢酶的活性。（陈玉春．淡水渔业，2007，5）

方2

【处方】大黄蒽醌提取物。

【用法用量】按1％的比例添加于饲料中。

【功效】清热解毒，健脾理气。

【应用】本方作为鲤鱼免疫增强剂，可增强对疾病的抵抗力。（刘波．动物学杂志，2007，5）

方3

【处方】紫苏子提取物。

【用法用量】按0.3％的比例添加到配合饲料中，全程添加。

【功效】降气消痰，润肠通便。

【应用】本方作为银鲫增重的饲料添加剂。与对照池相比，增重率提高9％～15％，饲料系数下降11.4％～11.8％，每667平方米银鲫增重50～99千克、产值增长680～853元。（吕耀平．中国饲料，2007，8）

方 4

【处方】大黄 2.5 千克，黄柏 1 千克，黄芩 1 千克，大青叶 0.5 千克，山楂 0.5 千克，五倍子 0.5 千克。

【用法用量】粉碎，加入 1 吨饲料中，全程饲喂。

【功效】健脾消食，清热解毒。

【应用】本方可作为鲢鱼免疫增强剂和促增长剂，全程添加增重明显，每 667 平方米鱼池比对照组增利润 4000 元。（张晓影．河南水产，2006，4）

方 5

【处方】辣蓼草、石菖蒲、松针各 10 克，大黄、黄连、黄柏、地榆各 5 克。

【用法用量】粉碎，混匀，按 4.5％的比例添加入饲料中。

【功效】燥湿健脾，化湿和胃。

【应用】本方作为草鱼免疫增强剂，可使成活率从 30％～50％提高到 70％～80％，667 平方米产量从 150 千克提高到 450 千克。（王亮，中国饲料，2005，2）

52. 鱼消毒剂

方 1

【处方】明矾或石膏 3～4 千克，博落回、苦楝树枝叶适量。

【用法用量】用于 667 平方米水面。连续投施杀虫灭菌药物后，排掉塘水量 1/3，加注新水，明矾或石膏兑水泼施，沉淀水中悬浮胶体物质；然后泼施生石灰，将水的 pH 值调至 8.5；博落回、苦楝树枝叶投入水体浸泡，预防细菌、寄生虫等病原体再度繁殖。

【功效】燥湿解毒，杀虫。

【应用】本方作为网箱水体消毒剂，水体内有臭味可用此方。（邓菊云．内陆水产，2001，10）

方 2

【处方】食盐 1.5 千克，生石灰 5～7.5 千克。

【用法用量】用于 667 立方米水体。食盐配成 1％～10％水溶液，生石灰加适量水混匀，全池泼洒。

【功效】解毒，杀虫。

【应用】本方为鱼池水消毒方，也可防治池鱼浮头。两种药可单用，也可混合使用。食盐水消毒，一般泼后 2 小时后即可见效，严重的 12 小时后再泼一次，浓度降为 0.5％。石灰具有强碱性，既有消毒作用，又能中和水中的酸，改善水质，有利于浮游生物的繁殖和鱼类的生长活动，若拌入体积相同的人尿混泼效果更好。（谢岳成．农村·农业·农民，2001，1）

53. 鱼塘灭鼠驱蛇

【处方】狼毒块根 100 克，寮刁竹 50 克，雄黄 100 克，蜈蚣 7 条。

【用法用量】狼毒块根阴干，磨粉拌饵，放在养鱼水域旁诱杀老鼠；寮刁竹、雄黄、蜈蚣加 250 克白酒浸泡 24 小时，取药液 100 克喷洒在网箱架子上及投放在网箱水域岸边，可拒蛇于网箱之外。

【功效】杀虫祛毒。

【应用】本方用于鱼塘防鼠害、蛇害。（朱敬忠．农村实用科技，2002，3）

于 250 美白对虾苗 21 小时，放养后 100 尾。御制两甲河水梯鱼十五只和盘立河待水格也。可唤欲于内各之半。

【功效】清热凉血。

【用用本】全用于益治湿重，温证。御剂度量量盲。（蒙晓红。水产养殖，2005）

第十三章　虾、蟹病方

1. 虾白斑病

方1

【处方】大青叶5千克，黄连1千克。

【用法用量】用于667立方米水体。水煎3次，煎成20升，全池一次泼洒，连用3天。

【功效】清热凉血，燥湿解毒。

【应用】本方用于防治南美白对虾白斑病毒病。（张晓红．渔业致富指南，2006，11）

方2

【处方】黄芪15克，猪苓10克，杜仲10克，枸杞子10克，鱼腥草20克，黄连15克，茯苓10克，陈皮10克，甘草5克。

【用法用量】粉碎，过60目筛，按饲料的3%添加。

【功效】清热凉血，燥湿解毒。

【应用】用本方用于防治南美白对虾白斑病毒病，成活率比对照组提高15%以上。（余秀英．水产养殖，2006，2）

方3

【处方】黄芪、白术、甘草各等量。

【用法用量】粉碎，过80目筛，按饲料的2%添加。

【功效】清热泻火，燥湿解毒。

【应用】本方用于防治南美白对虾白斑综合征。应用时配合适量维生素A和维生素C，效果更好。（江涌．渔业现代化，2005，4）

2. 虾弧菌病

方1

【处方】青蒿5千克，黄芩1千克，丹皮2千克。

【用法用量】用于667立方米水体。水煎成至60升，一天内分2次全池泼洒。

【功效】清热解毒，活血消肿。

【应用】本方用于治疗南美白对虾弧菌病，可配合泼洒消毒剂，对虾类细菌病、蠕虫病、真菌病的疗效也很显著。预防量减半。（张晓红．渔业致富指南，2006，11）

方2

【处方】大黄，黄连各等量。

382

【用法用量】混合粉碎，按 1% 添加到饲料中，连续投喂 1 周。

【功效】清热燥湿，泻火解毒。

【应用】本方用于防治克氏原螯虾弧菌病，而且能增强对虾的免疫力。（宋理平．渔业经济研究，2005，5）

方3

【处方】大黄 2 千克，穿心莲 1 千克。

【用法用量】粉碎，按 0.5% 的比例在饲料中添加，连续投喂 1 周。

【功效】清热解毒，活血消肿。

【应用】本方用于治疗南美白对虾弧菌病，可配合五倍子泼洒池水消毒。（王广军等．科学养鱼，2000，11）

3. 虾红腿病

方1

【处方】土黄连 3 千克，阔叶十大功劳 4 千克，千里光 5 千克，大青叶 6 千克，狼尾草 7 千克。

【用法用量】粉碎，添加入 1 吨饲料中，制成颗粒料喂虾。

【功效】清热泻火，燥湿解毒。

【应用】本方防治由弧菌病引起红腿病，1 周就能控制此病，而且能增强对虾的免疫力。（张涛义．福建畜牧兽医，2003，1）

方2

【处方】大蒜。

【用法用量】捣成泥，按 3%～5% 的比例拌饵投喂，连喂 7 天。

【功效】清热解毒。

【应用】本方防治罗氏沼虾由弧菌病引起红腿病，效果较好。（张水波．渔业致富指南，2002，18）

4. 虾甲壳溃烂病

方1

【处方】茶粕 1～1.3 千克。

【用法用量】加水浸泡，取汁液全池泼洒 667 平方米水体。

【功效】清热解毒。

【应用】甲壳溃烂病是由几丁质分解、细菌感染引起的，用本方防治克氏螯虾甲壳溃烂病可收到较好的效果。也可每 667 平方米水面用 5～6 千克的生石灰全池泼洒。两方合用可防治虾烂尾病。（黄爱华．渔业致富指南，2008，8）

方2

【处方】穿心莲，或五倍子。

【用法用量】穿心莲按 1 毫克/升水，或五倍子按 2 毫克/升水的浓度全池泼洒。

【功效】清热解毒，收湿敛疮。

【应用】用本方防治罗氏沼虾甲壳溃烂病，效果较好。（任卫东．渔业致富指南，2001，11）

5. 虾出血病

【处方】烟叶 750 克。

【用法用量】用温水浸泡 5～8 小时，全池泼洒 667 平方米水体。

【功效】收湿解毒。

【应用】发病后及时隔离用本方治疗，同时每千克饲料中添加盐酸环丙沙星 1.25～1.5 克投喂，连喂 5 天。也可用生石灰 25～30 千克化水全池泼洒。（徐海峰．农家致富，2008，11）

6. 虾真菌病

方 1

【处方】食盐。

【用法用量】配成 3％～5％水溶液浸洗病虾 2～3 次，每次 3～5 分钟。

【功效】收湿解毒。

【应用】本方用于治疗龙虾由霉菌感染引起的黑鳃病。也可用亚甲基蓝，按每立方米水体 10 克，溶水后全池泼洒。（徐海峰．农家致富，2008，11）

方 2

【处方】食盐 400 克，小苏打 400 克。

【用法用量】混合，1 立方米水体全池遍洒。

【功效】收湿解毒。

【应用】本方用于预防龙虾水霉病效果较好。发病后用 1％～2％食盐水进行较长时间浸洗病虾，效果较好，同时每 100 千克饲料加克霉唑 50 克，制成药饵连喂 5～7 天，疗效更佳。（李艳和等．科学养鱼，2003，4）

方 3

【处方】苦木粉 25 克，黄连粉 25 克，虎杖粉 25 克，黄芩、大黄粉各 50 克，桐油 50 克。

【用法用量】与玉米粉 1 千克混合，制成适口药饵，投喂 2～3 天。

【功效】收湿敛疮。

【应用】本方用于防治虾苗真菌病，具有杀菌力强、副作用小、能净化水质、药量易掌握、成本低等优点，宜于对虾育苗生产中应用。（邓菊云．内陆水产，2001，10）

7. 虾纤毛虫病

方 1

【处方】食盐，或福尔马林。

【用法用量】食盐配成 3%～5% 水溶液，浸洗病虾，3～5 天为一个疗程；或福尔马林配成 25～30 毫克/升水溶液，浸洗 4～6 小时，连续 2～3 次。

【功效】杀虫。

【应用】用本方防治虾纤毛虫病效果较好。（黄爱华．渔业致富指南，2008，8）

方 2

【处方】油茶饼。

【用法用量】按每立方米水体 10～20 克的用量，浸液全池泼洒，24 小时后大量换水，促进蜕壳。

【功效】驱虫。

【应用】本方用于防治对虾、蟹固着类纤毛虫病。也可用于防治对虾、蟹丝状细菌病（按每立方米水体 15～20 克）和治疗河蟹抖抖病（按每立方米水体 15 克），可杀死害虫而对虾体没有伤害。（雷小兵．现代农业科技，2007，15）

8. 虾免疫增强剂

方 1

【处方】玄参、薏苡仁、石斛、牛膝各等量。

【用法用量】混合粉碎，以 2% 添加到饲料中，日投饵 2 次。

【功效】健脾燥湿，滋阴壮阳。

【应用】本方作为脊尾白虾免疫增强剂，存活率比对照组增加。（阎斌伦．淮海工学院学报，2007，3）

方 2

【处方】鱼腥草、黄芪、大黄、黄芩、甘草各等量。

【用法用量】粉碎，以 1% 的比例添加到饲料中，日投饵 2 次。

【功效】清热解毒，益气健脾。

【应用】本方作为凡纳滨对虾的免疫增强剂，用药后存活率和增重比对照组增加。（王芸．安徽农业科学，2007，26）

方 3

【处方】板蓝根、金银花、大青叶、紫花地丁、黄芪各等量。

【用法用量】粉碎，以 1% 的比例添加到饲料中，日投饵 2 次。

【功效】清热解毒，补气活血。

【应用】本方作为凡纳滨对虾的免疫增强剂，用药后，试验组对虾的存活率和增重比对照组增加，消化酶的活力也显著增加。（丁贤．广东海洋大学学报，2007，1）

方 4

【处方】黄芪 20 克，淫羊藿 10 克，党参 10 克，大黄 10 克，黄芩 10 克，当归 10 克，板蓝根 10 克，金银花 20 克，麦芽 5 克，甘草 5 克。

【用法用量】混合粉碎，以 1% 的比例添加到饲料中，日投饵 2 次。

【功效】补气活血，燥湿健脾。

【应用】本方作为凡纳滨对虾的免疫增强剂，用药后，试验组对虾血液和淋巴中的各种免疫因子显著增加。（郭文婷．饲料工业，2005，6）

方5

【处方】黄芪 100 克，党参 80 克，当归 80 克，甘草 30 克，大蒜素 50 克。

【用法用量】粉碎，混匀，按 0.1% 的比例添加在基础饲料中饲喂，连续 20 天。

【功效】补气活血，解毒。

【应用】本方作为南美白对虾的免疫增强剂，可显著提高成活率和生长率，还可有效地防治"死底症"。（王成桂．渔药与饲料，2007，2）

9. 虾保健剂

【处方（鱼虾安）】黄芩、玄参、蒲公英、大蒜素等。

【用法用量】制成粉剂，与饲料混匀，加入 5% 左右的淀粉黏合剂，充分搅拌，经过成型、阴干制成饵料投喂。

【功效】补气滋阴，降火解毒。

【应用】水族箱试验结果表明，添加浓度为 0.5%～1% 的药饵治虾病的效果较好，与对照组相比能有效降低死亡率。虾池投喂药饵能够延缓发病时间 1～1.5 月，效益显著。（张振奎等．天津水产，2006，4）

10. 虾增重添加剂

方1(虾蟹脱壳促长散)

【处方】露水草 50 克，龙胆 150 克，泽泻 100 克，沸石 350 克，夏枯草 100 克，筋骨草 150 克，酵母 50 克，稀土 50 克。

【用法用量】粉碎，过筛，混匀，虾、蟹饲料中添加 0.1‰。

【功效】促脱壳，促生长。

【应用】用于虾、蟹脱壳迟缓。（中国兽药典委员会编．中国兽药典 2015 年版二部．中国农业出版社，2016）

方2

【处方】黄芪 100 克，党参 80 克，苍术 80 克，筋骨草 60 克，鱼腥草 60 克，柴胡 50 克，神曲 50 克，山楂 50 克。

【用法用量】粉碎，过 100 目筛，按 0.3% 的比例添加入基础饲料。

【功效】补气健脾，消食化湿。

【应用】此方为南美白对虾增重添加剂，可在生长期全程添加。添加 40 天，可显著提高增重和成活率，试验组各种免疫指标都高于对照组。（吴德峰．福建水产，2000，1）

11. 蟹颤抖病

【处方】板蓝根 10 克，土霉素 0.1 克。

【用法用量】粉碎，混合，拌饲料投喂 1 千克蟹，连用 15 天。

【功效】清热解毒。

【应用】用本方治疗效果十分显著。（吴加平．科学养鱼，2001，11）

12. 蟹烂鳃病

方 1

【处方】青蒿 5 千克，黄芩 1 千克，丹皮 2 千克。

【用法用量】用于 667 立方米水体。水煎成 60 升，1 天内分 2 次全池泼洒，

【功效】清热泻火，燥湿解毒。

【应用】本方治疗河蟹烂鳃病，对细菌病、蠕虫病、真菌病的疗效也很显著。预防量减半。（张晓红．渔业致富指南，2006，11）

方 2

【处方】大黄 1 份，黄芪 2 份，黄柏 3 份，地榆 2 份。

【用法用量】粉碎，混合，按饲料量 1%～2% 的比例用药。加少量苏打和 1%～2% 的食盐水浸泡后，拌饵投喂。

【功效】清热泻火，益气止泻。

【应用】用本方防治河蟹烂鳃病、水肿病和肝脏代谢紊乱 3 种易发疾病，同时添加适量维生素 K、维生素 C，配合水体消毒等综合措施，效果更显著。（卢丽群．齐鲁渔业，2005，5）

13. 蟹水霉病

【处方】食盐，小苏打。

【用法用量】配成含万分之四食盐和万分之四小苏打的混合液，浸泡病蟹 24 小时。同时全池泼洒同剂量的食盐和小苏打混合液。

【功效】解毒。

【应用】本方用于预防河蟹水霉病效果较好。（倪进玉等．渔业致富指南，2003，5）

14. 蟹胃肠胀气

【处方】大蒜。

【用法用量】捣碎，按 10% 的比例添加于饲料中饲喂，连喂 3 天。

【功效】行气健脾。

【应用】本方用于治疗因消化不良引起的肠胃发炎和胀气效果良好。（周丽彬．科学养鱼，2007，12）

15. 蟹纤毛虫病

【处方】苦参。

【用法用量】研末，全池泼洒，使池水浓度达 15 毫克/升水。

【功效】驱虫杀虫。

【应用】本方对蟹纤毛虫病有较好的效果。（尹伦蒲．北京水产，2008，2）

16. 蟹奴病

【处方】烟丝，或苦楝叶。

【用法用量】浸泡，取汁，烟丝水按 83.3 毫克/升水或苦楝叶水按 110 毫克/升水的浓度全池泼洒。

【功效】杀虫。

【应用】用本方治疗三疣梭子蟹蟹奴病，对蟹奴幼体有一定的杀灭效果。也可用工具将蟹奴摘除。（李卢．齐鲁渔业，2006，2）

17. 蟹乳化病

【处方】三黄粉。

【用法用量】每千克饲料添加三黄粉 3～5 克，制成药饵投喂，连服 7 天。

【功效】清热解毒。

【应用】用本方治疗有一定效果，结合池水消毒效果更好。（李卢．水产科技情报，2005，6）

18. 蟹保健剂

【处方】大青叶 20 克，鱼腥草 30 克，大黄 20 克，淫羊藿 10 克，穿心莲 10 克，黄芩 10 克。

【用法用量】粉碎，以 10%的比例拌入饲料中投喂。

【功效】清热解毒，益气健脾。

【应用】本方作为中华绒螯蟹的保健剂，能增强蟹对多种疾病的抵抗力。（刘丽平．南京师大学报，2008，1）

19. 蟹消毒剂

方1

【处方】生石灰。

【用法用量】配成 15 毫克/水的浓度全池泼洒。

【功效】解毒。

【应用】每月用 1 次，配合饵料中定期添加药物、水体交换，可有效预防河蟹多种疾病的发生。（杨锡亮等．河南水产，2003，4）

方2

【处方】食盐。

【用法用量】配成 4% 浓度，浸洗蟹苗 5 分钟。

【功效】解毒。

【应用】从外地购进中华绒螯蟹蟹苗，放养前用药可有效杀灭蟹体及鳃部的纤毛虫、藻类和病菌等。（何声灿等．农村实用技术，2004，3）

第十四章　鳖、龟、蛙、蚌病方

1. 鳖红脖子病

方1(凉血解毒散)

【处方】筋骨草 120 克，大黄 100 克，黄芩 100 克，金银花 80 克，连翘 80 克，五倍子 80 克，龙胆草 60 克，板蓝根 60 克，地骨皮 60 克，山豆根 60 克，辣蓼 100 克，甘草 30 克。

【用法用量】烘干粉碎，过 120 目筛，按饲料的 1% 添加，每天 3 次，4～6 天为 1 疗程。

【功效】清热燥湿，散瘀消肿。

【应用】本方适用于嗜水气单胞菌引起的鳖红脖子病，一般 4 天就可控制症状，5 天后没有死亡现象，10 天后可痊愈，一个月后追访无复发。（吴德峰．福建农业大学学报，2000，2）

方2

【处方】① 仙鹤草 5 份，马齿苋 3 份，黄芩 2 份，贯众 4 份，大黄 4 份，五倍子 3 份。

② 板蓝根 3 份，马齿苋 3 份，茵陈 3 份，葫芦草 3 份，甘草 2 份，一枝黄花 3 份，山楂 3 份，白毛藤 3 份，山藿香 4 份。

【功效】清热解毒，凉血止血。

【应用】本方用于防治鳖红脖子病。（傅美兰．渔业致富指南，2003，1）

【用法与用量】方①各药混合，取 30 克药物加 1 吨水浸泡，药浴病鳖 24 小时。方②混合粉碎，取 5 克拌入 1 千克饲料投喂。

2. 鳖赤白板病

方1

【处方与用法】① 板蓝根 50 克，大青叶 20 克，败酱草 40 克。

② 板蓝根 1.5 千克，金银花 500 克，连翘 1.5 千克，穿心莲 1.5 千克，大青叶 2 千克，苍耳子 1.5 千克。

【功效】清热解毒，祛瘀止痛。

【应用】本方防治甲鱼白底板病。（杨学军．北京水产，2006，1）

【用法与用量】方①加水适量，煎熬 1～2 小时后药浴 50 千克甲鱼。方②水煎成汁 3.5 升，每天用药汁 0.6 升加入淀粉煮成糊状，混在捣烂的动物内脏中投喂。

方2

【处方】板蓝根 5 克，穿心莲 2 克，虎杖 3 克。

【用法用量】粉碎，添加于饲料饲喂 1 千克鳖，连续 5 天。或用板蓝根加穿心莲按饲料的 1‰～2‰添加，连续 5～7 天。

【功效】清热解毒，消肿止痛。

【应用】本方用于治疗鳖白底板病（出血性肠道坏死症）。（李贵雄．水产科技情报，2005，1）

方 3

【处方】大黄 15 克，板蓝根 15 克，金银花 15 克，白术 15 克，三七 10 克，马齿苋 10 克，甘草 20 克。

【用法用量】按饲料量的 2%用药，煎汁拌入饲料中投喂，每月第 10 天投喂 1 次。

【功效】清热解毒，凉血止血。

【应用】本方用于预防鳖赤白板病。（赵春光．渔业致富指南，2003，13）

方 4

【处方】板蓝根 20 克，黄芪 15 克，仙鹤草 15 克，七叶一枝花 15 克，肿节风 15 克，甘草 20 克。

【用法用量】按饲料量的 2%用药，煎汁拌入饲料中投喂。

【功效】清热解毒，止血消肿。

【应用】本方用于治疗鳖赤白板病，既能抗病原生物又有增强机体免疫力的功效。（赵春光．渔业致富指南，2003，13）

【按语】肿节风为金粟兰科植物草珊瑚。

3. 鳖白斑病

【处方】五倍子 30 克，乌梅 20 克，黄芩 20 克，辣蓼 20 克，白及 10 克。

【用法用量】粉碎，过 80 目筛，加 10 倍水浸泡 5 小时后，按 10 毫克/升水的浓度全池泼洒。

【功效】清热解毒，收湿敛疮。

【应用】本方防治由嗜水气单胞菌引起的鳖苗白点病，治愈率可达 95%，治愈时间最短为 5 天，预防效果为 100%。效果相近方：甘草 30 克，黄芩 20 克，地丁草 20 克，蒲公英 20 克，羊蹄根 10 克；大黄 30 克，黄柏 30 克，地丁草 20 克，地锦草 20 克，羊蹄根 10 克；黄芩 30 克，黄柏 20 克，辣蓼草 20 克，蒲公英 20 克，白及 10 克。用法相同。（赵春光．科学养鱼，2006，1）

4. 鳖肠炎

方 1

【处方】大黄、重樱子花适量。

【用法用量】分别捣烂，加适量水煮沸 10 分钟，煎成 1%浓度。大黄液用于鳖种浸泡 5 分钟，重樱子花液用于浸泡病鳖 15 分钟。

【功效】清热解毒，止血止痢。

【应用】本方专治龟鳖肠炎。（张晓红．渔业致富指南，2006，11）

方2

【处方与用法】① 松树枝叶 20～30 千克。用于 667 立方米水体,扎成数束浸入水中;或取松树叶 15 千克研细,兑水 25 千克,泼入池中。

② 仙鹤草 0.5 千克。加适量水煮沸 10～15 分钟,连渣带汁拌米糠捏成团状,投喂 100 千克鱼,连服 2～3 天。

③ 枫树叶 20 千克。用于 667 平方米水面。捣烂,加水全池泼洒,每日 1 次,连洒 3～4 天。

④ 干地锦草 500 克。水煎,连渣拌入饵料中投喂 100 千克鳖,每天 2 次,3 天为 1 疗程。

【功效】清热解毒,止血止痢。

【应用】以上各方主治鳖肠炎病。方②兼治细菌性烂鳃病。投药前用 20 毫克/千克石灰乳全池泼洒,疗效更好。(安徽省繁昌县农经委,畜牧水产,2001,8)

方3

【处方】马鞭草、车前草各 300 克。

【用法用量】加水煮沸半小时,拌入米糠捏成团状,投喂 50 千克鳖. 连喂 3～5 天。

【功效】清热解毒,燥湿止痢。

【应用】本方主治鳖肠炎病。(梅齐. 农村实用技术,2001,4)

5. 鳖鳃腺炎

方1

【处方】板蓝根 40 克,大青叶 20 克,穿心莲 20 克。

【用法用量】煎汁,全池泼洒 50 千克甲鱼,每天 1 次,连续 3 天。或用板蓝根加穿心莲按饲料的 1%～2% 添加,连续 5 天。

【功效】清热解毒,消肿止痛。

【应用】本方预防甲鱼鳃腺炎。(李贵雄. 水产科技情报,2005,1)

方2

【处方】板蓝根 1.5 千克,金银花 500 克,连翘 1.5 千克,穿心莲 1.5 千克,大青叶 2 千克,苍耳子 1.5 千克。

【用法用量】加水适量,煎熬 1～2 小时,煎成 3.5 升药液,分 4～7 天拌饵投喂 50 千克甲鱼。

【功效】清热解毒,消肿止痛。

【应用】本方用于防治甲鱼鳃腺炎。病重时,抽去池水并加入 20 厘米深新水,用板蓝根 40 克、大青叶 20 克煎汁,按 40 毫克/升水比例全池泼洒,3 天后再加满池水。(傅美兰. 渔业致富指南,2003,1)

方3

【处方】地榆炭 60 克,焦山楂 30 克,乌梅 3 粒,黄连 6 克,板蓝根 50 克。

【用法用量】煎汁,拌入饲料饲喂 1 千克甲鱼,连续 3 天。

【功效】清热燥湿,涩肠止泻。

【应用】本方用于治疗甲鱼鳃腺炎与肠胃炎并发症。辅以复方新诺明、红霉素等效果更

佳。（傅美兰．渔业致富指南，2003，1）

6. 鳖腐皮病

方1

【处方】鲜松树枝叶 30～40 千克。

【用法用量】用于 667 立方米水体鱼池，捆好浸入鱼池的进水口处，让其慢慢腐烂，沤出松汁；每天取 15 千克鲜松树叶研碎，加水泼洒，连用 4～5 天；或取 15 千克鲜松树叶加水 30～40 千克，煮沸半小时，连渣带汁全池泼洒，每天 1 次，连续 2 天。

【功效】清热泻火，收湿敛疮。

【应用】本方防治鳖腐皮病。（刘基正．渔业致富指南，2014，12）

方2

【处方】大黄 4 克，五倍子 5 克；或黄连 5 克，五倍子 5 克；或黄芩 5 克，黄连 5 克，黄柏 2 克，五倍子 5 克。

【用法用量】煎成 1 吨药液，药浴 48 小时以上。

【功效】清热泻火，收湿敛疮。

【应用】本方防治鳖腐皮病。（傅美兰．渔业致富指南，2003，1）

方3

【处方】皂刺 10 克，金银花 60 克，黄芪 60 克，紫花地丁 20 克，甘草 lO 克，天花粉 15 克，当归 15 克，穿山甲 5 克。

【用法用量】粉碎，掺入饲料喂 100 千克鳖，连用 5 天。

【功效】清热解毒，散结排脓。

【应用】本方用于鳖腐皮病、疖疮病的巩固治疗。预防可内服白毛藤 30 克、板蓝根 9 克、黄芩 9 克。（傅美兰．渔业致富指南，2003，1）

7. 鳖疖疮病

方1

【处方】板蓝根 15 克，大青叶 15 克，金银花 12 克，野菊花 15 克，茵陈 10 克，柴胡 10 克，连翘 10 克，大黄 10 克。

【用法用量】水煎取汁，拌入饲料中投喂。按体重添加的比例分别为：50 克以下稚鳖 2%，50～150 克幼鳖 1.5%，150 克以上成鳖 1%。

【功效】清热解毒，利湿消肿。

【应用】添加试验结果表明，本方防治鳖的腐皮病、疖疮病、白斑病及白点病有很好的疗效，同时还能促进鳖的生长。（谈灵珍．水产养殖，2004，4）

方2

【处方】五倍子 200 克。

【用法用量】水煎取汁，100 立方米水体全池泼洒。

【功效】收湿敛疮。

【应用】本方用于防治由点状气单胞菌引起的甲鱼疖疮病。(周治海.水产科学,2002,2)

8. 鳖穿孔病

【处方】大黄5克,射干4克,黄芩4克,连翘4克,露蜂房10克。

【用法用量】先将大黄、射干、黄芩、连翘加入1吨水浸泡,药浴病鳖36小时;再将露蜂房加入1吨水浸泡,药浴病鳖。

【功效】清热凉血,解毒生肌。

【应用】本方用于防治鳖穿孔病。(傅美兰.渔业致富指南,2003,1)

9. 鳖水霉病

方1

【处方】菖蒲4~5千克,蓖麻叶4~5千克。

【用法用量】用于667立方米水体。切碎,裹在10千克左右的松枝内,扎成2~3捆,放置于食场及上风口进水处,浸没在水中,每天翻动1次,促使其腐烂。取菖蒲1.3~2.5千克,加食盐0.5~1千克全池遍洒。

【功效】清热解毒,收湿敛疮。

【应用】本方用于防治鳖水霉病。(张晓红.渔业致富指南,2006,11)

方2

【处方】五倍子。

【用法用量】捣碎成粉末,加10倍量水煮沸2~3分钟,加水稀释后全池泼洒,使池水浓度达4克/吨水。

【功效】清热解毒,收湿敛疮。

【应用】本方用于防治鳖水霉病,用本方后15天内不出现白点病。若伴有腐皮病,每吨水加盐和小苏打各1500克。(傅美兰.渔业致富指南,2003,1)

10. 鳖口炎

【处方】菊花3克,蒲公英4克,桔梗3克,连翘4克,大青叶6克,黄芩4克,麻黄6克,大黄4克,黄柏3克,石榴皮3克。

【用法用量】磨成粉,水煮,加入1千克饵料做成药饵饲喂,连续用药7天。

【功效】清热解毒,消肿止痛。

【应用】本方用于治疗甲鱼口炎及咽喉炎,连续用药7天,治愈率达98%。(赵林斌.渔业致富指南,2007,15)

11. 鳖腹水

【处方】金银花3克,蒲公英2克,板蓝根2克,连翘2克。

【用法用量】粉碎，掺入 1 千克饲料内喂鳖，连用 5 天。

【功效】清热解毒，消肿散结。

【应用】本方用于防治鳖腹水病。（傅美兰．渔业致富指南，2003，1）

12. 鳖积食

【处方】神曲 2 块，牛黄解毒片 2 片，大蒜 2 克。

【用法用量】捣碎，拌 1 千克饲料中喂服。

【功效】健脾消食。

【应用】本方用于防治鳖过食引起的积食。（傅美兰．渔业致富指南，2003，1）

13. 鳖保健添加剂

【处方】黄芪、当归、甘草、防风、连翘、金银花等。

【用法用量】粉碎，过 60 目筛。混入全价幼鳖饵料中投喂，连续饲养 30 天。

【功效】补气活血，清热解毒。

【应用】添加试验证明，本方可能改善细胞吞噬活性、血清溶菌酶活力、血清凝集效价、抗感染能力等免疫学指标，显著提高鳖体免疫功能，且对中华鳖幼鳖的生长、内部器官、机体形态和颜色均无不良影响。以 1% 的剂量添加效果最好。（张耀红等．河北渔业，2008，1）

14. 鳖增重添加剂

【处方】黄芪 100 克，板蓝根 50 克，大黄 50 克，党参 80 克，茯苓 80 克，当归 60 克，甘草 40 克。

【用法用量】粉碎，按 2% 的比例添加饲料中饲喂。

【功效】补气活血，理气健脾。

【应用】此方可作为幼鳖增重促生长调节剂。添加饲喂幼鳖 3 个月，试验组比对照组每只增重 30 克。（吴德峰．莱阳农学院学报，2000，4）

15. 龟肠炎

方 1

【处方】黄连 5 克，黄精 5 克，车前草 5 克，马齿苋 6 克，蒲公英 3 克。

【用法用量】置砂锅内煎熬 2 小时，去渣，待凉后放入切碎的猪肺（或牛肺、羊肺）500克，拌匀，用手挤压肺块几次，让药液吸入肺内，放食台上喂 30～40 只 100 克左右龟。

【功效】清热燥湿，健脾止痢。

【应用】用本方治疗尚有食欲乌龟的肠炎，连用 3 天即愈。若病龟已食欲废绝，可注射黄连素注射液或鱼腥草注射液或穿心莲注射液 0.5 毫升。（王桂香．渔业致富指南，2007，21）

方 2

【处方】干铁苋菜 125 克，干辣蓼 125 克。

【用法用量】用于 667 平方米水面。加水煎汁，与饵料混合投喂，每天喂 1 次，连喂 3～4 天。

【功效】清热燥湿，健脾止痢。

【应用】本方适用于乌龟肠炎。（安徽省繁昌县农经委．畜牧水产，2001，8）

16. 龟水霉病

方 1

【处方】五倍子 2 克。

【用法用量】煮汁，淋洒病龟。

【功效】收敛止血，收湿敛疮。

【应用】本方防治由水霉和绵霉寄生在皮肤引起的龟水霉病。（渔工．北京水产，2004，4）

方 2

【处方】食盐，小苏打。

【用法用量】配成含 0.04%～0.05% 食盐和 0.04%～0.05% 小苏打的合剂，全池泼洒。

【功效】收湿解毒。

【应用】本方防治龟水霉病。（吴士平．农家之友，2000，9）

17. 龟鳃蛭病

【处方】烟末（烟厂下脚料）适量。

【用法用量】用聚乙烯网片（25 目/平方厘米）制成 0.7 米×1 米的网袋，按每立方米水体 1～1.5 千克的用量分装，15～23 千克/袋，封口后浸透，均匀分布于池中。每天翻转烟末袋 2 次。

【功效】驱虫杀虫。

【应用】用本方防治，3 天内即可观察到明显效果，水温越高，效果越快、越好。当水温降至 25℃ 时，4 天也能达到目的，可彻底杀灭活蛭，大部分晚期卵死亡，卵块黏附力也有所下降，对伤口的收敛作用也很好。（李良华．养殖与饲料，2002，5）

18. 蛙出血性败血症

【处方】三黄粉（大黄 50%、黄柏 30%、黄芩 20%）100 克，穿心莲 50 克。

【用法用量】混合粉碎，兑水适量，拌颗粒饲料，浸润几分钟后，投喂 100 千克美国青蛙，连喂 3～5 天。

【功效】清热解毒，消肿止痛。

【应用】本方治疗由气单胞菌感染引起的美国青蛙出血性败血症。症状轻或预防可按每

100 千克青蛙用大黄 0.5 千克，煎煮或用热水浸泡过夜，与饵料混合投喂，连喂 5 天。（汪为均．科学养鱼，2007，2）

19. 蛙红腿病

【处方】食盐。

【用法用量】配成 1.5% 水溶液，浸洗病蛙 20 分钟。

【功效】解毒。

【应用】本方可防治蛙红腿病。也可用 10～20 毫克/千克高锰酸钾溶液浸洗病蛙 24 小时。（曾斐．渔业致富指南，2005，17）。或用食盐 0.9 克、青霉素 40 万单位、葡萄糖 25 克，加冷开水 100 毫升混合，浸洗蛙体 3～5 分钟。（吴士平．农家之友，2000，9）

20. 蝌蚪车轮虫病

【处方】食盐。

【用法用量】配成 2% 溶液，浸洗病蝌蚪 10 分钟。

【功效】驱虫。

【应用】可用本方防治。也可用硫酸铜 0.7 克/立方米全池泼洒；或用 5∶2 的硫酸铜和硫酸亚铁合剂，使池水浓度为 0.7～1.0 毫克/升。（曾斐．渔业致富指南，2005，17）

21. 蛙胃肠炎

方 1

【处方】漂白粉。

【用法用量】每周向池塘中泼洒漂白粉 1 次，使池水浓度达 1～2 毫克/升。

【功效】解毒。

【应用】本方可有效防治蛙胃肠炎。同时应注意饵料卫生，每日清除饵料台上残饵，刷洗食台，池塘要常换水。用 0.05%～0.1% 食盐水浸洗蝌蚪，可防治蝌蚪胃肠炎。（吴士平．农家科技 2002，8）

方 2

【处方与用法】① 烟秆 2～3 千克（或烟叶 0.5 千克）。用于 667 立方米水体。煎汁，与发酵的兔粪 10～15 千克拌匀后撒施。

② 鲜马齿苋 1.5～3 千克。切碎，拌饵料投喂 50 千克蛙，每天 1 次，连喂 2～5 天。

【功效】凉血解毒。

【应用】本方用于防治蛙胃肠炎。（安徽省繁昌县农经委．畜牧水产，2001，8）

方 3（三黄粉）

【处方】大黄 50%，黄柏 30%，黄芩 20%。

【用法用量】共研成粉末，每 100 千克鱼每次用 0.5～1 千克，加食盐 0.5 千克，用水和匀，拌入面粉 2 千克或麦麸 12 千克，制成半干状适口药饵。每日投喂 3 次，3 天 1 个疗程。

【功效】凉血解毒。

【应用】本方可用于防治蛙胃肠炎。（梅齐．农村实用技术，2001，4）

22. 三角帆蚌瘟病

方1（蚌毒灵散）

【处方】黄芩 60 克，黄柏 20 克，大青叶 10 克，大黄 10 克。

【用法用量】按每立方米水体用药 1～2 克，水煎取汁泼洒。

【功效】清热燥湿，凉血解毒。

【应用】用此方治疗有效。（黄琪琰．鱼病治疗学．上海科学技术出版社，1999）。

方2

【处方】板蓝根、连翘、虎杖、紫苏各 10 克。

【用法用量】加水煎煮，浓缩成 200 毫升，内脏囊注射，每只 1 毫升。

【功效】清热解毒。

【应用】三角帆蚌瘟病死亡率高，用此方治疗可显著提高成活率。也可用肉桂、板蓝根、青黛等制成注射液注射，可降低死亡率。（王鸿泰．淡水鱼业，1991，1）

方3

【处方】石灰 2000 克。

【用法用量】用于 100 立方米水体。粉碎成微粒，粒径在 50 微米以下，每 6 天泼撒 1 次。

【功效】解毒。

【应用】本方用于三角帆蚌瘟病消毒。（马昌平．科学养鱼，2001，10）

23. 蚌烂鳃病

方1

【处方】食盐。

【用法用量】配成 2%～4% 食盐水，浸泡病蚌 10～15 分钟。

【功效】解毒。

【应用】可用本方防治。也可用 3～5 毫克/升水的土霉素溶液浸洗病蛙 30 分钟。病情较轻的，用 0.4 毫克/升水的优氯净全池泼洒。（黄建辉．渔业致富指南，2003，23）

方2

【处方】鲜地锦草 2.5 千克，或干地锦草 0.5 千克。

【用法用量】煎汁，拌入饲料内投喂 50 千克蚌；也可将嫩苗切碎后直接投喂。每天 1 次，连喂 3～5 天。

【功效】清热解毒。

【应用】本方用于防治蚌烂鳃病。（安徽省繁昌县农经委．畜牧水产，2001，8）

24. 蛙肠炎

方1

【处方】食盐。

【用法用量】配成 2‰～4‰食盐水，浸泡病蛙 10～15 分钟。

【功效】解毒。

【应用】可用本方防治。也可用 2‰的金霉素注射肛门。（黄建辉．渔业致富指南，2003，23）

方2

【处方】大蒜 2 千克。

【用法用量】用于 100 千克蛙。捣烂，与适量面粉搅匀，拌入 15 千克左右的嫩苏丹草或嫩旱草（切成 3 厘米长），晾干叶面水分后，全池遍洒。每天 1 次，连续 3～4 天。

【功效】凉血解毒。

【应用】本方用于防治蛙肠炎。（安徽省繁昌县农经委．畜牧水产，2001，8）

第十五章　蜂、蚕、蛇、蝎病方

1. 蜜蜂囊状幼虫病

方1

【处方】① 贯众、金银花各 30 克，虎枝 20 克，紫草 15 克，甘草 15 克，青木香 10 克。
② 五加皮 30 克，金银花 20 克，桂枝 10 克，甘草 6 克，板蓝根 15 克，穿心莲 15 克，贯众 15 克。

【用法用量】以上任意一处方，加水 1000 毫升，煎浓缩至 250 毫升，去除药渣，加白糖或蜂蜜 400 克，即可喂治 10～15 框蜂，连续饲喂 3～5 天为一个疗程。

【功效】清热解毒。

【应用】用本方治疗蜜蜂囊状幼虫病效果较好。（胡佑志．中国蜂业，2017，2）

方2

【处方】板蓝根、金银花、半枝莲各 15 克。

【用法用量】加水 1 千克煎 20～30 分钟，滤汁，制成 1∶1 白糖浆，每 1 千克糖浆加维生素 B6 四粒（100 毫克/粒）、维生素 C 两粒（100 毫克/粒）。每群每次饲喂 100 毫升，坚持至流蜜期为止。

【功效】清热解毒，凉血止痢。

【应用】本方可有效控制囊状幼虫病。（陈佳．农村实用技术，2008，6）

方3

【处方】五加皮 30 克，金银花 15 克，桂枝 9 克，甘草 6 克。

【用法用量】煎煮取汁，加等量白糖溶解后喂 10～15 框蜂。

【功效】清热解毒，利湿。

【应用】本方治疗蜜蜂囊状幼虫病有一定疗效。（中国农业科学院蜜蜂研究所主编．养蜂手册，中国农业出版社，2001）

方4

【处方】半枝莲 15 克，虎杖 10 克，贯众 15 克，桂枝 5 克，甘草 8 克，蒲公英 10 克，野菊花 15 克，金银花 10 克。

【用法用量】加水充分煎煮后过滤，加入复合维生素片 20 片，按 1∶1 加入白糖制成糖浆喂蜂。每剂药喂 30～40 脾蜂，连续喂 5 个晚上。

【功效】清热解毒。

【应用】用本方治疗东方蜜蜂囊状幼虫病效果较好，凡有清热解毒的中草药都有一定疗效。（罗岳雄等．中国养蜂，1998，4）

中兽医验方与妙用精编

方5

【处方】贯众 25 克，金银花 50 克，甘草 25 克。

【用法用量】熬水浓缩，配成糖浆，饲喂 10～15 框蜂，隔 1～2 天喂 1 次，连喂 4～5 次。

【功效】清热解毒。

【应用】用本方治疗蜜蜂囊状幼虫病效果较好。（王吉．湖北农业科学，1987，6）

2. 蜜蜂麻痹病

【处方】贯众 9 克，山楂 20 克，大黄 15 克，花粉 9 克，金银花 9 克，茯苓 6 克，黄芩 8 克，蒲公英 20 克，甘草 12 克。

【用法用量】加水 2000 毫升，煎成 1500 毫升，制成 1∶1 糖浆，喷喂 3～5 群蜂。

【功效】清热解毒。

【应用】用本方防治有一定效果。（徐向文．科技信息，2007，25；杨春敏等．农民致富之友，2004，9）

3. 蜜蜂欧洲幼虫病

【处方】鲜马齿苋 200 克。

【用法用量】洗净，加适量水煮半小时，至植株煮烂为止，用纱布包好，过滤取汁（汁呈糊状），放至温凉后加入煮沸过的蜂蜜，饲喂 1 个病群。隔 1 天喂 1 次，3 次为 1 疗程。

【功效】清热解毒，凉血止痢。

【应用】本方可有效治疗。（陈佳．农村实用技术，2008，6）

4. 蜜蜂副伤寒

方1

【处方】①半枝莲、鸭环草、地锦草各 25 克，银花 15 克，板蓝根 50 克，一枝黄花 75 克；②穿心莲 50 克，如意花根 50 克，一枝黄花 15 克。

【用法用量】用水煎后，兑 1∶1 糖浆 500 克（药汁和糖浆各 250 克），可喂 10～20 框蜂用于治疗。

【功效】清肠止泻；温中止泻。

【应用】用本方中方①或方②对治疗蜜蜂副伤寒均有一定效果。（郑大红．中国蜂业，2005，9）

方2

【处方】①大黄 100 克；②姜 25 克。

【用法用量】加水煮沸滤汁，配成 1000 毫升糖浆，喂 20 框蜂。隔天饲喂 1 次，连续 3～5 次。

【功效】清肠止泻；温中止泻。

【应用】用本方中方①或方②对治疗蜜蜂副伤寒均有一定效果。（王吉．湖北农业科学，

5. 蜜蜂白垩病

方1

【处方】①苦参 5 克，藿香 5 克，生地 3 克，蛇床 3 克，蒲公英 3 克；②金银花 30 克，连翘 30 克，蒲公英 20 克，川芎 10 克，甘草 6 克。

【用法用量】加水煎成药汁 500 毫升，加入 500 毫升糖浆中，每群每天喂 100 毫升，连续喂 3～5 天。

【功效】清热解毒。

【应用】用本上方中方①或方②对治疗蜜蜂真菌引起的白垩病效果均较好。（徐向文．科技信息，2007，25；杨春敏等．农民致富之友，2004，9）

方2

【处方】黄柏、苦参、红花、银花、大青叶各 15 克，黄连 20 克，大黄 10 克，甘草 10 克。

【用法用量】煎汁，与糖浆等量混合，喷喂 3～5 群蜂。

【功效】清热解毒。

【应用】用本方治疗蜜蜂真菌引起的白垩病时，与制菌霉素交替喷喂，效果较好。（徐向文．科技信息，2007，25；杨春敏等．农民致富之友，2004，9）

方3

【处方】食盐 1 把（100～150 克）。

【用法用量】撒在巢门口内侧或箱底，使出入蜂巢的蜜蜂均从盐粉上通过，从而遍布全巢。

【功效】消毒灭菌。

【应用】用本方治疗蜜蜂白垩病，10 天内白垩病现象就会自行消失。一年之内撒食盐 3 次，基本可控制因病菌引起的各种蜂病的发生。春繁时，如再加一些抗菌药物（如增效联磺之类）效果更好。（张立伟．中国养蜂，2001，6）

方4

【处方】鱼腥草 30 克，蒲公英 15 克，筋骨草 8 克，桔梗 8 克，山海螺 15 克。

【用法用量】加水 1 千克，煎熬半小时去渣，然后混入 1 千克糖浆中，喂 10～15 框蜂，每天喂 1 次，连续 3～5 次。

【功效】清热解毒。

【应用】用本方治疗蜜蜂白垩病，效果较好。（郭芳彬．农业科技通讯，1993，7）

6. 蜜蜂孢子虫病

方1

【处方】黄连 0.1 克，大黄 0.1 克。

【用法用量】2 药分别加水 1000 毫升煎成 500 毫升（不能同煎，否则会降低疗效），临用前等量混合，再加 10 份糖液喂 1 脾蜂，连喂 5 天为 1 个疗程，共喂 2~3 个疗程。

【功效】清热燥湿，泻火解毒。

【应用】本方治疗蜜蜂孢子虫病有一定疗效。病重群可加重黄连用量。（黄坚．蜜蜂杂志，1997，9）

方 2

【处方】大蒜汁 5 毫升。

【用法】加入 1 千克糖液中，再加白酒 5 毫升，混合后喷脾，隔日 1 次，连喷 5 次为 1 个疗程。

【功效】驱虫健胃，化气消胀。

【应用】本方治疗蜜蜂孢子虫病有一定疗效。另可用蒜醋溶液（50 毫升大蒜汁混入 100 毫升醋酸中）加 99 份饲料糖混合，每夜喂蜂，连喂 1 周为 1 个疗程，共喂 1~2 个疗程。预防，可每周喂 1 次蒜醋溶液。（黄坚．蜜蜂杂志，1997，9）

7. 蜜蜂爬蜂病

方 1

【处方】甘草 100 克，金银花 100 克，泽泻 50 克，山楂 50 克。

【用法用量】加水 2000 毫升，煎熬 1 小时，滤渣取药液加入 5 千克的糖浆中混匀，喂 10 群蜂，每 3 天 1 次，连喂 3 次。

【功效】清热解毒，凉血止痢。

【应用】用本方防治，安全无污染，有特效。（汲全柱等．现代畜牧兽医，2007，10）

方 2

【处方】大蒜瓣 1 千克。

【用法用量】捣烂，加冷开水 0.5 千克浸泡 1 夜后，用纱布滤去蒜渣。预防：取大蒜汁 10 毫升加甲硝唑 0.5 克，均匀拌入 1 千克蜜糖中，5 框以内的蜂每次喂 0.5 千克，5 框以上的适当增加饲喂量，每天 1 次，4 天为 1 疗程。治疗：取大蒜汁 5 毫升拌入 0.5 千克糖水中，加低度白酒 10 毫升混匀，喷脾，隔日 1 次，3 次 1 疗程，1 个疗程后间隔 4 天再喷脾。

【功效】清热解毒。

【应用】用本方防治蜜蜂爬蜂病效果较好。（汲全柱等．养蜂科技，1990，3）

8. 蜜蜂螨病

方 1

【处方】百部 1000 克，马钱子（制）1000 克，烟叶 1000 克。

【用法用量】粉碎成中粉，混匀，加乙醇适量，浸渍 48 小时，回流提取 2 次，每次 1.5~2 小时，过滤，合并提取液，静置，待沉淀完全，倾出上清液，浓缩至 1500 毫升。用时按每标准群 100~200 毫升，加 3~5 倍水稀释喷雾。

【功能】杀灭蜂螨。

【应用】本方主治蜜蜂寄生螨。（中国兽药典委员会编．中华人民共和国兽药典二〇一五年版二部，中国农业出版社，2006）

方2

【处方】烟叶。

【用法用量】加 10 倍开水浸泡 2 天，然后过滤去渣，每次检查蜂群时，用喷雾器将浸出的烟叶水在推梁上喷雾几下。

【功能】杀灭蜂螨。

【应用】用本方防治蜜蜂大、小蜂螨花钱少，方便实用。长年坚持少量喷雾，可将蜂螨杀灭干净，而对蜜蜂又无伤害。（饶华昌．蜜蜂杂志，1996，9）

9. 蜜蜂大肚病

【处方】羌活 10 克，生大黄 6 克，枳壳 10 克，车前子 10 克，莱菔子 10 克，茯苓 6 克，青皮 10 克，谷芽、麦芽各 10 克。

【用法用量】加清水 500 毫升煎成 400 毫升，加蜂蜜或白糖 100 克搅匀，待蜜蜂停止飞翔后喷喂 10 框蜂，每天 1 次。

【功效】祛风利湿，消食健胃。

【应用】用本方治疗意大利蜂大肚病取得良好疗效。（张柯南，蜜蜂杂志，1984，1）。

10. 蜜蜂甘露蜜中毒

方1

【处方】党参、云苓、山药、炒白术、焦楂、麦芽各 10 克，炒扁豆 6 克。

【用法用量】加水 500 毫升，文火煎成 300 毫升，再加 200 毫升蜂蜜，摇匀饲喂。

【功效】解毒。

【应用】蜂群一旦发生甘露蜜中毒，最好转地放养，并进行药物治疗。（戴届全．湖南农业，2013，10）

方2

【处方】甘草 0.5 千克。

【用法用量】加水 2.5 千克煮沸 1 小时左右，过滤去渣，滤液兑入 5 千克糖浆中，每天每群饲喂 0.15～0.25 千克，连喂 4～5 次。

【功效】解毒。

【应用】用本方治疗蜜蜂甘露蜜中毒，连喂 4～5 次即可达到解毒的目的。（张玉田．吉林畜牧兽医，1987，4）

方3

【处方】绿豆 500 克，滑石粉 30 克。

【用法用量】加水 2.5 千克煮沸 1～2 小时，用纱布过滤除去绿豆渣，绿豆汁液兑入 5 千克糖浆中，每天每群饲喂 0.15～0.25 千克，连喂 3～4 次。

【功效】解毒。

【应用】用本方治疗蜜蜂甘露蜜中毒，连喂 3～4 次即可达到解毒的目的。（张玉田 . 吉林畜牧兽医，1987，4）

11. 蚕体腔脓病

【处方】大蒜、苍术、苦参、黄柏各 15 克，白癣皮 12 克。

【用法用量】水煮 30 分钟，去掉药渣，用药液喷施桑叶，喂 1 张蚕。

【功效】清热解毒，燥湿杀虫。

【应用】用本方防治，对已发病的进行隔离淘汰，用石灰消毒处理，可取得较好的效果。（卓尚坤 . 当代畜禽养殖业，2004，11）

12. 蚕浓核病

【处方】大蒜 50 克。

【用法用量】捣碎取汁，加水 500 毫升，3～4 龄第 2 天添食，5 龄第 2、3、4 天各添食 1 次。

【功能】清热解毒。

【应用】用本方综合防治有一定效果。（朱丹丹等 . 高等函授学报，2008，3）

13. 蚕血液型脓病

【处方】石灰粉。

【用法用量】每龄蚕眠后用新鲜石灰粉止桑，发病后，待蚕食净桑叶，每天喷洒 1 次新鲜石灰粉，进行蚕体、蚕座消毒。

【功效】杀菌杀虫。

【应用】用本方防治蚕血液型脓病，并定期使用 1％ 的有效氯漂白粉溶液喷洒蚕体（3 龄第 2 天，4 龄第 3 天，5 龄第 3 天、4 天各喷 1 次；3～4 龄蚕分别用含 0.3％～0.4％ 的有效氯漂白粉溶液喷洒桑叶给蚕添食，每天 1 次）有一定疗效。（王尚俊等 . 广西蚕业，2005，2）

14. 蚕白僵病

方1（硫黄烟）

【处方】硫黄 500～1000 克。

【用法用量】硫黄在蚕室内火缸上加热，待熔化时投入烧红的木炭 1 块，使其燃烧冒烟，密闭蚕室 24 小时，打开门窗，3～5 天后即可使用。

【功效】杀菌杀虫。

【应用】本方用于蚕室消毒，可预防蚕僵病及壁虱。（张克家 . 中兽医方剂大全，中国农业出版社，1994）

方 2（防僵粉）

【处方】熟石灰粉 9～14 份，漂白粉 1 份。

【用法用量】混匀，撒布蚕体。预防：在蚕 2 日龄时开始使用，以后于各龄开叶前撒 1 次。治疗：每天撒 1 次，直到不再出现发病蚕为止。

【功效】杀菌解毒。

【应用】本方用于防治蚕白僵病有一定效果。（华南农学院．蚕病学，农业出版社，1980）

15. 蚕生长调节剂

【处方（蚕用蜕皮液）】筋骨草或紫背金盘 5000 克。

【用法用量】切成小段，加水煎煮两次，每次 1 小时，合并煎液，滤过，滤液减压浓缩至约 8000 毫升，加入乙醇 25000 毫升，搅拌后静置 24 小时，滤过，滤液减压回收乙醇，浓缩至约 5000 毫升，加入乙醇 20000 毫升，搅拌，静置 12 小时，滤过，滤液减压回收乙醇，浓缩至约 900 毫升，滤过，加苯甲酸 5 克，加水适量，调节吸光度至规定范围，灌封。见有 5% 熟蚕时，取本品 4～5 毫升，加凉开水 750～1000 毫升，均匀喷洒在 5～6 千克桑叶上，供 1 万头蚕采食。

【功能】调节家蚕生长发育。

【应用】本方用于促进家蚕上簇整齐。（中国兽药典委员会．中华人民共和国兽药典二○一五年版二部，中国农业出版社，2016）

16. 蛇口腔炎

方 1

【处方】2% 的明矾溶液，大黄末 10 克，磺胺结晶粉 5 克。

【用法用量】先用 2% 的明矾溶液冲洗口腔，然后用大黄末 10 克与磺胺结晶粉 5 克混合均匀，撒于患处，每天 2 次。

【功效】收敛解毒。

【应用】用本方治疗脓性分泌物较多的病蛇，对蛇口腔炎有一定疗效，7～10 天即可痊愈。（余波．广西畜牧兽医，2012，4）

方 2

【处方】明矾。

【用法用量】配成 2% 的水溶液，冲洗病蛇口腔，每日数次；也可用白矾末加白糖，用纸卷成筒状，吹入口腔患处，每天 1～2 次。

【功效】收敛解毒。

【应用】用本方治疗蛇口腔炎，2～3 天即愈。（顾学玲等．江西饲料，2001，2）

方 3

【处方】金银花 10 克，车前草 20 克，龙胆草 10 克。

【用法用量】煎水，冲洗病蛇口腔，每天 2～3 次。

【功效】收敛解毒。

【应用】用本方治疗蛇口腔炎有一定疗效。也可用冰硼散撒于患处，每天 2～3 次，直至没有脓性分泌物渗出为止。（顾学玲等．蛇志，1997，4）

17. 蛇枯尾病

【处方】砂仁、木香、党参、白术、茯苓、甘草各 1 克。

【用法用量】煎汁，用注射器一次灌服，每天 1 剂，连用 1～2 剂。

【功效】温中和胃，消食化积。

【应用】本方适用于治疗蛇因为消化功能障碍引起的枯尾病。（胡元亮．兽医处方手册，中国农业出版社，2005）

18. 蝎腹胀

【处方】雄黄 1 克，硫黄 1 克，苍术（炒黄）2 克。

【用法用量】研为极细末，混匀，加 100 克混合饲料拌匀喂服。

【功效】温中燥湿，清热解毒。

【应用】用本方防治有较好效果。（孟凡生．农村养殖技术，2003，10）

19. 蝎半身不遂

【处方】大黄苏打片 3 克。

【用法用量】研为极细末，加炒香的麸皮 50 克、水 60 毫升拌匀饲喂至痊愈为止。

【功效】温中燥湿，清热解毒。

【应用】本方用于治疗蝎半身不遂，用药前禁食 3～5 天，并改喂苹果、番茄等果蔬。（张世鹏．农家顾问，2002，8）

20. 蝎病常用中药

（1）穿心莲

【用量】每千克蝎日用 1～2 克。

【功效】清热解毒、抑菌、止泻。

【主治】蝎消化道和呼吸道细菌性疾病。（王宪超．特种经济动植物，2004，1）

（2）黄连

【用量】每千克蝎日用 0.5～1 克。

【功效】清热解毒、消炎、止泻。

【主治】蝎肠炎、腐皮病。（王宪超．特种经济动植物，2004，1）

（3）大蒜

【用量】每千克蝎日用 1～3 克。

【功效】止泻、杀菌、驱虫。

【主治】蝎肠炎、腹泻、寄生虫病。（王宪超．特种经济动植物，2004，1）

（4）大黄

【用量】每千克蝎日用 0.3～0.5 克。

【功效】抗菌、收敛、泻下。

【功效】蝎细菌性肠炎及便秘。（王宪超．特种经济动植物，2004，1）

（5）五倍子

【用量】每千克蝎日用 0.2～0.5 克。

【功效】解毒、止血、收敛。

【主治】蝎肠炎、霉菌病。（王宪超．特种经济动植物，2004，1）

（6）白花蛇蛇草

【用量】每千克蝎日用 2～4 克。

【功效】清热解毒、凉血、消肿。

【主治】蝎细菌性肠炎。（王宪超．特种经济动植物，2004，1）

（7）火炭母

【用量】每千克蝎日用 3～5 克。

【功效】清湿热、祛毒生肌。

【主治】蝎肠炎、祛风热、下泻。（王宪超．特种经济动植物，2004，1）

（8）鱼腥草

【用量】每千克蝎日用 2～4 克。

【功效】清肺热、解毒。

【主治】蝎呼吸道细菌性疾病。（王宪超．特种经济动植物，2004，1）

第十六章 鸽病方

1. 鸽流感

方1

【处方】大青叶 80 克，三桠苦 40 克，白茅根 70 克，鸭脚木 70 克，大头陈 70 克，薄荷 30 克（后下）

【用法用量】煎水供 100 只鸽饮用，每天 1 剂，连用 3 天。

【功效】清热解毒，止咳平喘。

【应用】本方治疗鸽流感有一定疗效。（汪志铮. 兽医导刊，2015，5）

方2

【处方】黄芩 100 克，桔梗 70 克，半夏 70 克，桑白皮 80 克，枇杷叶 80 克，陈皮 30 克，甘草 30 克，薄荷 30 克（后下）

【用法用量】煎水供 100 只鸽饮用。

【功效】清热解毒，止咳平喘。

【应用】本方治疗鸽流感有一定疗效。另可结合西药疗法，每次内服复方阿司匹林 1/6 片，每天 2～3 次，连用 3 天。（战书明. 山东家禽，2003，9）

方3

【处方】桑白皮、枇杷叶各 80 克，黄芩、桔梗、半夏各 70 克，陈皮、甘草、薄荷各 30 克。

【用法用量】煎水供 100 只鸽饮用，每天 1 剂，连用 3 天。

【功效】清热解毒，化痰止咳。

【应用】本方治疗鸽流感有一定疗效。另可加金银花、黄连、黄柏等清热解毒药。（丁卫星. 肉用鸽养殖技术，中国农业科技出版社，2002）

2. 鸽新城疫

【处方】板蓝根 20 克，金银花 15 克，黄芪 20 克，车前子 20 克，党参 15 克，丹参 15 克，野菊花 20 克。

【用法用量】将药用纱布包好煎煮，水沸后小火焖 20 分钟，滤出药液供 100 只鸽饮用，每天 1 剂，4 天为 1 个疗程。第 5 天将 4 剂药渣混合再煎煮饮用 1 次。

【功效】扶正固本，清热解毒。

【应用】用本方治疗患鸽 6.21 万羽，治愈 6.08 万羽，治愈率 98% 以上。对饮食欲废绝的病鸽，逐只灌服，并在药液中加入奶粉，逐只喂食小块馒头。用药2天后，用鸡新城疫Ⅳ系疫苗点眼滴鼻。(刘玉玲.中兽医医药杂志，2007，3)

3. 鸽痘

方1(三黄散)

【处方】大黄、黄柏、姜黄、白芷各50克，天南星、陈皮、苍术、厚朴、甘草各20克，天花粉100克。

【用法用量】共研成末，用水、酒各半调成糊状，涂抹于剥除鸽痘痂壳的创面上，每天2次，连用7天。

【功能】清热解毒，利湿消肿。

【应用】本方用于治疗鸽痘，1星期后痊愈，治愈率达98%。另可配合西药治疗，用罗红霉素每克兑水1千克，自由饮用；内服病毒灵，每天1片；连用5天。(周鹏.养殖技术顾问，2006，3)

方2(紫草膏)

【处方】紫草30克，当归20克，红花10克，板蓝根20克，黄连15克，黄柏10克，冰片5克，白蜡20~30克，麻油500克。

【用法用量】麻油放入锅中烧至近沸时，放入当归、黄连、黄柏、板蓝根，文火烧至焦黄，再放入紫草和红花，及至全部近于焦黑时，捞净药渣，放入白蜡，溶化后，端锅离火，将油倒入容器中，凉至不烫手时放入冰片，搅动使之溶化混匀，保存备用。用时将患部痘痂除去，涂上紫草膏，每天1次。

【功效】清热解毒，生肌止痛。

【应用】用本方治疗皮肤型鸽痘，一般3~5次即可痊愈。对发病鸽群，用盐酸吗啉胍按0.4%浓度饮水，连用3~5天，用0.04%金霉素或四环素拌料喂饲或减半浓度饮水。也可在饮水中加0.01%恩诺沙星，配合中药喂服(龙胆草90克，板蓝根60克，升麻50克，金银花40克，野菊花40克，连翘30克，甘草30克，加工成细粉，按每只鸽每天1.5克拌入饲料内，分上、下午喂服。如喂颗粒饲料，可将中药水煎后，加适量水，让鸽自由饮用)，一般连用3~5天即可治愈。(吕瑞霞.当代畜牧，2005，9)

方3

【处方】龙胆草90克，板蓝根60克，升麻50克，金银花40克，野菊花40克，连翘30克，甘草30克。

【用法用量】加工成细粉，按每只鸽每天1.5克拌入饲料内，分上、下午集中喂服。如喂颗粒饲料，可将中药水煎，加适量水，让鸽自由饮用。连用5天。

【功效】清热解毒，疏散风热。

【应用】用本方治疗鸽痘有一定疗效。病鸽应隔离治疗，皮肤局部用镊子剥去痘痂，硼酸水洗净，再涂上碘酒或紫药水。喉部，除去伪膜后，涂上碘甘油。在保健沙和饮水中增加多种维生素。(钟细苟，江西畜牧兽医杂志，2003，6)

方4

【处方】紫草2份，黄芪3份，龙胆草1份。

【用法用量】按每公斤体重每天用药 0.5～1.0 克取药水煎 3 次，合并药液灌服。连用 2～3 天。预防用半量自由饮水，连用 4～5 天。

【功效】清热解毒，益气固表。

【应用】用本方内服，局部以明矾、蒲公英各 5 克，水煎成 20～25 毫升涂擦，每天 1～2 次。用上述方法治疗，一般轻症 1～3 天、重症 2～4 天治愈。咽喉型病鸽也可取药液滴入口内，每次 3～5 滴（于增文．中兽医学杂志，2000，4）。

方 5

【处方】龙眼根、白僵蚕各 3 克，牛蒡子、甘草、赤芍、粉葛各 6 克。

【用法用量】中药煎水，拌料饲喂 100 只幼鸽，每天 1 剂，连喂 7～10 天。

【功效】透邪外出，解毒。

【应用】用本方治疗各种类型鸽痘，取得满意效果。黏膜型鸽痘可用双花、连翘、紫草各 6 克，当归、黄芪各 10 克，白芍、牛蒡子各 3 克，甘草 2 克。混合型鸽痘可用当归、黄芪各 12 克，金银花、紫草各 6 克，赤芍 5 克，甘草 3 克。（傅泰．中国兽医杂志，1992，2）

4．鸽大肠杆菌病

【处方（腹泻灵）】黄边、乌梅、木香、山药。

【用法用量】煎熬而成汤剂，按每只鸽 2 毫升灌服，每天 2 次。

【功效】清热燥湿，涩肠止泻。

【应用】用本方治疗鸡大肠杆菌病，同时加电解多维饮服，用药后第 2 天控制了死亡，第 3 天全群腹泻停止，食欲恢复。（李舵等．新疆畜牧业，2001，2）

5．鸽支原体病

【处方】蒲公英 200 克，茯苓 100 克，连翘 120 克，车前子 150 克，当归 110 克，黄芪 90 克，金银花 100 克，苍术 120 克，板蓝根 200 克，秦皮 200 克。

【用法用量】水煎取汁，供 1000 只鸽饮用，每天 1 剂，连用 3 天。

【功效】清热解毒，扶正祛邪。

【应用】本方治疗鸽支原体病，同时配合使用阿莫西林或恩诺沙星、罗红霉素等效果较好。（蒋锁俊．中国家禽，2007，8）

6．鸽鹅口疮

【处方】黄芪、白术、山药、灯心草、茯苓。

【用法用量】按每羽 0.3 克，童鸽每羽 0.5 克煎汤投服，每天 1 剂。

【功效】清心利湿，敛疮生肌。

【应用】本方治疗鸽鹅口疮，用药 3 天，症状全部消失，食欲正常。可配合投服复合维生素 B 液 1～3 毫升（加入中药汁中），预防可用淡药液自由饮水。（戴立成．中兽医学杂志，1998，3）

7. 鸽绦虫病

【处方】石榴皮、槟榔各100克。

【用法用量】加水1000毫升煎成800毫升，20日龄内雏鸽每次1毫升，30日龄内雏鸽每次1.5毫升，30日龄以上每只2毫升，2日内喂完。

【功效】驱虫。

【应用】本方驱杀绦虫有一定效果。（丁卫星．肉用鸽养殖技术，中国农业科技出版社，2002）

8. 鸽感冒

【处方】黄芩100克，桑白皮、枇杷叶各80克，桔梗、半夏各70克，陈皮、甘草、薄荷各30克。

【用法用量】煎水供100只鸽饮用，每天1剂，连用3天。

【功效】清热解毒，疏散风热。

【应用】本方治疗风邪引起的伤风感冒有一定疗效。（崔中林．现代实用动物疾病防治大全，中国农业出版社，2001）

9. 鸽胃肠炎

【处方】黄柏10克，黄连、白头翁、龙胆草各8克，白术、茯苓、泽泻各7克，麦芽4克，甘草3克，大黄2.5克

【用法用量】煎水供10只鸽饮用，每天1剂，连用3天。

【功效】清热解毒，凉血止痢。

【应用】本方治疗鸽胃肠炎、胃肠溃疡等胃肠道疾病有一定疗效。（丁卫星主编．肉用鸽养殖技术，中国农业出版社，2002）

10. 鸽眼炎

【处方】谷精草、夏枯草、刺蒺藜、龙胆草、青葙子各8克，菊花、夜明砂各7克，甘草4克。

【用法用量】煎水供10只成年鸽饮用，每天1剂，连服3～5剂。

【功效】疏散风热，明目退翳。

【应用】用本方治疗鸽眼炎有一定疗效。（丁卫星．肉用鸽养殖技术，中国农业出版社，2002）

11. 鸽黄曲霉素中毒

【处方】防风3克，甘草6克，绿豆50克，白糖12克。

【用法用量】加水蒸煮冷饮。

【功效】祛风发表，清热解毒。

【应用】本方治疗鸽黄曲霉素中毒有一定疗效。还可配合内服0.5％碘化钾液或盐类泻剂排除毒素，补充维生素、饮用葡萄糖水等强心、护肝疗法。（朱金祥．安徽农业，1999，9）

第十七章　火鸡、鸵鸟病方

1. 火鸡新城疫

方1

【处方】连翘40克，金银花30克，甘草30克，地榆炭20克，紫花地丁各20克，黄芩10克，蒲公英10克，射干10克，紫菀10克。

【用法用量】水煎2次，混合煎液，供100只鸡饮用，每日1剂，连服4～6日。

【功效】清热解毒，凉血止血。

【应用】此方剂适合春、秋发病季节使用。（赵杰，等. 当代畜禽养殖业，2016，3）

方2

【处方】黄芩、蒲公英、射干、紫菀各10克，地榆炭、紫花地丁各20克，金银花、甘草各30克，连翘40克。

【用法用量】水煎2次，混合煎液，供100只饮用，每天1剂，连用4～6天。

【功效】清热解毒，凉血止血。

【应用】本方治疗火鸡新城疫有一定疗效。（张泉鑫. 畜禽疾病中西医防治大全·禽病，中国农业出版社，2007）

2. 火鸡流感

方1

【处方】大青叶、鱼腥草各40克，连翘、黄芩、牛蒡子、黄柏、知母、款冬花、山根豆各30克，菊花、百部、杏仁、桂枝各20克，石膏60克。

【用法用量】煎汁饮水，每天1剂，连用2～3天。

【功效】清热解毒，化痰止咳。

【应用】本方治疗火鸡禽流感有一定疗效。（张泉鑫主编. 畜禽疾病中西医防治大全·禽病，中国农业出版社，2007）

方2（穿鸡甘散）

【处方】穿心莲90%，鸡内金8%，甘草2%。

【用法用量】烘干研末，小鸡每只每次0.5～0.8克，成年鸡1～1.5克，冷开水调匀，灌服或拌料，每天3～4次。

【功效】清热解毒，燥湿止泻。

【应用】本方治疗禽流感有一定疗效。（郑继方. 中兽医治疗手册，金盾出版社，2006）

414

3. 火鸡霍乱

方1

【处方】白花蛇舌草200克，生地150克，茵陈、半支莲、大青叶各100克，藿香、当归、赤芍、甘草、车前草各50克。

【用法用量】水煎取汁供100只饮服或拌料，供3日服用。

【功效】清热解毒，凉血保肝。

【应用】本方治疗急性禽霍乱有一定疗效。（梁崇杰．畜禽常见病土法良方3000例，四川科技出版社，2006）

方2

【处方】苍术30克，半夏25克，陈皮20克，连翘50克，白芷25克，藿香30克，贯众45克，山奈25克，板蓝根60克，研末，加白酒100毫升，大蒜3枚。

【用法用量】用适量麸皮拌匀供100只鸡食用。

【功效】辟瘟解毒。

【应用】以上各药配伍，对禽霍乱有标本兼治的作用。（柏建明生等．中兽医医药杂志，2006）

4. 火鸡传染性法氏囊病

方1

【处方】连翘、茵陈、党参各50克，地丁、黄柏、黄芩、甘草各30克，艾叶40克，雄黄、黄连、黄药子、白药子、茯苓各20克。

【用法用量】共为细末，混匀，按6%～8%拌入鸡饲料中喂服，少数病重不能采食者，水煎取汁灌服，每次5～10毫升，每天2次。

【功效】清热解毒。

【应用】用本方配合其他药治疗火鸡传染性法氏囊病与球虫病混合感染，死亡25只，痊愈142只。（陈琼．养殖技术顾问，2014，3）

方2

【处方】黄芪300克，黄连、生地、大青叶、白头翁、白术各150克，甘草80克。

【用法用量】每剂水煎2次取汁，加5%白糖混合，供500羽鸡自饮或灌服，每天1剂，连服2～3剂。

【功效】清热解毒，清热凉血。

【应用】本方治疗火鸡传染性法氏囊病有一定疗效。（张泉鑫．畜禽疾病中西医防治大全·禽病，中国农业出版社，2007）

5. 火鸡痘病

【处方】金银花、连翘、板蓝根、赤芍、葛根各20克，蝉蜕、甘草、竹叶、桔梗各10克。

【用法用量】水煎取汁，供为 100 只火鸡拌料混饲或饮用，连服 3 天。

【功效】清热解毒，疏散风热。

【应用】本方对治疗皮肤和黏膜混合型火鸡痘病有效。（张泉鑫．畜禽疾病中西医防治大全·禽病，中国农业出版社，2007）

6. 火鸡白痢

方1

【处方】鱼腥草、地锦草、茵陈、桔梗各 100 克，车前子 60 克。

【用法用量】煎水取汁，供 50 只小鸡一次喂完，连用 3 天。

【功效】解毒止痢。

【应用】本方用于预防火鸡白痢病。（杜文功．新疆畜牧业，2012，7）

方2

【处方】黄连、黄芩、黄柏各 30 克，白头翁 50 克。

【用法用量】水煎取汁供 100 只饮用，每天 2 次。

【功效】清热解毒，燥湿止痢。

【应用】本方用于治疗火鸡白痢病。（张泉鑫．畜禽疾病中西医防治大全·禽病，中国农业出版社，2007）

7. 火鸡支原体病

【处方（麻杏石甘汤）】麻黄、葶苈子、紫苏子、甘草各 7 克，杏仁、石膏、黄芩、桔梗各 9 克，款冬花、金银花各 8 克。

【用法用量】水煎取汁，供 100 只火鸡饮服，每天 2 次。

【功效】清热解毒，止咳化痰。

【应用】本方用于治疗火鸡支原体病。（张泉鑫．畜禽疾病中西医防治大全8 禽病6 中国3 1农业出版社，2007）

8. 火鸡曲霉菌病

【处方】鱼腥草 360 克，蒲公英 180 克，黄芩、葶苈子、桔梗、苦参各 90 克。

【用法用量】共研为末，按每羽每次 1 克拌料喂服，每天 3 次，连服 3 天。

【功效】清咽利喉，平喘解毒。

【应用】本方用于治疗曲霉菌病。（张泉鑫．畜禽疾病中西医防治大全·禽病．中国农业出版社，2007）

9. 火鸡蛔虫病

【处方】鲜苦楝根树皮 25 克。

【用法用量】水煎去渣，加红糖适量，按 2% 比例拌料，空腹喂给，每天 1 次，连服 2～3 天。

【功效】驱蛔止痛，疏肝行气。

【应用】本方治疗鸡蛔虫病有一定效果。可加乌梅、使君子、南瓜子等增加驱蛔虫效果。（张泉鑫．畜禽疾病中西医防治大全·禽病．中国农业出版社，2007）

10. 火鸡球虫病

球虫九味散

【处方（球虫九味散）】白术、茯苓、猪苓、桂枝、泽泻各15克，桃仁、生大黄、地鳖虫各25克，白僵蚕50克。

【用法用量】共研末，拌料喂服，雏鸡每天0.3～0.5克、成年鸡2～3克。每天2次，连用3～5天。

【功效】利水渗湿，止血杀虫。

【应用】本方治疗球虫病有一定疗效。（张泉鑫．畜禽疾病中西医防治大全·禽病．中国农业出版社，2007）

11. 鸵鸟新城疫

【处方】荆芥10克，防风10克，栀子10克，藿香10克，苍术10克，桔梗10克，茯苓5克，甘草5克，川芎5克。

【用法用量】水煎灌服，每天1剂。

【功效】清肺解毒，散郁祛痰。

【应用】用本方治疗1群免疫失败鸵鸟，配合紧急免疫接种、补液、止血、消毒等措施，3日后病情明显好转，7日后全部恢复正常。（丁营兵等．北方牧业，2003，14）

12. 鸵鸟曲霉菌病

方1（百合散加味）

【处方】百合50克，贝母40克，大黄30克，黄芩30克，花粉30克，桔梗30克，冬花30克，甘草10克，胆矾30克。

【用法用量】研末，一次灌服。

【功效】清肺解毒，散郁祛痰。

【应用】适用于肺型曲霉菌病。（刘金杰等．吉林畜牧兽医，2007，2）

方2（决明散加减）

【处方】石决明20克，草决明20克，栀子20克，龙胆草20克，大黄15克，黄芩10克，郁金10克，密蒙花10克，蝉蜕10克，甘草10克。

【用法用量】煎汤灌服。

【功效】清肝明目，退翳。

【应用】适用于眼型曲霉菌病，外用黄连煎汤过滤洗眼。（刘金杰等．吉林畜牧兽医，2007，2）

方3（神曲散加味）

【处方】神曲 100 克，磁石 50 克，朱砂 10 克，钩藤 10 克，二冬 20 克。

【用法用量】研末，一次灌服。

【功效】清心安神，消食。

【应用】适用于脑型曲霉菌病。（刘金杰等．吉林畜牧兽医，2007，2）

13. 鸵鸟慢性呼吸道病

【处方】黄连、黄柏、黄芩、黄药子、白药子、栀子、款冬花、知母、贝母。

【用法用量】水煎 3 次，取汁，胃导管灌服，每只每次 200～300 毫升，每天 3 次。

【功效】清热解毒，利咽消肿。

【应用】用本方治疗鸵鸟慢性呼吸道疾病，取得满意效果。连用 3 天，病情好转，继续用药 4 天，痊愈（杨杰明．农村养殖技术，1998，4）

14. 雏鸵鸟胃积沙

【处方】党参 50 克，茯苓 30 克，白术 30 克，甘草 20 克，厚朴 30 克，胡黄连 30 克，黄连 30 克，地骨皮 30 克，白芍 30 克，白及 50 克，元胡 25 克，砂仁 25 克。

【用法用量】水煎服，连服 10 剂。

【功效】健脾理气，止血止痛。

【应用】用本方治疗雏鸵鸟胃积沙有一定效果。（孙锷．吉林畜牧兽医，1999，12）

15. 鸵鸟便秘

【处方】大黄 60 克，厚朴 30 克，枳实 30 克，芒硝 200 克，木香 20 克，青皮 25 克，连翘 30 克，六曲 60 克，山楂 45 克，麦芽 45 克。

【用法用量】除大黄和芒硝外，其余同煎 45 分钟，然后下大黄文火煎 15 分钟，候温冲溶芒硝灌服。

【功效】攻下热结，破结通肠。

【应用】用本方治疗雏鸵鸟肠便秘效果很好。一般服后 12 小时可见排软粪。若不见效，再灌服 1 剂，即可见效。（何斌．中国兽医杂志，1998，11）

16. 鸵鸟腹水综合征

【处方】（加味当归芍药散）当归 500 克，川芎 500 克，泽泻 500 克，白芍 500 克，茯苓 500 克，大腹皮 400 克，槟榔 300 克，白术 200 克，木香 200 克，干姜 200 克，陈皮 200 克，黄芩 200 克，龙胆草 200 克，麦芽 100 克。

【用法用量】本方为 20 只 4 月龄以内幼鸵鸟 1 天的用量，成鸵鸟的用量根据体重和病情轻重加减。粉碎，过 100 目筛，混匀。混入饲料中喂服，连用 5 天为 1 疗程。

【功效】健脾理气，止血止痛。

【应用】用本方治疗雏鸵鸟腹水综合征，效果很好，一般 1～2 个疗程即可治愈。共治疗幼鸵鸟、成鸵鸟 110 余只，治愈率达 90％以上。实践证明，用本方拌料饲喂幼鸵鸟和成鸵鸟，可起到未病先防、既病防变的作用，在幼鸵鸟腹水综合征多发的冬、春、秋季节，可在很大程度上减少饲养场的经济损失。（郭晓娟．畜牧兽医科技信息，2004，5）

17. 鸵鸟脱肛

【处方】黄芪、生姜、党参、熟地、甘草、大枣、陈皮、白术、当归、柴胡。

【用法用量】水煎 3 次，取汁灌服，每次 50～100 毫升，每天 2 次。

【功效】清热解毒，利咽消肿。

【应用】用本方治疗 2 月龄鸵鸟脱肛 2 例，先用 0.1％高锰酸钾或 2％明矾液冲洗，冲洗后用手将脱出物还纳到原位，灌服本方。同时加强饲养管理：前期禁食，每次灌服 200 毫升营养液（250 毫升热水中加入 2 个鲜鸡蛋、3 匙多维葡萄糖、少许电解质，每天 3 次）；后期限食，每次给多汁青绿饲料（0.25～0.5 千克，每天 4 次）。连续处理 10 天，病鸟完全康复。（杨杰明．农村养殖技术，1998，4）

第十八章　鹿病方

1. 鹿巴氏杆菌病

【处方】黄连、黄芩、银花、防风、荆芥各 25 克，桔梗、栀子、连翘、玄参、射干各 20 克，大黄、芒硝各 30 克，生甘草 15 克。

【用法用量】煎汤，候温灌服，每天 1 次。

【功效】清热解毒，滋阴泻火。

【应用】用本方治疗 2 例梅花鹿巴氏杆菌病，服药 2~3 剂治愈（胥志平．中兽医学杂志，1995，1）。此方为黄连解毒汤加味方，也可以用于治疗其他动物的巴氏杆菌病。

2. 鹿霉菌性肺炎

【处方】地骨皮、炒黄芩、金银花、生山楂各 200 克，桑白皮、浙贝母、枳实、百部、杏仁、炒苏子、天竺黄各 150 克，鱼腥草、北沙参、芦根各 300 克，生甘草 100 克。

【用法用量】煎汁内服

【功效】抗菌消炎，祛痰止咳。

【应用】本方用于治疗长颈鹿因垫草发霉感染曲霉菌引起的肺炎。（胡元亮，兽医处方手册，中国农业出版社，2005）。方中地骨皮、百部、杏仁、炒苏子、天竺黄、鱼腥草具有显著的抗菌作用，对多种肺炎病原菌有显著抑制作用。

3. 鹿下痢

方1(补中益气汤加减)

【处方】当归、黄芪、柴胡、陈皮、白术、升麻、姜皮、枣各 20 克，甘草 10 克。

【用法用量】上药煎 3 次，取汁 500~1000 毫升，分 4 次内服

【功效】清热解毒，燥湿止泻。

【应用】用本方中西结合治愈鹿羔出血性腹泻 6 例。便血量多者可加大黄、炒地榆、侧柏叶、槐花；食欲废绝时加山药；粪便呈水样时加乌梅、柯子。（张凤珍．畜牧与兽医，2005，6）

方2(泻痢安糖糊)

【处方】黄连 10 克，黄芩、黄柏各 15 克，苍术、枳壳各 10 克，山药、栀子、半夏、竹茹、白芍、黄芪各 15 克，地榆（生熟各半）30 克，木香、当归、甘草各 8 克。

【用法用量】煎汤去渣，1 日分 2 次内服，亦可深部灌肠

【功效】清热燥湿，健脾止泻。

【应用】用本方治疗鹿黏膜病毒引起的腹泻，治愈率高于50％，对照组的死亡率高于80％以上。（田来明．吉林畜牧兽医，2003，10）

方3

【处方】乌梅、干柿、诃子肉各15克，黄连、姜黄、猪苓、甘草各10克。

【用法用量】水煎，分2次内服，一日两次

【功效】清热解毒，燥湿止泻。

【应用】用本方治疗仔鹿腹泻有较好的效果。本方为乌梅散的加味方，也可用于治疗其他幼畜奶泻等病。（沈丽华．农村实用工程技术，1998，6）

方4（苍术龙胆煎）

【处方】苍术、龙胆草各60克，苦参、厚朴、泽泻、木通、车前、金银花、连翘各50克。

【用法用量】煎汤，药汤部分拌精料服用，部分自饮。

【功效】清热解毒，燥湿止泻。

【应用】用本方结合黄连素片内服治疗长颈鹿腹泻2头，3～5剂治愈。（吴登虎．中兽医学杂志，1989，3）

4. 鹿坏死杆菌病

【处方】丹参、川芎、黄芪、杜仲各30克，牛膝25克，延胡索、赤芍各20克，乳香、没药、香附、皂角刺、丹皮、板蓝根各15克，羌活、血竭、黄药子、儿茶、白芨、金银花、红花、甘草各10克。

【用法用量】共为末，每天50克拌精料饲喂。

【功效】清热解毒，活血化瘀。

【应用】用本方治疗鹿坏死杆菌病20多例，疗效显著。当伤口愈合、无脓汁排出、肿胀基本消失时，调整原方为丹参30克，黄芪、杜仲、牛膝、川芎各25克，续断、党参、白术、骨碎补、白及各20克，白芷10克，甘草15克。（黄益新．特产研究，1985，4）

5. 鹿慢性消化不良

方1

【处方】山楂15克，神曲15克，苍术15克，厚朴10克，山药15克，党参15克，白术15克，干姜10克，甘草10克。

【用法用量】以上中药混合水煎，让羔鹿自由采饮，连用1周。

【功效】温中利湿，健脾消食。

【应用】本方适用于10月份天气变冷，断奶鹿羔脾胃虚弱、中气不足、营养不良引起的腹泻。（王进龙．青海畜牧兽医杂志，2007，6）

方2

【处方】党参50克，炒白术60克，乌梅60克，诃子60克，白豆蔻60克，焦山楂60

克，焦神曲 60 克，炒枳壳 45 克，炒车前子 45 克，小茴香 45 克，陈皮 30 克，甘草 30 克。

【用法用量】为末，分 3 次混合牛乳喂服。

【功效】健脾消食，涩肠止泻。

【应用】本方适用于脾胃虚弱的病畜。用本方治愈曾用人工盐、酵母、苏打及抗生素治疗 3 个月未痊愈的鹿羔消化不良。（彭运强．中兽药医药杂志，1984，3）

6. 鹿霉玉米秸中毒

【处方】黄连 80 克，黄柏 160 克，大黄 120 克，秦皮 200 克，金银花 300 克，穿心莲 280 克，生地 240 克，白芍 280 克，侧柏叶 200 克，木香 150 克，甘草 120 克。

【用法用量】加水适量，煎煮 25 分钟，将药液倾出，再加水煎 20 分钟，将两次煎液混合，分两次拌入适口性强的饲草料中，使其自食，每天 2 次。

【功效】清热解毒，止血止痛。

【应用】用本方治疗梅花茸鹿霉败玉米秸秆中毒 15 只，用药 2 剂全部治愈。（钟国娟．中兽医医药杂志，2002，2）

7. 鹿跛行

方1

【处方】云南白药保险丸 30 粒。

【用法用量】夹塞在苹果内投服，每次 5 粒，每天 2 次，连喂 3 天。

【功效】活血化瘀，消肿止痛。

【应用】用本法治疗麋鹿跛行，效果显著。（钱永凌．中国动物保健，2016，5）

方2

【处方】当归 60 克，乳香、没药、土鳖、地龙、血竭各 50 克，大黄 40 克，红花、骨碎补、甘草各 30 克。

【用法用量】研末，一次拌精饲料喂服，每天 1 剂，7 天为一个疗程。

【功效】活血化瘀，消肿止痛。

【应用】本方适用于治疗长颈鹿由于扭伤、风湿病、肌肉炎症和蹄病等引起的跛行。此方为定痛散的加味方，主治跌打损伤、筋骨疼痛。（胡元亮．兽医处方手册．中国农业出版社，2005）

8. 鹿晃腰病（缺铜病）

【处方（狗脊散）】狗脊、骨碎补、怀牛膝。

【用法用量】为末，拌于精料，每天 10 克。

【功效】补肾填髓，强筋壮骨。

【应用】用本方治疗梅花鹿晃腰病 46 例，治愈率达 67.39%，预防 789 只鹿无一例发病，而对照组 405 只鹿中发病 22 只，发病率 5.3%。（韦旭斌等．中国兽医学报，1993，1）

9. 鹿舔肛癣

【处方】血竭 60 克，大黄 20 克，白矾 20 克。

【用法用量】粉碎，混合，仔鹿患处撒敷，每天 1 次。

【功效】化瘀敛疮，止血收敛

【应用】用本方治子鹿肛门被母鹿舔伤，一般 1～2 次好转，3～5 次基本痊愈。（刘发源．畜牧与兽医 1985，1）

10. 公鹿发情配种期应激

【处方（鹿安宁）】五加皮、夜交藤、土茯苓等。

【用法用量】粉碎，或水煎成每毫升含 1 克的煎剂。按每天每头鹿 10 克，匀拌于 3 顿精料中投喂。

【功效】滋阴潜阳，养心安神。

【应用】用本方预防公鹿发情配种期的应激反应，试验组成年公鹿发情反应明显减轻，到发情最高峰也未出现完全绝食，鹿群比较安定，很少出现争斗现象，各种疾病显著减少，死亡率降低为 1.1％，比对照组减少 67.3％。（韦旭斌．特产研究，1998，3）

11. 鹿锯茸止血

【处方（龙骨茯苓散）】龙骨、茯苓各等份。

【用法用量】生龙骨火煅，除去杂质，大块捣碎；白茯苓烘干，两者混合，240 目小型粉碎机粉碎。锯茸后敷在茸基锯口上，稍用力压，每次约 30 克。

【功效】止血收敛，防腐镇痛。

【应用】本方用于 1 万多头公鹿茸敷用观察，止血迅速，无感染、化脓现象，7～10 天锯口形成结痂，愈合良好。经多年试用观察，本方亦可作人畜外伤的消炎止血药，疗效确切。（吴必盛．畜牧与兽医，1988，2）

第十九章　貂、狐、貉病方

1. 貂阿留申病

【处方（茵陈蒿汤加味）】茵陈 5 克，玉米须 10 克，白花蛇舌草 10 克，虎杖 5 克，柴胡、栀子、大黄、菟丝子、砂仁各 2 克，丹参 3 克，鸡内金 1 克。

【用法用量】煎汤去渣，拌饲喂服，每天 1 次，连服 5 剂。

【功效】清热解毒，利水渗湿。

【应用】用本方治疗水貂阿留申病，收到了较好的效果，可降低重度病貂的死亡，减少经济损失。（刘文亚．中国兽医杂志，1991，3）

2. 貂乙型脑炎

【处方】大青叶、板蓝根、黄芪各 10 克，双花、连翘、贯众、黄芩、黄柏、当归、甘草各 5 克。

【用法用量】水煎成 50 毫升左右，加少量糖，供自饮。

【功效】清热解毒，镇静止痉。

【应用】本方用于治疗水貂乙型脑炎。（胡元亮．兽医处方手册第 3 版，中国农业出版社，2013）

3. 貂弓形虫病

【处方】青蒿 20 克，知母、双花、大青叶、大枣各 15 克，生地、柴胡、熟地、丹皮、炙黄芪、党参、酒当归、常山、炙甘草各 10 克。

【用法用量】水煎，供 5～10 只水貂内服，每天 2 次，连用 5～7 天。

【功效】清热解毒，杀虫消积。

【应用】本方适用于治疗水貂弓形虫感染引起的发热、呕吐、呼吸困难、下痢、神经症状等。（胡元亮主编．兽医处方手册第 3 版，中国农业出版社，2013）

4. 貂感冒

方 1

【处方】桂枝、白芍、白芷各 2.5 克，干姜 1.5 克，炙甘草 0.8 克，大枣 1 枚。

【用法用量】煎汤去渣，混于饲料或饮水喂服。

【功效】辛温解表，祛风健脾。

【应用】本方适用于治疗水貂风寒感冒。（耿孝媛．水貂养殖法，中国农业出版社，1982）

方2

【处方】党参9克，羌活、独活、柴胡、前胡、枳壳、桔梗、川芎、茯苓各6克，薄荷、甘草各2克，生姜3片。

【用法用量】水煎去渣，混饲。

【功效】祛湿解表，化痰止咳。

【应用】本方适用于治疗水貂寒湿感冒。（耿孝媛．水貂养殖法，中国农业出版社，1982）

5．貂肠炎

方1

【处方】党参8克，紫苏、陈皮、法半夏、旱莲草各5克，生姜3克，黄连1克。

【用法用量】混合加水适量，煎后取汁，灌服。

【功效】清热燥湿，理气止泻。

【应用】本方用于治疗水貂由犬细小病毒性引起的病毒性胃肠炎。脱水严重时可适当补液，亦可使用硫酸庆大霉素等抗生素药物防止继发感染。（饲料博览编辑部．饲料博览，2008，4）

方2

【处方】白头翁7克，黄连、黄芩、黄柏、连翘、金银花、鱼腥草、秦皮、赤芍、丹皮、茯苓、苦参各5克，知母3克。

【用法用量】水煎去渣，分3次灌服。

【功效】清热解毒，燥湿止痢。

【应用】用本方防治水貂病毒性肠炎，收到满意的效果。治疗有明显症状的46只病貂，治愈44只，治愈率达95.78％。对未出现症状的34只水貂进行预防，很快控制了疫情，以后再无病例出现。同时还对周围农村79只病貂用本方进行治疗，治愈75只，治愈率94.93％。（刘文亚．中兽医医药杂志，1990，6）

方3

【处方】马齿苋20～30克。

【用法用量】洗净、切碎，拌料喂服，治愈为止。

【功效】清热解毒，凉血止痢。

【应用】用本方治疗水貂肠炎、菌痢，效果甚好。给健康水貂每日喂马齿苋，可收预防之效。（司绍斌．中兽医医药杂志，1988，6）

6．貂湿尿症

【处方】鲜车前草25～30克。

【用法用量】煎汤去渣，候温灌服。

【功效】利水渗湿。

【应用】用本方治疗水貂湿尿症，2～3 天即可痊愈。每天用 3～7 克鲜车前草代替日常食料中的蔬菜饲喂，有很好的预防效果。本品还可医治暑热、泄泻等病。（司绍斌．中兽医医药杂志，1988，6）

7. 貂尿结石

【处方】鸡内金 4 克，海金沙 5 克，滑石 10 克，芒硝、火硝、硼砂、车前子、茯苓各 3 克，琥珀 2 克。

【用法用量】滑石及海金沙用布包，与鸡内金、琥珀、车前子、茯苓同煎，去渣后入芒硝、火硝、硼砂，分 1 日 2 次喂服。

【功效】清热利尿，化石通淋。

【应用】本方适用于治疗水貂尿结石。（耿孝媛．水貂养殖法，中国农业出版社，1982）

8. 貂咬伤

【处方】煅牡蛎 20 克，冰片 1 克。

【用法用量】为细末，每天适量撒布伤口。

【功效】收湿敛疮，消肿止痛。

【应用】本方适用于治疗水貂咬伤。（耿孝媛．水貂养殖法，中国农业出版社，1982）

9. 貂自咬症

方 1

【处方】苦参 15 克，百部 15 克，猪苓 15 克，藁本 10 克，黄连 10 克，元芹 10 克，陈皮 10 克，甘草 10 克。

【用法用量】水煎浓汤过滤，取汁液加等量 40～50 度白酒，候温，将患部浸入药液中 10～15 分钟，每天 1 次，连用 3 天。

【功效】收敛解毒。

【应用】本方适用于治疗水貂自咬症。（汪晓光．畜牧兽医科技信息，2017，2）

方 2

【处方】苦参 25 克，黄连、茵陈、香橼皮、猪苓、野菊花、甘草各 18 克（120 只公仔貂剂量）。

【用法用量】煎汤取汁，候温后加入 50 度白酒（或 75% 消毒酒精）10～15 毫升，混匀，将仔貂臀部及尾部浸入药汁内 3～5 分钟，药渣捣碎后拌入饲料内喂服，连用 4 剂。

【功效】收敛解毒。

【应用】用本方治疗水貂咬尾病，治疗 4 天，仔貂的咬尾病状消除，取得了明显效果。（还庶．中兽医学杂志，1998，4）

方 3

【处方】猪胆汁 10 克，氯化钠 4 克。

【用法用量】加注射用水 10 毫升，调匀，涂于患处（涂药面积大于创面），每天 2 次。

【功效】收敛解毒。

【应用】本方适用于治疗水貂自咬症。（于匆·畜禽疾病防治法精选·中国农业科技出版社，1990）

方 4（乌蛇酒）

【处方】乌蛇 1 条，60％酒精 500 毫升。

【用法用量】乌蛇洗净，浸于酒精中，1 周后使用。每次取 3 毫升混于饲料中喂服，每天 1 次，连服 3～5 天，

【功效】活血，安神。

【应用】用本方治疗水貂自咬症疗效较高，方法简单。如同时局部涂擦，每天 1～2 次，效果更好。用此法先后治疗 25 例，均获得满意效果。（员富河·经济动物学报，1986，1）

10. 母貂缺乳

【处方】水芹菜 25～45 克。

【用法用量】除去须根，清洗干净，用开水烫后切碎，拌料饲喂，每天 1 剂。

【功效】通经下乳。

【应用】用本方治疗缺乳母貂 126 只，有效率达 95.5％，1～2 天即可见母貂奶量增多。（司绍斌·中兽医医药杂志，1988，6）

11. 狐李氏杆菌病

【处方】柴胡、金银花、菊花各 150 克，茵陈、黄芩、茯苓、远志、生地、木通、车前草各 100 克，琥珀 15 克。

【用法用量】水煎，供 20～50 只幼狐 1 天服用，连用 3～5 天。

【功效】清热解毒，利水渗湿。

【应用】用本方配合肌内注射磺胺嘧啶钠（0.1 克／千克）治疗幼狐李氏杆菌病，3 天后症状明显好转，1 周后恢复正常。（刘德福·中国兽医杂志，2007，2）

12. 狐巴氏杆菌病

【处方】鱼腥草 10 克，金银花 10 克，菊花 3 克，栀子 3 克，大青叶 5 克。

【用法用量】水煎内服，每天 2 次，连用 5 天。

【功效】清热解毒。

【应用】用本方配合恩诺沙星混饲（100 毫克／千克饲料，重症不食者肌内注射恩诺沙星注射液），每天 2 次，连用 5 天，治疗病狐 36 只，治愈 34 只。（赵素杏·北方牧业，2007，2）

13. 狐肺炎

【处方（麻杏石甘汤加味）】生地、玄参、麦冬、花粉、桔梗各 8 克，杏仁 2 克，生石膏

30 克，麻黄、甘草各 5 克

　　【用法用量】煎水，每天 3 次直肠投药。

　　【功效】清热解毒，止咳平喘。

　　【应用】用本方治疗蓝狐肺炎，用药 1 天精神好转，咳嗽减轻，用药 3 天鼻液、肺啰音消失，体温、食欲恢复正常，痊愈。（肖仁荣．中兽医学杂志，1995，2）

14．狐螨虫病

　　【处方】乳香 20 克，枯矾 80 克。

　　【用法用量】混合磨成细粉，用时取 1 份药粉加 2 份花生油混合加热后涂于患处，连涂数次。

　　【功效】活血止痛，止痒生肌。

　　【应用】本方用于治疗狐狸螨虫病有一定疗效。另外还可用生石灰 3 千克、硫黄粉 3 千克，加适量水煮沸，取上清液混入 20 千克温水，取 20～30℃ 药液涂抹患处。首次治疗在 1 天内涂 4～5 次，隔 6 天再治疗 1 次，2 次为一个疗程。涂药后应给予充足清洁的饮水。（唐少刚．畜牧兽医科技信息，2006，6）

15．狐催情

方 1（催情散）

　　【处方】当归、炙黄芪、淫羊藿、阳起石、茯苓各 30 克，白芍、菟丝子、肉苁蓉各 20克，巴戟天 25 克，白术、党参、川芎各 15 克。

　　【用法用量】研极细末，开始每天每只 1 克，分 2 次混饲喂服；2～3 天后每天每只 6 克，分 2 次混饲喂服，连喂 10 天。

　　【功效】益气补血，助阳催情。

　　【应用】用本方对 38 只初产银狐进行了催情试验，结果试验组银狐受配率比对照组提高 23.7%，多产仔 36 只。表明本方具有催情和提高银狐受配率的作用。（曹亦芬等．中兽医医药杂志，1990，3）

方 2

　　【处方】菟丝子、覆盆子、五味子、枸杞子、车前子、沸石粉等。

　　【用法用量】研极细末，拌料喂服。

　　【功效】催情。

　　【应用】用于春季狐配种季节促进性活动、提高配种率。用药后公狐配种次数明显增加，检查精液精子活力及密度仍正常。（徐桂琴等．毛皮动物饲养，1995，1）

16．狐添加剂

方 1

　　【处方】麦芽粉、乳酶生、大黄米、胃蛋白酶、神曲、沸石粉等。

【用法用量】研极细末，拌料喂服。

【功效】消食，止泻。

【应用】用于夏季仔狐生长旺季，以助消化、防肠炎。如肠炎中带有血痢可加白头翁、马齿苋；如粪便呈稀水状可加车前子、云苓、干姜、鞣酸蛋白等。用药后幼、成兽消化道疾病明显减少。（徐桂琴等．毛皮动物饲养，1995，1）

方2

【处方】党参、白术、陈皮、山药、扁豆、桔梗、麦芽、神曲、麦冬、熟地、甘草、沸石粉等。

【用法用量】研极细末，拌料喂服。

【功效】健脾胃，补气血。

【应用】用于秋、冬季节幼兽生长发育迅速和毛皮生长阶段。用药后皮长和毛的光泽度、密度增加。（徐桂琴等．毛皮动物饲养，1995，1）

17. 貉出血性肠炎

【处方】黄连、黄柏、黄芩各10克，板蓝根、地榆、米壳各20克，苍术、当归、黄芪、木香、枳壳、半夏、竹茹各5克，甘草4克。

【用法用量】加水600毫升，煎汁400毫升。体重3千克以内，日服100～120毫升；3千克以上，日服120～160毫升；每日2次灌服。方法是将貉口撬开，将一个暖瓶塞大小、中间带孔的圆形木块填入口腔，压在舌面上，人工紧闭口腔，固定头部，自孔插入公马导尿管，确认插入胃内方可投药。

【功效】清热解毒，凉血止血。

【应用】用本方治疗貉出血性肠炎11例，治愈9例，治愈率81.3%，病貉多在5天内治愈。（任彦斐．现代畜牧兽医，1988，6）

18. 貉肉毒梭菌毒素中毒

【处方】黄芪、当归各6克，川芎、赤芍、红花、桃仁、地龙、桂枝、牛膝、五加皮各3克。

【用法用量】煎汤内服。

【功效】补气活血，清热解毒。

【应用】本方适用于治疗貉因肉毒梭菌毒素中毒而引起的行走摇晃、麻痹、流涎吐沫、呼吸困难、抽搐等症。（胡元亮．兽医处方手册第3版．中国农业出版社，2013）

19. 貉咬毛症

【处方】生石膏粉15～25克，黄芪、当归各6克，川芎、赤芍、红花、桃仁、地龙、桂枝、牛膝、五加皮各3克。

【用法用量】混合于适口性强的动物性饲料内喂服，每天1次。

【功效】清热解毒，补气活血。

【应用】用本方治疗乌苏里貉吃毛癣，同时改变日粮，合理补饲一些青绿饲料（白菜、甘蓝、萝卜、瓜果类等）和动物性饲料（鱼、肉、蛋、奶制品等），轻者2～3日，重症连用5日，貉吃毛症就会自然停止。治愈百余只，无1例失败。（郭洪峰.中兽医学杂志，1989，3）

20. 貉保健添加剂

方1

【处方】连翘50克，紫花地丁40克，蒲公英80克，黄连40克，党参50克，黄芪50克，板蓝根60克，甘草40克。

【用法用量】水煎3次，供15～20只貉或狐一次喂服，每只30毫升。

【功效】清热解毒，补中益气。

【应用】用于春季貉、狐传染病的防治。对配种发情不好的可加入淫羊藿50克、肉苁蓉20克、巴戟天40克、菟丝子50克。（宋锦英等.现代化农业，2005，5）

方2

【处方】香附40克，元参30克，益母草40克，通草30克，王不留行30克，陈皮40克，川芎40克，党参40克，黄芪50克，蒲公英50克，连翘50克。

【用法用量】水煎3次，供15～20只貉或狐一次喂服，每只30毫升。

【功效】清热解毒，补气活血。

【应用】用于春季貉、狐产仔后子宫内膜炎的防治。急性子宫内膜炎可用蒲公英50克，地丁40克，双花40克，连翘40克，黄芩50克，赤芍25克，丹皮25克，香附30克，桃仁25克，元胡30克，薏苡仁30克。（宋锦英等.现代化农业，2005，5）

方3

【处方】生黄芪40克，元参40克，肉桂10克，连翘20克，金银花20克，乳香20克，没药20克，生香附15克，青皮15克，当归30克。

【用法用量】水煎3次，供15～20只貉或狐一次喂服，每只30毫升。

【功效】清热解毒，消肿止痛。

【应用】用于春季貉、狐急性乳腺炎的防治。（宋锦英等.现代化农业，2005，5）

方4

【处方】王不留行40克，通草20克，穿山甲20克，苍术20克，白芍25克，当归25克，黄芪20克，党参20克。

【用法用量】水煎3次，供15～20只貉或狐一次喂服，每只30毫升。

【功效】补气活血，通乳。

【应用】用于春季貉、狐无乳症的防治。（宋锦英等.现代化农业，2005，5）

方5

【处方】郁金36克，白头翁72克，黄连40克，黄柏35克，丹皮35克，诃子30克，蒲公英50克，金银花40克，石膏50克。

【用法用量】水煎3次，供15～20只貉或狐一次喂服，每只30毫升。

【功效】清热解毒，燥湿止泻。

【应用】用于夏季防治貉、狐传染性腹泻、中暑和传染性疫病。仅防中暑可单用石膏。（宋锦英等．现代化农业，2005，5）

方6

【处方】大黄30克，附子40克，木通40克。

【用法用量】煎水，加入饲料中投喂。

【功效】清热解毒。

【应用】用于秋季狐、貉胀肚的预防。（宋锦英等．现代化农业，2005，5）

方7

【处方】柴胡50克，山楂50克，连翘40克，蒲公英60克，地丁40克，穿山甲25克，金银花40克，黄连30克，黄芪40克，黄芩40克，木通40克，陈皮50克，甘草40克。

【用法用量】煎浓汁，加入饲料中或直肠灌注10只貉、狐，每天2次。

【功效】清热解毒，补气健脾。

【应用】用于秋季貉、狐烈性传染性疫病的防治，同时用西药配合治疗可得到满意的效果。（宋锦英等．现代化农业，2005，5）

方8

【处方】党参50克，黄芪40克，蒲公英60克，板蓝根40克，大青叶40克。

【用法用量】煎汁，加入白糖，供15～20只貉或狐一次喂服，开始时每只每次喂10毫升左右，适应后逐渐增至30毫升。

【功效】补中益气，清热解毒。

【应用】用于冬季貉、狐疾病的防治，以增强机体的免疫力，预防春季感染疫病。由于中药味苦，狐、貉不爱吃，应在煎药汁中加入白糖。开始时每只每次喂入量应在10毫升左右，以后逐渐增至30毫升，长期使用可起到良好的效果。（宋锦英等．现代化农业，2005，5）

第二十章　观赏动物病方

1. 大熊猫顽固性胃肠卡他

【处方】陈皮 15 克，白术 15 克，茯苓 15 克，山药 30 克，薏苡仁 30 克，猪苓 20 克，滑石 30 克，生甘草 10 克，石榴皮 20 克，五味子 20 克，肉豆蔻 20 克，炒盐 8 克。

【用法用量】水煎，将药汁混在稀饭中让其自食。

【功效】健脾理气，涩肠止泻。

【应用】用本方加减（大便有潜血时，加参三七粉 3 克；病程后期体质虚弱时，加黄芪、阿胶；大便成形后，去五味子和石榴皮）治疗一雌性大熊猫顽固性胃肠卡他，该兽 27 岁，每年 9 月份发病 1 次，病程长达 45～90 天，曾用过多种抗生素、健胃助消化药、收敛止泻药及多种维生素，均无效。至 1978 年病情严重，改用中药治疗。服用本方剂治疗，迅速见效，以后在 1979 年、1980 年继续用此方治疗，使本病得到控制，未再复发。（徐麟木．中国兽医科技，1983，2）

2. 大熊猫脾气虚弱

【处方（健脾散加减）】党参、麦芽各 50 克，白术、枳实、神曲、陈皮各 40 克，山楂、茯苓、木香各 30 克，鸡内金、砂仁各 20 克，甘草 10 克。

【用法用量】烘干，粉碎，加适量蜂密制成丸剂，每次 50 克灌服，每天 2 次。

【功效】健脾消食，渗湿止泻。

【应用】用本方治疗大熊猫脾胃虚弱 1 例，用药 3 天食欲恢复正常。（邱贤猛等．中兽医学杂志，1989，1）

3. 大熊猫脾肾阳虚

【处方】附片、桂枝、白术、白芍、茯苓、泽泻、生姜、甘草。

【用法用量】水煎取汁，拌入平时大熊猫最爱吃的食物中喂服。

【功效】温阳利水。

【应用】用本方治疗大熊猫脾肾阳虚，共服 2 剂症状消除，食欲好转，小便正常。（邓耀楷．西华师范大学学报，1981，3）

4. 大熊猫脾虚湿痰

【处方】党参、黄芪、白术、甘草、茯苓、薏苡仁、桂枝、陈皮、半夏。

【用法用量】水煎取汁，拌入大熊猫平时最爱吃的食物中喂服。

【功效】益气健脾，温化痰饮。

【应用】用本方治疗大熊猫脾气虚、痰浊犯肺，共服 2 剂症状消除。（邓耀楷．西华师范大学学报，1981，3）

5. 大熊猫脾虚血虚

【处方（归脾汤）】黄芪、党参、甘草、当归、茯神、远志、龙眼、木香。

【用法用量】水煎取汁，拌入大熊猫平时最爱吃的食物中喂服。

【功效】补益心脾。

【应用】用本方治疗大熊猫脾气虚、心血虚，共服 2 剂，症状有所好转。（邓耀楷．西华师范大学学报，1981，3）

6. 大熊猫肝郁气滞

【处方（理肝散加味）】柴胡、白芍、炒白术、茯苓、砂仁、枳壳、乌药、甘草。

【用法用量】水煎取汁，拌入大熊猫平时最爱吃的食物中喂服。

【功效】舒肝理气。

【应用】用本方治疗大熊猫肝郁气滞，服药后症状有所缓解，但吃精料仍然不多，而吃竹子比较正常。（邓耀楷．西华师范大学学报，1981，3）

7. 猴肠梗阻

【处方（大承气汤加减）】大黄 10 克，槟榔 7 克，枳实 4 克，厚朴 2 克，木香 2 克。

【用法用量】用开水 500 毫升浸泡 5 分钟，将药液分成 2 份，分 2 天服用。每天取药液 10 毫升注射于未去皮的香蕉中喂服，将余下的 240 毫升药液用自来水稀释 1 倍，置于水槽中，以供其自饮。

【功效】通便泻热。

【应用】用本方治疗雄性黑叶猴肠梗阻，用药后症状缓解，排出大量较软的粪便，为正常量 5 倍以上，上、下腹的分界轮廓消失，坐姿和食欲逐渐恢复正常，2 天后临床症状消失。（杨晓黎等．中兽医医药杂志，2002，2）

8. 猴外肾黄

【处方（五苓散加味）】党参 10 克，小茴香、白术、干姜、炙甘草各 5 克、猪苓、茯苓、泽泻各 7 克、官桂（另包）3 克。

【用法用量】煎汤去渣，候温灌服，每天 1 剂。

【功效】温肾散寒，健脾化湿。

【应用】用本方治疗猴阴肾黄 3 例，服 2～5 剂痊愈。若阴肾黄病久，宜用当归四逆汤（当归、小茴香、柴胡、附子、白芍、川楝子、延胡索、茯苓、泽泻、官桂）；若为阳肾黄，则用五苓散加茵陈、车前子、木通。（钟国娟，中兽医医药杂志，1988，5）

9. 猴血虚不孕

【处方】当归、黄芪、熟地、党参各5克，山药、白术各4克，甘草、肉桂各3克，补骨脂、杜仲、阿胶、淫羊藿各6克。

【用法用量】加水煎好候温灌服，隔天1剂，连服15剂。

【功效】补气健脾，强骨健体。

【应用】用本方治疗母猕猴血虚不孕，服药后母猴精神逐渐好转，舌红润，大小二便正常，月经周期正常，活泼好动，常接近公猴，次年受孕产仔。（钟国娟．中兽医学杂志，2003，3）

10. 猴产后瘫痪

【处方】苍术4克，杜仲4克，牡蛎4克，龙骨5克，防风3克，麦芽5克，玄参4克，熟地5克，陈皮3克，甘草3克。

【用法用量】加水煎灌服，每天1剂。

【功效】祛风除湿，健脾补肾。

【应用】用本方治疗母猕猴产后瘫痪，用药5天后精神良好，食欲正常，能站立，但后肢软而无力。本方去防风、麦芽，加怀牛膝、龟板各5克，继续用药7天，恢复正常。（钟国娟．中兽医学杂志，2003，3）

11. 猴乳腺炎

【处方】当归3克，生黄芪、丹参、夏枯草、蒲公英、连翘、金银花各5克，皂角刺、赤芍、桔梗、甘草各3克。

【用法用量】水煎，候温灌服，每天1剂。

【功效】清热解毒，化痰通络。

【应用】用本方治疗母猕猴乳腺炎，服药后第3天母猴自动喂奶乳猴，精神状态好，右侧乳房红色消退，用手轻按挣扎不激烈，体温正常，继续用药2天，观察10天，未见异常。（钟国娟．中兽医学杂志，2003，3）

12. 猴恶露不绝

【处方】炙黄芪、党参、当归各6克，姜炭、桃仁、炙甘草各2克，川杜仲、桑寄生各7克，川续断4克。

【用法用量】水煎，候温灌服，每天3剂。

【功效】补气养血，化瘀止血。

【应用】用本方治疗母猕猴产后恶露不绝，服药后第1天恶露减少，第3天无恶露排出，其他正常，继续观察一周外阴未发现异物。（钟国娟．中兽医学杂志，2003，3）

13. 猴产后乳汁不下

【处方】王不留行、黄芪、当归各 5 克，穿山甲、通草、红枣、陈皮、熟地各 4 克。

【用法用量】水煎，候温灌服，每天 1 剂。饲料按平时喂养外加花生 50 克、黄豆 25 克。

【功效】补血生乳，通乳。

【应用】用本方治疗母猕猴产后乳汁不下，服药后第 3 天检查乳房，用力挤压排出乳汁，再如法治疗 3 天，并继续增加营养，10 天后乳猴毛色光亮，灵活好动，体重达 480 克。继续观察一个月母子正常。（钟国娟. 中兽医学杂志，2003，3）

14. 熊胃肠炎

【处方】石榴皮 250 克，山楂果 100 克。

【用法用量】一次投喂，每天 2 次。

【功效】清热解毒，止泻涩肠。

【应用】本方用于治疗熊由于吃食变质和病原污染的饲料而引起的胃肠炎。（胡元亮. 兽医处方手册第 3 版. 中国农业出版社，2013）

15. 黑熊斑秃癣

【处方（苦参汤加味）】苦参 100 克，蛇床子、金银花、菊花各 50 克，白芷、黄柏、地肤子、石菖蒲各 25 克，羊蹄根、木槿皮各 30 克，大枫子 15 克。

【用法用量】水煎去渣，候温，用喷雾器或注射器射于患部，隔日 1 次，连用 5 次。

【功效】清热解毒，燥湿止痒。

【应用】用本方治疗黑熊斑秃癣，疗效理想，半月后患处长出新毛。（张锡利. 中兽医学杂志，1991，3）

16. 熊结膜炎

【处方】桑叶、菊花、荆芥、黄芩、川芎、连翘、枸杞各 20 克，薄荷、白芷各 10 克，白砂糖 100 克。

【用法用量】煎汁，浓缩后加白砂糖，拌入饲料内服。

【功效】清热解毒，清肝明目。

【应用】本方用于治疗熊由于饲料单纯、缺乏维生素 A、外伤性感染或某些疾病继发引起的结膜炎。（胡元亮. 兽医处方手册第 3 版. 中国农业出版社，2013）

17. 斑马结症

【处方（大承气汤加减）】大黄 60 克，芒硝 50 克，枳实 50 克，厚朴 50 克，白芍 40 克，青皮 40 克，木通 40 克，甘草 10 克。

【用法用量】煎液，多层纱布过滤。斑马用鹿眠宁麻醉保定，用胃导管灌入 2000 毫升药液，同时肌注青霉素、维生素 C、维生素 B$_1$，然后注射解药苏醒。

【功效】通便泻热。

【应用】用本方治疗斑马结症 1 例，灌胃 6～10 小时后大便排出，并开始采食和饮水，而后将中药放入饮水中自行饮用调理，痊愈。（吴登虎等．中兽医学杂志，2007，5）

18. 鹤关节肿痛

【处方】复方当归注射液（中成药，由当归、川芎、红花等中药制成）2～40 毫升。

【用法用量】戴冕鹤、白鹤每次 2 毫升，混于饲料中投喂；灰鹤用 40 毫升，浸泡 250 克玉米颗粒，待药液被玉米颗粒吸收并膨胀后一次投喂。连用 15～30 天。

【功效】活血化瘀，通经止痛。

【应用】用本药配合复方新诺明（每次 1 片，混于精料中投喂）治疗戴冕鹤、白鹤、灰鹤痛风病 4 例，30 天后关节肿大、疼痛跛行全部消除，痊愈。（吴登虎等．中兽医医药杂志，2007，5）

19. 鸠胃内异物阻塞

【处方】①大承气汤加减：大黄 12 克，芒硝 10 克，厚朴 8 克，枳实 8 克，党参 8 克，黄芪 8 克，甘草 5 克；②平胃散合补中益气汤：苍术 12 克，陈皮 10 克，厚朴 10 克，党参 10 克，黄芪 10 克，白术 10 克，茯苓 10 克，甘草 5 克。

【用法用量】方① 水煎 3 次，滤汁混合，分 2 次灌服，每天 1 剂，连用 3 天。方② 水煎服，每天 1 剂，连用 14 天。

【功效】消积通便。

【应用】用本方治疗维多利亚凤冠鸠胃内异物阻塞性积食 1 例，曾采用西药治疗近半月无效。用大承气汤加减治疗 3 天后，精神稍有好转，从粪便中排出 2cm×（1～2）cm 大小的橡胶皮若干块；用药 7 天，假膜样物全部消退，口腔、食道干净，但仍不采食。再用平胃散合补中益气汤调理 14 天，痊愈。（吴登虎等．中兽医医药杂志，2007，1）